国家电网公司
电力科技著作出版项目

第二版

输电线路
在线监测与故障诊断

黄新波 等 编著

中国电力出版社
CHINA ELECTRIC POWER PRESS

内 容 提 要

对输电线路进行在线监测与故障诊断是提高其安全可靠运行的有效方法，它也是状态检测、状态巡检、状态检修的基础和前提之一。本书详细分析各种当前主流输电线路在线监测技术的原理、进展状况、实现方法和应用效果，并针对输电线路微气象在线监测、现场污秽度在线监测、氧化锌避雷器在线监测、导线温度在线监测及动态增容技术、图像/视频监控、输电线路覆冰雪在线监测、输电导线舞动在线监测、输电线路微风振动在线监测、输电线路风偏在线监测、输电线路杆塔倾斜在线监测、输电导线弧垂在线监测、输电线路雷电定位等关键技术及方法做了详细介绍，并给出了具体工程应用的实例。

本书是推行和实施状态监测、状态检修的应用型参考书，可作为从事输电线路技术研究、设计、制造、使用和运行检修专业人员的参考书，也可用于高等院校电气和电力专业大学生和研究生的参考教材。

图书在版编目（CIP）数据

输电线路在线监测与故障诊断/黄新波等编著．—2 版．—北京：中国电力出版社，2014.10
ISBN 978 - 7 - 5123 - 5837 - 9

Ⅰ.①输…　Ⅱ.①黄…　Ⅲ.①输电线路－在线监测系统②输电线路－故障诊断　Ⅳ.①TM726

中国版本图书馆 CIP 数据核字（2014）第 083181 号

中国电力出版社出版、发行
（北京市东城区北京站西街 19 号　100005　http：//www.cepp.sgcc.com.cn）
北京丰源印刷厂印刷
各地新华书店经售

*

2014 年 10 月第一版　　2014 年 10 月北京第一次印刷
787 毫米×1092 毫米　16 开本　30.5 印张　747 千字
印数：6001—9000 册　定价 **150.00** 元

前言(第二版)

2009 年国家提出进行智能电网建设，极大地促进了在线监测技术的大发展。2010 年初，国家智能电网建设规划报告中提出加大对输电线路状态监测装置及其系统的研发，全面建成国家电网公司和各网省公司的输变电设备状态监测中心系统，实现对特高压输电线路、跨区电网、线路大跨越、灾害多发区线路的环境参数和运行状态参数的实时监测，开展输电线路运行状态评估，及时给出预警信息和状态检修策略。

作者早在 2008 年出版了著作《输电线路在线监测与故障诊断》，随着输电线路的智能化建设，尤其是国家电网公司陆续出台了《架空输电线路智能监测装置通用技术规范》、《输变电设备状态监测系统技术导则》等技术标准，输电线路在线监测技术的系统架构等发生了重要变化，同时出现了输电线路导线弧垂监测等新技术。

本次修订是在前期版本的基础上，修改了第 1 章部分内容，增加了国家电网公司对于输电线路在线监测技术规范的相关内容；在第 2 章中增加了数据通讯协议和完善了数据通信方式；将原有第 3～9 章内容进行完善和补充后成为新的第 5～10 章和 15 章；原有第 10 章输电线路驱鸟装置由于与在线监测技术有些偏差将其剔除；并根据输电线路在线监测技术的最新发展，增加了第 3 章输电线路状态监测代理、第 4 章输电线路微气象在线监测、第 11 章输电线路微风振动在线监测、第 12 章输电线路风偏在线监测、第 13 章输电线路杆塔倾斜在线监测、第 14 章输电导线弧垂在线监测、第 16 章输电线路雷击定位、第 17 章输电线路在线监测数据中心、第 18 章典型工程案例等内容。

本书中重点强调有关输电线路在线监测技术的相关内容，具体技术的实用性和稳定性还需要在实践中进一步验证。本次修订由西安工程大学黄新波教授主持。

感谢本书引用文献的各位作者，感谢为本书内容提供技术资料的个人和单位。输电线路在线监测技术发展迅速，受作者学识水平所限，书中疏漏欠妥之处在所难免，恳请读者批评指正。

编著者

2013 年 11 月于西安

输电线路在线监测与故障诊断是指直接安装在线路设备上可实时记录表征设备运行状态特征量的测量、传输和诊断系统，是实现输电线路状态监测、状态检修的重要手段，状态检修的实现与否很大程度取决于在线监测技术的成功与否。目前，输电线路在线监测与故障诊断技术的研究及开发非常迅速，已经初步在国家电网公司和南方电网公司中应用，并取得一定的效果。2008年南方电网的冰灾事故将进一步促进在线监测技术的大发展。

作者在国内较早开展了输电线路在线监测技术的研究，研发的输电线路绝缘子泄漏电流在线监测系统、导线覆冰在线监测系统、导线温度及增容系统、防盗报警系统、远程可视监控系统均在电力系统成功应用。本书反映在线监测与故障诊断理论和技术的最新成果，详细分析各种主流在线监测技术的原理、实现和应用，探索一些关键技术和共性问题，并给出一些在线监测系统的具体设计与应用实例，希望能够有更多的科研机构重视和加强输电线路在线监测与诊断技术的研究及开发，在应用中不断完善，使之真正成为防止电网事故大面积停电的第一道防御系统的一项关键技术。

全书共11章：第1章介绍输电线路在线监测与故障诊断技术的发展现状及相关问题；第2章介绍在线监测分机通信网络、工作电源和传感器的设计；第3章介绍输电线路绝缘子污秽在线监测系统；第4章介绍输电线路氧化锌避雷器在线监测系统；第5章介绍导线温度及动态增容在线监测系统；第6章介绍输电线路远程可视监控系统；第7章介绍输电线路覆冰雪在线监测系统；第8章介绍输电导线舞动在线监测系统；第9章介绍输电线路防盗报警监测系统；第10章介绍输电线路驱鸟装置；第11章介绍在线监测数字化管理系统。

本书是推行和实施状态监测、状态检修的应用型参考书，可作为从事输电线路技术研究、设计、制造、使用和运行检修专业人员的参考书，也可用于高等院校电气和电力专业大学生和研究生的参考教材。

直接参与本书编写的人员有黄新波、程荣贵、王孝敬、孙钦东、蔡伟、章云等。其中，黄新波撰写了第1章、第2章中的2.2节、第3章、第4章、第5章、第7章、第8章和第11章，程荣贵撰写了第2章中的2.1节和2.3节，孙钦东撰写了第6章，王孝敬撰写了第9章，蔡伟和章云撰写了第10章。黄新波对全书进行了统稿，张冠军对全书进行了审阅。此外，韩晓燕、刘伟、黄官宝、田毅、强建军、欧阳丽莎等参与了本文的校对工作。

本书的编著工作得到了西安金源电气有限公司刘家兵、罗文莉等有关领导的大力支持。

在线监测与故障诊断作为新技术，先前存在运行稳定性差、缺乏行业标准无法指导生产等相关问题，广大电力用户对此表现出极大耐心和体谅，可以说正是在他们无私的帮助和指导下，在线监测与故障诊断技术才有了今天健康和快速的发展。在此对国家电网建设运行部和特高压运行部、南方电网、华东电网、华中电网、西北电网、华北电网、新疆电力公司、北京超高压公司、山西电力公司、河南电力公司、湖北电力公司、青海电力公司、重庆电力公司、江苏电力公司、贵州电网公司、云南电网公司、广西电网公司等单位表示最衷心的感谢。

感谢为本书提供资料的个人和单位。

输电线路在线监测与故障诊断是一个全新领域，由于作者知识水平所限，书中疏漏欠妥之处在所难免，恳请读者批评指正。

编著者

2008 年 8 月于西安

目　录

第 1 章

绪　　论

1.1　引　　言

输电线路是电力系统的大动脉，将巨大的电能输送到四面八方，是连接各个变电站、各用户的纽带。输电线路作为电网的重要组成部分，地域分布广泛，运行条件复杂，易受自然环境影响和外力破坏。根据中国电力行业分析报告统计，2006 年我国 220～500kV 线路非计划停运次数达到 1315 次，其中导线、绝缘子和铁塔等故障 722 次，自然灾害 375 次，外力破坏 218 次，非计划停运时间达到 2.68 小时/(百公里·年)，严重危及电网安全可靠运行。以前人们主要采用定期检修制度来进行线路运行的维护，随着电力系统向高电压、高参数、大电网互联和高自动化方向发展，特别是 1998 年美加大停电事故和 2008 年我国南方大范围冰灾使人们认识到传统检修方式已经无法保证输电线路的安全运行，急需对输电线路进行智能化运行与管理，其安全运行和可靠供电直接关系一个国家的公共安全，如何对输电线路自然灾害实施监测和预警成为一个亟须解决的问题。

对输电线路进行在线监测与故障诊断是提高其安全可靠运行的有效方法。与变电设备在线监测技术相比，国内外针对输电线路开展监测诊断研究的时间较短，特别是受传感器、通信等技术制约，相关理论和技术相对缺乏。国外较早开展了输电线路在线监测技术的研究，并将自己国家成熟或试运行的各类在线监测设备推向中国市场，而国内有能力从事这项技术研发的高等院校及科研院所由于缺乏市场能力和足够的资金，无法将研制的成果批量产业化，导致我国目前成为全球输电线路在线监测与诊断系统需求最大的市场。最近几年随着高新技术企业的发展，国内出现了西安金源电气股份有限公司、宁波理工监测股份有限公司等专业的在线监测技术生产厂家，他们在积极学习国外先进技术的同时，立足本国电力国情，开发了一系列输电线路在线监测技术，有效提高了现有输电线路的运行安全。

2009 年国家提出进行智能电网建设，极大地促进了在线监测技术的发展。2010 年初，国家智能电网建设规划报告中提出加大对输电线路状态监测装置及其系统的研发，全面建成国家电网公司和各网省公司的输变电设备状态监测中心系统，实现对特高压线路、跨区电网、线路大跨越、灾害多发区线路的环境参数和运行状态参数的实时监测，开展输电线路运行状态评估，及时给出预警信息和状态检修策略。输电线路在线监测装置已在特高压 1000kV 交流示范工程、特高压直流±800kV、青藏交直流联网工程、三峡工程等国家重点输电工程及各网省输电线路中得到广泛应用。

本书将详细分析当前各种主流输电线路在线监测技术的原理、进展状况、实现方法和应用效果，并针对在线监测与诊断技术的一些关键技术和共性问题进行探索，希望能够有更多的科研机构和用户重视和加强输电线路在线监测与诊断技术的研究、开发与应用，为智能电网输电线路的状态检修提供基础数据。

1.2 智能电网基本概念

进入 21 世纪以来，世界各国的一些企业和组织相继开展智能电网的基础研究，并进行了一些试点工作。2001 年，意大利的电力公司安装和改造了 3000 万台智能电表，建立了智能化计量网络；2002 年，美国电科院发起了 IntelliGrid 现代电网体系的研究；2003 年，美国"未来能源联盟"的《未来能源：机遇与挑战报告》，正式提出了智能电网（Smart Grid）的概念；2005 年欧盟成立"智能电网技术论坛"，促进智能电网技术研究；2006 年欧盟理事会的能源绿皮书《欧洲可持续的、竞争的和安全的电能策略》（A European Strategy for Sustainable, Competitive and Secure Energy）强调智能电网技术是保证欧盟电网电能质量的一个关键技术和发展方向；2007 年 10 月，华东电网正式启动了智能电网可行性研究项目，并规划了从 2008～2030 年的"三步走"战略；2007 年 12 月，美国国会颁布了《能源独立与安全法案》，其中的第 13 号法令为智能电网法令，该法案用法律形式确立了智能电网的国策地位，并就定期报告、组织形式、技术研究、示范工程、政府资助、协调合作框架、各州职责、私有线路法案影响以及智能电网安全性等问题进行了详细和明确的规定；2008 年国际供电会议组织召开"智能电网"专题学术交流会议；同年，美国科罗拉多州的波尔得（Boulder）已经成为了全美第一个智能电网城市；2008 年 9 月 Google 与通用电气联合发表声明对外宣布，他们正在共同开发清洁能源业务，核心是为美国打造国家智能电网；2009 年 1 月 25 日美国白宫最新发布的《复苏计划尺度报告》宣布：将铺设或更新 3000 英里输电线路，并为 4000 万美国家庭安装智能电表，美国将推动互动电网的整体革命；2009 年 2 月，奥巴马能源新政力推智能电网；2009 年 2 月 4 日，地中海岛国马耳他公布了和 IBM 达成的协议，双方同意建立一个"智能公用系统"，实现该国电网和供水系统数字化。2009 年 2 月 10 日，谷歌表示已开始测试名为谷歌电表（Power Meter）的用电监测软件。英国也在 2009 年发布了《英国可再生能源发展战略》和《英国低碳转型计划》两份战略性文件；德国 2009 年发布了名为《新思路、新能源——2020 年能源政策路线图》的战略性文件。2009 年 4 月，国家电网公司总经理刘振亚访美，并在华盛顿一场主题为"更坚强的电网——中国与美国展望"的会议上发表主旨演讲，称"中国国家电网公司正在全面建设以特高压电网为骨干网架、各级电网协调发展的坚强电网为基础，以信息化、数字化、自动化、互动化为特征的自主创新、国际领先的坚强智能电网"；2009 年 5 月在北京举行的"2009 特高压输电技术国际会议"上，国家电网总经理刘振亚首次提出"一特四大"的坚强智能电网战略，并宣布"在 2020 年要建成坚强的智能电网"。2012 年国家电网公司发布了公司 1 号文件《关于全面推进"三集五大"体系建设的意见》，推进人财物集约化管理和"大规划、大建设、大运行、大检修、大营销"体系建设。

近年来，我国相关政府部门、专家学者以及企业都开展了智能电网的研究和实践，电力行业在此方面也做了大量的工作。例如，国家电网公司在大量调查研究基础上提出了智能电网的三阶段发展规划。截止到 2012 年 6 月，我国已经完成前期智能电网规划和相关规范的制定工作，目前正在全面推进坚强智能电网试点建设，例如：在发电智能化环节，建立了国家风电、太阳能发电研发（实验）中心，积极推动了大容量储能技术发展；在输电智能化环节，2012 年建成的青藏交直流联网工程，考虑了当地高寒高海拔、雷电、风沙、冰雹等自然条件对线路运行维护的影响，为了能有效辅助线路工程建成后的运行维护工作，安装了杆塔倾斜监测、导线舞动监测、导线温度监测、导线弧垂监测、风偏监测、等值覆冰厚度监测、气象监测、微风振动监测、现场污秽度监测、图像视频监控等 10 类装置和输电线路状态监测代理（Condition Monitoring Agent，CMA）。通过在线监测技术的应用初步实现了对特高压线路、跨区电网、大跨越、灾害多发区等输电线路的运行状态参数（污秽、风偏、振动、舞动等）和周围环境参数（温度、湿度、风速、风向、雨量、气压、图像等）的全面监测，各网省公司已经成立状态评估中心进行设备状态评估和灾害预警工作；在变电智能化方面，已初步完成洛川 750kV 变电站、兰溪 500kV 变电站、虹桥 220kV 变电站等的智能化建设与改造。"十二五"期间，国家规划将完成 5000～6000 个智能变电站的建设或改造。

1.3　输电线路在线监测技术

随着输电线路电压等级不断提高，电网的分布也越来越广，目前 220kV 及以上输电线路已达数十万公里。线路沿线环境日趋复杂，外力破坏事故、线路覆冰等事故不断发生，输电线路的巡视维护工作量越来越大，应用输电线路在线监测技术是提高线路运行水平的必然趋势。

1.3.1　技术原理

输电线路在线监测技术是指直接安装在线路设备上可实时记录表征设备运行状态特征量的测量系统及技术，是实现状态监测、状态检修的重要手段，状态检修的实现与否很大程度取决于在线监测技术水平。在线监测技术基本原理可简述如下：污秽积累、缺陷发展、自然灾害等对输电线路的破坏大多具有各种前期征兆和一定的发展过程，表现为设备的电气、物理、化学等特性方面的变化，通过不同形式的传感器采集相关运行参数进行设备状态评估，及早发现潜在故障，必要时可提供预警或报警信息。

电力设备大多数的故障一般不会在瞬间发生，并且在功能退化到潜在故障 P 点以后才逐步发展成能够探测到的故障（参见图 1-1）。之后将会加速退化的进程，直到达到功能故障的 F 点而发生事故。这种从潜在故障发展到功能故障之间的时间间隔，被称为 P-F 间隔。如果想在功能故障前检测到故障，必须在 P-F 之间的时间间隔内完成。由于各种

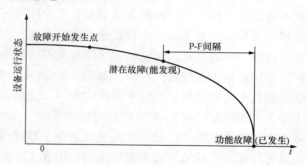

图 1-1　电力设备功能退化的 P-F 曲线

设备、各种故障类型、各种故障特点对应于 P-F 间隔的时间是不定值，可能是几个小时，也可能是几个月或几年不等，因此定期维修一般情况下不可能都满足 P-F 间隔的时间要求，从而无法避免设备功能故障。而有效的在线监测技术就可能捕捉到 P-F 间隔的潜在故障并给出预警信息，及时采取措施进行维修处理。

电力设备的故障或缺陷在新安装投运期间由于安装质量方面的问题、设备本身存在的薄弱环节及设计和工艺等方面的缺陷等，在开始投运的一段时间内暴露的问题比较多，随着消

缺后运行时间的增长而近于平缓，运行一定时间后，随着设备陈旧老化，逐步暴露的缺陷开始增加，呈现出一条趋近于浴盆曲线的图形，参见图 1-2。但采用经常性的定期维修使常规设备的运行浴盆曲线规律发生了变化，每维修一次，出现一次新的磨合期，使维修后的故障率增高，参见图 1-3。此时采取传统的离线监测手段将无法及时发现设备状态信息的改变，因此需要利用在线监测技术进行运行状态的实时监测。

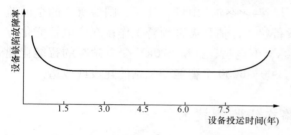

图 1-2　常规运行时间变化的设备故障率曲线　　　　图 1-3　多次定期维修可能形成的设备故障率曲线

1.3.2　技术发展

美国、加拿大、日本等发达国家较早开展输电线路在线监测技术研究，并进行了大量的试验和理论研究，取得了丰硕的成果，如澳大利亚红相公司开发的绝缘子泄漏电流在线监测系统等。国内输电线路在线监测技术起步较晚，自 1990 年开始，大体可以分为三个阶段：

第一阶段（1990～2000 年），国内清华大学、西安交通大学、中国电力科学研究院（简称中国电科院）、原武汉高压研究所（简称武高所）等科研单位陆续开展在线监测技术方面的理论研究工作，进行了绝缘子泄漏电流在线监测技术的探索与研究。但此阶段由于对在线监测的作用认识不足，且受制于电源技术、通信技术和传感器技术等，输电线路在线监测技术多处于实验研究阶段，尚没有大范围应用的商业化产品。

第二阶段（2001～2009 年），随着国家输电线路运行维护的需求以及通信技术、传感器技术的快速发展，国内科研院所和专业厂家陆续开发了部分在线监测产品。如武高所和中国电科院等单位研发了雷击定位系统；西安金源、西安同步、珠海泰坦等公司陆续开发了输电线路覆冰、导线舞动、线路防盗、图像监控、导线测温等在线监测装置，并逐步在电力系统推广应用，取得了较理想的应用效果。2008 年，南方电网冰灾事故使人们越发认识到了在线监测技术在线路状态检修中的巨大作用，此后，南方电网公司成立了专门的线路覆冰研究中心，并积极推广应用覆冰监测与融冰装置。2011 年贵州电网再次发生大面积覆冰事件，基于上述装置实施 300 余次线路融冰避免了线路倒塔等事故，保证了贵州电网的正常运行。在这九年里，在线监测技术发展迅速，但在实际运行中也存在一些问题，如厂家之间缺乏交流、系统架构不规范、装置接入不统一、相关标准不健全、装置运行不稳定、孤岛运行等问题。

第三阶段（2010 年至今），2010 年国家智能电网建设全面实施，依据线路运行实现"状态化、标准化和安全化"的总体要求，国家电网公司积极致力于建立并不断完善状态监测标准体系，颁布了《输电线路在线监测装置通用技术规范》等 14 项标准，并委托中国电科院建设了输变电设备状态监测装置入网检测实验室。同年 8 月，国家电网公司基于生产管理信息系统（PMS）完成了输变电设备状态监测主站程序开发，实现输变电设备状态监测信息汇总、展示、统计分析等功能，为状态检修辅助决策提供监测数据。从 2011 年 10 月开始，国家电网公司启动了状态监测系统与空间信息服务平台（GIS）、电网视频统一平台、安全接入平台等的集成工作。

截至 2012 年 10 月，27 家省公司和国网运行分公司已完成主站系统部署工作，其中国网陕西省电力公司等 17 家单位已切换至正式服务器，初步具备开展监测数据分析、设备状态预警的条件，已在电网迎峰度夏和应急抢险中逐步发挥作用。各在线监测生产厂家依据行业标准，不断加大研发力度，努力提高产品质量，在线监测技术得到了快速发展。

1.3.3　技术架构

本书中，将大多在 2010 年前运行的不符合国家电网公司和南方电网公司有关技术标准的在线监测技术定义为传统输电线路在线监测技术。将符合国家电网公司和南方电网公司技术标准的在线监测技术定义为智能电网输电线路在线监测技术。

传统输电线路在线监测系统架构设计见图 1-4（a），主要包括：网省公司监测中心、地市局监测中心、线路监测分机、通讯网络等。线路监测分机定时/实时完成输电线路导线、地线、杆塔和绝缘子等设备状态信息的采集，完成环境温度、湿度、风速、风向、雨量等环境信息的采集，通过 GSM/GPRS/CDMA/3G 通信模块发送至地市局监测中心，监测中心专家软件则利用各种修正理论模型、试验结果和现场运行结果来判断输电线路的运行状况，及时给出预报警信息。监测中心可远程对分机进行参数设置（如采样时间间隔、分机系统时间以及实时数据请求等）。各地市局的监测中心与省公司监测中心采用 LAN 方式组网，省公司监测中心可以直接调用各地市局监测中心的导线、地线、杆塔、绝缘子及环境等采集信息。

智能输电线路在线监测系统架构设计见图 1-4（b），主要分为网省侧 PMS、状态信息接入网关机（CAG）、输电线路状态监测代理（CMA）、状态监测装置（CMD）和通信网络等。CMD 种类包括：微气象监测、绝缘子污秽监测、避雷器监测、导线温度监测、图像监测（不包括视频）、覆冰监测、舞动监测、微风振动监测、风偏监测、杆塔防盗监测、杆塔倾斜监测和导线弧垂监测等；CMA 通过 I1 协议接收 CMD 发送的采集数据，进行数据分析和加密并通过 I2 协议发送至网省侧状态信息接入网关机（CAG）。CAG 重点发展各种集约、高效、智能的信息汇总、信息标准化和信息安全接入技术，CAG 以标准方式远程连接CMA，接收并校验各类在线监测信息，并可以对 CMA 进行远程控制。国家电网公司监控中心通过工程生产管理系统（PMS）对接入的各类在线监测信息，集中存储，分析和处理。对比传统输电线路在线监测技术，智能电网输电线路在线监测技术为解决不同在线监测装置之间缺乏统一的标准、规范和数据安全等问题，增加了输电线路 CMA，CMA 将输电线路相应监测装置的采集数据汇总后，统一发送至 CAG；对前期已经运行的传统在线监测装置，通过增加前置子系统实现协议转换，将非标准装置以标准协议接入 CMA。

这里需要注意的是：输电线路视频监控系统结构与图 1-4 中数据类监测系统不一样，其系统架构见图 1-5。前端视频设备通过 3G 网络，走 VPN 通道将数据发送到安全隔离平台，在安全隔离平台上以端口映射方式，进入统一视频监控平台的内网，以实现内外网的物理隔离。安全隔离平台通过采用端口映射方式来保证前端视频装置及视频后台通信的畅通。或者前端设备通过 OPGW 网络直接接入统一视频监控平台。尽管国家电网公司企业标准已经定义了标准的数据接入方案，但在视频接入工程中发现各个省公司的统一视频后台搭建并不一致，由此引起视频接入方案存在多种形式（详见本书第2.5.3节）。

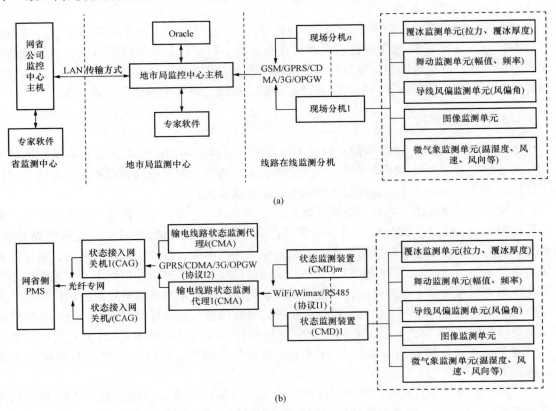

(a)

(b)

图1-4　输电线路在线监测系统架构设计

(a) 传统输电线路在线监测技术框图；(b) 智能电网输电线路在线监测技术框图

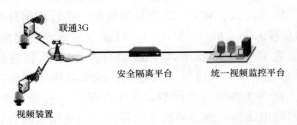

图1-5　输电线路视频监控系统架构设计

传统输电线路在线监测技术在抵御灾害、保障电网安全运行方面发挥了积极的作用，但也存在一定的问题，例如，由于不同的在线监测装置缺乏统一的标准和规范，造成各个生产厂家的设备不能互联、互通，无法将输电线路上的不同厂家、不同种类监测设备接入到统一的在线监测中心，无法满足智能电网集中监视、分析诊断和评估预测的要求。智能电网输电线路在线监测系统的特点和优势在于以下几点。

（1）标准化：通过增加 CMA 实现线路各类在线监测装置的标准化接入；

（2）全面化：系统监测信息更加全面，可以实现线路、杆塔、绝缘子、微气象等线路运行状态的全面监测，有利于提高特高压输电线路在线监测水平；

（3）智能化：基于 PMS 进行输电线路运行状态评估与预警，并可将各类计算模型嵌入到状态监测终端实现其智能化。

1.3.4　技术分类

输电线路在线监测技术监测对象涵盖了线路运行的主要方面，包括：①导线、绝缘子、避雷器、杆塔等设备自身故障；②自然灾害对输电线路造成的破坏；③人为因素对输电线路的破坏等。现阶段国内较为成熟或实际运行的在线监测技术主要有：

（1）输电线路状态监测代理（CMA）。

CMA 能够在一个局部范围内管理和协同各类输电线路状态监测装置（CMD），汇集接入各类监测装置的数据与主站系统进行数据通信，避免 CMD 与主站系统直接数据通信存在的网络安全问题。CMA 可接入不同类型、不同厂家甚至不同线路上的多个状态监测装置，实现各类状态监测装置的标准接入、安全接入和智能接入。

（2）输电线路微气象在线监测。

输电线路微气象在线监测装置主要对影响线路覆冰、舞动、微风振动等现象的气象因素进行监测，包括温湿度、风速、风向、雨量、大气压力、光辐射等。微气象监测功能可作为一个辅助功能与线路覆冰监测、舞动监测等集成在一个监测装置中。

（3）输电线路现场污秽度在线监测。

输电线路现场污秽度在线监测大多通过监测绝缘子泄漏电流、局部放电脉冲和杆塔外部环境条件（温度、湿度、雨量、风速）等反映绝缘子污秽程度，但需要建立基于模糊神经网络、灰关联等理论的专家诊断模型，此类模型诊断结果往往分散且精度较差。近年来，通过光传感器直接进行现场等值附盐密和等值灰密的监测技术发展迅速。

（4）输电线路氧化锌避雷器在线监测。

输电线路氧化锌避雷器主要通过监测 MOA 的全电流、阻性电流和雷击动作次数等反映其绝缘故障，由于这些参数与 MOA 绝缘故障之间存在非线性关系，需要建立基于小波变换法、提升小波理论法、灰关联分析法、数学形态学法等的专家诊断模型。

（5）导线温度在线监测及动态增容技术。

导线温度在线监测主要应用于线路静态增容技术和融冰过程监测技术，其通过温度传感器获得运行导线的表面温度，与导线的允许温度进行比较从而分析线路运行的可靠性。如果将导线温度监测应用于动态增容技术，需要同时监测线路的气象条件（环境温度、日照、风速等），并根据建立的载流量计算模型得到当前线路在不突破现行技术规程规定前提下的隐性容量。

（6）输电线路图像/视频监控。

输电线路图像/视频监控通过获得现场的图像和视频信息直观反映线路的运行状况，主要应用在导线覆冰、导线舞动、不良地质、洪水冲刷、火灾、通道树木长高、导线悬挂异物、线路周围建筑施工、塔材被盗等。此外，相关研究者将图像处理技术应用到线路图像/视频监控系统中，自动识别出线路覆冰、舞动和防盗等信息。

（7）输电线路覆冰雪在线监测。

输电线路覆冰雪在线监测装置主要有两类：①通过监测线路导线覆冰后的重量变化以及绝缘子的倾斜/风偏角，结合力学模型得到导线等值覆冰厚度，将其与线路设计参数比较分析给出预警或报警信息；②采用现场图像对线路覆冰雪进行定性观测和分析。在实际运行过程中，一般将覆冰载荷计算和图像监控结合起来，实现覆冰雪的定量和定性监测。此外，相关人员进行了线路覆冰与气象之间关系、覆冰预测模型等方面的研究，期望实现基于气象条件的覆冰预测。

（8）输电导线舞动在线监测。

前期的输电导线舞动在线监测装置，主要是通过加速度传感器、倾角传感器等获得导线舞动时的加速度、速度等信息，但舞动监测单元的空间坐标随时变化，造成传感器输出数据不在同一个参考系下，由此计算得出的位移和实际运动偏差很大。最近，相关人员采用微惯性测量组合传感器对导线舞动实施监测，通过陀螺仪可以实时掌握监测单元的空间姿态变化，避免单独使用加速度传感器带来的扭转误差，进而可准确实现导线舞动轨迹的还原。

（9）输电线路微风振动在线监测。

输电线路微风振动在线监测通过监测导线线夹附近的振动幅值曲线得到导线动弯应变值、振动频率和最大振动幅值等参数，进行导线疲劳磨损寿命的判断，并有利于改进防振措施。

（10）输电线路风偏在线监测。

输电线路风偏在线监测通过采集绝缘子串/导线的风偏角、偏斜角等参数，根据风偏模型计算出导线的电气间隙距离，并给出预警信息。

（11）输电线路杆塔倾斜在线监测。

输电线路杆塔倾斜在线监测通过采集杆塔顺线方向和横线方向的倾斜角度，计算得到杆塔在顺线方向和横线方向的倾斜度和综合倾斜度，并给出预警信息。

（12）输电线路导线弧垂在线监测。

输电线路导线弧垂在线监测方法有：基于导线温度的监测、基于导线倾角的监测、基于超声波/雷达/激光的监测、基于双目立体视觉的监测等。其中，基于导线倾角和温度理论计算导线长度变化得到导线弧垂；超声测距技术是基于导线可视为柔索的特点，利用超声雷达等测量工具测量出导线两杆塔之间任意一点的位置，计算导线的弧垂值；基于双目立体视觉理论的弧垂测量方法是从机器视觉的角度对导线进行图像处理得到导线弧垂。

（13）输电线路防外力破坏监测。

输电线路防外力破坏监测原理主要有：红外探测（被动式红外报警器）、声控探测、断线报警检测等原理。近年来国内外研发了诸多新型的杆塔防盗报警系统：如微波感应式防盗系统、基于加速度传感器防盗系统、基于振动传感器和雷达探测器的防盗系统，实时监测杆塔周围移动物体的状态信息，确定可能发生被盗的杆塔线路、位置、时间，并及时通知巡检人员。

（14）输电线路雷电定位监控。

输电线路雷电定位监控通过探测站测量每个云地闪的强度、极性、时间、方位、回击次数及每次回击的强度、极性、时间、方位，实现对各个地段的雷电日、地闪密度、雷电流幅值概率分布的分类统计，有利于采取有效的防雷措施，提高线路的耐雷水平。

具体输电线路在线监测技术的监测参量可参见表 1-1。

表 1-1　　　　　　　　　　　　输电线路在线监测与故障诊断的监测参量

设备	污秽电流	阻性电流	容性电流	导线温度	图像	视频	力	倾斜角度	风偏角度	振动	生物感应	超声	电磁波	光纤	雷电流	气象参数
微气象监测																✓
现场污秽度	✓													✓		✓
氧化避雷器	✓	✓														✓
导线温度及动态增容				✓				✓						✓		✓
图像/视频					✓	✓										
导线覆冰					✓		✓	✓								✓
导线舞动						✓		✓		✓						✓
微风振动										✓						
导线风偏									✓							
杆塔倾斜								✓								✓
导线弧垂					✓											
防外力破坏											✓	✓				
雷电定位															✓	✓

1.3.5　在线监测与状态检修

美国最早开展以在线监测为基础的状态检修工作，日本从 20 世纪八十年代开始对电力设备实施以状态分析和在线监测为基础的状态检修，而欧洲很多国家也采用状态检修来提高检修效率。国外统计资料表明，他们在实施状态检修后，一般可使设备大修周期从 3～5 年延长到 6～8 年，甚至 10 年，并且 1.5～2 年即可收回实施状态检修所增加的投资。应该说，国外在状态检修技术研究与实践应用方面都已取得了显著成绩。据美国电力研究院诊断检修中心的统计表明，实施状态检修提高设备利用率 5% 以上，节约检修费用 25%～30%。我国开展状态检修起步较晚，原水电部 1987 年颁布的《发电厂检修规程》（SD 230—1987）指出，应用诊断技术进行预知维修是设备检修的发展方向。应该说，状态检修在国内还是取得了一定的进展。

很多人存在一个认识误区，认为在线监测就是状态监测，其实在线监测并不等同于状态监测，更不是状态检修。在线监测是通过在线监测装置（各种在线监测技术）在不影响运行设备的前提下实时获取设备的状态信息，是状态监测的重要信息来源。状态监测包括在线监测、必要时的离线检测及试验，以及不与运行设备直接接触的（如 GPS 巡检、红外监测、直升机巡检等）所有可得到运行状态数据的几种监测手段。状态检修从理论上讲是比预防检修层次更高的检修体制。状态检修是基于设备的实际工况，根据其在运行电压下各种绝缘特性参数的变化，通过分析比较来确定电气设备是否需要检修，以及需要检修的项目和内容，具有极强的针对性和实时性。因此，可以简单地把状态检修概括为"当修即修，不做无为检修"。大多认为状态检修主要包含状态监测、状态分析与故障诊断、检修决策三个单元，其相互之间协调和修正，但状态检修技术随着在线监测技术的不断发展而逐渐进入实用化。与状态分析密切相关、能直接提高状态检修工作质量的理论与技术主要包括 4 个方面的内容，即线路检修预测、设备寿命管理与预测、设备可靠性分析、专家系统。具体的输电线路状态检修可参考图 1-6。

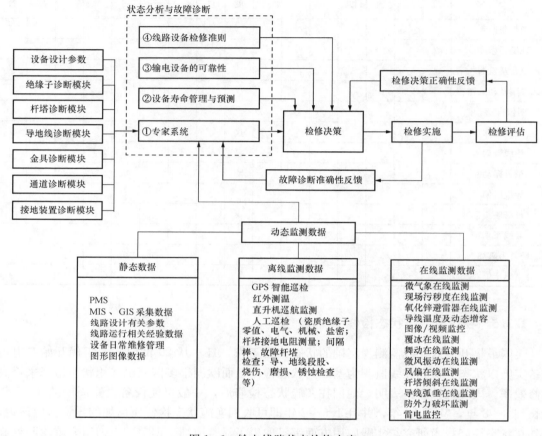

图 1-6　输电线路状态检修内容

　　输电线路状态维修还不能完全依赖在线监测的结果，一是在线监测系统本身还处于研发及试运行阶段；二是在线诊断的专家系统还处于不断完善的过程；三是设备老化及寿命预测的研究还处于初期阶段；四是在线监测系统的技术标准、诊断导则以及专家系统的智能化程度尚需一个形成及发展过程。目前及相当长的一个时期内，需要系统而深入地不断总结和分析设备状态诊断所积累的大量诊断数据，制定出各种设备、各种自然灾害的诊断标准和使用导则，经过若干年的实践与修订后，再与在线监测结果进行全面的分析对比，才可能进入真正的设备状态在线诊断新阶段。这个过程的实现关键取决于在线监测系统的稳定性、精确灵敏度、智能程度及满足工程需要的工艺水平。

1.4　输电线路在线监测技术问题与分析

　　在线监测技术是真正实现状态检修的重要基础，但在线监测装置由于发展时间短、运行条件恶劣等原因还存在一些问题。例如，2008 年冰灾后，南方电网安装了大量覆冰监测和图像/视频监测等在线监测装置，在线路运行监测中发挥了很大的作用。但在实际运行中也存在一些问题，2012 年国家电网公司初步统计输电线路在线监测产品的故障比例高达 32%，比如，覆冰监测装置能较准确地监测线路拉力的变化，但监控中心覆冰厚度计算模型的计算精度差，电力工作人员往往只能根据线路的拉力变化，粗略估计线路覆冰情况；此外，图像/视频监测装置在大风、冰雪等恶劣天气下，拍摄到的图片模糊不清甚至拍摄不到图片。总之，在线监测装置在可靠性、使用寿命、准确性方面与用户要求尚存在一定差距，上述问题既有装置本身的原因，也有用户管理维护的原因以及产品缺乏行业标准无法指导生产等原因。为了使在线监测技术真正成为防止电网大面积停电事故的关键技术，中国电力科学研究院对目前在线监测装置设计开发流程中存在的问题、不同在线监测装置存在的问题以及设备后期运行维护存在的问题进行了深入研究，分析了问题存在的原因并提出了相应的解决措施。下面将从技术标准、入网检测等方面进行相关分析。

1.4.1　技术标准

由于早期行业没有统一的技术规范，各厂家各自为政，往往在同一监控中心出现多家监测主机，系统存在架构不规范、装置接入不统一、孤岛运行、系统不稳定等问题，对用户使用和系统维护造成很大麻烦。2008 年南方冰灾事故后，南方电网公司迅速对在线监测通用技术规约及通讯协议做出了规定。2009 年国家智能电网规划中指出：在线监测装置应满足"信息化、自动化和互动化"以及线路运行应实现"状态化、标准化和安全化"。随后，国家电网公司致力于建立并不断完善状态监测标准体系，研究制定了《输电线路在线监测装置通用技术规范》、《输电线路气象监测装置技术规范》、《输电线路导线温度监测装置技术规范》、《输电线路微风振动监测装置技术规范》、《输电线路等值覆冰厚度监测装置技术规范》、《输电线路导线舞动在线监测装置技术规范》、《输电线路导线弧垂监测装置技术规范》、《输电线路风偏监测装置技术规范》、《输电线路现场污秽度监测装置技术规范》、《输电线路杆塔倾斜监测装置技术规范》、《输电线路图像视频监测装置技术规范》、《输电线路状态监测代理技术规范》、《输电线路在线监测系统数据库技术规范》和《输电线路监测系统集成技术规范》等 14 项。这些规范的制定为监测装置的标准化研制创造了良好条件，对于规范行业发展，提高系统可靠性，更好地保障高压输电线路的安全运行具有重要的意义。但产品标准制定工作相对智能电网发展来说较为滞后，已制定的标准还存在很多的不明确之处，相关通讯协议在不断完善，造成产品标准、生产厂家、运行单位在产品的技术要求和需求理解上的脱节，很大程度上影响了产品的质量和可靠性。综上所述，建议电网企业相关部门进一步细化相关技术标准，如统一传感器接口标准，对设备的体积重量做出明确规定，对设备的无阳光工作时间做强行测试，对入网设备的耐候性进行长期模拟测试等以提高设备的可靠性。

1.4.2　入网检测

2011 年之前，有些厂家设备设计不合理，集成度低、功耗大、稳定性差。产品样机研发阶段对各元器件的可靠性指标没有深入研究，所做的型式试验的种类和数量（包括对整机、部件和元器件）还远远不能满足可靠性设计的要求。产品大多在中国电力科学研究院、国网电力科学研究院、原西安高压电器研究所等国家权威机构进行电磁兼容和恶劣环境工作可靠性等方面的型式试验，但由于试验缺乏统一性和针对性，试验项目不完全，无法较全面发现产品设计缺陷，造成其在实际运行中的不稳定。

随着状态监测标准的制定和完善，为保障系统稳定、可靠运行，严格把控产品质量，统一市场监督，国家电网公司开展了在线监测装置入网检测工作。2011 年国家电网公司在中国电科院建设了输变电设备状态监测技术实验室，并通过了中国合格评定国家认可委员会和中国国家认证认可监督管理委员会评审，可开展各类输变电设备监测装置的入网检测。实验室设有计量室、环境室、电气性能安全室、软件及信息传输室、机械性能实验室等专业检测实验室。计量室主要检测传感器性能，包括振动、温度、角度、拉力、风速、风向、大气湿度等 10 种量值的计算标准；环境室主要用于检测在线监测装置的恶劣环境运行可靠性，可进行低温、高温、交变湿热、防尘、防水等试验；电气性能安全室主要是对在线监测装置最大耐受电流、供电性能的测试；软件及信息传输室主要检测数据传输规约、软件功能以及系统整体性能；机械性能实验室主要检测在线监测装置的机械性能，包括振动、疲劳、跌落、运输等。实验室目前检测对象包括气象、导线温度、等值覆冰厚度、绝缘子污秽、舞动、微风振动以及 CMA 等共 10 余类状态监测装置，依据国家标准、行业标准和企业标准，可开展计量、环境、机械安全、电气安全、软件评估和信息传输等共计 6 大类 35 项检测项目。

在线监测技术入网检测工作的开展，对于规范在线监测行业发展、提升设备状态可控、能控、在控水平具有重要的意义，有利于加强在线监测装置入网试验的标准化、规范化和产品质量提升。

1.4.3 技术关键

在线监测装置的稳定性是其推广及应用的关键，必须在以下技术关键点进行创新研究，以提升其产品质量。

1. 电路设计

现场监测装置为了能够在高低温、强磁场下稳定运行，需采取一些措施。硬件方面需要采用工业级甚至军品级的元器件，针对各输入输出接口，采取防雷、防渗、防干扰等保护电路设计，此外，各传感器和主电子线路分置于独立的屏蔽盒中，通过屏蔽盒内多层隔离的方法，防止大信号串入烧坏核心电路。在软件方面，除设置有常用的看门狗、防飞指令外，还应设置有大量的错误陷阱及标志，一旦程序出现任何问题，系统都能采取复位、自动纠错等方式自行维护，保证软件常年正常运行。另外，对于一些重要数据和标志，系统还采用多重备份的方式对其进行保护。目前行业人员大多提倡采用模块化、一体化设计，把监测装置的主控、数据采集、供电管理、模数转换（含视频编解码）、通信等模块需要完成的功能进行一体化集成设计，把应用服务器设计成可完成所有工作的模块，模块的开启、执行、关闭全部依靠软件完成，使设备在体积大小、结构合理性和可靠性上得到较好的保障。

2. 电源技术

现场在线监测装置需要常年对输电线路运行状态和环境参数进行在线监测，尤其视频/图像、光纤交换机、WiFi 通信等大功率组件的应用，杆塔供电问题成为系统功能实现和可靠运行的关键。杆塔监测单元可采用以太阳能对蓄电池进行浮充的供电方式，并采用微处理器对电池特性进行实时检测，严格按照蓄电池充放电特性曲线进行充放电控制。系统同时采用系统休眠、待机及定时开机的工作方式，使监测装置即使在无阳光情况下也可连续运行30 天以上，以确保其常年运行。但有些厂家由于电源控制电路功率设计冗余不足，蓄电池在很多情况下处于亏电状态，且太阳能板没有得到正确的维护，设备安装后没有定期对太阳能板表面进行灰尘、污垢等清扫，有可能造成太阳能板发电效率降低、甚至无法发电等问题，对于装置的正常使用造成了很大的影响；极端情况下电源输出功率不够，外设需求功率较高导致在连续阴雨天等恶劣气象条件下装置电源供给不足。因此装置供电单元须使用智能充电模式，供电时必须具有过欠压保护、过流保护。对于导线温度、导线舞动、微风振动等导线侧监测单元（传感器）则需要采取导线取能、高性能电池等方式供电。近年来，为提高监测装置的供电稳定性，提出了风光互补的供电模式，即通过微型风力发电机和太阳能电池板相互切换，保证供电的可靠性。该方法已经在电网公司试运行，但风力发电机存在发电功率低（中低风速条件下）、叶片结构强度不高易折断等缺点。

3. 传感器技术

由于输电线路在线监测技术发展较晚，传感器设计与应用水平较低，从别的行业移植过来的传感器存在安装不便、容易损坏、运行稳定性差等缺点。覆冰力学传感器、角度传感器和气象传感器已经得到初步应用，一些原来用于军事方面的传感技术已经移植到电气设备的状态监测上来，如光纤传感器、陀螺仪、加速度传感器等。目前研究重点就是发展集成化、阵列化、智能化的传感器和压敏、热敏及气敏等敏感元器件产品。除传感器本身的问题外，需要研究的还包括传感器应用条件约束问题。例如，在输电线路的舞动监测中，舞动监测数据的准确性直接取决于现场传感器的使用，前期主要采用倾角传感器和加速度传感器，由于传感器存在空间扭转等问题，造成监测数据一直不太精确。近年来，随着集成化、智能化传感器的发展，六轴惯性测量传感器（三轴加速度计和三轴陀螺仪组合）的出现，在线路导线舞动监测中，解决了以往传感器存在的空间扭转问题，提高了舞动监测精度。此外，国家电网公司（简称国网）、中国南方电网有限责任公司只对整套监测装置的通信协议（I1 和 I2）作出相应规范而没有对前端传感器的通信规约及接口进行规范，如果迅速出台前端传感器通信规约（I0）和接口安装规范，则可吸引传感器专业厂家加入，实现不同厂家传感器的通用化和专业化。

4. 数据通信

由于输电线路分布广、距离远，采用传统的 RS232、RS485、红外、无线电等短距离通信手段无法实现对输电线路的实时监测。通信技术是制约在线监测技术发展的瓶颈，随着 GSM/GPRS/CDMA/卫星通信技术的发展，实现远距离监测成为可能。杆塔上状态监测装置通过 GSM/GPRS/CDMA/3G/OPGW/OPPC 网络与 CMA 以及 CAG 进行远距离通信。通过优化天线设计、对通讯单元和采样单元进行时间和空间隔离、整机多层屏蔽、使用高增益定向天线等方式保证数据采集和通信的正常运行。在一般气候干燥地区存在 GPRS、3G 烧卡的问题，需要在电路上增加释放静电的电容。但各移动通信运行厂商未做到网络全覆盖，尤其是像覆冰监测类装置所处地区，往往属于移动通信的薄弱环节，信号强度弱、误码率高、通信速率低等现象经常发生，影响了产品的可用率。对于没有移动信号的地区可采用无线接力方式将信号传递到有移动信号杆塔，再通过 GSM/GPRS/CDMA/OPGW 等网络远距离传输。

近年来，随着智能电网建设的实施，状态监测装置通信网络主要采用 OPGW＋WiFi 和 3G/CDMA/GPRS＋WiFi 等组合通信方式。各厂家在基于 OPGW 的专网通信方面所采用的技术还没有统一；专网通信中所使用的交换机大都属于工业以太网交换机，存在着功耗大、无法防止单点失效、设备环境适应性差等比较严重的弊端。

5. 电磁兼容设计

在高电压、大电流的强电场环境中，以微电子线路为主体的监测装置常受到强电磁辐射、雷电冲击、高频噪声和谐波干扰等，引起装置可靠性降低，轻则产生误动作，重则装置"死机"。例如，出现电流测量功能 A/D 数据无法读出、射频发射模块损坏、太阳能充电控制器内部元器件损坏、塔上云台控制失灵等电磁兼容问题。为解决干扰问题，研究者和制造商们花费很多精力研究防电磁干扰的问题，在硬件和软件两方面都采用了相应措施，例如在射频电路上加强电磁兼容性（EMC）防护、太阳能板的输入电源加强 EMC 防护、状态监测装置和传感器之间采用双层金属屏蔽电缆等。

6. 生产制造环节

前期由于电力用户注重科技创新，用户需求经常发生变化，造成生产准备工作不足：电路板经常需要临时调整，供货周期较长的传感器到货后测试不充分，可靠性措施落实不得力；监测装置种类多、批量小，无法进行规模化生产，只能以手工装配为主，导致各个零部件一致性较差；缺少专门为设备制造过程所研制的各类工装，造成设备的产能低下，调试、测试和检验的项目存在遗漏、不严谨等现象，影响到设备的质量和可靠性；下游的元器件、部件生产厂家在供货质量、供货周期上无法满足生产进度要求，普遍存在供货周期长、产品质量差等问题；生产工艺文档、作业指导书、生产流程等指导性生产文件还不够完善。总之，现在急需制造商提升对状态监测装置的生产管理。

7. 实验检测方面

在线监测设备厂家缺少来料入库检验相关手段或装备，缺乏相关质量检测指标体系及管理规程；工程项目实施较多时，装置整体运行测试时间短，测试时间不充分。作为制造商，首先建立型式试验的长效机制：所有进厂的部件，均要求经过有资质单位的抽检，包括可靠性、精度、EMC 等试验；进行高温、低温、湿度、倾角、图像、拉力、日照强度、雨量、气压等各类精度测试；购置高低温交变湿热试验箱进行产品高低温试验。其次是装置的各个单元需通过老化试验找出薄弱环节，同时也要进行装置整体出厂老化试验。最后制定相应的出厂电磁兼容性试验标准。按照先前经验，在 750kV 以下的输电线路至少需通过以下 4 项试验：静电放电抗扰度试验四级、工频磁场抗扰度试验四级、浪涌（冲击）抗扰度试验四级、电快速瞬变脉冲群抗扰度试验四级。此外，建立设备故障分析处理制度，对于每一台出现故障的设备，均应由相关部门进行检测，提出解决方案，同时根据问题是否具有普遍性，采取积极应对措施和改进方案。

1.4.4 施工安装

针对输电线路在线监测产品现场安装，尚无专业安装队伍，大部分情况下现场上塔人员缺乏对产品安装使用方面的知识和经验，而厂家技术人员不能上塔只能在塔下临时指导塔上工人安装；部分厂家所编写的设备安装和使用手册等文档和培训资料不够完善，对安装前的培训重视程度不够。上述现象极易造成设备安装现场出现一些不必要的问题，如接插件插错导致设备损坏、太阳能板未正确安装、设备信号线未能按要求妥善地沿塔材敷设并固定，甚至装置吊装时会与杆塔碰撞造成设备损坏。

安装后需要对状态监测装置进行系统测试，方能验证安装是否正确，按照最新的国家电网公司标准，状态监测装置（CMD）必须通过输电线路状态监测代理（CMA）才能与监测中心（CAG）进行测试。但所有 CAG 和大部分 CMA 供货和调试时间大多滞后于输电线路监测装置的安装时间，无法利用 CAG 判断 CMD 装置数据准确性。CMA 装置的相关 17 位 ID 在项目实施过程中无法确定，导致在设备安装完毕后期调试时要重新通过后台设置去做相关联调。CMA 装置需要提供 CMD 和 CMA 的故障自判断功能，当由于网络或设备问题无法 PING 通 CMA 设备时（例如青藏交直流联网工程），对于 CMA 装置的好坏也无法判断，导致在线监测设备出现故障无法分清楚原因，致使相关厂家产生大量的维护费用。由于引入中间环节 CMA，取消了 CMD 生产厂家的监测中心后台（监测数据大多数都是通过内网进 CAG），使得厂家无法了解设备运行情况，影响了厂家的数据准确性分析和验收报告编写。现场安装 CMD 时，只有中心后台可以查看数据的运行情况，如遇到周末或假期安装设备，可能无法通过中心获知装置的安装运行情况。这样在线路安装过程中存在沟通效率低、责任推托等问题，需要落实厂家的相关责任与配合机制。

有些输电线路在线监测产品必须停电方能安装，但停电时间经常更改，厂家无法做到按照合同要求时间完成项目实施和项目验收。站内 CMA 需要在变电站进行相关的安装调试和维护，给测试、调试和维护带来很大的难度。有时从招标到供货周期短，厂家没有时间做深入的调研工作，对用户需求分析不够深刻，对现场运行环境的恶劣性了解不够，往往造成装置性能指标不能满足现场使用要求。

1.4.5 运行维护

1. 招标管理

国内的输电线路在线监测装置的招投标管理上还存在许多问题，如各生产厂家、各使用单位对产品标准的理解不一致，常常会在产品的技术要求上根据自己的理解掺入一些主观要求，造成产品缺乏一致性，而厂家在中标后会因为这些不同的要求临时更改设计，对产品的质量和可靠性产生影响；招投标后合同签订时间与供货时间之间的周期太短，留给厂家进行元器件采购、生产、测试的时间非常紧张，造成很多情况下产品未经测试或草草测试就出厂，严重地影响了产品的质量和可靠性；对一些严重影响产品可靠性的部件，使用单位应作出统一规定，比如铅酸蓄电池不符合输电线路现场运行环境的要求，就应该强制各厂家选择其他高性能电池，通过制度上的完善来提升整个行业的产品质量。电力系统已经认识到上述问题并已起草相关招标规范，从厂家产品质量监控、规范统一招标、设备测试完整甚至产能分析等方面进行研究与部署。

2. 运行管理

实行状态检修，必须要有能描述状态的准确数据，即要有大量的有效信息用于分析与决策，这就涉及状态数据管理。输电线路在线监测系统涉及大量的数据，且数据关系复杂、类别繁多，主要分为三大部分：①大量输电线路的属性数据，如线路设计条件、运行年限、设备健康情况、地质、地貌、设备危险点、施工图和施工录像等；②运行管理的各种申请、审批报表等；③在线监测设备提供的线路状态数据，如导线覆冰、导线温度、导线舞动频率、杆塔现场图片以及环境温度、湿度、风速、风向、雨量和大气压力等。如何将众多数据进行有效地存储、管理和利用是输电线路状态运行管理系统首要考虑的问题，同时也是很难解决的问题。输电线路在线监测数字化系统的建设，尽管状态监测数据相对完备，但在进行其他相关数据整理和收集时发现，许多设备的静态数据，比如台账、出厂试验、技术规范等由于设备老旧无法查找，而且一些准动态数据，比如定期试验、缺陷情况及处理过程的情况，由于重视程度不够也有所丢失。如果要开展输电线路运行的状态评价，就必须按照图 1-5 的要求，逐步完善输电线路的静态、动态、离线等相关数据，通过建立各种诊断模块进行输电线路的状态评价。

3. 现场维护

在线监测装置同其他设备一样需要进行维护，但目前尚未出台运行维护标准和制度。在线监测传感器及前置放大器等辅助器件，长时间运行在复杂而恶劣环境中后，电子器件老化，相应特性及灵敏度等发生变化，如光敏、气敏等传感件敏感性降低、机构部件不灵等，都会使监测的数据发生偏差，装置厂商需要给出可靠的免维护时间或更换周期，厂商与用户可通过分析数据和通信报文及时了解和掌握装置运行状况，制定检修方案，及时供应检修中的设备部件和备用品。厂商需要建立产品运行信息管理网站和高水平的快速反应维护队伍，用户也需要配置从事在线监测装置维修与技术管理的专职工程师，定期对整体装置进行性能标定、检修。

4. 在线监测技术选择

基于在线监测的状态检修将逐步取代带有盲目性的强制性计划检修，减少因维修不足带来的强迫停运损失和事故维修损失，减少因过剩维修带来的人力物力浪费，提高维修工作效率和增加设备的可用率。实施在线监测和状态检修是对现行检修管理体制的改革，是一项复杂的系统工程。在安装在线监测装置前，首先需要考虑所选用的在线监测技术是否成熟、有效和可靠，能否长期稳定工作。一般建议从两方面来综合考虑：①被监测设备的重要性；②监测系统的成本效益。如果设备运行工况正常，日常维护和实验结果正常，尤其是一些定期进行的带电检测项目结果等也正常时，则从经济性的角度可考虑推迟选用在线监测技术。

5. 专业人才培养

高素质的检修人员（包括管理人员、技术人员和检修人员）是状态检修能否取得成功的关键。在定期检修方式下，各种数据收集和分析人员能够轻易地背出各种设备检修的周期和标准，但实施状态检修所要求的专业人才则少之又少。状态检修人员必须掌握在线监测与故障分析的基础手段，能初步评价设备的运行状况，参与制定检修决策、优化检修计划和检修工艺。

1.4.6 状态诊断策略

1. 状态量选择问题

要求所选的监测状态量能够有效地反映设备的特征状态，其测量准确度要满足状态评估的要求，状态量的选择是选用在线监测技术的重要环节。在线监测的主要任务是对主设备运行的状态量进行监测，状态量既包含一些可实现在线监测的离线试验参数，也包含不断研究和引入的一些反映设备运行状态的新状态量，从而全面地反映设备的运行状态。此外，在运行电压下测量的状态量比预防性试验所加试验电压下的同一状态量更能真实地反映设备运行的实时状态。

在线监测能实现连续监测设备运行状态的变化，但要判断被监测设备是否需停电维修或报警，还需要积累大量的经验和数据；同时离线试验与在线监测的同一个特征量是否等价也还需要运行经验来检验。对于运行部门最关心的报警阈值问题，其阈值只能按已有的运行经验和参考同类设备安装在线监测设备后连续监测的数据变化规律或已发生事故的数据来确定，但因同一类输变电设备不同厂家采用的工艺水平、材质等也有很大差异，实际上也很难规定不同类型输电设备的统一报警阈值。随着在线监测装置的推广应用，在掌握大量数据变化规律与设备故障的实践经验后，最终可制定出不同输变电设备的报警阈值范围。在线监测数据与离线试验数据之间有一定差异，不能简单地把在离线试验诊断标准中的阈值作为在线监测数据的诊断标准。

2. 智能算法

模糊控制、神经网络、专家知识等智能算法已经开始应用于在线监测。由于神经网络具有突出的特征提取、模式识别和模式分类的能力，可用来提取设备状态特征、状态识别和故障诊断。而基于知识的系统（专家系统）则具有知识的综合、推理、判别的能力，因而可应用于设备的综合管理、状态评估和系统集成。此外，近年发展迅速的小波变换，用于突变的非平稳信号的分析，比传统的 FFT 变换有更好的效果，因此用它来分析由于状态的变化而引起的信号突变及特征提取将是一种很有用的工具。本书研究了基于模糊控制的覆冰预测模型，基于微惯性测量的舞动定位算法和视频/图像差异化识别算法等，并在在线监测装置设计中获得了很好的应用。

3. 状态在线监测与剩余寿命在线预测技术

大多数工业化国家的电力基础设施在 20 世纪 60 至 70 年代间得到极大扩充，因此多数电力主设备的在役时间为 25～30 年，且进入老化阶段的设备所占份额愈来愈大。这种情况迫使各电力公司开始考虑如何延长设备寿命并保证效益。运行状态在线监测与剩余寿命在线预测技术的应用，有利于科学合理地安排检修和提高设备的可用率。在线监测的优点是能对输电线路状态进行监测，在积累大量数据和总结出状态变化规律后，诊断系统应具有对运行状态进行实时在线评估和剩余寿命在线预测的功能，这将是研究的重点内容之一。

从图 1-7 可知，输变电设备在整个服役期内的故障通常分为 4 个阶段：设备投运初期（1 年左右），在制造、安装、调试过程中遗漏的缺陷会暴露出来，运行人员对新设备的操作或维护不当也可导致意外故障，因此在线监测装置最好进行连续实时监测，以便及时发现并排除故障；在稳定期（运行 5～10 年），为延长在线监测装置的使用寿命，可实行定时循检；在劣化阶段（运行 10～20 年）要根据稳定期的监测情况，缩短定时循检时间（最好 1 天循

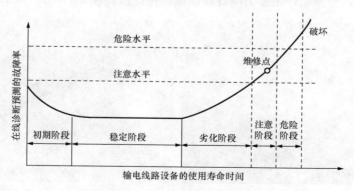

图 1-7　输电线路在线监测评估与剩余寿命预测示意图

检多次），并根据监测状态量的变化规律定期对运行状态和剩余寿命不断做出评估及预测，在危险阶段运行（运行20年以上）要调整为连续实时监测，在报警的同时要给出健康状况在线评估及剩余寿命在线预测的结果和状态维修策略。

4. 强化常规检测手段

计划检修条件下的常规检测在掌握设备运行状态方面积累了一定的经验，是推行状态检修的有效基础，特别是在检修制度改革的初期能起到较好的衔接和推动作用。为了适应状态检修，必须强化常规检测，所谓"强化"就是要根据设备的原始状态、运行环境、历年状态变化趋势等因素，确定更为合理的测试周期，把在系统中处于重要地位的设备和设备的薄弱环节列为被测试的重点，列出能有效反映设备主要异常状态的重点测试项目，从改善测试环境条件、测试仪器功能、测试方法、测试人员素质等方面努力提高测试数据的可信度，基于各种测试数据对设备状态做出评估。

5. 状态监测中心功能尚需进一步完善

状态监测中心功能主要是实现数据的基本展示及统计，其支撑运维检修精密化管理的功能尚显不足，需要结合大检修体系建设和运维检修需求，进一步完善系统功能，强化监测信息告警、状态监测模块、PMS业务流程融合、监测数据高级应用、设备状态评估等功能，提高状态监测中心对状态检修的支持能力。

1.5 输电线路在线监测技术应用与发展

1.5.1 现场应用情况

2008年南方电网冰灾事故后，在线监测装置大量应用于输电线路运行状态的监测，安装现场可参考图1-8。随着2009年国家智能电网建设的实施，在线监测技术的标准化和技术水平得到快速提升。输电线路在线监测技术已经在国内首条晋东南—南阳1000kV交流特高压输电线路全段、青藏交直流联网工程、向家坝—上海±800kV直流特高压输电线路全段、西北平凉—乾县750kV输电线路全段、三峡输变电工程等国家重点工程以及各网省公司新建设的超高压输电线路安装运行，已经及时发现多起线路安全隐患，对保障输电线路安全稳定运行发挥了重要的作用。例如，2006年4月13日，神原Ⅰ线109杆塔垂直载荷突然增大到1.6t以上，专家软件根据力学计算模型得出该线路在4月12～14日之间产生覆冰现

图1-8 在线监测装置安装现场

象，最大覆冰厚度达 8mm（设定覆冰密度为 0.5g/cm³）；2008 年 2 月 25 日，西昌电业局安装的图像监控系统成功监测到输电线路的突然覆冰事件；2009 年 10 月 19 日，监测到 1000kV 特高压交流输电线路 414 号杆塔顺线方向倾斜度达到 14.89°，超过安全值，河南送变电建设公司及时对该杆塔进行处理；2010 年 2 月 28 日，山东电力公司 67 条 220kV 及以上线路由于舞动跳闸，所安装的输电导线舞动在线监测装置首次量化记录了导线舞动的实时信息和气象条件，有利于提出导地线防舞措施和计划。

1.5.2　未来发展

输电线路在线监测技术的应用，一方面可逐步取代传统的人工巡检，加强对输电线路的实时监测，充分掌握线路运行状态和气象条件，将污闪、覆冰、微风振动以及设备自身故障等事故消除在萌芽状态，提高线路运行的可靠性；另一方面可全面收集和积累线路运行及气象资料，为输电线路设计、运行维护提供基础数据。输电线路在线监测技术已经成为智能输电线路的关键技术之一，其主要发展方向如下：

（1）实用性提高。目前逐步形成主流实用的在线监测技术，如覆冰、气象、图像/视频、微风振动等监测技术，其他技术还需要进一步完善后方能得到推广应用但也有可能会逐步退出市场。当然随着科技进步和一些关键技术突破，一些高科技手段有可能应用到输电线路在线监测领域，如线路巡线机器人、无人巡线飞机等。

（2）标准出台和修订。尽管现在已经出台了一些标准，但有些标准内容并不科学合理，必须结合现场应用情况进行标准的修订工作，如现行 CMA 标准忽略输电线路电源限制，导致塔上 CMA 运行效果差，国网最新输电线路在线监测技术招标规范中，提出了服务器版 CMA，克服塔上 CMA 的种种缺点。再如现行通信规约仅涉及 CMD 与 CMA 和 CMA 与 CAG 之间的通信规约，但尚无 CMD 与传感器之间的通信规约，今后需要补充这方面规约；且现行规约仅涉及前期较成熟的在线监测技术，针对一些新技术则无相关技术规范，如线路防盗、巡线机器人等。

（3）CMD 的智能化与集成化。CMD 主要完成信息的采集与传输，数据分析与计算功能通过后台 CAG 来实现，将来数据采集、分析、计算、预警等模块将会逐步嵌入到 CMD 中；CMA 经过几次功能缩减，现仅完成数据协议转换和数据加密功能。CMA 的这部分功能完全可嵌入到 CMD，如果再出台了 CMD 与传感器之间的通信规约，则可实现 CMD 功能的智能化与集成化。

（4）输电线路状态评价技术发展。在线监测技术要成为运行维护的有效手段就必须大力发展基于在线监测技术的状态评价技术，电力企业大多已成立了输变电设备状态评价中心，将重点进行这方面的研究工作。

输电线路在线监测关键技术基础

目前，输电线路在线监测系统主要由传感器、状态监测装置（CMD）、状态监测代理（CMA）、状态信息接入网关机（CAG）、生产管理系统（PMS）等组成。对于运行在输电线路上的装置（传感器、CMD 和塔上 CMA 等）来讲，传感器、数据采集、工作电源、数据通信和通信协议等是设计的关键点，本章将对上述关键点进行分析与探讨。

2.1 传 感 器

传感器作为输电线路在线监测技术的感知单元，其对装置的精度、可靠性起着重要的作用。在实际应用中，传感器可分为电量和非电量两大类，电量是指物理学中的电学量，如电压、电流、电阻、电容、电感等；非电量是指电量之外的一些参数，如温度、湿度、压力、位移、角度、重量、风速和风向等。非电量传感器的主要作用是将非电物理量转换成与其有一定关系的电量，而测量电路则将传感器输出的电量信号进行处理和变换，从而实现测量、显示、控制和通信。本节主要介绍输电线路在线监测技术常用的传感器。

2.1.1 温湿度传感器

2.1.1.1 温度传感器

温度传感器是利用一些金属、半导体材料与温度之间的有关特性而制成的，这些特性包括膨胀、电阻、电容、磁性、热电势等。温度传感器从使用上可分为接触型和非接触型，前者要将传感器直接接触被测量物体，后者则是利用被测物体发射的红外线，将温度传感器安装在离被测物体有一定距离的位置上进行测量。温度传感器种类很多，有铂电阻、热电偶、双金属片、热敏电阻、半导体管及集成电路传感器等，其特性见表 2-1。除此之外，还有集成温度传感器。

表 2-1   温度传感器特性比较

传感器类型	温度范围（℃）	精度（℃）	直线性	重复性（℃）	灵敏度
铂电阻	$-200\sim600$	0.331	差	0.310	不高
热电偶	$-200\sim1600$	0.530	较差	0.310	不高
双金属片	$-20\sim200$	110	较差	0.550	不高
热敏电阻	$-50\sim300$	0.220	不良	0.220	高
半导体管	$-40\sim150$	1.0	良	0.210	高
集成电路	$-55\sim150$	1.0	优	0.3	高

其中，集成温度传感器将传感部分、放大电路、信号处理电路、驱动电路等集成在一个芯片上，具有线性度好、一致性高、体积小、使用方便等优点，在许多领域得到了广泛应用。目前常用的集成温度传感器见表 2 - 2。

表 2 - 2 集 成 温 度 传 感 器

型 号	输出形式	使用温度范围（℃）	温度系数	引 脚
μPC6161A SC6161A	电压型	−40～125	10mV/℃	4 脚
μPC6161A SC6161A	电压型	−25～85	10mV/℃	8 脚
LX5600	电压型	−55～85	10mV/℃	4 脚
LX5700	电压型	−55～85	10mV/℃	4 脚
LM3911	电压型	−25～85	10mV/℃	4 脚
LM134 LS134	电流型	−55～125	1μA/℃	4 脚、8 脚
SL334	电流型	−0～125	1μA/℃	3 脚
AD590 LS590	电流型	−55～155	1μA/℃	3 脚
AN6701S	电压型	−10～80	105～113mV/℃	8 脚
DS1620	数据	−55～125		8 脚

1. AN6701S 集成温度传感器

AN6701S 集成温度传感器常用的电路见图 2 - 1，其外围器件很少，且具有灵敏度高、线性度好、精度高和响应快速的特点，在工业机械和家用电器中的温度控制仪器、温度检测和温度补偿等方面得到了广泛应用。

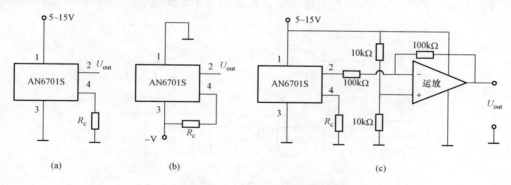

图 2 - 1 AN6701S 典型应用电路
(a) 正电源电路；(b) 负电源电路；(c) 输出极性反转电路

2. LM134 集成温度传感器

由 LM134 等构成温度—电压变送电路。电路中，采用 LM224 单电源供电运算放大器作放大处理电路，其中 A1 提供一个可调整的参考电压 U_{REF}；A2 为阻抗隔离缓冲器，用以提高被测精度；A3 为比较放大器，用以将温度的变化转换成与摄氏温度成比例的电压的变化，以便测量和显示，电路见图 2 - 2。

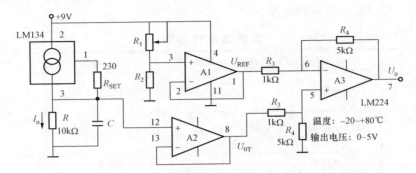

图 2 - 2　由 LM134 构成的温度变送器

其中，U_{REF} 为温度在 $-20\,℃$ 时 LM134 的输出电压值，$U_{REF}=2.53\text{V}$。即当 $t=-20\,℃$ 时，$U_{OT}=2.53\text{V}$，$U_0=0\text{V}$。当 $t=25\,℃$ 时，$U_0=0.45\text{V}$（可微调 R_1 进行校准）；当 $t=80\,℃$ 时，$U_0=5\text{V}$。

输出电压与温度之间的关系由式（2 - 1）决定

$$U_0=\frac{R_4}{R_3}(U_{OT}-U_{REF})=\frac{R_4}{R_3}\big[(10\text{mV}/℃)\times(273+t)-U_{REF}\big]\qquad(2-1)$$

3. AD590 集成温度传感器

AD590 集成温度传感器的基本使用电路见图 2 - 3。

把 AD590 与一个电阻和电源接成图 2 - 3（a）所示的电路，便可接成基本的温度检测电路，它将电流信号变为电压信号输出，R 上电压正比于温度，其灵敏度为 1mV/K。若用几个 AD590 与一个 R 串接则可构成如图 2 - 3（b）所示的最低温度检测电路，电阻上电压输出反映的是最低温度。如果把几个 AD590 并联后和一个电阻 R 串联，则可得到如图 2 - 3（c）所示的平均温度检测电路，电阻 R 上输出电压反映的是平均温度。

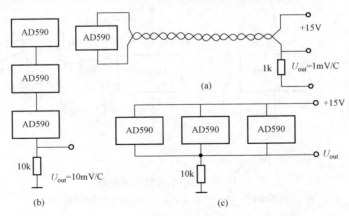

图 2 - 3　AD590 传感器常用电路
（a）单点温度检测电路；（b）最低温度检测电路；（c）平均温度检测电路

4. DS1620 数字温度传感器

DS1620 是 Dallas 公司推出的数字温度测控器件，测量温度范围为−55～125℃。

（1）DS1620 封装及引脚功能。DS1620 采用 8 脚 DIP 封装或 8 脚 SOIC 封装，引脚功能见表 2-3。

表 2-3　　　　　　　　　　DS1620 引 脚 功 能

引脚	名称	功　　能	引脚	名称	功　　能
1	DO	三线制的数据输入/输出	5	T_{TOM}	温度高/低限触发输出
2	CLK/$\overline{CONV}$	三线制的时钟输入和标准转换输入	6	T_{LOW}	温度低限触发输出
3	$\overline{RST}$	三线制的复位输入	7	T_{THIGH}	温度高限触发输出
4	GND	地	8	V_{DD}	3～5V

（2）温度值数据格式。在 0～70℃精确度为±0.5℃，−40～0℃和 70～85℃精确度为±1℃，−55～40℃和 85～125℃精确度为±2℃。DS1620 的温度值为 9 位数字量，数据用补码表示，最低位表示 0.5℃，其典型温度的数字量如表 2-4 所列。通过三线传送数据时，低位在前，高位在后。DS1620 读出或写入的温度数据值可以是 9 位字（在第 9 位后将置为低电平），也可以作为两个 8 位字节的 16 位字，其高 7 位为无关位。

表 2-4　　　　　　　　　　DS1620 几个典型温度的数字量

温度（℃）	数字输出（二进制）	数字输出（十六进制）
+125	011111010	00FAH
+25	000110010	0032H
+0.5	000000001	0001H
0	000000000	0000H
−0.5	111111111	01FFH
−25	111001110	0ECEH
−55	110010010	0192H

（3）应用实例。

1）无 CPU 的应用设计。DS1620 有三个温度触发输出，都可作为温控端使用，用于控制加热或制冷装置。在设置控制/状态寄存器以及 TH 和 TL 寄存器内容后，DS1620 可在无 CPU 情况下单独作温控器使用。TH 和 TL 寄存器中的温度报警限设定值存放在非易失性存储器中，掉电后不会丢失。通过三线串行接口，完成温度值的读取和 TH、TL 的设定。图 2-4 是用 T_{TOM} 作控制的应用实例。当环境温度高于 TH 寄存器的温度设定值后，T_{TOM} 输出为高，VT 导通，继电器触点闭合，启动风扇散热；当环境温度低于 TL 寄存器的设定值后，T_{TOM} 输出为低电平，VT 截止，继电器触点断开，风扇停转。

2）有 CPU 的应用设计。硬件连线如图 2-5 所示，用 AT89C51 单片机作 CPU 来操作 DS1620 的。单片机的 P1 口连接 DS1620 的三线通信接口：P1.1 接 DQ，P1.2 接 CLK/$\overline{CONV}$，P1.3 接 $\overline{RST}$。

2.1.1.2　湿度传感器

通常用大气中水汽的密度来表示大气的干湿程度，即以每 $1m^3$ 大气所含水汽的克数来

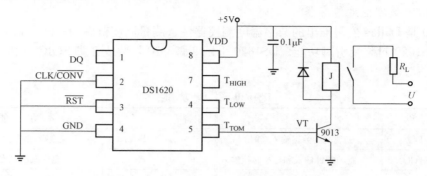

图 2-4　用 DS1620 构成的温度控制实例

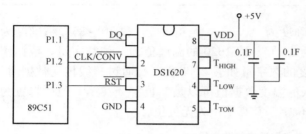

图 2-5　DS1620 和 AT89C51 连接图

表示它，称为大气的绝对湿度。但由于人们对干湿的感觉除了绝对湿度外，主要还与大气中的水汽离饱和状态的远近程度有关，因此通常把大气的绝对湿度与当时气温下饱和水汽压的百分比称为大气的相对湿度，即

$$H = \frac{D}{D_s} \times 100\% (\text{RH}) \qquad (2-2)$$

式中，H 为相对湿度（%）；D 为大气的绝对湿度（mmHg）；D_s 为当时气温下的饱和水汽压（mmHg）。

式（2-2）表明，若大气中所含水汽压的压强等于当时气温下的饱和水汽压强时，这时大气的相对湿度等于 100（RH）。湿度传感器的类型较多，其中高分子电容式湿度传感器在工业应用广泛。

1. 湿敏电容的工作原理及 HS1101 性能

湿敏电容是一种在高分子薄膜上形成的电容，在高分子薄膜上的电极是很薄的金属微孔蒸发膜，水分子可通过两端的电极被高分子薄膜吸附或释放，随着这种水分子的吸附或释放，高分子的介电系数将发生相应的变化。由于介电系数随空气的相对湿度变化而变化，所以只要测定电容值就可对应得出相对湿度。

HS1101 是基于独特工艺设计的固态聚合物结构，如图 2-6 所示，具有以下特点：①在电路中等效于一个电容器 C_x，其电容随所测空气的相对湿度增大而增大且具有极好的线性输出，在相对湿度为 0%～100%RH 的范围内，电容值由 163pF 变化到 202pF，其误差不大于±2%RH；②湿度量程为 1%～99%RH，工作温度范围为 -40～100℃，湿度输出受温度影响极小（温度系数仅为 0.04pF/℃）；③防腐蚀性气体；④常温使用无需温度补偿，无需校准；⑤相对湿度在 33%～75%RH 之间，电容与相对湿度的变化为 0.34pF/%RH，相对湿度为 55%RH 时的典型电容值约 182pF；⑥高可靠性及长期稳定性，年漂移量 0.5%RH；⑦响应时间小于 5s。典型的 HS1101，其电容值与相对湿度的关系如图 2-7 所示。电容值与相对湿度之间的关系如下

$$C(\text{pF}) = C@55(1.25 \times 10^{-7}\text{RH}^3 - 1.36 \times 10^{-5}\text{RH}^2 + 2.19 \times 10^3\text{RH} + 9.0 \times 10^{-1})$$

$$(2-3)$$

由曲线可以看出相对湿度为 55％RH 时，对应的电容值约 182pF，即 C@55＝182pF，即相对湿度为 55％RH 时对应的电容值为 182pF。如相对湿度达 100％RH 时，可算出电容值 C_x

$$C_x = 182\text{pF} \times (1.25 \times 10^{-7} \times 100^3 - 1.36 \times 10^{-5} \times 100^2 + 2.19 \times 10^3 \times 100 + 9.0 \times 10^{-1})$$
$$= 201.7\text{pF} \tag{2-4}$$

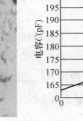

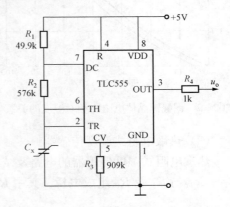

图 2-6　湿敏电容结构示意图　　　　　图 2-7　HS1101 的电容值与相对湿度的关系

湿敏电容将空气中湿度的变化转换成电容的变化，要想将湿度变化转换成电信号，需要将电容 C_x' 置于电路中，通过电路将电容转换成电压或电流信号，以便测量、显示或控制。目前常用的方法：一种是将湿敏电容 C_x 置于振荡电路之中，将电容的变化转换为与之成反比的振荡频率变化，该频率信号可以直接被微控器采集或通过频率/电压变换采集；另一种是将湿敏电容 C_x 置于可调脉冲发生器中，将电容的变化转换成脉冲宽度的变化，然后通过低通滤波器，将脉冲宽度的变化转换为与之成正比的直流电压输出。

图 2-8 是一个将湿敏电容 C_x 置于由 555 时基电路构成的振荡电路，其中 3 脚为输出端，输出频率 f 由湿敏电容 C_x 及 R_1、R_2 决定。输出方波高电平时间为

$$t_H = \text{Ln}2 \cdot (R_1 + R_2)C_x \tag{2-5}$$

输出方波低电平时间为

$$t_L = \text{Ln}2 \cdot R_2 C_x \tag{2-6}$$

输出方波信号的周期为

$$T = t_L + t_L = \text{Ln}2(R_1 + 2R_2)C_x \tag{2-7}$$

输出方波信号的频率为

$$f = \frac{1}{T} = \frac{1.443}{(R_1 + 2R_2)C_x} \tag{2-8}$$

图 2-8　湿度—频率输出振荡电路

HS1101 传感器在不同的相对湿度中的电容值 C_x 不同，而 C_x 改变使频率发生相应的变化。R_4 是防止输出短路时的保护电阻，R_3 用于平衡温度系数。图 2-8 所示振荡电路中输出信号的频率随着相对湿度值增大而减小，输出信号频率典型值见表 2-5。

表 2-5　　　　　　　　　输出信号频率与相对湿度在 25℃时的测试值

%RH	0	10	20	30	40	50	60	70	80	90	100
f（Hz）	7285	7159	7035	6913	6791	6667	6540	6409	6273	6130	5978

2. 其他湿度传感器

（1）铌酸锂晶体湿度传感器。

铌酸锂晶体湿度传感器具有良好的耐老化特性，在环境温度 70℃、相对湿度 91％RH 条件下试验 3000h，其特性几乎不变。图 2-9 给出了铌酸锂晶体湿度传感器的电阻与相对湿度之间的关系。

（2）石英晶体湿度传感器。

如果在石英振子的表面，采用真空喷涂法涂覆一层能吸附和释放水分子的薄膜，那么石英振子就成了一个湿度传感器。当水分吸附在石英晶体表面时，石英振子的机械参数改变，机械振荡的能量损失增大，使得谐振器的等效电阻增加。与此同时石英晶体的质量和弹性也会发生变化，导致由石英振子组成的振荡器频率的改变。

石英晶体湿度传感器的湿敏性以等效电阻 ΔR_{qa} 表示，并可由式（2-9）确定，即

$$\Delta R_{qa} = K_0 \times a_0 \tag{2-9}$$

式中，K_0 为石英晶片的机械变换系数，它取决于切片、振荡形式和晶体尺寸；a_0 为和吸附水分子特性有关的系数，与感湿膜的材料有关。

图 2-10 给出了石英晶体湿度传感器的等效电阻与相对湿度之间的关系。从图中可以看出，石英湿度晶体传感器的温度系数不大，因此，在使用时可以不要温度补偿。

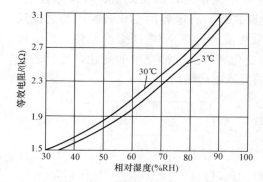

图 2-9 铌酸锂晶体电阻与相对湿度的关系   图 2-10 石英晶体湿度传感器电阻与相对湿度的关系

（3）热敏电阻式湿度传感器。

热敏电阻式湿度传感器的电路及结构如图 2-11 所示。将两个特性完全相同的热敏电阻 R_{T1}、R_{T2} 与 R_1 及 R_{P1} 组成电桥。其中 R_{T2} 作为温度补偿元件被封入一个小盒内，而 R_{T1} 作为

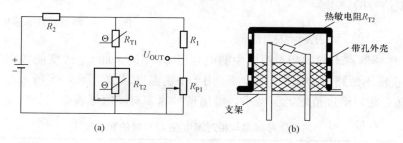

(a)   (b)

图 2-11 热敏电阻式湿度传感器的电路及结构

（a）电路；（b）结构

湿敏检测元件，用金属支架固定在有通气孔的小盒内，小盒的容积应和封入 R_{T2} 小盒的容积一样。当电流流过热敏电阻时，应使热敏电阻自身的发热温度达 20℃ 左右，这样就组成了热敏电阻式湿度传感器的电路。

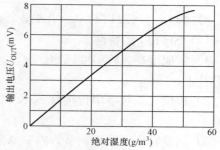

调节电位器 R_{P1}，使传感器在干燥空气中的电路输出为零。这样在传感器接触空气后，由于空气中水汽含量不同，空气的热传导率就会发生相应的变化，检测元件 R_{T1} 的阻值也随着做相应的变化。因空气中水汽含量的变化，电桥失去平衡，输出的不平衡电压 U_{OUT} 和空气的绝对湿度有着一定的函数关系，如图 2-12 所示。表 2-6 列出了绝对湿度和传感器输出电压的对应关系。

图 2-12　电阻式传感器 U_T 对湿度的关系

表 2-6　　　　　　　　　　绝对湿度和传感器输出电压的对应关系

绝对湿度（g/m³）	输出电压（mV）	绝对湿度（g/m³）	输出电压（mV）
0	0.000	25	4.207
5	0.957	30	4.924
10	1.850	35	5.596
15	2.670	40	6.218
20	3.454	45	6.800

2.1.1.3　集成温湿度传感器 SHT11/SHT71

集成温湿度传感器将温度感测、湿度感测、信号变换、A/D 转换等功能集成到一个芯片上；以下主要介绍 SHT11/SHT71 系列集成温湿度传感器及典型温湿度变送器的应用。

1. SHT11/SHT71 的特性及工作原理

SHT11/SHT71 系列单片集成传感器是 Sensirion 公司推出的一种可以同时测量湿度、温度和露点的传感器，不需外围元件直接输出，经过标定的相对湿度、温度及露点的数字信号，可以有效解决传统温、湿度传感器的不足。

（1）SHT11/SHT71 的引脚功能。SHT11/SHT71 系列单片集成传感器是利用 CMOSensTM 技术制造的，采用两种不同的封装形式，SHT11 为 SMD（LCC）表面贴片封装形式，SHT71 为单列直插 4 脚封装形式，这两种封装对应的引脚功能完全相同，排列顺序如图 2-13 所示。各引脚的功能如下：

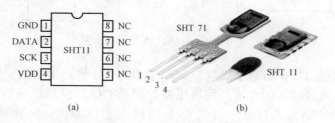

图 2-13　SHT11/SHT71 系列管脚排列图

(a) 示意图；(b) 实物图

1）脚 1 和脚 4——信号地和电源，其工作电压范围是 2.4～5.5V；

2）脚 2 和脚 3——为二线串行数字接口，其中 DATA 为数据输入、输出线，SCK 为时钟线；

3）脚 5～8（SHT11）——未连接。

（2）SHT11 的特性。

1）集成度高，将温度感测、湿度感测、信号变换、A/D 转换和加热器等功能集成到一个芯片上；

2）提供二线数字串行接口 SCK 和 DATA，接口简单，支持 CRC 传输校验，传输可靠性高；

3）测量精度可编程调节，内置 A/D 转换器（分辨率为 8～12 位，可以通过对芯片内部寄存器编程选择）；

4）测量精确度高，由于同时集成温湿度传感器，可以提供温度补偿的湿度测量值和高质量的露点计算功能；

5）封装尺寸超小（7.62mm×5.08mm×2.5mm），测量和通信结束后，自动转入低功耗模式；

6）可靠性高，采用 CMOSens 工艺，测量时可将感测头完全浸于水中。

（3）SHT11/SHT71 的内部结构和工作原理。图 2-14 是 SHT11 的内部结构框图。该芯片包括一个电容性聚合体湿度敏感元件和一个用能隙材料制成的温度敏感元件。这两个敏感元件分别将湿度和温度转换成电信号，该电信号首先进入放大器进行放大；然后进入一个 14 位的 A/D 转换器；最后经过二线串行数字接口输出数字信号。SHT11/SHT71 在出厂前，都会在恒湿或恒温环境进行校准，校准数据存储在校准寄存器中；在测量过程中，校准系数会自动校准来自传感器的信号。此外，SHT11/SHT71 内部还集成了一个加热元件，加热元件接通后可以将 SHT11/SHT71 的温度升高 5℃左右，同时功耗也会有所增加。此功能主要是为了比较加热前后的温度和湿度值，可以综合验证两个传感器元件的性能。在高湿（＞95％RH）环境中，加热传感器可预防传感器结露，同时缩短响应时间，提高精度。加热后 SHT11 温度升高、相对湿度降低，较加热前，测量值会略有差异。

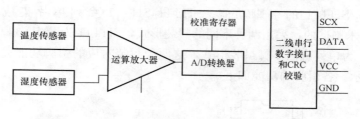

图 2-14　SHT11 内部结构框图

微处理器是通过二线串行数字接口与 SHT11/SHT71 进行通信的。通信协议与通用的 I^2C 总线协议是不兼容的，因此需要用通用微处理器 I/O 口模拟该通信时序。微处理器对 SHT11/SHT71 的控制是通过 5 个 5 位命令代码来实现的，命令代码的含义如表 2-7 所示。

表 2-7　　　　　　　　　　　　　　命 令 代 码 的 含 义

命令代码	含 义
00011	测量温度
00101	测量湿度
00111	读内部状态寄存器
00110	写内部状态寄存器
11110	复位命令，使内部状态寄存器恢复默认值，下一次命令前至少等待 11ms
其他	保留

2. SHT11/SHT71 应用设计

微处理器采用 89C52 单片机，使用二线串行数字接口和温湿度传感器芯片 SHT11/SHT71 进行通信，软件设计时需要用微处理器通用 I/O 口模拟通信协议。

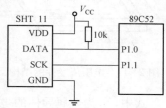

需要注意的地方是：DATA 数据线需要外接上拉电阻，时钟线 SCK 用于微处理器和 SHT11/SHT71 之间同步通信，由于接口包含了完全静态逻辑，所以对 SCK 最低频率没有要求。当工作电压高于 4.5V 时，SCK 频率最高为 10MHz；而当工作电压低于 4.5V 时，SCK 最高频率则为 1MHz。硬件连接如图 2-15 所示。

图 2-15　SHT11 与单片机连接图

2.1.2　压力传感器

压力传感器是将压力转换成电流/电压的器件，用于测量压力、位移等物理量，可实现导线覆冰、导线微风振动和杆塔应力等的在线监测。压力传感器可分为压阻式压力传感器、电阻应变片压力传感器、半导体应变片压力传感器、电感式压力传感器、电容式压力传感器、谐振式压力传感器及电容式加速度传感器等。这里主要介绍压阻式压力传感器和电阻应变片压力传感器。

1. 压阻式压力传感器

压阻式压力传感器采用集成工艺技术，在硅片上用扩散或离子注入法形成四个阻值相等

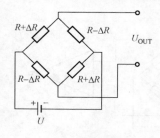

图 2-16　压阻式压力传感器原理结构

的电阻条，并将它们接成一个惠斯通电桥，其原理结构如图 2-16 所示。当没有外加压力时，电桥处于平衡状态，电桥输出为零。当有外加压力时，电桥失去平衡而产生输出电压，该电压大小与压力有关，通过检测电压，即可得到相应的压力值。

压阻式压力传感器具有以下主要特点：

（1）灵敏系数比金属应变式压力传感器的灵敏系数要大 50～100 倍。

（2）压力分辨率高，可以检测出像血压那么小的微压。

（3）频率响应好，可以测量几十千赫的脉动压力。

（4）由于传感器的力敏元件及检测元件在同一块硅片上，工作可靠、综合精度高、结构尺寸小、重量轻。

（5）由于不采用温度补偿，其温度误差较大。

2. 电阻应变片压力传感器

电阻应变片应用最多的是金属电阻应变片和半导体应变片两种。金属电阻应变片又有丝状应变片和金属铂状应变片两种。通常是将应变片通过特殊的黏合剂紧密地黏合在产生力学应变的基体上，当基体受力发生应力变化时，电阻应变片也一起产生形变，使应变片的阻值发生改变，从而使加在电阻上的电压发生变化。这种应变片在受力时产生的阻值变化通常较小，一般这种应变片都组成应变电桥，并通过后续的仪表放大器进行放大，再传输给处理电路（通常是 A/D 转换和微处理器）显示或执行机构。

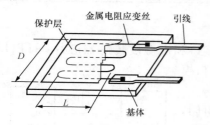

图 2-17　电阻应变片的结构示意图

图 2-17 是电阻应变片的结构示意图，它由基体材料、金属应变丝或应变箔、绝缘保护片和引出线等部分组成。金属电阻应变片的工作原理是吸附在基体材料上的应变电阻随机械形变而产生阻值变化的现象，该现象称为电阻应变效应。金属导体的电阻值可用式（2-10）表示

$$R = \rho \frac{L}{S} \qquad (2-10)$$

式中，ρ 为金属导体的电阻率，$\Omega \cdot cm^2/m$；S 为导体的截面积，cm^2；L 为导体的长度，m。

以金属丝应变电阻为例，当金属丝受外力作用时，其长度和截面积都会发生变化，根据式（2-10）可知，电阻值必将发生改变。例如金属丝受外力作用而伸长时，其长度增加，截面积减少，电阻值增大；当金属丝受外力作用而压缩时，长度减小，截面积增加，电阻值则减小。因此，只要测出电阻的变化（通常是测量电阻两端的电压），即可获得应变金属丝的应变情况。

电阻应变片应用于力学测量时，需要和电桥电路一起使用。因为应变片电桥电路的输出信号微弱，采用直流放大器又容易产生零点漂移，故多采用交流放大器对信号进行放大处理，所以应变片电桥电路一般都采用交流电源供电，组成交流电桥。根据读数方法的不同，电桥又分为平衡电桥和不平衡电桥两种。平衡电桥仅适用于测量静态参数，不平衡电桥则适用于测量动态参数。由于直流电桥和交流电桥在工作原理上相似，下面仅就直流不平衡电桥进行介绍。

图 2-18 是输出端接放大器的直流不平衡电桥的电路。第一桥臂接电阻应变片 R_1，其他三个桥臂接固定电阻。当应变片 R_1 未受应变时，由于没有阻值变化，电桥维持初始平衡条件 $R_1R_4 = R_2R_3$，因而输出电压为零，即

$$U_{OUT} = A(R_1 \times R_4 - R_2 \times R_3) = 0 \qquad (2-11)$$

当应变片承受应片时，应变片产生 ΔR_1 的变化，电桥处于不平衡状态，此时

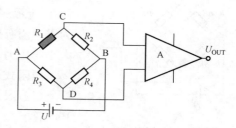

图 2-18　直流不平衡电桥电路图

$$U_{OUT} = AU_{CD} = A(U_{CB} - U_{DB}) = \frac{R_2}{R_1 - \Delta R_1 + R_2}AU - \frac{R_4}{R_3 + R_4}AU \qquad (2-12)$$

$$U_{\mathrm{OUT}} = \frac{\Delta R_1 R_4}{(R_1 - \Delta R_1 + R_2)(R_3 + R_4)} AU = \frac{\dfrac{\Delta R_1}{R_1} \cdot \dfrac{R_4}{R_3}}{\left(1 - \dfrac{\Delta R_1}{R_1} + \dfrac{R_2}{R_1}\right)\left(1 + \dfrac{R_4}{R_3}\right)} AU \quad (2\text{-}13)$$

假设 $n = \dfrac{R_2}{R_1}$，并考虑到电桥初始平衡条件 $\dfrac{R_2}{R_1} = \dfrac{R_4}{R_3}$，省略去分母中的微量 $\dfrac{\Delta R_1}{R_1}$，则上式可写为

$$U_{\mathrm{OUT}} \approx AU \frac{n}{(1+n)^2} \cdot \frac{\Delta R_1}{R_1} \quad (2\text{-}14)$$

式中，A 为放大电路的放大倍数。

2.1.3　角度传感器

在许多情况下，需要确定物体相对于重力场是处于垂直位置还是水平位置，以便对其监测和控制，完成这一测量的传感器称为角度传感器或倾角传感器。在输电线路在线监测技术中，角度传感器主要安装在绝缘子、线夹和杆塔本体上，用以测量绝缘子串风偏角、导线倾斜角以及杆塔倾斜角。与覆冰力传感器结合，可计算出导线覆冰或舞动对杆塔产生的水平载荷；与导线温度传感器结合，可计算出当前导线的载流量、弧垂变化等。

1. 倾角传感器原理

倾角传感器从工作原理上可分为"固体摆"式、"液体摆"式、"气体摆"式传感器三种，下面简单介绍"固体摆"式和"液体摆"式传感器的工作原理。

(1) "固体摆"式惯性器件。固体摆由摆锤、摆线、支架组成，如图 2-19 所示。摆锤受重力 G 和摆拉力 T 的作用，其合外力 F 为

$$F = G\sin\theta = mg\sin\theta \quad (2\text{-}15)$$

其中，θ 为摆线与垂直方向的夹角。在小角度范围内测量时，可以认为 F 与 θ 呈线性关系，应变式倾角传感器就是基于此原理。

(2) "液体摆"式惯性器件。液体摆的结构原理是在玻璃壳体内装有导电液，并有三根铂电极和外部相连接，三根电极相互平行且间距相等，如图 2-20 (a) 所示。当壳体水平时，电极插入导电液的深度相同。如果在两根电极之间加上幅值相等的交流电压时，电极之间会形成离子电流，两根电极之间的液体相当于两个电阻 R_{I} 和 R_{III}。若液体摆水平时，则 $R_{\mathrm{I}} = R_{\mathrm{III}}$。当玻璃壳体倾斜时，电极间的导电液不相等，三根电极浸入液体的深度也发生变化，但中间电极浸入深度基本保持不变。如图 2-20 (b) 所示，左边电极浸入深度小，则导电液减少，导电的离子数减少，电阻 R_{I} 增大，则相对极导电液增加，导电的离子数增加，而使电阻 R_{III} 减小，即 $R_{\mathrm{I}} > R_{\mathrm{III}}$。反之，若倾斜方向相反，则 $R_{\mathrm{I}} < R_{\mathrm{III}}$。

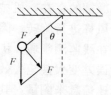

图 2-19　固体摆原理示意图

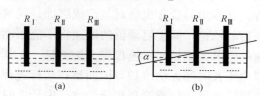

图 2-20　液体摆原理示意图

2. 集成角度传感器及其应用

集成角度传感器是通过感知地球重力加速度在其测量轴上的分量大小，对载体倾斜角度的反应，产生相应变化的电信号，从而测量出物体的角度信息。

（1）集成角度传感器 SCA100T。SCA100T 是芬兰 VTI Technologies 公司生产的集成倾角传感器，SCA100T 是采用微电子机电技术（MEMS）制造的一款双轴倾角（加速度）传感器，该芯片采用 DIL-12 塑料 SMD 封装。

SCA100T 主要特点有：①双轴倾角传感器；②测量范围 0.5g（±30°）或者 1g（±90°）；③单极 5V 供电，比例电压输出；④高分辨率双轴倾角传感器；⑤数字 SPI 或模拟输出；⑥内置温度传感器；⑦长期稳定性非常好，抗冲击能力强；⑧分辨率高，噪声低，工作温度范围宽。

（2）SCA100T 的应用。当 SCA100T 的角度输出信号为模拟电压时，其输出连接见图 2-21。当 SCA100T 的角度输出信号为数字量，其外部需要与单片机连接，将输出信号进行处理和转换，以实现倾角的测量或控制，其输出连接如图 2-22 所示。具体设计时，读者可查阅 SCA100T 的详细资料。采用集成角度传感器作为感应器，通过单片机对感应信号的处理转换，设计成角度传感器变送器，其产品有多种类型，用户可根据监测系统的要求进行选择。

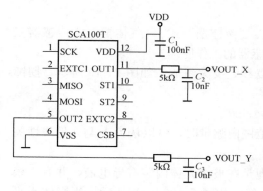

图 2-21 SCA100T 模拟量输出连接图

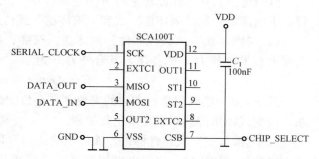

图 2-22 SCA100T 数字量输出连接图

2.1.4 超声波风速风向传感器

测风传感器依据工作原理不同可分为机械式、超声波式、压力式、热线式和激光式等，其中机械式和超声波式是最常用的两类。

传统的机械式风速风向仪器存在着转动部件，容易产生磨损，机械结构可能受到恶劣天气的损害，且沙尘与盐雾也会对其造成腐蚀。同时，由于机械摩擦的存在，机械式风速风向仪还存在启动风速，低于启动值的风速将不能驱动螺旋桨或者风杯进行旋转。因此对于低于启动风速的微风，机械式风速仪将无法测量。尤其在输电线路在线监测领域，机械式风速风向传感器由于长时间无法维护，因而易在运行过程中出现测量误差变大甚至失效的情况。

超声波风速风向传感器利用流动空气中传播时所载空气流速信息来测量，其没有旋转部件，不存在机械磨损和因结冰而冻住部件的问题，同时具有反应速度快、测量精度高、使用不需校正等优点，在电力系统监测领域具有广泛的应用前景。超声波风速测量大致可分为速度差法、多普勒法、波束偏移法、相关法以及噪声法等。速度差法使用最为广泛，其基本原理是通过超声波脉冲顺流和逆流传报时的速度之差来反映流体的流速。速度差法又可分为时差法、相位差法和频差法，其中时差法和频差法精度较高，声速随流体温度变化产生的误差较小。

1. 超声波测量风速风向基本原理

超声波在空气中传播时，顺风与逆风方向传播存在一个速度差，当传播固定的距离时，此速度差反映成一个时间差，这个时间差与待测风速具有线性关系。

对于特定风向传播（如东西方向或南北方向），可选用一对收发一体的超声波探头，保证两探头距离不变，按东西或南北方向放置，以固定频率顺序发射超声波，测量两个方向上超声波到达时间，由此得到顺风的传播速度和逆风的传播速度，经过系统处理换算后即可得到风速值。

具体原理图如图 2-23 所示，首先探头 1 作为发射探头，探头 2 作为接收探头，得到一个时间 t_{12}；然后，探头 2 作为发射探头，探头 1 作为接收探头，得到相对方向上的另一个时间 t_{21}。

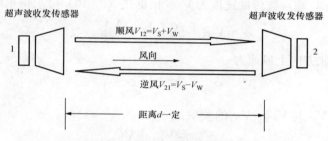

图 2-23　超声波风速、风向测量原理图

设南北（或东西）两超声收发器的距离为 d，顺风传输时间为 t_{12}，逆风传输时间为 t_{21}，风速为 V_w，超声波传播速度为 V_s，可得：$V_{12}=V_s+V_w$，$V_{21}=V_s-V_w$。即

$$\frac{d}{t_{12}} = V_s + V_w \qquad (2-16)$$

$$\frac{d}{t_{21}} = V_s - V_w \qquad (2-17)$$

化简可得

$$V_w = \frac{d}{2}\left(\frac{1}{t_{12}} - \frac{1}{t_{21}}\right) \qquad (2-18)$$

该方法能够准确地测量到风速甚至超声波的速度，但只能测单一方向上的风速、风向。

2. 超声波风速风向传感器设计原理

在实际中，风不会只沿着一个方向，特别是在空旷地方如气象站、海上等，风速、风向是随机变化的，为了能够准确测量，采取相互垂直放置的两对收发一体的超声波探头，保证探头距离不变，以固定频率发射超声波并测量两对顺风、逆风传播时间（t_{12}、t_{21}，t_{34}、t_{43}），如图 2-24 所示，通过相关计算，可得到风速、风向数值，具体如图 2-25 所示。

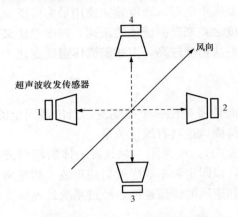

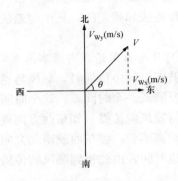

图 2-24　超二维风速、风向测量　　图 2-25　风速、风向测量坐标

　　设南北（或东西）两超声收发器的距离均为 d，两对顺、逆传播时间分别为 t_{12}、t_{21}，t_{34}、t_{43}，设 t_{12} 为由西到东，t_{21} 为由东到西，t_{34} 为南到北，t_{43} 为由北到南，风速为 V_w，东西为 V_{wx}，南北为 V_{wy}，超声波传播速度为 V_s。根据式（2-19）可求得东西方向上风速为

$$V_{wx} = \frac{d}{2}\left(\frac{1}{t_{12}} - \frac{1}{t_{21}}\right) \tag{2-19}$$

同理可求得南北方向上风速为

$$V_{wy} = \frac{d}{2}\left(\frac{1}{t_{34}} - \frac{1}{t_{43}}\right) \tag{2-20}$$

进而得出风速 V_w 与 V_{wx}、V_{wy} 的关系式

$$V_w^2 = V_{wx}^2 + V_{wy}^2 \tag{2-21}$$

代入化简可得风速

$$V_w = \frac{d}{2}\sqrt{\left(\frac{1}{t_{12}} - \frac{1}{t_{21}}\right)^2 + \left(\frac{1}{t_{34}} - \frac{1}{t_{43}}\right)^2} \tag{2-22}$$

风向 θ 公式：$\cos\theta = \dfrac{V_{wx}}{V_w}$，设正东方向为 0°，角度按逆时针方向增大。

将东西方向上风速及公式（2-22）代入 $\cos\theta = \dfrac{V_{wx}}{V_w}$，可得

$$\cos\theta = \frac{\dfrac{d}{2}\left(\dfrac{1}{t_{12}} - \dfrac{1}{t_{21}}\right)}{\dfrac{d}{2}\sqrt{\left(\dfrac{1}{t_{12}} - \dfrac{1}{t_{21}}\right)^2 + \left(\dfrac{1}{t_{34}} - \dfrac{1}{t_{43}}\right)^2}} \tag{2-23}$$

化简并求反函数

$$\theta = \arccos \frac{\left|\dfrac{1}{t_{12}} - \dfrac{1}{t_{21}}\right|}{\sqrt{\left(\dfrac{1}{t_{12}} - \dfrac{1}{t_{21}}\right)^2 + \left(\dfrac{1}{t_{34}} - \dfrac{1}{t_{43}}\right)^2}} \tag{2-24}$$

随着风向从 0°~360°变化，可得风向公式

$$\theta w = \begin{cases} k\pi + \arccos \dfrac{\left| \dfrac{1}{t_{12}} - \dfrac{1}{t_{21}} \right|}{\sqrt{\left(\dfrac{1}{t_{12}} - \dfrac{1}{t_{21}} \right)^2 + \left(\dfrac{1}{t_{34}} - \dfrac{1}{t_{43}} \right)^2}} & \begin{array}{l} \text{当 } t_{12} \leqslant t_{21} \text{ 且 } t_{34} \leqslant t_{43}, k = 0 \\ \text{当 } t_{12} > t_{21} \text{ 且 } t_{34} > t_{43}, k = 1 \end{array} \\[6ex] k\pi - \arccos \dfrac{\left| \dfrac{1}{t_{12}} - \dfrac{1}{t_{21}} \right|}{\sqrt{\left(\dfrac{1}{t_{12}} - \dfrac{1}{t_{21}} \right)^2 + \left(\dfrac{1}{t_{34}} - \dfrac{1}{t_{43}} \right)^2}} & \begin{array}{l} \text{当 } t_{12} > t_{21} \text{ 且 } t_{34} < t_{43}, k = 1 \\ \text{当 } t_{12} < t_{21} \text{ 且 } t_{34} > t_{43}, k = 2 \end{array} \end{cases}$$

$$(2-25)$$

根据式（2-22）和式（2-25）可得出以下结论：

（1）只需测得两对顺、逆传播时间 t_{12} 和 t_{21}，t_{34} 和 t_{43}，便可以求得当前被测风速、风向，与超声波传播速度 V_S 无关。

（2）超声波传播速度 V_S 易受空气中温度的影响，该方法对于窄带的超声波信号，消除了无风时超声波速度 V_S 的影响，也就基本消除了温度影响。

2.1.5　电流传感器

在线监测技术常用的电流传感器有两种。一种是用于监测绝缘子、MOA、铁芯接地泄漏电流的测量，属于精密小电流测量传感器；另一种主要用于输电线路导线电流、雷击电流的测量，属于精密大电流测量传感器。下面简要介绍这两种电流传感器。

1. 精密小电流测量传感器

精密小电流测量传感器主要用于测量较小电流值，但此类电流变化范围很大（几微安至几百毫安），要求传感器有足够大的动态范围，同时如果需要测量电流中的局部放电脉冲信号，还要求传感器具有较宽的频带（几赫兹至几十兆赫兹）以及良好的瞬态响应和线性度。此外，为了现场安装方便一般需要采用开合互感型电流传感器。

开合互感型电流传感器，其一次侧多为一匝，如条件允许，宜采用多匝，效果会更好。监测时，将圆形或开口的方形磁心套在待测设备的接地线上，如图 2-26 所示。磁芯材料根据使用频率进行选择。当测量高频或脉冲电流时，可选用铁淦氧（铁氧体）。锰锌铁氧体的最高使用频率为 3MHz（PW5 型），相对磁导率为 2000。测量 50Hz 低频电流时，可选用坡莫合金，其磁导率为 10^5。近年来发展较快的微晶磁心，其磁导率大于 10^4，灵敏度高，加工成型方便，使用频率为 40Hz～500kHz，适用于各种频率电流的监测。

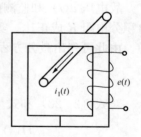

图 2-26　开合互感型电流传感器

电流信号 $i_1(t)$ 和次级线圈两端的感应电压 $e(t)$（输出信号）的关系为

$$e(t) = L \frac{\mathrm{d} i_1(t)}{\mathrm{d} t} \qquad (2-26)$$

式中电感

$$L = \mu \frac{N^2 S}{l} \qquad (2-27)$$

式中，N 为次级线圈匝数；S 为磁心截面，mm^2；l 为磁路长度，mm。由式可见，输

出信号 $e(t)$ 的大小与 $i_1(t)$ 的变化率成正比。

这种电流传感器的结构犹如测量冲击大电流用的罗戈夫斯基（Rogowski）线圈，故有时也称该电流传感器为罗戈夫斯基线圈。只是后者用于测量数十至数百千安的冲击大电流，对灵敏度的要求低，不必用磁心，采用的是空心线圈；而本电流传感器测的是毫安和微安级的小电流，要求有较高的灵敏度。二者原理相同。

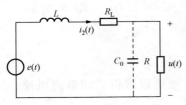

图 2-27 宽带型传感器等效电路

传感器的积分方式分两种，分别适用于宽带和窄带型传感器。这里主要介绍宽带型。

宽带型电流传感器又称自积分式。在线圈两端并接一个积分电阻 R，如图 2-27 所示。可列出下列电路方程

$$e(t) = L\frac{\mathrm{d}i_2(t)}{\mathrm{d}t} + (R_L + R)i_2(t) \qquad (2-28)$$

式中，L 是线圈的自感；R_L 为线圈电阻。

当满足条件

$$L\frac{\mathrm{d}i_2(t)}{\mathrm{d}t} \gg (R_L + R)i_2(t) \qquad (2-29)$$

则

$$e(t) = L\frac{\mathrm{d}i_2(t)}{\mathrm{d}t} \qquad (2-30)$$

由式（2-27）～式（2-30），得

$$i_2(t) = \frac{1}{N}i_1(t) \qquad (2-31)$$

则

$$u(t) = Ri_2(t) = \left(\frac{R}{N}\right)i_1(t) = Ki_1(t) \qquad (2-32)$$

故电压 $u(t)$ 和监测的电流 $i_1(t)$ 呈线性关系。式中，K 为灵敏度，它与 N 成反比，与自积分电阻 R 成正比。实际上积分电阻 R 常并联一个杂散电容 C_0，如输出端并接的信号电缆。由此可列出微分方程式

$$e(t) = LC_0\frac{\mathrm{d}^2 u(t)}{\mathrm{d}t} + \left(\frac{L}{R} + R_L C_0\right)\frac{\mathrm{d}u(t)}{\mathrm{d}t} + \left(1 + \frac{R_L}{C_0}\right)u(t) \qquad (2-33)$$

对式（2-28）和式（2-33）进行拉氏变换，并设初始条件为零，可得传递函数

$$H(s) = \frac{u(s)}{I_1(s)} = \frac{R}{N}\frac{s}{RC_0 s^2 + \left(1 + \frac{R_L C_0 R}{L}\right)s + \frac{R_L + R}{L}} \qquad (2-34)$$

对于自积分式宽带传感器，因 $R_L C_0 R/L \ll 1$，故

$$H(s) = \frac{R}{N}\frac{s}{RC_0 s^2 + s + (R_L + R)L} \qquad (2-35)$$

对式（2-35）取模，得幅频特性为

$$H(\omega) = |H(\mathrm{j}\omega)| = \frac{1}{C_0 N}\frac{\omega}{\sqrt{\left(\frac{R_L + R}{RC_0 L} - \omega^2\right)^2 + \left(\frac{\omega}{RC_0}\right)^2}} \qquad (2-36)$$

当 $\omega = \omega_0 = \sqrt{\dfrac{R_L + R}{RC_0 L}}$ 时，$|H(\omega)|$ 最大，即

$$H(\omega)_{\max} = |H(j\omega)|_{\max} = K = \frac{R}{N} \qquad (2-37)$$

与式（2-32）结果相同。此时

$$f = f_0 = \frac{1}{2\pi}\sqrt{\frac{R_L + R}{RC_0 L}} \qquad (2-38)$$

一般 $R_L \ll R$，则式（2-38）变为

$$f_0 = \frac{1}{2\pi\sqrt{LC_0}} \qquad (2-39)$$

f_0 是该传感器的谐振频率，按衰减 3dB 带宽确定，即 $H(\omega) = \frac{1}{\sqrt{2}}|H(j\omega)|_{\max}$，估算其的上、下限频率为 ω_H，ω_L 得

$$\omega_H \omega_L = \omega_0^2 = \frac{R_L + R}{RC_0 L} \qquad (2-40)$$

带宽为

$$\omega_H - \omega_L = \Delta\omega = \frac{1}{RC_0} \qquad (2-41)$$

实际上，ω_H 常比 ω_L 要大一个数量级以上，故

$$\omega_H \approx \frac{1}{RC_0}, f_H = \frac{1}{2\pi RC_0} \qquad (2-42)$$

则

$$\omega_L \approx \frac{R + R_L}{L}, f_L = \frac{R + R_L}{2\pi L} \approx \frac{R}{2\pi L} \qquad (2-43)$$

　　根据式（2-28）、式（2-37）、式（2-42）和式（2-43）即可对宽带传感器进行设计。表 2-8 给出了用铁淦氧体做磁心，在不同的匝数 N 和积分电阻 R 条件下，对传感器特性影响（如灵敏度 K 等）的实测结果。可见，K 与 R 成正比，与 N 成反比；f_L 随 R 增加而增加，随 N 增加而下降；f_H 则随 R 和 C_0 增加而降低。特别是传感器经 20m 传输电缆后，上限截止频率 f_H 因 C_0 的增加而降低了一个数量级。

表 2-8　　　　　　　　　　　宽带传感器特性与参数关系

N	R（kΩ）	直接测量结果			经 20m 电缆后		
		f_L（kHz）	f_L（kHz）	K（V/A）	f_L（kHz）	f_L（kHz）	K（V/A）
50	2.50	39.0	530	48.0	22.0	52	47
50	1.20	17.8	923	24.0	18.2	77	23
50	0.62	7.4	1650	12.3	7.4	138	12
50	0.31	3.5	2000	6.2	3.5	272	6.2
25	0.62	30.0	1622	24.4	30.0	149	24
25	0.31	14.0	2050	12.3	14.0	259	12
25	0.15	7.0	2064	6.0	7.0	589	6.0

　　图 2-28 是由运算放大器 OP37 组成的宽带 I-V 转换电路（电流—电压转换电路），通过调节 R_f 可方便地调节输出电压 u_o（$u_o = i_2 R_f$）的大小，同时不影响传感器幅频特性。由于运

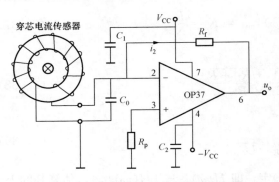

图 2-28　宽带电流—电压转换放大器

放构成的电流—电压转换电路的输入电阻 R 极小，极小的电阻 R 与穿芯线圈的等效杂散电容 C_0 相并联，使得 C_0 的旁路作用大大降低，从而提高了电路的带宽。此外，极小的 R 还使得磁芯磁性性能下降，降低了对磁芯的要求，同时传感器在户外长期使用的性能随时间的变化而减小。R_p 为运算放大器输入平衡电阻，近似于电流传感器的线圈损耗电阻，由于线圈损耗电阻很小，因此 R_p 可为零，C_1、C_2 为电源滤波电容。

在实际应用中，雷电、污闪等因素极易造成过大泄漏电流的冲击，为了防止其对运算放大器的损坏，在放大器输入端还应设计必要的保护电路，如压敏电阻，瞬态电压抑制器（TVS）等。

2. 精密大电流测量传感器

精密大电流测量传感器的原理与小电流互感器原理相同，主要用于监测输电线路导线电流、雷击电流的大小。为了实现在输电线路上对电流的准确测量，需要传感器的绝缘、耐压及测量精度达到较高水平，且需具有体积小、重量轻和便于导线上安装等特点，因此一般需要进行专门设计。下面介绍一种开合式穿芯电流传感器。

开合式电流传感器的设计与穿芯式电流传感器的设计原理相同，只是其结构不同，如图 2-29（a）所示。不设一次绕组，在实际工作中，载流（负荷电流）导线由 L_1 至 L_2 穿过由两个半圆形（以实现开合功能）组成的铁芯，铁芯起一次绕组（一匝）的作用。二次绕组直接均匀地缠绕在圆形铁芯上，与被测电路、变送器等电流线圈的二次负荷串联形成闭合回路。

图 2-29（b）为开合式电流传感器打开状态。为了便于安装，开合式电流传感器的内径必须与被测导线的直径相适应。由于穿心式电流互感器不设一次绕组，其变比由二次绕组的匝数确定。二次绕组的电流 i_2 由式（2-44）决定

$$i_2 = \frac{i_1}{n} \tag{2-44}$$

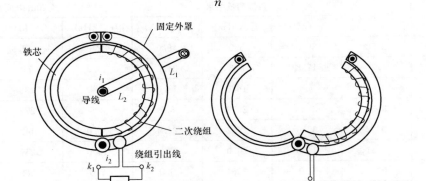

图 2-29　开合式电流传感器结构

其中，i_1 为穿芯一匝时的一次额定电流，A；n 为二次绕组的匝数，即电流传感器的变比。

2.1.6　其他传感器

在输电线路在线监测技术中，除了上述传感器应用普遍外，还有可能用到其他一些传感器，如振动、烟雾、日照强度等传感器，以下作简单介绍。

1. 振动传感器

振动传感器是用以感测物体的振动情况的，振动传感器将物体的振动等级变换成电信号，便于监测系统测量。下面以 SV 系列振动传感器为例来介绍振动传感器的基本应用。

SV 系列振动传感器适用于安全防范和振动源测量，能检测到 0.1g 物体所产生的微弱振动信号，器件采用环氧树脂封装，具有耐潮、抗冲击的良好性能，使振动传感器性能更加稳定、可靠，可取代对环境噪声敏感的压电式振动传感器。振动传感器基本电路如图 2-30 所示。

振动传感器一般输出脉冲信号，如图 2-30（a）所示。

图 2-30（b）所示电路可以把脉冲信号转化为电平信号。振动传感器输出信号经 C_1 耦合到 CMOS 电路 D 型触发器的 S 端（置位端），在脉冲信号的第一个上升沿作用下，触发器被置位，输出端 $Q=1$；在后来的脉冲到达时，触发器的状态不会改变，要改变触发器的状态，只要手动按一下复位开关 S 即可。若要自动复位触发器，可以增加虚线部分电路。当 $Q=1$ 时，高电平经 R_4 给 C_2 充电，C_2 上的充电电压达到触发器 R 端的阀值电平时，触发器复位，$Q=0$。一旦 $Q=0$，C_2 上充的电经 VD 迅速释放，为触发器进入下次工作状态做好准备。R_4、C_2 的取值决定延时时间的长短。复位后，若下次振动信号出现，电路又重新置位，$Q=1$。

图 2-30（c）所示的电路可以把振动信号产生的脉冲展宽（延时）。将电路振动传感器与通用定时电路 555 相结合，555 设定为（不可重触发）单稳态电路，振动传感器输出信号

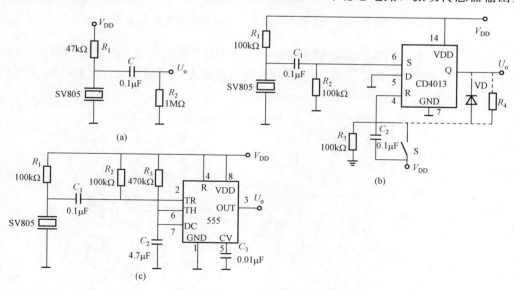

图 2-30　振动传感器基本应用电路

的第一个脉冲的下降沿经 C_1 耦合到 555 的 2 脚，555 被触发而进入暂稳态，输出高电平；暂稳态时间长短由 R_3、C_2 决定：$t=0.693R_3C_2$。暂稳态结束后，若没有振动信号到来，电流又回到稳态，输出低电平。

2. 烟雾传感器

烟雾传感器主要用来监测火灾的发生，例如森林、楼房、商场等场所的烟雾检测及消防预警。烟雾传感器通常有气敏电阻类、离子化类和光电感应类等。下面主要介绍气敏电阻类烟雾传感器。

（1）气敏元件 HQ-2 的工作原理。HQ-2 是一种半导体气敏元件，其在纯洁空气中通电加热时，阻值急剧下降，经 4～5min（称作初始稳定期）后达到稳定阻值。如果气体成分发生改变，其阻值将随着被检测气体的吸附而发生变化。电阻值变化规律与半导体的类型相关：P 型半导体气敏元件阻值上升，而 N 型半导体气敏元件阻值下降。目前国产的 HQ-2、QM-N5、QM-N8、QM-N9、QM-N10、QM-NY，MQK-2 型气敏头和进口的 UL-281、UL-282、UL-267、UL-207 型气敏元件都是 N 型半导体气敏头。图 2-31（a）为半导体气敏元件检测气体时的阻值变化曲线，图 2-31（b）为器件的管脚示意图。其中，F-F′为灯丝（加热极）；A-B 为检测极。

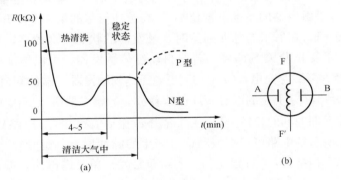

图 2-31 气敏元件及检测气体时的阻值变化曲线

（2）由气敏元件 HQ-2 构成的烟雾报警器。由 HQ-2 构成的烟雾报警器如图 2-32 所示。其中，HQ-2 为烟雾传感器，LM258 运算放大器构成带有回滞的电压比较器电路。当 HQ-2

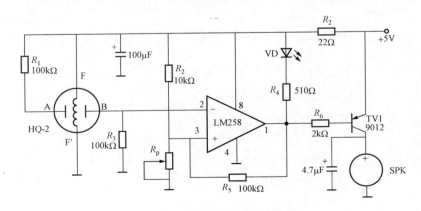

图 2-32 声光显示烟雾报警器

检测到烟雾时，其输出 B 端电压（比较器"－"端电压）升高；当 B 端电压大于比较器"＋"端电位时（可通过调整 R_P 事先设置好），比较器输出变为低电平，发光二极管 LED 点亮，说明电路检测到烟雾。与此同时，TV1 饱和导通，驱动 SPK（5V 直流报警器）发出报警声音。

当空气中无烟雾时，HQ-2B 端电压低于比较器"＋"端电位，比较器输出变为高电平，发光二极管 LED 不亮，同时 TV1 截止，SPK 无报警声。采用带回滞的电压比较器电路，可以防止干扰，提高报警器的可靠性。

3. 日照强度传感器

日照强度传感器用来测量日照强度幅值，用于输电线路动态增容、微气象监测装置中，其种类分为：直接辐射表、总辐射表、散射式辐射表、旋转式辐射表和双金属片日照传感器等。

双金属片日照传感器是由置于聚丙烯圆罩下、相互均匀隔开的 6 对双金属黑化组件构成。当照射在仪器上的直接辐射大于某预设阈值（≥120W/m²）时（每个仪器的间隙和阈值设置都在仪器下部规格标示牌上注明），被照射的那对双金属片外部黑色组件受热高于内侧背光处组件，导致正向的接触闭合形成导电回路，外部和内部的不同弯折度又使它们产生自动擦除动作，形成接触闭合。当直接辐射小于预定阈值（或光线变暗），落在白色基板上的散射光反射到内部组件下侧，从而对内部温度进行补偿，这时触点断开表明无日照。这种仪器通过聚丙烯罩顶部的风道螺纹管端底部的网孔来通风散热。

总辐射表是根据热电效应原理研制的，由感应件、玻璃罩和附件组成。感应件由感应面与热电堆组成，涂黑感应面通常为圆形，也有方形。热电堆由康铜、康铜镀铜构成。另一种感应面由黑白相间的金属片构成，利用黑白片的吸收率的不同，测定其下端热电堆温差电动势，然后转换成辐照度。玻璃罩为半球形双层经过精密的光学冷加工磨制而成的石英玻璃构成。它既能防风，又能透过波长 0.3～3.0μm 范围的短波辐射，其透过率为常数且接近 0.9，防止了环境对其性能影响。双层罩的作用是为了防止外层罩的红外辐射影响，减少测量误差。附件包括机体、干燥器、白色挡板、底座、水准器和接线柱等，此外还有保护玻璃罩的金属盖（又称保护罩）。干燥器内装干燥剂（硅胶）与玻璃罩相通，保持罩内空气干燥。白色挡板挡住太阳辐射对机体下部的加热，又防止仪器水平面以下的辐射对感应面的影响。为减小温度的影响，还应配有温度补偿线路。

2.2　数　据　采　集

输电线路在线监测装置要完成线路运行状态的采集、分析、传输甚至智能诊断，就必须包含基于微处理器的数据采集模块。如果传感器、电源控制器的输出为模拟量，则数据采集单元结构见图 2-33（a），其主要包括信号调理、A/D 转换（模数转换）、微处理器；如果传感器、电源控制器、数据通信单元均为数字量，则数据采集单元结构见图 2-33（b），其主要包括信号调

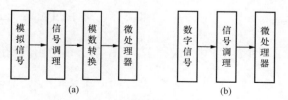

图 2-33　基于微处理器的数据采集

(a) 模拟信号采集；(b) 数字信号采集

理、微处理器。通常，当传感器输出为模拟信号时，信号在信号调理部分需要完成放大、滤波等，通过 A/D 转换芯片与微处理器 I/O 相连；而当传感器输出为数字信号时，外围电路就相对比较简单，一般只需要根据传感器的输出特性，通过上拉、限流、隔离等直接与微处理器 I/O 相连。但如果传感器电平与微处理器电平不一致，就必须采用光电耦合器、稳压管等器件进行必要的电平转换和隔离。由于输电线路在线监测装置运行在野外杆塔或导线上，系统取电十分困难，所以在设计硬件电路时需要采用低功耗元器件。

2.2.1 信号调理

数据采集单元中，传感器输出的信号往往不是需要的理想状态，这就需要对信号加以调理。一般可分为模拟信号调理部分和数字信号调理部分。其中模拟信号调理部分完成输入阻抗匹配、放大、滤波等，特别是信号幅度微弱、干扰和噪声幅度大、精度要求高、动态范围大、数据实时性要求高的情况，对模拟信号的调理提出了很高的要求。随着输电线路在线监测装置规划的出台，目前大多要求各种传感器输出数字信号，其调理部分主要通过上拉、限流等处理，一般通过 RS485、CAN、ZigBee 等方式进行数据通信。

1. 运算放大器

运算放大器（简称运放）是具有很高放大倍数的电路单元。在实际电路中，通常结合反馈网络共同组成某种功能模块，下面仅介绍输电线路在线监测技术中几种常用的运算放大器。

（1）放大电路。一般的传感器输出的模拟电信号都比较小，不适合直接 A/D 采样。需要在信号调理部分用到放大电路，将输入的模拟小信号放大到 A/D 转换器件合适的量程之内。根据信号的不同，可以选择固定增益放大电路和可变增益放大电路。图 2-34 为采用 OPA353 实现的 100 倍固定增益放大电路，其中 OPA353 是 TI 公司生产的一片低功耗高速运算放大器，最大转换速度为 22V/μs，工作电流为 0.4mA 左右。

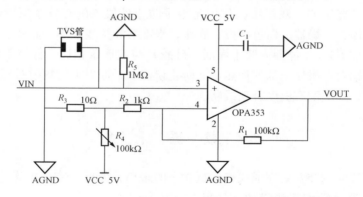

图 2-34 基于 OPA353 的 100 倍固定增益放大电路

图 2-34 中，R_1、R_2、R_3 都必须使用高精度电阻，放大倍数计算公式为

$$A = 1 + \frac{R_1}{R_2 + R_3} \approx 100.01 \tag{2-45}$$

由于输电线路在线监测装置安装在户外，信号输入端可能会遭受雷击等大信号的干扰，所以在信号输入端需要加入 TVS 管进行过电压保护。当信号输入端未接传感器致使 VIN 悬

空时，如果出现一个很小的干扰信号，如 0.05V，经过运算放大器放大 100 倍后可以达到 5V，从而影响装置对信号的采集精度，此时需要在信号输入端接一个下拉电阻 R_5 来消除干扰。当输入为 0 输出不为 0（几个毫伏到几十个毫伏）时，可以通过调节电位器 R_4 进行校正。

（2）电压比较器。电压比较器简称比较器，其基本功能是对两个输入电压进行比较，并根据比较结果输出高电平或低电平电压，据此来判断输入信号的大小和极性。电压比较器通常由集成运放构成，与普通运放电路不同的是，比较器中的集成运放大多处于开环或正反馈的状态。只要在两个输入端加一个很小的信号，运放就会进入非线性区，属于集成运放的非线性应用范围。常用的电压比较器有零电平比较器、任意电平比较器、滞回电压比较器、窗口电压比较器等。电压比较器主要用于太阳能充放电自动控制、雷击自启动等外界条件引发的自动触发电路中。

1）零电平比较器（过零比较器）。电压比较器是将一个模拟输入信号 u_i 与一个固定的参考电压 U_R 进行比较和鉴别的电路，参考电压为零的比较器称为零电平比较器。按输入方式的不同可分为反相输入和同相输入两种零电平比较器，如图 2-35 所示。

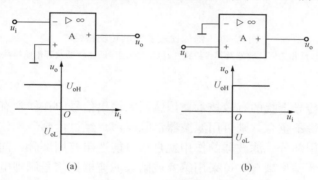

图 2-35　过零比较器
(a) 反相输入；(b) 同相输入

通常用阈值电压 (U_{TH}) 和传输特性来描述比较器的工作特性。估算阈值主要应根据输入信号使输出电压发生跳变时的临界条件。这个临界条件是集成运放两个输入端的电位相等（两个输入端的电流也视为零），即 $U_+ = U_-$。对于图 2-35（a）电路，$U_- = U_i$，$U_+ = 0$，$U_{TH} = 0$。

2）滞回电压比较器。一般电平电压比较器结构简单、灵敏度高，但其抗干扰能力差，为了提高电压比较器在强磁场中的抗干扰能力，往往采用滞回电压比较器。滞回比较器又称施密特触发器，其特点是当输入信号 u_i 逐渐增大或逐渐减小时，它有两个阈值且不相等，其传输特性具有"滞回"曲线的形状。滞回比较器有反相输入和同相输入两种方式。U_R 是某一固定电压，改变 U_R 值能改变阈值及回差大小。图 2-36 为反相和同相滞回比较器和相应传输特性。

2. 光电隔离电路

当传感器输出电平与微处理器输入电平不同（电路不共地或不同电源）时，信号的耦合传输需要隔离，常用的数字信号隔离是采用光电耦合器实现隔离，见图 2-37，图中 6N137 是一款用于单通道的高速光耦合器，转换速率高达 10Mbit/s。

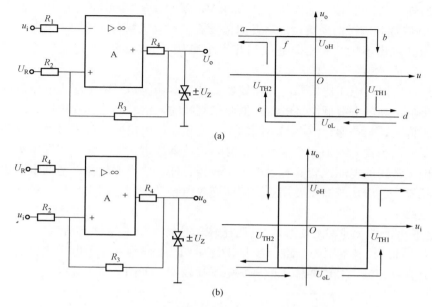

图 2-36　滞回比较器及其传输特性

（a）反相滞回比较器及其传输特性；（b）同相滞回比较器及其传输特性

3. 滤波电路

滤波是一种抑制传导干扰的有效技术。传感器的输出信号中往往含有动态噪声，如果信号的频带和噪声的频带不重合，则可用滤波器消除噪声。经过传感器和放大器输出的信号一般包含有用部分和无用部分，滤波器的作用就是尽可能选出有用部分，同时尽可能抑制无用部分。对于供电系统的噪声耦合，可采用感容或阻容滤波器把信号调理电路与电源阻隔，以消除干扰源与信号调理电路之间的耦合，或抑制噪声进入信号调理电路。对于脉冲干扰，可采用组合抑制方法。对于放电干扰，可在开关电路端线与信号调理电路之间加电容滤波器来抑制。图 2-38 为典型带通滤波电路，信号频率如在一定通频带内，滤波器的衰减很小，容易通过；而在通频带外，则衰减很大，能有效抑制。因此对于不需要的干扰信号，可采用不同形式的滤波器进行抑制。

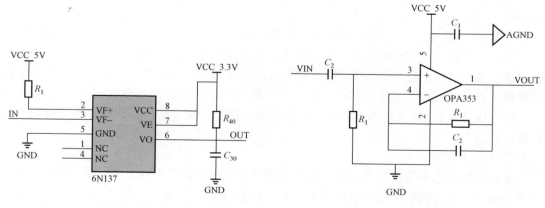

图 2-37　光电隔离输入调理电路　　　　　图 2-38　典型带通滤波电路

4. 噪声抑制

当信号和噪声的频带重叠或噪声幅度比信号幅值大时，仅用滤波无法完成噪声抑制，但如能清楚信号和噪声的动态特性，就可以通过相应的噪声抑制方法把信号从噪声中分离出来。一般在硬件部分主要使用差动法，差动法是使用两个动特性和静特性完全相同的敏感元件，接成差动的形式。这样，同相位输入的噪声就不在输出信号中出现。但差动法对敏感元件内部产生的噪声却无能为力。

2.2.2 模数转换

在输电线路在线监测技术中，前期多数传感器的输出信号为模拟量。为了实现微处理器对这些模拟量进行测量、运算和通信，就需要将模拟量转换成数字量，简称为 A/D 转换，完成这种转换的电路称为模数转换器（Analog to Digital Converter，ADC）。即使传感器输出的为数字信号，在传感器设计环节中也必须包含模数转换模块。在线监测技术目前常用的 ADC 的应用方案根据采样速率和采样精度的不同，主要可以分为低速率高精度 ADC 方案、高速率低精度 ADC 方案和高速率高精度 ADC 方案。

（1）低速率高精度 ADC 方案。低速率高精度 ADC 最常用的即 $\Sigma-\Delta$ 型，适合直接连接多种传感器。但模拟量噪声对此类芯片影响很大，此类 A/D 芯片均具备数字低通滤波器。在内部调节器取样率倍频处，输入扰动几乎没有衰减就折回到 DC 部分（即混叠）。$\Sigma-\Delta$ 转换器的过取样比（OSR）通常很大（不小于 64），因此数字滤波器对输入噪声源具有极好的抑制作用。此类 A/D 模块主要应用于输电线路微小变化量的测量，如微风振动、光纤盐密等传感器设计。

（2）高速率低精度 ADC 方案。一般情况下，高速 ADC 模拟、数字部分均单独供电，并且较宽的全功率输入信号带宽，满足了宽带输入的要求，另外很多高速 ADC 均包含 LVDS 高速接口，适合高速数据传输。此类 A/D 模块往往应用于雷击电流等快速变化量的测量。

（3）高速率高精度 ADC 方案。在高速高精度数据采集系统中，流水线 A/D 转换器是最佳的 ADC 结构。流水线 ADC 是宽带奈奎斯特模数转换器中最常用和最有效的结构。它采用多级结构，利用低精度 ADC 子级电路，分时分级转换输入信号，精度使用范围较宽，可以达到较高的采样频率，而且集成度高。此类 A/D 模块主要应用于变电设备在线监测技术，如局部放电脉冲传感器设计。

2.2.3 微处理器

微处理器（MCU）是输电线路在线监测技术的核心，其完成控制模拟信号的 A/D 转换、读写，进行数据的计算、存储、通信，接受上一级控制单元（CMA）的控制指令与响应操作。随着在线监测技术的推广应用，对微处理器提出了更多的相关要求。目前常用的微处理器有单片机、DSP、FPGA、ARM 等。

选用微处理器时必须根据实际应用情况而定。例如目前传感器建议采用数字传感器，由于传感器设计要求具有低功耗、低成本的特点，数字传感器的微处理器一般采用 MSP430，或者利用无线通信模块中自带的 C51 单片机。例如数字温湿度传感器采用 MSP430 进行设计，而导线侧传感器（如导线温度）则利用了 ZigBee 通信芯片 CC2430 中的 C51 单片机完成微处理器的功能。对于状态监测装置的设计，先前主要采用 MSP430 进行设计，随着国家电网公司、中国南方电网有限责任公司和浙江电网通信协议的实施，往往需要采用 ARM 芯片进行相关设计；对于输电线路状态监测代理的设计，由于要通过 I2 协议与 CAG 进行通信、完成数据的安全加密甚至数据的智能计算，其设计可采用 ARM 的设计方案；对于个别装置采样频率精度要求高的情况，则需要利用单片机＋FPGA 或者 ARM＋FPGA 的设计方案，例如 MOA 避雷器监测装置、雷击电流监测装置；对于数据量非常大的监测装置，如视频/图像监控装置，则需要采用 ARM＋DSP 的设计方案。

上述涉及单片机、DSP、FPGA、ARM 等微处理器的相关资料非常多，本节不一一介绍，其具体设计应用可参考本书后续章节。

2.3　工　作　电　源

状态监测装置安装环境特殊，其供电电源需要在强磁场、高低温交变的场合下长期运行。电源设计时应考虑以下几个方面：一是电源应高效率、低能耗，提高电源使用寿命等指标；二是电源应具有较高的稳定性和可靠性，保证装置能连续工作；三是结合在线监测技术进行抗干扰和安全保护等方面设计。目前在线监测装置的输入电能主要来自太阳能、风能和导线互感取电等，但其电源的产生是间断的或不稳定的。为了保证装置的连续和稳定供电，就必须有蓄电池或其他可充电电池的配合，设计一个小功率不间断供电电源（UPS），将间断供电变为连续供电，将不稳定供电变为稳定供电。

图 2-39 为状态监测装置工作电源的设计框图，其主要由输入电能部分（太阳能、风能或导线互感等）、蓄电池或锂电池、充放电控制和保护部分、电源分配及稳压部分组成。为了降低在线监测装置的平均功耗，装置一般采用间断式供电方式，即一部分电路长期供电，如微处理器、通信模块等，一部分电路采取间断式供电，如 A/D 转换、传感器等。具体电源的开断由微处理器控制继电器或电子开关（三极管、场效应管、IGBT 等）的开合实现。

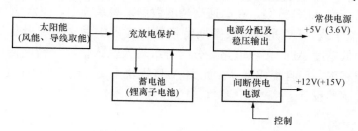

图 2-39　工作电源设计框图

2.3.1　太阳能＋蓄电池供电电源

2.3.1.1　太阳能电池板

太阳能是一种太阳光的辐射能，太阳能电池是通过光电效应或者光化学效应直接把光能转化成电能的装置。当太阳光照射半导体 P-N 结时，半导体产生新的电子空穴对，在 P-N 结电场的作用下，空穴由 N 区流向 P 区，电子由 P 区流向 N 区，接通电路后就会形成电流，这就是光电效应太阳能电池的工作原理。目前制造太阳能电池的半导体材料主要是硅材料，因此又称硅太阳能电池。

1. 硅太阳能电池的结构及工作原理

在 P 型半导体中含有大量的多数载流子空穴，而在 N 型半导体中含有大量的多数载流子电子，这样，当 P 型和 N 型半导体结合在一起时，在两种半导体的交界面区域里会形成一个特殊的薄层，交界面的 P 型一侧带负电，N 型一侧带正电。这是由于 P 型半导体空穴多，N 型半导体自由电子多，出现了载流子的浓度差，形成了载流子的扩散运动。N 区的电子会扩散到 P 区，交界处留下负离子；P 区的空穴会扩散到 N 区，交界处留下正离子。因此一旦扩散就形成了一个由 N 区指向 P 区的"内电场"，从而阻止扩散进行。当达到动态平衡后，就形成了这样一个特殊的具有电势差的薄层，这就是 P-N 结。

当晶片受光后，N 型半导体的空穴往 P 型区移动，而 P 型区中的电子往 N 型区移动，从而形成从 N 型区到 P 型区的电流。然后在 P-N 结中形成电势差，这就形成了电源，其结构及原理如图 2-40 所示。

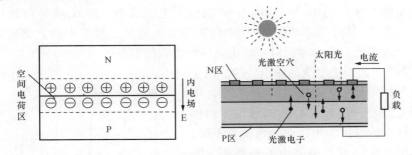

图 2-40　太阳能电池的结构及原理示意图

2. 硅太阳能电池板

一个 P-N 结电池所能提供的电流和电压很小，可将很多 P-N 结电池进行并联（以增加电流）或串联（以增加电压）起来使用，形成了太阳能电池板。太阳能电池板的电压和功率大小，取决于 P-N 结电池串联和并联的个数。常用太阳能电池板有 6、12、24V 等标准组件，图 2-41 所示为几种硅晶体太阳能电池板标准组件。非标准组件需要专门设计组装。在输电线路在线监测技术中，6、12V 标准组件的应用较为普遍。

多晶硅电池组件12V　　多晶硅电池组件24V　　单晶硅电池组件12V

图 2-41　硅晶体太阳能电池板图

3. 硅太阳能电池的特性及主要参数

太阳能电池板所提供的电能在很大程度上取决于工作环境，包括光密度、时间和位置等因素。因此，蓄电池一般被用作能量存储单元。当来自太阳能电池板的电能有多余的时候，就可以由之对蓄电池充电；而当太阳能电池板提供的电能不足时，则由蓄电池为在线监测装置供电。如何设计充电电路，以便从太阳能电池板中获取最大的电能，并有效地对蓄电池充电呢？对此，首先要了解太阳能电池的电气输出特性，然后讨论电池充电系统的相关要求以及匹配等问题。

（1）硅太阳能电池的 I-U 特性。太阳能电池一般由 P-N 结组成，由于 P-N 结的特性类似于二极管的特性，我们一般以如图 2-42 中所示电路作为一个太阳能电池特性的简化模型。

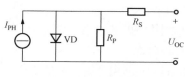

图 2-42 太阳能电池特性的简化模型

图 2-42 中电流源 I_{PH} 产生的电流和太阳能电池上的光量度成正比。在没有负载连接的时候，几乎所有产生的电流都流过二极管 VD，其正向电压决定着太阳能电池的开路电压（U_{OC}），该电压会因各种类型太阳能电池的特性不同而有所差异，但对大多数硅电池而言，这一电压为 0.5～0.6V，这也是 P-N 结二极管的正常正向电压降。

在实际太阳能电池应用中，并联电阻 R_P 的泄漏电流很小，而 R_S 则是由连接产生的损耗。随着负载电流的增加，太阳能电池产生的大部分电流从二极管中被分离出来并进入负载。不管负载电流多大，这个过程对于输出电压的影响都很小。

图 2-43 给出了太阳能电池的输出特性。由于串联电阻（R_S）的原因，当输出电流增大时，电压会稍有下降，但会一直保持较大的数值。但如果通过内部二极管的电流太小，会导致偏置不够，并且穿过它的电压会随着负载电流的增加而急剧下降。最后，如果所有电流都只流过负载而不流过二极管，输出电压就会变为零。这个电流被称为太阳能电池的短路电流（I_{SC}）。

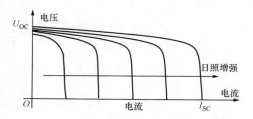

图 2-43 太阳能电池的伏安特性

I_{SC} 和 U_{OC} 都是定义太阳能工作性能的主要参数之一。因此，太阳能电池被认为是"电流限制"型电源。它的输出电压会随着输出电流的增加而降低，并在负载电流达到短路电流时降为零。

（2）太阳能电池板的最大功率点（MPP）。太阳能电池板输出功率是输出电压和电流的乘积，需确定电池工作区域中哪一部分所产生的输出电压和电流乘积值最大，这一点被称为最大功率点（MPP）。当输出电压为其最大数值（U_{OC}）时，输出电流为零，这是一个极端；而当输出电流达到最大值（I_{SC}）但输出电压为零时，则是另一个极端。这两种情况下输出电压和电流的乘积都是零。因此，这两种极端情况肯定都不是 MPP 点。通过实验可以发现，在任何应用中，MPP 点一般会出现在太阳能电池输出特性（见图 2-44）下半部的某个位置。

但由于太阳能电池板 MPP 点的确切位置会因光线和环境温度不同而变化，所以，要产生最大的太阳能，设计的供电电源就必须动态地调节太阳能电池的输出电流，以便实际应用时它能在 MPP 点或者其临近点工作。

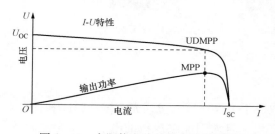

图 2-44 太阳能电池的最大功率点图

（3）硅太阳能电池板的主要参数。太阳能电池板可根据用户需要组成不同输出电压、不同输出电流和不同尺寸的太阳能电池板，其主要参数有：在正常太阳光照射下的开路电压 U_{OC}（V）、最佳工作电压 U_{MP}（V）（加负载后）、短路电流 I_{SC}（A）、最佳工作电流 I_{MP}（A）、最大输出功率 W_P（W）（即最大功率点 MPP 的功率）、外形尺寸及重量等。了解太阳能电池的性能特点及主要参数，对优化太阳能电池的充电设计，以及从太阳能电池板获得最大电能有着重要作用。12V 组件太阳能电池板的参数见表 2 - 9。

表 2 - 9　　　　　　　　　　　　　12V 组件太阳能电池板参数

型号 参数	PLTG11-12S	PLTG22-12S	PLTG33-12S
	典型值		
开路电压 U_{OC}（V）	21	21.6	21.6
最佳工作电压 U_{MP}（V）	17	17.2	17.2
短路电流 I_{SC}（A）	7.48	7.2	7.7
最佳工作电流 I_{MP}（A）	6.47	6.69	6.98
最大功率 W_P（W）	110	115	120
外形尺寸（mm×mm×mm）	1482×676×50		
重量（kg）	12.0		

2.3.1.2　蓄电池容量及太阳能电池板功率估算

在线监测技术目前使用的蓄电池一般为硅能电池、纤维镍镉电池等，普通铅酸蓄电池由于高低温性能较差逐渐被取代。

蓄电池容量对保证连续供电非常重要，太阳能电池板发电量在一年的各月份有很大差别，当然连续阴雨天期间的负载用电也必须从蓄电池取得。太阳能电池板的发电量在不能满足用电需要的月份，要靠蓄电池的电能给以补足，在超过用电需要的月份，需靠蓄电池将多余的电能储存起来。所以太阳能电池板发电量的不足和过剩值，是确定蓄电池容量的依据之一。太阳能电池板的功率和蓄电池容量一方面取决于在线监测系统的功耗大小，一方面取决于在连续阴雨天，太阳能无法充电的条件下蓄电池能够保持的供电时间。

（1）太阳能电池功率估算。设负载在 24h 工作时间内的平均功率（包含电源功耗在内）为 P_L，太阳能电池板每天有效日照时间内的平均功率为 W_t，有效日照时间为 T_h（根据不同的地区，T_h 可选 4～6h），太阳能电池的效率为 η_h（η_h 一般为 60%），则太阳能电池的平均功率 W_t 计算由式（2 - 46）决定。

$$W_t = \frac{P_L \times 24h}{T_h \times \eta_h} \qquad (2 - 46)$$

（2）蓄电池容量计算。设蓄电池的标称电压为 U_B，通常与负载电压 U_L 相同，容量为 P_A（Ah），综合效率为 η_B（η_B 一般为 80%），阴雨天最长时间为 N，则蓄电池的容量计算由式（2 - 47）决定。

$$P_A = \frac{P_L \times 24h \times N}{U_B \times \eta_B} \qquad (2 - 47)$$

（3）实例分析。设某在线监测装置的供电要求为：供电电压为 12V，在 24h 内，负载的平均功率 P_L 为 0.45W。连续阴雨天最长时间为 7 天，太阳光有效日照时间 T_h 为 5h，效率

η_h 为 60%，则太阳能电池板和蓄电池容量的选择如下。

1）太阳能电池板的选择。由于供电电压为 12V，应选 12V 的太阳能电池组件，功率 W_t 为

$$W_t = \frac{P_L \times 24h}{T_h \times \eta_h} = \frac{0.45 \times 24}{5 \times 0.6} = 3.6 (\text{W}) \tag{2-48}$$

实际可选 12V 组件 5～10W 的太阳能电池板。

2）蓄电池的容量选择。由于供电电压为 12V，因此蓄电池的标准电压 U_B 应选为 12V。取蓄电池的效率 η_B 为 80%，则蓄电池的容量 P_A 为

$$P_A = \frac{P_L \times 24h \times N}{U_B \times \eta_B} = \frac{0.45 \times 24 \times 7}{12 \times 0.8} = 7.875 (\text{Ah}) \tag{2-49}$$

实际可选 12V 组件 12Ah 的固体蓄电池。

2.3.1.3　太阳能供电电源控制器的设计

太阳能供电电源设计包括主回路（即太阳能充放电回路）设计和控制电路设计两部分。太阳能供电控制器主要是控制整个系统的工作状态，并对蓄电池起到过充保护、过放保护的作用。在温差较大的地方，专用的控制器还应具备温度补偿功能。其他附加功能如光控开关、时控开关等都应当是控制器的可选项。

对于一般的在线监测装置，太阳能供电控制器与负载系统（被供电系统电路）一起设计，而对于功率较大的供电系统，太阳能控制器则应独立设计。

由式（2-46）可知，太阳能电池板的平均供电功率由有效日照时间及电池板效率决定，但太阳光照强度及日照时间往往很难掌握。当太阳光照强度很大时，输出电压进一步升高，直至超出后续电路正常工作电压，使蓄电池处于过压充电状态，将会大大缩短其使用寿命。

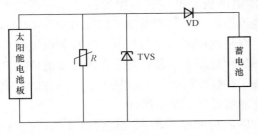

图 2-45　太阳能限流电路

为了保证蓄电池安全健康工作，需要对电路进行限流。接入限流电路和瞬态电压抑制器（TVS），调节太阳能电池板向后续设备的输出功率和电压，如图 2-45 所示。

（1）主回路设计。主回路设计如图 2-46 所示。其中二极管 VD 用于防止无太阳光时，蓄电池对太阳能板放电。R_1 和 R_2 为压敏电阻（也可选瞬态电压抑制器），用于防雷击保护。功率管 MOSFET1 用于充电控制，MOSFET1 接通时，太阳能电池板对蓄电池停止充电，MOSFET1 断开时，太阳能电池板对蓄电池正常充电。MOSFET2 用于放电控制，MOSFET2 接通时，蓄电池对负载正常放电，MOSFET2 断开时，蓄电池停止放电。

（2）控制电路设计。图 2-47 是一个通过比较器设计的充电保护电路。其工作原理如下：当蓄电池电压为正时，通过 R_1、R_2 分压设计使 U_1 低于参考电压 U_{REF}，比较器 U_1 输出低电平，LED 灯不亮，三极管 Q1 截止，MOSFET 管 Q2 导通，太阳能电池板对蓄电池正常充电。

当蓄电池电压升高达到其过充保护值时，U_1 高于参考电压 U_{REF}，比较器 U_1 输出高电平，LED 灯亮，三极管 Q1 饱和导通，MOSFET 管 Q2 截止，停止充电，从而实现了蓄电池的过充保护。此后只有蓄电池电压降低，并低于过充保护值一个"回差值"后，

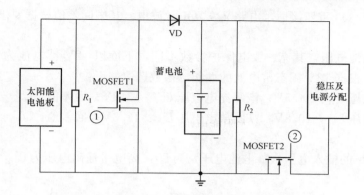

图 2-46　太阳能控制器主回路设计

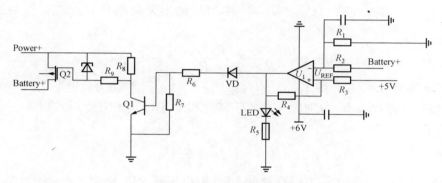

图 2-47　充电保护电路

MOSFET 管 Q2 断开，电路恢复正常充电。其中，回差值根据要求，由 R_3、R_4 及 U_{REF} 设计实现。

图 2-48 是一个通过迟滞比较器设计的放电保护电路。其工作原理如下：通过 R_1、R_2 分压设计使 U_1 高于参考电压 U_{REF}，比较器 U_1 输出高电平，LED 灯不亮，Q1 饱和导通，Q2 截止，MOSFET 管 Q3 导通，蓄电池可正常放电。

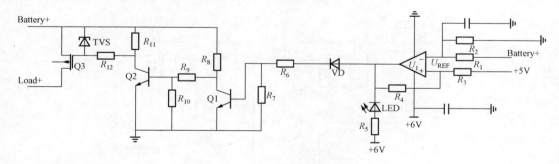

图 2-48　放电保护电路

当蓄电池电压降低达到其过放电保护值时，U_1 低于参考电压 U_{REF}，比较器 U_1 输出低电平，LED 灯亮，Q1 截止，Q2 饱和导通，MOSFET 管 Q3 截止，使蓄电池停止放电，从而实现了蓄电池的过放保护。此后只有蓄电池电压升高，并高于过放保护值一个"回差值"

后，MOSFET 管 Q3 重新接通，电路又恢复正常放电。其中回差值根据要求，由 R_3、R_4 及 U_{REF} 设计实现。

不同的蓄电池电压，其充、放电保护参数不同，下面以 12V 蓄电池为例说明其参数以供设计者参考。根据 12V 固态蓄电池的性能，参数选取如下：

停止充电电压 U_{i1}：14.5V；恢复充电电压 U_{i2}：13.2V；回差值：$U_{i1}-U_{i2}=1.3\text{V}$。

停止放电电压 U_{i3}：10.8V；恢复放电电压 U_{i4}：12.3V；回差值：$U_{i4}-U_{i3}=1.5\text{V}$。

计算如下：

设比较器 U_1 的输入电压（蓄电池电压）为 U_i，高电平输出电压为 U_{o1}，则当 $U_+ < U_{REF}$ 时，$U_{o1}=0$，

$$U_+ = \frac{R_2}{R_1+R_2} \times \frac{R_F}{R_F+R'}U_i, \text{其中}: R' = \frac{R_2R_2}{R_1+R_2} \tag{2-50}$$

当 $U_i \geqslant U_{i1}$，即 14.5V（$U_+ \geqslant U_{REF}$）时，U_1 输出为高电平 $U_{o1}=1$，控制过充保护，此时

$$U_+ = \frac{R_2}{R_1+R_2} \times \frac{R_F}{R_F+R'}U_i + \frac{R'}{R_F+R'}U_{o1} \tag{2-51}$$

当 U_i 下降使 $U_i \leqslant U_{i2}$，即 13.3V（$U_+ \leqslant U_{REF}$）时，U_1 输出为低电平，$U_{o1}=0$，控制恢复充电，显然，将 U_{i1}、U_{i2} 分别代入式（2-50）和式（2-51）并令两式相等，可得到回差电压

$$(U_{i1}-U_{i2}) = \frac{R_1}{R_F}U_{o1} \tag{2-52}$$

其中 R_F 取值在 100kΩ～200kΩ 之间，U_{o1} 由稳压管 VD_2 确定，由此可计算出 R_1。将 R_F、R_1 和 $U_+ = U_{REF}$ 代入式（2-51）可确定 R_2。设计带回差的比较器，一是充放电开关转换的要求，二是可提高比较器的抗干扰性能。放电保护电路比较器的设计方法亦如此，这里不再赘述。

利用比较器设计的控制器，电路简单，但当蓄电池电压改变时，电路参数也将随之改变，要做到精确设计，需要认真调整，对电路中元器件精度要求也很高。图 2-49 是采用单片机实现的充放电控制，可适合不同蓄电池电压的充放电控制。

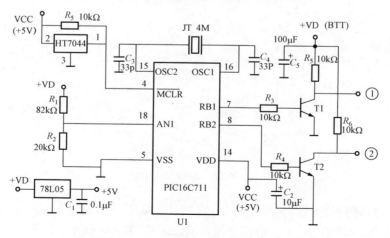

图 2-49　用单片机实现的充放电控制电路

当电池电压改变时，只需改变程序，而不需要改变硬件电路参数，且具有调整简单，控制精度高等优点。U1 为 PIC16C711 单片机，该芯片具有 4 个 8 位 A/D 转换器和 8 个 I/O 口，电源电压为 5V，其电源由三端式稳压器 78L05 提供。HT7044 为电压监控器，当电源电压低于 4.4V 时，输出低电平，使单片机复位。用 I/O 口 RB1 和 RB2 分别控制充电和放电。T1 和 T2 构成功率开关管 MOSFET1 和 MOSFET2 的驱动电路。蓄电池电压经过 R_1、R_2 分压送至单片机的 A/D 采样口。为了适应对不同蓄电池电压的控制，设蓄电池电压 U_B 的变化范围为 0～25.5V，经过 R_1、R_2 分压后，A/D 采样口的电压 U_{IN} 为 0～5V，变比为 5.1，其计算公式为

$$U_{IN} = \frac{R_2}{R_1 + R_2} \times U_B = \frac{20}{20 + 82} \times 25.5V = 5V \qquad (2-53)$$

将 0～25.5V 的模拟电池电压经过分压系数为 1/5.1 的分压器后，成为 0～5V 的 A/D 变换输入电压，0～5V 的模拟电压经 A/D 变换后，成为数字量 0～255，将数字量和输入电压值（0～25.5V）相对应，实现对蓄电池电压的检测和充、放电控制。

根据 12V 蓄电池的参数，将前面在比较器中讨论的四个电压等级划分为五个区域，将当前电压所在区与 3s 之前所在区电压作比较，若相等，则维持充、放电现状，若不同，将当前区域号替换原区域号按照表 2-10 工作。3s 的延时，可克服瞬间干扰带来的误动作。程序初始化时，将 2 区的放电状态设为"开"，将 4 区的充电状态设为"开"。

表 2-10　　　　　　　　　　　区域号工作状态

蓄电池电压所在区	电压范围（V）	充电	放电
1	≤18.8	开	关
2	18.8～12.3	开	维持现状
3	12.3～13.6	开	开
4	13.6～14.4	维持现状	开
5	≥14.4	关	开

2.3.1.4　太阳能电池供电电源稳压电路设计

考虑到在线监测系统低功耗、高效率的稳压输出的要求，DC/DC 变换应采用高效率集成稳压芯片。单片 DC/DC 集成稳压芯片大致分三类：极性反转式变换器、升压式变换器、降压式变换器。单片 DC/DC 电源变换器产品的分类详见表 2-11。

表 2-11　　　　　　　　　　单片 DC/DC 电源变换器产品分类

产品名称	型号	输入电压 U_I（V）	输出电压 U_O（V）	最大输出电流 I_{OM}（mA）	封装形式
极性反转式 DC/DC 变换器	ICL7660	1.5～10.5	$-U_I$	20	DIP-8 TO-99
	ICL7662	4.5～20	$-U_I$	20	DIP-8 TO-99
	TC7662B	1.5～15	$-U_I$	20	DIP-8
	MAX764	3～16	−5（或可调）	250	DIP-8
	MAX775	3～16	−12（或可调）	1000	DIP-8

产品名称	型号	输入电压 U_I（V）	输出电压 U_O（V）	最大输出电流 I_{OM}（mA）	封装形式
升压式 DC/DC 电源变换器	MAX619	2～3.6	5	50	DIP-8
	MAX756	1.1～5.5	3.3 或 5	200	DIP-8
	MAX732	4～9.2	12	200	DIP-8
	MAX770	2～16.5	5（或可调）	1000	DIP-8
	MAX773	2～16.5	5、12、15（或可调）	1000	DIP-8
	LT1310	2.75～18	36	1500	MSOP-8
降压式 DC/DC 电源变换器	MAX639	5.5～11.5	5	100	DIP-8
	MAX730A	5.2～11	5	450	DIP-8
	MAX738	6～16	5	750	DIP-8
	LM2575	6～40	1.23～37	1000	TO-263
	LM2596	4～16	1.25～U_I	750	TO-220

下面介绍几种常用 DC/DC 电源变换器的基本工作原理及典型应用。

（1）MAX764 型极性反转式 DC/DC 电源变换器。SMAX764 属于高效率、低功耗、输出可调式直流电源变换器，同类产品还有 MAX765/766。三者的区别仅在于作固定输出时的电压值不等，依次为－5、－12、－15V。它们均可应用到便携式仪器仪表、远程数据采集系统、电池充电器、局域网（LAN）适配器等领域。

1）性能特点。

a）MAX764 采用电流控制型脉冲频率调制器（PFM），兼有 PFM 与脉冲宽度调制器（PWM）的优良特性。一方面，它不仅继承了传统 PFM 静态工作电流小的优点，而且增加了电流控制功能；另一方面，它还保留了 PWM 转换效率高的特性。

b）利用外部的储能电感、滤波电容和续流二极管构成极性反转电路，产生负压输出。

c）使用灵活，通用性强。其输入电压范围为 3～16V。输出电压既可设定为固定式（－5V），又可经外部电阻分压器设计成可调式（－1～－16V）。最大输出电流为 250mA，输出功率可达 1.5W，可作为中、低功率的直流电源转换器。

d）低功耗。静态下最大电源电流仅为 120μA。利用关断模式还可以将电源电流降到 5μA 以下，令芯片处于备用状态（亦称休眠模式），耗电量极小。

e）开关频率提高到 300kHz。在很宽的负载电流变化范围内（从 2～250mA），电源效率达到 80% 以上。

2）工作原理。MAX764 的工作原理示意图如图 2-50 所示。图中用开关 S 来代表 MAX764 所起的开关作用。极性反转电路由储能电感 L、续流二极管 VD 和滤波电容 C 所组成。脉冲频率调制信号自 LX 端引出。当 S 闭合时就相当于 MAX764 中的开关功率管导通，输出脉冲为高电平，此时 VD 截止，电能就储存在 L 上。当 S 断开时对应于开关功率管截止，输出呈低电平，因 VD 导通，故 L 上储存的电能就经过 VD 向负载供电。与此同时，还

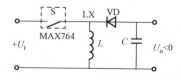

图 2-50　MAX764 的工作原理图

对 C 进行充电，以备负半周在负载电压开始跌落时由 C 向负载放电，维持 U_o 不变。由于续流二极管的极性反接，因此在负载上得到的输出电压与 U_i 的极性恰好相反。

　　3）应用技巧。

　　a）—5V 固定式输出。—5V 固定式输出电路如图 2-51 所示。将 MAX764 的 FB 端与 V_{REF} 端接通，OUT 端连 U_o，输出电压就固定为—5V。S 为正常/关断模式的选择开关。S 接地时能正常输出，接 V+ 时为关断模式。C_1 和 C_4 分别为输入、输出端的滤波电容。C_1 取 $100 \sim 150\mu F$，耐压 20V；$C_4 \geqslant 68\mu F$，通常取 $100\mu F$。C_2、C_3 是滤高频电容，一般为 $0.1\mu F$。储能电感 L 是关键元件，其电感量是 $22 \sim 68\mu H$，推荐值为 $47\mu H$，需在高频铁氧体磁环上绕制，线圈的电阻应小于 0.1Ω，线径则可承受大于 $0.75A$ 的峰值电流，亦可采用表面安装电感器。续流二极管工作于高频、大电流情况下，宜选用平均整流电流不低于 $0.75A$ 的肖特基二极管（SBD），例如 1N5817 或 1N5818。当负载较轻时，亦可采用高频硅整流管。

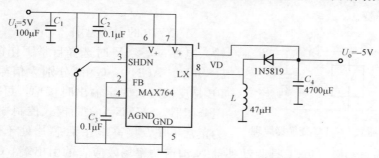

图 2-51　—5V 固定式输出电路

　　印制板的合理布线对减小高频、大电流所产生的噪声至关重要。因此，应注意以下几点：GND 端与 C_2、C_4 的引线应在同一点共地，才能减小接地噪声；FB、LX 端的引线应尽量短接；C_2 要尽可能地靠近 V+、GND 的管脚。

　　b）可调式输出。由 MAX764 构成的 $-1 \sim -16V$ 可调式输出电路如图 2-52 所示。输出电压由式（2-54）确定。

$$U_o = -\frac{R_2}{R_1} \times V_{REF} \tag{2-54}$$

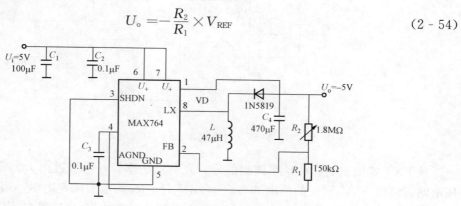

图 2-52　负可调式输出电路

　　式中，R_1 为反馈电阻，典型值为 $150k\Omega$；R_2 是可调电阻；基准电压 $V_{REF} = 1.5V$；负号代表负压输出。不难算出，当 $R_2 = 100k\Omega$ 时，$U_o = -1V$，$R_2 = 1.6M\Omega$ 时，$U_o = -16V$。

实际上，R_2 选标称值 $100\text{k}\Omega$ 的固定电阻和 $1.5\text{M}\Omega$ 的电位器串联而成。若输出电压已确定，R_2 可换成固定电阻。布线时 R_1、R_2 至 FB 端的引线应保持最短。

（2）MAX770 型升压式 DC/DC 电源变换器。升压式 DC/DC 电源变换器具有提升电压的作用，使 $U_o > U_1$。

1）MAX770 的工作原理。MAX770 属于高效率脉冲频率调制（PFM）、可预置、可调升压式 DC/DC 电源变换器，它能输出 $10\text{mA} \sim 1\text{A}$ 的电流，电源转换效率达 90%。输入电压 U_i 为 $2\text{V} \sim 16.5\text{V}$，输出电压可预置成 5V，亦可经过外部分压器连续调节 U_o 值。升压式 DC/DC 电源变换器的工作原理如图 2-53 所示。开关 S 代表变换器。当 S 闭合时，电感 L 上有电流通过而储存电能，电压极性是左端为正、右端为负，使续流二极管 VD 截止。当 S 断开时，L 上产生的反向电动势极性是左端为负、右端为正，使得 VD 导通。L 上储存的电荷经 VD 向负载供电，同时对电容 C 进行充电，维持 U_o 不变。由于开关频率足够高，使得输出电压恒定不变。

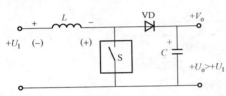

图 2-53　升压式 DC/DC 变换器原理

MAX770 的引脚见图 2-54。V_+ 为电源端，当输入电源 $V_+ < 5\text{V}$ 时选择自举工作模式，V_+ 应与 U_o 短接。AGND、GND 分别为信号地和功率地。FB 是反馈端，固定输出时接地，可调输出时接电阻分压器。SHDN 为关断模式控制端，此端接地时为正常工作，接高电平后芯片处于微功耗备用状态，工作电流降至 $5\mu\text{A}$。EXT 是驱动外部 N 沟道功率场效应管的引出端。CS 为限流保护端，外接过电流检测电阻 R_S。

2）MAX770 的应用。由 MAX770 构成的自举式 +5V 输出电路如图 2-54 所示。$U_i = 3\text{V}$，U_+ 取自 U_o，当 FB 端接地时，输出电压被预置为 5V，即 $U_o = 5\text{V}$。

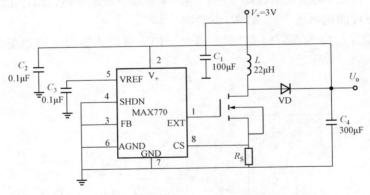

图 2-54　自举式 3V/5V、1A 电源变换器

从 EXT 端输出的脉冲频率调制信号，先驱动功率管，再经过由 L、VD、C_4 组成的升压电路，获得 +5V、1A 的输出。当 $L = 22\mu\text{H}$ 时，R_S 为电流限定电阻，当取 $R_S = 0.075\Omega$，可将输出最大电流 I_{OM} 限定在 1.2A 之内。C_1 为输入滤波电容，C_2 和 C_3 为高频滤波电容。

图 2-55 由 MAX770 构成的非自举式 5V/12V、0.5A 电源变换器采用的是非自举工作方式。为实现可调输出，FB 端外接电阻分压器 R_1、R_2。输出电压为

$$U_{\mathrm{o}} = \left(1 + \frac{R_2}{R_1}\right) \times U_{\mathrm{REF}} \qquad\qquad (2\text{-}55)$$

其中，片内基准电压 $U_{\mathrm{REF}} = 1.5\mathrm{V}$，将 U_{REF} 和电阻参数代入上式，得 $U_{\mathrm{o}} = 12\mathrm{V}$。在 $I_{\mathrm{O}} = 0.5\mathrm{A}$ 时，取 $R_{\mathrm{S}} = 0.1\Omega$，可将输出电流 I_{OM} 限定在 0.7A 以下。

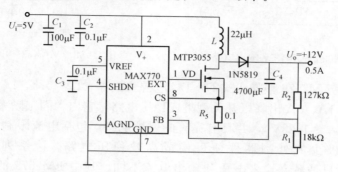

图 2-55　非自举式 5V/12V、0.5A 电源变换器

（3）MAX639 型降压式 DC/DC 电源变换器。

1）MAX639 的工作原理。MAX639 是一种开关型降压式 DC/DC 电源变换器，具有降低电压的作用，可使 $U_{\mathrm{o}} < U_{\mathrm{I}}$，当 U_{I} 为 +5.5V ~ +11.5V 时，$U_{\mathrm{o}} = 5\mathrm{V}$（或可调），输出电流 $I_{\mathrm{o}} = 100\mathrm{mA}$，最大可达 225mA。其本身压降仅 0.5V，转换效率可达 90%，其工作原理如图 2-56 所示。变换器仍用开关 S 来等效。当 S 闭合时除向负载供电之外，还有一部分电能储存于 L、C 中，L 上电压极性为左端正、右端负，此时续流二极管 VD 截止。当 S 断开时，L 上产生极性为左端负、右端正的反向电动势，使得 VD 导通，L 中的电能传送给负载，维持输出电压不变，并且 $U_{\mathrm{o}} < U_{\mathrm{I}}$。

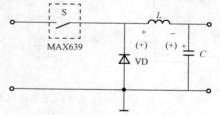

图 2-56　MAX639 的工作原理示意图

SHDN 是关断模式控制端，低电平有效工作，高电平时，电路无输出。LBI、LBO 分别为低电压检测的输入端、输出端，低电压阈值为 1.28V。其余引脚的功能与 MAX770 相同。

2）MAX639 的应用。固定/可调输出多功能开关稳压集成电路是一种高效、多功能开关稳压电路，输出电压 +5V 或可调，输入电压 5.5 ~ 11.5V，输出电流 100mA。其效率高，并有逻辑电平控制的电子开关控制端及电池低电压检测端，具有低功耗、低压差、多功能等优点，多应用于便携式仪器、仪表等设备。

a）+5V 固定输出电路。+5V 固定输出电路如图 2-57 所示，应将 FB 端接地，VD 采用 1N5819 型肖特基二极管。储能电感的选择由输出电流的大小确定，当输出电流为 100mA 时，选择 L 为 100μH。输入电压范围为 5.5 ~ 11.5V，最高电压不能超过 12V，否则 MAX639 将被烧坏。

b）可调输出电路。做可调电压输出时，电路如图 2-58 所示，FB 改接电阻分压器 R_1、R_2 的中心，R_1 为可调电阻，片内基准电压 $U_{\mathrm{REF}} = 1.28\mathrm{V}$，输出电压 U_{o} 为

$$U_{\mathrm{o}} = \left(1 + \frac{R_2}{R_1}\right) \times U_{\mathrm{REF}} \qquad\qquad (2\text{-}56)$$

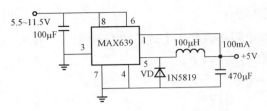

图 2-57 MAX639 固定＋5V 输出电路

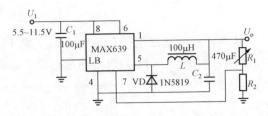

图 2-58 MAX639 可调输出电路

（4）LM2575、LM2576 型降压式 DC/DC 电源变换器。LM2575、LM2576 系列是国家半导体公司生产的 1A、3A 出降压开关型集成稳压电路，它内含固定频率振荡器（52kHz）和基准稳压器（$U_{REF}=1.23V$），并具有完善的保护电路，包括电流限制及热关断电路等，利用该器件只需极少的外围器件便可构成高效稳压电路。该系列包括 LM2575 和 LM2575HV，两者只是最高输入电压和输出电流不同，其中 LM2575 的最高输入电压为 40V，LM2575HV 的最高输入电压是 57V。各系列产品均提供有 3.3V（−3.3）、5V（−5.0）、12V（−12）、15V（−15）固定及可调（−ADJ）等多个电压档次产品。

LM2575 开关型集成稳压电路与 MAX639 相比，主要是允许的输入电压高（40V/57V），可调（−ADJ）输出电压为 1.23～37V，输出电流大，转换效率可达 80%。LM2575 与 LM2576 引脚相同，只是最大输出电流不同，分别为 1A 和 3A。LM2575-5.0 表示可固定输出＋5V 的稳压电路，典型应用如图 2-59 所示。电路中的反馈端（4 脚）直接接输出端。其中 D1 为肖特基二极管，耐压 40V，电流为 1A，C_1，C_2 和 L_1 为推荐参数，在实际中可根据负载要求适当调整。

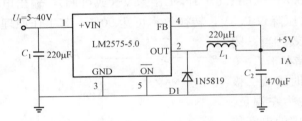

图 2-59 LM2575-5.0 固定输出电路原理图

在实际应用中，利用固定电压输出的芯片实现可调输出，如采用 LM2575-5.0 实现高于 5V 的电压输出，有内部电路原理可知，只要在输出与 LM2575-5.0 的反馈端串电阻 R 调节即可。输出电压为

$$U_o = \left(1 + \frac{3.2k\Omega + R}{1k\Omega}\right) \times 1.23V \tag{2-57}$$

2.3.1.5 监测装置电源设计举例

图 2-60 所示为某监测装置的供电电源原理图，其现场安装见图 2-61。

输入采用太阳能电池板为 6V 组件供电，蓄电池采用太阳能专用电池，标准电压 6V。太阳能电池板的功率和蓄电池的容量由实际负载要求确定。输出两组稳压电源，一组为＋5V、100mA 常供（连续）输出，实际负载要求 24h 内平均电流为 20mA。另一组间断供电 12V、500mA 输出，实际负载要求最大电流为 350mA，供电时间 3min，断电时间 1～3h（或根据具体要求而定）。

为了最大限度地减小电源自身功耗，且能安全可靠地工作。该电路采用了蓄电池充、放电保护设计，分别采用了降压和升压两种 DC/DC 稳压器件实现输出要求。其中：R_1 和 R_2 为压敏电阻，用以过压保护；VD1、T1 和 T2 为蓄电池充、放电保护开关管，IT1 和比较器

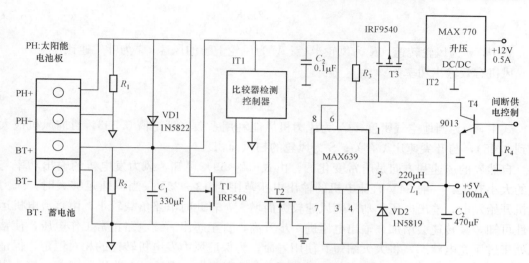

图 2-60 在线监测装置的供电电源实例图

检测控制器实现（参考图 2-36）；T3 和 T4 组成间断供电控制开关，控制信号来自监测装置的微处理器；由 MAX639 等外围电路构成高效降压 DC/DC（6V/5V）变换电路，提供常供 5V、100mA 电源；由 MAX770 及外围电路构成高效升压 DC/DC（5V/12V）变换电路 IT2，提供间断供电 12V、500mA 电源。

2.3.2 风能＋蓄电池供电电源

考虑到输电线路杆塔较高，其环境风速较大，具有一定的风能优势，可以考虑利用风能对状态监测装置供电，风能＋蓄电池供电电源现场安装见图 2-62。

图 2-61 太阳能＋蓄电池
供电电源现场安装

图 2-62 风能＋蓄电池
供电电源现场安装

1. 风力发电原理

常规风力发电是利用风力带动风车叶片旋转，再通过增速机将旋转的速度提升，来促使发电机发电。本节将以 24V 直流减速电机加装叶轮作为风力发电机为例。

风轮采用阻力型垂直结构，其具有风向适应性较好、启动风速低（1m/s）、无噪音、回转半径小、安全性高和免维护等特点，其叶尖速比 λ 一般为 0.3～0.6。为了达到风电效率和启动速度的最佳配合，设计风轮一般采用 3 叶片叶轮结构，其风速与电机转速关系如式（2-58）所示

$$V = \frac{2\pi nR}{60\lambda} \qquad (2-58)$$

式中，n 为风轮转速；R 为风轮半径；V 为风轮上游的风速；λ 为叶尖速比。

风机有效输出功率为

$$P = \frac{1}{2} C_p \rho S V^3 \qquad (2-59)$$

式中，ρ 为当地空气密度；C_p 为风力机风能利用系数（理论值 0.593，目前风机最大能达到 0.45），与叶尖速比 λ 有关；S 为风轮的扫风面积。

自然界的风速和方向是时常变化的，由式（2-59）可知，风力发电机的输出功率与风速的大小有关，一般 24V 直流电机的输出电压范围为 13～25V。当风速足够大时，风力发电机开始发电，输出电压、功率随风速较大而增大，若此时电路负载较小，由直流电机运行特性可知，其转速会增加，输出电压进一步升高，直至超出后续电路正常工作电压，使蓄电池处于过压充电状态，将大大缩短其使用寿命。为保证风力发电机转速的相对恒定，保证蓄电池安全健康工作，需要对电路进行限流。接入限流电路和瞬态电压抑制器（TVS），调节风力电机向后续设备的输出功率和电压，如图 2-63 所示。

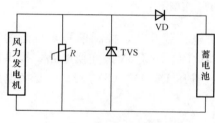

图 2-63　风能限流电路

2. 风能供电电源控制器设计

风能供电电源与太阳能供电电源都可采用通用的蓄电池组，既增强了供电稳定性，又充分利用了既有设备资源。因此风能与太阳能使用相同的主回路电路（见图 2-64）与控制电路，具体设计详见本章太阳能供电电源部分，但其限流电路需分别接入控制主电路。

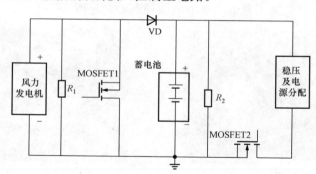

图 2-64　风能供电电源控制器主回路设计

2.3.3　风光互补＋蓄电池供电电源

随着国家电网公司和中国南方电网有限责任的最新技术规范的应用，特别是视频监控、WiMAX、光纤交换机的应用，输电线路在线监测装置的功率大幅度增加。此时，仅采用太阳能电池板供电方式，供电电源在长期恶劣气象条件下难以正常工作。考虑到输电线路杆塔较高，其环境风速较大，具有一定的风能优势。太阳能与风能在时间上和地域上都有较强的互补性。风光互补供电系统能在资源上弥补了风电和光电独立系统在资源上的缺陷，对于大功率监测装置可采用风光互补+蓄电池供电电源。

风光互补供电电源（见图 2-65）主要由太阳能电池板、风力发电机、蓄电池、风光互补充放电控制器等 4 部分组成。储能采用单一蓄电池组，风能与太阳能使用同一主回路电路与控制电路，但其限流电路需分别设计和接入控制电路，系统不同工作状态的控制转换由单片机的充放电控制电路实现。另外，供电电源可配置加热功能，当冬季到来时外界温度达到设定温度值以下且蓄电池电量充足的情况下，多余的太阳能或者风能可对装置加热，保证蓄电池最佳的供电质量与效率，现场安装如图 2-66 所示。

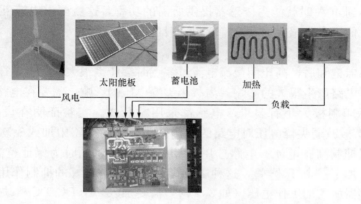

图 2-65　风光互补供电电源结构

2.3.4　导线取能+蓄电池供电电源

对于输电线路在线监测技术，导线侧传感器的供电电源设计亦非常关键，这些传感器需要直接安装在导线上，如采用太阳能、风能供电时，在导线上无法固定安装。因此导线侧传感器大多采用导线取能+蓄电池的供电电源设计，导线取能指的是一种利用特制的穿心式电流互感器从高压导线感应出能量，其原理是利用穿心式电流互感器的饱和特性，把母线上几安到几十千安的电流转换为 1~60V 的电压能量，再经过限流、整流、滤波、DC/DC 后，给导线侧传感器供电，其原理框图如图 2-67 所示。导线风偏、导线温度、导线舞动、导线弧垂等监测传感器的供电大多采用此种电源方式。

图 2-66　风光互补供电系统现场安装

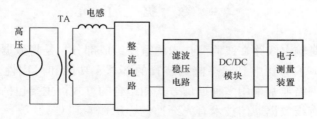

图 2-67　导线取能原理框图

输电线路导线电流的波动范围非常大（0～4000A），发生电力系统故障时甚至达到几十千安。要想保证导线取能供电电源在如此大的范围内都能可靠工作，设计时需要注意两点：①电流互感器设计；②整流稳压电路设计。

1. 电流互感器设计

电流互感器设计关系到整个供电电源的稳定，其基本原理与图 2-29 中的开合式电流传感器相似，只不过需要电流互感器铁芯在高压侧大电流情况下尽快饱和，从而保证后续整流电路的运行安全。同时，为了保证传感器能够在低负荷线路上正常工作，通常要求电流互感器在导线电流达到 40A 时就能为传感器提供所需的功率，这就要求电流互感器的铁芯材料要有高磁导率、低饱和磁感应强度的特性，一般选用非晶材料。

2. 整流稳压电路设计

在电流互感器饱和后，高压侧交流电流过零点时会产生很大的尖峰电压，这种电压会对整流桥以及稳压电路产生很大的影响。为减小尖峰电压的影响，需要在电路中加入一个大电感。考虑到实际印制板大小有要求，电感都采用贴片式。实验证明在设计的电路中使用 1mH 的电感能有效减弱尖峰电压对电路的影响。此外，在电路中加入磁珠，在高压侧发生短路故障时可以抑制高频电流。电路选用 MB10S 整流桥，同时为保证整流桥能安全工作，需要在整流桥前加上一个 TVS 管，这种二极管对高电压有很好的抑制作用。在整流桥输出后，为达到传感器所需的工作电压（如 3.3V），需要加入一个 DC/DC 模块，同时在 DC/DC 模块前面加上稳压二极管及滤波电路，在 DC/DC 模块后面加上一些滤波电容，保证输出电压的稳定。图 2-68 为导线取能＋蓄电池供电电源，用于导线测温传感器的供电。

(a) (b)

图 2-68　导线取能＋蓄电池供电电源及安装

（a）实物；（b）安装

2.4　数　据　通　信

数据通信网络是输电线路在线监测技术的重要组成部分，是将数据从现场传输至监控中心（CAG）的载体，直接影响到状态监测装置的部署、功能和可用性。目前，输电线路在线监测技术的通信网络通常采用多种通信方式相结合的方式，主要包括有线数据通信和无线数据通信。其中，有线数据通信技术有光纤通信、RS485 和 CAN 等；无线数据通信技术有 GSM、GPRS、3G、ZigBee、WiFi 和 WiMAX 等。随着智能电网建设，输电线路在线监测数据通信网络主要采用 OPGW（Optical Fiber Composite Overhead Ground Wire，光纤复合架空地线)＋WiFi、公网 GPRS/3G＋WiFi 等组合通信方式。

2.4.1　有线数据通信

1. 光纤通信

光纤通信是利用光波作为载波，以光纤作为传输媒质将信息从一处传至另一处的"有线"光通信方式，主要包括光纤光缆技术、光交换技术传输技术、光有源器件、光无源器件以及光网络技术等部分。其原理是：在发送端，首先要把传送的信息（如温度）变成电信号，然后调制到激光器发出的激光束上，使光的强度随电信号的幅度（频率）变化而变化，并通过光纤发送出去；在接收端，检测器收到光信号经解调变换成电信号。光纤通信接入从技术上可分为两类：有源光网络（AON，Active Optical Network）和无源光网络（PON，Passive Optical Network）。无源光网络由光线路终端（OLT）、光网络单元（ONU）和光分配网络（ODN）组成。一般其下行采用 TDM 广播方式，上行采用 TDMA（时分多址接入）方式，可灵活地组成树形、星形、总线形等拓扑结构。PON 系统结构如图 2-69 所示。

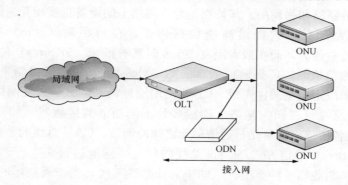

图 2-69　PON 系统结构示意图

EPON（以太网无源光网络）是基于以太网技术的宽带接入系统，它利用 PON 的拓扑结构实现以太网的接入。EPON 融合了 PON 和以太网数据产品的优点，形成了许多独有的优势。EPON 系统能够提供高达 1Gbit/s 的上下行带宽，能与现有的以太网兼容，大大简化了系统结构，成本低，易于升级。

光纤通信在电力系统的适用范围主要有：主站与子站之间、中心城区、重要负荷，如配电网自动化的 SCADA 系统，馈线自动化系统等。随着国家智能电网建设，输电线路在线监测技术可以利用 OPGW 或 OPPC（Optical Fiber Composite Overhead Phase Conductor，光纤复合架空相线）中的光纤进行数据传输。由于线路施工时并不是每基杆塔都有光纤接线盒，对于没有光纤接线盒的杆塔可采用 WiFi/WiMAX 等短距离无线通信方式将数据传输至有光纤接线盒的杆塔，再通过 OPGW 进行数据远距离传输。采用该数据通信方式具有运行稳定性高、传输视频流畅且费用低等优点，缺点是增加了光纤交换机，加大了装置的功耗。

2. RS485

RS485 是两线制、半双工、多点通信的标准，其采用平衡发送和差分接收，具有很强的抑制共模干扰的能力。RS485 最大的通信距离约为 1219m，最大数据传输速率为 10Mbit/s。其传输速率与传输距离成反比，在 100Kbit/s 的传输速率下，才可以达到最大的通信距离，如果需传输更长的距离，需要加 485 中继器。RS485 总线一般最大支持 32 个节点，如果使用特制的 485 芯片，可以达到 128 个或者 256 个节点，最大的可以支持到 400 个节点。网络拓扑一般采用终端匹配的线型、总线型结构，不支持环形或星形网络。在低速、短距离、无干扰的场合可以采用普通的双绞线；在高速、长距离传输时，则必须采用阻抗匹配（一般为 120Ω）的 RS485 专用电缆；在干扰恶劣的环境下，还应采用铠装型双绞屏蔽电缆。在传输过程中可以采用增加中继的方法对信号进行放大，最多可以增加 8 个中继，也就是说理论上 RS485 的最大传输距离可以达到 9.6km。在输电线路在线监测技术中，CMD 与各种传感器、GPRS/3G 通信模块、视频卡、电源控制卡（部分高端产品具有电源智能控制功能）等之间的通信大多采用 RS485。

3. CAN

CAN（Controller Area Network，控制器局域网）总线属于现场总线的范畴，是一种有效支持分布式控制或实时控制的串行通信网络，其总线规范已被 ISO（国际标准化组织）制定为国际标准。CAN 总线的通信协议建立在国际标准组织的开放系统互联参考模型基础上，主要工作在数据链路层和物理层。其特点是允许网络上的设备直接相互通信，网络上不需要主机（Host）控制通信。它提供高速数据传送，在短距离（40m）条件下具有高速（1Mbit/s）数据传输能力，而在最大距离 10km 时具有低速（5Kbit/s）传输能力。CAN 是一种基于广播的通信机制，广播通信依靠报文（Message）的传送机制来实现，CAN 可通过报文的确认区来决定报文的优先级。CAN 使用地址访问的方法，使网络系统的配置变得非常灵活。CAN 总线可在同一网络上连接多种不同功能的传感器（如角度、温度或压力等），应用于装置各传感检测单元与通信单元之间的通信。CAN 总线的数据链路层协议采用点对点（Peer to peer）通信方式。CAN 总线的信息传输通过报文进行，报文帧有数据帧、远程帧、出错帧和超载帧 4 种类型。不同于其他总线系统，当错误产生时，CAN 协议不能立即使用应答报文来取代错误信号，对于错误侦测 CAN 协议有完整的 3 种报文级机制——循环冗余检测（CRC）、帧检测（Frame check）和 ACK 错误。CAN 协议也提供两种位元级的错误侦测机制——监视（Monitoring）和位填充（Bit stuffing）。在输电线路在线监测技术中，可采用 CAN 完成状态监测装置与视频卡之间的大数据量通信。

2.4.2　无线数据通信

1. GSM

GSM（Global System for Mobile Communications，全球移动通信系统）是一种起源于欧洲的移动通信技术标准。GSM 数字蜂窝通信系统的主要组成部分可分为移动台 MS（Mobile Station）、基站子系统 BSS（Base Station System）、网络交换子系统 NSS（Network Switch System）和操作支持子系统 OSS（Operation Support System）。移动台（如手机）是公用 GSM 移动通信网中用户使用的设备，也是用户能够直接接触的整个 GSM 中的唯一设备。移动台的类型不仅包括手持台，还包括车载台和便携式台。GSM 是通过用户识别模块（SIM 卡）来识别移动用户的。使用 GSM 标准的移动台都需要插入 SIM 卡。基站子系统（简称基站 BSS）由基站收发台（BTS）和基站控制器（BSC）组成；网络子系统由移动交换中心（MSC）和操作维护中心（OMC）以及原地位置寄存器（HLR）、访问位置寄存器（VLR）、鉴权中心（AUC）和设备标志寄存器（EIR）等组成。操作支持子系统对整个

GSM 网络进行管理、操作和维护，包括操作维护中心（OMC）和网络管理中心（NMC）。

GSM 有以下特点：①具有开放的接口和通用的接口标准；②系统容量大、频谱效率高；③具有灵活方便的组网结构；④具有加密和鉴权功能，能确保用户保密和网络安全；⑤抗干扰能力强、覆盖区域域内通信质量好。GSM 网络功能以语音为主，同时提供短消息、数据承载业务等其他增值服务。

2. GPRS

GPRS（General Packet Radio Service，通用分组无线业务）是介于第二代和第三代之间的一种通信技术，通常称为 2.5G。它是通过在现有 GSM 网络中增加 GGSN（网关支持节点）和 SGSN（服务支持节点）来实现的，是在 GSM 上发展出来的一项高速数据服务业务，将移动通信技术与 IP 技术有机结合，组成了移动 IP 网络，其目的是为 GSM 用户提供分组形式的数据业务。GPRS 可以看作是在原有 GSM 电路交换系统基础上进行的业务扩充，由新增的网络实体对 GSM 数据进行旁路，支持移动用户利用分组数据移动终端接入 Internet 或其他分组数据网络。因此，现有的基站子系统（BSS）从一开始就可提供全面的 GPRS 覆盖，GPRS 的传输速率最高可达 171.2kbit/s。此外，GPRS 组网通信在建立速度、可靠性、并发处理、业务扩展等关键技术方面明显强于 GSM 组网。

状态监测装置利用 GPRS 网络进行数据通信的发送过程如下：嵌入式 MCU 通过串口控制 GPRS 模块与 GSM 基站通信，GPRS 分组数据从基站发送到 GPRS 服务支持节点 SGSN，SGSN 与 GPRS 网关支持节点 GGSN 通过 GTP 隧道协议进行通信，GGSN 对分组数据进行识别，再发送到相应的公共网络（需要具备公网 IP 地址）。接收过程如下：GGSN 接收来自 Internet 或其他 GPRS 网络的数据包，如果该数据包的 IP 地址是本网络移动台的 IP 地址，则 GGSN 将该数据包转发给 SGSN，通过 SGSN 传输到相应的计算机（装有在线监测软件），进行数据的解码。

3. 3G

3G（3rd-generation）是指使用支持高速数据传输的蜂窝移动通信技术的第三代移动通信技术。3G 服务能够同时传送声音（通话）及数据信息（电子邮件、即时通信等）。3G 的代表特征是提供高速数据业务，利用在不同网络间的无缝漫游技术将无线通信系统和 Internet 连接起来，从而可为移动终端用户提供更多更高级的服务，相对于 2.5G（GPRS/CDMA1x）100kbit/s 左右的速度，3G 速率一般在几百 kbit/s 以上。3G 目前有 3 种标准：①欧洲的 WCDMA 制式；②美国的 CDMA2000 制式；③中国自主研发的 TD-SCDMA 制式。这三种制式的网络传输速率均在 2.8Mbit/s 左右，在实际应用过程中，联通 WCDMA 制式 3G 的速率最高，在视频监控中传输性能最好。

3G 已经初步应用于省级和地调数据网之间的生产业务数据的传输。但除主要生产业务数据外，电力系统更大量的数据业务是管理信息，随着管理向现代化和信息化方向快速发展，这类信息还会大量增加，故 3G 仍不能取代电力通信专网，更适合作为一种备用通信方式。在输电线路在线监测技术方面，3G 常应用于 CMD 与 CMA、CMA 与 CAG 之间的数据通信，可进行视频/图像、导线舞动轨迹等大数量监测信息的数据传输，但 CAG 与 PMS 之间的数据通信还是采用光纤专网的方式。

4. ZigBee

ZigBee 是一种基于 IEEE802.15.4 标准的近距离、低功耗、低速率（20～250kbit/s）、

低成本的双向无线通信技术。ZigBee 根据不同频段数据传输速率不同，现分别提供 250kbit/s（2.4GHz）、40kbit/s（美国，915MHz）和 20kbit/s（欧洲，868MHz）的原始数据吞吐率，满足低速率传输数据的应用需求。其组网方便：每个 ZigBee 网络最多可支持 65000 个设备，多个子网可以连接在一起，可实现星形（Star）、网状形（Mesh）和簇树形（Cluster Tree）网络。其安全性高：ZigBee 提供了三级安全模式，包括无安全设定、使用接入控制清单（ACL）防止非法获取数据以及采用高级加密标准（AES-128）的对称密码。其通信距离较为灵活：从标准的 75m 到几百米、甚至几公里（增加 RF 发射功率）。

在输电线路在线监测技术方面，ZigBee 主要应用于导线侧传感器（如导线舞动、微风振动、导线温度、导线风偏等）与 CMD 之间的数据通信。由于传感器安装于输电线路高压侧（110~1000kV），采用无线通信解决了高压绝缘和数据通信问题。作者研发的导线舞动传感器、微风振动传感器均采用 ZigBee 进行数据通信。

5. WiFi

WiFi（Wireless Fidelity，无线保真）是一种基于 IEEE 802.11a/g/b 标准的短程无线传输技术，能够在数百米范围内支持互联网接入的无线电信号，其是由网络桥接器（AP，Access Point）和无线网卡组成的无线局域网络，任何一台装有无线网卡的装置均可通过 AP 接入有线局域网甚至广域网络。WiFi 最高带宽为 11Mbit/s，可以进行视频流的实时传输，在信号较弱或有干扰的情况下，带宽可调整为 5.5Mbit/s、2Mbit/s 和 1Mbit/s。带宽的自动调整，有效地保障了网络的稳定性和可靠性，且通讯距离可从几百米到几公里（增加 RF 发射功率）。在输电线路在线监测技术方面，利用 WiFi 技术可以实现无光纤接线盒杆塔监测装置与有光纤接线盒杆塔通信装置之间、无 3G 信号监测装置与有 3G 信号杆塔通信装置之间以及 CMD 与相邻 CMA 之间的视频数据通信。

6. WiMAX

WiMAX（Worldwide Interoperability for Microwave Access，全球互通微波存取）是一项基于 IEEE 802.16 系列宽频的高速无线数据网络标准的技术，能够实现固定及移动用户的高速无线接入，其网络体系由核心网和接入网组成。WiMAX 是一种为企业提供"最后一公里"的宽带无线连接方案，由于 WiMAX 网络具有完整的覆盖能力，只要在信号有效距离内，任何终端都可以借助设备连上 WiMAX 网络，极好地填补了 3G 接入的覆盖空白。核心网包括网络管理系统、路由器、AAA 代理服务器、用户数据库以及网关设备，主要实现用户认证、漫游、网络管理等功能，并提供与其他网络之间的接口。接入网中包含基站、用户站和移动用户站，主要负责为 WiMAX 用户提供无线接入。WiMAX 的技术优势在于能实现更远的传输距离（最远至 50km），提供更高速的宽带接入（最大带宽 75Mbit/s），可以为高速数据应用提供更出色的移动性，但由于其通信功率高，电源设计成为其在线监测技术应用的瓶颈。目前国内尚未应用。

2.4.3　在线监测专用通信网络设计实例

国内安装的 90% 以上在线监测装置是基于 GSM/GPRS/CDMA/3G 无线网络进行通信，实现了野外输电线路监测数据的远距离传输，但存在信号弱、数据传输速率降低、通信成本高等缺点，设计可靠有效的通信网络成为在线监测装置运行稳定可靠的关键因素。目前新建重点输电线路的在线监测技术主要采用 OPGW＋WiFi 的通信方式，例如青藏交直流联网工程。作者前期也进行了 EPON 和 WiMAX 融合网络在大跨越输电线路在线监测技术中的应用研究。

【实例一】OPGW＋WiFi 通信网络

鉴于青藏交直流联网工程线路在线监测装置的传感器布点之间距离较大，尤其是孤立传感器布点较多，同时考虑到输电线路现场的 GPRS/CDMA/3G 信号条件普遍较差，因此，青藏交直流联网工程中输电线路在线监测技术的通信方式采用"光纤通信为主，无线 WiFi 接入为辅"的方案。

1. OPGW＋WiFi 通信网络整体方案

为提高监测系统专用光通信电路的可靠性，青藏交直流工程在线监测系统采用 2 条直流主干光通信电路，其中 1 条作为备用。两条直流主干光通信电路均以拉萨和格尔木为换流站，分别采用输电线路 OPGW 光缆编号中的最后 4 根纤芯（主用 2 芯，备用 2 芯），2 芯光纤一收一发进行数据传输，光纤熔纤使用野外防水尾缆进行熔接。根据监测装置布点设计，青藏交直流联网工程线路全线多基杆塔需安装在线监测装置，根据现场情况通信网络总体方案见图 2-70。监测接入点所在杆塔（见图 2-70 中杆塔 1 和杆塔 2）本身有 OPGW 接线盒，可直接通过光通信方式将监测信息传送至通信中继站或换流站。监测接入点所在杆塔（见图 2-70 中杆塔 3 和杆塔 5）没有 OPGW 接线盒且在视距范围内（可利用 WiFi 点对点通信）的杆塔，可采用光纤通信＋WiFi 无线网桥的方式进行监测信息的传输；监测接入点所在杆塔（见图 2-70 中杆塔 6 和杆塔 9）既没有 OPGW 接线盒又不在视距范围内的，可采用光纤通信＋WiFi 无线中继接力的方式进行监测信息的传输。

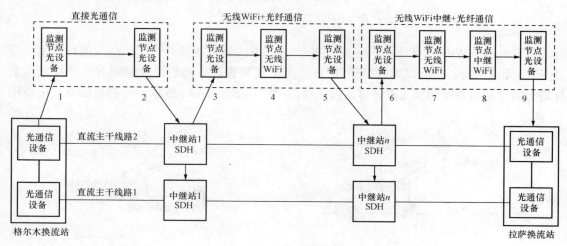

图 2-70　通信网络总体方案

在中继站内，光通信线路通过光交换机经由 SDH 设备上加装的 10M/100M 以太网电板与主干光通信电路 2 上的 SDH 设备相连，从而接入直流主干线路 2；在各换流站，光通信线路通过光交换机经由路由器、SDH 设备上加装的 10/100M 以太网电板分别与主干线路 2 和直流主干线路 1 上的 SDH 设备相连，从而接入主干线路 2 和主干线路 1，再通过站内 SDH 设备再将数据传至远端监控中心。

2. 组网方式分析

（1）直接光通信接入方式。直接光通信接入方式就是在有两进一出光纤接线盒的杆塔上安装专用光交换机，其一端与监测装置相连，另一端利用 OPGW 光缆将监测装置采集数据传至通信中继站或换流站，如图 2-71 所示。直接光通信的杆塔需要加装的设备包括：太阳能供电电源 1 套（包括太阳能电池板、蓄电池、太阳能控制器）、光交换机 1 套、状态监测装置 n 套（有时 1 基杆塔可能同时安装视频、微气象、微风振动等多个监测装置）。

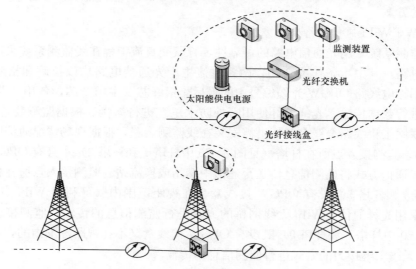

图 2-71　直接光通信接入方式

（2）光纤＋WiFi 接入方式。光纤＋WiFi 接入方式就是在没有光纤接线盒的杆塔上，安装 WiFi 无线网桥，然后以无线 WiFi 的方式将监测装置采集的数据转发到有光纤接线盒的杆塔上的光通信系统的接入点，再通过光通信远传，如图 2-72 所示。这种通信方式中使用

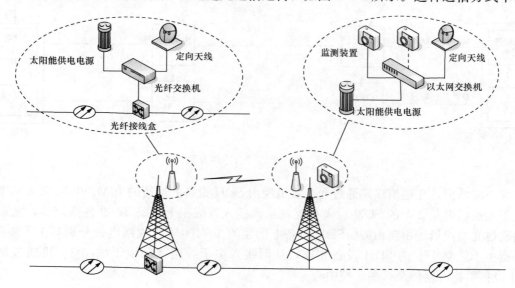

图 2-72　光纤＋WiFi 接入方式

的 WiFi 网桥天线均是具有增益高、驻波比低、重量轻、体积小、剖面低和防腐能力强等特点的定向天线,用以增加发射功率,增长无线 WiFi 的传输距离,使其传输距离可达 5km。

此种接入方式涉及 2 类杆塔,即用于 WiFi 无线网桥的杆塔(安装覆冰、舞动等监测装置的杆塔)以及用于 WiFi 无线网桥＋光通信的杆塔(无监测装置,含光纤接口)。

1)用于 WiFi 无线网桥的杆塔需要加装的设备主要包括:太阳能供电电源 1 套(包括太阳能电池板、蓄电池、太阳能控制器)、WiFi 无线网桥 1 套(含定向天线)、以太网交换机 1 台、状态监测装置 n 套。

2)用于 WiFi 无线网桥＋光通信的杆塔需要加装的设备主要包括:太阳能供电电源 1 套(包括太阳能电池板、蓄电池、太阳能控制器)、WiFi 无线网桥 1 套(含定向天线)、光交换机 1 台、串口服务器 1 个。

(3)光纤＋WiFi 无线中继接力方式。光纤＋WiFi 无线中继接力方式就是在杆塔的无线 WiFi 信号无法直接传输到有光纤接线盒杆塔的情况下,通过无线中继点,以 WiFi 无线接力的方式将监测点数据逐级转发实现更长距离传输,无线接力网由中继设备组成,中继设备之间两两通信组成接力段,数据在接力段中以逐级转发的方式传递,如图 2-73 所示。在这种通信方式下,中继点的天线必须采用全向天线,全向天线和定向天线现场安装见图 2-74。

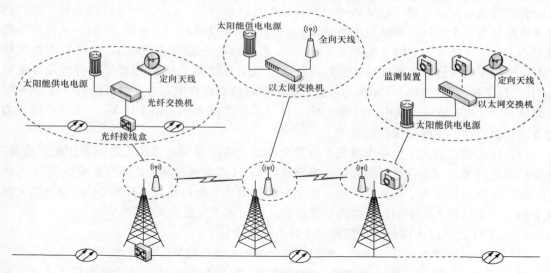

图 2-73　光纤＋WiFi 无线中继接力方式

图 2-74　全向天线和定向天线现场布置图

此种接入方式涉及 3 类杆塔：用于 WiFi 无线网桥的杆塔（安装覆冰、舞动等监测装置的杆塔）；用于无线中继的杆塔（无监测装置，无光纤接口）；用于 WiFi 无线网桥＋光通信的杆塔（无监测装置，含光纤接口）。

1）用于 WiFi 无线网桥的杆塔需要加装的设备主要包括：太阳能供电电源 1 套（包括太阳能电池板、蓄电池、太阳能控制器）、WiFi 无线网桥 1 套（含定向天线）、以太网交换机 1 台。

2）用于无线中继的杆塔需要加装的设备主要包括：太阳能供电电源 1 套（包括太阳能电池板、蓄电池、太阳能控制器）、WiFi 无线网桥 1 套（含全向天线），以太网交换机 1 台。

3）用于 WiFi 无线网桥＋光通信的杆塔需要加装的设备主要包括：太阳能供电电源 1 套（包括太阳能电池板、蓄电池、太阳能控制器）、WiFi 无线网桥 1 套（含定向天线）、光交换机 1 台、串口服务器 1 个。

3．组网方案实施

为降低输电线路在线监测装置的通信风险，将直流主干光通信电路 1 划分成 6 段，每个小段线路上的设备再平分成左右双向进行数据传输。杆塔上监测数据经光纤传递至中继站或换流站接入地面网络时，需要将数据接入机房的 SDH 设备，通过站内 SDH 设备再将数据传至远端监控中心。

青藏交直流联网工程线路从格尔木换流站至拉萨换流站，以 4300 号杆塔为分界线，将整条线路分为 2 个子网：从格尔木换流站至 4291 号杆塔为子网 1（青海子网）；从拉萨换流站至 NZ1001 号杆塔为子网 2（西藏子网）。青海子网各终端设备目标 IP 为格尔木换流站 CMA，CMA 通过格尔木换流站路由器将数据发送至青海段 CAG；西藏子网各终端设备目标 IP 为拉萨换流站 CMA，CMA 通过拉萨换流站路由器将数据发送至西藏段 CAG；系统组网测试如图 2 - 75 所示。其中，杆塔 1100、1117、1235 的无线通信采用 WiFi 无线中继接力的方式。换流站、中继站设备安装如下：

（1）换流站设备为 1 台路由器和 1 台光交换机，路由器与光交换机之间采用电口连接，光交换机通过光纤与下一级杆塔连接，换流站的 SDH 设备通过网线连接至光交换机。

（2）中继站设备为 1 台光交换机，光交换机使用 2 个电口通过网线与 SDH 设备以太网板卡的 2 个电口相连；中继站光交换机光纤口连接与塔上安装方式相同。

（3）SDH 设备以太网板卡须配置成 1 对 1 的模式。

（4）路由器电源为直流－48V，光交换机电源为直流＋12V。

对于 IP 地址的分配，每个换流站（路由器等）和每个中继站（网管级光交换机等）预留 10 个 IP；按杆塔编号，每基杆塔预留 10 个 IP。

【实例二】EPON＋WiMAX 融合网络

1．EPON＋WiMAX 融合网络分析

EPON＋WiMAX 的网络融合具有较大的研究和应用价值，即把无线技术高度灵活的覆盖能力和光纤技术的高带宽、高可靠性最紧密地融合到一起。采用独立式架构进行数据融合，直接将 EPON 与 WiMAX 进行级联，把 WiMAX 的 BS（Base Station，基站）连接到 EPON 的 ONU 上，即将 WiMAX 网络作为 EPON 的一个用户。EPON 的 ONU 和 WiMAX 的 BS 通过以太网口直接相连，EPON 和 WiMAX 分别独立运行，EPON 不知道 WiMAX 的内部运行状况，WiMAX 也不知道 EPON 的运行状态。独立架构的优点是保持 EPON 和 WiMAX 各自的独立性，不用改变原有技术体系的任何组成部分。

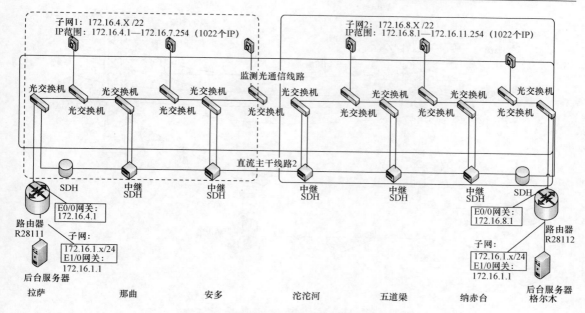

图 2-75　青藏线在线监测联合测试组网图示

下行方向上，独立式架构模型采用两级广播的方式。以太网包从 OLT 经过 1：N 分路器到达各个 ONU，各个 ONU 根据自己的 LLID（Logical Link Identifier，逻辑链路标记）选择接收或丢弃数据包，以太网包里的 LLID 与自己的相同则接收，否则直接丢弃。当数据包传给 BS 时，BS 同样把消息广播给所有的 SS（Subscriber Station，用户站），各 SS 判断 MAC PDU（Protocol Data Unit，协议数据单元）里的 CID（连接标识符）是否与自己的 CID 相同，相同则接收数据，否则丢弃。上行方向上，SS 根据自己的 CID 向 BS 申请带宽，BS 依据一定的带宽分配策略给各个连接分配带宽。上行数据流到达 ONU 后，各 ONU 在规定的时隙内向 OLT 请求带宽，OLT 按照一定的带宽分配机制为 ONU 分配带宽，进行上行数据传输，接入网连接方式如图 2-76 所示。

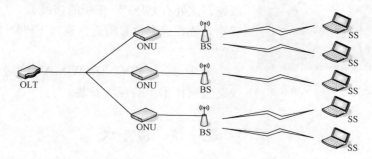

图 2-76　接入网的连接方式

2. EPON＋WiMAX 在线监测通信网络设计

输电线路大跨越在线监测装置部署点选择在浙江省台外 2Q30 线（台沙 2Q31 线同杆双回）的 6、7、8 号塔上，6、7 号两塔为跨椒江高塔，8 号高塔有 OPGW 开断的接线盒。设备部署如图 2-77 所示。

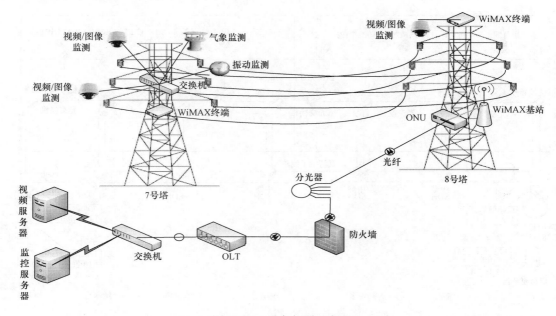

图 2-77　设备部署示意图

　　7 号塔为跨江塔，安装视频/图像监测装置 2 套、微气象监测装置 1 套和微风振动监测装置 1 套，每个监测装置通过单根网线连接到网络交换机，由网络交换机通过 RJ45 以太网接口与 WiMAX 通信终端相连，从而实现与 8 号塔的 WiMAX 基站通信。其中，在 6 号塔和 7 号塔之间安装 7 个振动监测单元，可通过 ZigBee 网络将微风振动数据传输至 7 号塔的微风振动监测装置，再通过网络交换机与 WiMAX 通信终端相连。

图 2-78　WiMAX 基站现场安装

　　8 号塔塔顶安装 1 套视频/图像监测装置，因为此塔无走廊、无爬梯，无法从塔身到塔顶引线，所以在 8 号塔塔顶安装 1 套 WiMAX 终端，此终端把视频/图像数据传输到 WiMAX 基站。WiMAX 基站安装在塔身 8～9 段处，该处有 OPGW 开断的接线盒，ONU 和 WiMAX 基站安装在这个位置附近。通过 EPON 网络将数据传输至监控中心。

　　图 2-78 是 EPON 和 WiMAX 的融合接入网在输电线路监测技术中的现场安装。

2.5　通　信　协　议

2.5.1　I1 协议

　　I1 协议是装置层（CMD）与接入层（CMA）之间的通信协议，CMA 通过 I1 协议汇聚现场各状态监测装置发送的数据，实现监测数据的集中接收与上传，I1 接口设计和实现遵循简单和可靠的原则，且要考虑装置（CMD、塔上 CMA）的低功耗运行。

1. 物理接口

I1 接口主要有以太网、RS485、WiFi、ZigBee 等通信接口方式。CMA 可根据现场的通信环境决定采用何种 I1 通信接口与监测装置通信，如 CMD 与 CMA 之间的安装距离、CMD 的实现功能；但 CMA 装置设计时应具备多种 I1 通信接口，以便以不同通信方式和多个 CMD 通信，实现 CMA 跨专业、跨厂家甚至跨线路状态监测信息的接入。《输电线路状态监测代理技术规范》中对各种 I1 物理接口进行了详细规定。

（1）以太网接口。分为光口和电口两部分。光口：遵循 IEEE 802.310Base- FX 或 IEEE 802.3u 100Base-FX。支持 850nm 多模光纤，FC 连接器；支持 1310nm 单模光纤，FC 连接器。电口：遵循 IEEE 802.310Base-T 或 IEEE 802.3u100Base-TX。支持 Category5 UTP，最长可达 100m。

（2）RS485 接口。最大传输速率为 1Mbit/s，平衡双绞线最长达 100m。

（3）WiFi 接口。遵循 IEEE 802.11a/g/b 标准，工作在 2.4GHz 频段，定向天线距离 1km。

（4）ZigBee 接口。无线接口，遵循 IEEE 802.15.4 标准，采用 2.4GHz 频段。

（5）RFID 射频接口。自定义物理层，采用 2.4GHz 频段。

随着 CMA 在变电站内的实施，将来可能需要扩展 I1 接口，尤其是远距离通信接口，如 GPRS、CDMA、3G 等通信接口。

2. 通信规约

国家电网公司 Q/GDW 563—2010《输电线路状态监测代理技术规范》对 I1 通信规范进行了相应规定，I1 通信交互包括 CMA 与 CMD 自动发现交互、唤醒交互、心跳交互、数据交互、读配置交互、调节控制交互、自动上报交互等 7 个过程。为了降低功耗，CMA 和 CMD 均应采用休眠唤醒技术，并尽可能减少 CMA 与 CMD 的唤醒次数。正常情况下 CMA 和 CMD 都处于休眠状态，只有在每个数据交互周期内和心跳周期苏醒，激活监测装置或者被状态监测装置激活，获取监测数据和心跳信息，对状态监测装置下发控制指令。

《输电线路状态监测装置通用技术规范》对目前主流的输电线路状态监测装置数据传输报文的分类、帧结构、报文内容结构、传输规则及校验算法进行了规定。

（1）报文格式分类。

监测数据报文：包括状态监测装置（CMD）向上级设备（CMA）发送数据报，以及 CMA 向 CMD 发送响应数据报。通过配置报文设置报警阈值后，监测数据报带有报警标识信息。

控制及配置数据报文：包括 CMA 与 CMD 之间发送命令、响应控制指令的报文。控制数据报文类型包括 CMD 时间查询/设置、CMA 请求数据、CMD 复位、采样参数查询/设置、配置信息查询/设置、报警阈值查询/设置、CMD 指向监控中心（CAG）的信息查询/设置、软件升级等。

远程图像报文：包括 CMD 与 CMA 之间发送远程图像、控制指令的报文。远程图像报文类型包括图像采集参数设置、拍照时间表设置、手动请求拍摄照片、CMD 请求上送照片、远程图像数据、远程图像数据上送结束标记、远程图像补包数据下发、摄像机（其给 CMD 传输的为图像信息）远程调节、启动/终止图像传输。需要注意的是，输电线路视频流传输并不遵循该报文和通信规范，其视频通信规范需参考本书第 2 章 2.5.3 中内容。

工作状态报文：CMD 发给 CMA，表征 CMD 工作状态的报文。报文类型包括心跳数据报、基本信息报、工作状态报、故障信息报等。

（2）报文格式。

技术规范中对 I1 协议的报文格式进行了相应的规定，其中监测数据报文格式如表 2-12 所示，数据帧包含报文头、报文长度、状态监测装置 ID（识别编码）、帧类型、报文类型、报文内容、校验位 7 个部分，控制及配置数据报文、远程图像报文、工作状态报文格式与数据报文格式类似。表 2-13 和表 2-14 为气象监测数据报文格式的实例。

表 2-12　　　　　　　　　　报 文 帧 结 构 定 义

报文头	报文长度	状态监测装置 ID	帧类型	报文类型	报文内容	校验位
2Byte	2Byte	17Byte	1Byte	1Byte	变长	2Byte

表 2-13　　　　　　　　　　微气象监测数据报文

序号	报文名称	长度（Byte）	含　义
1	Sync	2	报文头：5AA5
2	Packet _ Length	2	报文长度
3	CMD _ ID	17	状态监测装置 ID（17 位编码）
4	Frame _ Type	1	帧类型—参考表 2-15 相关含义
5	Packet _ Type	1	报文类型—参考表 2-16 相关含义
6	Component _ ID	17	被监测设备 ID（17 位编码）
7	Time _ Stamp	4	采集时间
8	Alarm _ Flag	2	报警标识
9	Average _ WindSpeed _ 10min	4	10min 平均风速（装置安装点处）
10	Average _ WindDirection _ 10min	2	10min 平均风向（装置安装点处）
11	Max _ WindSpeed	4	最大风速（装置安装点处）
12	Extreme _ WindSpeed	4	极大风速（装置安装点处）
13	Standard _ WindSpeed	4	标准风速（利用对数风廓线转换到标准状态的风速）
14	Air _ Temperature	4	气温
15	Humidity	2	湿度
16	Air _ Pressure	4	气压
17	Precipitation	4	降雨量
18	Precipitation _ Intensity	4	降水强度
19	Radiation _ Intensity	2	光辐射强度
20	Reserve1	4	备用
21	Reserve2	4	备用
22	CRC16	2	校验位

表 2 - 14　　　　　　　　　　　　　CMA 响应微气象监测数据报文

序号	报文名称	长度（Byte）	含　义
1	Sync	2	报文头：5AA5
2	Packet _ Length	2	报文长度
3	CMD _ ID	17	状态监测装置 ID（17 位编码）
4	Frame _ Type	1	帧类型—参考表 2 - 15 相关含义
5	Packet _ Type	1	报文类型—参考表 2 - 16 相关含义
6	Data _ Status	1	数据发送状态： （1）0xFF 成功； （2）0x00 失败
7	CRC16	2	校验位

——报文头：标识状态监测数据报，以 16 进制值 5AA5（10 进制值 23205）表示。

——报文长度：帧结构中报文内容数据的长度，B。

——状态监测装置 ID：状态监测装置唯一标识，遵循国家电网公司"SG186 工程"生产管理系统（PMS）设备 17 位编码规范。

——帧类型：按功能对数据帧进行区分、标识。具体定义参考表 2 - 15。

表 2 - 15　　　　　　　　　　　　　　帧　类　型

序号	类型值	含　义
1	0x01	监测数据报（监测装置　上位机）
2	0x02	数据响应报（上位机　监测装置）
3	0x03	控制数据报（上位机　监测装置）
4	0x04	控制响应报（监测装置　上位机）
5	0x05	远程图像数据报（监测装置　上位机）
6	0x06	远程图像控制报
7	0x07	工作状态报（监测装置　上位机）
8	0x08	工作状态响应报（上位机　监测装置）
9	0x09	同步数据（两个监测系统的数据同步）

——报文类型：按不同监测类型对数据帧进行区分、标识。具体定义参考表 2 - 16。

表 2-16　　　　　　　　　　　报　文　类　型

序号	报文分类	类型值	含　义
1	监测数据报 （0x01～0xA0）	0x01	气象环境类数据报
2		0x02～0x0B	气象类数据报预留字段
3		0x0C	杆塔倾斜数据报
4		0x0D～0x1D	杆塔类数据报预留字段
5		0x1E	导地线微风振动特征量数据报
6		0x1F	导地线微风振动波形信号数据报
7		0x20	导线弧垂数据报
8		0x21	导线温度数据报
9		0x22	覆冰及不均衡张力差数据报
10		0x23	导线风偏数据报
11		0x24	导地线舞动特征量数据报
12		0x25	导地线舞动轨迹数据报
13		0x26～0x46	导地线类数据报预留字段
14		0x47～0x5B	金具类数据报预留字段
15		0x5C	现场污秽度数据报
16		0x5E～0x6E	绝缘子类数据报预留字段
17		0x6F～0x82	杆塔基础类数据报预留字段
18		0x83～0x96	附属设施类数据报预留字段
19		0x97～0xA0	通道环境类数据报预留字段
20	控制数据报 （0xA1～0xC8）	0xA1	监测装置时间查询/设置
21		0xA2	监测装置网络适配器查询/设置
22		0xA3	上级设备请求数据
23		0xA4	监测装置采样参数查询/设置
24		0xA5	模型参数配置信息查询/设置
25		0xA6	报警阈值查询/设置
26		0xA7	监测装置指向上位机的信息查询/设置
27		0xA8	基本信息查询/设置
28		0xA9	远程升级数据报：软件数据报
29		0xAA	远程升级数据报：软件数据报下发结束标记
30		0xAB	远程升级数据报：软件数据报补包数据上传
31		0xAC	装置 ID 查询/设置
32		0xAD	装置复位
33		0xAE	装置苏醒时间设置
34		0xAF	气象参数
35		0xB0	杆塔倾斜参数
36		0xB1	导地线微风振动参数
37		0xB2	导线弧垂参数
38		0xB3	导线温度参数
39		0xB4	覆冰参数
40		0xB5	导线风偏参数
41		0xB6	导地线舞动参数
42		0xB7	现场污秽度参数
43		0xB8～0xC8	控制数据报预留字段

序号	报文分类	类型值	含　义
44		0xC9	图像采集参数设置
45		0xCA	拍照时间表设置
46		0xCB	手动请求拍摄照片
47		0xCC	采集装置请求上送照片
48		0xCD	远程图像数据报
49	远程图像数据报	0xCE	远程图像数据上送结束标记
50	(0xC9~0xE5)	0xCF	远程图像补包数据下发
51		0xD0	摄像机远程调节
52		0xD1	启动/终止摄像视频传输
53		0xD2	设置状态监测装置保存的服务器地址
54		0xD3	终止状态监测装置与服务器的连接
55		0xD4	请求/返回/通知状态监测装置基本信息
56		0xD5~0xE5	远程图像数据报预留字段
57		0xE6	心跳数据报
58	工作状态数据报	0xE7	基本信息报
59	(0xE6~0xFF)	0xE8	工作状态报
60		0xE9	故障信息报
61		0xEA~0xFF	其他报文预留字段

——报文内容：数据的字节长度不固定，具体定义参考具体监测装置。

——校验位：数据通信领域中最常用的一种差错校验码，其特征是信息字段和校验字段的长度可以任意选定。校验位通过 CRC16 校验算法得出，校验的内容包括报文中除校验位外所有报文数据（包括报文头＋状态监测装置 ID＋帧类型＋报文类型＋报文长度＋报文内容）。

——除特殊说明，数据均采用低位字节在前方式存储，字节由低 B1 到高 Bn 上下排列，字节位由高 b7 到 b0 左右排列。

——在数据帧中，采集时间采用世纪秒（32bit 长整型）表示。

2.5.2　I2 协议

I2 协议是接入层（CMA）与主站层（CAG）之间的通信协议，CMA 通过 I2 协议与上一级系统（CAG）进行交互，其设计和实现应考虑开放性和可扩展性。

1. 物理接口

I2 物理接口主要有以太网、光中继、无线公网、长距离微波传输或无线中继等方式。CMA 可根据现场的通信环境决定采用何种 I2 通信接口与 CAG 通信，CMA 装置应兼容多种 I2 通信接口类型。和 I1 接口类似，《输电线路状态监测代理技术规范》中对 I2 物理接口也进行了详细规定。

（1）以太网接口。和 I1 接口中对以太网的要求一致。

（2）光中继接口。各种无源和有源光网络接口，FC 连接器。根据不同通信距离可采用 2 芯光纤进行数据传输，最大传输距离不小于 100km。塔上熔接尾缆应采用户外专用防护尾缆，或全介质自承式光缆（ADSS）。光缆内数据传输采用标准的 TCP/IP 协议，以便于塔上光缆在变电站或电厂的数据接入。使用的光通信设备应具备环路保护功能，保护数据倒换时间低于 50ms，光通信设备功耗低于 5W。

（3）长距离无线传输或无线中继接口。WiFi 无线标准，IEEE 802.11a/g/b，工作在 2.4GHz 或 5.8GHz，定向天线距离 5km。点对点传输距离 30km 以内，单点数据传输带宽不低于 2M；点对多点数据传输，每点数据传输带宽不低于 2M。

（4）无线公网接口。APN 应采用移动运营商提供的专用 APN。通信协议应采用 GPRS、CDMA 或 3G。

2. 通信规约

I2 通信交互过程是指主站系统（CAG）与 CMA 之间的信息交互过程，包括心跳交互、数据交互、读配置交互、写配置交互、控制交互和远程更新 6 个过程。CMA 和 CAG 各类交互过程及参数定义比较类似，因此仅以心跳交互为例对其进行简单描述，其余交互过程请参见《输变电状态监测主站系统数据通信协议（输电部分）》。

心跳交互（uploadCMAHeartbeatInfo）由 CMA 发起，发送 CMA 自身及其所辖 CMD 的心跳信息，CAG 接收到心跳信息后立即返回接收结果，若 CAG 在此次心跳交互之前缓存有主站系统发出的针对该 CMA 或其所辖 CMD 的控制命令（如调整某 CMD 的数据采集周期、修改配置参数等），则 CAG 返回的结果中应包含该命令信息。若 CMA 或其所辖 CMD 有新版本文件需要更新，则 CAG 返回结果中包含文件的版本信息。CMA 收到版本信息后，可调用 CAG 的获取更新文件服务方法以获得需要更新的文件内容，心跳交互过程如图 2-79 所示。

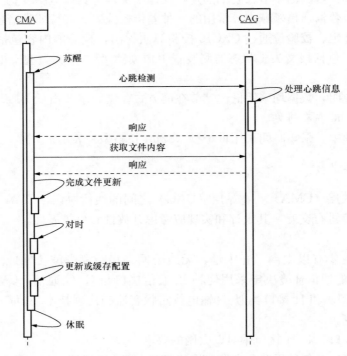

图 2-79　I2 协议心跳交互过程

　　心跳交互过程的输入参数和输出参数均为约定标准格式的 XML，输入参数格式如图 2-80所示。

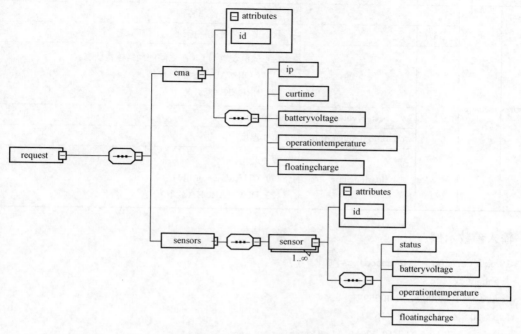

图 2-80 上传心跳信息输入参数 Schema

　　图 2-80 中各输入参数 Schema 中<request>表示这是一个请求参数（其他 Schema 文件中<request>标签含义与此同）。对<request>下级的子标签、标签属性及元素含义说明见表 2-17。

表 2-17　　　　　　　　　　　　心跳信息标签属性及元素含义说明

标签	子标签	属性	元素	说　　明
cma				对应该数据包所隶属的 CMA，标签内容为该 CMA 的心跳信息
		id		CMA 唯一标识（17 位码）
			ip	CMA 的 IP 地址（采用 IPv4 点分十进制表示法）
			curtime	CMA 的当前时间，格式为：yyyy-MM-dd HH:mm:ss
			batteryvoltage	电源电压
			operationtemperature	工作温度
			floatingcharge	浮充状态： （1）CHARGE（充电）； （2）DISCHARGE（放电）
				对应本数据包中包含的 CMA 所辖状态监测装置集合，标签内容为各状态监测装置的心跳信息

标签	子标签	属性	元素	说　　　明
sensors	sensor			对应一个状态监测装置
		id		状态监测装置唯一标识（17 位码）
			status	状态监测装置与 CMA 之间的网络连接状态： （1）NORMAL（正常）； （2）BREAK（断开）
			batteryvoltage	电池电压
			operationtemperature	工作温度
			floatingcharge	浮充状态： （1）CHARGE（充电）； （2）DISCHARGE（放电）

输入参数示例：

```
＜? xml version = "1. 0" encoding = "UTF－8"? ＞
＜request＞
＜cma id = "97M00090990000597"＞
＜ip＞10. 144. 98. 101＜/ip＞
＜curtime＞2010－04－10 22:10:11＜/curtime＞
＜batteryvoltage＞0. 30＜/batteryvoltage＞
＜operationtemperature＞15. 00＜/operationtemperature＞
＜floatingcharge＞CHARGE＜/floatingcharge＞
＜/cma＞
＜sensors＞
＜sensor id = "26M00090990000987"＞
＜status＞NORMAL＜/status＞
＜batteryvoltage＞0. 20＜/batteryvoltage＞
＜operationtemperature＞15. 00＜/operationtemperature＞
＜floatingcharge＞DISCHARGE＜/floatingcharge＞
＜/sensor＞
＜sensor id = "26M00090990000987"＞
＜status＞NORMAL＜/status＞
＜batteryvoltage＞0. 20＜/batteryvoltage＞
＜operationtemperature＞12. 00＜/operationtemperature＞
＜floatingcharge＞CHARGE＜/floatingcharge＞
＜/sensor＞
＜/sensors＞
＜/request＞
```

　　CAG 接收到 CMA 上传的心跳信息后，立即响应心跳信息，CAG 心跳信息返回参数 Schema 如图 2-81 所示，参数 Schema 中＜response＞标签表示这是一个响应参数，＜result＞表示其标签内容为服务方法的返回值，其属性 code 表示返回类型码，0 表示执行

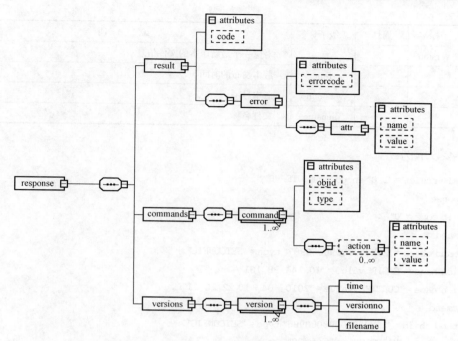

图 2-81　上传心跳信息输入参数 Schema

成功，1 表示执行失败。当返回失败时（code＝1），则返回结果中包含 error 子节点，包含错误码及详细错误信息。返回参数中各标签含义如表 2-18 所示。

表 2-18　　　　　　　　　　　　　返回参数中各标签含义

标签	子标签	属性	二级子标签	说　　　明
result				对应所调用方法执行结果
		code		对应执行结果代码，返回 0 表示执行成功，返回 1 表示执行错误
	error			若执行结果非 0，该标签内容对应其中一条错误信息
		errorcode		详细错误码
			attr	对应该错误信息的扩展参数，包含参数名称（name）及值（value）属性
command				对应一条命令
		objid		执行该命令的主体的标识，为 CMA 或状态监测装置的 17 位码
		type		命令的类型
	action			对应 CMA 或状态监测装置的参数列表，标签内容为各参数的名称和要求更改成的值
		name		配置参数的英文代码，由 CAG 通过读配置交互获得
		value		需要赋予配置参数的值，数据类型及精度等由 CAG 通过读配置交互获得
versions				表示所有的最新版本的文件信息

续表

标签	子标签	属性	二级子标签	说　　明
	version			对应一个最新版本的文件信息
			time	版本发布的时间
			versionno	版本号
			filename	文件名称

返回参数示例：

```
<? xml version = "1.0" encoding = "UTF-8"? >
<response>
<result code = "0"/>
<commands>
<command objid = "26M00090990000987" type = "SETCONFIG">
<action name = "CAGIP" value = "10.144.98.101"/>
<action name = "CURTIME" value = "2010-04-10 22:10:11"/>
</command>
<command objid = "26M00090990000986" type = "SETCONFIG">
<action name = "MAINTIME" value = "20"/>
<action name = "SAMPLECOUNT" value = "15"/>
</command>
</commands>
</respons>
```

2.5.3　视频协议

视频监控系统发展迅速，在电力系统安全防护等领域得到广泛应用。视频监控系统发展从第一代模拟视频监控系统（CCTV），到第二代基于"PC＋多媒体卡"数字视频监控系统（DVR），再到第三代完全基于 IP 网络的视频监控系统（IPVS）。IPVS 主要包括客户端/用户、前端监控系统、视频监控平台，见图 2-82。其中视频监控平台是客户端与前端监控系统的中枢，客户端/用户对前端监控系统发出的控制指令，均由视频监控平台的 SIP 服务器获取，然后其代表客户端向指定前端监控系统发起相应的控制指令，控制指令交互完成后，视频监控平台的流媒体服务器建立前端监控系统与客户端之间的转发关系，同时接收前端监控系统数据并将视频数据转发到相应客户端。客户端将接收到视频数据进行解包并显示。

视频监控系统的交互主要由两部分组成，第一部分：前端监控系统和视频监控平台的交互，第二部分：客户端/用户和视频监控平台的交互。视频监控平台是整个系统的媒介，其主要由 SIP 服务器和流媒体服务器组成。

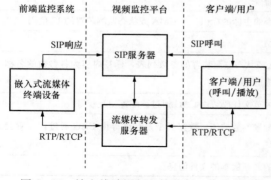

图 2-82　输电线路视频监控装置工作流程图

1. SIP 服务器

SIP 是一个基于文本的、作用于应用层的、多媒体会话信令协议。其主要功能是在 IP 网络上创建、修改和终结一个或多个参与者参加的会话，这些会话包括 IP 电话、分布式多媒体、多媒体会议等。SIP 并不是一个垂直型通信系统，其必须和其他协议（如 RTP、SDP等）共同使用来构建一个完整的 IP 网络多媒体通信系统。但它又不依赖于其他任何协议，在功能上它是独立的，是一个开放的分布式协议。

SIP 服务器完成四大功能：前端系统注册、前端设备资源上报、用户视频邀请和挂断、摄像机云台控制。

（1）前端系统注册。为了保证 SIP 注册服务器能够找到前端系统的位置，前端系统必须注册到注册服务器上，注册服务器是一个特殊的 SIP 部件，接受来自前端系统的注册消息。当前端系统的注册消息到来时，取出其中的位置信息（IP 地址、端口和用户名），标记 SIP 服务器数据库中的对应前端系统信息为已注册。当 SIP 注册服务器接收一个视频邀请指令，则查看数据库找到相应的 IP 地址和端口并转发指令。注册服务器仅是一个逻辑实体，往往与 SIP 代理服务器绑定在一起使用。具体注册的流程见图 2-83。

主要功能流程如下：

1）F1：前端系统向注册服务器发送注册请求。

2）F2：注册服务器发送 401 响应，提示注册需鉴权。

3）F3：前端系统携带鉴权信息，重新发送注册请求。

4）F4：注册服务器认证通过，发送 200OK 响应。

5）F5：注册成功后，在注册逾时间隔之前的任意时刻，前端系统可以发送刷新注册来更新注册超时定时器；该消息具有和 F3 消息相同的 Call-ID、From、To、Authorization 等头部取值。

6）F6：注册服务器确认刷新注册成功，发送 200 OK 响应。

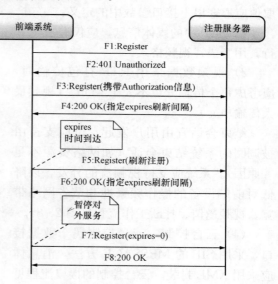

图 2-83　注册交互流程

7）F7：当前端系统需暂停对外服务时，需发送注销消息；该消息具有和 F3 消息相同的 Call-ID、From、To、Authorization 等头部取值；消息中建议携带 Logout-Reason 头字段，用于描述下线原因。

8）F8：注册服务器确认注销，发送 200 OK 响应。

每个注册都有一个生命期，超时头字段 expire，或者 Contact 的超时参数字段，决定注册期保持时间。摄像机必须定期刷新注册信息，否则超时以后，注册记录将不可用。

（2）前端设备资源上报。前端系统加电启动并初次注册成功后，应向 SIP 代理服务器上报前端系统的设备资源信息（包括：视频服务器、摄像机、经度、纬度、状态）。前端系统上报的设备资源信息采用 SIP 的 NOTIFY 消息，消息体应采用 XML 进行封装。前端系统在上报资源信息时，应按照逐级发送的方式，发送的资源信息记录建议组合成小于 MTU 尺寸的封包进行上报，也允许单个分批的发送方式。资源上报的接口流程见图 2-84。

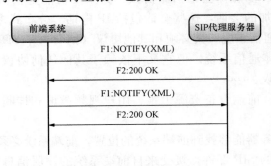

图 2-84　资源上报

主要功能流程如下：

1）F1：注册成功后，前端系统向 SIP 代理服务器首次发送上报资源信息的 SIP 消息。

2）F2：SIP 代理服务器确认，发送 200 OK 响应。

3）F3：前端系统向 SIP 服务器第二次发送上报资源信息的 SIP 消息。

4）F4：SIP 代理服务器确认，发送 200 OK 响应。

（3）用户视频邀请和挂断。授权用户调阅其他系统的实时视频，需先通过流程"资源信息获取"获得指定系统的前端设备表，然后发起呼叫请求。调阅实时视频包含信令接口和媒体流接口，信令采用标准 SIP INVITE＋SDP，媒体传输采用 RTP。SDP 中 RTP Payload 的取值应遵守以下接口参数中的定义：

1）SDP 中的媒体信息，应仅有一个 m 行，用于描述视频格式。

2）视频数据采用 RTP 打包传输时，应考虑每个传输分组不大于 MTU（视频最大传输单元）。

结束会话宜由用户发起，也应支持由被调阅的系统结束会话（如网络资源不足等原因）。系统应支持视频流的分发，以降低对前端设备的操作频繁性和节省网络带宽。视频邀请、挂断工作流程见图 2-85。

（4）云台控制。云台控制属于数据接口，采用 SIP 的 MESSAGE 方法，消息体应采用 XML 封装。云台控制的接口流程见图 2-86。

图 2-85　用户视频邀请、挂断工作流程

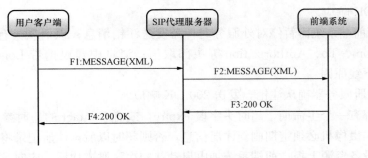

图 2-86　摄像机云台控制

主要功能流程如下：

1）F1：用户发送 MESSAGE 消息，请求对 SIP 代理服务器的前端设备发起云台控制请求，请求的消息体中包括权限功能码和控制命令码等参数。

2）F2：SIP 服务器转发用户的 MESSAGE 消息。

3）F3：前端系统依据相应指令操作云台设备，成功后，返回 200 OK 响应。

4）F4：SIP 代理服务器转发设备返回的成功消息 200 OK 响应。

2. RTP 流媒体服务器

（1）RTP 协议简介。RTP（Realtime Transport Protocol，实时传输协议）是针对 Internet 上多媒体数据流的一个传输协议，可看成是传输层的一个子层，由 IETF（Internet 工程任务组）作为 RFC1889 发布。RTP 被定义为在一对一或一对多的传输情况下工作，其目的是提供时间信息和实现流同步。RTP 的典型应用建立在 UDP 上，但也可以在 TCP 或 ATM 等其他协议之上工作。RTP 本身只保证实时数据的传输，并不能为按顺序传送数据包提供可靠的传送机制，也不提供流量控制或拥塞控制。图 2-87 给出了流媒体应用中的一个典型的协议体系结构。

从图 2-87 中可以看出，RTP 被划分在传输层，它建立在 UDP 上。同 UDP 协议一样，为了实现其实时传输功能，RTP 也有固定的封装形式。RTP 用来为端到端的实时传输提供时间信息和流同步，但并不保证服务质量，服务质量由 RTCP 来提供。

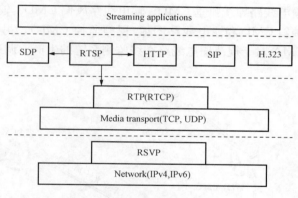

图 2-87　流媒体体系结构

（2）流媒体软件模型。服务器软件模型主要有两种，即并发服务器和循环服务器。循环服务器（Iterative Server）是指在一个时刻只处理一个请求的服务器。并发服务器（Concurrent Server）是指在一个时刻可以处理多个请求的服务器。事实上，多数服务器没有用于同时处理多个请求的冗余设备，而是提供一种表面上的并发性，方法是依靠执行多个线程，每个线程处理一个请求，从客户的角度看，服务器就像在并发地与多个客户通信。由于流媒体服务时间的不定性和数据交互实时性的请求，流媒体服务器一般采用并发服务器算法。

（3）建立转发关系对。SIP 代理服务器与用户客户端和前端系统完成视频邀请交互并建立通道之后，在 SIP 代理服务器端生成一个临时的转发关系对，此时，SIP 代理服务器通知 RTP 服务器，告知 RTP 流媒体服务器前端摄像机与用户的转发关系对。RTP 流媒体服务器每收到一对转发关系对将其保存到转发关系对链表中，待接收到摄像机视频数据之后作准确的转发。此举意义在于本系统为多用户、多设备监控系统，可以实现单播、组播、多播各种服务方式。

输电线路状态监测代理

3.1 CMA（状态监测代理）基本概念

　　智能电网输电线路在线监测技术中加入了状态监测代理（Condition Monitoring Agent，CMA），CMA 能够在一个局部范围内管理和协同各类输电线路 CMD，汇集接入各类 CMD 监测数据，并与主站系统（CAG）进行安全双向数据通信，见图 3-1。CMA 一方面可通过 I1 协议接收多个 CMD 监测数据（CMD 分为：输电线路微气象 CMD、输电线路导线温度 CMD、输电线路微风振动 CMD、输电线路等值覆冰厚度 CMD、输电线路导线舞动 CMD、输电线路导线弧垂 CMD、输电线路风偏 CMD、输电线路现场污秽度 CMD、输电线路杆塔倾斜 CMD 和输电线路图像/视频监控 CMD），另一方面通过 I2 协议将数据发送到 CAG。CMA 对于规范输电线路在线监测系统的生产、调试、安装、运行与维护具有重要意义。

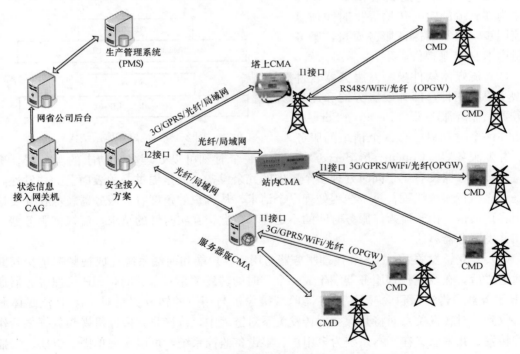

图 3-1　CMA 在输电线路在线监测技术的架构设计

3.2　CMA　分　类

CMA 可以分为塔上 CMA、站内 CMA 和服务器版 CMA。其中塔上 CMA 和站内 CMA 大多采用 ARM＋DSP 进行设计，塔上 CMA 安装在输电线路杆塔上，站内 CMA 安装在变电站内；服务器版 CMA 与塔上和站内 CMA 不同，通过在服务器安装 CMA 软件实现。

3.2.1　塔上和站内 CMA

塔上和站内 CMA，通过 WiFi、RJ45 及 RS485 等方式接收一定距离内的 CMD 发送的数据，并通过光纤、GPRS（虚拟专用网络 VPN）、WiFi 等方式上传数据到状态信息接入网关机（CAG）。由于塔上 CMA 具有 6～10km 的无线 WiFi 的通信接口，可沿线路走廊安装塔上 CMA 形成沿线宽度为 6～10km 的无线通道，如图 3-2 所示。

塔上 CMA 不仅能够接收监测数据、实现数据远传、转发主站控制命令，还能够与"CMA 监控软件平台"一起组成 CMA 一级智能系统，为 CMD 的现场安装、后期维护、产品跟踪等提供调试平台。对于站内 CMA 和服务器版 CMA，考虑到适用性和经济效益，国网最新规范中允许 CMA 通过 GPRS、OPGW 等远距离通信方式与 CMD 进行通信。

CAG 可对 CMA 进行远程参数设置、复位、对时、数据请求等操作，系统结构如图 3-2 所示。

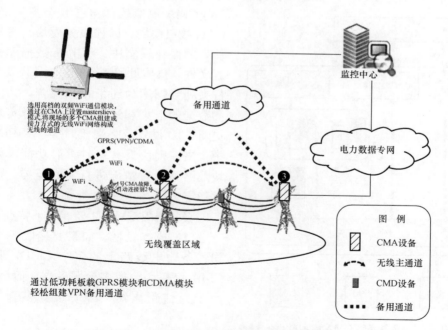

图 3-2　塔上 CMA 组成无线通道原理图

塔上 CMA 主要特点如下：

（1）符合国家电网公司"输变电状态监测系统"体系设计。

（2）智能化程度高：具有嵌入式 Linux 操作系统、控制灵活、可远程升级应用软件。

（3）接口丰富：具有 RJ45、RS485、GPRS、CDMA、WiFi 等通信方式；站内 CMA 一般安装于变电站或电力系统恒温机房内，其功能与塔上 CMA 完全一致。适用于现场 CMD 安装比较分散、地域比较广阔的、山脉较多的网省，能有效降低通信成本、提高集约化程度。

站内 CMA 主要有以下特点：

（1）符合国家电网公司"输变电状态监测系统"体系设计。

（2）不受通信距离限制：站内 CMA 不受通信距离限制，它可通过公网或光纤接收现场数据，所以它可接收任何 GPRS/3G 信号覆盖的杆塔或有 OPGW 光纤接线盒的杆塔。

3.2.2　服务器版 CMA

由于塔上 CMA 受供电、通信距离和稳定性等多方面限制，其应用增加了用户费用且应用效果差；站内 CMA 尽管通信距离提高、无需考虑电源问题，但其接收的 CMD 数量达到一定程度时，其数据存储、分析能力必然大大下降，从而影响整个线路在线监测技术的使用效果。为此，作者提出采用服务器版 CMA 代替塔上 CMA 和站内 CMA。服务器版 CMA 以高性能服务器为硬件平台，以 Linux 操作系统为软件平台，配套安装 CMA 模拟软件实现与塔上 CMA 完成同样功能的高性能 CMA，其存储和分析能力大大提高。服务器版 CMA 同样支持国家电网公司新技术规范中的 I1 协议和 I2 协议，通过光纤、GPRS（VPN）等方式接收不同 CMD 的监测数据，通过光纤或电力内网将数据传输到 CAG。

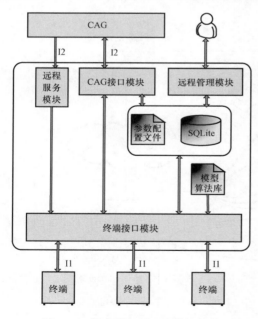

图 3-3　服务器版 CMA 模拟软件

CMA 模拟软件包含 6 个模块，分别为：CAG 接口模块、远程服务模块、终端接口模块、远程管理模块、SQLite 数据库、参数配置文件，具体见图 3-3。各软件模块以配置文件夹和数据库为纽带相互配合，共同完成监测数据的汇集和远传功能，同时实现了软件更新、ID 设置、终端校时等一系列功能。其中，主控模块具有定时重启功能，并对各模块及网络运行情况进行实时监控，保证各软件稳定运行。

服务器版 CMA 主要有以下特点：

（1）成本较低。如果要接收整个网省公司各条输电线路上的多个 CMD，服务器版 CMA 仅需一台或多台服务器，而塔上 CMA 由于通信距离短，必须布置多套，运行成本高。

（2）稳定性较高。服务器版 CMA 通常安放在恒温机房内，没有振动、风吹、雨淋和日晒，而塔上 CMA 运行环境相对恶劣，受系统供电、大气环境和电磁环境影响较大，稳定性差。

（3）可维护性强。服务器版 CMA 安放在恒温机房内，维护方便，避免了到野外维护带来的人力物力消耗。

3.3　CMA　设　计

3.3.1　塔上和站内 CMA 设计

1. 硬件设计

CMA 硬件是基于 ARM＋DSP 芯片进行设计的，CMA 功能框图如图 3-4 所示，由嵌入式系统、I1 接口模块、I2 接口模块、数据存储及电源管理等组成。

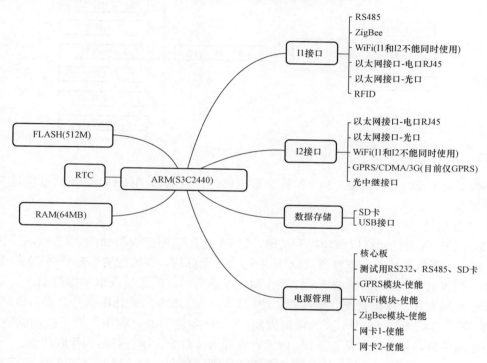

图 3-4　CMA 功能框图

（1）I1 通信接口设计。CMA 与 CMD 的短距离通信，需要遵循 I1 协议。但输电线路在线监测装置的安装位置限制了其数据传输方式。例如导线舞动、微风振动、导线测温、导线风偏等导线监测传感器，主要采用 ZigBee 或 WiFi 无线传输数据；如果微气象、杆塔倾斜、图像/视频等 CMD 安装在同一基杆塔上，可采用有线传输方式，如 RS485 和以太网；如果微气象、杆塔倾斜、图像/视频等 CMD 安装在不同杆塔上，可采用 WiFi 等无线通信方式。因此，CMA 的 I1 物理接口应包括 ZigBee 接口、WiFi 接口、以太网接口和 RS485 接口。

（2）I2 通信接口设计。CMA 与 CAG 的远距离通信，需要遵循 I2 协议，可分为有线与无线的方式。有线主要采用 OPGW 进行传输；无线主要通过 GPRS、3G 等网络进行传输。因此，CMA 的 I2 物理接口包括以太网接口、光中继接口、GPRS 模块接口以及 3G 模块接口。

（3）供电电源设计。塔上 CMA 电源与塔上 CMD 电源设计相似，只不过 CMA 包含了更多通信接口（GPRS、WiFi、ZigBee、以太网等模块），这些接口并不需要同时工作，可通过电子开关控制不同电源芯片实现单独供电以降低其功耗，但整体上由于 WiFi 通信模块、光纤交换机的使用，仍大大提高了 CMA 的功耗，供电电源需要配置容量更大的蓄电池和太阳能电池板。根据 CMA 功能框图可知，如果实际应用中需要打开或关断某模块，只需要在监控中心（CAG）通过 I2 接口给 CMA 发送相关的指令，便可恢复或断开对该模块的供电，电源管理框图见图 3-5。为了进一步降低装置的功耗，CMA 和 CMD 均需采用休眠唤醒技术，并尽可能减少 CMA 与 CMD 的唤醒次数。

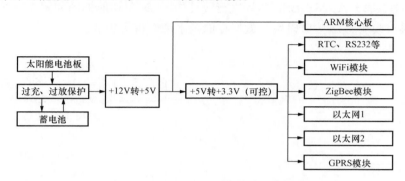

图 3-5　电源管理框图

站内 CMA 安装在变电站，由 220V 交流电供电，仅通过 AC/DC 转换就可满足功耗和稳定性要求。

2. 软件设计

CMA 的软件设计同样以低功耗为基础，CMA 定期巡测流程图如图 3-6 所示。正常情况下 CMA 处于休眠状态，只有当 RTC 中断时才主动苏醒，读取配置信息后向 CMD 发送激活命令，当收到 CMD 的激活响应后，向 CMD 发送对时、配置、获取数据等命令，完成心跳交互、数据交互、读配置交互等过程，然后 CMA 向 CMD 发送休眠命令并进入休眠模式。CMA 对不同的 CMD 应采用不同的轮询周期，CMD 在轮询的过程中，处于被动激活状态，自身不主动苏醒，如果被激活后 2min 内没有收到后续命令，则自行回到休眠状态。

CMD 在自动采集模式下主动苏醒，通过发送激活命令唤醒 CMA。CMA 苏醒后对所有 CMD 进行轮询，获取监测数据。当数据处理完毕后，CMA 向 CMD 发送休眠命令，然后 CMA 也进入休眠模式，其程序流程如图 3-7 所示。CMD 发送报文后，如在 4s 内没有收到响应数据报，或者响应表明接收失败，CMD 进入重发机制。在命令重发模式，CMA 重复发送 3 次该命令报文，如果不成功则不再发送。CMA 记录无法正常通信的 CMD，并将相关信息上传至 CAG。

3.3.2　服务器版 CMA 设计

依据国网电力科学研究院发布的 CMA 技术规范要求，CMA 模拟软件由 CAG 接口模块、远程服务模块、远程管理模块、终端接口模块、SQLite 数据库、参数配置文件等组成。

1. 应用程序模块设计

（1）CAG 接口模块。CAG 接口模块主要实现 I2 接口的心跳交互、数据交互、读配置交互、写配置交互。心跳交互过程中，执行图 3-8 中的逻辑。读配置交互过程中，执行图 3-9 中的逻辑。写配置交互过程中，执行图 3-10 中的逻辑。

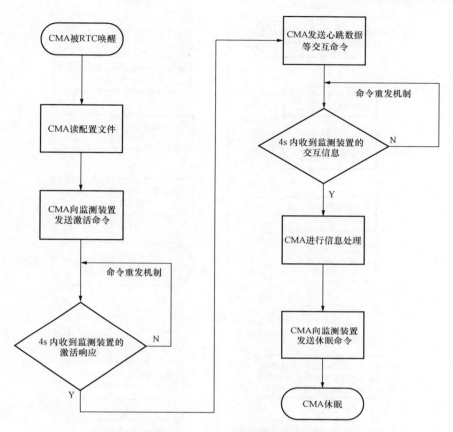

图 3 - 6　CMA 定期巡测流程图

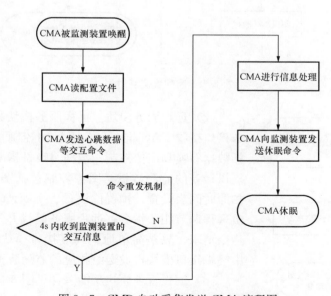

图 3 - 7　CMD 自动采集发送 CMA 流程图

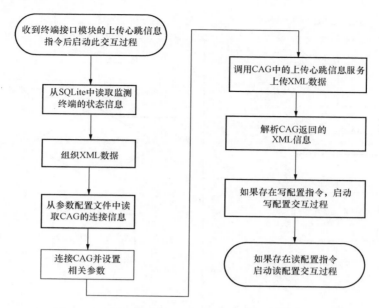

图 3-8 心跳交互过程

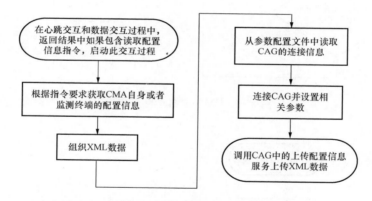

图 3-9 读配置交互过程

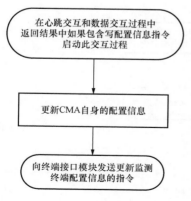

图 3-10 写配置交互过程

（2）远程服务模块。远程服务模块核心功能是提供服务接口接收 CAG 向 CMA 下发的控制指令，控制指令包括数据召唤和图像控制。数据召唤是指 CMA 立即向 CAG 提供最新的监测数据；图像控制包括图像采集参数设置、拍照时间表设置、预置位设置、手动请求拍摄照片、摄像机远程调节相关指令；远程服务模块并不直接处理相关的指令请求，只是简单地向终端接口模块转发相关的指令，由终端接口模块再发送给相应的监测装置。

（3）远程管理模块功能（详见图 3-11）。

1）输电线路状态监测数据展示：通过远程管理工具以页面的方式展示 CMA 中缓存的最新监测数据。

2）CMD 自身状态信息的展示：通过远程管理工具以页面的方式展示 CMA 自身以及所辖的各 CMD 的运行状态以及配置信息。

3）通过远程工具对 CMA 进行复位，修改系统的各种配置参数。

4）设置 CMA 运行模式，如休眠模式、工作模式、调试模式。

5）设置 CMA 的硬件通信接口方式如：以太网/RS485/GPRS/WiFi/ZigBee。

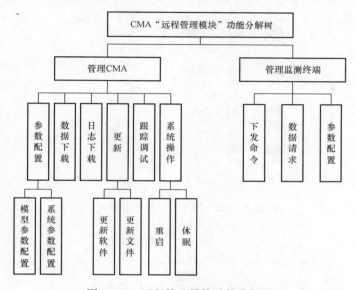

图 3-11　远程管理模块功能分析图

（4）终端接口模块。终端接口模块是连接 CMA 内部模块和 CMD 的桥梁。对内接收 I2 模块、主控模块和远程管理模块的命令；对外接收 CMD 的信息并向 CMD 下发命令。该模块将其他模块下发的命令转发给 CMD，并接收响应信息。同时将 CMD 上传的数据信息解析入库，并通知 CAG 接口模块或远程管理模块向上级设备上传数据。

（5）SQLite 数据库。负责存储一段时间内的监测数据和监测装置最新的状态信息。

（6）参数配置文件。负责存储与系统相关的各种配置参数，比如 CAG 的服务地址、轮询周期、监测数据保留天数等。

2. CMA 模拟软件界面设计

CMA 模拟软件可以操作 CMA 和 CMD 两种类型的设备，CMA 上位机软件界面如图 3-12 所示，点击项目列表中的数据请求，其右侧窗口可选择需要获得的监测信息类型及时间。CMA 软件可以管理多个 CMD，可通过树状图反映 CMD 与 CMA 之间的从属关系。项目列表使用 ListView 控件，点击每一个图标时右侧会显示具体的配置界面用来输入控制的参数。

3.3.3　CMA 的信息安全防护

1. 信息安全防护架构

输电线路 CMD 将监测数据通过 WiFi/GPRS/3G 等无线网络汇聚到 CMA，由 CMA 将数据无线传输至 CAG，涉及多个装置和网络接口，因此输电线路在线监测技术的信息安全防护可从 CMA、通信网络、CAG、主站系统、应用环境 5 个环节进行设计，见图 3-13。

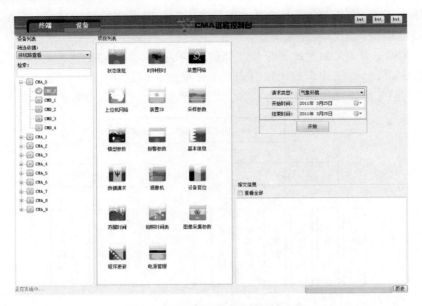

图 3-12　CMA 上位机软件界面

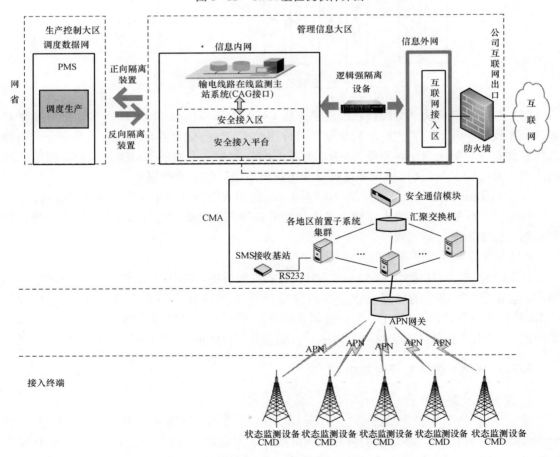

图 3-13　信息安全防护架构

2. CMA 信息安全防护

如果 CMA 通过专用 OPGW 接入到 CAG，则信息安全防护需要在 CMA 完成，CMA 需要采用国家密码管理局认可的硬件安全模式实现数据的加解密。安全通信模块（SCM）原理框图见图 3-14，主要含无线通信、拓扑发现、身份认证、加密通信等功能。安全通信模块主要由 WiFi 等通信模块和安全密码模块构成，其中通信模块采用 WiFi 等可扩展方式，安全密码算法采用 SM1 算法。安全通信模块独立于状态 CMA，提供以太网、串口或 PCI 接口供 CMA 调用。

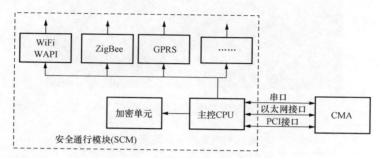

图 3-14　安全通信模块原理框图

如果 CMA 通过 GPRS/3G 等无线公网接入 CAG，按照国家电网公司《安全接入平台规范》部署安全接入平台（USAP），以及在 CMD 或线路 CMA 部署安全通信模块（SCM）进行防护，安全通信模块接入平台部署如图 3-15 所示。

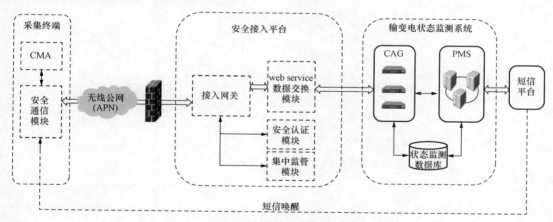

图 3-15　安全通信模块接入平台部署

3.4　CMA 现场应用与分析

【**实例一**】塔上 CMA 安装在天津电力公司上海×线×号杆塔上，现场安装如图 3-16 所示。

表 3-1～表 3-3 展示了在 2011 年 9 月 18 日上午 9：27 收到的导线弧垂、杆塔倾斜和现场污秽现场数据以及响应报文格式。

图 3-16 塔上 CMA 现场安装

表 3-1 　　　　　　　　　　　导线弧垂报文格式和现场数据

报文名称	含　义	长度（Byte）	CMD 响应的现场数据
Sync	报文头：5AA5	2	5AA5h
Packet_Length	报文长度	2	38Byte
CMD_ID	状态 CMDID	17	29M00000012164331
Frame_Type	帧类型	1	1
Packet_Type	报文类型	1	1
Component_ID	被监测设备 ID	17	16M00000008862431
Time_Stamp	采集时间	4	2011-09-18 09：28：00
Alarm_Flag	报警标识	2	0000
Conductor_Sag	导线弧垂	4	0.58m
Toground_Distance	导线对地距离	4	34.42m
Angle	线夹出口处导线切线与水平线夹角	4	0.85°
Measure_Flag	测量法标识：0 直接法 1 间接法	1	1
CRC16	校验位	2	10E9h

表 3-2 　　　　　　　　　　　杆塔倾斜报文格式和现场数据

报文名称	含　义	长度（Byte）	CMD 实际响应数据
Sync	报文头：5AA5	2	5AA5h
Packet_Length	报文长度	2	45Byte
CMD_ID	状态 CMDID	17	29M00000012164351
Frame_Type	帧类型	1	1
Packet_Type	报文类型	1	1
Component_ID	被监测设备 ID	17	16M00000007409630

续表

报文名称	含　义	长度（Byte）	CMD 实际响应数据
Time _ Stamp	采集时间	4	2011-09-18 09：30：00
Alarm _ Flag	报警标识	2	001Fh
Inclination	倾斜度	4	2.7mm/m
Inclination _ X	顺线倾斜度	4	−0.8mm/m
Inclination _ Y	横向倾斜度	4	−2.6mm/m
Angle _ X	顺线倾斜角	4	−0.02°
Angle _ Y	横向倾斜角	4	−0.06°
CRC16	校验位	2	9711h

表 3-3　　　　　　　　　　现场污秽报文格式和现场数据

报文名称	含　义	长度（Byte）	CMD 实际响应数据
Sync	报文头：5AA5	2	5AA5h
Packet _ Length	报文长度	2	49Byte
CMD _ ID	状态 CMDID	17	29M00000012164327
Frame _ Type	帧类型	1	1
Packet _ Type	报文类型	1	1
Component _ ID	被监测设备 ID	17	16M00000007409737
Time _ Stamp	采集时间	4	2011-09-18 09：27：00
Alarm _ Flag	报警标识	2	0020
ESDD	等值附盐密度	4	0mg/cm^2
NSDD	不溶物密度	4	0mg/cm^2
Daily _ Max _ Temperature	日最高温度	4	12.7℃
Daily _ Min _ Temperature	日最低温度	4	2.8℃
Daily _ Max _ Humidity	日最大湿度	4	64%RH
Daily _ Min _ Humidity	日最小湿度	4	36%RH
CRC16	校验位	2	9C7Eh

【实例二】站内 CMA 已安装在国网河南郑州电力公司，其安装现场如图 3-17 所示，具体报文与表 3-1～表 3-3 完全一致。

通过现场运行实例可以得出，CMA 可以处理复杂多变的远程通信，并解决了信息安全、就地智能化等方面的共性问题，实现了在输电线路特殊环境下各类状态监测数据的集中接入，为实现进一步的现场就地智能化功能提供基础。尽管塔上 CMA、站内 CMA 和服务器版 CMA 在硬件设计、软件编程、通信方式等方面有所区别，但其完成的功能是完全一致的，符合国家电网公司 CMA 标准要求，而由于服务器版 CMA 无需考虑电源功耗问题，其数据存储和分析能力更强大，建议用户采用服务器版 CMA，在 2013 年国家电网公司组织的输电线路在线监测招标规范评审会上，与会专家同样达成以后尽量采用服务器版 CMA 的共识。

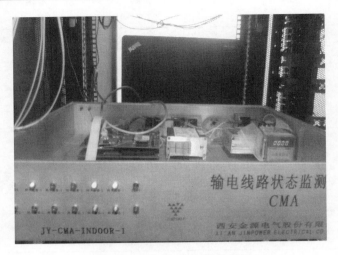

图 3-17　站内 CMA 安装现场

第 4 章

输电线路微气象在线监测

近地面大气层中，某些地区因受天气、地形、地貌等因素的影响，其气象条件可能超过线路冰、风载荷设计标准，引发输电线路覆冰、舞动、微风振动等事故。特高压和超高压线路常建设在走廊风口、峡谷、分水岭等地形异常复杂，气候多变，具有明显的立体气候特征的高海拔山区，因而导致高压线路设计时冰风载荷有较大偏差，从而容易在恶劣气象条件下引发冰灾、污闪、舞动等各类事故。

尽管先前大部分输电线路设计较为科学，但近年来各地气候规律发生很大变化（例如，2008 年南方冰灾事故后，贵州电力公司部分线路连年严重覆冰），恶劣气象条件（如冰雪、大风、雷电、污秽等）频频发生，严重影响了输电线路的运行安全。输电线路覆冰、舞动、微风振动等现象与气象参数密切相关，如适当提高线路最大设计风速、冰厚标准，可以增强输电线路运行可靠性，但如此一来，塔头尺寸、杆塔及基础等都要加强或加大，由此势必会带来设计成本的剧增。据测算，单回 220kV 线路，若将最大设计风速由 25m/s 提高为 28m/s，线路本体的投资增加 10%。

鉴于此，国家电网公司较早提出了输电线路微气象在线监测方案，并制定了详细的技术规范。应用输电线路微气象在线监测装置实现对线路的实时监控，完成对线路走廊微地形区温度、湿度、风速、风向、气压、雨量和日照强度等参数的采集，获得线路微气候和微地形的详细信息，结合输电线路覆冰、舞动、污闪等理论模型，预测输电线路事故的发生种类和可能性，有利于运行部门及早采取措施，保证输电线路的安全运行，同时为线路的改造和新建提供基础数据和设计依据。

4.1 微气象基本概念

局部区域存在地形、位置、坡向等特殊性，温湿度等气象条件有别于宏观区域，对线路运行造成很大影响，此类区域称为微气象区。微气象区的出现与地形地貌特征密切相关，一般将大地形中具有典型地理特征的一个狭小的范围称为微地形区域。微气象区对线路运行的影响很大，例如云南昭通凌子口就是典型的"两微"（微地形、微气象）地区，凌子口是典型的高山分水岭地形，该地区以其冬季道路冰多、路滑、拥堵、事故多发而闻名，在 2008 年特大冰灾时，凌子口是云南覆冰最为严重的地区之一，部分线路的覆冰厚度达到了 25mm 以上，造成了重大电力事故。湖北电力勘测设计院相关文献中也有类似的记载：2004 年 12 月，220kV 荆双Ⅰ回 1 号塔附近线路出现了严重覆冰，覆冰厚度达 15～20mm，1 号塔导线发生舞动，此段路线走向为西南—东北，处于迎风坡上；与此同时，500kV 龙斗Ⅰ回 145～173 号，500kV 龙斗Ⅱ回 169～190 号，500kV 龙斗Ⅲ回 153～183 号覆冰厚度达 20mm 并发生导线舞动，最大振幅达到 3.5m，该三段线路为东西走向，线路以北 2km 为凤凰水库，线路跨经凤凰水库泄洪通道，此次覆冰、舞动事故与当时风速、风向、山坡迎风面地形以及靠近大型江湖水体等微气象、微地形有密切关系。实际地形图如图 4-1 所示。

（a）　　　　　　　　　　　　　　（b）

图 4-1　输电线路典型的"两微"地形
（a）云南凌子口地区地形地貌；（b）1000kV 特高压山谷跨越

在相关输电线路运行规范中将微地形、微气象区分为垭口型、高山分水岭型、水汽增大型、地形抬升型、峡谷风道型等。云南省电力设计院在此基础上对"两微"特征及其防治方法进行了初步总结，具体见表 4-1。

表 4-1　　　　　　　　　　　　微地形、微气象区基本特征

"两微"类型	地貌、气象特征	易发事故
垭口型	连绵群山形成呈马鞍状的明显下凹处，气流集中，风速较大	覆冰、舞动、风偏等
高山分水岭	分水岭处空旷开阔，容易形成强风及严重覆冰现象，特别是在山巅及迎风坡侧，在风力作用下气流沿山坡强制上升，空气中过冷却水含量增加	覆冰、舞动
水汽增大型	江湖水体附近，空气湿度大	覆冰，江河大跨越处易出现微风振动
地形抬升型	平原、丘陵中拔地而起的突峰或盆地中一侧较低另一侧较高的台地或陡崖，因盆地水汽充足，湿度较大的冷空气沿山坡上升，在顶部或台地上形成云雾	覆冰
峡谷风道型	线路纵横峡谷，两岸很高很陡，由于狭管效应产生较大的风速，导致输电线路风载荷大幅度增加	舞动、微风振动

4.2　微气象条件对线路运行的影响

目前国内电力系统及各高校、研究院等部门也开展了大量关于基于微气象条件的覆冰生长理论、导线舞动机理、微风振动机理、杆塔强度等方面的研究工作，并建立了观冰站、气象站进行现场观察和数据收集，也取得了一定的成果。尤其近年来研发并应用的各类微气象在线监测装置，获得了大量微地形、微气象信息，为该地区线路的运行与维护提供了大量基础数据。

（1）绝缘子污闪和微气象条件的关系。绝缘子污秽闪络是一个涉及电化学、环境条件的复杂的变化过程。暴露在大气环境中的绝缘子受到工业排放物以及自然扬尘等因素的影响，矿物质、金属氧化物、盐类在其表面沉积而逐渐形成一层污秽物，当遇到毛毛雨、雾、融雪、融冰等潮湿气象条件时，绝缘子上的污秽物溶解于水中，导电性增加，电气强度降低，引发绝缘子闪络；覆冰本身也是一种特殊的污秽物，可以引发闪络。具体相关知识详见本书第 5 章。

（2）覆冰和微气象条件的关系。一般来讲影响导线覆冰的因素有微气象、微地形和导线特性。微气象包括环境温度、相对湿度、风速、风向等；微地形包括山脉走向、山体部位、海拔高度、江湖水体等；导线特性包括导线温度、挂高、线径、分裂数、线路走向、档距等。具体相关知识详见本书第 9 章。

（3）舞动和微气象条件的关系。舞动经常发生在寒冬季节的覆冰导线上，在覆冰的作用下，导线的结构变为非圆截面结构。除覆冰因素外，舞动的发生还需要有稳定的风激励，在风的作用下导线发生谐振，舞动多发生在 4～20m/s 的风速范围内，并且当线路走向与主导风向的夹角越接近 90°发生舞动的可能性越大。因此在江河湖泊、平地等开阔地带或山谷风口，风以较大夹角持续吹向导线时容易发生舞动。具体相关知识详见本书第 10 章。

（4）微风振动和微气象条件的关系。导线受到 1～3 级的微风吹拂而发生的周期性振动被称为微风振动，导、地线的微风振动属于卡门涡振动（vortex shedding），具有振幅小、振动频率高、持续时间长等特点。长时间的微风振动会造成输电线路导线断股、金具损伤，特别是在河流、山谷的大跨越地区，微风振动的破坏尤为严重。具体相关知识详见本书第 11 章。

（5）倒塔和微气象条件的关系。在飓风、覆冰、洪水、地震等自然因素作用下，处在高山、河流等野外环境下的输电线路倒塔事故频繁发生，近年来风致输电线路倒塔的部分资料见表 4 - 2。

表 4 - 2　　　　　　　　近年来我国风致输电线路倒塔的部分统计资料

时间	地点	风类	输 电 塔 分 类				累计基数
			500kV	110kV	330kV	220kV	
2005-10-02	台湾地区	台风龙王		1			1
2005-09-01	福建温州	台风泰利				1	1
2005-08-12	福建泉州	台风珊瑚				1	1
2005-08-06	江苏无锡	台风麦莎			2		2

时间	地点	风类	输电塔分类				累计基数
			500kV	110kV	330kV	220kV	
2005-07-19	湖北武汉	龙卷风				2	2
2005-07-16	湖北黄冈	龙卷风			3	19	22
2005-07-15	内蒙古扎兰屯市	龙卷风				1	
2005-05-26	青海贵德县	狂风		3			3
2005-06-14	江苏泗阳	飑线风	10			7	17
2005-04-20	江苏盱眙	龙卷风	8		3		11
2003-09-02	福建泉州	台风杜鹃			1		1
2003-09-01	台湾	台风杜鹃	2				2
2003-04-12	广东河源	龙卷风	供电系统遭到重创，205座高压输电线杆塔、440条线杆被折断或者刮倒				
2000-07-21	吉林省	飑线风	10				10
1998-08-22	江苏扬州	飑线风	4				4
1992，1993	湖北	飑线风	7				7
1989-08-13	江苏镇江	飑线风	4				4
	累计		43	6	9	大于30	大于88

4.3 输电线路微气象在线监测装置设计

4.3.1 总体架构

输电线路微气象在线监测装置可对线路走廊各气象参数（风速、风向、气温、湿度、气压、雨量和光辐射等）进行实时监测，并将这些环境信息通过 GSM/GPRS/CDMA/3G/WiFi/光纤等方式传输到 CMA，通过 CMA 将信息发送至监控中心（CAG），监控中心专家系统可将收集到的信息进行存储、统计及分析，以报表、曲线、统计图等方式显示给用户。当监测值出现异常时，系统会以多种方式发出预警信息，提示管理人员。微气象监测系统的结构见图 4-2。

微气象 CMD 具备自动采集和手动采集功能，其中"自动采集"功能按照设定时间间隔（10min、30min、1h、2h、3h 等）定时采集和发送气象参数，"手动采集"功能是按照监控中心指令要求不受采样时间间隔限制，装置实时响应中心指令对微气象数据进行采集和发送。由于气象参数采集均有一定的规范要求以及装置在强磁场等恶劣环境下存在采集数据异常的情况，装置需对采集气象数据进行预处理，自动识别并剔除干扰数据，对原始采集量进行计算，并得出反映各气象参数特性的数据。气象数据可就地存储在闪存/USB 等芯片中，规范要求存储至少 30 天的气象数据，监控中心运行人员可根据需要调出 30 天内任意时间段的监测数据。按照技术规范装置应具备多种通信方式，具体根据安装现场情况采用 GPRS/CDMA/3G 无线方案或者电力系统 OPPC/OPGW 光纤专网。由于微气象 CMD 的整体功耗

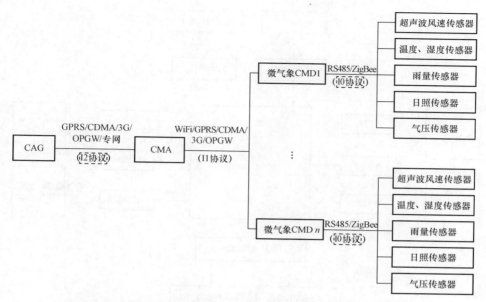

图 4-2　微气象在线监测技术架构（其中 I0 协议尚未出台）

较小，装置采用太阳能＋蓄电池的供电方案可保证常年可靠工作。同时，装置应具备自检功能，能够对采样频率、采样点数、电池电压等运行参数进行远程查询、调整。

4.3.2　硬件设计

微气象监测装置安装在杆塔上，定时/实时完成各种环境参数（包括温度、湿度、风速、风向、日照等）的采集，典型的微气象 CMD 原理框图如图 4-3 所示。整个装置采用模块化设计，主要由 MCU、GSM/GPRS 通信模块、以太网模块、数据存储模块、传感器、供电电源组成。

图 4-3 中，电源部分采用太阳能＋蓄电池供电方案，通过充放电控制器对充放电电压、电流、蓄电池温度进行实时监控，并可以防止蓄电池过充电和过放电。为了减小安装量，通常将传感器气象监测功能进行集成，如图 4-3 中的超声波风速、风向两要素传感器，温度、湿度、气压三要素传感器，组合式传感器具备 RS485 通信功能，安装时不需要考虑传感器与监测装置的距离，且系统休眠时可断开传感器供电，将装置功耗降到最低。作者近期研发的集风速、风向、温度、湿度、气压于一体的五要素传感器，具备 RS485 通信功能，其安装调试以及后续维护相当方便。日照强度传感器同样具有 RS485 通信功能。在最新方案设计中，各个传感器大多采用数字传感器，通过 RS485 将数字量传输至 MCU。当然也可采用模拟信号传感器，其输出信号多为 4～20mA 或 1～5V，这样需要在电路设计中增加放大等处理电路以及 A/D 转换电路实现其数字化。

4.3.3　软件设计

1. 气象监测采样及算法

气象监测装置依次进行风速、风向、温度、湿度、气压、降水量、日照强度的采集。

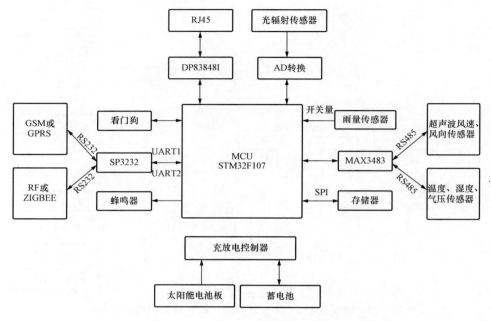

图 4 - 3　微气象 CMD 原理框图

其中温度、湿度、气压、日照强度的采样频率为 6 次/min，将 1min 连续 6 次的采样值去掉一个最大值和一个最小值，余下 4 个值的算术平均值作为 1min 的瞬时值。雨量的采样频率为 1 次/min。

风速采样值有两种，一种是风速的瞬时值，一种是 10min 滑动平均值。风速、风向采样频率为 1 次/s，风速瞬时值每 2min 采集一次，取连续 3 次采样的算术平均值为风速的瞬时值。1h 采样一次 10min 滑动平均风速、风向，采集时间为整点前的 10min，以 1s 为步长，求出 1min 滑动平均风速、风向，然后以 1min 为步长，得出 10min 滑动平均风速、风向。另外 1h 需统计一次极大风速的值，极大风速从风速瞬时值中选取；每天统计一次最大风速的值，最大风速从 10min 平均风速值中选取。

风向、风速采用的滑动平均方法，计算公式为

$$\overline{Y_n} = K(y_n - \overline{Y_{n-1}}) + \overline{Y_{n-1}} \qquad (4-1)$$

$$K = 3t/T \qquad (4-2)$$

式中，$\overline{Y_n}$ 为 n 个样本值的平均值；$\overline{Y_{n-1}}$ 为 $n-1$ 个样本值的平均值；y_n 为第 n 个样本值；t 为采样间隔，s；T 为平均区间，s。

风向过零处理算法：计算 $v_n - \overline{Y_{n-1}} = E$，若 $E > 180°$，则从 E 中减去 $360°$；若 $E < -180°$，则在 E 上加 $360°$。再用此 E 值重新计算 $\overline{Y_n}$。若新计算的 $\overline{Y_n} > 360°$，则减去 $360°$；若新计算的 $\overline{Y_n} < 0°$，则加上 $360°$。

2. 软件流程

微气象 CMD 软件流程见图 4 - 4，当采集时间到或者收到实时采集指令时，装置依次完成风速、风向、气温、湿度、气压、降水量、日照强度的采集，并将数据打包发送到监控中心。

4.3.4　气象监测技术参数

由于输电线路运行环境的特殊性，对在线监测装置的工作参数提出了一定的要求，除了要求在线监测装置防尘、防污、防辐射等，还要求气象监测装置能够在工作温度－25～＋70℃（工业级）或－40～＋85℃（扩展工业级），相对湿度 5％RH～100％RH，大气压强 550～1060hPa 等范围内可靠工作。

（1）温度。温度是输电线路覆冰、污闪等事故的重要影响因子，输电线路温度传感器可选用热敏电阻 Pt100、数字式传感器等类型，传感器应满足测量范围－40～＋50℃，测量精度±0.5℃，分辨率 0.1℃。

（2）湿度。输电线路气象监测湿度传感器可选用电容式传感器、通风干湿表、数字式湿度传感器等类型，传感器应满足测量范围 0～100％，分辨率 1％，测量精度满足±4％（对于电容式湿度传感器，若湿度＜80％，测量精度需满足±4％；若湿度≥80％，测量精度需满足±8％）。

（3）风速、风向。风速风向是输电线覆冰、舞动、微风振动等事故的主导因素，输电线路气象监测风速风向传感器可选用风向标式探头、三杯式风速传感器、脉

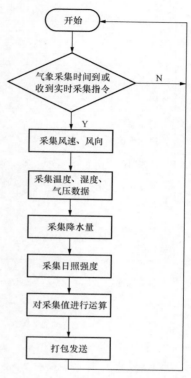

图 4-4　微气象 CMD 程序
流程图

冲计数式传感器、超声波风速风向传感器等类型。风向测量范围满足 0°～360°，分辨率为 2°，精度±5°；风速测量范围满足 0～60m/s，风速精度满足±(0.5+0.03V) m/s，V 为标准风速值，分辨率 0.1m/s，并要求启动风速＜0.5m/s，抗风强度满足 75m/s。目前建议采用超声波风速风向传感器。

（4）气压。输电线路气象监测气压传感器可选用振筒式或压阻式，测量范围满足 550～1060hPa，测量精度±0.3hPa，分辨率为 0.1hPa。

（5）雨量。输电线路雨量传感器可选用超声波式或翻斗式，测量范围满足 0～4mm/min，测量精度±0.4mm/min（雨量≤10mm/min）、±4％（雨量＞10mm/min），分辨率为 0.2mm/min。

（6）日照强度。输电线路气象监测日照强度传感器可选用全辐射传感器，测量范围满足 0～1400W/m²，测量精度≤5％，分辨率为 1W/m²。

4.3.5　气象监测数据接口

监测装置可选择 GSM/GPRS/CDMA/3G/WiFi/光纤等方式与上级装置进行通信，将数据传输到 CMA 或 CAG。根据国家电网公司 Q/GDW 243—2010《输电线路气象环境智能监测装置技术规范》，气象监测装置采用统一数据输出接口，其定义见表 4-3。

表 4 - 3　　　　　　　　　　　　气象监测装置数据输出接口

序号	参数名称	参数代码	字段类型	字段长度(B)	计量单位	值域	备注
1	监测装置标识	SmartEquip _ Id	字符	17			17 位设备编码
2	被监测线路单元标识	Component _ Id	字符	17			17 位设备编码
3	监测时间	Time _ Stamp	日期	4			世纪秒
4	10min 平均风速	Average _ WindSpeed _ 10min	数字	4	m/s		精确到小数点后 1 位
5	10min 平均风向	Average _ WindDirection _ 10min	数字	2	°	0～360	精确到个位
6	最大风速	Max _ WindSpeed	数字	4	m/s		精确到小数点后 1 位
7	极大风速	Extreme _ WindSpeed	数字	4	m/s		精确到小数点后 1 位
8	标准风速	Standard _ WindSpeed	数字	4	m/s		精确到小数点后 1 位
9	气温	Air _ Temperature	数字	4	℃	−40～+50	精确到小数点后 1 位
10	湿度	Humidity	数字	2	%RH	0～100	精确到个位
11	气压	Air _ Pressure	数字	4	hPa	550～1060	精确到小数点后 1 位
12	降雨量	Precipitation	数字	4	mm		精确到小数点后 1 位
13	降水强度	Precipitation _ Intensity	数字	4	mm/min	0～4	精确到小数点后 1 位
14	光辐射强度	Radiation _ Inten sity	数字	2	W/m²	0～1400	精确到个位

4.4 现 场 应 用

与其他类型的输电线路在线监测技术相比，输电线路微气象在线监测装置结构简单、现场安装方便、整机功耗低、产品稳定性高，是输电线路在线监测技术中开展最早也是最为成熟的产品之一。微气象 CMD 宜安装在大跨越、易覆冰区和强风区等特殊区域，比如：高海拔地区的迎风山坡、垭口、风道、水面附近、积雪或覆冰时间较长的地区，以及传统气象监测的盲区，其安装必须考虑安全、准确、方便的原则，避免对导线、地线、绝缘子造成影响。装置箱体一般安装在杆塔顶部或横担端部；温度、湿度、风向、风速、雨量、日照强度及气压传感器可安装在横担上的监测装置内或相邻的位置，温湿度传感器应避免阳光及其他辐射，风速、风向传感器应安装在牢固的高杆或塔架上，雨量传感器必须保证器口水平，安装在横担的固定支架上。日照传感器应牢固安装在横担上，并保证杆塔在受到严重冲击振动（如大风等）时，传感器仍能保持水平状态。微气象在线监测装置现场安装见图 4 - 5。

(a)　(b)　(c)　(d)

图 4 - 5　现场运行的输电线路微气象在线监测装置
(a) 日照传感器；(b) 雨量传感器；(c) 超声波风速风向传感器；
(d) 正在安装的输电线路微气象监测装置

　　输电线路微气象在线监测装置现已在全国各网省公司推广应用，图 4 - 6 为安装在贵州电网公司 500kV 纳安Ⅰ回线 100 号杆塔 2010 年 12 月 1～11 日的微气象监测数据。

　　总之，输电线路微气象在线监测装置可以对微气象事故进行预报警，有效防范高压输电线路受气象影响而发生事故，把微气象对输电线路造成的危害降到最低。同时，通过对某个区域的常年监测，可以掌握该微气象区的详细气象条件，以及在某一特定时刻的气象状况，为线路巡视、检修及规划提供可靠的气象依据，为输电线路的科学安全运行提供基础数据。

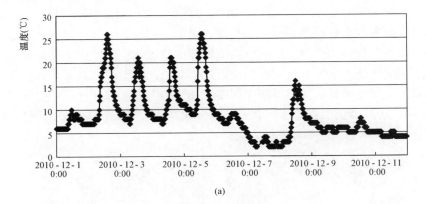

(a)

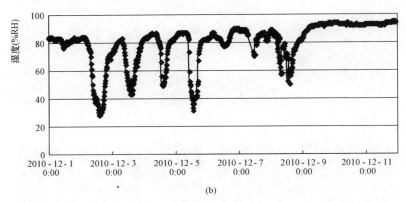

(b)

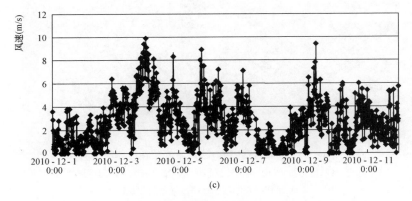

(c)

图 4-6　微气象监测数据（一）

（a）温度；（b）湿度；（c）风速

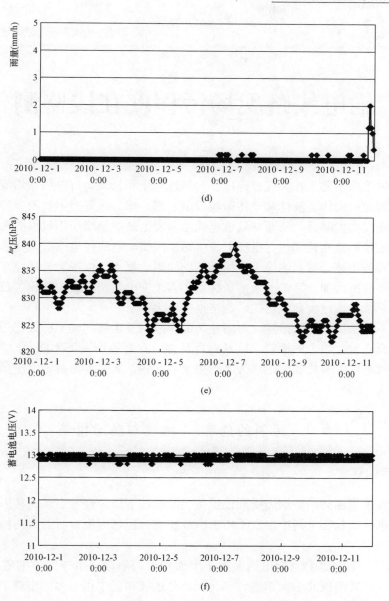

图 4-6　微气象监测数据（二）

(d) 雨量；(e) 气压；(f) 蓄电池电压

输电线路现场污秽度在线监测

　　输电线路的绝缘子要求在大气过电压、内部过电压和长期运行电压下均能可靠运行。但沉积在绝缘子表面的固体、液体和气体微粒与雨、露、冰、雪等恶劣气象条件同时作用，使绝缘子的电气强度大大降低，从而导致输电线路和变电站的绝缘子不仅可能在过电压作用下发生闪络，更频繁的是在长期运行电压下发生污秽闪络，造成停电事故。当然覆冰、鸟粪也可以认为是特殊的污秽，其对绝缘子绝缘性能同样影响很大。由于大气环境恶化，空气污染加剧，污闪事故有所增加，常常波及多条线路和多个变电站，造成大面积、长时间停电。全国六大电网几乎都发生过大面积污闪，经济损失巨大。

　　前期电力系统采用的防污措施，对防止污闪事故的发生都起到了积极作用，但均为被动防污措施，造成人力、物力的浪费，且具有盲目性。在特殊情况下不能及时发现绝缘问题，无法从根本上杜绝污闪事故的发生。为了解决这一问题，人们提出对绝缘子污秽度进行在线监测。

5.1　污闪的危害、机理与防污措施

5.1.1　污闪危害

　　沉积在绝缘子表面的污秽层因受潮使设备绝缘性能下降，经常引起污秽闪络事故。据统计，污秽闪络事故次数在电网中仅次于雷击事故次数，但污闪事故所造成的损失却是雷击事故的 10 倍。

　　2001 年，辽宁、华北和河南电网发生了大面积污闪事故。由于南方的暖湿气流与从北方南下的冷空气在黄河以北多次相遇，华北大部分地区和辽宁相继多次出现了雨夹雪。污闪首先由河南西部和中部电网开始，逐渐发展到河北南部和中部，随后遍及京津唐广大地区直至辽宁南部和中部，2 月 21～22 日污闪达到最高峰。据不完全统计，此次电网大面积污闪事故中，66～500kV 线路总计 238 条、变电站 34 座，污闪跳闸 972 次。其中 500kV 线路污闪塔 30 基，污闪绝缘子 35 串（组），500kV 变电站 3 座，污闪设备 18 台；220kV 线路污闪塔 293 基，污闪绝缘子 332 串（组），220kV 变电站 15 座，污闪设备 37 台；110kV 变电站 16 座，污闪设备 26 台；66～110kV 线路污闪塔 110 基，污闪绝缘子 137 串（组）。

　　2003 年 4 月，大雾造成华东电网 10 余条 220kV 线路跳闸；2004 年 2 月 19～20 日，华东地区出现持续大雾天气，华东电网长三角地区的 6 条 500kV 线路发生多次污闪跳闸；2005 年夏天恶劣天气造成华中电网 110kV 以上电压等级线路跳闸 30 多起；2006 年初河南省北部发生两次大面积污闪，波及该省十多个市级区域，共造成 10kV 及以上线路跳闸 150

余次并导致濮阳市台前县除夕夜全县停电；2007 年 3 月，暴雪造成东北电网 50 余条高压线路断路器跳闸；2008 年 1 月中、下旬发生极端恶劣的暴风雪天气，对我国南方电网、华中电网和华东（部分）电网安全运行构成严重威胁，高压线路跳闸，电网局部瓦解。

由此，输电线路的防污闪工作已成为当前电力系统安全防御的重要任务之一，对线路绝缘子污秽（现场污秽度）进行在线监测，实现状态清扫也已成为亟待解决的问题。

5.1.2　污闪机理

大气环境中的绝缘子在线运行时，会受到工业排放物以及自然扬尘等环境因素的影响，表面逐渐沉积了一层污秽物。在天气干燥的情况下，这些表面带有污秽物的绝缘子仍能保持较高的绝缘水平，其放电电压和洁净、干燥状态时相近。然而，当遇到潮湿天气时，绝缘子表面会形成水膜，污层中的可溶盐类溶于水中从而形成导电的水膜，这样就有泄漏电流沿绝缘子的表面流过。图 5-1 为绝缘子闪络并击穿造成线路跳闸时的恶劣的运行环境，图 5-2 为发生闪络后的复合绝缘子。

图 5-1　某线路跳闸时运行环境

图 5-2　发生闪络后的复合绝缘子

污闪放电是一个涉及电、热、化学现象和大气环境的错综复杂的变化过程。宏观上可分为以下 4 个阶段：①绝缘子表面的积污；②绝缘子表面的湿润；③局部放电的产生；④局部电弧发展，形成闪络。

对一串绝缘子而言，污闪过程基本如上所述，但有以下特点：单个绝缘子表面的电压分布取决于整串绝缘子的状态，当其中某个绝缘子首先形成环状干区，跨越干区的电压将是整串绝缘子总电压中的一部分，所以较易发生跨越干区的局部电弧；只有当多个绝缘子均已形成环状干区，分在一个干区上的电压才会减小下来。流过某个绝缘子的泄漏电流，不仅取决于该绝缘子，而且也取决于整串绝缘子在此时外绝缘变化的状态，它们互相关联，互相影响。当某个绝缘子的干区被局部电弧桥络时，原来加在该绝缘子上的较高的电压将转移到其他绝缘子上，电压分配的突变，犹如一个触发脉冲，会促使其他绝缘子产生跨越干区的电弧，甚至会迫使整串绝缘子一起串联放电。一旦所有绝缘子的干区都被电弧桥络，泄漏电流将取决于绝缘子串的剩余湿污层电阻，此时泄漏电流大增，强烈的放电有可能导致整串绝缘子的闪络。

在污闪形成的过程中，污秽的沉积、受潮以及干区的形成无疑都是构成闪络的必要条件。然而，局部电弧的产生并沿污秽表面的发展是造成最终闪络的根本原因。

5.1.3 污秽度表示方法

从对影响污闪的角度考虑，外绝缘污秽状态实际上包含表面污层的积聚情况和污层受潮润湿的程度两方面，可靠的绝缘子污秽状态评价方法必须能够综合反应这两点。从这个标准出发，判断污秽绝缘状态最直接的参量就是污闪电压，但实际运行中直接测量污闪电压是不易实现的，因此需要寻求其他的途径和方法。国际大电网会议（CIGRE）第 33 届学术委员会推荐了 6 种表示污秽度的方法：等值盐密（ESDD）法、等值灰密（NSDD）法、污层电导率（SPLC）法、脉冲计数法、最大泄漏电流法（即 I_h 法）和绝缘子污闪梯度法。

绝缘子表面的污秽包含可溶性成分和不溶性成分，其中可溶性成分的含量用等值盐密表示，非可溶沉淀物的含量用等值灰密表示。等值盐密法是把绝缘子表面的污物转化为相当于每平方厘米含多少毫克的 NaCl 的表示方法，相当于 NaCl 盐密的污物密度。其测量简单易实现，直观易懂，对人和设备的要求不高，在电力生产运行中被广泛采用。IEEE 和 IEC 都推荐用等值盐密法，我国已使用此法几十年，取得了不少经验和成绩。但等值盐密也存在一定缺陷，它是一个静态参数，仅指污秽中能导电部分，忽略了非导电的部分。在某些情况下它所反映的污秽度与真实污秽度有较大差异，而且不能反映污层的受潮状况，不能体现不均匀污秽对污闪电压的影响，它不适用于合成绝缘子和涂有憎水涂料的绝缘子。等值灰密是从绝缘子表面获得的非水溶性物质总量与绝缘子表面面积之比。浸润理论认为：当水分和导电性物质结合并溶解导电性物质后，其局部电导上升；当水分和非导电性物质结合时，其局部电导则不变；由上可知灰密和盐密对泄漏电流和闪络电压的影响在性质上有差异。闪络电压随灰密增加而减小，其原因是不溶物的增加导致绝缘子表面吸收的水分增多，形成了更厚的水膜，从而导致泄漏电流增大。可见，等值灰密中的不溶污秽物对绝缘子交流闪络电压和表面泄漏电流的影响也是不容忽视的，因此国家电网公司最新绝缘子污秽度认定标准中增加了对等值灰密的考虑。

污层电导率法是把绝缘子表面的污层看作具有电阻或电导率的导电薄膜。测定时，先使污层湿润，再在绝缘子两极上施加工频电压 U，同时测定流过的泄漏电流 I，于是绝缘子的电导 $G=I/U$。污层电导率法分为整体和局部表面电导率法。整体表面电导率法的测量需要施加较高电压，对测量仪器设备和操作技术均要求较高，在现场对大试品进行湿润也较困难，测量结果受形状影响较大，一般只能在实验室进行，不适于在生产现场使用。局部表面电导率法则克服了整体表面电导率法的这些不足，测量所加电压不高，方法简单；一般的局部表面电导率测量仪都很小巧轻便，便于现场推广使用。

脉冲计数法和最大泄漏电流法是基于泄漏电流特征量的方法。泄漏电流相对容易测量，适于在线监测，其是运行电压、气候、污秽、绝缘子型号以及爬电比距等多个要素的综合反映。脉冲计数是在给定的时间内，记录承受工作电压下的污秽绝缘子超出一定幅值的泄漏电流脉冲数，它可在某种程度上代表此处的污秽度。最大泄漏电流表征了该绝缘子接近闪络的程度，可把它作为表征污秽绝缘子运行状态的特征值。

绝缘子污闪梯度法是抽取若干绝缘子样本在人工雾室和高压电源的条件下进行的，其值等于污闪电压除以绝缘子串长。此法直接以绝缘子的最短耐受串长或最大污闪电压梯度来表征当地的污秽度，其结果可以直接用于污秽绝缘子的选择。电压梯度法的优点是：能在运行情况下测定绝缘子串的真实耐污性能和它们之间的优劣顺序，直接给出绝缘水平。缺点是：

试验费用高、测试周期长，要得出结论可能需要数年或更长时间，而且受地区限制，维护不方便。

值得注意的是，污层电导率法和污闪梯度法有一个共同的特点，即无法实现在线连续测量。也就是说，用这些方法只能对绝缘子的染污状态进行事后的评价和分析，这就很难满足防污闪工作对时效性的要求。而泄漏电流则可以进行在线、连续测量，测量所需设备并不复杂，它涵盖了污闪发生的 3 个必备条件（积污、受潮和电压）的影响，并且能实时反映，是真正的动态参量。把泄漏电流用于绝缘子污秽状态的评价及污闪报警，如果建立准确的泄漏电流与污秽度之间的模型，则可及时准确地反映绝缘子的污秽状态。作者早期开发的绝缘子泄漏电流在线监测装置就实现了绝缘子电弧脉冲、稳态泄漏电流和环境气象等信息的监测，但问题是建立的泄漏电流与污秽度模型结果分散性大难以准确反映污秽程度，当前国内清华大学关志成等有关人员在继续进行深入研究。同时，原武汉高压研究所等进行基于光纤的等值盐密和等值灰密传感器的设计，经过多年的现场运行与模型修正，基本上可以反映线路绝缘子的积污过程，该监测技术逐步得到广泛应用。通过现场污秽度的实时监测及时采取清污手段，确保线路安全运行，且能避免对绝缘子不必要的清扫和维护，从而节省大量的人力、物力。

5.1.4　防污措施

目前电力系统采用的防污措施主要有 5 种：①通过增加绝缘子串的数目以增加绝缘子的爬电距离；②采用新型材质构成的绝缘子（如有机合成绝缘子）；③在绝缘子表面涂憎水涂料或有机材料；④采取人工定期或不定期清扫的方法；⑤改变绝缘子形状。另外，还有其他一些防污闪措施，如：带电水冲洗、恶劣天气条件下降压运行等。

采用上述措施的有效性或实施周期，均需要根据现场污秽度监视情况来确定，但限于绝缘子污秽程度的监测方法不够完善，电力维护人员无法准确掌握现场污秽程度。为了解决这一问题，改善传统方法的不足，人们提出对绝缘子污秽度进行在线监测。通过监测表征污秽绝缘子运行的状态量，来反映绝缘子的积污程度，及时预警实现绝缘子表面污秽的状态清扫，大大减少传统方法的盲目性和各种人力物力浪费，重要的是能够有效降低污闪的发生几率。

5.2　现场污秽度在线监测方法

5.2.1　基于泄漏电流的在线监测

由于绝缘子承受了较高的运行电压且表面积累了导电性的污秽，当环境湿润时，绝缘子表面的电解质发生电离，导电能力增强，绝缘电阻下降。在工作电压的作用下，泄漏电流上升，电流的焦耳热效应使绝缘子表面局部烘干，干燥区表面电阻增大，绝缘子表面的电压分布随之改变，干燥区所承担的电压剧增。当电压超过击穿电压时，该处发生局部沿面放电，形成泄漏电流的脉冲。若环境湿度较大，绝缘子的污秽较重，就会形成湿润——烘干——击穿——湿润的循环过程，局部放电区扩大，直至发生闪络，在这个过程中，泄漏电流增大，脉冲频次增多；若绝缘子污秽程度较小，则电流较小，脉冲个数较少。

总之，泄漏电流和电弧脉冲是绝缘子污闪的最直接原因，通过实时监测绝缘子表面的泄漏电流和环境条件（温湿度、风速、风向、雨量等），结合现场运行经验，借助专家诊断软件分析判断绝缘子的积污状况并在污秽接近过限时报警，提醒运行人员安排清扫工作时间。

目前实用的泄漏电流传感器已有很多，测量的准确度也比较高，因此泄漏电流的测量已不存在大问题。但泄漏电流是一个笼统的表达方法，实际上泄漏电流的特性是由很多具体的特征量表征的。有文献提出了 10 个特征量作为表征泄漏电流特性的参量，它们包括稳态电流峰值、累计电荷量、电压降落、相位差、每次电流脉冲的峰值、脉冲宽度、每分钟最大的脉冲电流峰值、该脉冲的宽度和电量、电流脉冲的分档统计（＞5mA，＞10mA，＞50mA，＞1A）以及临闪时泄漏电流值等。如此众多的特征量对于实验室的理论研究可能是有利的，但是把它们全部应用于现场运行监测是不现实的。并且这些参量中有些对于评价绝缘子染污的意义并不大，因此做出适当的取舍是必要的。

常用的泄漏电流检测和处理方法大致可以分为两种：时域法和频域法。时域法采取的特征量包括：运行电压下泄漏电流的最大脉冲幅值；超过一定幅值的泄漏电流脉冲数；临闪前最大泄漏电流值；奇数倍频与工频的幅值比（常用三次倍频）；泄漏电流有效值；脉冲电流法。频域法采取的特征量包括：快速傅立叶转换（FFT）分析；功率谱分析；小波和功率谱相结合分析。此外，通过测量谐波，即测量基波和谐波的频域特性，来做污闪预测和污秽度分析研究，也是国内外研究泄漏电流的主流方向。

国际大电网会议第 33 学术委员会（过电压及绝缘配合）04 污秽工作组认为研究泄漏电流的较被认可的参数有：运行电压下泄漏电流的最大脉冲幅值 I_k，超过一定幅值的泄漏电流脉冲数（尺度穿越率），临闪前最大泄漏电流 I_h，奇数倍频与工频的幅值比（常用三次倍频）等。清华大学、西安交通大学、西安工程大学以及西安金源电气股份有限公司等针对全波电流、脉冲电流、最大泄漏电流等进行了相关研究，并取得了一定的研究成果。

1. 脉冲计数法

脉冲计数就是在给定的时间内，记录承受工作电压下的污秽绝缘子超出一定幅值的泄漏电流脉冲数。泄漏电流的脉冲通常产生于交流污闪最后阶段之前，绝缘子表面污秽越严重，出现泄漏电流的脉冲频率度和幅值也越大。它在某种程度上代表此处的污秽度，可用于监测污秽绝缘子的运行状态，其记录方法见图 5 - 3。

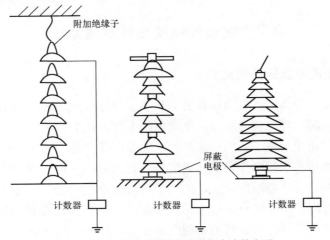

图 5 - 3　各种形式绝缘子的脉冲计数方法

由于泄漏电流脉冲的频率和幅值都随闪络的临近而增加，即使在同一条件下的不同绝缘子上所记录到的闪络前一段时间内的脉冲数也有很宽的变动范围。因此，脉冲计数不能对污秽绝缘子的运行状态提供一个确切的判据，只能根据现场记录的脉冲数和表征类似绝缘子特征的累积的脉冲数比较，依据运行经验来监测绝缘子的运行状态，并给出闪络危害的警报。这种特征量的优点是经济实用，可对正常运行条件下的整条线路或地区内的绝缘子进行连续监测。这种方法最适合用于现有电力系统扩建或更换绝缘子时确定绝缘子串长度，或者监测是否应对绝缘子进行带电清洗或涂防尘涂料。

2. 脉冲电流法

脉冲电流法就是通过测量绝缘子电晕脉冲电流的方法来判断绝缘子的绝缘状况，其原理是：存在劣质绝缘子的绝缘子串中，由于劣化绝缘子的绝缘电阻很低，它在绝缘子串中承担的电压也较小，于是其他正常绝缘子在绝缘子串上承受的电压必然明显大于正常情况时的承受电压，因而回路阻抗变小，绝缘子电晕现象加剧，电晕脉冲电流必将变大。根据线路上存在劣质绝缘子时电晕脉冲个数增多、幅值增大的现象，利用宽频带电晕脉冲电流传感器套入杆塔接地引线取出电晕脉冲电流信号，通过一定的信号处理手段，从而在低压端检测出不良绝缘子。

绝缘子的脉冲按发生机理可分为三种：由裂缝引起的局放脉冲，通常为几微安；由存在零值的绝缘子引起的电晕脉冲，通常为几微安到数毫安；闪络之前出现的脉冲群，通常为几十到几百毫安。在这三段脉冲计数中又以电晕脉冲最为重要和有效。一般常用测量绝缘子电晕脉冲电流的方法来判断绝缘子的绝缘状况。图 5-4 给出了几种典型泄漏电流波形。

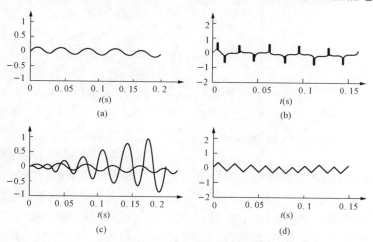

图 5-4　几种典型泄漏电流波形
（a）正常绝缘子泄漏电流；（b）泄漏电流脉冲群；
（c）绝缘子电晕脉冲；（d）绝缘子局部放电脉冲

绝缘子电晕特性的研究表明，可以利用绝缘子脉冲电流的数量和幅值的不同，以及良好状态和污秽状态下频谱信号的不同，来判断污闪发生的可能性。绝缘子电晕放电与闪络之间存在必然的因果关系。对绝缘子电晕放电现象的在线监测，可以作为一个很好的污闪预测判据。从理论上讲，如果以电晕脉冲电流作为特征量进行辨识，那么只要对波形进行采样后，即可进行，但实际上在采样过程中存在很多因素影响采样的精度。

该方法的难点是传感器的选择、信号的提取及辨识、现场干扰的排除等。由于电晕脉冲电流在绝缘子正常时亦可能产生，且随着输电线路电压的波动其值也在变化，如何消除这些因素的影响、建立绝缘子劣化判断标准也是该方法能否成功的关键。蒋作谦等人针对在实际检测中现场干扰很大且信号错综复杂的特点，提出了一种在线监测绝缘子电晕脉冲电流的数据处理方法：通过滤波电路抑制工频电磁场干扰，再采用适当的数据处理手段，即建立数学模型提取信号特征量的方法实现对绝缘子劣化状况的辨识。

3. 最大泄漏电流法

临闪前泄漏电流与污闪电压之间存在确定的关系。临闪前泄漏电流是绝缘子污闪前的最大泄漏电流值，也是污闪后的最小泄漏电流值。在临界点上测得的相应闪络的泄漏电流必定是最大值，否则就不会闪络。但不在临界点上的泄漏电流是变化的，应从一定时间内测得的许多值中取最大者来代表。

最大泄漏电流表征了该绝缘子接近闪络的程度，因此可把绝缘子上的泄漏电流波的最高峰值作为表征污秽绝缘子运行状态的特征值。在实际应用中，最高泄漏电流是指在给定时间内，在工作电压长期作用下试品或实际绝缘子上所记录到的最高峰值泄漏电流，以 I_h 表示。其典型的测试电路见图 5-5，图中 F 为放电管，C 为电容器，R 为电阻，P 为电磁计数器。

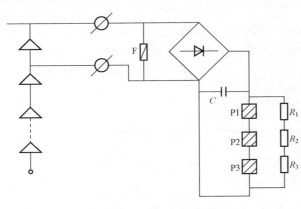

由于 I_h 既可以在工作电压下的自然污秽绝缘子上记录得到，又可在实验室内用任何一种通用的试验方法在同一工作电压下得到再现，不需要在自然污秽站求闪络电压，加之泄漏电流幅值基本上不受电源容量的影响，在自然污秽站只要保持沿绝缘子串的电压梯度一定，就可以用较低的电压测量。因此，用 I_h 来表征运行中绝缘子的污秽程度是一个较好的参量。根据现场的记录以及在实验室所确定的泄漏电流特征，可以用来报警和选择绝缘水平。

图 5-5 泄漏电流记录仪接线图

以 I_h 作为特征量只需将现场记录的数值与实验室的测量结果进行简单比较就可以确定污秽度。同时，它给出了气候条件和运行电压对污层特性共同作用结果的连续记录，对于污秽地区的绝缘子选择和报警都是比较理想的参数，它可以作为报警电流，及时通知运行人员采取维护措施。临闪前最大泄漏电流可以反映污闪的全过程，能用于在线检测并作为报警电流。但所用设备要能记录脉冲值，可以经常显示积污过程。I_h 的现场测量必须进行很长时间，在设计新线路时又应在反映线路走廊典型污秽条件的地方建立自然污秽站。同时，测试设备的造价也比较高。在已有的绝缘子监测系统中，报警电流 I_h 的确定必须根据大量的现场记录结果作统计计算，并结合运行经验才能得出合理的结果。此外，它受地区限制较大，可用于经常湿润的地区，但绝不能用于干燥的地区。究竟用多大泄漏电流值作报警电流，仍需作进一步深入研究。

上述各种泄漏电流均是一个动态参数，它是运行电压、气候（大气压力、温度、湿度、风速、风向等）、污秽、绝缘子类型、爬电比距等要素综合作用的结果，它们之间的关系是一个典型的非线性多变量函数关系。如果环境的湿度较大、温度适中，即使绝缘子污秽程度不很严重，泄漏电流也可能较大，这时如果系统报警提示运行人员来清扫，则不准确。因此这种单变量报警模型是不科学的。

对测得的泄漏电流进行分析判断比较，常用的方法是利用绝缘子闪络过程的典型波形进行判断。从运行中对污秽绝缘子的监测和预报角度出发，绝缘子闪络的典型波形分为非预报区、预报区及闪络危险区三部分，见图 5-6，如用以闪络电压为基准的标幺值表示，A 点和 B 点的电压标幺值分别为 0.5 和 0.9，这样 A 点之前标为非预报区，A～B 点之间为预报区，B 点之后至闪络为危险区。

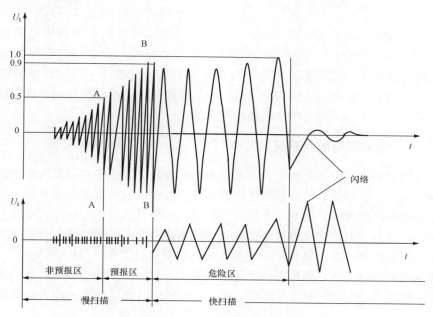

图 5-6　污秽泄漏电流典型波形图

从该波形图可看出，自然污秽绝缘子泄漏电流的特点是：预报区的泄漏电流呈不稳定状态，常出现脉冲群，且脉冲群幅值多为几十至几百毫安，其宽度常为几到几十个频率周期，在闪络前幅值迅速增加。因此，不少是根据预报区的泄漏电流脉冲密度及幅值增加的现象进行绝缘子工作状态的判断。根据泄漏电流的特点，对出现在预报区的泄漏电流进行报警，将可避免污闪事故的发生。有文献把绝缘子泄漏电流的报警值设为 40mA，记录超过报警值的脉冲数，根据脉冲数的变化来判断绝缘子的状态。

此方法的优点是设备原理简单、易于实现，缺点是泄漏电流及脉冲数的报警值的大小需由大量经验来确定，准确性不高，易误判。关于污秽报警的电流幅值和脉冲频次阀值尚没有国家或行业标准，而且不同的污秽等级、污源性质、绝缘子类型的报警阀值差异很大，需要结合本地区的实际情况确定。

5.2.2　基于光纤传感器的盐密在线监测

基于泄漏电流的污秽度在线监测尽管具有直观、易于实现的优点，但如何建立准确的泄漏电流与污秽度模型是目前尚未解决的技术难题。在国家有关标准中明确规定，输、变电设备绝缘子污秽等级的划分应综合考虑污湿特征、运行经验并结合其表面污秽物的盐密来确定。在上述三个因素中，盐密是其中唯一可以定量的参数。由此可见，盐密的直接测量对线路运行具有重要意义。

光传感器盐密监测是基于介质光波导中的光场分布理论和光能损耗的机理。置于大气中的低损耗石英棒是一个以棒为芯、大气为包层的多模介质光波导，光波导系统原理见图5-7。在石英棒上无污染时，由光波导中的基模和高次模共同传输光的能量，其中绝大部分光能在光波导的芯中传输，但有少部分光能将沿芯包界面的包层传输，光波传

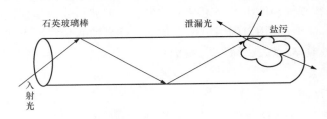

图5-7　光纤表面附着污秽时光的折反射图

输过程中光的损耗很小。当石英玻璃棒上有污染时，污染物改变了高次模及基模的传输条件，同时，污染粒子对光能的吸收和散射等产生光能损耗，通过检测光能参数能计算出传感器表面盐分多少，从而得出输电线路现场污秽度值。

5.2.3　基于微波辐射的盐密在线监测

微波辐射测量方法是根据普朗克定律提出来的，即任何高于绝对温度为零度的物体都在不断地向外辐射电磁波能量。微波辐射法利用绝缘子在微波段的辐射特性差异来检测污秽程度。当物体表面有污秽物时，发射率会随着污秽量和污秽性质发生变化，污层湿润时变化更明显，而物体所辐射的电磁波可以通过微波辐射计来进行测量。微波辐射计能实现高灵敏度的物体热电磁辐射测量，微波辐射计天线接收的总功率与温度有一一对应的关系，因此可采用天线温度来度量物体的辐射强度。辐射计原理见图5-8，根据以上原理，从国家标准选取ESDD通过实验得到与之对应的天线温度，进而在现场通过测量绝缘子的天线温度来判断绝缘子的运行状况。

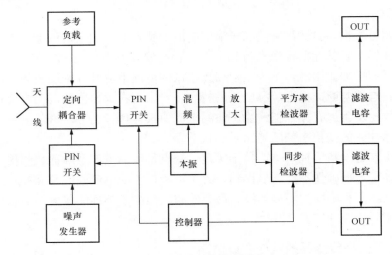

图5-8　辐射计原理图

5.3 现场污秽度在线监测装置设计

5.3.1 泄漏电流在线监测装置

随着电子产品及测量技术的不断提高，国内研发了一系列绝缘子在线监测装置，解决了泄漏电流测量难题，但这些装置存在的主要问题是报警方式单一，仅以设定泄漏电流报警阈值为主要手段。实际上，污闪的发生与环境因素有很密切的关系，尤其是湿度等参数，这些系统虽然也采集环境参数，但不能体现到报警方式中，仅仅给人们提供一种数据的参考。另外，污闪发生后，由于污闪状况的复杂性，人们还希望能了解污闪的进一步发展趋势，目前尚无装置实现这一功能。

1. 总体架构

输电线路绝缘子泄漏电流在线监测装置的总体架构见图 5-9，其中各类气象传感器均安装在杆塔上，泄露电流传感器安装在绝缘子上。绝缘子泄漏电流在线监测装置定时/实时完成环境温度、湿度、风速、风向、雨量、泄露电流等信息采集后，由装置将环境温度、湿度、风速、风向、雨量、泄漏电流等信息打包通过 GSM/GPRS/CDMA/3G/WiFi/光纤等方式传输到 CMA，通过 CMA 将信息发送至监控中心（CAG），监控中心专家系统可将收集到的信息进行存储、统计及分析，以报表、曲线、统计图等方式显示给用户。当诊断现场绝缘子污秽状态异常时，系统会以多种方式发出预警信息，提示管理人员采取相应防污措施。

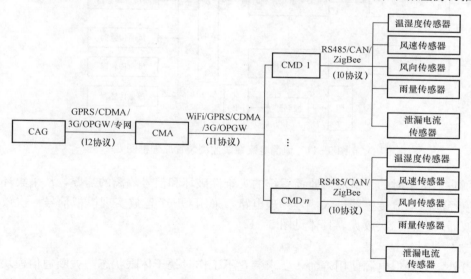

图 5-9 泄漏电流在线监测技术架构

2. 硬件设计

输电线路绝缘子泄漏电流在线监测装置（CMD）通过采集环从绝缘子取得泄漏电流信号（见图 5-10），并定期将泄漏电流、局部放电脉冲、环境温湿度、雨量以及风速等信号送入信号处理单元，一次放大和滤波过的信号经二次放大和隔离之后进入 16 位 A/D 转换器件，并由单片机有效计算出 5min 内电流平均幅值和脉冲个数，以及温湿度、雨量等环境变

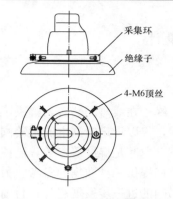

图 5-10 泄漏电流采集环
安装示意图

量。监测装置一方面及时将初步处理的数据传输给 CMA 进行数据处理，另一方面将有效数值存于不易丢失的大容量闪存中。监测装置可以根据 CMA 发送的控制信号进行历史数据请求、实时数据采集、修改装置采样时间以及装置系统时间标定等操作。

装置要完成监测点各个绝缘子泄漏电流信息的采集、存储和传输，其原理框图见图 5-11，每个杆塔监测装置可监测 1～6 串独立绝缘子。装置由太阳能电池板、充电电路、高性能蓄电池、数据闪速存储器、Philips 低功耗单片机、16 位 A/D 转换器、泄漏电流传感器、温湿度传感器、通信模块、装置软件等组成。

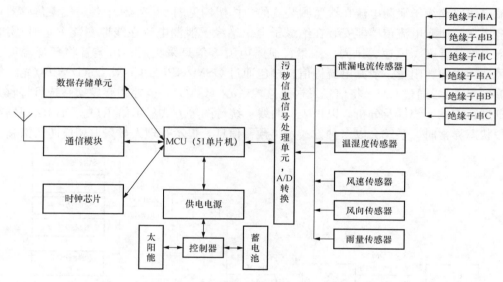

图 5-11 泄漏电流在线监测装置原理框图

为了防止雷击时的大电流对监控系统的灾难性破坏和信号隔离的需要，从采集环采集的泄漏电流经泄漏电流传感器进入信号处理电路，采用 OP07 运放实现模拟信号一次放大，经低通滤波器后进行二次放大，具体见图 5-12。

3. 软件设计

在野外，为确保电源使用寿命，要求装置不工作时处于休眠状态，关断通信模块、液晶显示模块以及外围放大电路等，定时叫醒装置进行数据的采集、判断以及无线传输等。此外，应设定硬件和软件看门狗杜绝系统死机或程序跑飞。系统软件采用了模块化的设计，模块独立性好。采用中断方式提高系统的运行效率。系统软件包括主程序、键盘中断服务子程序、时钟中断服务子程序、数据监测子程序、电源监测子程序、通信子程序。

4. 早期监测中心专家软件

图 5-13 为作者早期研发的专家软件，按功能划分为 GSM 数据传输模块、新数据处理模块、历史数据查询模块、监测分机管理模块、报警信息查询模块和污秽等级管理模块。监

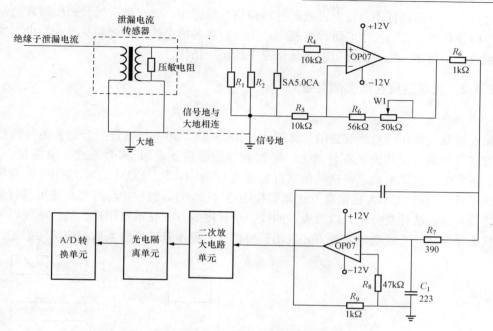

图 5-12　泄漏电流采样处理框图

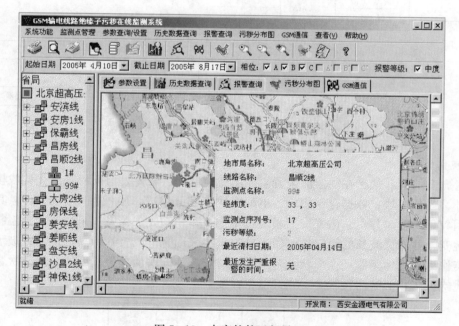

图 5-13　专家软件运行界面

测中心专家软件可实时监测该线路各杆塔上的泄漏电流等变量情况，并通过对分机的点测、巡测的实时数据进行分析判断，利用将运行经验、试验结果与相对分析法相结合的模糊诊断等方法判断该监测点的积污状况，并在污秽接近过限时给出预报警，并把报警信息以短消息模式发给工作人员。专家软件集中管理泄漏电流幅值、脉冲频次以及环境参数，提供单独和全面的查询、分析和打印，建立该线路的污秽信息数据库，并可结合运行经验重新绘制该地区的污秽分布图。省监控中心可以有权限地实时查看各地市线路的污秽状况，有助于实现该省电网的统一规划、统一调度以及事故情况下的统一指挥。

5.3.2 光纤盐密在线监测装置

1. 总体架构

输电线路盐密在线监测装置的总体架构见图 5-14，其中盐密传感器、各类气象传感器及盐密在线监测装置均安装在杆塔上。盐密在线监测装置定时/实时完成环境温度、湿度、盐密、灰密等信息采集后，将这些信息打包通过 GSM/GPRS/CDMA/3G/WiFi/光纤等方式传输到 CMA，通过 CMA 将信息发送至监控中心（CAG），监控中心专家系统可将收集到的信息进行存储、统计及分析，以报表、曲线、统计图等方式显示给用户。当诊断现场绝缘子污秽状态异常时，系统会以多种方式发出预警信息，提示管理人员采取相应防污措施。

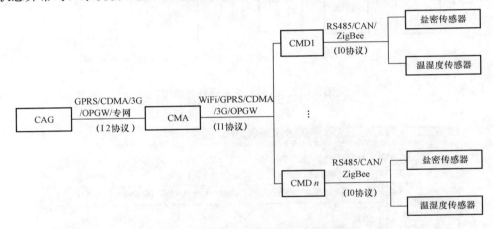

图 5-14　输电线路盐密在线监测技术架构

2. 硬件设计

作者研发的光纤盐密在线监测装置主要由微控制器、激光发射模块、激光接收模块、光纤玻璃环、通信模块、数据存储模块、电源模块等部分组成，硬件框图见 5-15。其中微控制器采用 MSP430 单片机；激光发射模块选用进口军用激光二极管，采用主动控温技术，避免模式跳变，并保证波长的稳定性；激光接收模块采用光电二极管；高性能光纤玻璃环采用特制石英作为光纤传感器；在形状上，采用开口环形，即增加单位长度的全反射次数，又感受与瓷质绝缘子相似的污秽状态。光纤盐密在线监测装置的实物图见图 5-16。

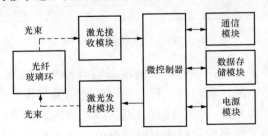

图 5-15　光纤盐密在线监测装置硬件框图

3. 软件设计

光纤盐密在线监测装置上电启动后，先对各部分功能进行初始化，然后开启定时器定时，当定时时间到达后，激光发射模块发射激光，激光经过光纤玻璃环传输后由激光接收模块接收，然后将得到的各参数送入到单片机中的神经网络数学模型进行处理，最终光纤盐密在线监测装置将处理后的结果存储并且上传至状态监测代理 CMA。光纤盐密在线监测装置程序流程见图 5‑17。

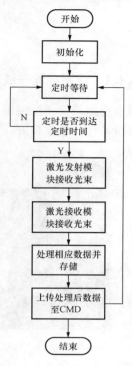

图 5‑16　光纤盐密在线监测
装置实物图

图 5‑17　光纤盐密在线监测
装置程序流程图

4. 现场污秽度监测装置数据输出接口

监测装置可选择 GSM/GPRS/CDMA/3G/WiFi/光纤等方式将数据传输到状态监测代理 (CMA)。根据国家电网公司《输电线路现场污秽度监测装置技术规范》，污秽度监测装置采用统一数据输出接口，其定义见表 5‑1。

表 5‑1　　　　　　　　　　　污秽度监测装置数据输出接口

序号	参数名称	参数代码	字段类型	字段长度 (Byte)	计量单位	值域	备注
1	监测装置标识	CMD _ ID	字符	17			17 位设备编码
2	被监测设备标识	Component _ ID	字符	17			17 位设备编码
3	采集时间	Time _ Stamp	日期	4			世纪秒（4B）
4	盐密	ESDD	数字	4	mg/cm^2		精确到小数点后 3 位
5	灰密	NSDD	数字	4	mg/cm^2		精确到小数点后 3 位
6	日最高温度	Daily _ Max _ Temperature	数字	4	℃		精确到小数点后 1 位
7	日最低温度	Daily _ Min _ Temperature	数字	4	℃		精确到小数点后 1 位
8	日最大湿度	Daily _ Max _ Humidity	数字	2	%RH		精确到个位
9	日最小湿度	Daily _ Min _ Humidity	数字	2	%RH		精确到个位

5.4 现场应用与效果分析

5.4.1 泄漏电流在线监测运行效果

输电线路绝缘子泄漏电流在线监测系统自 2002 年研发成功，目前已经在全国除西藏外安装运行，运行效果良好，现场安装见图 5-18。

(a)　　　　　　　　　　　　　　(b)

图 5-18　安装现场
（a）监测主装置安装；（b）采集环安装

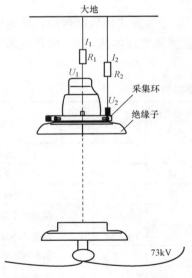

图 5-19　采集环的采集性能
测试平台结构

1. 实验条件下精度测试

采集环的采集性能测试平台结构见图 5-19。

采集环的采集性能测试：采用高压线路 XWP-70 型耐污盘式瓷绝缘子串（7 片串，盐密为 0.1mg/cm²，灰密为 1mg/cm²）进行试验，在绝缘子钢帽与地之间接入 100Ω 电阻 R_1，在采集环信号输出端与地之间同样接入 100Ω 电阻 R_2。试验时施加工频电压 73kV，环境湿度从 30% 逐步增加到 100%，分别记录电阻 R_1 和 R_2 两端的电压 U_1 和 U_2，并计算出通过绝缘子钢帽的接地电流 I_1 和通过采集环的截取电流 I_2。最后按照 $I_2/(I_1+I_2)$ 计算了采集环的采集效果，均大于 97%（见表 5-2），可以满足系统设计要求。

表 5 - 2　　　　　　　　　　　　**采集环采集的泄漏电流数据**

电流 I_1（mA）	电流 I_2（mA）	采集效果（%）	电流 I_1（mA）	电流 I_2（mA）	采集效果（%）
0.01	0.56	98.2	0.54	28.6	98.1
0.02	0.85	97.8	0.97	40.9	97.7
0.02	1.53	98.7	1.46	67.1	97.9
0.12	5.6	97.9	2.32	87.2	97.4
0.27	13.2	98.0			

绝缘子泄漏电流在线监测系统的试验装置原理见图 5 - 20。

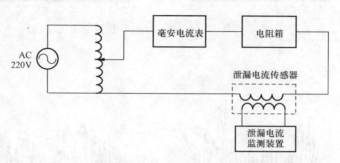

图 5 - 20　绝缘子泄漏电流在线监测系统试验装置原理图

泄漏电流在线监测系统精度测试：施加 220V 交流电压，记录毫安电流表的电流值，与监测装置监测的电流值进行对比，并以精密毫安表的数值为真值，计算出系统测量精度。从表 5 - 3 中可以看出，当电流信号小于 1mA 时，系统监测精度小于 $40\mu A$；当电流信号大于 1mA 时，系统误差小于 1%。

表 5 - 3　　　　　　　　　　**泄漏电流在线监测系统测量精度**

毫安表测量值（mA）	监测装置测量值（mA）	系统误差（%）	毫安表测量值（mA）	监测装置测量值（mA）	系统误差（%）
0.56	0.57	1.8（<$40\mu A$）	15.68	15.71	0.2
0.97	0.99	2.1（<$40\mu A$）	36.45	36.41	−0.1
1.49	1.50	0.7	50.39	50.12	−0.5
7.83	7.84	0.1	72.98	72.30	0.9

2. 现场运行数据分析

【实例一】

图 5 - 21 给出山西忻州供电分公司忻候Ⅱ回线 125 号杆塔在 2007 年 1 月 11 日～2 月 11 日的监测数据。结果发现，该杆塔绝缘子的最大泄漏电流仅为 0.67mA，且超过 2mA 的脉冲次数为 1 和超过 20mA 的脉冲次数为 0，说明绝缘子污秽正常，暂时无须清扫。分析

图 5-21（a）和图 5-21（c）发现：绝缘子泄漏电流随环境湿度的增大而增大，变化趋势基本一致；泄漏电流最高峰基本出现在每天的凌晨，这些时刻是一天中温度最低、湿度最大的时刻，由此可见在凌晨时刻最容易发生污闪，应特别注意。实践表明，该系统能准确采集泄漏电流、脉冲频次以及环境温湿度等信息，通过分析线路绝缘子泄漏电流变化趋势判断运行中绝缘子的绝缘性能，为现场防污措施提供了科学依据。

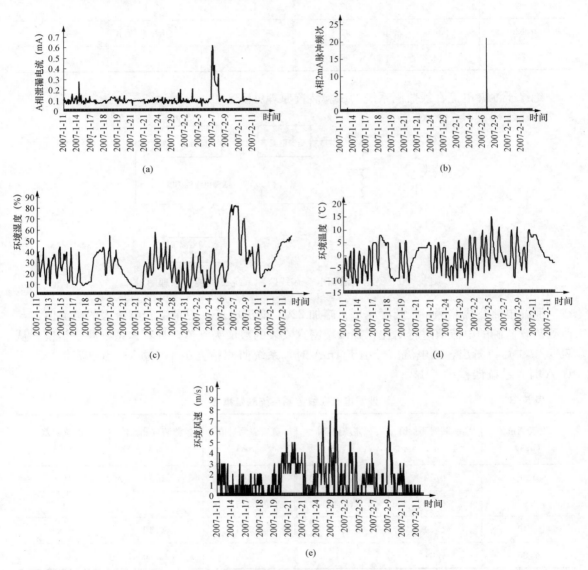

图 5-21　绝缘子泄漏电流在线监测系统运行数据

（a）泄漏电流变化图；（b）超过 2mA 的脉冲变化图；（c）环境湿度变化图；

（d）环境温度变化图；（e）环境风速变化图

【实例二】

绝缘子泄漏电流在线监测装置实现了对覆冰绝缘子泄漏电流的实时监测。2007 年 1～5 月，山西忻州供电分公司神原 I 回线 109 号杆塔期间发生多次覆冰事件，覆冰绝缘子泄漏电流在线监测数据图 5－22。

从图 5－22 可以看出，神原 I 回线 109 号杆塔在 2007 年 2 月 28 日的泄漏电流迅速增加到了 5.58mA，超过 2mA 的脉冲频次达到了 268 次/min，环境湿度为 85％，但到了 3 月 17 日，在环境温度、湿度等均与 2 月 28 日相似的情况下，且这期间没有降雨，绝缘子的泄漏电流仅为 0.37mA，超过 2mA 的脉冲频次为零；通过与覆冰在线监测系统联合对比分析发现，同日 109 号杆塔的覆冰厚度高达 16.38mm，见图 5－22（f），显然由于积雪和覆冰导致了绝缘子泄漏电流的迅速增加。

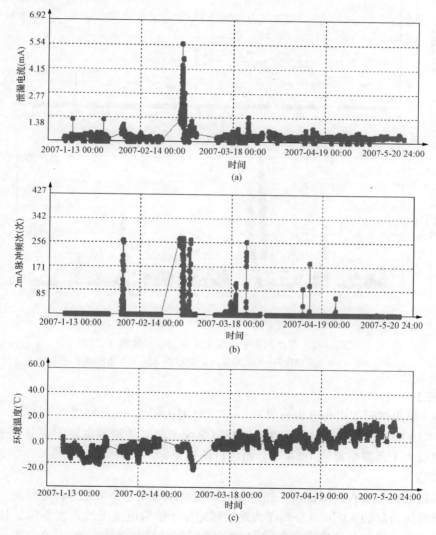

图 5－22　覆冰绝缘子泄漏电流在线监测数据（一）

（a）泄漏电流变化图；（b）超过 2mA 的脉冲频次变化图；（c）环境温度变化图

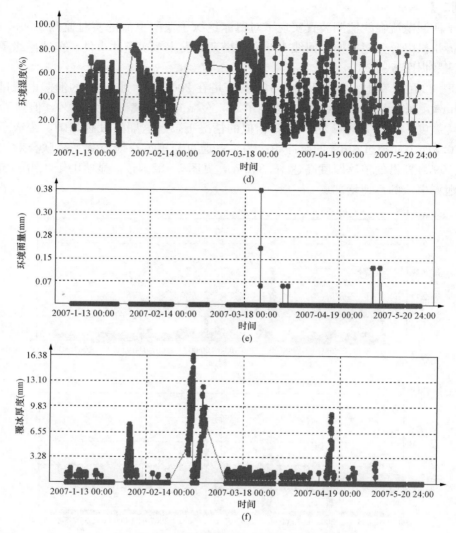

图 5-22　覆冰绝缘子泄漏电流在线监测数据（二）
（d）环境湿度变化图；（e）环境雨量变化图；（f）导线覆冰厚度

【实例三】

图 5-23 给出国网四川省电力公司 500kV 成都蜀山一线 84 号杆塔在 2013 年 4 月 10 日 0：13～18：14 的监测数据。结果发现，该杆塔绝缘子的平均泄漏电流大部分小于 0.6mA，当泄漏电流值大于预警电流值 1mA 时，系统自动预警。

【实例四】

根据线路运行环境和污源特点，经过和天水超高压输变电公司充分讨论研究，借助国网武汉高压研究院研制的 LJC—B 型高压线路污秽绝缘子泄漏电流无线遥测系统。甘肃省电力公司检修公司天水检修分部决定在 330kV 甘天线和 330kV 甘陇线选取 10 个监测点（监测点设置见表 5-4），对不同工况下不同绝缘子的泄漏电流进行研究。

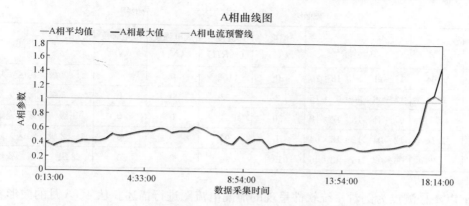

图 5 - 23　500kV 成都蜀山一线 84 号杆塔运行数据

表 5 - 4　　　　　　　　　　　线路绝缘子泄漏电流监测点

序号	线路名称	安装杆塔号	绝缘子型号	所处污区等级	污源	型式
1	330kV 甘陇线	45 号	XP-10	Ⅰ级	砖瓦厂	悬垂串
2	330kV 甘陇线	141 号	XP-10	Ⅱ级	高速公路	悬垂串
3	330kV 甘陇线	149 号	XP-16	Ⅱ级	砖瓦厂	悬垂串
4	330kV 甘陇线	14 号	FXBW-330/100	Ⅲ级	高速公路	悬垂串
5	330kV 甘天线	41 号	XP-16	Ⅰ级	风口	悬垂串
6	330kV 甘天线	82 号	FC-160P/155	Ⅰ级	风口	悬垂串
7	330kV 甘天线	55 号	XP-10	Ⅱ级	火葬场	悬垂串
8	330kV 甘天线	157 号	FC-160P/155	Ⅱ级	铁路	悬垂串
9	330kV 甘天线	3 号	FXBW-330/100	Ⅲ级	电厂、铁路	悬垂串
10	330kV 天水变	构架	XP-12	Ⅱ级	公路、河流	悬垂串

2009 年 4~12 月各测点绝缘子表面泄漏电流最大值随大气湿度变化的监测记录结果见表 5 - 5，数据表明，瓷绝缘串的污秽泄漏明显高于复合绝缘子；复合绝缘子其表面的泄漏电流微乎其微，最高幅值没有超过 2mA，瓷绝缘串的泄漏电流最大值最高的超过了 15mA，且都发生在有雾及降雨的日子里。

表 5 - 5　　　　　　　　2009 年 4~12 月各测点泄漏电流最大值比较记录

测点编号	I_{max}	发生日期	温度（℃）	湿度（%RH）	放电强度（N_1）	放电强度（N_2）	备注
1	2.75	04~22　17：24：20	14	80	0	0	2 级　双Ⅰ　瓷绝缘子
2	0.88	04~22　18：25：27	11	99	0	0	2 级　污区　复合
3	28.73	11~22　08：59：10	−8	100	20	0	1 级　污区　复合
4	14.75	05~09　06：52：12	13	100	0	0	2 级　污区　瓷绝缘子
5	8.92	05~26　21：49：32	9	100	0	0	1 级　污区　瓷绝缘子

测点编号	I_{max}	发生日期	温度（℃）	湿度（%RH）	放电强度（N_1）	放电强度（N_2）	备注
6	1.64	11～11 17：18：16	0	100	0	0	3级　污区　复合
7	1.34	12～06 00：01：16	2	93	0	0	3级　污区　复合
8	12.77	07～31 18：14：18	20	91	0	0	1级　污区　瓷绝缘子
9	1.14	12～04 12：13：04	1	92	0	0	2级　污区　复合
10	5.29	06～07 16：43：46	13	94	0	0	2级　污区　瓷绝缘子

　　以下以4号测点为例对系统软件呈现的泄漏电流图进行描述。从4、5月的波形看得出，每个半波都有电流流过，上半波和下半波的幅值大小有所不同；而7、8月的波形，也是每个半波都有电流流过，但前半波和后半波的电流幅值变化不大。这说明，绝缘子表面的污秽中可能含有少量的金属粉尘，不易清洗干净。因此，连续好几个月的雨水都没有使之自洁。直至9月录到的泄漏电流波形最大值仍在5mA上下。污秽泄漏电流原始波形见图5-24。

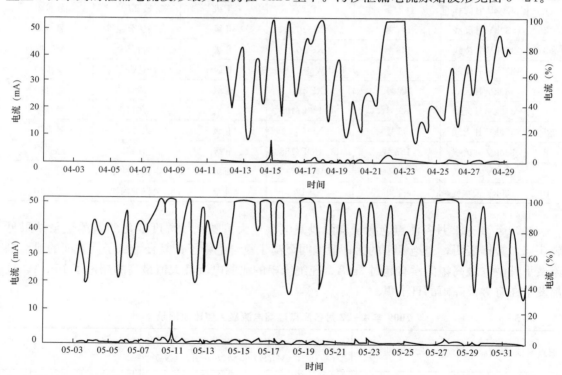

图 5-24　4号测点2009年4、5月泄漏电流趋势图

5.4.2　光纤盐密在线监测运行效果

1. 实验室试验结果

污液成分包括自来水、NaCl、硅藻土和SiO_2，污染方式采用喷污法。图5-25为实验室监测装置及测量系统图，图5-26为实验用绝缘子片实物图。

图 5-25　监测装置及测量系统图

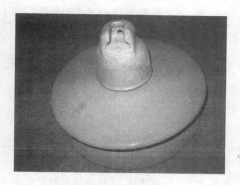

图 5-26　实验绝缘子片实物图

光纤盐密在线监测装置在国家绝缘子避雷器质量监督检验中心进行了型式试验，表 5-6 为盐密实验测量数据，表 5-7 为灰密实验测量数据。实验数据证明光纤盐密在线监测装置可以准确测量绝缘子盐密污秽值。

表 5-6　　　　　　　　　　　　　盐 密 实 验 测 量 数 据

实验次序	按 GB/T 4585—2004 方法实测盐密值		绝缘子污秽光纤监测装置实测值			两组测量值结果比较（%）
	溶液温度（℃）	盐密平均值（mg/cm²）	监测装置显示盐密（mg/cm²）	盐密比例系数	换算后监测装置盐密（mg/cm²）	
1	26	0.0198	0.072		0.0209	5.7
2	25	0.058	0.184	3.44	0.0535	−7.8
3	25	0.1181	0.433		0.1259	6.6
4	25	0.2042	0.749		0.2177	6.6
规定值	—	—	—		—	−10～10

表 5-7　　　　　　　　　　　　　灰 密 实 验 测 量 数 据

实验次序	按 GB/T 4585—2004 方法实测灰密值		绝缘子污秽光纤监测装置实测值			两组测量值结果比较（%）
	溶液温度（℃）	灰密平均值（mg/cm²）	监测装置显示灰密（mg/cm²）	灰密比例系数	换算后监测装置盐密（mg/cm²）	
1	26	2.513	2.294		2.294	−8.7
2	25	2.851	2.635	1	2.635	−7.6
3	25	2.581	2.549		2.549	−1.2
4	25	2.327	2.248		2.248	−3.4
规定值	—	—	—		—	−10～10

2. 现场运行结果

【实例一】

2003 年，原广州电力工业局送电管理所（现输电部）与原武汉高压研究院合作，将输变电设备盐密在线监测系统安装在 220kV 罗郭线和瑞花甲线上，连续在线监测绝缘子污秽，至今已经积累了多年的现场数据。表 5-8 和表 5-9 是广州供电局对光传感器输变电设备盐密在线监测系统的测量数据和人工方法测量数据的对比试验。

表 5-8 　　　　罗郭线 33 号塔盐密测量数据（2004 年 8 月 10 日～2005 年 8 月 2 日）

试品序号	测量时间	系统测量的盐密值（mg/cm²）	人工清洗的盐密值（mg/cm²）	相对误差
1	2004-10-29	0.808	0.0936	-13.68%
2	2005-02-25	0.146	0.137	+6.57%
3	2005-04-28	0.1331	0.144	-7.57%
平均误差				9.27%

注　数据对比所用的绝缘子为 LXHY4-100。

表 5-9 　　　　瑞花线 27 号塔盐密测量数据（2004 年 10 月 3 日～2005 年 8 月 2 日）

试品序号	测量时间	系统测量的盐密值（mg/cm²）	人工清洗的盐密值（mg/cm²）	相对误差
1	2004-10-29	0.0246	0.0252	-2.38%
2	2005-04-28	0.155	0.165	-6.06%
3	2005-06-15	0.26	0.238	+9.24%
平均误差				5.89%

注　数据对比所用的绝缘子为 FC-100P/146U。

结果表明，光传感器输变电设备盐密在线监测系统的测量数据与传统人工方法的相对误差在 5.28%～9.27%，满足系统的测量误差小于 10% 的要求。

为了更好地了解该系统测量数值的准确性，2006 年 4 月，广州供电局特委托国家绝缘子避雷器质量监督检验中心对该系统进行了现场盐密的对比测试，试品为瑞花甲线 27 号塔第 4、5、10、12 号绝缘子（自接地端数起），试验结果见表 5-10。

表 5-10 　　　　　　　　　　　瑞花线 27 号塔盐密测量数据

数据对比所用的绝缘子：FC-100P/146U				
试品序号	测量时间	系统测量的盐密值（mg/cm²）	人工清洗的盐密值（mg/cm²）	相对误差
1			0.1403	
2	2006-04-10	0.1459	0.1482	4.7%
3			0.1300	
4			0.1387	

注　数据对比所用的绝缘子为 FC-100P/146U。

试验数据表明，光传感器输变电设备盐密在线监测系统的测量数据与传统人工方法的相对误差仅为 4.7%，小于系统测量误差要求的 10%。光传感器输变电设备盐密在线监测系统设计合理，运行稳定可靠，为绝缘子污秽在线监测提供一种新的监测手段。

【实例二】

2008 年 3 月，国网电力科学研究院等研发的两台光传感器 ESDD 和 NSDD 在线监测系统在北京 220kV 姜太Ⅱ线和吴霸Ⅱ线挂网运行，同期运行的有不带电参考绝缘子串。2008 年 5～7 月连续对比测量结果如表 5-11 所示。结果表明，ESDD 的平均测量偏差为 4.8%，NSDD 的平均测量偏差为 13.6%。

表 5 - 11　　　　　　　　　　　华北地区现场对比测试结果

杆塔号	2008 年姜太Ⅱ线 5 号塔			2008 年吴霸Ⅱ线 81 号塔		
时间	05-05	06-05	07-04	05-05	06-11	07-10
ρ_{ESDD} 人工	0.060	0.079	0.075	0.023	0.035	0.037
ρ_{ESDD} 监测	0.064	0.081	0.073	0.025	0.037	0.036
ρ_{ESDD} 偏差/%	6.7	2.5	2.7	8.7	5.7	2.7
ρ_{NSDD} 人工	0.182	0.263	0.358	0.103	0.112	0.109
ρ_{NSDD} 监测	0.196	0.246	0.257	0.083	0.125	0.100
ρ_{NSDD} 偏差/%	7.7	6.5	28.2	19.4	11.6	8.3

【实例三】

江西电力公司萍乡 220kV 安泉Ⅰ线 37 号塔、赣西 220kV 新珠线 20 号塔、南昌 220kV 柘盘线 192 号塔均于 2008 年 3 月安装光纤盐密监测系统，并同期安装不带电参考绝缘子串。2008 年 11 月，对运行 8 个月的 3 台监测装置和不带电参考绝缘子串进行了 ESDD 和 NSDD 对比测试。测试结果（见表 5 - 12）表明，ESDD 的平均测量偏差为 6.6%，NSDD 的平均测量偏差为 5.0%。

表 5 - 12　　　　　　　　　　江西地区现场对比测试结果

运行线路	ρ_{ESDD} 现场测量值 x_1	ρ_{ESDD} 监测值 x_2	ρ_{ESDD} 偏差	ρ_{NSDD} 现场测量值 x_1	ρ_{NSDD} 监测值 x_2	ρ_{NSDD} 偏差
萍乡安泉Ⅰ线 37 号塔	0.186	0.1921	3.2%	0.566	0.5831	2.9%
赣西新珠线 20 号塔	0.022	0.0209	5.3%	0.136	0.1432	5.0%
南昌柘盘线 192 号塔	0.024	0.0271	11.4%	0.175	0.1881	7.0%

注　数据对比所用的绝缘子为 FC-100P/146U。

【实例四】

2008 年 9 月潮州供电局将系统在柘饶甲（乙）/汕金甲（乙）线路挂网运行。

（1）220kV 柘饶（乙）线从三百门电厂到 220kV 饶平站，全长 32.978km，总共 86 基杆塔，该线路穿三/四级污秽地区，220kV 柘饶甲（乙）线 21 号塔位于饶平县境内临近海边，属于高温多雨的亚热带季风气候，年平均降雨量为 1685.8mm，空气含盐量浓度较高，该地区污染日趋严重，目前是四类污秽地区。测试结果见表 5 - 13。

表 5 - 13　　2008 年 11 月 20 日～2009 年 11 月 20 日 220kV 柘饶（乙）线现场对比测试结果

序号	线路名称	测量时间	系统测量的盐密值（mg/cm²）	人工清洗的盐密值（mg/cm²）	误差（以人工测量为基准）
1	柘饶甲（乙）线 21 号塔	2008 年 11 月 20 日	0.0808	0.0936	−13.68%
2	柘饶甲（乙）线 21 号塔	2009 年 5 月 20 日	0.146	0.137	+6.57%
3	柘饶甲（乙）线 21 号塔	2009 年 11 月 20 日	0.1331	0.144	−7.57%
				平均误差	9.27%

注　数据对比所用试验绝缘子为南京雷电钢化玻璃绝缘子厂 LXHY4—100。

（2）220kV 汕金甲（乙）线从 500kV 汕头站到 220kV 金砂站，全长 10.161km，总共 28 基杆塔，该线路穿三级污秽地区，220kV 汕金甲（乙）线 17 号塔位于潮安县西南，该地区大部分为平原，小部分为山地、丘陵，属于高温多雨的亚热带季风气候，年平均降雨量为 1668mm，随着化工、建材、陶瓷工业的发展，该地区污染日趋严重，目前是三类污秽地区。测试结果见表 5-14。

表 5-14　2008 年 11 月 20 日～2009 年 11 月 20 日 220kV 汕金甲（乙）线现场对比测试结果

序号	线路名称	测量时间	系统测量的盐密值（mg/cm²）	人工清洗的盐密值（mg/cm²）	误差（以人工测量为基准）
1	汕金甲（乙）线 17 号塔	2008 年 11 月 20 日	0.0246	0.0252	−2.38%
2	汕金甲（乙）线 17 号塔	2009 年 5 月 20 日	0.155	0.165	−6.06%
3	汕金甲（乙）线 17 号塔	2009 年 11 月 20 日	0.26	0.238	+9.24%
	平均误差				5.89%

注　数据对比所用试验绝缘子为四川自贡塞迪维尔钢化玻璃绝缘子有限公司 FC—100P/146U。

5.5　泄漏电流污秽诊断策略

污秽绝缘子闪络之前必然有表面电弧的发生，它将影响泄漏电流的幅值和波形。通过数学分析和建模可以找到泄漏电流随时间变化情况与电弧长度、污层电阻等的非线性关系。科研人员尝试采用智能计算的方法来判断绝缘子串的污秽程度。

5.5.1　泄漏电流包络分析

对于采样得到的泄漏电流，希尔伯特变换是一种常用且十分有效的包络检测分析技术。假设泄漏电流中的主要谐波成分在 7 倍高次谐波以内，可以认为属于带限信号。对于带限信号 $i(t)$，希尔伯特变换是信号与时间倒数的卷积，即

$$\tilde{i}(t) = H[i(t)] = \frac{1}{\pi} i(t) \otimes \frac{1}{t} \int_{-\infty}^{\infty} \frac{i(\tau)}{t-\tau} d\tau \tag{5-1}$$

希尔伯特变换对输入信号进行了 90°的相移。泄漏电流的原始值与经过相移的希尔伯特变换之和共同构成了一个复解析信号 $i_a(t)$。希尔伯特变换的特性之一是泄漏电流的包络 $i_{env}(t)$ 能通过复解析信号的模数表示，即

$$i_a(t) = i(t) + j\tilde{i}(t) \tag{5-2}$$

$$i_{env}(t) = |i_a(t)| = \sqrt{i(t)^2 + \tilde{i}(t)^2} \tag{5-3}$$

一种计算希尔伯特变换及包络的简单方法是对测得的电流信号进行 FFT 运算，结果为

$$i_a(t) = FFT^{-1}\{I(f)[1+\mathrm{sgn}(f)]\} \tag{5-4}$$

计算包络的过程为：首先获得泄漏电流的数字采样值；然后把采样数据分成以 1min 为周期的段；最后通过上述公式，运用 FFT 近似希尔伯特变换和包络。

对于实时分析而言，FFT 的运算量非常大。因此有必要引入一种简单而又比较精确的包络检测法：利用泄漏电流全波整流的低通滤波建立包络。这样产生的包络具有低频缓变特性，可以使用更低的采样速率，从而有效地进行数据压缩。

5.5.2　模糊神经网络绝缘子污秽度判定

模糊系统的显著特点是：它能更自然、更直接地表达人类习惯使用的逻辑含义，适用于直接的或高层的知识表达。但它难以用来表示时变知识和过程，而神经元网络能通过学习功能来实现自适应，自动获得精确的或模糊的数据表达的知识。但这种知识在神经元网络中是隐含表达的，难以直接看出其含义，因而不能直接对其进行语义解释。不难发现，它们的优缺点在一定意义上是互补的，即模糊系统比较适合在设计智能系统时自顶向下地分析和设计过程，而神经元网络则更适于在已初步设计了一个智能系统之后，自底向上地来改进和完善系统。因此，若能将两者巧妙结合就可实现优势互补，即一个领域的固有缺点可以通过另一个领域的优点来补偿。

模糊神经网络（fuzzy neural networks，FNN）是在神经网络（neural networks，NN）和模糊系统（fuzzy systems，FS）的基础上发展起来的。它充分考虑了神经网络和模糊系统之间的互补性，是一个集语言计算、逻辑推理、分布式处理和非线性动力学过程为一身的系统，汇集了神经网络与模糊理论的优点，集学习、联想、识别、自适应及模糊信息处理于一体。作为新的智能信息处理方法，它具有良好的发展前景，近年来受到广泛关注。

由于反映运行电压下的绝缘子污秽程度的泄漏电流的电气特征量及其环境参数（如温度、湿度）等都是带有极大不确定性的参量，通过选择泄漏电流及周边环境温、湿度作为输入参量，利用试验数据进行系统建模，对绝缘子表面污秽程度做出判断和预测，从而为输变电系统安全、可靠地运行提供科学的依据。

西安理工大学等采用模糊逻辑方法对其进行分析，并针对实验和现场数据进行了模糊判断。结合模糊控制和神经网络算法，设计出如图 5-27 所示的模糊神经网络结构。

图 5-27 中第 1 层为输入层。该层的各个节点直接与输入向量的各分量 x_i 连接，它起着将输入值 $x = [x_1, x_2, \cdots, x_n]^T$ 传送到下一层的作用。该层的节点数 $N_1 = n$。

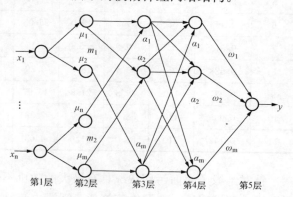

图 5-27　模糊神经网络结构图

第 2 层每个节点代表一个语言变量值，如 NB，PS 等。它的作用是计算各输入分量属于各语言变量值模糊集合的隶属度函数 μ_i。

第 3 层的每个节点代表一条模糊规则，它的作用是用来匹配模糊规则的前件，计算出每条规则的适用度。该层的节点总数 $N_3 = m$。对于给定的输入，只有在输入点附近的那些语言变量值才有较大的隶属度值，远离输入点的语言变量值的隶属度或者很小，或者为 0。因此，在 α_j 中只有少量节点输出量为非 0，而多数节点的输出为 0。

第 4 层的节点数与第 3 层相同，即 $N_4 = m$，它所实现的是归一化计算，即

$$\overline{\alpha_j} = \alpha_j / \sum_{i=1}^{m} \alpha_j \quad j = 1, 2, \cdots, m \tag{5-5}$$

第 5 层是输出层，它所实现的是清晰化计算，即

$$y = \sum_{i=1}^{m} w_j \overline{\alpha_j} \qquad\qquad (5-6)$$

这样模糊神经网络构建完毕，接下来需要学习的参数主要是最后一层的连接权 w_j 以及第 2 层隶属度函数的分段点值。由于以上给出的模糊神经网络实质上也是一种多层前馈网络，所以学习算法采用误差反传的方法来设计。通过选取适当的学习率 $\beta > 0$，可得到满意的输出效果。试验数据主要来源于人工污秽试验装置，还有部分来源于已投运到全国各地生产现场的污秽在线监测系统。

通过对绝缘子在线监测参数的选择及模糊神经网络的构建等一系列处理过程，就可以实现对运行绝缘子的污秽程度的评定。为了检验该判定模型的正确性，通过数据样本对其进行验证，部分试验结果见表 5-15。

表 5-15 用模糊神经网络判定绝缘子污秽程度的试验结果

绝缘子编号	污秽情况 (mg/cm^2)	电压等级 (kV)	环境相对湿度 (%)	环境温度 (℃)	泄漏电流有效值 (mA)	泄漏电流峰值 (mA)	各峰值区段泄漏电流脉冲频 (次)	试验环境	检测结论	验证结果
1	0.025	35	78.0	9.0	0.32	<5	0/0/0/0/0	实验室	NL	相符
2	0.050	35	99.5	12.0	3.22	<50	0/0/0/0/0	实验室	CM	相符
3	0.100	35	96.0	21.8	5.08	<50	0/0/0/0/0	实验室	MS	相符
4	0.200	35	90.0	18.0	15.54	206	598/56/0/0/0	实验室	SR	相符
5	0.300	35	93.2	27.0	17.80	273	690/121/15/0/0	实验室	SR	相符
6	0.450	35	89.5	19.0	56.03	465	738/164/46/7/2	实验室	SR	相符
7	0.013	35	70.0	−5.0	0.15	<1	0/0/0/0/0	现场	NL	相符
8	0.028	35	70.4	18.7	0.29	<6	0/0/0/0/0	现场	NL	相符
9	0.287	110	76.3	21.8	16.97	264	635/118/9/0/0	现场	SR	相符
10	0.035	110	68.5	25.7	2.38	<4	0/0/0/0/0	现场	CM	相符
11	0.142	110	88.0	31.0	4.03	<50	0/0/0/0/0	现场	MS	相符

针对绝缘子表面污秽状况具有极大的随机不确定性，尝试采用泄漏电流有效值、环境相对湿度、环境温度、泄漏电流峰值、泄漏电流脉冲频次作为输入参数来构建模糊神经网络模型，在不停电检修的发展需求下，较为准确地实现了绝缘子表面污秽程度的在线评定，同时在现场通过重新获取新的信息还可实现模型的自适应学习功能。

5.5.3 多层前向 BP 神经网络方法

BP（Back Propagation）网络是一种分层型、单向传播、典型的多层网络，具有输入层、隐含层和输出层，层与层之间多采用全连接的方式，同一层单元之间不存在相互连接。因采用由输出层向输入层逐步反推的学习算法，误差向后传播，故称为 BP 网络。每一个神经元结点都与其后一层的结点相连接，但是没有后层结点向前层结点的反馈连接。它可以看作是一个从输入到输出的高度非线性映射，可以无限逼近多维空间上的非线性函数。据统计，约有 80% 的神经网络应用采用了 BP 网络。

BP 网络具有结构简单、可靠性强的优点，能够满足工业应用的需要，而且有关网络的机理和算法的研究都很丰富，它是众多网络中最为成熟、应用最为广泛的一种，是复杂系统建模的优秀工具，其结构见图 5 - 28。

神经元的转移函数选择为 $Sigmoid$ 函数，即

$$f(x) = \frac{1}{1 + \exp^{\frac{2x}{u_0}}} \qquad (5-7)$$

$$f'(x) = \frac{2}{u_0} \times f(x) \times [1 - f(x)] \quad (5-8)$$

误差函数为二乘误差函数，即

$$E = \frac{1}{2} \sum_{k=1}^{N} (T_k - Y_k)^2 \qquad (5-9)$$

多层前向 BP 网络能够实现一个从输入到输出的映射功能，通过学习带正确答案的实例集自动提取"合理的"求解规则，即具有自学习能力。加拿大滑铁卢大学 ALINJ 等人将这种方法应用于暴露于盐雾室内的硅橡胶绝缘子表面泄漏电流预测系统中，并通过实际数据分别比较了单层前馈式、两层前馈式、串并联叠层 BP 神经网络和两层串并联叠层 BP 神经网络训练方法的预测错误比例，得出两层前馈式神经网络收敛性最

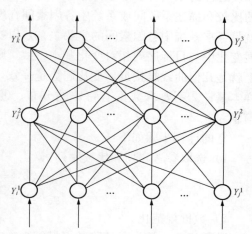

图 5 - 28　一个 3 层的前向神经网络

注：图中，Y_i^1：输入层节点 i 的输出，$i=1$，$2\cdots$，n；Y_j^2：中间层节点 j 的输出，$j=1$，$2\cdots$，n；Y_k^3：输出层节点 k 的输出，$k=1$，$2\cdots$，m；T_k：输出层节点 k 对应的教师信号。

好的结论。该预测模型的输入为 I_s 和 S，输出为 I_t。其中，I_s 为泄漏电流曲线初始阶段中第一小时的平均泄漏电流值，S 为泄漏电流的正坡度，I_t 为 10h 后的泄漏电流水平。I_s 和 S 作为神经网络的输入，I_f 为输出。在测试数据中，此种方法的泄漏电流预测值少于 12%。

通过建立 BP 神经网络的预测模型，并对预测模型进行了测试，结果精度大大好于估算函数和分段多元线性回归方法，达到了预期要求。

5.5.4　多重回归方法

南非斯坦林布什大学 VOSLOO WL 使用多重回归方法从天气及环境参数中预测泄漏电流。在离南非西开普省海岸的 Koeberg 绝缘子污秽试验站监测了不同类型的绝缘子的泄漏电流和其环境数据以及绝缘子最大表面电导率。

每 10min 记录一次时刻湿度、降雨量、太阳辐射的 UV-B 强度、时刻温度和风向等变量，并记录日峰值波形电导率（表征污秽水平）。通过使用线性和非线性多重回归技术判断上述变量同最大泄漏电流水平的关联性。

回归预测是电力系统负荷预测的一种常用方法，即根据历史数据的变化规律寻找自变量与因变量之间的回归方程式，确定模型参数，据此做出预测。对于预测而言，一般认为物理量在未来时段的发展更多地取决于历史时段中近期的变化规律，远期历史数据与未来发展趋势的相关性较弱，这正是"近大远小"原则。

5.5.5　灰关联系统理论

灰关联分析（又称关联度分析）是灰关联系统理论中的一种分析方法，是对系统变化发展态势的定量描述和比较的方法。依据空间理论的数学基础，按照规范性、对称性、整体性和接近性的原则，确定参考序列和若干比较序列之间的关联系数和关联度，利用关联度定量的比较和描述系统间或系统中各因素间在发展过程中随时间变化的情况。灰关联分析的目的就是寻求系统中各因素间的主要关系，以找出影响目标序列的主要因素。如果某种因素在发展变化中与目标序列相对变化基本一致，则认为两者关联度大，反之则小。表现在几何图形上就是几何曲线越接近，变化趋势越一致，关联度就越大。该方法的优点在于：①不追求大样本量；②不要求数据有特殊的分布；③计算量比回归分析小得多；④可以得到较多的信息。

它的计算步骤如下：

1）选取参考序列和比较序列。

$$y_i = \{y_i(k)\} = \{y_i(1), y_i(2)\cdots, y_i(u)\} \tag{5-10}$$
$$x_j = \{x_j(k)\} = \{x_j(1), x_j(2)\cdots, x_j(n)\} \tag{5-11}$$

2）数据规范化。

数据规范化是为了消除数据量纲影响，合并数量级，使整个序列具有可比性，常用的有化均值化、区间值化和归一化等方法。这里以均值化法为例。按式（5-12）处理后得新序列

$$x'_{ij} = x_{ij}(k) / \overline{x_{ij}(k)} \tag{5-12}$$

3）计算关联系数。

$$L_{ij} = \frac{\text{minmin} \mid y_i(k) - x'_j(k) \mid + \rho_{\text{maximax}} \mid y_i(k) - x'_j(k) \mid}{\mid y_i(k) - x'_j(k) \mid + \rho_{\text{maximax}} \mid y_i(k) - x'_j(k) \mid} \tag{5-13}$$

式中，ρ 为分辨系数，它反映了系统各个因子对关联度的间接影响程度，通常取 $\rho=0.5$。

4）求序列对序列的关联度。

$$Y_{ij} = \frac{1}{n} \sum_{i=1}^{n} L_{ij}(k) \tag{5-14}$$

5）排关联序或分析关联矩阵。

将 Y_{ij} 依大小顺序排成一列，以明确各子序列的主次、优劣关系，即与母序列变化状态越接近者，关联度越大。对于多序列比较则可生成关联矩阵。

对由在线监测装置传回的电流 I、相对湿度 RH、温度 t 以及由温度算出的变化率做灰关联分析，即对各序列间的相近程度进行量化，找出与绝缘子 I 关联度最大的气象因素。这将初步确定各气象因素对电流 I 大小影响的权重，为进一步研究绝缘子电流 I 与其表面污秽状况的对应关系提供帮助。

图 5-29、图 5-30 分别为 2004 年 2 月 1～29 日北京 2 条 220kV 线路 0097 和 0096 的绝缘子在线监测设备传回的数据，因绝缘子污闪事故多集中在 2 月和 11 月发生，其数据具有代表性。且由于是同杆三相的数据，所以传回的气象信息一致。

按照灰关联系统理论的计算方法可得 0097、0096 杆塔的灰关联矩阵，见表 5-16。

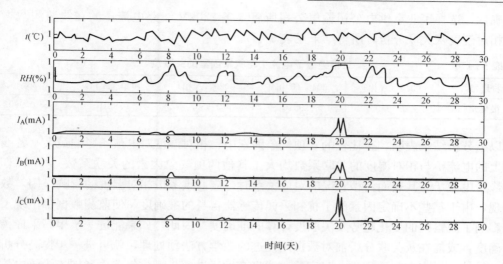

图 5 - 29　0097 的数据

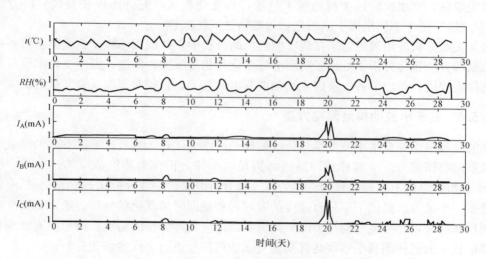

图 5 - 30　0096 的数据

表 5 - 16　　　　　　　　　　三相绝缘子电流 I 与气象因素的关联度

参数	气象因素	相对湿度	温度	温度变化率
0097 杆塔	I_A	0.9298	0.7771	0.9006
	I_B	0.9407	0.7811	0.9025
	I_C	0.9601	0.7877	0.9100
0096 杆塔	I_A	0.9305	0.8146	0.8965
	I_B	0.9141	0.8086	0.8859
	I_C	0.9226	0.8088	0.8887

　　按步骤 5）对表 5 - 16 的灰关联分析可知：0097 杆塔的最强元为 0.9601，最强列为相对湿度列；0096 杆塔的最强元为 0.9305，最强列为相对湿度列。为了进一步验证该分析方法

的正确性，选择了北京供电公司输电公司所属 5 条 220kV 线路电流 I 的在线监测数据，同样做相对湿度灰关联分析，所得结果见表 5-17。

表 5-17　　　　　　　　三相绝缘子电流 I 与气象因素的关联度

杆塔号	0015（A 相）	0045（C 相）	0029（A 相）	0030（A 相）	0038（C 相）
最强元	0.9640	0.9510	0.9307	0.9210	0.9603

以上分析结果表明，在比较的 3 项气象因素中，相对湿度对电流 I 影响最大（各线路绝缘子上的电流 I 与相对湿度的关联系数均大于其他两项气象因素的关联系数）。所以，在研究绝缘子电流 I 与其表面污秽状况的对应关系时，应着重考虑相对湿度的影响作用。数据处理发现，由于某些不确定因素的干扰和采样传感器自身的准确度，使监测数据中出现了虚假点，影响了观察列的变化趋势及关联度计算的准确度。因此，如果能进一步提高采样传感器的准确度，或能在灰关联分析前对数据用先进的数学方法预处理，就可进一步提高分析的准确度。另外，样本空间还需进一步完善。这将有助于进一步量化气象因素同绝缘子电流 I 间变化的关联性，更加准确地把握绝缘子绝缘特性变化程度，充分体现灰关联分析方法能在"量"与"度"两个不同层面上同时把握故障特征的优越性。

将灰关联分析应用到绝缘子在线监测数据的分析中，并根据绝缘子在线监测设备提供的大量数据的方法量化分析了绝缘子泄漏电流变化与相对湿度、温度、温度变化率等气象因素变化的接近程度，得出了各气象因素均与泄漏电流相关，且相对湿度关联度最大。

5.5.6　基于小波的神经网络方法

小波神经网络综合了小波变换与传统的神经网络的优点，具有更灵活有效的函数逼近能力和较强的容错能力。小波神经网络的结构是以小波分析作为理论依据的。小波分析是在 Fourier 分析的基础上发展起来的。作为时—频分析方法，小波分析比 Fourier 分析有着本质性的进步。小波分析提供了一种自适应的时域和频域同时局部化的分析方法，无论分析低频或高频局部信号，它都能自动调节时—频窗，以适应实际分析的需要，因而能有效地从信号中提取信息，通过伸缩和平移等运算功能对函数或信号进行多尺度细化分析。

在污闪发展过程中，污秽被充分浸润导致绝缘子表面电导率不断增大，同时，因电晕放电和小电弧对污秽的桥接作用，使泄漏电流总体呈增加趋势。另外，在闪络稳定前，随着泄漏电流的增加，干带形成加速，导致小电弧放电和电晕放电产生和熄灭的速度明显加快。故随着污闪的发展和加剧，以及泄漏电流幅值总体增大，变化速度也逐渐加剧。电流信号的幅值和频谱特征中，包含了表面受湿状态和电弧放电的特征信息。

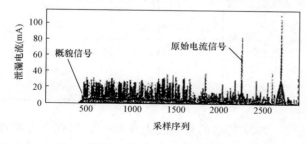

图 5-31　小波分析结果

图 5-31 为泄漏电流小波分析结果（小波类型为 dB3，分析尺度为 6），它反映了电流信号的总体趋势。在 500 个采样点以前，泄漏电流非常小且无强烈冲击，因此时距离闪络较远，电弧放电较弱，泄漏电流主要由表面电阻通路、寄生电容通路和电晕放电或小电弧放电引起，无明显大电弧放电，故其幅值较小，

且表现平稳,少有冲击起伏。在 500 点以后,电弧放电明显加强,电晕发展成电弧且大电弧不断冲击,使泄漏电流在幅值和冲击强度上都发生了明显变化,污闪向着临界状态发展。运用小波分解结果来实现电流信号对放电阶段的判断,所选取的是准临闪状态信号。

对泄漏电流中不同频率成分的信号分析:低频信号变化缓慢,是因为表面被充分浸润和电晕放电增加,反映了泄漏电流的总体趋势,受污闪发展过程中较确定因素(如绝缘子表面形状、表面污物性质及大气湿度、海拔、气压等)的影响,这些因素和泄漏电流的关系确定,可用确定方程描述;高频信号则可视为与电弧的产生、消失、干带出现有密切关系,此部分信号随机性非常明显,通常无法用确定性数学关系来描述,只能利用统计知识来处理。

利用小波降噪法,从准临闪阶段电流信号中提取高频信号作为分析对象,通过其中所含统计特征来实现污闪预测。具体思路:利用小波降噪,从原始电流信号中去除高频信号并重构原始信号,然后求出两种信号的差值及残差,该残差即为原始信号的高频成分,包含了准闪络态的放电特征信息。因残差中去掉了趋势线,同时所有数据又是准闪络态的数据,且量值偏小,故得到的概率密度函数在分布上偏左,相同分位数偏小,所以用此数据作为故障模式来预测污闪风险,预测结果比较保守。

图 5-32 为小波消噪后得到的原始信号和重构信号,两者的差值即为残差。图 5-33 为得到的残差信号,图 5-34、图 5-35 分别为残差信号的概率密度分布直方图和累积概率分布直方图。图 5-36 为以 4.8442 为参数的瑞利(Rayleigh)分布概率密度图谱,为与残差幅值平移压缩过程相对应,故将原分布横坐标扩大了 2 倍,左移了极差的 1/2。

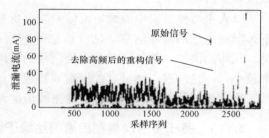

图 5-32　小波降噪结果

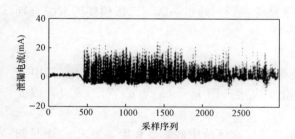

图 5-33　残差的求取结果

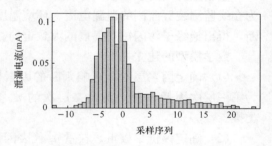

图 5-34　残差的概率分布

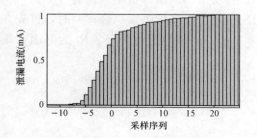

图 5-35　残差的累积概率分布

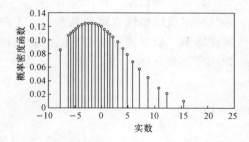

图 5-36　瑞利分布的概率密度（$b=4.8442$）

b—调节参数、尺度参数

为提高污闪预防和电网可靠性，分析了包含污秽绝缘子闪络发展过程的丰富信息的泄漏电流信号以识别和预测污秽闪络。用小波理论和数理统计法处理分析人工污秽试验所得污闪阶段泄漏电流的分布特征，建立污闪极值风险方程模型，由此提出了一种基于泄漏电流的污闪风险预测方法。结果表明，该法与 Felix Amarh 的残差服从瑞利分布的结论吻合，并可从物理角度得到很好的解释。

综上所述，可得到以下四条结论：

（1）小波分析可区分观测污闪发展过程中泄漏电流的总体趋势和各种随机成分的变化。

（2）临闪状态前干带和电弧等随机因素的影响使泄漏电流中的残差成分服从瑞利分布。

（3）利用极值风险函数，去实现污闪的风险预测，比利用频次冲击单纯从概率角度去预测污闪更具物理意义，因为频次冲击法要综合考虑门限选取和冲击频率，受人为因素和经验因素影响较大。而极值风险法操作简单，结果严谨统一，易于程序实现，同时可实现下一阶段的泄漏电流幅值和出现频率的预测，提供更丰富的信息量。

（4）只要知道临界或准临界闪络状态泄漏电流的概率分布即可从数值角度得到频数（或频次）分析的结果。

以人工污秽试验中泄漏电流信号为分析对象，运用小波理论和统计分析法，提取临闪前不久泄漏电流的特征信息，估计该信号的概率密度和分布特征，由此建立闪络风险函数模型。从而提供了一种基于泄漏电流信号的污闪预测新方法。结果表明，大泄漏电流出现的几率较小，一旦出现，则具有的潜在威胁越大，相应风险函数越大。此外，风险函数还可实现基于现有观测值的未来泄漏电流冲击幅值的预测，具有明显的物理意义。

5.5.7 基于多层次模糊因素的绝缘子污闪趋势综合判断

董新胜提出的多级模糊综合评价方法，用于解决绝缘子污闪发展趋势的问题。所用参量为在线监测装置监测的泄漏电流、环境温度和湿度等参量，通过一级、二级模糊因素综合判断，得出绝缘子污闪短期发展的大致走向。

数学模型的建立如下：

（1）确定因素层次。影响判断的因素按类组成因素集 $U=\{u_1, u_2, \cdots, u_m\}$。其中 u_i 为第一层次因素，它又由第二层次的 n 个因素所决定，即 $u_i=\{u_{i1}, u_{i2}, L, u_{in}\}$，以此类推。

（2）确定评价集权重。权重 a_i 代表因素 u_i 在该层次评价中的重要程度，要求 a_i 满足归一条件。同理确定其他层次的权重集。

（3）建立评价集。评价集 $\nu=(\nu_1, \nu_2, \cdots, \nu_p)$。各层次的因素评价集只能有一个。

（4）多级模糊因素综合判断。由于需要两个层次进行二级模糊因素综合评判时，首先在低层次即第二层次进行综合判断。即对评判空间 $\nu=(u_i, \nu, R_i)$ 进行判断。R_i 为对因素集 u_i 单因素评判矩阵，即

$$R_i = \begin{bmatrix} r_{i11} & r_{i12} & \cdots & r_{i1p} \\ r_{i21} & r_{i22} & \cdots & r_{i2p} \\ \cdots & \cdots & \cdots & \cdots \\ r_{in1} & r_{in2} & \cdots & r_{inp} \end{bmatrix} \tag{5-15}$$

设 u_i 各因素的权重分配为 $A_i=(a_{i1}, a_{i2}, \cdots, a_{in})$，$i=1, 2, \cdots, m$，则一级的模糊因

素综合评判为 $B_i = A_i \circ R_i = (b_{i1}, b_{i2}, \cdots, b_{ip})$；然后在高层次即第一层次进行评判，得到二级模糊因素综合评判的最终结果 $B = A \circ R = (b_1, b_2, \cdots, b_p)$；最后，利用最大隶属度原则或加权平均法等得出结论。

此方法利用的参数为现有监测装置所能监测到的参数，经过一级模糊查询，二级模糊因素综合判断，可以得出绝缘子污闪趋势的大致走向，提出评判污闪短期发展趋势的方法，而且计算量不大，可以满足实时性的要求。

第6章

输电线路氧化锌避雷器在线监测

电力系统中，输电线路是雷击灾害的高发区，而无论是直击雷还是感应雷，都可能给区内设施造成损坏。实际运行经验表明：雷击输电线路造成断路器跳闸停电占总跳闸次数的40%～70%，如将氧化锌避雷器（MOA）安装在雷电活动强烈、土壤电阻率高、降低杆塔接地电阻有困难的线路段上，可大大减少输电线路的雷击跳闸率，提高耐雷水平。因此，避雷器是保证电力系统安全运行的重要保护设备之一，它是一种重要的过电压保护电器，能有效地限制电网过电压（雷电过电压和内部过电压）幅值，从而保护电气设备免遭过电压危害。

避雷器主要有排气型、阀式和金属氧化物三大类，国内输电线路主要采用 MOA。MOA由一个或并联的两个非线性电阻片叠合圆柱构成。它根据电压等级由多节组成，35～110kV MOA 是单节的，220kV MOA 是两节的，500kV MOA 是三节的，而 750kV MOA 则是四节的。500kV 氧化锌避雷器外形如图 6-1（a）所示，110kV 杆塔避雷器安装图如图 6-1（b）所示。

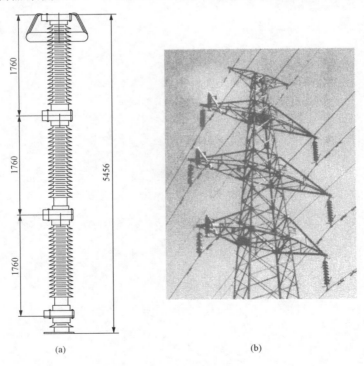

图 6-1　避雷器
（a）500kV 避雷器外形图；（b）110kV 云石一线 57 号杆塔避雷器安装图

144

6.1　MOA 故障的原因

MOA 在投入电网运行后，绝大多数运行良好，但也有损坏或爆炸事故发生，避雷器事故大多发生在夏季南方湿热和污秽地区。原电力部电力科学研究院的统计资料表明，高压 MOA 的全国平均事故率，国产的为 0.286 相/(百相·年)，进口的为 0.34 相/(百相·年)。造成 MOA 故障的主要原因有：

（1）内部受潮引起故障。由于内部受潮引发的故障占 MOA 总事故率的 60%，如 2003 年 3 月 7 日，江苏九里山某变电站所有设备没有任何操作，且母线均未遭受雷击的情况下，110kVⅤⅡ号母线氧化锌避雷器 B 相（Y10W—100/260W 型）在正常运行情况下，突然发生爆炸，爆炸相 MOA 内部发现电阻片侧面，内腔壁及电阻片玻璃围屏，有很多树枝状放电痕迹，部分阀片上有微小水珠，系内部严重受潮突发性事故。在系统运行电压作用下，MOA 长期有工作电流通过即通常所称的总泄漏电流，一般认为：总泄漏电流包括阻性泄漏电流（包含内绝缘阻性电流和外绝缘阻性电流）和容性泄漏电流。MOA 受潮时阻性电流增加，严重时出现沿氧化锌阀片柱表面和避雷器瓷套内壁表面的放电，引起避雷器爆炸。其特点是阻性电流长期增加，可通过检测泄漏电流阻性分量的变化，根据波形及阻性电流变化幅值来推断是否发生内部受潮现象以及受潮程度。

（2）氧化锌阀片本身老化引起的故障。大多数 MOA 取消了放电间隙，氧化锌阀片长期承受工频或谐振过电压作用，其绝缘性能可能会逐渐劣化，这将引起避雷器伏安特性曲线变化，避雷器热稳定工作点发生偏移。电阻片温度上升，又进一步加速了氧化锌阀片的老化。

（3）环境污秽引起避雷器损坏。当 MOA 表面积污较严重时，遇到毛毛雨、大雾天气时，其表面泄漏电流和局部放电脉冲增加，表面产生的外绝缘泄漏电流和内部潮湿引起的内绝缘阻性电流在接地线处叠加在总电流中，其闪络机理与本书第 5 章绝缘子闪络机理相同。避雷器表面外绝缘泄漏电流随环境条件（尤其是湿度）变化很大，其增加与内部受潮导致内绝缘阻性电流长期增加有本质区别。因此监测避雷器的阻性电流时，如发现避雷器在一段时间内阻性电流增加，有可能是避雷器外套积污较严重，应及时清扫。

在线监测 MOA 泄漏电流是防止 MOA 爆炸事故发生的有效手段，近年来，凭借国内外同行的共同研究，对阻性泄漏电流的提取已经提出可行方法，通过监测 MOA 阻性泄漏电流的变化趋势，实时判断 MOA 受潮、老化、污秽等的状态。

6.2　在线监测原理

6.2.1　MOA 的伏安特性

正常工作时，MOA 工作在小电流区域，泄漏电流只是微安级的，基本上是容性分量，接近绝缘状态；过电压发生时，MOA 工作在中电流区域，绝缘电阻变得很小，便于释放能量，能量释放后又自行恢复到最初的高阻状态。整个工作过程只包括限压和恢复两个阶段，其伏安特性曲线见图 6 - 2。

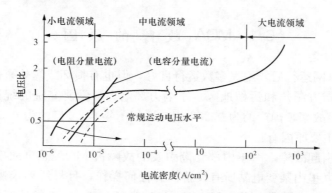

图 6-2　MOA 的伏安特性曲线

6.2.2　氧化锌电阻片的等值电路

氧化锌电阻片的等值电路见图 6-3。在小电流领域，r 相对 R_1 可忽略不计，这时电阻片可看成晶界层电容和晶界层电阻并联。如果考虑到污秽情况，则简化的等值电路见图 6-4。

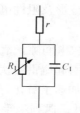

图 6-3　避雷器的等值电路
r—氧化锌晶粒电阻；
R_1—晶界层电阻；
C_1—晶界层电容

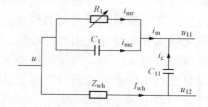

图 6-4　污秽避雷器的简化等值电路
u_{11}—每节阀片的电压分布值；u_{12}—沿 MOA 表面电压分布值；
R_1、C_1—各节 MOA 等效参数；Z_{wh}—各节污秽层电阻；
i_{mr}、i_{mc}—其阻性、容性分量；C_{11}—表面污秽层与
阀片柱耦合电容；i_c—表面污秽层与阀片柱的耦合
电流；i_m—流经避雷器各节阀片的泄漏电流

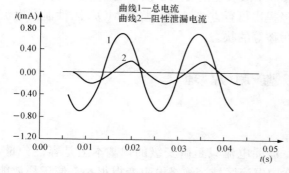

图 6-5　氧化锌阀片总电流和阻性泄漏电流

6.2.3　MOA 泄漏电流组成

在运行电压下，流过避雷器的泄漏电流主要有外表面电流和内部电流，外表面电流主要是由污秽引起的，为阻性电流；内部电流包括瓷套内壁、绝缘支架电流、电阻片电流和均压电容电流。MOA 的泄漏电流 i_x 为合成电流，其由流过阻性元件的阻性泄漏电流 i_r 和容性泄漏电流 i_c 组成，见图 6-5。

若考虑到污秽情况，则 MOA 泄漏电流的分析比较复杂，其阻性电流 i_r 可用式（6-1）计算

$$i_{\mathrm{r}} = \frac{1}{2\pi u}\left[\int_0^{2\pi}(u-u_{11})i_{\mathrm{mr1}}\,\mathrm{d}\omega t + \int_0^{2\pi}(u-u_{12})i_{\mathrm{wh1}}\,\mathrm{d}\omega t + \int_0^{2\pi}(u_{11}-u_{21})i_{\mathrm{mr2}}\,\mathrm{d}\omega t \right.$$

$$\left. + \int_0^{2\pi}(u_{12}-u_{22})i_{\mathrm{wh2}}\,\mathrm{d}\omega t + \cdots + \int_0^{2\pi}u_{n1}i_{\mathrm{mrn}}\,\mathrm{d}\omega t + \int_0^{2\pi}u_{\mathrm{n2}}i_{\mathrm{whn}}\,\mathrm{d}\omega t\right]$$

$$= i_{\mathrm{mr}} + i_{\mathrm{whr}} \tag{6-1}$$

容性耦合电流 i_{c} 为

$$i_{\mathrm{c}} = j\omega C_{\mathrm{kk}}(u_{\mathrm{k2}}-u_{\mathrm{k1}}),\text{其中 } k = 1,2,3,\cdots,n \tag{6-2}$$

阻性电流似乎并没有受到耦合电容的影响,但实际各处节点的电压值与耦合电容有关。对表面污秽泄漏电流可以采取一定的措施消除,但在线监测时无论用谐波法还是补偿法均不易消除 MOA 阀片耦合电流的影响。因此当外表面存在污秽时,仅监测泄漏电流及其阻性电流分量有时会误判,它们很容易受到表面泄漏电流及耦合泄漏电流的影响,污秽可能使全电流及其阻性电流分量增大很多。MOA 事故原因之一就是由于阻性分量增大,损耗剧增,引起热崩溃。这种影响应通过必要的措施消除,以免误判为劣化,诸如密封缺陷、阀片老化等。在现场测量时,当系统含有电压谐波及外界电磁场的干扰时,阻性电流的准确测量显得尤为重要。

6.3　MOA 在线监测方法

目前,国内外 MOA 在线监测方法主要有以下 7 种,其中前 5 种是国内常用的在线监测方法,后两种是国际上常用的在线监测方法。

6.3.1　全电流法

全电流法即总泄漏电流监测法是假定 MOA 泄漏电流的容性分量基本保持不变,可简单地认为其总电流的增加能在一定程度上反映阻性电流分量的增长情况,目前使用的方法是测量接地引线上通过的泄漏全电流,其原理见图 6-6。

图 6-7 是采用全电流法的避雷器在线监测装置,其集毫安表与计数器为一体,串联在避雷器接地回路中。监测器中的毫安表用于监测运行电压下通过避雷器的泄漏电流峰值,可以有效地检测出避雷器内部是否受潮或内部元件是否异常等情况;计数器则记录避雷器在过电压下的动作次数。

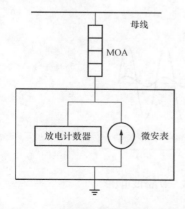

图 6-6　测量总泄漏电流原理图

图 6-7　避雷器在线监测装置

总泄漏电流 i_x 的增加能在一定程度上反映其阻性电流 i_r 的增长情况，但由于 i_r 一般占 i_x 的 $10\%\sim20\%$，且与容性电流 i_c 成 0.5π 相位差，测出的全电流有效值或平均值主要取决于容性泄漏电流分量，当阻性电流变化时，总泄漏电流变化不明显，MOA 的总泄漏电流值的大小不能完全反映 MOA 的绝缘状况，而其阻性泄漏电流峰值的大小是表征绝缘特性优劣的重要指标。

6.3.2　三次谐波法

MOA 是一个非线性电阻，在基波电压作用下，会引起三次阻性谐波电流。测量 MOA 总电流中三次谐波电流的变化，也就是测量阻性泄漏电流三次谐波的变化，从而可以根据阻性三次谐波电流与阻性全电流之间的关系，得到阻性泄漏电流的变化，达到监测 MOA 阻性泄漏电流的目的。三次谐波法（又称零序电流法）是从 MOA 地线上将总电流 i_x 取出，使其进入三次谐波带通滤波器，得到三次谐波电流 i_{r3}。其测量原理见图 6-8。

挪威 Doble 公司的 LCM-II 型金属氧化物泄漏电流监测仪即是基于三次谐波法的原理，见图 6-9。

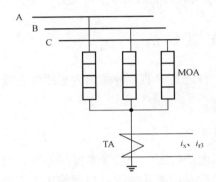

图 6-8　三次谐波法原理图

图 6-9　LCM-II 型金属氧化物泄漏电流监测仪

电网电压有谐波成分时，三次谐波电压将产生容性三次谐波电流，如果不将它从三次谐波电流法测得的结果中去掉，就会影响检测结果。例如：当三次谐波分量超过 5% 时，就会使测量结果产生较大误差。图 6-10 显示了去掉和不去掉检测结果中的三次容性谐波电流得到的三次谐波电流的波形，两者差别较大。

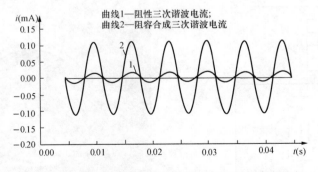

图 6-10　阻性三次谐波电流与阻容合成三次谐波电流

图 6-10 中的三次谐波电流波形是在实际检测中得到的，它们相位的差别不大，但这不是必然的结论，因为电网中三次谐波电压的相位与基波电压的相位差是随机的。由图可见：如果不去掉容性三次谐波电流，用三次谐波法将造成很大误差。这时候需采用挪威的 LCM-Ⅲ型 MOA 阻性电流测试仪，才能获得较为精准的测量结果。

6.3.3　基波法

基波法是采用数字滤波技术及模拟滤波技术从总泄漏电流中分解出阻性电流的基波部分，并根据阻性电流来判断 MOA 的绝缘状况。基次谐波分析法的主要原理为在正弦波电压的作用下，MOA 的阻值电流中只有基波电流做功产生功耗，另外，无论谐波电压如何，阻性基波电流都是一个定值，因此全电流经数字谐波分析，提取基波进行阻性电流分解，即可得到阻性电流的基波，根据阻性电流基波所占比例的变化来判断 MOA 的工作状况，其测量原理见图 6-11。

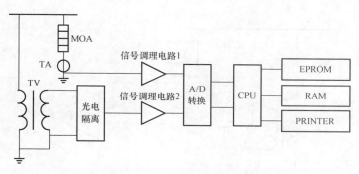

图 6-11　基次谐波法测量原理图

基波法测量时用 TV 测量线路电压，用小电流互感器直接钳在避雷器的接地线上，经相应的计算可以测得泄漏电流基波值。基波法有其本身的精确性，有效地抑制了线路电压中的谐波干扰，基波的功耗也能够反映 MOA 的状态。运行经验和实验结果表明，虽然阻性电流的基波在一些情况下能灵敏地反映 MOA 的状态，但其高次谐波是受线路电压的高次谐波影响，因此必须研究在电压谐波影响下的阻性电流基波及其高次谐波的变化，采取相应方法去除阻性电流中的高次谐波。

图 6-12 是北京华电云通电力技术有限公司生产的 YT8300 避雷器绝缘在线监测装置，其利用基波法实时监测 MOA 的泄漏电流和阻性电流来实现动态监测避雷器的工作状况。

图 6-12　YT8300 避雷器绝缘在线监测装置

6.3.4　补偿法

MOA 的劣化主要反映为阻性电流增大，如果将流经避雷器总电流中的容性电流平衡掉，直接监测其阻性电流的变化从而反映 MOA 的劣化可以比全电流法更灵敏。容性电流补偿法的基本原理是在监测设备中对监测到的全电流采用硬件补偿去除容性电流，从而得到阻性电流。其原理用式（6-3）表示

$$\int_0^{2\pi} u_{sf}(i_x - G_1 u_{sf}) d(\omega t) = 0 \qquad (6-3)$$

式中，u_{sf} 是外加电压 $u(t)$ 移相 0.5π 所得，即与容性电流 i_c 同相位。当容性电流被完全补偿掉时 $(i_x - G_1 u_{sf})$ 就等于 i_r。利用上式可求得补偿系数 G_1，则利用式（6-4）可求得阻性电流分量

$$i_r = i_x - i_c = i_x - G_1 u_{sf} \qquad (6-4)$$

补偿法的监测原理如图 6-13 所示。监测时只要调节补偿装置使 $U_1 = U_2$（补偿条件），输出即为 i_r。在现场测量时，补偿法用小电流互感器直接钳在避雷器的接地线上，而 U_2 取自 TV。

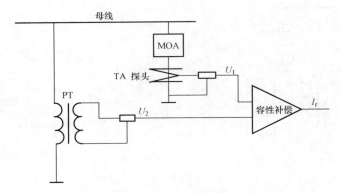

图 6-13　电容电流补偿法原理图

补偿法根据并联电路中电容流过的电流与其母线两端的电压相位差相差 0.5π 的特点，将去掉与母线电压成 0.5π 相位差的电流分量作为去掉容性电流，从而获得阻性电流，这种测量方法误差较小，所用仪器测量时需要引入补偿信号，此补偿信号经过相位、幅值处理，再和取自避雷器的泄漏电流相减后，方能得到阻性分量。目前国内使用最多的是日本计测器制造所制成的 LCD-6 型泄漏电流测量仪，对单支 MOA 施加波形良好的电压，测得的阻性电流较为精确，但三相运行时，由于三相避雷器成一字形安装，相间耦合电容和电磁干扰，使各相避雷器除受本相电压作用外，还通过相间耦合受到相邻相电压的作用，从而影响监测结果的准确性，并且系统电压等级越高，误差越大，尤其是电网电压为正弦函数波形时，流过 MOA 的电流波形峰值与电压波形峰值不重合，电流波形呈现奇谐函数的形态，测出的阻性电流存在较大误差。

东北电力试验研究院开发的 MOA-RCD 阻性电流测量仪，在原理上增加了对两边相相间耦合的补偿，通过测量两边相的泄漏电流基波的相角差，对两边相进行相位补偿，从而消除相间耦合的影响，测量结果优于 LCD-6 的测量结果，三相的测量结果基本相同。但电网谐波对阻性电流峰值有影响，引起测量结果不稳定，这时只能给出阻性电流基波值。

6.3.5　数字谐波法

数字谐波法是将稳态或暂态的波形信号转换成离散化的数字量，采用快速傅里叶变换（FFT）分离出各次谐波电压和电流，从而计算出阻性电流各次分量。

6.3.6　"双 AT" 法

"双 AT"（Auto Fransformer，自耦变压器）法主要是监测 MOA 的阻性泄漏电流，其工作原理是：一个 AT 传感器采样正常情况下的泄漏电流，另一个 AT 测量在过电压情况下冲击大电流的峰值以记录 MOA 动作次数，并根据相应的参考电流值来区分 MOA 动作原因（如区分雷击或操作过电压等），信号经 A/D 转换后进行数字信号处理，用光纤所取电压信号来判断电网谐波对测量泄漏电流阻性分量的影响，为了区别泄漏电流的增大是否为温度引起，设置一个温度传感器获取 MOA 附近环境温度，工作原理见图 6-14。

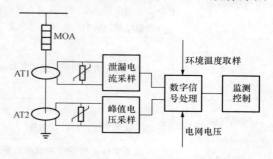

图 6-14　"双 AT" 法在线监测原理

"双 AT"法依靠强大的支持软件来实现在线监测功能，同时考虑了来自电网的谐波和温度的影响，功能强大，在线监测项目相对完善。

6.3.7　基于温度的测量法

温度监测法是一种全新的方法，其简单、实用，主要受 MOA 能量吸收能力、老化或受潮导致的能量损耗的影响。正常运行条件下，吸收能量损耗，温度变化很小，出现过电压时，温度可能暂时会有所上升，但会慢慢恢复。在老化或受潮时，温度会逐步上升。测量温度不是一种了解运行状态的直接方法，但温度是影响 MOA 运行状态各参数的综合结果体现，在持续运行电压下 MOA 过热直接与能量损失相关，而与运行电压的质量及外界干扰等无直接关系。将温度传感器放在避雷器内部，这使得避雷器的密封较为困难。德国开发了声表面波（SAW）温度传感器，无需电源。基于温度测量法的在线监测装置的原理见图 6-15，由振荡器发出高频信号（频率 30MHz～3GHz），再由放在阀片间的 SAW 传感器接收该信号，并反射出带有温度信息的信号，再由现场接收装置收集该高频信号，经数字信号处理，参照环境温度后得到相关的温度信号波形。

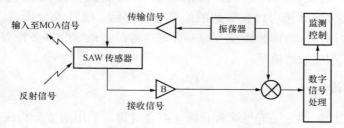

图 6-15　基于温度测量法在线监测装置原理

上述监测方法都有各自的优越性和局限性，汇总结果见表 6-1。

表 6 - 1   各种监测方法的原理及优缺点

监测方法	优　　　点	缺　　　点
全电流法	方法简单易用，利用该法研制的设备有长期监测运行经验	灵敏度较低，只有在严重受潮、老化或绝缘显著恶化的情况下才能表现出明显变化
三次谐波法	检测仪器主要由电流传感器、滤波电路组成，结构简单，现场测量简单易行，并免除对电压传感器的依赖	电网电压存在三次谐波电压时的检测结果易受影响
基波法	能有效抑止电网的谐波干扰，基波成分做功、发热，谐波成分不发热、不做功，基波的功耗反映了避雷器的状况，并且容易排除相间干扰对测量结果的影响，更具实际意义	电阻片老化的判断不如测量出含有高次谐波成分的阻性电流峰值有效
补偿法	原理严谨，方法简便，适用于带电检测	当电网电压含有谐波时，难以克服容性谐波电流对测量的影响，TV 相移影响，容性分量无法完全补偿掉
数字谐波法	原理严谨，降低了硬件设计复杂度，软件方法也增强了装置设计的灵活性	受到 TV 相移的影响
"双 AT"法	考虑了来自电网谐波和温度的影响，实现功能强大，在线监测完善	经济性不够好，长期稳定性还有待时间检验
基于温度测量法	简单、实用，对于正在制造且准备安装在线监测的 MOA 很有用途，还可监测到 MOA 表面污秽泄漏电流等导致的过热	对于已投入电网安全运行的 MOA 无法应用

6.4　在线监测装置设计

6.4.1　总体架构

输电线路 MOA 在线监测装置（总体架构见图 6 - 16）可对 MOA 的全电流、阻性电流以及雷击次数、环境温湿度等进行实时监测，并将这些信息通过 GSM/GPRS/CDMA/3G/WiFi/光纤等方式传输到状态监测代理（CMA），CMA 针对电流和电压信号进行计算得到阻性电流，并将全电流、阻性电流、雷击次数及环境温湿度等信息发送至监控中心（CAG），监控中心专家系统可将收集到的信息进行存储、统计及分析，以报表、曲线、统计图等方式显示给用户。当诊断现场 MOA 状态异常时，系统会以多种方式发出预警信息，提示管理人员采取相应预防措施。

6.4.2　硬件设计

通过对各种在线监测方法进行综合分析与综合对比，采用谐波分析法与"双 AT"法相结合的特点来建立 MOA 在线监测的数学模型，既能得到反映 MOA 绝缘状态的阻性电流分量又可得到 MOA 所承受的雷电冲击次数，且谐波分析法受相间耦合电容和电网谐波干扰较小，所以测量结果准确，可作为对 MOA 的运行状态及故障原因进行合理分析的依据。

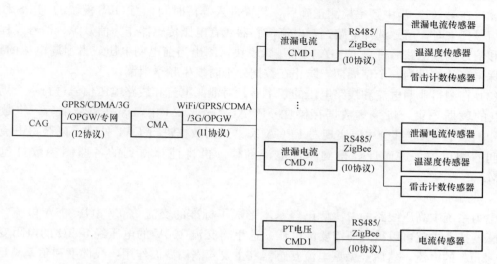

图 6-16　泄漏电流在线监测技术架构（其中 I0 协议尚未出台）

　　整个装置主要由微处理器、电压信号采样模块、电流信号采样模块、电源模块、雷击计数模块、无线通信模块、A/D 校准模块、液晶接口和扩展 RAM 组成，其硬件结构如图 6-17 所示。MOA 在线监测装置对采样速度，采样精度要求比较高，需要较强的逻辑控制功能，且对采集数据需要做 FFT 运算等，所以采用 DSP＋FPGA 的方式进行逻辑控制和数据处理。FPGA 逻辑控制部分，主要经三个步骤实现采集功能：

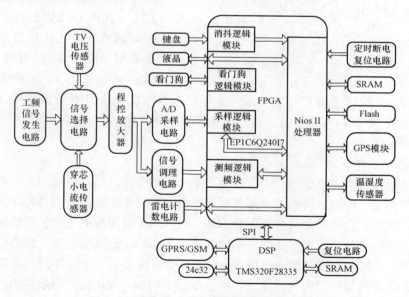

图 6-17　MOA 在线监测装置硬件结构框图

　　（1）通过信号选择电路选择 50Hz 的工频信号发生电路，然后信号经程控放大器、A/D转换等进入 FPGA，在 FPGA 内对其进行频率计算，若频率正确，进行第（2）步，目的是保证装置自身能够稳定运行。

（2）在第（1）步中频率检测正确后，装置进入等待时间，当 GPS 模块的 1PPS 秒脉冲触发信号到来时，信号选择电路选择电流传感器或者电压传感器作为信号源，信号经程控放大器和信号调理电路后进入 FPGA 内部逻辑模块，测出当前电网电压或者泄漏电流的频率，以确保采集的信号为一个整周期，防止在数据处理时发生频谱泄漏。

（3）在测得泄漏电流和线路电压的频率后，对泄漏电流和线路电压信号进行一个周期内 500 点的数据采集，将采集数据存储在 FPGA 内部 RAM 中，等采集结束后，将数据从 RAM 中读出。DSP 部分主要实现对 FPGA 采集到的数据进行 FFT 处理，以获得电流和电压之间的相位差，进而计算得到阻性电流的值，再将计算得到的各监测参数打包发送至 CMA。

1. 电压信号采样模块

电力系统中高压线路的二次侧已经基本形成了标准的交流 100V 电压、5A 电流，只要将互感器挂上去就可以得到所需要的电压。这里将交流 100V 的电压经 50kΩ 的电阻变为交流 0~2mA 的电流，然后经微型电流互感器（主要起隔离滤波作用，线性度和角差满足在线监测精度要求），当然实际中也可以用线性光耦作为类似的替代品。

根据监测原理，需取样 MOA 运行的相电压，这里采用常规的方式从 TV 的二次侧提取。图 6-18 是为电压信号采样设计的电路。

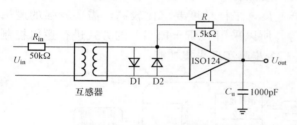

图 6-18 电压信号采集电路

被测电压 U_{in}（TV 二次侧电压通常为 100V）通过限流电阻 R_{in} 的限流，产生的范围在 0~2mA 的电流通过微型电压互感器，互感器感应输出相同的 0~2mA 电流，通过前置有源放大器，调节反馈电阻 R 值在输出端可得到要求的电压输出，R 等于 1.5kΩ 时输出电压为 ±3V。电路中电阻选用精密的贴片电阻，二极管选用 IN4148，起保护作用，电容 C_u 起抗干扰滤波作用。电流型电压互感器初步选取 SPT204A 0.1 级，其相差小于 5′，线性度为 0.1%，当然实际中可设计、制造更精密的互感器。

2. 电流信号采样模块

在数据采集领域中，中信号与大信号的采集及处理方法已经比较成熟，只有小信号的采集与数据处理并无一种固定的模式，因其信号本身微弱，常常会淹没在外界干扰及自身产生的噪声之中，因此，它的采集与分离十分困难。而 MOA 的泄漏电流在正常情况下是一种毫安级甚至微安级的小电流，为了能够准确地反映被测 MOA 的泄漏电流，对小电流传感器的基本要求如下：①能够适应测量毫安级（mA 级）电流的要求，灵敏度高，同时二次信号应尽可能的大；②在测量范围内线性度好，输出波形不畸变，输出信号与被测信号之间的比值差、角差小，且其差值稳定，不随其他因素的变化而变化；③工作稳定性好，温度系数小且稳定，结构简单，体积小，具有电磁屏蔽功能，电磁兼容性好。设计采用的是单匝穿芯式的小电流互感器进行电流取值。

在 MOA 在线监测中，泄漏电流经小电流传感器原边（即避雷器接地端引线）入地，避雷器遭受雷击或操作过电压动作时，放电电压很大，但无工频续流，尽管动作电流上百安，但持续时间不超过毫秒级。虽然这么大的电流通过小电流传感器会使铁芯饱和而不至于使二次侧出现很高的电压，但为避免过大电流流过传感器，同时在放电动作时计数器计数，在小电流互感器的一次回路中串入一个感抗，当避雷器动作时，电感的作用将阻止瞬时大电流流过互感器回路。感抗量的大小选择十分重要，如果接入的感抗过大，虽然能阻止雷击电流，但在避雷器正常运行时分流效果差，感抗量的选择应与相应的计数器阻值匹配，重点考虑不影响取样的分流效果，感抗量要尽可能小。一般避雷器放电计数器的等值阻抗在 100Ω 以下，通过仿真，电感值取 0.2H 时可达到较好效果。接入感抗的保护原理见图 6-19。

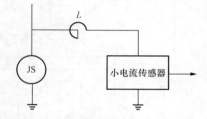

这里设计的零磁通穿芯小电流传感器是专门为高压电气设备绝缘在线监测而研制的一种小电流传感器。选用起始磁导率高、损耗小的坡莫合金做铁芯，采用了独特的深度负反馈技术和独特的屏蔽措施，能够对铁芯全自动补偿，使铁芯工作在理想的零磁通状态。穿芯结构的设计更能保证设备的安全（孔径

图 6-19　接入感抗的保护作用原理图

30mm），长期使用结果表明，该传感器能够准确检测 0.1～700mA 的工频电流，相位变换误差不大于 0.01°，不需要任何校正及修改，所有设备一样，互换性极强，具有极好温度特性和电磁抗干扰能力，完全满足复杂电站现场干扰下设备取样的精确度。如需检测电压信号，只需通过无感电阻将电压信号转换为电流信号即可。

可将其安装在接地线上进行泄漏电流采样，并采用运放 LM324 或 OPA4227 进行信号调理，具体可参考图 6-20。运算放大器同相输入端 ADCINA5 为 TL431 产生的 2.5V 电压，作为提升电平的参考电压。D1、D2 作保护用。MYL1 为非线性电阻，钳位输入端电压不能超过某给定值。

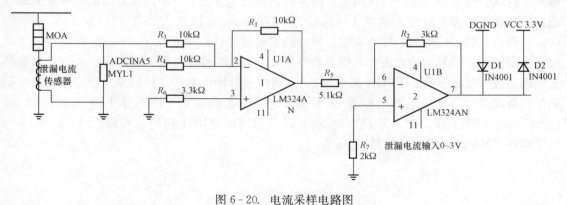

图 6-20.　电流采样电路图

3. 电源模块

装置采用"太阳能＋蓄电池"供电方式，通过 LM1117 得到 5V 电源，为了能使 MCU 正常工作，装置还需要产生 3.3V 和 1.8V 电源，采用 TI 公司专用电源芯片 TPS767D318，如图 6-21 所示。运放供电所用的正负电源可外接，或外接正电源负压由 MAX775 电路变换得到，图中为得到的－12V 电压。

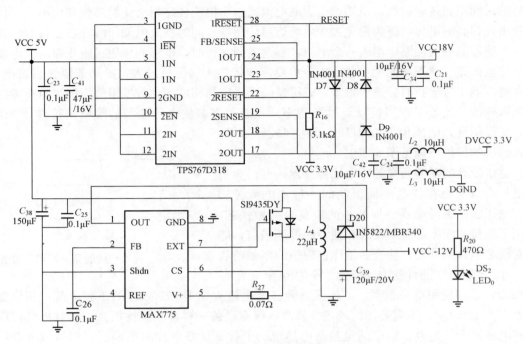

图 6 - 21　电源电路

4. 雷击计数模块

雷击计数电路利用脉冲计数的原理制成，最后由 FPGA 负责采集和传送。闪电引起的瞬间过电压基本上是共模现象，通常一个典型的雷电放电将包括二次、三次或多次脉冲幅值很高、持续时间短的闪电，每次闪电之间大约相隔几十分之一秒的时间；雷电流的波形是不稳定的。雷电流波头长度大致在 $1\sim4\mu s$，平均在 $2.6\mu s$，波长大致在 $40\sim100\mu s$，平均为 $50\mu s$，符合计数电路所需的脉冲宽度。设计的雷电脉冲计数电路见图 6 - 22，雷击高电压经过整流限幅后，信号的传送由光电耦合器件 4N35 完成，同时起到了隔离保护作用，光电耦合输出通过一反相器后到 FPGA 的 IO 口，作为中断脉冲计数。当计数输入脉冲 Vp 发生高到低的负跳变时（即：下降沿触发），计数器加 1。次数送至 FPGA 在原来基础上累加，$C_i = C_i + l$。图中 D12、D13 为 15V 的双向 TVS 管（瞬变电压抑制二极管），D14、D15 为 10V 单向 TVS 管，D17 为 3.3V 稳压管。

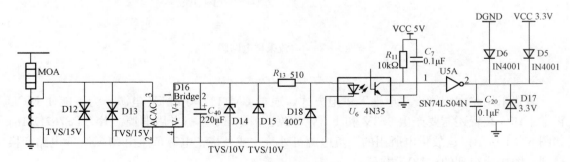

图 6 - 22　雷击计数电路

5. 通信模块

上述监测的全电流、阻性电流、雷击次数等信息通过 RS-485 通信模块进行数据传输，利用 TMS320F28335 上的串行通信接口（SCI）实现与通信模块的接口，具体见图 6-23。

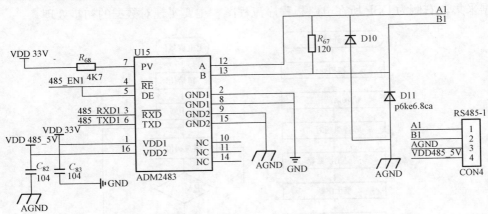

图 6-23　RS485 接口电路

6. A/D 校准电路

根据 TI 的数据手册，芯片 28335 的 A/D 采样电路精度不是很高，一般只有 2%，需要对 A/D 采样进行软件校正，软件校正后的精度可以达到 0.5%。校正电路见图 6-24。

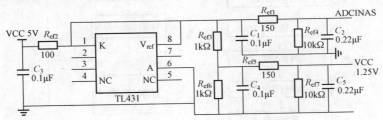

图 6-24　A/D 校正电路

TL431 是一个精密电压源，内部一个 2.5V 的电压基准，通过 V_{ref} 端输出。将 V_{ref} 端与 K 端短接，TL431 的 K 端电压就会精确稳定在 2.5V。上拉电阻取 100Ω 为了保证 TL431 的可靠导通。由于大于 1mA 时 TL431 才会可靠导通，所以流过 TL431 的电流一般取 5～10mA。1kΩ 的分压电阻在焊接时都是经过严格测试的，电阻阻值的误差不能超过 0.5%。

校正的原理就是修正 A/D 采样的线性度。用两路已知电压基准作为 A/D 采样的输入，将这两路 A/D 采样得到的数值与基准电压对应的理论值相比较，就可以得到从采样值到理论值的一个函数映射。这个函数映射用来修正 A/D 的采样值。另外，根据 TI 的应用手册，A/D 的线性度在 0.3～2.7V 时最好。设计 A/D 采样电路时，尽量将所要采样的信号变换到 A/D 采样线性度较好的范围之内。

7. 扩展的 RAM

从程序调试方便和扩展数据以及程序空间的需要出发，需在 FPGA 芯片外部进行 RAM 存储器的扩展。装置中采用了 CY7C1021CV33 芯片，其存储容量为 64K，工作电压为 3.3V，存储时间仅为 12ns。

6.4.3 软件设计

装置设计的软件流程图如图 6-25 所示：左侧为 FPGA 所在电路板程序流程图，主要实现数据采集；右侧为 DSP 所在电路板程序流程图，主要实现对数据的初步处理。

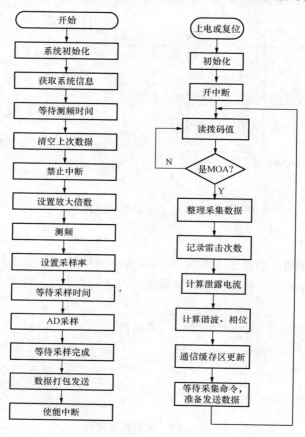

图 6-25 软件流程图

6.4.4 标准数据输出接口

MOA 在线监测装置标准数据输出接口见表 6-2。

表 6-2   **MOA 在线监测装置标准数据输出接口**

序号	参数名称	参数代码	字段类型	字段长度	计量单位	值域	备注
1	监测装置标识	SmartEquip_ID	字符	17B			17 位设备编码
2	被监测线路单元标识	Component_ID	字符	17B			17 位设备编码
3	监测时间	Timestamp	日期	4B/10 字符串			世纪秒（4B）/ yyyy-MM-dd HH:mm:ss（字符串）

序号	参数名称	参数代码	字段类型	字段长度	计量单位	值域	备注
4	全电流	TotalCurrent＿	数字	4B	mA	0～750	精确到小数点后2位
5	阻性电流	ResistiveCurrent	数字	4B	mA	0～750	精确到小数点后2位
6	雷击次数	LightningStrokeTimes	数字	4B	次	0～1000	精确到个位
7	气温	AirTemperature	数字	4B	℃	−40～＋60	精确到小数点后1位
8	湿度	Humidity	数字	2B	%RH	0～100	精确到个位

6.5　现场应用与效果分析

图 6-26 是 MOA 在线监测装置现场安装图，主要负责 MOA 泄漏电流的提取；图 6-27 是 MOA 在线监测装置中的 TV 电压取样单元，它们之间通过 GPS 模块进行同步授时；图 6-28 为 MOA 接地线接线图。

图 6-26　MOA 在线监测装置现场安装图

图 6-27　MOA 在线监测装置中的 TV 电压取样单元

作者研发的 MOA 在线监测装置已在多条线路上安装运行，实现对 110～750kV 电压等级范围内 MOA 运行状态的在线监测与故障预警。

【实例一】

表 6-3 为宁夏某变电站 1 号主变压器 750kV 侧安装运行的 MOA 在线监测数据。数据为 2013 年 1 月 29 日 12：59～2013 年 1 月 29 日 13：24 时间段内 MOA 在线监测所获得的，表中数据反映出，A、B、C 三相的全电流分别维持在 3.64、3.57、3.75mA；阻性电流分别维持在 0.37、0.13、0.13mA；避雷器动作次数均为 0 次；从以上数据可以分析出，A、B、C 三相的电气特性相近，但由于 A 相的阻性电流较大，占到全电流的 10%，较 A 相和 B

图 6-28　MOA 接地线接线图

相受潮的可能性较大，故障率也较高，经现场考察论证，在线监测结果与实际状况一致，验证了所设计 MOA 在线监测装置的可行性。

表 6-3　　　　　　　　1 号主变压器 750kV 侧 MOA 在线监测数据

采集时间	相序	全电流（mA）	阻性电流（mA）	当前动作次数	状态
2013-01-29　12：59：40	A	3.64	0.37	0	正常
2013-01-29　12：59：40	B	3.57	0.13	0	正常
2013-01-29　12：59：40	C	3.75	0.13	0	正常
2013-01-29　13：04：40	A	3.64	0.37	0	正常
2013-01-29　13：04：40	B	3.57	0.13	0	正常
2013-01-29　13：04：40	C	3.75	0.13	0	正常
2013-01-29　13：09：40	A	3.64	0.37	0	正常
2013-01-29　13：09：40	B	3.57	0.13	0	正常
2013-01-29　13：09：40	C	3.75	0.13	0	正常
2013-01-29　13：14：40	A	3.64	0.37	0	正常
2013-01-29　13：14：40	B	3.57	0.13	0	正常
2013-01-29　13：14：40	C	3.75	0.13	0	正常
2013-01-29　13：19：40	A	3.64	0.37	0	正常
2013-01-29　13：19：40	B	3.57	0.13	0	正常
2013-01-29　13：19：40	C	3.75	0.13	0	正常
2013-01-29　13：24：40	A	3.64	0.37	0	正常
2013-01-29　13：24：40	B	3.57	0.13	0	正常
2013-01-29　13：24：40	C	3.75	0.13	0	正常

【实例二】

表 6-4 为宁夏 330kV 川蒋线 Ⅰ 线上安装运行的 MOA 在线监测数据。数据为 2013 年 1 月 19 日 11：26～2013 年 1 月 19 日 11：56 时间段内 MOA 在线监测所获得的，表中数据可

看出，A、B、C 三相的全电流分别维持在 1.02、0.91、1.08mA；阻性电流分别维持在 0、0.03、0.14mA；避雷器动作次数均为 0 次；从以上数据可分析得出，A、B、C 三相的电气特性相近，但由于 C 相的阻性电流较大，占到全电流的 10% 以上，较 A 相和 B 相受潮的可能性较大，故障率也较高，经现场考察论证，在线监测结果与实际状况一致，验证了所设计 MOA 在线监测装置的可行性。

表 6-4　　　　　　　　　　宁夏 330kV 川蒋线 I 线 MOA 在线监测数据

采集时间	相序	全电流（mA）	阻性电流（mA）	当前动作次数	状态
2013-01-29　11：26：17	A	1.02	0.01	0	正常
2013-01-29　11：26：17	B	0.91	0.02	0	正常
2013-01-29　11：26：17	C	1.08	0.15	0	正常
2013-01-29　11：31：17	A	1.02	0	0	正常
2013-01-29　11：31：17	B	0.97	0.03	0	正常
2013-01-29　11：31：17	C	1.08	0.14	0	正常
2013-01-29　11：36：17	A	1.02	0	0	正常
2013-01-29　11：36：17	B	0.97	0.03	0	正常
2013-01-29　11：36：17	C	1.08	0.14	0	正常
2013-01-29　11：41：17	A	1.02	0	0	正常
2013-01-29　11：41：17	B	0.97	0.03	0	正常
2013-01-29　11：41：17	C	1.08	0.14	0	正常
2013-01-29　11：46：17	A	1.02	0	0	正常
2013-01-29　11：46：17	B	0.97	0.03	0	正常
2013-01-29　11：46：17	C	1.08	0.14	0	正常
2013-01-29　11：51：17	A	1.02	0	0	正常
2013-01-29　11：51：17	B	0.97	0.03	0	正常
2013-01-29　11：51：17	C	1.08	0.14	0	正常

6.6　MOA 故障诊断策略研究

6.6.1　小波变换法

小波分析（Wavelet Analysis）是近年来蓬勃发展起来的一个新的数学分支，是傅里叶分析发展史上的一个飞跃。利用小波分析可以同时在时域和频域进行局部分析的特点，将其应用于具有较大现场干扰背景的 MOA 泄漏电流在线监测的信号处理，对混合了噪声的原始信号进行小波分解，实现真实信号和噪声的分离，能够大幅度提高原始信号的信噪比，保证了原始信号采集的可靠性和装置的抗干扰能力。

1. 原理和方法

在 MOA 在线监测装置中，对 MOA 阻性电流小信号的准确分离是至关重要的，但由于现场电磁干扰较为强烈，且信号通道易于受热噪声等的影响，造成了被监测信号伴有大量噪声，严重时会影响容性设备小介损角的测量精度，造成信号过零点采集的困难以致不能获得准确的信号周期，这将影响通过 FFT 变换（造成较大的频谱泄漏）所获得监测参量的可信度。对于这种含有宽带噪声的信号，小波变换具有传统方法不可比拟的、非常灵活的对奇异特征的提取、及时变滤波等功能，可在低信噪比的情况下进行有效滤噪并检测出有用信号。噪声的小波变换特征是小波去噪的基本出发点。

定理 1：设 $n(x)$ 是实的、宽平稳白噪声，其方差为 σ^2，那么白噪声的小波变换 $W_s(s,x)$ 的期望值为

$$E(|W_s(s,x)|^2) = \frac{\sigma^2}{s}\|\phi\|^2 \qquad (6-5)$$

该定理说明，$E(|W_s(s,x)|^2)$ 的衰减正比于 $1/s$，即随尺度 s 的增加白噪声的小波变换幅值平均减小。

定理 2：若白噪声 $n(x)$ 是高斯白噪声，在尺度 s 上，其小波变换模的平均密度为

$$d_s = \frac{1}{s\pi}\left(\frac{\|\phi''\|}{2\|\phi'\|} + \frac{\|\phi'\|}{\|\phi\|}\right) \qquad (6-6)$$

式中 ϕ'、ϕ'' 分别是 $\Psi(x)$ 的一阶及二阶导数。该定理说明，白噪声的小波变换模值的平均密度正比于 $1/s$，即随尺度 s 增大，其密度减小。

由定理 1、定理 2 及以上所述可知，随着尺度的增加，白噪声的小波谱将逐渐消失。

2. 小波去噪方法及仿真研究

小波去噪的基本思想是先将混有噪声的信号进行小波分解，根据噪声与信号在各尺度（频带）上的小波谱具有不同的表现特性这一特点，将各尺度上由噪声产生的小波谱分量，特别是将那些噪声波谱占主导地位的尺度上的噪声小波谱分量去掉，这样保留下来的小波谱基本上就是原信号的小波谱，再利用小波变换的重构算法重新构造出原信号，即可得出去噪后的信号。

国家电网公司华中分部有关人员对此进行了仿真研究，其原始信号与去噪后信号的对比图见图 6-29，从图中可清晰地看出小波去噪的效果。

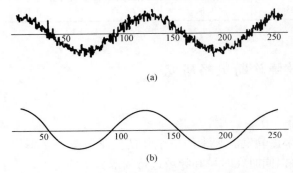

图 6-29 小波去噪前后信号波形图
(a) 原始信号图；(b) 去噪后信号图

将噪声的特殊小波变换特征用于 MOA 泄漏电流监测中信号和噪声的分离是有效的，仿真结果表明去噪后信噪比（SNR）有了很大的提高。这种算法对白噪声有很强的抑制能力，可以克服传统滤波方法在这方面的不足。

6.6.2 提升小波理论法

提升小波是 Swelden 在 1996 年提出的一种不依赖于傅立叶变换的新小波构造方案——lifting scheme，也称为第二代小波变换。与经典小波变换相比，具有小波构造简单、运算速度快和节省存储空间等优点，其复杂度只有原来卷积方法的一半左右，因此成为计算离散小波变换的主流方法。提升小波理论继承了第一代小波多分辨率的特性，不依赖傅立叶变换，很容易从正变换得到反变换，把

提升小波理论应用到 MOA 在线监测装置中，可以解决数字滤波、去除干扰和噪声等问题，与 FFT 分析法相比，提升小波是一种更有效的分析方法。

1. 原理和方法

提升小波是在经典小波变换多分辨率思想的指导下，建立在空间域基础上的理论体系。传统小波（相对于第二代小波）通过傅里叶方法得到时频局部化，是从频域来分析问题，而提升方法直接在时（空）域解决问题。小波提升的核心就是更新算子和预测算子，通过预测算子可以得到高频信息，而通过更新算子可以得到正确的低频信息。一个典型的提升小波算法过程包括：分裂、预测和更新 3 个步骤。

（1）分裂：分裂是将信号 $S_0[n]$ 分割成相互关联的奇偶两部分，即 $\mathrm{even}_1[n]$（偶部分）和 $\mathrm{odd}_1[n]$（奇部分）

$$\mathrm{even}_1[n] = S_0[2n] \quad \mathrm{odd}_1[n] = S_0[2n+1] \tag{6-7}$$

（2）预测：预测就是用 $\mathrm{even}_1[n]$ 预测 $\mathrm{odd}_1[n]$，预测误差为下式中 $P(*)$ 表示预测算子

$$d_1[n] = \mathrm{odd}_1[n] - P(\mathrm{even}_1[n]) \tag{6-8}$$

（3）更新：更新的目的就是用 $d_1[n]$ 修改 $\mathrm{even}_1[n]$，使修改后的 $\mathrm{even}_1[n]$ 记为 $S_1[n]$ 维持原始数据集 $S_0[n]$ 中某些整体性质，且只包含信号 $S_0[n]$ 的低频成分，即

$$S_1[n] = \mathrm{even}_1[n] + U(d_1[n]) \tag{6-9}$$

这里 $U(*)$ 表示更新算子，提升方法在 j 尺度上的分解与重构如图 6-30 所示（其中 Split 表示分裂，U 表示更新算子，P 表示预测算子）。

2. 提升小波去噪方法及仿真研究

装置在信号处理时，由于采样误差、外界随机干扰和装置内部不稳定等因素，采样值中会含有噪声信号，导致装置输出的真实值与采样值有差异。含噪声的采样信号可以表示成式（6-10）所示形式

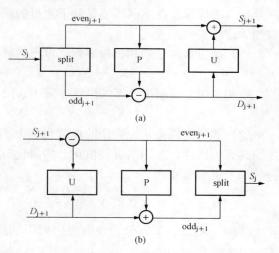

图 6-30　提升方法提升与重构示意图
(a) 分解示意图；(b) 重构示意图

$$s(t) = 10\sin\omega t + 5\sin3\omega t + 3\sin5\omega t + \sin7\omega t + e(t) = f(t) + e(t) \tag{6-10}$$

式中，$s(t)$ 为含噪声的信号；$f(t)$ 为真实信号；$e(t)$ 为噪声；ω 为角速度；t 为周期。

有用信号通常表现为低频信号或一些比较平稳的信号，而噪声信号则通常为高频信号，由于噪声的小波谱随着尺度的增加而逐渐消失，所以，对信号的去噪过程可按如下方法进行处理。

采用式（6-11）、式（6-12）作为插值小波变换公式

$$D_{j+1,l} = S_{j,2l+1} - \left[(9/16) \times (S_{j,2l} + S_{j,2l+2}) - (1/16) \times (S_{j,2l-2} + S_{j,2l+6})\right] \tag{6-11}$$

$$S_{j+1,l} = S_{j,2l} + \left[(9/32) \times (D_{j+1,l-1} + D_{j+1,l}) - (1/32) \times (D_{j+1,l-2} + D_{j+1,l+1})\right]$$

$$\tag{6-12}$$

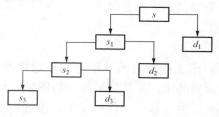

图 6-31　一维信号的去噪图

首先对信号进行小波分解，如进行三层分解，则分解过程如图 6-31 所示。噪声部分通常包含在 d_1、d_2、d_3 中，可以用门限阀值对小波系数进行处理。对信号 $s(t)$ 进行去噪就是要抑制信号中的噪声部分，从而恢复出真实电压信号 $f(t)$，而低频分量 S_3 就是滤波后的信号。

北京交通大学相关人员对此进行了仿真研究，发现用提升小波理论得到的基波信号是期望的近似正弦信号，而用 FFT 分析法得到的信号是不规整的信号，因此，提升小波是一种更为理想的分析方法。

6.6.3　灰关联分析法

灰关联分析是灰色系统理论中的一种分析方法，已在电力系统可靠性分析、输电线故障判相等方面得到成功运用。华北电力大学电力系统保护与动态安全监控教育部重点实验室的相关人员以《金属氧化物避雷器在线监测测量结果分析》文中的实测数据为依据，按照灰关联分析方法计算了在不同环境条件下测得的泄漏电流值与环境因素之间的关联度，其分析步骤如下。

（1）确定参考序列和比较序列。以不同环境条件下测得的泄漏电流为参考序列 X_0，即

$$X_0 = X_0(k) = \left[X_0(1), X_0(2), \cdots, X_0(n) \right] \tag{6-13}$$

以相对湿度、温度、系统电压、降雨、降雪、热冷锋面作为比较序列 X_j，即

$$X_j = X_j(k) = \left[X_j(1), X_j(2), \cdots, X_j(n) \right] \tag{6-14}$$

（2）数据的规范化。数据的规范化是为了消除数据的量纲影响，合并数量级，使各序列之间具有可比性，常用的有初值化、均值化、区间值化和归一化等处理方法。序列按下式进行处理后可得新序列

$$X_0'(k) = \frac{X_0(k) - X_{0min}}{X_{0max} - X_{0min}} \quad X_j'(k) = \frac{X_j(k) - X_{jmin}}{X_{jmax} - X_{jmin}} \tag{6-15}$$

式中，X_{0max}、X_{0min} 分别为参考序列中的最大值和最小值；X_{jmax}、X_{jmin} 分别为比较序列中的最大值和最小值。

（3）计算灰关联系数和关联度。依据 5.5 节中灰关联分析法的计算方法可得灰关联系数与关联度，分析的结果见表 6-5～表 6-9。

表 6-5　　　　　　　　　　　夏秋两季无雨时泄漏电流与外部环境因素的关联度

外部环境因素	相对湿度	温度	系统电压
泄漏电流	0.537 56	0.730 88	0.621 73

表 6-6　　　　　　　　　　　夏秋两季有雨时泄漏电流与外部环境因素的关联度

外部环境因素	相对湿度	温度	系统电压	降雨与否
泄漏电流	0.596 78	0.667 29	0.508 88	0.776 36

表 6-7　冬春有无热冷锋面时泄漏电流与外部环境因素的关联度

外部环境因素	相对湿度	温度	系统电压	有无热冷锋面
泄漏电流	0.813 33	0.663 66	0.715 66	0.861 98

表 6-8　冬春有无降雪时泄漏电流与外部环境因素的关联度

外部环境因素	相对湿度	温度	系统电压	降雪与否
泄漏电流	0.632 87	0.627 75	0.687 02	0.666 12

表 6-9　冬春有无降雨时泄漏电流与外部环境因素的关联度

外部环境因素	相对湿度	温度	系统电压	降雨与否
泄漏电流	0.607 92	0.660 93	0.637 67	0.676 36

（4）比较关联度。从表 6-5～表 6-9 中可以看出，对于不同季节，各环境因素对 MOA 泄漏电流的影响程度是不同的。夏秋两季无雨时，昼夜之间的较大温差成为影响泄漏电流的最主要因素；而当有雨时，温度的影响就下降为次一级的影响因素，这时雨柱的形成情况决定了其对 MOA 在线监测的影响，最大能达到正常时的几倍。对于华北地区冬季和春季经常出现的冷气团和热气团相遇所形成的热冷锋面，由表 6-6 灰关联计算结果说明，在这种环境条件下，有无热冷锋面会对 MOA 泄漏电流产生很大的影响；对于冬春两季，降雨或降雪与否都会成为影响 MOA 泄漏电流在线监测的最主要因素，现场实际监测结果也表明，冬春季节的降雨、降雪及热冷锋面可使最大泄漏电流增加 1 倍以上。

以上计算分析表明，电力部门在分析 MOA 在线监测数据时要充分考虑到环境条件的变化，应明确区分这些环境因素在不同季节时其对 MOA 在线监测数据的影响，以减少误判和漏判的发生。同时，由于大气相对湿度、降雨、降雪、强烈的热冷锋面等外部环境因素的变化，都会明显地改变污秽区 MOA 内部的电压分布，如果可以通过在线监测所得的环境条件分析其变化的规律，再利用环境条件的逐渐转化和积累，就可根据灰关联计算结果，在不同季节基于外部环境条件变化提前采取相应的措施，改善 MOA 表面状况，从而减小环境因素对 MOA 在线监测的影响，保证 MOA 在线监测的准确性。

6.6.4　数学形态学法

数学形态学是 60 年代中期由法国数学家 G. Matheron 和 J. Serra 创立的一种非线性图像（信号）处理和分析的工具，目前已在电力系统继电保护、电能质量检测等方面得到成功运用。采用数学形态学对具有较强干扰背景的 MOA 泄漏电流现场监测信号进行消噪处理，通过平滑 MOA 泄漏电流在线监测数据中的突变点，能有效提取真实信号，而且其运算相对简单，便于在单片机、DSP 等上实现。

1. 数学形态学滤波原理

数学形态学通过设计一个称作结构元素的"探针"，使该探针在信号中不断移动，便可提取有用的信息做特征分析和描述，从而将一个复杂的信号分解为具有物理意义的各个部分，并将其与背景脱离，同时保持主要特征。其形态变化包括腐蚀，膨胀，形态开、闭及形态开、闭的级联组合。设原始信号 $f(n)$ 为定义在 $F=(0, 1, \cdots, N-1)$ 上的离散函数，

结构元素 $g(n)$ 为定义在 $G=(0,1,\cdots,M-1)$ 上的离散函数，且 $N\geqslant M$，则 $f(n)$ 关于 $g(n)$ 的膨胀、腐蚀分别定义为

$$(f\ominus g)(n)=\min\{f(n+m)-g(n),m\in 0,1,\cdots,M-1\} \tag{6-16}$$

$$(f\oplus g)(n)=\max\{f(n-m)+g(m),m\in 0,1,\cdots,M-1\} \tag{6-17}$$

$f(n)$ 关于 $g(n)$ 的开运算和闭运算分别定义为

$$(f\circ g)(n)=(f\ominus g\oplus g)(n) \tag{6-18}$$

$$(f\cdot g)(n)=(f\oplus g\ominus g)(n) \tag{6-19}$$

式中。和·分别表示开、闭运算。形态开、闭运算具有平滑功能，开运算可用来去掉边缘毛刺和细小斑块，抑制信号中的正脉冲，在纤细点处分离物体、平滑较大物体边界的同时并不明显改变其面积。而闭运算可填补空穴断点，抑制信号中的负脉冲，连接邻近物体、平滑其边界的同时并不明显改变其面积。这两种组合均有低通特性，可用其构成形态学滤波。

为同时抑制信号中的正负脉冲噪声，P. Marragos 使用相同结构尺寸的结构单元，用不同顺序的级联开、闭运算构造了一类开—闭和闭—开滤波器。分别定义如下

$$O_C(f(n))=(f\circ g\cdot g)(n) \tag{6-20}$$

$$C_O(f(n))=(f\cdot g\circ g)(n) \tag{6-21}$$

形态开—闭和闭—开滤波器虽可同时滤除信号的正负脉冲噪声，但因开运算的收缩性导致开—闭滤波器的输出幅值较小，闭运算的扩张性导致闭—开滤波器的输出幅值较大，这样明显存在统计偏倚现象，将直接影响到噪声的抑制性能，为消除该缺点，可将以上两种运算组合并构造如下

$$y(n)=(O_C(f(n))+C_O(f(n)))/2 \tag{6-22}$$

2. 仿真分析及现场检测数据分析

为验证开—闭和闭—开组合形态滤波器的性能，华北电力大学相关人员利用《考虑电网谐波影响的 MOA 在线检测方法》和译作《系统电压中的谐波对金属氧化物避雷器诊断的影响》文中的仿真模型，仿真了一个 MOA 在线监测序列并对其进行了分析。其中额定电压为120kV，正常运行电压为96kV。当 $u\leqslant 0.8$p. u.（p. u. 为运行电压幅值）时，则

$$i_R=0.8765u^5-1.949u^4+1.6014u^3-0.5401u^2+0.1130u \tag{6-23}$$

当 $u>0.8$p. u. 时，则

$$i_R=208.2u^5-1107.8u^4+2347.2u^3-2476u^2+1300u-271.9 \tag{6-24}$$

晶界电容取 20pF，仿真由软件 MATLAB 实现，并通过电压、电流测量模块提取各个采样点的电压、电流数据，采样两个工频周期的泄漏电流信号放入数据文件中，采样频率为25kHz。对所采样的信号分别加入白噪声和正负脉冲干扰以及两者的混合干扰。白噪声为均值0、方差1的正态分布函数。为了评价形态滤波器的性能，计算滤波前后的均方根误差，设输入信号为：$x(k)=s(k)+n(k)$，$k=1,2,\cdots,N$，其中 $s(k)$ 为原始信号，$n(k)$ 为噪声，则滤波输出信号的均方根误差为

$$S_{e,rms}=\left(\frac{1}{N}\sum_{k=1}^{N}(s(k)-x(k))^2\right)^{1/2} \tag{6-25}$$

同时，为了与其他类型的滤波器进行性能比较，分析了不同滤波方式处理后的数据信噪比 R_s

$$R_s=10\lg(P_s/P_n) \tag{6-26}$$

式中，P_s、P_n 分别为原始信号和噪声的方差。仿真信号的滤波效果见图 6-32，滤波前后信号的均方根误差见表 6-10，不同滤波方式处理后数据信噪比的比较结果见表 6-11，可见该滤波器较其他滤波方法可更为有效地抑制各种干扰。

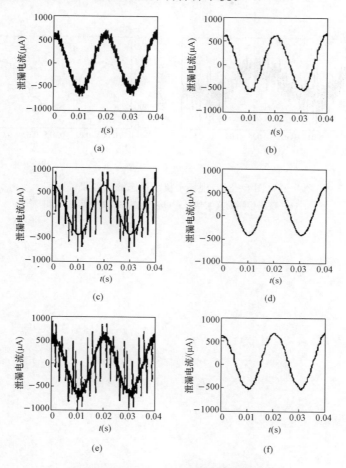

图 6-32　数学形态滤波器抑制干扰效果

(a) 含白噪声的泄漏电流；(b) 滤波后的泄漏电流；

(c) 含正负脉冲的泄漏电流；(d) 滤波后的泄漏电流；

(e) 混合噪声污染的泄漏电流；(f) 滤波后的泄漏电流

表 6-10　　　　　　　　　　　　　形态滤波输出信号均方根误差对比

干扰类型	白噪声	正负脉冲	混和噪声
滤波前 $S_{e,rms}$	1.0156	2.8663	3.0178
滤波后 $S_{e,rms}$	0.3396	0.0125	0.3569

表 6-11　　　　　　　　　　　　不同滤波方式处理后的信噪比比较结果

滤波器类型	3δ	53H	形态滤波器
R_s	50.85	60.33	73.96

167

图 6-33（a）为现场用穿芯小电流传感器从 MOA 接地线上得到的泄漏电流原始数据，其中白噪声和脉冲干扰的含量较大。用数学形态学对其滤波处理的结果见图 6-33（b）。可见该方法对抑制 MOA 泄漏电流在线监测中的干扰十分有效，保证了数据进一步分析的准确性和可靠性。

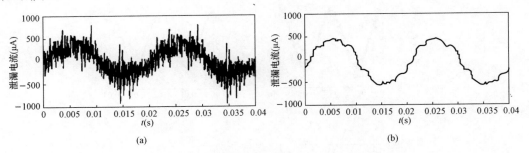

图 6-33　现场干扰下形态滤波效果

（a）现场检测的真实信号；（b）形态滤波处理后的结果

第 7 章

导线温度在线监测及动态增容技术

在拉闸限电的背后，除了电源紧张带来的"硬缺电"之外，长期"重发、轻供、不管用"，电网发展严重滞后于电源建设导致电网结构薄弱，电源配置不合理导致缺电和窝电现象并存也是"电荒"的一大根源。目前我国很多区域的电网都在低电网安全性和低设备可靠性条件下艰难地维持运行，各级电网大多靠超负荷运载来满足市场的供需平衡关系，这种超负荷运行存在巨大的安全隐患。如果新建线路走廊则投资巨大、建设周期长。据电网"大提速"实施前的 2004 年统计，国家电网 500kV 线路中约 1/4 送电能力受限，而且这些线路大都属于跨区跨省联络线、大电源送出线路和负荷中心受入线路，配电网络"卡脖子"现象较为普遍。在"西电东送、南北互供、全国联网"形势下，长距离、大容量、高电压的输电将越来越多。如果我们能在现有输电线路的实际情况下，不改变现有输电线路结构和确保电网安全运行，通过技术改造和技术升级，挖潜增效，来增加线路输电容量，即可提高线路输送能力。Tapani O. Seppa 认为，实时监控输电导线的热容能够使导线输送容量显著提高 10%～30%，而要实现这些增加的输送容量，我们只需在每条线路上花费 80 000～120 000 美元即可，这些花费仅仅是建设一条新的线路或主要线路升级费用的一小部分。若通过增容技术把每回 500kV 线路的输送能力提高到 130 万 kW，只需新增 500kV 交流线路 33 回，可节约 500kV 交流线路约 17 回，节约交流输电线路 3588km，节约投资 53.8 亿元。以线路每年例行停电检修时间为 5 天，线路运行时间为 8640h，上网电价 0.4 元/kWh，增容 650MVA 计算，功率因数 0.9，每年可增加产值 20 亿，每 1 元动态监测增容技术改造投资可新增产值 500 元。可见，增加现有电网的输送能力具有极大的经济效益。

2005 年 3 月，国家电网公司在北京特别召开提高电网输送能力工作会议，会议指出：在加快特高压骨干电网建设的同时，需积极提高现有电网输送能力。无论是从提高供电可靠性角度，还是从延缓建设投资效益的角度分析，针对增容技术的研究都将具有良好的社会效益和经济效益。

7.1 导线温度测量方法及增容技术

7.1.1 导线温度测量方法

常见的测量导线温度的方法主要包括非接触式测量和接触式测量两大类。

1. 接触式测温

接触式是测量物体内部的热能流动的情况，即采用合理的固定方式，将铂电阻、热敏电阻、光纤光栅传感器、数字温度传感器等温度传感元件与导线、金具外表面或内表面充分接触，经过传感、信号处理和无线传输等步骤，实时采集导线的温度，经过处理后通过无线模块将数据传送至塔上状态监测装置（CMD）。

近年来，随着 OPGW、OPPC 的广泛应用，光纤测温技术在导线温度监测方面被广泛应用。光纤测温系统主要由测温光缆、控制器构成。其中，导线/测温光缆沿架空线路敷设在导线上，用于感应导线沿线温度；光纤温度测量控制器放置于变电站，用于测量导线沿线不同位置的温度。目前光纤测温主要有两种方法，一种方法是利用光纤光栅网络分析仪、工业监控计算机、系统软件组成的实时测温系统，称为光纤光栅测温系统，其系统结构如图 7-1 所示。系统将光纤光栅传感器探知的光信号通过网络分析仪进行波长解调，监控计算机可进行传感网络参数配置、数据采集、存储、分析。监控计算机同时给用户提供界面预先设定各点预警、报警温度，一旦满足触发条件，计算机上将出现报警输出。光纤光栅测温系统使用特制光纤，其反射信号强、稳定性好。但受测量的点数限制，不能够进行导线沿线连续测温。

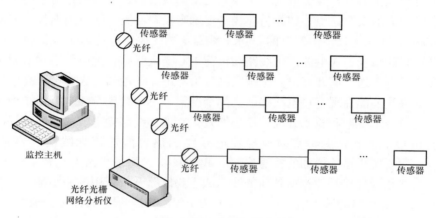

图 7-1　光纤光栅测温系统

另一种方法是同时利用单根光缆实现温度监测和信号传输，利用光纤拉曼散射效应（Raman Scattering）和光时域反射测量技术（Optical Time Domain Reflectometry，OTDR）来获取空间温度分布的测温系统，称为分布式光纤测温（Distributed Temperature Sensing，DTS）系统。其中光纤拉曼散射效应用于实现温度测量，光时域反射测量技术用于实现温度定位，其能够连续测量光纤沿线的温度分布情况，传感器离采样点距离可达到 1.0～2.0m，最小检测周期可达 10s，可以不间断地自动测量一根长达几千米到几十千米电缆的温度分布，特别适宜于空间多点连续测量的应用场合。

2. 非接触式测温

非接触式测温是通过测量物体辐射能量反映温度值，例如，采用不与导线、金具表面直接接触的红外等温度传感元件，经过传感、信号处理和数据传输等步骤，实时获取物体表面温度。

红外非接触式测温也叫辐射测温，一般使用热电型或光电探测器作为检测元件。此方法利用物体产生的红外辐射能量的强度与物体温度的关系来确定物体的表面温度，可以进行某一点的温度测量，也可以进行大面积的温度测量，装置制造工艺简单，成本较低。但该技术应用于导线温度测量时存在两方面的问题：一是无法避免导线辐射吸收率变化对测量精度的影响，标定较为复杂；二是测温精度受探测距离、被测物表面污秽、光洁度等诸多因素影响，安装调试复杂，且测量精度和稳定性较差。

7.1.2　静态增容技术

1. 设计规程及静态增容可行性分析

我国现行设计规程规定输电线路的导线允许温度限额为 70℃，而国际上大多数国家规定导线温度限额在 80℃及以上，如日本、美国允许导线温度为 90℃，法国为 85℃，德国、荷兰、瑞士等国为 80℃。所谓静态增容技术是指突破现行技术规程的规定，环境温度仍按 40℃考虑，线路上的风速和日照强度完全符合规程要求，将导线的允许温度由现行规定的 70℃提高到 80℃或 90℃，从而提高导线输送容量。

根据我国输电线路常用的几种钢芯铝绞线，浙江省电力试验研究院计算了不同允许温度下的载流量，见表 7-1。计算条件为：环境温度 35℃；风速 0.5m/s；日照强度 1000W/m²；导线表面吸热系数 0.9。从表 7-1 中的计算载流量值可以看出，当导线允许温度从 70℃分别升高到 80℃和 90℃时，以 LGJ240/30 导线为例，载流量分别提高了 24%和 44%；以 LGJ300/25 导线为例，载流量分别提高了 24.4%和 43.8%。可见，适当提高导线允许温度，可提高线路正常输送能力。

表 7-1　　　　　　　　　　　　钢芯铝绞线长期允许载流量

截面（mm²）	结构（根/mm）		计算载流量（A）		
	铝	钢	70℃	80℃	90℃
240/30	24/3.60	7/2.40	445	552	639
300/25	48/2.85	7/2.22	505	628	726
400/35	48/3.22	7/2.50	583	729	844
500/45	48/3.00	7/2.80	664	834	967
630/45	45/4.20	7/2.80	763	964	1120

华东电力设计院根据 DL/T 5092—1999《110kV～500kV 架空送电线路设计技术规程》7.0.2 条规定，计算了不同环境温度及不同导线允许温度下的载流量（见表 7-2）。计算条件如下：导线为钢芯铝绞线 LGJQ2400/50；标准档距 400m；风速 0.5m/s，最大风 35m/s；日照强度 1000W/m²；导线表面的吸热系数 0.95。由表 7-2 可知，当环境温度为 40℃、系统电压为 500kV 时，导线允许温度由 70℃提高到 80℃和 90℃，导线输送容量由 2390MW 分别提高到 2780MW 和 3110MW，分别提高了 16.3%和 30.1%。很明显，提高导线允许温度能提高导线输送容量，经济效益显著。

表 7-2　　　　　　　　　　　不同允许温度下的载流量　　　　　　　　　　　　　　　A

环境温度（℃）	导线允许温度（℃）		
	70	80	90
10	3700	3910	4090
15	3540	3770	3970

环境温度（℃）	导线允许温度（℃）		
	70	80	90
20	3360	3610	3830
25	3160	3440	3680
30	2940	3240	3510
35	2690	3030	3320
40	2390	2780	3110

作者计算了不同导线允许温度下的载流量值，见表 7-3。计算初始条件如下：导线直径 0.04m，导体电阻率 $0.01\Omega/m$，日照强度 $1000W/m^2$，导线表面辐射系数 0.5，导线表面吸热系数 0.95，环境风速 5m/s，环境温度从 10℃ 到 40℃ 变化。当环境温度为 10℃ 时，导线允许温度从 70℃ 提高到 80、90℃，其允许输送容量仅提高 1.5%、3%；当环境温度为 40℃ 时，导线允许温度从 70℃ 提高到 80、90℃，其允许输送容量提高 11%、19%。通过上述分析发现环境温度较低时（＜10℃），提高导线允许温度对输送容量的影响不大；环境温度越高，提高导线允许温度可提高输电线路输送容量就越大。

表 7-3　　　　　　　　　不同导线允许温度下的输送容量　　　　　　　　　A

环境温度（℃）	导线允许温度（℃）		
	70	80	90
10	565	573	580
20	482	500	513
30	405	431	452
40	330	366	393

从上述三个表中我们可以看出，采用提高导线允许温度来提高线路的正常输送能力有着较普遍的现实意义。一般导线允许温度从 70℃ 提高到 80℃ 或 90℃，输送容量可分别提高到 20% 或 36% 左右。

2. 静态增容技术相关影响因素分析

由于静态提温增容技术突破了现行技术规程的规定，需要研究提高导线允许温度对导线、配套金具的机械强度和寿命的影响程度以及导线温升引起弧垂增加，对地及交叉跨越空气间隙距离减小，线路对地及交跨安全裕度的影响程度等问题。

（1）提高导线允许温度对导线线材强度的影响。

1）国网北京电力建设研究院和上海电缆研究所的试验结果。试验采用的硬铝线、铝合金线和镀锌钢线的抗拉强度都较国际和 IEC 的标准要高。线材经过 70～100℃ 持续加热 1000h 后，其残存强度与标准抗拉强度相比，几乎没有下降。电力建设研究所为提高导线发热允许温度进行了单丝和整线及其配套金具的发热试验，绞前线材在恒定温度加热下的强度损失率见图 7-2。

2）加拿大 ALCAN 公司的试验结果。H19 硬铝线在 100℃ 下，加热 20 000h 强度没有损失。强度为 305MPa 的 6101 和强度为 250MPa 的 6101 铝合金线，在 75℃ 下，加热

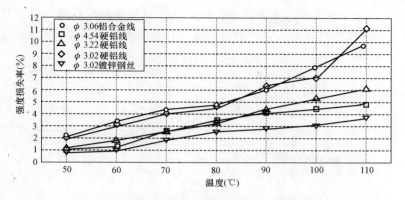

图 7 - 2　绞前线材在恒定温度加热下的强度损失率

10 000h、20 000h，强度没有损失；在 100℃ 下，加热 10 000h，强度为 305MPa 的 6101 铝合金线强度损失 8%，而强度为 250MPa 的 6101 铝合金线强度没有损失。

3）IEC1597—1995 论文《架空电力线裸绞线计算方法》。若导线每年的加热时间为 10h，10 年的累积效应相当于同样的温度连续加热 100h。图 7 - 3、图 7 - 4 归纳了导线在不同温度下持续加热 1000h 的试验结果。

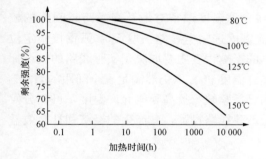

图 7 - 3　铝单线随温度变化的强度损失

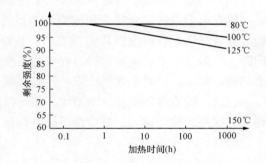

图 7 - 4　铝合金单线随温度变化的强度损失

从图 7 - 3、图 7 - 4 中可知，加热到 80℃ 持续 1000h，铝单线强度基本上没有损失，而铝合金单线强度损失为 0.5%。

（2）提高导线允许温度对导线综合拉断力的影响。

国内试验数据表明，80℃ 时的钢芯铝绞线强度基本上不低于计算拉断力。日本试验认为，ACSR 钢芯铝绞线即使在 90℃ 时强度稍有降低，但基本上不低于计算拉断力，而此时导线的运行张力不足拉断力的 40%，况且高温过后拉断力仍会恢复，所以实用上不会有问题。苏联、比利时和加拿大的试验表明，ACSR 钢芯铝绞线的允许温度可以超过 90℃。

（3）提高导线允许温度对导线配套金具的影响。

1）IEEE 资料《钢芯铝绞线配套金具的高温试验》的结论。对悬垂线夹、耐张线夹、接续管、防振锤、护线条和并沟线夹所做试验表明，只要导线温度不超过 200℃，线路金具就能够安全运行。

2）电力建设研究所有关金具温升试验的结论。国网电力建设研究所做的提高导线允许温度的试验中，测得压接金具温度均低于导线温度，见图 7 - 5，交流电阻约为等长导线的

0.35～0.65 倍，均与国内外其他观测结果类似。可见配套金具在载流时的工作情况，优于导线本身。试验结果表明提高导线允许最高温度，并不影响其配套金具的安全运行。

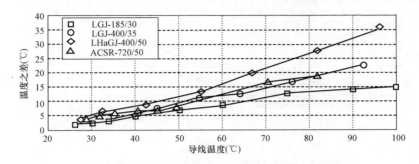

图 7-5   导线温度与金具平均温度之差随导线温度变化关系

根据国内外试验数据：压缩型金具（耐张线夹，接续金具）的握力强度在 80℃时高于导线实际拉断力的 95%，满足现行国标的要求。通过长期运行的接续金具试验，导线直线接续管、耐张线夹组合体金具温度低于导线温度，热循环试验后握力仍符合现行国标。因此，提高导线温度后对配套金具影响不大。

（4）提高导线允许温度对地及交叉跨越的影响。

华东电力设计院对此开展研究，通过提高导线允许温度调整对地及交叉跨越间距的校验，建议导线允许温度提高到 80℃后，按经济电流密度选输电线路，取 50℃弧垂校验定位间距。一般情况下，提高导线温度对地及交叉跨越的影响程度主要取决于实际线路的设计标准和通道状况，通过局部整治即可达到导线最高允许温度 90℃下仍然满足安全间距的要求。

总之，随着电网密度逐渐增大、新建线路走廊日益紧缺，提高导线允许温度，可充分发掘现有线路的输送能力、减少新建线路数量、降低新建线路投资，其产生的经济和社会效益十分明显。

7.1.3 动态增容技术

1. 设计规程及动态增容可行性分析

《输电线路导线温度智能监测装置技术规范》（Q/GDW 244—2010）规定，计算导体允许载流量时，对于导线允许温度钢芯铝绞线、钢芯铝合金绞线可采用 70℃（大跨越可采用90℃）；环境气温应采用最高气温月的最高平均气温（40℃）；风速应采用 0.5m/s（大跨越可采用 0.6m/s）；日照强度应采用 1000W/m²。但运行经验表明，这种极限值是十分保守的，其是基于最恶劣的气象条件为维持线路对地的安全距离而得到的，而实际线路走廊的气象条件要远远好于假定气象条件。实际上，绝大多数情况下允许输送容量超出一些，这样并不会造成设备故障和系统损坏。因此在现有线路设计的技术要求下，在不影响线路运行安全和线路使用寿命的情况下，输电线路有很大的增容空间，但要保障线路在增容的情况下安全运行，就必须实时掌握线路运行的相关参数（导线温度、环境温度、风速以及日照强度等）。动态增容技术（Dynamic Thermal Rating，DTR）就是在输电线路上安装在线监测装置，对导线状态（导线温度、张力、弧垂等）和气象条件（环境温度、日照、风速等）进行监测，在不突破现行技术规程规定的前提下，根据摩尔根等载流量模型计算出导线的最大允许载流量，充分利用线路客观存在的隐性容量，提高输电线路的实际输送容量，具有很强的实用性。

国家电网公司华东分部针对华东电网 500kV 线路输送能力受制于线路热稳定水平的问题，从理论上分析了通过实时监测导线运行环境来提高导线输送容量方法的可行性，采用实测导线温度、电流、环境温度、风速、日照强度等参数的方法：①修正计算模型；②在已修正的计算模型上计算动态输送限额；③积累运行数据后提出简便、合理、高效的测试系统。选择 500kV 瓶武 5905 线作为试验线路，通过测量线路电流、导线温度及环境参数（环温、日照强度、风速）来验证导线的输送容量。各测点的参数变化见图 7 - 6。

分析 2005 年迎峰度夏期间的实测数据，计算环境温度最高、日照强度最大、风速最小这三种工况，且不考虑导线温升暂态过程，计算导线载流量的结果见表 7 - 4。

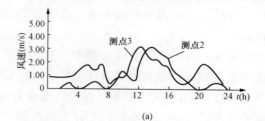

(a)

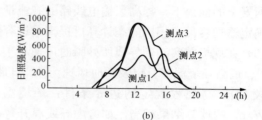

(b)

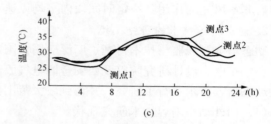

(c)

图 7 - 6　一天中实测气象条件变化曲线
(a) 风速变化；(b) 太阳辐射强度变化；
(c) 环境温度变化

表 7 - 4　　　　　　　　　　由实测环境参数确定导线载流量

分析工况	测点	温度（℃）	风速（m/s）	太阳辐射（W/m²）	电流限额（A）	与稳态电流限额相比较（%）
最高环境温度	2	36.9	3.6	639	4460	＋85.8
	3	37.3	4.9	718	4730	＋97.1
最高辐射强度	2	34.1	1.3	909	3570	＋48.8
	3	35.6	3.1	967	4250	＋77.0
零风速时最高环境温度	2	32.6	0.0	117	2850	＋18.7
	3	34.6	0.0	430	2520	＋5.0
零风速时最高辐射强度	2	28.9	0.0	274	2870	＋19.6
	3	33.0	0.0	606	2430	＋1.3

国家电网公司华东分部在实验室模拟了导线过电流、风速、日照变化等多种工况下导线温度变化的暂态和稳态过程。通过对现场测试和实验室研究结果的初步分析，可得出如下几点结论：

（1）一般情况下，白天的平均风速较夜晚大，而一般经验认为夜晚没有日照、环境温度较低，导线在夜晚的输送容量较高，国外及华东电网有限公司在线实测数据计算结果表明：

由于风对导线的冷却作用要远大于日照引起的导线发热，白天的导线平均输送容量限额一般要比夜晚大。

（2）规程计算的导线载流量没有考虑导线温升的暂态过程。实验室模拟试验结果表明：在环境参数取规程规定的边界条件值时，通过导线的电流由载流量限额一半突变为全额（模拟 $N-1$ 事故），则导线达到其工作允许温度有较长的时间。在目前电网 $N-1$ 运行方式下，导线温升暂态过程的时间特性，不仅为运行部门处理事故提供了相对充裕的时间，同时在确保电网安全的前提下，提高了输电线路的载流量。初步分析以上的测试结果可知：依据环境参数确定输送容量，相比静态计算可提高输送容量 30% 以上。

（3）在现场曾实测到导线所处瞬时风速小于规程中规定 0.5m/s 的情况。在实测瞬时风速为 0、最高环境温度，以及瞬时风速为 0、日照强度最大的两种工况下（尽管实测出现的次数较少），与规程规定的边界条件：环境温度为 40℃、风速为 0.5m/s、日照强度为 1000W/m² 的计算结果相当。如考虑导线温升暂态过程的时间常数后，考虑瞬时风速为零时刻前后非零风速的作用（一定时间段内平均风速），计算的导线载流量可提高较多。

2. 动态增容技术的研究现状

动态增容在线监测技术得到了广泛应用，国内上海交通大学、西安交通大学、西安工程大学、华东电力设计研究院以及西安金源电气股份有限公司等诸多高校、研究院和企业也都针对动态增容技术进行了研究，并得到较大范围内的应用，有效提高了现有电网输送能力。

（1）国外动态增容技术研究现状。

1）美国电气研究协会（EPRI）开发出一种利用实际气象条件和设备的实时温度监测确定线路动态容量的监测系统（Dynamic Thermal Circuit Ratings，DTCR），如图 7-7 所示。DTCR 包括 1 个计算模块，内含 EPRI 开发的各种类型输电设备（如架空线路、变压器、地下电缆等）的热模型。该模块考虑了实时气象条件、其他环境参数（如土壤参数等）、设备

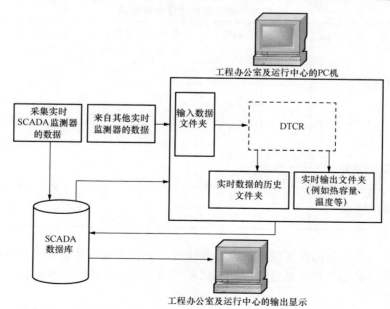

图 7-7　DTCR 的构成与数据采集（SCADA）系统的联系

温度参数及电气负载等因素。监测设备包括小型气象观测台、导体松弛度和温度传感器、数字化数据单元等。

DTCR 可计算并连续更新线路的动态负荷容量。美国 SRP（Salt River Project）公司目前在 2 条重要输电线路上使用 DTCR 技术，使线路负荷短时超出其固定容量。DTCR 应用使该公司修建新线路的工程推迟了 5 年，最少节省了约 900 万美元的费用。加拿大 BC 水电公司在靠近 Vancouver 的 2 条地下电缆上使用了 DTCR 技术，DTCR 技术使其更换电缆的计划推迟了 1 年，一次性节约费用约 100 万美元。

2）美国电力科学研究院 EPS 公司生产的 CAT-1（Real transmission line rating system）已在 18 个国家共 300 多条线路上使用。实际应用表明：该技术使线路负荷更接近其热容量而不降低供电可靠性，电力公司以极低的成本快速响应了负荷需求的增长。

3）Tapani O. Seppa 采用张力监控技术来提高线路输送容量。张力监控器由沿着传输导线安装的太阳能远程监控单元组成，得到监测点两个方向上的导体张力，这种远程监控单元通过无线电频谱将监测数据传输到变电站接收单元，并最终通过内网传输至 EMS/SCADA 系统。

4）美国 Valley 公司开发的 CAT-1 产品通过直接测量导线张力和环境温度等参数来确定线路的输送容量。张力传感器安装在导线耐张段两端的绝缘子串上，此外还包括环境温度传感器和日照强度传感器。系统通过测量整个耐张段的导线张力，可给出耐张段内各个档距内的弧垂和平均温度。为了得到较准确的导线温度，此系统在安装初期线路必须长期或经常停电（至少几个月），以获取较大范围的净辐射温度（Net Radiation Temperature，NRT）来拟合出导线温度变化曲线，但该方法存在高温导线温度估计不准的问题。

5）美国 Promethean Devices 公司开发的 RT-TLMS 型实时监测系统采用非接触式导线温度测量的方法。这种方法解决了在线路上安装温度或张力传感器需停电及加装特殊的测量用金具的问题。

（2）国内动态增容技术研究现状。

1）上海交通大学针对 DTCR 的概念及作用机理、DTCR 系统模型、系统构架方案进行了研究和论述，将 DTCR 系统模型主要分为基于气象因素的输电导线电流—温度模型 WCTM（Weather based Current-Temperature Model）和安全性判据 2 个方面的内容。其中 DTCR 后台管理软件结构如图 7 - 8 所示。

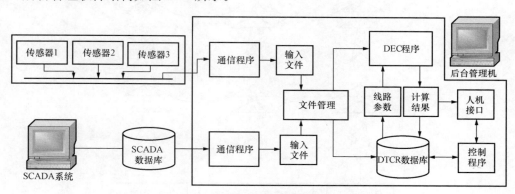

图 7 - 8　DTCR 后台管理软件结构图

　　另外，上海交通大学还开发出一种通过监测实际气象条件和线路参数来动态确定线路输送容量的监测系统。它由多个装设在耐张输电线路杆塔上的数据采集终端和设在调度中心的监控管理平台构成，通过 GPRS/GSM 来完成数据采集终端与监控管理平台之间的数据传输。监控管理平台通过以太网同监控与数据采集系统接口实现数据交换，实现系统与调度系统软件的结合，利用专家系统对输电线路的运行状态进行分析、预警，系统构成如图 7 - 9 所示。

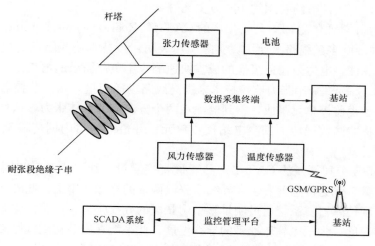

图 7 - 9　动态增容系统总体构成

　　2）浙江省电力试验研究院针对输电线路现状，在不改变线路原有结构的情况下，将导线发热允许温度从 70℃ 升高到 80～90℃，试验和分析结果表明，导线温升后导线和配套金具的机械强度仍符合规程要求，导线温度每升高 10℃，400m 档距弧垂增加不超过 0.5m，而线路输送容量可增加 20%～36%。研发的输电线路实时动态增容监测系统如图 7 - 10 所示。该系统通过在线监测导线温度和气象信息，结合计算模型确定线路动态输送容量极限，以提高线路的输送能力，并在线路发生 $N-1$ 时，能为线路短时超负荷运行提供技术支持和安全监控手段。

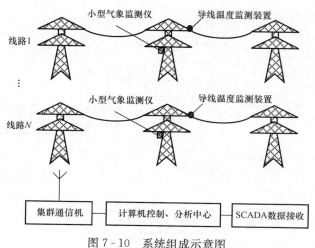

图 7 - 10　系统组成示意图

　　该系统已在实际线路上进行了验证试验，其利用试验设备调节线路的导线电流，同步实时监测导线温度、环境气象参数和导线弧垂，将测量结果与模型计算进行比较，验证输电线路实时动态增容监测系统的准确性。试验选取线路 352m 长的一个档距，导线型号 LGJQ400/35，三相导线水平排列，导线两侧悬吊点对地高度 21m。导线测温装置安装在导线上，见图 7-11；气象监测装置安装在杆塔上，见图 7-12。试验电源采用移动发电机，机组输出容量 300kW，输出电压 380V，输出电流 570A。

图 7-11　导线温度监测装置现场安装图

图 7-12　气象监测装置现场安装图

　　试验采用三相接线，通过电容器补偿使试验电流达到 1200A。试验接线见图 7-13。

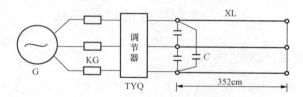

图 7-13　现场试验电气接线图

G—发电机组；XL—LGJQ-400 单导线；KG—发电机开关；
C—补偿电容；TYQ—调压器

　　3) 作者与西安金源电气股份有限公司合作研制了输电线路导线温度在线监测装置及动态增容系统，针对高压线路的实际情况首次提出采用双无线通信的工作模型来采集环境信息和导线温度，采用摩尔载流量计算公式计算隐性载流量，并针对相关的理论模型进行了深入分析和验证。具体设计见 7.4 节，运行结果分析见 7.5 节。该系统已在华北电网公司、湖北超高压公司等多个公司的 500kV 线路上安装运行，目前设备运行良好。

　　4) 华东电力试验研究院、深圳市南风云、杭州海康雷鸟、上海涌能等单位均对动态增容技术进行了研究，通过监测导线温度、环境温度和日照强度，从调度的实时数据系统监测线路和相关输电断面的电流，设计载流量计算模型，将监测数据转换成增容运行数据，为调度人员进行安全增容运行提供依据。系统结构基本相似，主要由现场实时监测装置（导线温度和气象条件）、通信网络（GSM 网络）和系统主站（含载流量计算模型）等组成，可参考图 7-14。

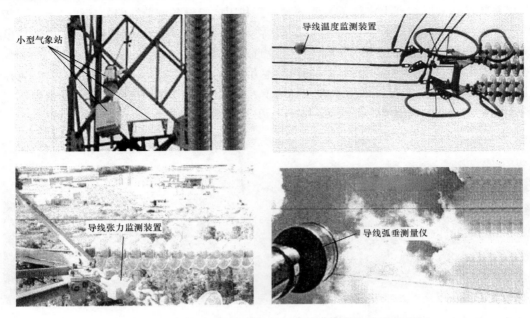

图 7-14　气象条件监测装置和导线状态监测装置现场安装图

7.2　增容技术的理论基础

7.2.1　稳态载流量计算公式

对已知环境温度和给定的导体工作温度下的最大稳态电流即导体的输送容量。影响导线实际载流量的因素主要有两个方面：外界环境条件（如风速、环境温度、环境湿度、日照强度等）；导线性能和尺寸（如导线的吸热系数、辐射系数、导线允许温度、导线直径等）。当导线直径（截面）一定时，导线允许温度和边境条件的取值就成为影响载流量的主要因素。

架空导线载流量的计算公式很多，日本、苏联、美国及英国等有关部门已提出了一些公式，但计算原理都是根据导线的发热和散热的热平衡推导出来的。导线中没有通过电流时，其温度与周围介质温度相等；当通过电流时，其内部产生的热量一部分使导体本身的温度升高，另一部分散失到周围介质中，它们之间呈动态分配，直至导体发热过渡到稳态时，导体发热温度达到稳态温度，如式（7-1）所示

$$P_r + P_c = P_s + I^2 R_T \qquad (7-1)$$

式中，P_r 为导线的辐射散热，W/m；P_c 为导线的对流散热，W/m；P_s 为导线日照吸热，W/m；R_T 为工作温度下导线的单位长度交流电阻，Ω/m。

由式（7-1），可推导出导线载流量计算公式，如式（7-2）所示

$$I = \sqrt{\frac{P_r + P_c - P_s}{R_T}} \qquad (7-2)$$

导体表面向周围空间辐射热损耗 P_r 由式（7-3）计算

$$P_r = \pi s D k_e (T_c^4 - T_0^4) \qquad (7-3)$$

式中，s 为斯蒂芬—波尔茨曼常数，$s = 5.67 \times 10^{-8}$，$W/(m^2 \cdot K^4)$；D 为导线直径，m；T_0 为环境温度，K；T_c 为导体稳态温度，K；k_e 为导线表面辐射系数，光亮新线为 $0.23 \sim 0.46$，发黑旧线为 $0.9 \sim 0.95$。

由于自然风的存在，强迫对流散发出的热损耗 P_C 由式（7-4）计算

$$P_C = \lambda \times N_u \times \pi (T_c - T_0) \tag{7-4}$$

式中，λ 为与导体相接触的空气膜导热系数假定为 $0.025\,85$，$W \cdot m^{-1} \cdot K^{-1}$；$N_u$ 为欧拉数，由式（7-5）给出

$$N_u = 0.65 R_e^{0.2} + 0.23 R_e^{0.61} \tag{7-5}$$

R_e 为雷诺数，由式（7-6）给出

$$R_e = 1.644 \times 10^9 v D [T_0 + 0.5(T_c - T_0)]^{-1.78} \tag{7-6}$$

式中，v 为风速，m/s。

导体吸收的太阳辐射热 P_s 由式（7-7）计算

$$P_s = \gamma \cdot D \cdot S_i \tag{7-7}$$

式中，γ 为导线吸收系数，光亮新线为 $0.23 \sim 0.46$，发黑旧线为 $0.9 \sim 0.95$；S_i 为日照强度，W/m^2。

交流电阻 R_T 由式（7-8）计算

$$R_T = \beta R_d \tag{7-8}$$

式中，R_d 为直流电阻，Ω/m；β 为交直流电阻比。

工作温度下导体的直流电阻 R_d 由式（7-9）计算

$$R_d = R_{20}[1 + \alpha(t_c - 20)] \tag{7-9}$$

式中，α 为温度系数，铝取 $0.004\,03$，$1/℃$；t_c 为导体工作时的温度，℃；R_{20} 为导体在 20℃的直流电阻，Ω/m。忽略钢芯的导电性，则铝导体 20℃的直流电阻的计算，如式（7-10）所示

$$R_{20} = \frac{4 \rho_{20} \lambda_{am}}{\pi d^2 N} \tag{7-10}$$

式中，d 为铝单线直径，mm；ρ_{20} 为铝单线的电阻率，取 2.8264×10^{-8}（20℃），$\Omega \cdot m$；N 为铝线总根数；λ_{am} 为铝线平均绞入率按各层铝线平均节距比计算。

交直流电阻比 β 由式（7-11）计算

$$\beta = 1 + \frac{\Delta R_1}{R_d} + \frac{\Delta R_2}{R_d} \tag{7-11}$$

式中，ΔR_1 为涡流和磁滞引起的电阻增量，由式（7-12）计算

$$\Delta R_1 = \frac{8 \pi^2 a f (\sum_{1}^{m} N_m) \times 10^{-7}}{N^2} \times \mu \cdot \tan\delta \tag{7-12}$$

式中，a 为钢芯截面，mm^2；f 为电流频率，Hz；m 为铝线层数；N_m 为第 m 层铝线总匝数，$N_m = n_m / l_m$；n_m 为第 m 层铝线根数；l_m 为第 m 层铝线节距长，mm；N 为导线中铝线总根数；μ 为钢芯复合磁导率；$\tan\delta$ 为磁损耗角正切。

$\mu \cdot \tan\delta$ 由相应的磁场强度测量数据决定。忽略导体轴向电流并假设铝线中电流分配均匀，由 m 层铝线引起的总磁场强度 H 为

$$H = \frac{4\pi I \sum\limits_{1}^{m} N_m}{10N} (\text{Oe}^{\text{❶}}) \quad (7-13)$$

对式（7-13），首先设定电流 I 为一个近似数值再计算 H，然后根据表7-5中钢丝直径和 H 值求取 $\mu \cdot \tan\delta$ 数值。当 H 计算值不同于表中数值时用二次曲线插值法求出。

表 7-5 $\mu \cdot \tan\delta$ 数 值

钢丝直径	磁场强度 H(Oe)						
（mm）	0	5	10	15	20	25	30
0.15~0.285	1.00	7.13	35.84	183.6	345.6	325.8	267.2
0.29~0.309	1.15	10.8	46.20	173.3	326.7	306.7	247.2
0.31~0.380	1.30	14.4	56.55	162.9	307.8	287.5	227.2

式（7-11）中，ΔR_2 为集肤和邻近效应引起的电阻增量。忽略钢芯导电性，其集肤和邻近效应引起的相对电阻增量可由式（7-14）计算

$$\frac{\Delta R_2}{R_d} = Y_s(1-\phi)^{-1/2} - 1 \quad (7-14)$$

式中，Y_s 为由集肤效应引起的相对电阻增量，由式（7-15）计算

$$Y_s = 1 + a(z) \cdot \left[1 - \frac{\beta_0}{2} - \beta_0^2 b(z)\right] \quad (7-15)$$

ϕ 为由邻近效应引起的相对电阻增量，由式（7-16）计算

$$\phi = \lambda \cdot y^2 \left[\frac{z^2(2-\beta_0)^2}{z^2(2-\beta_0)^2 + 16\beta_0^2}\right] \quad (7-16)$$

$$\lambda = 1 - \beta_0\left(1 + \frac{z^2}{4}\right)^{-1/4} + \frac{10\beta_0^2}{20+z^2}$$

$$a(z) = \frac{7z^2}{315 + 3z^2} \quad (0 < z < 5)$$

$$b(z) = \frac{56}{211 + z^2} \quad (0 < z < 5)$$

$$z = 8\pi^2 \left[\frac{D - d_s}{2}\right]^2 f \cdot r$$

$$\beta_0 = \frac{D - d_s}{D}$$

$$y = \frac{D}{s}$$

$$r = \frac{1}{A \cdot R \times 10^9}$$

$$A = \pi \frac{D^2 - d_s^2}{4}$$

式中，D 为导线直径，mm；R 为最高温度下导线单位长度的交流电阻，Ω/m；d_s 为钢

---

❶ Oe：奥斯特，磁场强度单位，$1(\text{Oe})H \approx \frac{10}{4\pi}(\text{A/m})$。

芯直径，mm；s 为导线之间距离，mm。

7.2.2 摩尔根载流量简化计算公式

上述导线载流量计算公式考虑比较全面，但计算过程较繁琐，如果将其在一定条件下简化，则可缩短计算过程，适用于当雷诺系数为 100～3000 时，即环境温度为 40℃、风速 0.5m/s、导线温度不超过 120℃时，直径 4.2～100mm 导线的载流量计算。其摩尔根简化公式为

$$I = \sqrt{\frac{9.92\theta(vD)^{0.485} + \pi s D k_e \left[(273+t_c)^4 - (273+t_0)^4\right] - \gamma D S_i}{\beta R_d}} \tag{7-17}$$

式中，I 为安全载流量，A；θ 为导线的温升，℃，即导线温度与环境温度的差值；t_0 为环境温度，℃；t_c 为导体稳态温度，℃。

计算导线载流量时，交直流电阻比的运算比较麻烦，摩尔根公式不仅考虑因素比较多，而且还有实验基础，这里我们可以应用它的一个实验结论，即交直流电阻比与电流成非线性关系（$\beta = \zeta I^{\tau}$），用电流代替交直流电阻比，从而简化计算过程。当导线标准截面确定后，ζ 和 τ 都是常量。将 $\beta = \zeta I^{\tau}$ 代入摩尔根简化公式，得

$$I = \sqrt{\frac{9.92\theta(vD)^{0.485} + \pi s D k_e \left[(273+t_c)^4 - (273+t_0)^4\right] - \gamma D S_i}{\zeta I^{\tau} R_d}} \tag{7-18}$$

整理，得

$$I^{2+\tau} = \frac{9.92\theta(vD)^{0.485} + \pi s D k_e \left[(273+t_c)^4 - (273+t_0)^4\right] - \gamma D S_i}{\zeta R_d} \tag{7-19}$$

架空导线一般采用钢芯铝绞线和铝绞线。钢芯铝绞线和铝绞线在不同标准截面下的 ζ、τ 以及导线 20℃的直流电阻 R_{20} 的取值分别如表 7-6、表 7-7 所示。

表 7-6   LGJ/LGJF 型钢芯铝绞线参数取值

标准截面 （mm²）	20℃的直流电阻 （Ω/km）	ζ	τ	标准截面 （mm²）	20℃的直流电阻 （Ω/km）	ζ	τ
10/2	2.706	0.9517	0.0151	210/35	0.1363	1.0084	−0.0008
16/3	1.7790	0.9279	0.0216	210/50	0.1381	0.9978	0.0009
25/4	1.1310	0.7757	0.0608	240/30	0.1181	0.8957	0.019 12
35/6	0.8230	0.2163	−0.3197	240/40	0.1209	0.9146	0.015 64
50/8	0.5946	0.8953	−0.0343	240/55	0.1198	0.9999	0.0005
50/30	0.5692	0.3058	0.2544	300/15	0.0972	0.9341	0.0123
70/10	0.4217	1.010	0.0153	300/20	0.0952	0.9082	0.0170
70/40	0.4141	0.5220	0.1555	300/25	0.0943	0.8850	0.0212
95/15	0.3058	1.0037	0.0001	300/40, 50	0.0961	1.0108	−0.0011
95/20, 55	0.2992	0.3343	0.2403	300/70	0.0946	0.9973	0.0009
120/7	0.2422	1.0016	0.0003	400/20	0.0710	0.8625	0.0253
120/20	0.2496	1.0044	0.0002	400/25, 35	0.0737	0.8042	0.0363

标准截面 （mm²）	20℃的直流电阻 （Ω/km）	ζ	τ	标准截面 （mm²）	20℃的直流电阻 （Ω/km）	ζ	τ
120/25	0.2345	0.9491	0.0438	400/50	0.0723	0.7718	0.0434
120/70	0.2364	0.1429	0.3928	400/65	0.0724	1.0081	−0.0003
150/8	0.1989	0.9940	0.0016	400/95	0.0709	1.0229	−0.0023
150/20	0.1980	1.0065	0.0006	500/35	0.0581	0.6995	0.0577
150/25	0.1939	0.9501	0.009 68	500/45	0.0591	0.6596	0.0668
150/35	0.1962	1.0074	0.0007	500/65	0.0576	0.6728	0.0649
185/10	0.1572	1.1184	0.0180	630/45	0.0463	0.4502	0.1235
185/25	0.1542	0.9889	0.0024	630/55	0.0451	0.4093	0.1379
185/30	0.1592	0.9749	0.0048	630/80	0.0455	0.1467	0.2989
185/45	0.1564	0.9887	0.0024	800/55	0.0355	0.0823	0.3691
210/10	0.1411	1.0267	−0.0038	800/70	0.0357	0.0450	0.4573
210/25	0.1380	1.0077	−0.0007	800/100	0.0364	0.0107	0.6805

表 7 - 7 LG 型铝绞线参数取值

标准截面 （mm²）	20℃的直流电阻 （Ω/km）	ζ	τ	标准截面 （mm²）	20℃的直流电阻 （Ω/km）	ζ	τ
16	1.8020	1.003	0	185	0.1574	1.003	0
25	1.1266	1.003	0	210	0.1371	1.003	0
35	0.8333	1.003	0	240	0.1205	1.013 02	−1.4797
50	0.5787	1.003	0	300	0.0969	1.020 24	0.002 246
70	0.4018	1.003	0	400	0.0725	1.036 29	−0.003 885
95	0.3009	1.003	0	500	0.0573	1.0580	−0.006
120	0.2374	1.003	0	630	0.0458	1.0906	−0.009 024
150	0.1943	1.003	0	800	0.0359	1.1462	−0.013 82

7.2.3 摩尔根载流量简化计算公式验证

1. 在假设气象条件下的验证

为验证上述摩尔根简化公式（7 - 19）的有效性，下面以架空导线常用的 LGJ400/25 钢芯铝绞线为例，分别用简化前后的载流量公式计算出的导线载流量值如表 7 - 8 所示。其中"/"左边的值是用简化前的载流量公式（7 - 2）计算所得，右边的值是由简化后的公式（7 - 19）计算所得。计算初始条件：日照强度 $S_i = 1000\text{W/m}^2$，导线表面吸收系数 $\gamma = 0.5$，导体表面黑体辐射系数 $k_e = 0.6$，风速 $v = 0.5\text{m/s}$。

表 7 - 8　　　　　　　　　　　　两种公式下的载流量计算值　　　　　　　　　　　　　A

导线温度（℃）	环境温度（℃）		
	20	30	40
60	775/753	640/628	470/467
70	865/853	760/750	630/627
80	950/939	855/850	750/748
90	1010/1015	930/936	840/848
100	1070/1083	1000/1012	920/934

从表 7 - 8 中的数据我们可以看出，采用简化后的公式计算出来的导线载流量值与简化前计算的载流量值相差不大，导线最高允许温度在不高于 80℃ 时，采用简化后的公式计算出来的导线载流量值比简化前公式求出的值稍小，并且导线允许温度和环境温度越高，两者计算出来的载流量值越接近。我国规程规定计算导线载流量时，导线最高允许温度为 70℃，这样采用摩尔根简化公式（7 - 19）计算导线载流量既简单，又可以充分保证导线运行的安全性。

2. 在实际气象条件下的验证

上述对摩尔根简化公式（7 - 19）的有效性验证是假设在一定的气象条件下，而实际的气象条件远比假设的复杂，还需验证此数学模型在实际运行中是否也有效。表 7 - 9 是西安金源电气股份有限公司输电线路导线增容系统在苏州供电局运行的结果，表中数据显示了 A 相导线从 2007 年 7 月 12 号开始，每天下午 14：33 传过来的 10 天内的 18 号杆塔的现场监测数据、SCADA 系统传输过来的导线实际输送容量和根据本章摩尔根简化公式（7 - 19）计算的载流量值以及两者的相对误差。其中导线型号是 LGJQ400，导线表面吸收系数及导体表面黑体辐射系数均为 0.7，导线横截面积是 448.6mm²，导线直径是 0.027 36m。

表 7 - 9　　　　　　　　　10 天内的现场运行数据（每天下午 14：33 时）

日期	环境温度（℃）	风速（m/s）	日照强度（W/m²）	导线温度（℃）	SCADA 载流量值（A）	计算的载流量值（A）	两者相对误差
2007-07-12	31	5.3	417.325	36	414.856	416.9144	0.5%
2007-07-13	30	2	248.139	36	405.481	396.9858	2.1%
2007-07-14	27	2	146.628	32	391.418	384.5397	1.8%
2007-07-15	28	12.7	676.743	32	350.401	402.9214	14.9%
2007-07-16	31	2.7	676.743	38	408.411	349.7933	14.4%
2007-07-17	35	1.3	541.394	46	444.154	444.8165	0.1%
2007-07-18	36	6.7	676.743	42	458.217	444.8849	2.9%
2007-07-19	33	6.7	327.092	38	516.227	473.3887	8.3%
2007-07-20	33	4	214.302	40	525.016	532.7592	1.5%
2007-07-21	27	4.7	157.907	32	403.137	474.4590	17.7%

从表 7 - 8 中我们可以看出，采用摩尔根简化公式（7 - 19）计算出来的导线输送容量 10 天中有 6 天的值与 SCADA 系统传输过来的导线实际输送容量相差不大，最高相对误差不超

过 3%，有一天的值与实际值的相对误差为 8.3%，有三天的值与实际值相差稍大，但相对误差最高也不超过 18%，因此该数学模型在实际运行中完全可行。

7.2.4　线路的跃迁研究

在系统输送负荷变化时，线路从一个稳态跃迁到另一个稳态，线路上导线的温度和弧垂是一个变化的过程。线路跃迁研究电流从一个值到达另一值时，导线上各点在各个时间点上的温度变化以及杆塔间导线弧垂的变化。

1. 跃迁时温度变化研究

在系统加大输送负荷时，线路上导线的温度变化有一个暂态的模式，其变化规律可通过热平衡方程描述如下

$$W_c + P_s = Q\frac{\mathrm{d}T_{ct}}{\mathrm{d}t} + Ah(T_{ct} - T_0) + P_c \tag{7-20}$$

式中，$W_c = I^2 \cdot R_T$ 为单位长度导线热损耗，W/m；$Q = mC_p$ 为导线热容，J/K·m；m 为单位长度导线的质量，kg/m；C_p 为导线综合热容系数，J/(kg·℃)；h 为导线表面散热系数，W/(m²·K)；T_{ct} 为加电 t 时间的导线温度，K；T_0 为环境温度，K；$A = \pi D$ 为单位长度导线表面散热面积，m²/m。

将 $P_s = \gamma \cdot D \cdot S_i$，$P_c = \lambda \times N_u \times \pi(T_c - T_0)$ 代入上式（7-20），移项整理得

$$\frac{\mathrm{d}T_{ct}}{\mathrm{d}t} + \frac{Ah + \lambda N_u\pi}{Q}T_{ct} = \frac{W_c + \gamma DS_i + (Ah + \lambda N_u\pi)T_0}{Q}$$

对此一阶线性微分方程求解，得

$$T_{ct} = C \cdot \mathrm{e}^{-\int\frac{Ah+\lambda N_u\pi}{Q}\mathrm{d}t} + \mathrm{e}^{-\int\frac{Ah+\lambda N_u\pi}{Q}\mathrm{d}t} \cdot \int \frac{W_c + \gamma DS_i + (Ah + \lambda N_u\pi)T_0}{Q} \cdot \mathrm{e}^{\int\frac{Ah+\lambda N_u\pi}{Q}\mathrm{d}t}\mathrm{d}t$$

化简得

$$T_{ct} = C \cdot \mathrm{e}^{\frac{Ah+\lambda N_u\pi}{Q}t} + \frac{W_c + \gamma DS_i}{Ah + \lambda N_u\pi} + T_0 \tag{7-21}$$

式中，C 为任意常数。

当 $t = 0$ 时，则

$$T_{c0} = C + \frac{W_c + \gamma DS_i}{Ah + \lambda N_u\pi} + T_0$$

移项得

$$C = T_{c0} - T_0 - \frac{W_c + \gamma DS_i}{Ah + \lambda N_u\pi}$$

将常数 C 代入公式（7-21），得线路跃迁时的暂态方程为

$$T_{ct} = \left[(T_{c0} - T_0) - \frac{W_c + \gamma DS_i}{Ah + \lambda N_u\pi}\right]\mathrm{e}^{-\frac{Ah+\lambda N_u\pi}{Q}t} + \frac{W_c + \gamma DS_i}{Ah + \lambda N_u\pi} + T_0 \tag{7-22}$$

式中，T_{c0} 为 $t = 0$ 时的导线温度，K。

为了研究导线的暂态问题，结合建立的暂态方程仿真了输送容量突变为 600、700、800A 时导线温度随时间的变化曲线 [分别见图 7-15（a）～（c）]。初始条件：环境温度 25℃、导线直径 0.05m、导体电阻率 0.01Ω/m、日照强度 1000W/m²、导线表面辐射和吸热系数分别为 0.5 和 0.95、环境风速 5m/s、导线运行载荷 188A、导线初始温度 30℃。

从图 7-15（a）中可以看出当输送容量突然升为 600A 时，导线温度从初始 30℃上升至稳态温度 60℃需要 80s，其后稳定在 60℃；从图 7-15（b）中可以看出当输送容量突然升为 700A 时，导线温度从初始 30℃上升至导线允许温度 70℃需要 48s，其后稳定在 75℃；从图 7-15（c）中可以看出当输送容量突然升为 800A 时，导线温度从初始 30℃上升至导线允许温度 70℃需要 24s，其后稳定在 92℃。总之，当突变输送容量比较小时，其达到稳态过程的时间较长，且稳定温度小于 70℃；当突变输送容量比较大时，其达到稳态过程的时间较短，且稳定温度往往大于 70℃，此时应密切监测导线的温度变化，避免相间短路等事故。

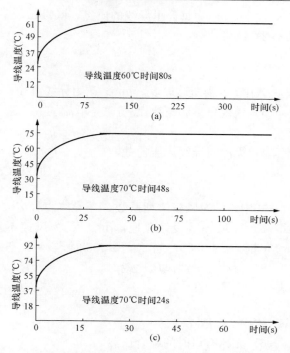

图 7-15　输送容量突变时导线温度随时间的变化曲线
（a）输送容量突变为 600A；（b）输送容量突变为 700A；
（c）输送容量突变为 800A

2. 对跃迁时弧垂变化的研究

在系统加大输送负荷时，导线线长会随之发生变化，进而引起导线应力、弧垂发生相应的变化。跃迁时弧垂的变化是指当指定线路发生跃迁时导线杆塔间弧垂高度在 30min 内的变化，只要导线弧垂在系统整个加大期间内保持在安全弧垂范围内就能保证线路运行的安全。

（1）导线悬链线方程。

若把在杆塔上的导线看成是一条理想的、柔软的、载荷沿导线长均匀分布的悬链线，则导线悬链线方程为

$$y = \frac{\sigma_0}{g}\left(ch\frac{gx}{\sigma_0} - 1\right) \tag{7-23}$$

式中，y 为导线上任意点 P 的纵坐标，m；x 为导线上任意点 P 的横坐标，m；σ_0 为导线最低点的应力；g 为沿导线均匀分布的比载。

式（7-23）是精确计算导线应力和弧垂的基本公式。在工程设计中，当悬点高差 h 与档距 l 之比 $h/l < 0.1$ 时，可将上式按级数展开并略去高次项，则可以得到导线任意点的纵坐标的平抛物线近似计算公式为

$$y = \frac{gx^2}{2\sigma_0} \tag{7-24}$$

比载即单位长度、单位面积导线上的载荷，换句话说，将单位长度（1m）导线上的载荷核算到单位截面积（1mm²）上的数值。在导线的弧垂分析中，应根据现场的实际气象条件来选择正确的比载。常用的比载有 7 种，分别如下。

1）自重比载。

$$g_1 = 9.8\frac{m_0}{A} \times 10^{-3}$$

式中，m_0 为每公里导线的质量，kg/km；A 为导线的截面积，mm^2。

2）冰重比载。

$$g_2 = 27.708 \frac{b(b+d)}{A} \times 10^{-3}$$

式中，b 为覆冰厚度，mm；d 为导线直径，mm。

3）导线自重和覆冰比载。

$$g_3 = g_1 + g_2$$

4）无冰时导线风压比载。

$$g_4 = \frac{0.6125aCdv^2}{A} \times 10^{-3}$$

式中，C 为风载体型系数，当导线直径 $d < 17mm$ 时，$C = 1.2$；当导线直径 $d \geqslant 17mm$ 时，$C = 1.1$。v 为设计风速，m/s。a 为风速不均匀系数，当 $v < 20$ 时，$a = 1.0$；当 $20 \leqslant v < 30$ 时，$a = 0.85$；当 $30 \leqslant v < 35$ 时，$a = 0.75$；当 $v \geqslant 35$ 时，$a = 0.70$。

5）覆冰时导线风压比载。

$$g_5 = \frac{0.6125aC(2b+d)v^2}{A} \times 10^{-3}$$

式中，C 取 1.2。

6）无冰有风时的综合比载。

$$g_6 = \sqrt{g_1^2 + g_4^2}$$

7）有冰有风时的综合比载。

$$g_7 = \sqrt{g_3^2 + g_5^2}$$

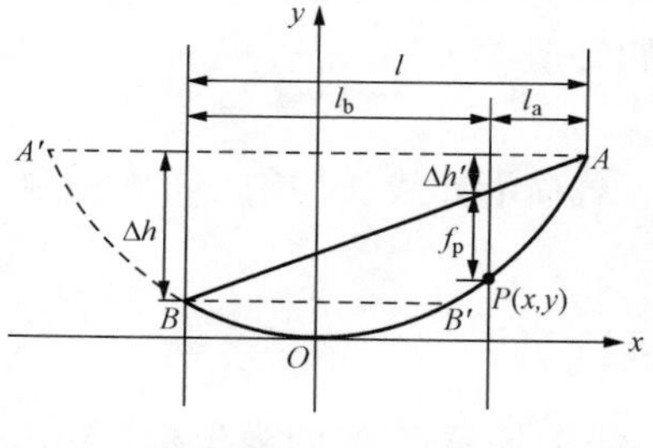

图 7-16 悬点不等高时导线弧垂示意图

（2）悬点不等高时导线弧垂计算。

对于悬点高差与档距之比小于 0.1 的档距，称为小高差档距，可近似用平抛物线方程进行导线力学计算。如图 7-16 所示，导线悬挂点不等高时，设档距为 l，比载为 g，最低点的应力为 σ_0，$P(x, y)$ 为导线上任意点。

由式（7-24）得，A 点与 B 点的纵坐标分别为

$$y_A = \frac{gx_A^2}{2\sigma_0} \qquad y_B = \frac{gx_B^2}{2\sigma_0}$$

则 A 与 B 的高度差 Δh 为

$$\Delta h = y_A - y_B = \frac{g}{2\sigma_0}(x_A^2 - x_B^2)$$

由图中的几何关系知

$$\Delta h' = \frac{x_A - x}{x_A + x_B} \Delta h = \left(\frac{x_A - x}{x_A + x_B} \right) \cdot \frac{g}{2\sigma_0}(x_A^2 - x_B^2) = \frac{g}{2\sigma_0}(x_A - x)(x_A - x_B)$$

从图中我们可以求出任意点 P 的弧垂为

$$f_P = y_A - \Delta h' - y = \frac{gx_A^2}{2\sigma_0} - \frac{g}{2\sigma_0}(x_A - x)(x_A - x_B) - \frac{gx^2}{2\sigma_0}$$

化简得

$$f_P = \frac{g}{2\sigma_0}(x_A - x)(x_B + x) = \frac{g}{2\sigma_0}l_a l_b \tag{7-25}$$

式中，l_a、l_b 为悬点 A，B 至导线任意一点 P 的水平距离。

当 $x = 0$ 时，即可得导线最低点 O 点的弧垂为

$$f_O = \frac{g}{2\sigma_0}x_A \cdot x_B \tag{7-26}$$

（3）线路跃迁时的导线状态方程式。

从式（7-26）知，要想求得线路跃迁时的弧垂变化，还要知道线路跃迁时的应力变化，这就需要知道导线的状态方程。气象条件变化时，引起导线线长变化的主要因素有两个：其一是温度发生变化时，导线由于热胀冷缩引起线长的变化；其二是由于导线荷载（即导线所受的风、冰和自重荷载）发生变化，导线发生弹性变形而引起线长的变化。

线路跃迁研究主要是研究温度发生变化时引起的线长变化。对于一档导线，设档距为 l，导线温度由原来的 t_c 变为 t'_c，导线最低点水平应力由原来的 σ_m 变为 σ_n，线长从 L_m 变化到 L_n。导线温度发生变化时，导线线长由于热胀冷缩也发生变化，这个变化过程可表示为

$$L_n = [1 + \alpha(t'_c - t_c)]L_m \tag{7-27}$$

由"悬链线"理论知，在一定气象条件下，导线的线长表达式为

$$L = l + \frac{g^2 l^3}{24\sigma_0^2} \tag{7-28}$$

将导线的线长表达式（7-28）代入式（7-27），得

$$l + \frac{g^2 l^3}{24\sigma_n^2} = [1 + \alpha(t'_c - t_c)]\left(l + \frac{g^2 l^3}{24\sigma_m^2}\right)$$

整理得出线路跃迁时的导线状态方程式

$$\sigma_n^2 = \frac{g^2 l^2 \sigma_m^2}{g^2 l^2 + \alpha\theta(24\sigma_m^2 + g^2 l^2)} \tag{7-29}$$

式中，α 为导线的线膨胀系数，1/℃；θ 为导线的温升，℃。

从线路跃迁时的导线状态方程中，我们可以求出 σ_n，将此值代入任意点的弧垂公式（7-25），即可求得导线跃迁时的弧垂变化。

（4）导线温度与弧垂之间关系的试验验证。

浙江省电力试验研究院对导线温度与弧垂之间的关系进行了试验验证，试验在稳态和暂态工况条件下进行：

1）稳态电流从零开始增加，每隔 200A 作为一个监测点，直到 1200A 为止，测量各级电流下导线温度和导线弧垂，模拟线路正常输送容量变化。

2）此状况模拟线路非正常（如 $N-1$）运行。应用监测系统测量的导线温度与红外成像仪测温对比，同时将各温度下计算导线弧垂与实测弧垂进行对比。监测系统测量导线温度、气象数据与实测弧垂同步进行。试验数据曲线见图 7-17～图 7-19。试验开始时间为 14：45，试验期间环境温度为（25℃——21℃——18℃）的变化，

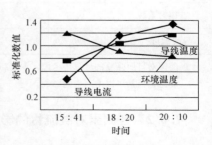

图 7-17　导线电流与环境温度和导线温度的变化曲线

试验电流（400A——1000A——1200A）值。在环境温度 20℃ 左右时，导线电流和导线温度与导线弧垂的对应关系，其关联性较好。

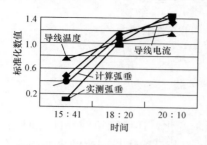

图 7-18 导线电流与导线温度及
弧垂的变化曲线

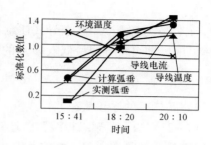

图 7-19 环境温度与导线温度及
弧垂变化综合曲线

试验结果表明，在不同工况条件下，实时监测的导线电流、导线温度及实测弧垂与模型计算结果完全吻合。

7.3 各种因素对导线载流量的影响

7.3.1 各国导线载流量计算的边界条件

不同国家均依据自己国家的自然环境取用不同的风速、日照、气温和导线允许温度等边界条件，世界主要国家所取边界条件如表 7-10 所示。不同的边界条件对导线载流量计算结果影响比较大，按我国和 IEC 条件计算的载流量相差 15%～20%。

表 7-10 各国的载流量计算参数

边界条件	中国	日本	法国	美国	IEC	美国有关专家建议		
						冬季	夏季	酷热地区
环境温度（℃）	40	—	—	—	—	5	20	35
风速（m/s）	0.5	0.5	1.0	0.61	1.0	0.45	0.45	0.22
日照强度（W/m²）	1000	1000	900	1000*	900	850	850	1050
吸热系数	0.9	0.9	0.5	0.5	0.5	0.9	0.9	0.9
辐射系数	0.9	0.9	0.6	0.5	0.6	0.9	0.9	0.9
导线温度（℃）	70	90	85	90	70	15～100	30～120	50～120

* 美国对日照强度的计算还考虑了太阳高度、太阳方位角、线路的方位角、海拔高度等因素；其他算式均以日照强度综合概括了以上因素的影响。

7.3.2 各因素对载流量的影响

1. 风速对载流量的影响

针对风速对载流量的影响，相关研究结论见表 7-11。

表 7 - 11 风速对载流量的影响

计算条件	分 析 结 果	研究者
以 LGJ400/35 为例	导线温度 70℃时，风速由 0.5m/s 降至 0.1m/s 和增至 0.6m/s、1.0m/s，载流量依次减少 30～40A，增加 4%～5.5% 和 16%～21%；导线温度 80℃时，载流量依次减少 27.5～32A，增加约 4% 和 16%～18%；导线温度 90℃时，载流量依次减少 25～27A，增加约 4% 和 15%～16%	叶鸿声、龚大卫
环境温度 40℃、日照强度为 1000W/m²	风速大于 1m/s 时，导线温度 70℃时热平衡的载流量可从 2.4kA 提高到 2.8kA	张启平、钱之银
除风速外，其他因素采用《输电线路导线温度智能监测装置技术规范》（Q/GDW 244—2010）中规定的计算条件，风速变化范围 0～5m/s	风速对导线载流量的影响很大，风速从 0m/s 变化到 5m/s 时，导线的载流量增加了 800A 左右，增加约 1 倍。实际运行中，风速大于 0.5m/s 的概率很大，所以通过实时监测导线附近的风速我们可以获得更大的导线载流量	张冰
以 LGJ240/40 为例，环境温度为 40℃、日照强度 1000W/m²	导线允许温度为 70℃时，风速为 0.75m/s 时比风速 0.50m/s 时的允许载流量大 9.34%，而风速为 1.00m/s 时比风速为 0.5m/s 时的载流量大 16.76%	阮飞
以 LGJ400/25 导线为例，除风速外，其他参数按照《输电线路导线温度智能监测装置技术规范》（Q/GDW 244—2010）规定取值，风速变化范围 0.5～5m/s	随着环境风速的增加，载流量也增加，尤其是风速比较低时，载流量增加速度比较迅速。例如环境风速从 0.5m/s 增加到 1.5m/s 时，载流量增加了大约 210A，比 0.5m/s 时提高约 35.6%。因此，实时监测环境风速可及时调节导线的输送容量	黄新波

从表中可以看出，环境风速对载流量的影响很大，尤其是在风速不是很高时，载流量随风速的增大而迅速增加。因此，实时监测导线周围的环境风速对提高导线载流量具有重要作用。

2. 日照强度对载流量的影响

针对日照强度对载流量的影响，相关研究结论见表 7 - 12。

表 7 - 12 日照强度对载流量的影响

计算条件	分 析 结 果	研究者
以 LGJ400/35 为例	导线温度 70℃时，日照强度由 1000W/m² 降至 900W/m² 或 100W/m²，载流量分别增加 1.5%～3.9% 或者 12.5%～3.0%；导线温度 80℃时，载流量分别增加 1.2%～2.5% 或 10.2%～19.7%；导线温度 90℃时，载流量分别增加 1.0%～1.7% 或 8.6%～14.4%	叶鸿声、龚大卫
环境温度为 40℃、风速为 0.5m/s	在环境温度为 40℃、风速为 0.5m/s 条件下，日照强度为 0W/m² 时，导线温度 70℃时热平衡的载流量可从 2.4kA 提高到 2.78kA 左右	张启平、钱之银
除日照强度外，其他因素采用国家规程中规定的计算条件，日照强度变化范围 0～1000W/m²	随着日照强度的增加，导线的载流量逐渐减小，日照强度从 0W/m² 变化到 1000W/m² 时，导线载流量减少 200A 左右。我国规程中规定计算导线载流量时日照强度取 1000W/m²，而在很多实际情况下，日照强度远远小于这个数值，所以通过实时监测日照强度，也可以增加导线的载流量	张冰

计算条件	分析结果	研究者
环境温度为 40℃、风速为 0.5m/s	导线温度为 70℃，日照强度为 0W/m² 时比日照强度为 500W/m² 时的载流量高 14.09%，而日照强度为 0W/m² 时比日照强度为 1000W/m² 时的载流量高 26.62%	阮飞
以 LGJ400/25 导线为例，除日照外，其他因素均采用《输电线路导线温度智能监测装置技术规范》（Q/GDW 244—2010）中规定值，日照变化范围为 0～1000W/m²	导线载流量随日照强度的增加而减少。当日照强度从 1000W/m² 降低到 50W/m² 时，导线载流量可以提高 17.9% 左右。虽然日照强度引起的导线载流量变化幅度不是很大，但如果能实时监测导线周围的日照强度，也能提高导线的输送容量	黄新波

可以看出日照强度对载流量影响不是很显著，但国家规程规定的日照强度值比较高，而实际气象条件下日照强度达到 1000W/m² 的几率并不是很大，所以通过实时监测日照强度同样可提高导线载流量，况且实际气象条件下，由于日照强度直接引起环境温度、湿度的变化，从而间接影响导线输送容量。

3. 环境温度对载流量的影响

针对环境温度对载流量的影响，相关研究结论见表 7 - 13。

表 7 - 13　　　　　　　　　　　环境温度对载流量的影响

计算条件	分析结果	研究者
以 LGJ400/35 为例	对于同一导线，同一导线温升在不同环境温度下所对应的载流量大致相等	叶鸿声、龚大卫
环境风速为 0.5m/s、日照强度为 1000W/m²	环境温度为 40℃时，导线温度 70℃时热平衡的载流量为 2400A。环境温度低于 30℃ 时，导线温度 70℃ 时热平衡的载流量可从 2.4kA 提高到 2.8kA	张启平、钱之银
除环境温度外，其他因素采用国家规程中规定的计算条件，环境温度变化范围 0～40℃	随着环境温度的减小，导线载流量减少的很快。环境温度从 0℃ 减少到 40℃时导线载流量减少约 400A	张冰
环境风速为 0.5m/s、日照强度为 1000W/m²	环境温度为 40℃、导线温度为 70℃时热平衡载流量为 470.76A；导线允许温度为 70℃时，环境温度为 20℃时比环境温度为 40℃时的载流量大 45.47%	阮飞
以 LGJ400/25 导线为例，除环境温度外，其他参数完全按照《输电线路导线温度智能监测装置技术规范》（Q/GDW 244—2010）规定取值，环境温度变化范围 0～45℃	导线载流量随环境温度的升高而减小，并且减小的幅度比较大。当环境温度从 40℃减小到 30℃和 20℃时，导线载流量分别提高约 25.9%和 44.8%，且环境温度越高，减小幅度越大。可见，实时监测环境温度对提高导线输送容量影响非常大	黄新波

从表 7 - 13 中可以看出，环境温度对导线输送容量影响是十分大的。我国规程规定，计算导线载流量时，环境温度采用最高月的最高平均气温，但实际情况下，我国大部分地区的大部分时间环境温度都低于《输电线路导线温度智能监测装置技术规范》（Q/GDW 244—2010）中规定的 40℃，所以实时监测导线周围的环境温度，对提高导线输送容量起至关重要的作用。

4. 导线允许温度对载流量的影响

导线输送容量的大小除了与导线周围的气象信息有关之外，也与导线本身的性能和尺寸有关。导线允许温度越高，传输的输送容量越大。导线允许温度对载流量的影响见表 7-14。

表 7-14　　　　　　　　　　　导线允许温度对载流量的影响

计算条件	分析结果	研究者
以 LGJ400/35 为例	对于同一导线，同一导线温升增量所对应的载流量增量则随着导线温升的提高而递减，比如导线温升从 20～30℃ 增加到 60～70℃ 时，载流增量从 58.3% 降到 9.4%	叶鸿声、龚大卫
《输电线路导线温度智能监测装置技术规范》(Q/GDW 244—2010) 中规定的气象条件	随着导线允许温度的增加，导线的载流量逐渐增加，导线温度从 70℃ 增加到 80℃ 时，导线载流量增加了 180A 左右	张冰
以 LGJ400/25 导线为例，除导线最高允许温度外，其他因素均采用《输电线路导线温度智能监测装置技术规范》(Q/GDW 244—2010) 中规定值，导线最高允许温度变化范围为 50～120℃	导线载流量随着导线温度限额的增加而增加，但导线允许温度比较低时，载流量的增加速度要比导线允许温度比较高时载流量的增加速度快，即导线载流量的增加速度随着导线允许温度的升高而降低。若把导线最高允许温度从 70℃ 提高到 80℃ 和 90℃，输送容量可分别提高 23.3% 和 43.3%。故适当提高导线的温度限额对提高导线输送容量有着巨大的经济效益	黄新波

由此可见，提高导线允许温度可以增加导线输送容量，但载流量的增加速度却随着导线允许温度的升高而降低，故适当提高导线允许温度可以提高导线输送容量。

5. 导线截面（或导线外径）对载流量的影响

导线的尺寸也影响着载流量的大小。导线截面（或导线外径）对载流量的影响程度见表 7-15。

表 7-15　　　　　　　　　　导线截面（或导线外径）对载流量的影响

计算条件	分析结果	研究者
以 LGJ400/35 为例	导线载流量随导线截面的增大而增加，以导线温度为 70℃ 为例，导线截面从 200mm² 增加到 300mm²，载流量从 390A 增加到 490A，提高 25.6%	叶鸿声、龚大卫
以 LGJ400/25 导线为例，除导线外径外，其他参数完全《输电线路导线温度智能监测装置技术规范》(Q/GDW 244—2010) 规程规定取值，导线外径变化范围 0.02～0.2m	随着导线外径的增大，导线载流量值也增大，但增加幅度不大。当导线外径由 0.02m 增加到 0.04m 和 0.06m 时，导线载流量值分别提高 12.5% 和 20.5%	黄新波

从表 7-15 中可以看出，适当提高导线外径可以提高导线输送容量，但如果导线外径过大，会给线路安装施工带来困难。

6. 导线表面辐射系数和吸热系数对载流量的影响

导线表面辐射和吸热系数对载流量的影响，取决于导线的新旧程度，相关研究结论见表 7-16。

表 7 - 16   导线表面辐射系数和吸热系数对载流量的影响

计算条件	分析结果	研究者
以 LGJ400/35 为例	它们对导线温度的影响相互抵偿，其综合效果并不显著，在导线使用温度范围内大约仅 1%～2%	叶鸿声、龚大卫
《输电线路导线温度智能监测装置技术规范》（Q/GDW 244—2010）中规定的计算条件	随着导线日照吸收（辐射）系数的增加，导线的载流量逐渐减小，但是减小的幅值并不大，导线日照吸收（辐射）系数从 0 增加到 0.9 时，导线载流量只减少不到 50A	张冰
以 LGJ400/25 导线为例，除导线表面辐射系数和吸热系数外，其他完全按照《输电线路导线温度智能监测装置技术规范》（Q/GDW 244—2010）规定	随着导线表面辐射系数和吸热系数的增加，载流量在减小，但减小幅度比较小，例如导线表面辐射系数和吸热系数从 0.3 增加到 0.5，载流量才减小约 1.6%。可见，导线表面辐射系数和吸热系数对载流量的影响不是很大	黄新波

由表 7 - 16 可知，不同研究者对导线表面辐射系数和吸热系数对载流量影响的分析结果相一致，即导线表面辐射系数和吸热系数对载流量影响不大，仅为 1%～2%。

从表 7 - 16 中可以看出气象条件和导线本身的性能和尺寸对输电线路的载流量具有不同程度的影响。环境温度和环境风速对载流量的影响相对较大；导线允许温度对载流量的影响也比较大，但没有环境温度和风速对载流量的影响程度大；日照强度和导线的辐射、吸热系数、导线截面对载流量也有一定影响，但影响程度比较小。因此，在实际系统中，只要能实时监测线路运行的相关参数（导线温度、环境温度、风速以及日照强度等），就可能在线路安全运行的前提下提高导线的载流量。

7.4　输电线路动态增容装置设计

7.4.1　基于无线温度传感器的动态增容装置

1. 总体架构

基于无线温度传感器的动态增容装置的总体架构见图 7 - 20，其中动态增容装置及各类气象传感器均安装在杆塔上，无线温度传感器安装在运行导线上。动态增容装置定时/实时完成环境温度、湿度、风速、日照强度等信息采集后，通过 ZigBee 网络主动呼叫导线温度传感器，导线温度传感器完成导线温度的采集（最多可采集 8 点导线温度）通过 ZigBee 通信模块将导线温度数据发送给杆塔动态增容装置，由装置将环境温度、湿度、风速、日照强度、导线温度等打包通过 GSM/GPRS/CDMA/3G/WiFi/光纤等方式传输到 CMA，通过 CMA 将信息发送至 CAG，监控中心专家软件通过以太网同监控与 SCADA 系统接口实现数据交换，实现系统与调度系统软件的结合，根据载流量计算模型确定线路动态输送容量极限，以提高线路的输送能力，并在线路发生 $N-1$ 时，能为线路短时超负荷运行提供技术支持和安全监控手段。

2. 状态监测装置设计（杆塔单元）

（1）硬件设计。动态增容装置主要用来完成杆塔气象条件和导线温度的监测，其设计框图见图 7 - 21。其由各种传感器（温湿度传感器、风速风向传感器和日照强度传感器）、供电

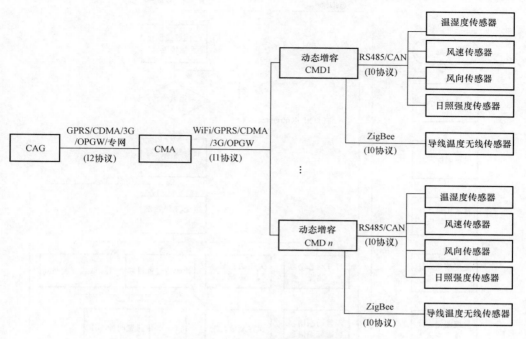

图 7 - 20　动态增容装置总体架构

电源、主控制器、数据存储器单元、时钟芯片、键盘显示单元和无线数据传输单元。其中供电电源采用太阳能＋蓄电池的供电工作方式。

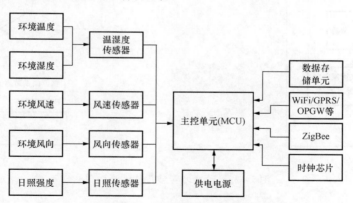

图 7 - 21　动态增容装置设计框图

（2）软件设计。状态监测装置的程序主要是进行系统初始化，设置时钟芯片，对环境温湿度、风速、风向和日照强度进行采样，主动呼叫导线温度无线传感器，将所有采集数据通过 I1 协议发送给 CMA，并接收 CMA 的控制命令，其流程图见图 7 - 22。

3. 导线温度无线传感器设计

（1）硬件设计。在线路增容过程中，导线温度是最直接最主要的技术数据，如何实时、准确监测导线温度是解决这一问题的核心，由于监测装置安装在杆塔上，考虑到高压绝缘问题，温度传感器只能采取非接触式温度采集、接触式温度采集无线发送这两种方式之一。

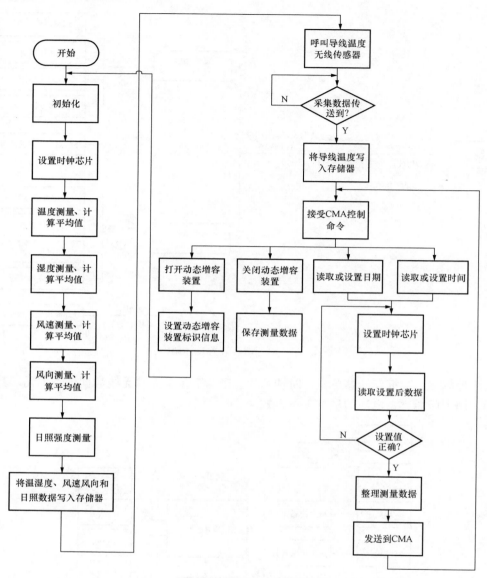

图 7 - 22　动态增容装置软件流程图

作者研发的导线温度无线传感器可完成导线或节点处的温度测量，其由电源模块、MCU、ZigBee、温度传感器等组成。短距离通信采用自主开发的 ZigBee 模块（休眠电流仅为 $1\mu A$，具有透明数据传输功能），电源模块采用导线互感取能的方式，温度传感器采用单总线数字芯片 DS18B20。数字温度传感器 DS18B20 采用单总线（1-wire）技术，内部主要由温度传感器、数字转换电路、ROM 存储器、一个暂存 RAM，非易失性电可擦除 E^2RAM，串行 I/O 接口电路等部分组成，测温范围为 $-55 \sim +125°C$，精度为 $0.5°C$。其硬件原理图见图 7 - 23，结构框图见图 7 - 24。

（2）软件设计。导线温度无线传感器的主要功能是实现对导线及金具温度的监测。传感器一方面采用中断方式进行工作，采样时间一到就启动测点温度转换，转换完后通过ZigBee

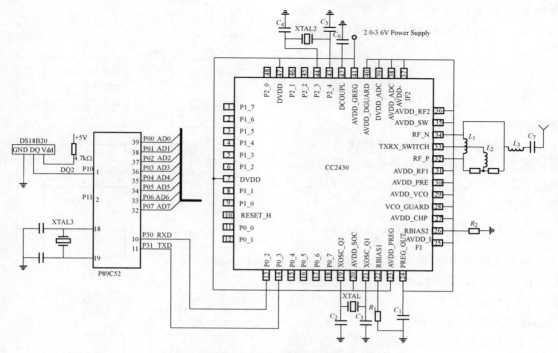

图 7 - 23　导线温度无线传感器硬件原理图

模块发送至动态增容装置，其中断程序流程见图 7 - 25；另一方面传感器采用循环进行告警查询（DS18B20 的上限温度可设为 70℃或其他值），一旦发现温度超限则不受采样时间间隔的限制，将温度告警信息通过 ZigBee 模块发送至动态增容装置，由其传送至 CAG 进行系统告警以便及时采取相关措施。

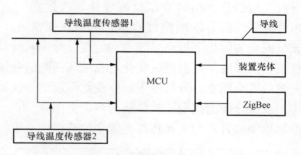

图 7 - 24　导线温度无线传感器结构框图

4．专家软件设计

（1）隐性容量的计算。将现场监测装置测量的环境温度、湿度、风速、日照强度等参数以及测得导线实际稳态温度 t_c，代入式（7 - 19），即可计算出当前输电线路运行的实际载流量 I_f。

将现场监测装置测量的环境温度、湿度、风速、日照强度等参数以及导线最高允许温度 $t_{cmax}=70℃$，代入式（7 - 19），可计算出当前输电线路在当前环境条件下允许的最大载流量 I_{max}。

理论上导线允许提高的隐性载流量 $I=I_{max}-I_f$，但实际运行中我们还要考虑导线载流量由原来的 I_f 跃迁到 I_{max} 后，导线运行是否安全。导线安全运行的判据有导线张力判据、弧垂判据和温度判据。虽然这 3 种判据需要监测导线 3 种不同的物理状态，但在同样的气象条件下是一一相关的，可以相互转换，只是手段不同，最终都可以归结到导线温度。

从线路跃迁研究中可知，当导线输送容量发生跃迁时导线温度也是一个变化的过程。当

导线单位时间产生的热量为 $W_c = I^2 \cdot R_T$ （W）时，导线最终达到稳态时的导线温度为

$$\theta_{cm} = W_c \cdot T_4 = \frac{W_c}{Ah} \quad (7-30)$$

其中，$T_4 = \dfrac{1}{Ah}$，导线表面至周围空间的外部热阻，Ω。

我国规程规定，计算导线载流量时，导线温度按 70℃ 计算，如果导线跃迁后的稳态温度不高于 70℃，则导线跃迁后运行是安全的，因此令

$$\theta_{cm} = \frac{W_c}{Ah} = \frac{I_s^2 \cdot R_T}{Ah} = 70 \quad (7-31)$$

由上式可求出导线跃迁后的安全载流量 I_s，若 $I_{max} \leqslant I_s$，则导线允许提高的隐性载流量 $I = I_{max} - I_f$；若 $I_{max} > I_s$，则导线允许提高的隐性载流量 $I = I_s - I_f$。

（2）专家软件设计。根据现场运行的监测装置发送的环境温湿度、风速、日照强度、导线温度数据，结合摩尔载流量计算公式即可计算该线路存在的隐性容量，从而在保证

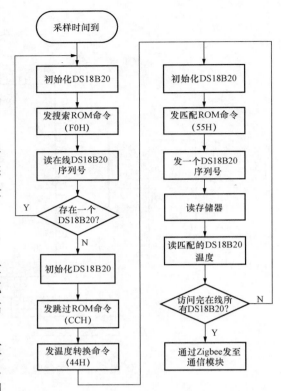

图 7-25　中断程序流程图

充分安全的前提下提高导线的载流量。专家软件具有数据存储、打印、分析功能，可以绘制任意时间段内导线温度的变化，总结该线路的载流量变化，并根据建立的弧垂分析公式结合先前的安全弧垂，分析由于温度变化引起的导线弧垂变化，防止在提高输电导线载流量过程中出现安全距离问题，软件运行界面见图 7-26。按照国家电网公司的技术规范，关于动态增容模型的计算与实现将都在统一的监控中心进行。

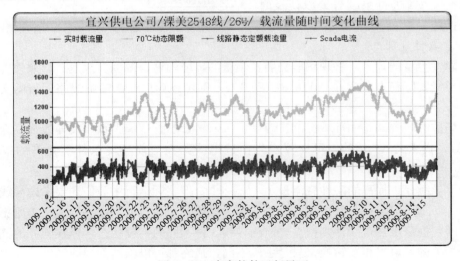

图 7-26　专家软件运行界面

5. 数据输出接口规范

监测装置可选择 GSM/GPRS/CDMA/3G/WiFi/光纤等方式将数据传输到状态监测代理 CMA。根据国家电网公司《架空输电线路导线温度智能监测装置技术规范》，导线温度监测装置采用统一数据输出接口，其定义见表 7-17。

表 7-17　　　　　　导线温度在线监测（动态增容）装置数据输出接口

序号	参数名称	参数代码	字段类型	字段长度	计量单位	值域	备注
1	监测装置标识	SmartEquip_ID	字符	17B			17 位设备编码
2	被监测线路单元标识	Component_ID	字符	17B			17 位设备编码
3	监测时间	Timestamp	日期	4B/10 字符串			世纪秒（4 字节）/ yyyy-MM-dd HH：mm：ss（字符串）
4	线温 1	Line_Temperature1	数字	4B	℃		精确到小数点后 1 位
5	线温 2	Line_Temperature2	数字	4B	℃		精确到小数点后 1 位

7.4.2　基于 OPPC 的动态增容装置设计

除了上述采用红外线探测器、分布式导线温度无线监测传感器外，随着光纤复合架空相线（OPPC）光缆的应用，借助分布式光纤测温技术实现 OPPC 线路动态载流量监测逐步成为可能，进而为动态增容应用提供了有力的技术支撑。

1. OPPC 简介

OPPC（Optical Phase Conductor）全称为光纤复合架空相线，是将光纤单元复合在相线中、具有电力架空相线和通信能力双重功能的电力特种光缆。用 OPPC 替代三相导线中的某一相导线，形成由两根导线和一根 OPPC 组合而成的三相电力系统，可实现通电和通信双重功能融合。OPPC 的结构型式如图 7-27 所示。

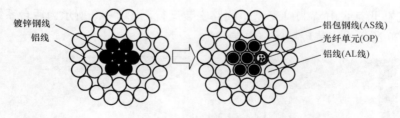

图 7-27　OPPC 结构型式

2. 基于 OPPC 的动态增容装置设计

基于 OPPC 的动态增容系统主要由信息采集和后台处理两大部分组成，其总体结构如图 7-28 所示。信息采集部分完成导线温度和环境条件（温度、湿度、风速、风向、日照强度等）等信息的采集，其中环境条件采集通过微气象监测装置实现并通过 GPRS 等公网将数据传输至后台系统；导线温度采集通过分布式光纤测温装置实现并通过光纤将分布式温度数据传输至后台，导线温度采集装置由光纤分布式温度监测系统（Distributed Temperature

Sensing，DTS）、探测光缆以及光纤连接器件等组成。测温光纤探知的信号送入 DTS 分布式光纤测温主机，经过一系列处理后信号通过以太网送给后台软件，软件包括温度及载流量计算模块，经处理后可显示 OPPC 连续的温度分布值和当前线路的最大载流量，并通过电力公司局域网将线路最大载流量值传送给 SCADA 系统。电力调度员根据计算的最大载流量值，决定当前是否可以增加输电线路的输送容量。当然，动态增容系统还可辅助调度员有准备地处理意外过负荷或安排维修计划。

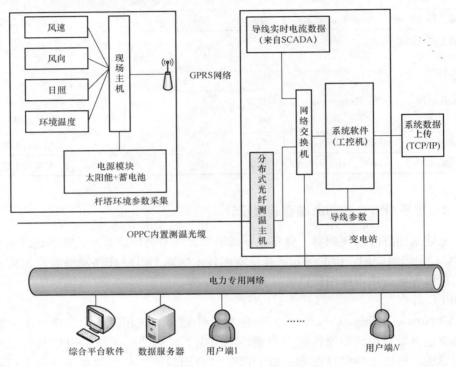

图 7-28　OPPC 动态增容系统总体结构

该装置已在北京张山营 110kV 送电线路安装运行，图 7-29 所示为后台系统与程序运行界面，图 7-30 所示为安装现场（站内端）。

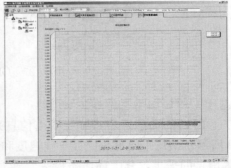

图 7-29　后台系统与程序运行界面

图 7 - 30　OPPC 光纤接线盒安装现场（站内端）

7.5　现场应用与效果分析

【实例一】

输电线路导线温度及动态增容系统在山西忻州供电公司安装运行（安装现场见图 7 - 31），2006 年 10 月 5 日～2006 年 10 月 15 每天 12：00 的部分运行数据见表 7 - 18。从表中可以看出导线温度、环境温度、风速等信息的变化。监控中心专家软件分析计算当前导线的运行输送容量、允许输送容量以及隐性输送容量，结果见表 7 - 19。从中可以看出在不改变导线允许温度的情况下，输电导线存在的隐性容量空间很大，例如 2006 年 10 月 14 日，当前导线的输送容量为 245A，在环境温度 15℃，环境风速为 3m/s 的条件下，隐性输送容量高达 202A，输送容量可提高 82％，大大提高了导线的输送能力。

图 7 - 31　动态增容系统安装现场

表 7 - 18　　　　　　　　　　　　半个月现场运行数据（每天 12：00）

日期	B 相导线温度 （℃）	环境温度 （℃）	环境湿度 （%）	环境风速 （m/s）
2006.10.5	21	13	39	3
2006.10.6	21	13	55	2

续表

日期	B相导线温度（℃）	环境温度（℃）	环境湿度（%）	环境风速（m/s）
2006.10.7	17	9	69	8
2006.10.8	18	7	60	7
2006.10.9	19	10	31	5
2006.10.10	17	8	35	5
2006.10.11	17	9	64	7
2006.10.12	21	13	42	3
2006.10.13	22	14	34	4
2006.10.14	23	15	43	3
2006.10.15	20	13	49	7

表 7-19　　　　　　　　专家软件计算的隐性容量　　　　　　　　A

日期	实际输送容量	允许输送容量	隐性输送容量	提高输送容量百分比（%）
2006.10.5	261	461	200	76.6
2006.10.6	229	407	178	77.7
2006.10.7	416	663	247	59.4
2006.10.8	489	656	167	34.1
2006.10.9	361	565	204	56.5
2006.10.10	393	583	190	48.3
2006.10.11	399	636	237	59.4
2006.10.12	261	461	200	76.6
2006.10.13	277	496	219	79.1
2006.10.14	245	447	202	82.4
2006.10.15	321	598	277	86.3

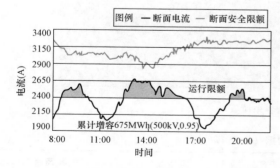

图 7-32　500kV 双回线 2006 年 8 月 29 日断面电流及安全限额

【实例二】

国家电网华东电力试验研究院研究的动态增容系统在 500kV 双回线路安装运行。2006 年 8 月 29 日，该线路运行电流和增容系统的安全限额如图 7-32 所示。从图中可知，运行电流虽然超出规定的限额，但是均未超出系统安全限额，表明线路处于安全的增容运行状态，即使出现 $N-1$ 情况，只要在 30min 内处理完毕，导线温度不会超过温度限额。同日线路输送电能累计增加 675MWh（图 7-32 中阴影部分）。该双回线在 8 月共有 17 天运行电流超过目前规程规定的电流限额，进行增容运行，输送电量累计增加 4735MWh。

【实例三】

国 网 重 庆 市 电 力 公 司 在 220kV 线路长朱东线、长朱西线（均为同塔双回线路）和珞马线上安装了杭州海康雷鸟 MT 系列温度测量球和动态热定额监控系统。2006 年 8 月 17 日为重庆地区典型高温日，当日的导线温度、电流、日环境温度、风速、日照强度数据见图 7-33，线路实测电流、静态热定额和根据实时气象条件计算出的可用动态热定额之间的关系见图 7-34。从图 7-34 中可以

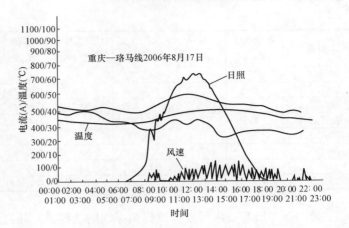

图 7-33　输电线路导线温度、电流和
气象记录数据曲线图

看到，按允许温度 70℃ 计算，线路静态热定额为 617A，但由于气象条件有利，动态热定额可达 780A 左右，特别在 12：00～20：00 时段内平均风速达 2m/s 以上，动态热定额达 900A 以上，可增加线路输送容量 26%～45%。如环境温度再高而风速又较低时，可增加线路容量减小。系统实时反映了线路动态热容量的情况，可为调度运行人员控制线路负荷提供依据。

220kV 珞马线在安装测温球后发现 36 号塔 C 相节点（压接管）温度高于导线本体温度。2006 年 4 月 6 日 9：00 该节点温度超过 70℃，而导线温度只有 32℃，2006

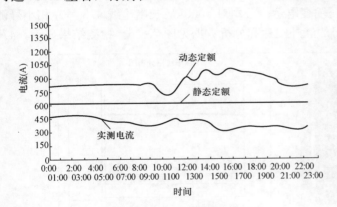

图 7-34　实时线路定额

年 4 月 11 日 9：00～11：00 该节点最高超过 90℃，而导线温度为 41℃，故认定该节点存在故障隐患，经检修人员处理后即恢复正常，该节点和导线温度基本相等。

【实例四】

作者合作研制的输电线路实时增容系统在苏州供电局安装运行，表 7-20 中数据是 A 相导线从 2007 年 7 月 12 号开始每天 14：33 传过来的 10 天内的 18 号杆塔的现场监测数据及系统专家软件计算的导线实际输送容量、允许输送容量及隐形输送容量数据。其中导线型号是 LGJQ400，导线表面吸收系数及导体表面黑体辐射系数均为 0.7，导线横截面积是 448.6mm²，直径是 0.027 36m。

表 7-20　　　　　　　　　　10 天内的现场运行数据（每天 14：33）

日期	环境温度（℃）	风速（m/s）	日照强度（W/m²）	导线温度（℃）	实际载流量（A）	允许载流量（A）	隐性载流量（A）	提高容量百分比（%）
2007.7.12	31	5.3	417.325	36	416.9144	544.0314	127.117	30.49
2007.7.13	30	2	248.139	36	396.9858	518.0166	121.0308	30.49

日期	环境温度 （℃）	风速 （m/s）	日照强度 （W/m²）	导线温度 （℃）	实际载流量 （A）	允许载流量 （A）	隐性载流量 （A）	提高容量 百分比（%）
2007.7.14	27	2	146.628	32	384.5397	527.6248	143.0851	37.21
2007.7.15	28	12.7	676.743	32	402.9214	552.8177	149.8963	37.20
2007.7.16	31	2.7	676.743	38	349.7933	446.2045	96.4112	27.56
2007.7.17	35	1.3	541.394	46	444.8165	524.2940	79.4775	17.87
2007.7.18	36	6.7	676.743	42	444.8849	544.3172	99.4323	22.35
2007.7.19	33	6.7	327.092	38	473.3887	603.8336	130.4449	27.56
2007.7.20	33	4	214.302	40	532.7592	665.1772	132.418	24.86
2007.7.21	27	4.7	157.907	32	474.4590	650.9999	176.5409	37.21

采用动态增容技术可以有效提高导线输送容量，并且采用动态增容技术可以不改变现行技术规程的规定，不改变线路运行安全性。通过对现场气象信息及其导线温度的实时监测和分析，及时对输电线路的热稳定限额进行调整，可最大限度发挥输电线路的负载能力，解决电网供电能力不足的问题。

【实例五】

2010年12月10日，河南超高压输变电运检公司对1000kV长南Ⅰ线478号左相小号侧耐张绝缘子进行带电红外检测，获得的红外图片和分析数据见图7-35。检测结果显示，478

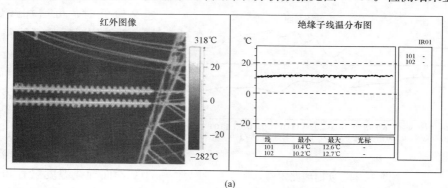

(a)

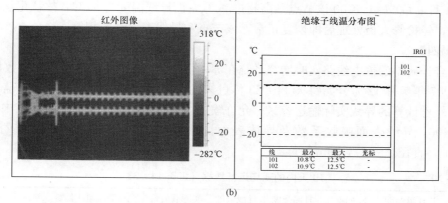

(b)

图 7-35　478号左相小号侧耐张绝缘子红外检测图片及分析结果（一）

（a）78号左相小号侧耐张横担侧绝缘子红外图片及分析结果；

（b）78号左相小号侧耐张导线侧绝缘子红外图片及分析结果

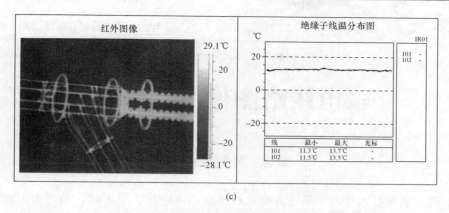

(c)

图 7 - 35　478 号左相小号侧耐张绝缘子红外检测图片及分析结果（二）

（c）78 号左相小号侧耐张导线侧均匀环内绝缘子红外图片及分析结果

号左相小号侧耐张绝缘子红外图像正常，色彩均匀，无发热现象。线温分析结果正常，均压环以内绝缘子最高温度 13℃，导线端绝缘子最高温度 12.5℃，横担侧绝缘子最高温度 12.7℃，与绝缘子串电压分布两端高，中间低的结果相吻合。判断该相绝缘子属于正常绝缘子。

【实例六】

作者研发的输电线路导线温度在线监测装置在青藏 ±400kV 交直流联网工程柴拉线 2251 号杆塔上安装运行，2013 年 4 月 11～13 日装置采集到的导线温度运行数据见图 7 - 36。

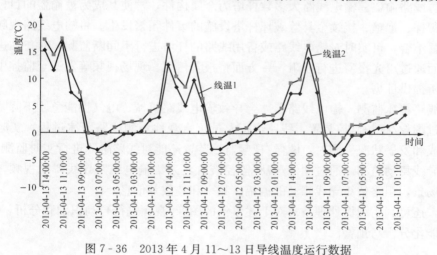

图 7 - 36　2013 年 4 月 11～13 日导线温度运行数据

图 7 - 36 中数据表明作者研发的输电线路导线温度在线监测装置，可实现对输电线路导线温度的实时监测，有效避免了温升故障。该装置不仅可以用作导线温度监测装置，还可用作其他高压线路在线监测装置的辅助。比如输电线路覆冰监测系统的导线温度监测单元等。

输电线路图像/视频监控

8.1　图像/视频监控基本概念

　　图像/视频监控技术在电力系统方面，最早应用于电厂、变电站，随着太阳能电源、通信网络和视频等技术的发展，图像/视频装置逐步在输电线路上得到应用，实现了对高压线路现场和环境参数的全天候监测。管理人员可及时了解现场信息，将事故消灭在萌芽状态，从而有效减少因导线覆冰、洪水冲刷、不良地质、火灾、导线舞动、通道树木长高、线路大跨越、导线悬挂异物、线路周围建筑施工、塔材被盗等因素引起的电力事故。目前，输电线路图像/视频监控装置主要应用于以下方面：

　　（1）线路危险点周围环境监控。常见的输电线路危险点主要有线下大型机械施工、塔吊撞线、树木碰线、异物绕线等，因此有选择地对一些危险点安装视频监控设备，可以大幅度减少巡视人员的工作量，及时发现诸如树木生长过快、工地吊机活动等不安全因素并及时纠正，有效避免外力破坏事故。

　　（2）防线路偷盗。输电线路大多数杆塔为金属构件，常使其成为被偷盗的目标。人为偷盗拉线、爬梯、抱箍、接续金具等破坏杆塔设施的事件频繁发生。将输电线路视频监控和防盗报警装置结合，可实时对输电线路或备用线路的杆塔进行不间断监测，对正在进行的破坏行为一方面通过声光报警进行吓阻，一方面将报警信息、现场视频等发送至监控中心，为事后侦察分析提供证据。

　　（3）线路覆冰监测。输电线路覆冰会导致输电线路机械、电气性能急剧下降，造成线路事故。通过图像/视频监控装置，线路运行人员可直观地观测线路覆冰过程，实时掌握线路覆冰的形成和发展状况。同时，图像/视频监控装置还能对线路融冰进行实时监测。

　　（4）导线舞动监测。通过图像/视频监控装置，采集输电线路导线舞动视频，直观观测导线舞动场景，粗略估算导线舞动的振幅、频率和波数等信息。

　　此外，还可利用图像处理技术对上述事件的图像/视频进行自动识别和分析，实现图像/视频的智能化分析与预警。

8.2　图像/视频监控的关键技术

8.2.1　图像传感器

　　CCD 与 CMOS 图像传感器是当前被普遍采用的两种图像传感器，两者都是利用感光二极管（photodiode）进行光电转换，将图像转换为数字数据，而其主要差异是数字数据传送的方式不同。CCD 传感器中每一行每一个像素的电荷数据都会依次传送到下一个像素中，由最底端部分输出，再经由传感器边缘的放大器进行放大输出；而在 CMOS 图像传感器中，每个像素都会邻接一个放大器及 A/D 转换电路，用类似内存电路的方式将数据输出。造成这种差异的原因在于：CCD 的特殊工艺可保证数据在传送时不会失真，因此各个像素的数据可汇聚至边缘再进行放大处理；而 CMOS 工艺的数据在传送距离较长时会产生噪声，因此，必须先放大，再整合各个像素的数据。

CCD 图像传感器在灵敏度、分辨率、噪声控制等方面都优于 CMOS 图像传感器，而 CMOS 图像传感器则具有低成本、低功耗及高整合度的特点。不过，随着 CCD 与 CMOS 图像传感器技术的进步，两者的差异有逐渐缩小的态势，如 CCD 图像传感器一直在优化降低其功耗；CMOS 图像传感器则一直在改善其分辨率与灵敏度方面的不足，以便应用于更高端的图像产品。

对于远程可视监控系统终端的图像采集部分，现介绍两套远程可视监控系统终端的系统设计方案。第一种方法实现原理框图如图 8-1 所示，是采用高速视频 A/D 转换器结合专用的同步信号提取芯片采集，例如可以采用 A/D 转换器 TLC5510 和专用同步信号提取芯片 LM1881。这种方法的电路设计较为复杂。第二种方法实现框图见图 8-2，使用专用的视频处理芯片，如 Philips 公司的 SAA71xx 系列，TI 公司的 TVP 系列等。专用芯片可实现模拟视频信号的数字化以及行、场同步信号的提取。这种方法的特点是处理器只需对专用芯片进行配置，而不参与采集过程。专用芯片实现了抗混叠滤波、模数转换、时钟产生、多制式解码等多种功能，结构简单、便于开发。图像压缩部分由 DSP 控制读取图像数据，然后利用标准 JPEG[1] 算法进行图像压缩。

图 8-1　同步信号提取芯片＋DSP 的图像采集系统

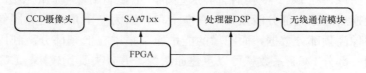

图 8-2　专用视频输入芯片＋FPGA＋DSP 的图像采集系统

为了实现输电线路的夜间拍摄则需要采用红外摄像技术。红外摄像仪主要通过红外线滤光片实现日夜转换，即在白天时打开滤光片，以阻挡红外线进入 CCD，让 CCD 只能感应到可见光；夜视或光照条件不好的状态下，滤光片停止工作，不再阻挡红外线进入 CCD，红外线经物体反射后进入镜头进行成像。

8.2.2　数字图像/视频压缩编码

图像/视频压缩是通过对图像/视频采用某种编码方式来降低数据流比特数的过程。1986

---

❶　Joint Photographic Experts Group，联络图像专家组。

年，ISO 和 CCITT 成立了 JPEG，研究了连续色调静止图像算法国际标准，1992 年 7 月通过了 JPEG 标准；1988 年，国际标准化组织（ISO/IEC）的活动图像编码专家组（MPEG）成立，目的在于制定"活动图像和音频编码"标准。1993 年，MPEG 推出其第一个国际标准 MPEG-1（用于 VCD 和 MP3 格式的压缩编码）；1994 年，MPEG-2 标准出台（DVD 的编码标准）带动了广播级的数字电视的发展。到 1999 年，MPEG-4 标准的第一版出台，它提供了低码率、高质量的音视频压缩、编码方案，推动了网络视频的进一步发展，它除了视频压缩编码标准外，还强调了多媒体通信的交互性和灵活性。2003 年 3 月，ITU-T 和 ISO/IEC 正式公布了 H. 264 视频压缩标准，不仅显著提高了压缩比，而且具有良好的网络亲和性，加强了对 IP 网、移动网的误码和丢包的处理，有人将 H. 264 称为新一代的视频编码标准。下面仅介绍目前常用的图像/视频压缩编码方发法。

1. JPEG/JPEG2000 图像压缩编码技术

（1）JPEG。

JPEG 图像压缩标准作为一种国际标准，具有压缩率大，可视失真小，算法比较容易实现等特点，在一些对运动图像要求不是很严格的场合，比如无人值守的仓库、变电站、新闻现场、事故现场等，可以通过 JPEG 压缩实现秒级的静止图像传输。JPEG 格式对于扫描的图片、纹理图像，拥有渐近色的图像效果，对于那些超过 256 色的图像来说是最佳的保存格式。JPEG 包含三种基本压缩方法，第一种是有损压缩，它是以离散余弦变换 DCT（Discrete Cosine Transform）为基础的压缩方法。第二种是第一种方法的扩展，可选用算术编码作熵编码，还可以选用"渐现重建"（Progressive Build-up）的工作方式，即图像由粗而细地显示；第三种为独立的无损数据压缩，常用的编码方式是预测编码、Huffman 编码或算术编码，可保证失真率为 0。

在基于 DCT 的图像压缩中，输入图像（包括静止图像和运动图像）被分成 8×8 或16×16 的小块，然后对每一小块进行二维 DCT 变换，变换系数经量化、编码后进行传输；JPEG 文件解码、量化了 DCT 系数，对每一块计算进行二维逆 DCT 变换，最后把结果块拼接成一个完整的图像。在 DCT 变换后舍弃那些不严重影响图像重构的接近 0 的系数。DCT 变换的特点是变换后图像大部分能量集中在左上角，因为左上角反映原图像低频部分数据，右下角反映原图像高频部分数据，而图像的能量通常集中在低频部分。利用 DCT 的能量压缩特性，仅使用一部分 DCT 系数就可以重建原图像，并且失真比较小。DCT 变换的压缩原理见图 8-3。

图 8-3　DCT 压缩原理图

二维 DCT 变换的公式如下

$$Z(u,v) = \frac{2}{N}C(u)C(v)\sum_{i=0}^{N-1}\sum_{j=0}^{N-1}x(i,j)\cos\frac{(2i+1)u\pi}{2N}\cos\frac{(2j+1)v\pi}{2N} \tag{8-1}$$

其中，u，$v=0$、1、$\cdots$、$N-1$，$x(i,j)$ 为 $N\times N$ 的系数块，且

$$C(u)、C(v) = \begin{cases} \dfrac{1}{\sqrt{2}} & u,v=0 \\ 1 & u,v\neq0 \end{cases} \tag{8-2}$$

经过 DCT 变换之后，系数矩阵具有如下性质：①变换系数间基本不相关；②系数矩阵能量主要集中于低频区；③$Z(0,0)$ 称为直流系数 DC，其他部分为交流系数 AC；④$Z(0,0)$ 满足瑞利分布，AC 满足拉普拉斯分布。通常取 $N=8$，但并不是越大越好，因为随着 N 的增大，数据的计算量成指数增加，而且会使得图像的块与块之间产生明显的边界效应，所以在给 N 取值的时候需要结合嵌入式系统性能等因素进行考虑和权衡。

（2）JPEG2000。

JPEG2000 图像编码则采用了多种编码技术，与传统 JPEG 最大的不同，在于它放弃了 JPEG 所采用的以 DCT 为主的区块编码方式，而采用以小波转换（Wavelet Transform）为主的多解析编码方式。此外 JPEG2000 还将彩色静态画面采用的 JPEG 编码方式与二值图像采用的 JBIG 编码方式统一起来，成为对应各种图像的通用编码方式。

小波变换图像编码系统（见图 8-4）主要由小波变换、量化、熵编码、反量化、小波逆变换等构成。从基本框架上来看，JPEG2000 仍然属于经典的变换编码范畴，利用 DCT 处理图像容易出现分块效应和蚊式（mosquito）噪声，但 JPEG2000 是采用了小波变换＋EB-COT（Embedded Block Coding with Optimized Truncation）＋自适应算术编码器的全新方案，彻底消除了 JPEG 标准中的分块效应。

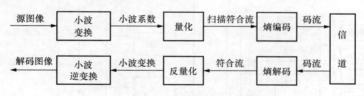

图 8-4　小波编解码系统

离散小波变换（DWT）技术首先被应用到音频压缩中，其主要思想是将信号频带划分为多个子带，然后对每个子带独立地编码。图 8-5 说明了这一变换的基本原理，其中一维小波变换的 L_0 和 H_0 为分解滤波器对，L_1 和 H_1 为重建滤波器对。

图 8-5　小波分解原理图

依据小波变换的基本原理，图像经过小波变换后生成的小波图像数据总量与原图像的数据量相等，即小波变换本身并不具有压缩功能。小波变换之所以用于图像压缩，是因为生成的小波图像具有与原图像不同的特性，表现在图像的能量主要集中于低频部分，而水平、垂直和对角线部分的能量则较少；水平、垂直和对角线部分表征了原图像在水平、垂直和对角

线部分的边缘信息，具有明显的方向特性。低频部分可以称作亮度图像，水平、垂直和对角线部分可以称作细节图像。对所得的四个子图，根据人类的视觉生理和心理特点分别作小同策略的量化和编码处理。

2. MPEG-2 视频压缩编码技术

MPEG-2 标准包括系统、视频、音频及符合性（检验和测试视音频及系统码流）4 个部分。MPEG-2 码流分为 3 层，即基本流（ES，Elementary Bit Stream）、分组基本码流（PES，Packet Elementary Stream）和复用后的传送码流（TS，Transport Stream）、节目码流（PS，Program Stream）。其中，ES 是由视频压缩编码后的视频基本码流（Video ES）和音频压缩编码后的音频基本码流（Audio Es）组成；PES 是把视、音频 ES 分别打包，分组长度可变，最长为 2^{16} 字节的码流；TS 和 PS 是由若干个节目的 PES 复用后输出的传统流 TS 和节目流 PS，分别用于传输和存储。MPEG-2 编码复用系统结构见图 8-6，其编码器、解码器的结构分别见图 8-7、图 8-8。

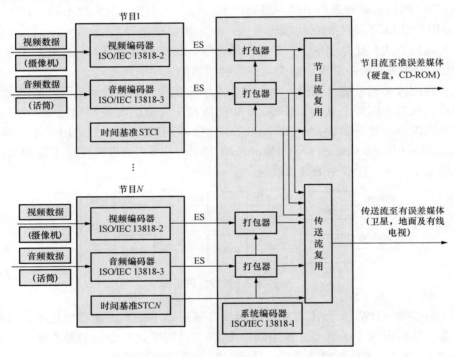

图 8-6　MPEG-2 编码复用系统

3. MPEG-4 视频压缩编码技术

对于导线舞动、杆塔防盗、火灾检测等图像动态变化较大的应用场合，对于视频终端也可以采用 MPEG-4 视频压缩标准。以往的视频压缩编码标准（如 MPEG-1、MPEG-2、H.263 等）都是基于矩形帧的视频编码标准，而 MPEG-4 则采用现代图像编码方法，利用人眼视觉特性抓住图像信息传输的本质，从轮廓、纹理的思路出发，支持基于视觉内容的交互功能。而基于内容交互功能的关键在于基于视频对象的编码。为此，MPEG-4 引入视频对象面（VOP）的概念，面向视频对象进行编码，是基于媒体对象的压缩标准。其编码逻辑结构见图 8-9。编码时首先由输入的视频序列定义出 VOP 类型，针对每一个 VOP 分别

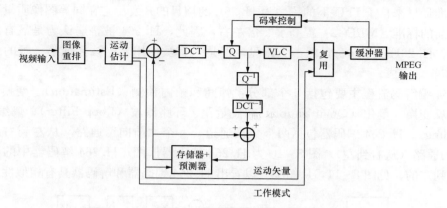

图 8-7 MPEG-2 编码器

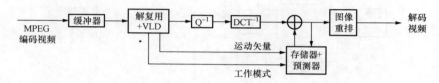

图 8-8 MPEG-2 解码器

进行编码,将所有 VOP 编码的结果合成在一起,形成压缩视频数据流。当图像序列中被编码的 VOP 具有任意形状而非矩形时,必须提供 VOP 的形状信息,进行形状编码;当图像序列中被编码的 VOP 为矩形时,可不进行形状编码。

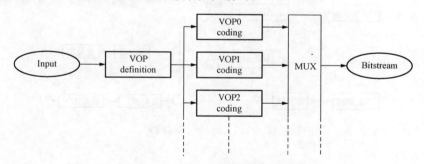

图 8-9 MPEG-4 视频编码器框图

对于 MPEG-4 在嵌入式系统上的实现方法,既可以在嵌入式的软件平台上直接开发 MPEG-4 编码,也可以在嵌入式系统中使用专用的 MPEG-4 编码芯片,如 WIS 公司推出的 wis-GO7007SB,Philips 公司的 Trimedia 等。

4. H.264/AVC 视频压缩编码技术

H.264 是 MPEG-4 的第十部分,是由 ITU-T 视频编码专家组(VCEG)和 ISO/IEC 动态图像专家组(MPEG)联合组成的联合视频组(JVT,Joint Video Team)提出的高度压缩数字视频编解码器标准。H.264 是 ITU-T 以 H.26x 系列为名称命名的标准之一,同时 AVC 是 ISO/IEC MPEG 一方的称呼。这个标准通常被称之为 H.264/AVC(或者 AVC/H.264 或者 H.264/MPEG-4 AVC 或 MPEG-4/H.264 AVC)而明确的说明它两方面的开发者。该标准最早来自于 ITU-T 的称之为 H.26L 的项目的开发。它在同等图像质量下的压缩效率比以前的标准（MPEG2）提高了 2 倍左右，因此，H.264 被普遍认为是最有影响力的行业标准。H.26L 这个名称虽然不太常见，但是一直被使用着。该标准第一版的最终草案于 2003 年 5 月完成。

　　H.264 编解码流程主要包括 5 个部分：帧间和帧内预测（Estimation）、变换（Transform）和反变换、量化（Quantization）和反量化、环路滤波（Loop Filter）、熵编码（Entropy Coding）。H.264 编码器包括两个数据通道，一个"前向"通路（从左到右）和一个"重构"的通路（从右到左），图 8-10 为 H.264 编码器框图。H.264 解码器中的数据流通路是从右到左的，见图 8-11，从图中可以看出 H.264 编码器和解码器具有相似性。

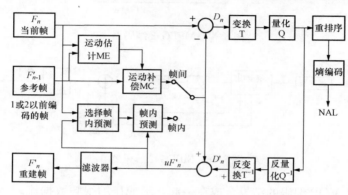

图 8-10　H.264 编码器

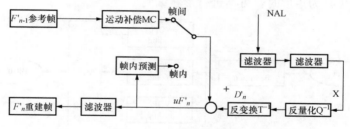

图 8-11　H.264 解码器

8.3　输电线路图像/视频差异化分析算法

　　输电线路图像/视频差异化分析算法是图像/视频自动识别的核心技术，通过将场景中背景和目标分离进而分析并追踪在摄像机场景内出现的目标，得到线路覆冰、导线舞动、杆塔偷盗等信息，自动给出预警信息，保障输电线路的正常安全运行。目前差异化分析算法主要应用于：输电线路覆冰状态（如导线覆冰厚度测量，绝缘子覆冰等），输电线路上的异物检测（如绝缘子上的鸟类粪便等），输电线路附近的危险物检测（如线路附近树木长高，有人或车辆靠近塔基，导线附近有山火等），输电导线弧垂测量；输电线路绝缘子完整性检测（如绝缘子串是否有被击穿的痕迹等），输电导线舞动，导线风偏测量等。下面通过具体实例来介绍差异化算法在线路图像/视频检测中的应用。

8.3.1　线路覆冰状态检测

杆塔上安装图像/视频监控装置可直观获得输电线路导线覆冰情况，可利用图像处理技术包括摄像机标定、图像灰度化、图像增强、图像分割等，自动获取输电线覆冰前后的边界，进而定量计算导线及绝缘子的真实覆冰厚度。

对导线/绝缘子覆冰前后图像进行图像处理，分别提取出覆冰前后导线和绝缘子的边界轮廓，通过比较边界距离变化进而判断输电线路的覆冰情况。然而输电线路所处的环境相对复杂，对算法的稳定性和可靠性提出了很高要求。针对不同的天气情况和环境条件，需要建立一个健壮性图像处理算法，例如白天和夜晚、晴朗天气和大雾天气等均应得到良好处理结果。先前作者以晴朗白天情况下拍摄的输电线路现场图像为研究对象，进行初步研究。

首先将采集来的输电线路 RGB 图像转换成灰度图像，见图 8-12，为了消除各种可能在图像采集、量化等过程中或图像传送过程中产生的干扰和噪声，还需要对图像进行滤波，在消除图像噪声的同时，最大程度避免图像边缘的模糊。

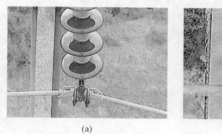

(a)　　　　　　　　　　　　(b)

图 8-12　现场图像预处理结果

(a) 未覆冰图像的预处理结果；(b) 覆冰图像的预处理结果

为了计算输电线路的覆冰厚度，必须先将输电线路从图像中提取出来。由于输电线路覆冰前后图像的背景有很大差异，可采用纹理分析与阈值分割相结合的方法实现覆冰图像输电线路的分割，处理结果见图 8-13。

最后，需要计算覆冰前后图像提取到的边缘之间的近似距离从而得到覆冰厚度。目前大都利用图像信息之间的特定比例来估计图像中的距离与真实世界坐标系中距离的映射关系，从而得到输电线路覆冰情况。但这些方法存在较大的系统误差，不能满足系统鲁棒性要求。由于线路覆冰体现在图像中最大的特点就是导线和绝缘子区域所占的像素数变大，基于这个特点可通过计算导线和绝缘子区域的像素数变化来初步判断线路是否有覆冰，可通过计算边界之间的距离来得到线路覆冰厚度。图 8-14 所示的是图像坐标系下导线和绝缘子覆冰前后边界之间的距离，单位是像素。为了得到世界坐标系下覆冰的米制单位，作者提出基于摄像机标定的输电线路覆冰厚度测量的方法。根据摄像机标定原理将输电线路覆冰前后图像坐标系下像素点转换到世界坐标系下，在世界坐标系下分别计算覆冰前后图像导线和绝缘子轮廓之间的距离 d、d_1，则输电线路平均覆冰厚度（米制单位）为 $h = \dfrac{d_1 - d}{2}$。

作者前期只研究了针对输电线路某种环境下的图像处理算法，为了使算法能稳定地运用到覆冰监测中，接下来需要在此基础上建立不同环境下覆冰厚度自动识别算法。

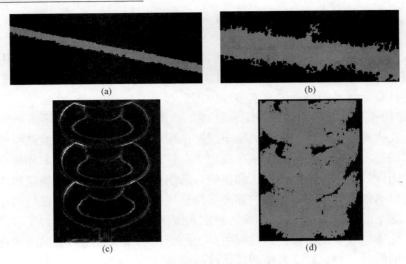

图 8-13　现场输电线路图像的分割结果

（a）未覆冰导线图像的分割结果；（b）覆冰导线图像的分割结果；

（c）未覆冰绝缘子图像的分割结果；（d）覆冰绝缘子图像的分割结果

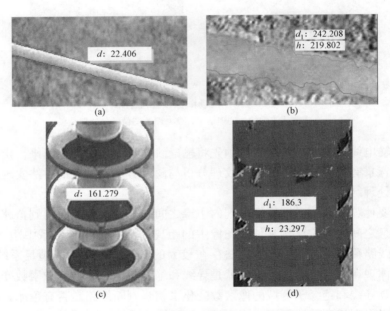

图 8-14　图像坐标系下覆冰前后导线和绝缘子的直径

（a）未覆冰导线的直径（pixels）；（b）覆冰导线的直径（pixels）；

（c）未覆冰绝缘子的直径（pixels）；（d）覆冰绝缘子的直径（pixels）

8.3.2　线路附近危险物体检测

1. 输电线路附近树木检测

对于树木检测，根据树木具有的特殊的纹理特征，可以采用纹理分析法，纹理表达了图像区域的表面性质和表面结构组织及其与周围环境的关系，描述了图像的统计特性和全局特征，具有旋转不变性和较强的抗噪能力。首先对所采集的现场图像进行中值滤波，采用直方图均衡化等算法进行预处理，然后通过 Hough 变换检测到导线所在区域，通过导线定位感兴趣区域，然后在感兴趣区域内进行树木检测。一旦检测到该特定区域内有树木出现，则发出警报，将告警详情通过系统软件逐级上传，最终可以通过手持终端直接将告警信息及详情发送到线路维护人员的手机上，提醒维护人员对出现在安全距离内的树木进行修剪。图像检测算法流程图见图 8-15，图 8-16 是一组检测接近导线安全距离树木的效果。

2. 输电线路附近山火检测

对于线路下农田烧火的行为，常用的方法是基于隐马尔可夫模型的火灾检测原理，主要依据图像中烟雾和运动火区颜色变化，总共包含 4 个部分：①运动区域的检测；②运动区域的颜色分析；③运动区域的烟雾、火焰形态分析；④运动区域的普通运动物体检测；利用区域增长和腐蚀的方法，对检测的结果进行改进。在图像处理中，目标物体的面积可用其所包含的像素点的数量来表示。根据火焰燃烧的动态特性，从图像中可以分离出可疑的火焰区域，即进行图像分割。通过图像分割提取物体轮廓，并定位图像中的目标物体。在理想图像中，可以根据挖空法再结合边缘跟踪技术来实现，但在实际工程应用中，所获取图像中的噪

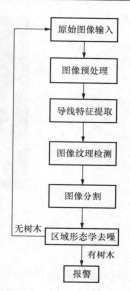

图 8-15　输电线路
附近树木检测
原理图

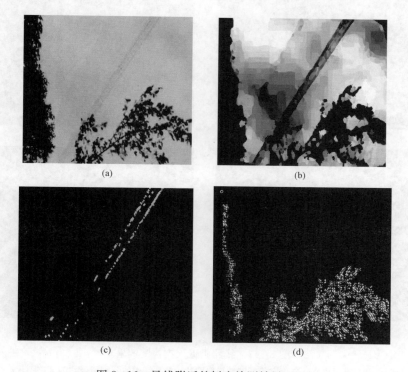

图 8-16　导线附近的树木检测效果（一）

（a）原始待分析图片；（b）预处理之后的图像；
（c）导线特征提取；（d）ROI 区域的纹理图像

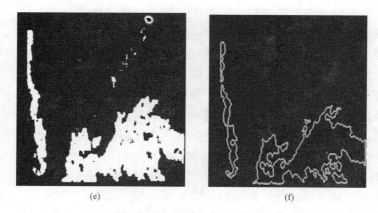

图 8-16　导线附近的树木检测效果（二）
（e）ROI 纹理图像分割；（f）形态学去噪之后的目标轮廓

声很多，使用 Canny，Roberts，Prewitt 和 Sobel 等边缘检测算子效果一般，使用 Ostu 分割方法效果较好，抗噪能力强，可以得到稳定的分割效果。基于上述理论，采用不同的火焰特征提取方法对原始火灾图片进行实时处理分析，其分析效果见图 8-17。

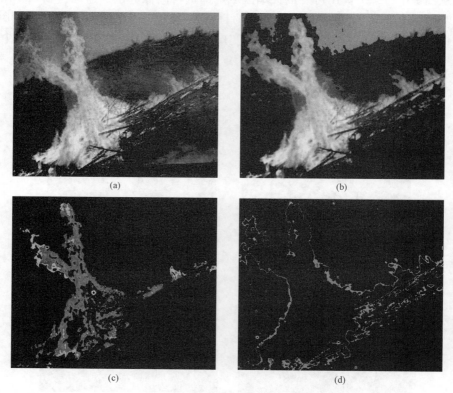

图 8-17　线路附近火灾检测效果
（a）火灾原图片；（b）火灾特征区域提取图片；（c）经阈值分割所得到的火灾图片；
（d）火的轮廓提取图片

3. 输电线路附近大型机械和塔下行人检测

对于入侵检测、异物检测和安全距离检测，可以归结为对输电线路周围的外界事物进行识别跟踪，并测量与线路之间的距离。若进入安全距离范围就报警，工作人员即可采取有效的措施防止人为事故发生。

对于输电线路附近的大型机械和塔下行人的监测，首先从现场视频图像序列中将感兴趣的区域（大型机械、人体目标）从背景图像序列中抽取出来，结合颜色特征以及运动目标区域面积大小，实现大型机械与人体目标的分类、检测。然后，对目标检测进行连续跟踪以确定其运动轨迹，实现大型机械、人体目标的跟踪。当大型机械驶入线路保护区内并停留超过一定时间，现场进行声光报警，提醒大型机械不能停留在警戒区域内。如果该机械车辆不仅停留在高压线下，并且有进一步动作，比如吊车臂伸展，则对吊车臂进行检测与运动跟踪，估算吊车臂的伸展角度，并提高预警级别，警报信息将逐级上传，吊臂检测见图 8-18。当有人体目标进入保护区内并停留超过一定时间，利用声光告警对其进行警示，并将警报信息逐级上传。

 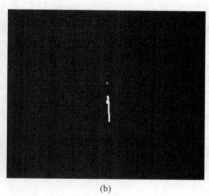

(a)　　　　　　　　　　　　　(b)

图 8-18　线路周围的吊臂检测
(a) 原始图像；(b) 吊臂检测

运动目标检测是整个视觉监视系统的最底层，是各种后续高级处理如目标识别、目标跟踪、行为理解等的基础。运动目标检测是指从视频流中实时提取目标。在目标检测前，先应对视频图像进行预处理。主要是对输入的视频图像进行时域或频域滤波，包括图像的平滑、增强、复原等，目的在于抑制不需要的变形、噪声或者增强某些有利于后续处理的图像特征，改善图像质量，为后续目标识别与跟踪提供方便。

由于输电线路周围环境背景处在不断地变化中，要想检测运动目标，首先必须提取出当前背景，因此必须建立场景中的背景模型。由于输电线路背景中通常有摇动的树枝、庄稼，以及昼夜的交替等，在某帧中一个像素可能表示天空，但在另一帧中则可能表示树叶，每一种状态下的像素亮度值或颜色值是不同的，可以考虑采用 Stauffer 提出的自适应混合高斯模型背景建模法。该方法可以在包含运动目标的视频中自适应提取背景模型，以获取更精确的背景描述用以目标检测，且模型参数可以自适应更新，其原理见图 8-19。

背景图像生成后，需对当前帧中的运动目标进行提取。其原理如下：首先设 B_k 为背景图像，f_k 为当前帧图像，差分图像为 D_k，则 $D_k(x,y) = |f_x(x,y) - B_{k-1}(x,y)|$，设 R_k 为

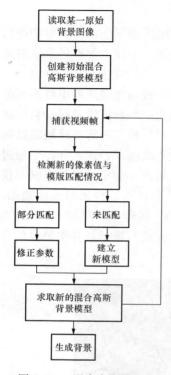

图 8-19　混合高斯模型法
生成背景原理图

差分后二值图像。对 R_k 进行连通性分析，当某一连通区域的面积大于一定的阈值，则认为有检测目标出现，连通区域就是检测到的目标图像。

$$R_k(x,y) = \begin{cases} 0, \text{背景} & D_k(x,y) \leqslant T \\ 1, \text{前景} & D_k(x,y) > T \end{cases} \qquad (8-3)$$

式中 T 为设定的二值化阈值。

检测到的运动前景目标可能包括大型机械、运动人体目标以及野生动物等，一般大型机械的颜色特征比较明显且其面积较大，通过计算前景目标区域的面积和外接矩形的长宽比等来分辨出前景目标。行人检测结果见图 8-20，杆塔附近的车辆检测结果见图 8-21。

8.3.3　导线弧垂测量

采用机器视觉测量技术测量输电导线的弧垂，具有操作简便、实时性好的特点，但其对图像处理技术要求较高。随着直升机巡检日渐成为输电线路常用的巡检方法，直接通过机载摄像机和图像处理算法等实现对弧垂的测量也是一种发展趋势，其测量流程见图 8-22。

机器视觉测量导线弧垂的关键步骤如下。

1. 双目摄像机标定

摄像机标定不仅用于矫正摄像机镜头畸变所造成的对图像质量的影响，并确定左右摄像机的内参数及两者的相对位置参数，用于极线校正和三维重构。

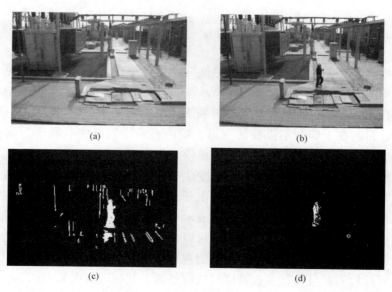

(a)

(b)

(c)

(d)

图 8-20　行人检测结果

（a）估计的背景；（b）待检测图像；（c）背景差分图像；（d）目标提取

图 8 - 21 杆塔附近移动车辆检测效果
（a）待检测图像；（b）选定检测区域；（c）估计的背景；（d）背景差分图像；
（e）目标提取；（f）检测结果展示

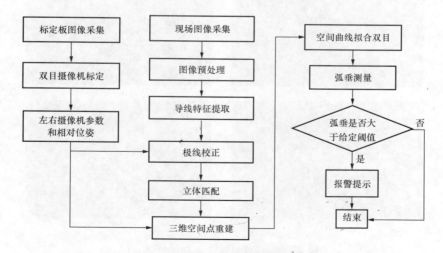

图 8 - 22 输电线路导线弧垂测量流程图

2．图像处理

输电线路处于复杂的背景环境中，直升机巡检系统在采集图像的过程中，往往由于气象因素如大雾、下雨、振动等造成图像模糊。因此，首先要对输电线路导线图像进行预处理操作，图像预处理包括图像滤波和图像增强，其中图像滤波可以减弱图像采集、传输过程中引进的噪声干扰，图像增强消除大雾等自然因素造成的图像模糊；然后对输电线路导线进行特征提取。

3．极线校正

双目立体视觉模型是假定两个摄像机的主光轴严格平行，并且没有垂直视差情况下的理想模型。然而，在实际的图像采集的过程中，直升机或无人旋翼机在进行电力线巡检时，通常是俯视拍摄或者斜视拍摄，为了实现对导线特征点的快速准确地重建，需要对拍摄的立体图像进行空间校正。

4．立体匹配

立体匹配在双目立体视觉测量过程中是极其重要和富有挑战的一个环节。立体匹配的过程就是在一幅图像中寻找空间点在另一幅图像中的对应投影点的过程，然后根据投影点的差异，得到视差图像，并且立体匹配的精度和准确度直接影响三维重构的效果。

5．三维重构

立体匹配建立了立体图像对中的空间点在左右两幅图像中的投影点之间的对应关系，三维重建则是在此基础上，结合摄像机投影矩阵，计算出空间目标点的三维坐标。

6．导线弧垂计算

对重建出来的空间导线特征点进行变换，转化为二维平面，然后采用悬链线方程，计算出方程的相关系数，并进行求导计算，最后得到导线弧垂最低点，进而计算出导线的弧垂。当导线弧垂超过规定的安全范围，则发出报警信息。

在实验室环境下，采用基于图像处理的方法计算导线弧垂，实验结果见图8‐23，得到

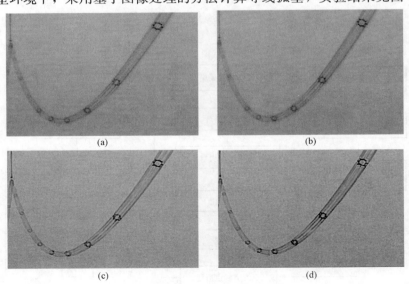

(a)   (b)

(c)   (d)

图8‐23　导线特征点三维图像（一）

(a) 左图；(b) 右图；(c) 左图预处理后效果；(d) 右图预处理后效果

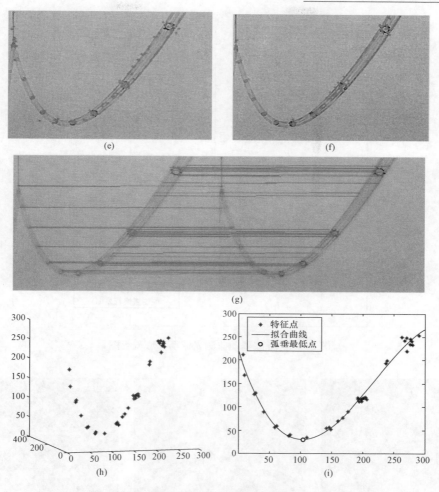

图 8-23 导线特征点三维图像（二）

（e）左图特征提取；（f）右图特征提取；（g）极线校正后的立体匹配效果；

（h）导线特征点的三维散点图；（i）输电导线曲线拟合示意图

曲线的最小值点为（103.4751，29.8415），然后计算的导线最大弧垂是 224.1585mm，最小弧垂是 181.1585mm，并与实际的弧垂进行比较，平均相对误差达到 4.095%，说明了算法的可靠性。

8.3.4 导线舞动测量

通过视频图像分析导线舞动状态的方法主要有：基于光流的导线舞动分析法，基于匹配的特征点跟踪法。

1. 基于光流的导线舞动分析法

光流法是通过目标和背景之间的不同速度来检测运动目标。其假设图像灰度分布变化完全是由目标或背景的运动引起的，即目标和背景的灰度不随时间变化。以输电导线舞动视频中截取的多帧连续图像为研究对象，根据光流的理论，计算出了导线舞动的加速度、速度和位移。导线舞动监测光流场算法如图 8-24 所示，导线舞动的分析效果见图 8-25。

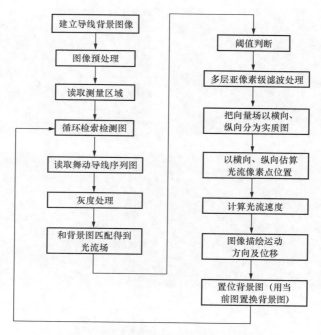

图 8-24　导线舞动监测光流场算法流程图

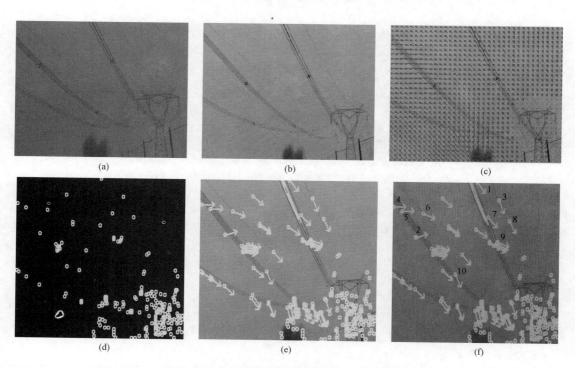

图 8-25　基于光流场的导线舞动分析过程

（a）第一帧图像；（b）第二帧图像；（c）光流场图像；（d）位置标定；

（e）描述导线舞动位移和方向；（f）特征点位置标号

2. 基于匹配的导线舞动分析法

可选取适当的目标点进行跟踪监测，该目标点应能反映出线路的舞动特征，通过图像处理算法实现输电线路舞动的自动识别，以导线间隔棒作为目标点进行导线舞动的识别，见图 8-26。

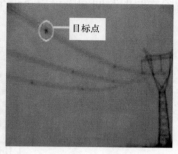

图 8-26　输电线路导线
舞动目标点

基于图像匹配的方法可以识别待定目标及确定运动目标的相对位置，正确截获概率和定位精度是图像匹配的主要性能指标。根据匹配的基元不同，可以把匹配分为区域匹配、特征匹配、模型匹配和频域匹配。区域匹配是把参考图像的某一块整体与实时图像在所有可能位置上进行叠加，然后计算某种图像相似度，其最大相似度对应的位置就是目标位置。Jorge 等人提出的区域跟踪算法不仅利用了分割结果给跟踪提供信息，同时也能利用跟踪所提供的信息改善分割效果，对连续帧目标进行匹配跟踪。区域匹配能够获得较高的定位精度，但是计算量大，难以达到实时性要求。图像能否准确分割是决定区域匹配效果好坏的一个关键因素。因此，对输入图像先进行图像增强和滤波处理，对图像进行准确分割，可以提高区域匹配的精度。在基于颜色特征的匹配中，由于直方图匹配法依据颜色信息，因此匹配方法具有良好的容错性和鲁棒性。基于均值偏移的运动目标跟踪算法是在颜色直方图分布的基础上利用无参估计优化方法定位目标，适用于任意场景下的目标跟踪，同时还适用于目标的无遮挡和部分遮挡的情况。颜色直方图法与均值平移算法结合，避免了全局穷举搜索，是比较理想的目标跟踪方法，模型匹配跟踪精度高，适用于机动目标的各种运动变化。准确建立运动模型，是模型匹配能否成功的关键。频域匹配法计算速度快，相关峰尖锐，其对噪声有较高的容忍程度，检测结果与照度无关，可以处理图像之间的旋转和尺度变化。Hong 将小波变换用于目标跟踪，将时域中进行的图像分割、目标特征提取和目标识别的运算放在小波域中进行，具有多分辨率的分析能力，且运算速度快、容易消除噪声，已成为频域内图像边缘检测中的重要手段。

(1) 采用模型匹配进行导线舞动原理分析。

首先以导线间隔棒为目标，创建模板。采用基于模版匹配的方式跟踪导线。从连续帧中分别得到目标点的位置，然后把这些目标点连起来，得到导线的运动轨迹和振幅。对于导线舞动频率的计算，首先需要确定照相机抓拍的频率，即每秒钟照相机可以拍摄几张照片，设为 f_p；其次，要选定一张已记录的舞动最高或最低位置的图片，以此图片为中心，向两边依次搜索，直到找到该图片最近邻域内的舞动位置最低或最高的图片，记下这两张图片之间间隔的张数，设为 n。由于两张相连图片之间的时间是固定的，为 $\dfrac{1}{f_p}$ s。那么，振动波峰与波谷之间的时间即半波时间为 $n\dfrac{1}{f_p}$ s，故舞动的频率为

$$f = \frac{1}{T} = \frac{1}{2n\dfrac{1}{f_p}} \qquad (8-4)$$

舞动频率的算法思想见图 8-27，每个小方块表示一张图，小方块的垂直位置表示该图中目标点的位置。设所选定的参考点为目标点位置最高的图片，即 13 号图，则其邻域内的

目标点位置最低的图片为 6 号图，而不是 17 号图，因为 6 号图的位置比 17 号图更低，6 号图同 13 号图之间的间隔为 7 张图，13 号图同 17 号图之间间隔为 4 张图，所以 13 号图与 6 号图之间的时间间隔可以近似地认为是一个周期长度的一半，故式（8-4）中有系数 2。

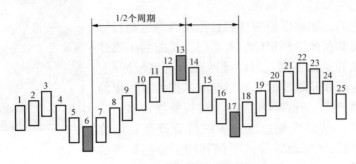

图 8-27　频率计算方法演示图

（2）基于匹配的导线特征点跟踪效果。

基于匹配的导线特征点跟踪效果见图 8-28。

图 8-28　基于模板匹配的目标跟踪结果

（a）模板；（b）第一帧匹配结果；（c）第一二帧图中的整体结果；（d）两个目标点的跟踪效果

8.3.5　杆塔倾斜测量

基于图像方法测量杆塔倾斜，可以采用计算杆塔水平方向形心坐标的变化量来判定。形心可以利用边缘提取后得到的边缘分布在 X 轴方向的加权平均得到，考虑到杆塔倾斜时，杆塔上部倾斜程度比底部大，形心变化量也较大，故只计算杆塔上半部分的形心变化量。该实例首先对采集的杆塔图形进行预处理，包括图像的灰度化、图像的灰度均衡化等，然后对图像进行边缘提取，提取得到杆塔的轮廓图，然后对杆塔采用最小二乘法进行曲面拟合，得到曲面的重心，最后得到形心变化量即是杆塔倾斜角度，该杆塔向左偏移了 4.6822°。杆塔未倾斜图像分析结果见图 8-29，杆塔倾斜图像分析结果见图 8-30。

8.3.6　绝缘子风偏测量

基于图像的绝缘子风偏计算过程如下：首先通过对摄像机在线采集的绝缘子视频和图像进行处理，得到目标图像的平滑外轮廓，通过求取外轮廓的交点，得到偏移的绝缘子上下两

(a)   (b)   (c)

图 8-29 杆塔未倾斜图像的处理

（a）原图；（b）预处理之后的图像；（c）杆塔轮廓提取图

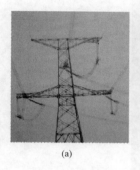

(a)   (b)   (c)

图 8-30 杆塔倾斜图像的处理

（a）原图；（b）预处理之后的图像；（c）杆塔轮廓提取图

端的位置坐标，计算出它的风偏角，为输电线路的风偏监测提供一种新的手段，具体计算流程见图 8-31。

对采集图像进行处理，具体分析过程见图 8-32。如图 8-32（e）中，得到的在绝缘子上端和下端分别得到 3 个交点和 8 个交点。其中，绝缘子上端的 3 个点的坐标分别是（41.84，39.17）、（38.79，68.29）、（45.63，41.22），求平均值得到绝缘子上端位置的坐标为 a（42.08，49.56）；绝缘子下端 8 个点的坐标分别是：（202.11，100.59）、（191.03，122.65）、（196.74，131.85）、（208.16，134.41）、（210.49，96.95）、（215.44，96.53）、（219.71，101.89）、（224.13，107.89），求平均值得到绝缘子下端位置的坐标为 b（208.48，111.59）。通过这两点可以确定一条直线，这条直线的倾斜角就等于绝缘子的风偏角。经过计算，上述 a、b 两点确定的直线与水平轴的夹角是 69.36°。因此，得到绝缘子风偏角 $\theta = 90° - 69.36° = 20.64°$。

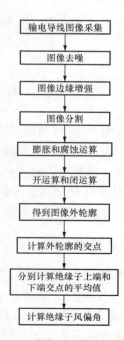

输电导线图像采集

图像去噪

图像边缘增强

图像分割

膨胀和腐蚀运算

开运算和闭运算

得到图像外轮廓

计算外轮廓的交点

分别计算绝缘子上端和下端交点的平均值

计算绝缘子风偏角

图 8-31 绝缘子风偏角计算流程

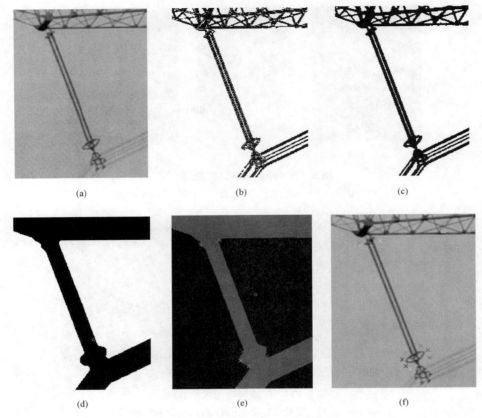

(a)　　　　　　　　　　(b)　　　　　　　　　　(c)

(d)　　　　　　　　　　(e)　　　　　　　　　　(f)

图 8 - 32　绝缘子风偏角检测过程

（a）原图；（b）图像边缘增强效果；（c）图像分割效果；（d）形态学运算效果；

（e）外轮廓的交点；（f）外轮廓交点在原图中的显示图

8.4　图像/视频监控装置设计

输电线路图像/视频监控装置主要包括硬件设计和软件设计。在硬件设计方面，鉴于电力用户对于嵌入式系统的图像处理要求越来越高。传统的 VGA 模拟显示已经无法完全满足客户的需求，需要采用高速的图像处理系统，如基于 TM320DM6446（简称 DM6446）双核处理器的 HDMI 数字高清系统的设计，该设计可以有效提高嵌入式系统的图像处理效率；在软件设计方面，需要把图像/视频差异化算法嵌入到 ARM＋DSP 中，完成算法的移植。

8.4.1　总体架构

输电线路图像/视频监控装置中的图像监控单元可以按照统一的数据接口规范接入到 CMA，通过 CMA 发送至 CAG，系统架构见图 8 - 33。而视频监控单元则直接通过 3G、OPGW 等通信方式接入电力系统专门的视频监控后台（系统架构见图 8 - 34，具体实施的接入方案可参考本书 2.5.3 节相关内容）。

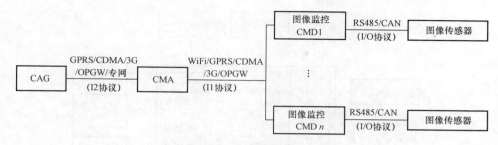

图 8-33 输电线路图像监控系统架构

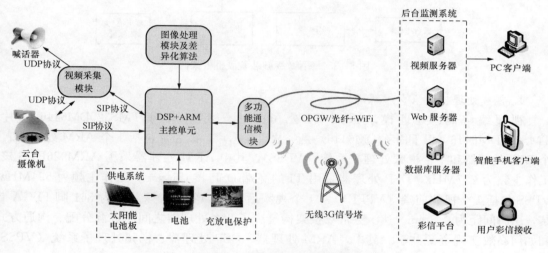

图 8-34 输电线路视频监控系统架构设计

输电线路图像/视频监控装置采用模块化设计,其由云台摄像机、视频采集模块、声音报警器、图像处理模块、主控制单元、通信模块以及后台监测中心组成。主控单元主要由 ARM+DSP、控制摄像机及视频采集模块构成,数据通过屏蔽电缆引入到主控单元中的微处理器对采集的视频进行压缩处理,再由微处理器对采样数据进行视频差异分析处理,然后将结果打包、存储生成报警数据,一方面将报警提示发送给前端声音装置进行声音报警,对现场危险人员或车辆进行警示;另一方面由通信模块通过 3G、OPGW 等方式发送到统一视频后台,供用户浏览、查询和分析,同时将报警信息和报警图片以彩信的方式发送给值班人员。

8.4.2 硬件设计

输电线路图像/视频监控装置硬件部分包括视频处理模块(含编解码)、存储模块、系统通信单元、云台摄像机和声音报警器等。通过 RS485 控制模拟球机采集现场图像视频信息,视频编解码模块将采集的模拟视频信号解码成数字信号后送给视频处理模块进行分析处理,通过 RS232 接口接 3G 模块或通过网口接光纤交换机,将视频流信息发送至统一视频后台,装置硬件框架图见图 8-35。

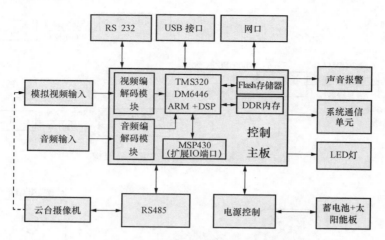

图 8-35　图像/视频装置硬件框架图

1. 视频处理模块（含编解码）

视频编解码、处理模块采用 TI 公司的达·芬奇架构 TMS320DM6446 芯片。TMS320DM6446（以下简称 DM6446）是一款双核芯片，该芯片包括 1 个 ARM 处理器、1 个 DSP 处理器和 1 个视频处理子系统（VPSS），其中 ARM 处理器采用 ARM926EJ-S 核，工作主频为 297MHz，DSP 处理器采用 TI 的高端 DSP 核 C64x＋，工作主频为 594MHz。VPSS 包括 1 个视频前端（VPFE）和 1 个视频后端（VPBE）。该芯片为 361 脚 FBGA 封装，引脚间距为 0.8mm。达·芬奇双核架构解决了两个处理器之间的资源分配、沟通方式和如何高效实现资源共享。其中，ARM 处理器、DSP 处理器、视频处理子系统（VPSS）的特点如下：

（1）ARM 作为主控制设备，负责设备的配置和控制，包括 DSP 子系统、VPSS 子系统以及大部分的外部设备和外部存储器。

（2）DSP 主要用作数据的处理和操作，上节中各种差异化识别算法需要在 DSP 上运行。DSP 包括 8 个功能单元，其中 2 个通用寄存器（A 和 B）都由 32 个 32 位寄存器组成，所以共有 64 个 32 位的寄存器，通用寄存器可以用作存放数据或者地址指针。8 个功能单元分别是 M1、L1、D1、S1、M2、L2、D2、S2，每个功能单元在每个时钟周期内执行一条指令。M 单元执行所有的乘法操作，S 和 L 单元主要执行算术、逻辑运算，D 单元主要是将存储器中的数据转载进寄存器以及把寄存器中的运算结果存进存储器内。

（3）VPSS 包括 1 个视频前端（VPFE）和 1 个视频后端（VPBE）。视频前端模块主要用于捕获视频信号，也可以直接从前端输入已有的视频信号。视频前端由 CCD 控制器、预览引擎、直方图模块和自动聚焦/曝光/白平衡模块组成。视频后端由 OSD（On-Screen Display）引擎和视频编码两个主要模块组成。OSD 引擎可处理两个独立的视频窗口和两个 OSD 窗，也可将第二个视频窗叠加在第一个视频窗之上，实现画中画功能，OSD 用于在视频图像上叠加音量、图标等位图或图像信息。视频编码模块提供数字输出和模拟输出，数字输出支持 24 位 RGB 格式、8/16 位 BT.656 输出，模拟输出支持四路 10 位 DAC，均工作于 54MHz，支持复合 NTSC/PAL，S 端子和分量视频。

2．存储模块

存储模块主要包括连接在 DDR2 控制器上的 DDR2 存储器和连接到外部存储器接口 EMIFA 的 SRAM、NOR/NAND flash 等，具体见图 8 - 36。其中 DDR 存储器是整个 DM6446 系统的缓存中心，系统代码运行、图像数据搬移等都要使用 DDR。NAND Flash 主要用于存储启动代码和数据，也可以存储文件系统等信息，其主要优点是可集成度高、价格便宜等，但其主要缺点是数据可靠性较低，所以需要引入 ERC 校验等措施来提高可靠性。

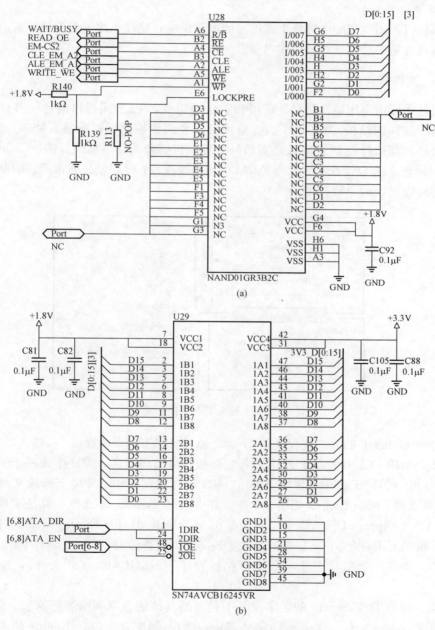

图 8 - 36　存储模块电路原理图

(a) flash 存储器；(b) DDR 内存

本装置采用两片数据宽度为 16 位的 DDR 存储器组成宽度为 32 位的数据总线，芯片采用 Micro 公司生产的 MT47H32M16BT 芯片，选型的主要原则是该芯片与很多厂商生产的不同容量的 DDR 芯片都能实现管脚—管脚间的完全兼容。

3. 系统通信单元

图像/视频智能监控装置采集处理过的视频可以通过 GPRS/CDMA/3G、OPGW 中任意一种方式发送到统一视频后台或前置机，具体详见本书第 2 章 2.4 节数据通信。

4. 电源模块

电源模块可采用太阳能电池板＋蓄电池的电源供电，建议采用风光互补＋蓄电池的电源供电。具体可详见第 2 章 2.2 节工作电源。

8.4.3 软件设计

软件设计主要由应用层、信号处理层和 I/O 层组成，TI 公司提供的达·芬奇参考软件框架就是基于这样的结构，见图 8-37。应用层主要负责控制视频采集、处理、数据传输。信号处理层通常都运行在 DSP 芯片负责信号处理，包括音视频编解码算法、Codec Engine、DSP 的实时操作系统 DSP/BIOS 及与 ARM 的通信模块。I/O 层就是通常所说的驱动，是针对达·芬奇外设模块的驱动程序。

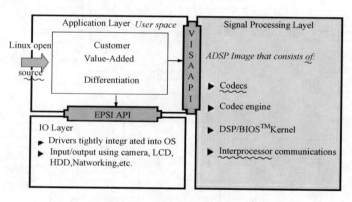

图 8-37　达·芬奇软件框架

达·芬奇 DM6446 的开发流程见图 8-38，总体分以下四个步骤：

第一步：利用 CCS 开发基于 DSP 的特定音视频编解码算法，编译生成一个编解码算法的库文件 ＊.lib（等同于 Linux 环境下的 ＊.a64P，直接在 Linux 环境下修改文件后缀名即可）。如果要通过 Codec Engine 调用这个库文件中的算法函数，那么这些算法实现需要符合 xDM〔xDAIS（eXpress DSP Algorithm Interface Standard）for Digital Media〕标准，Codec Engine 机制下不符合 xDM 标准的算法实现需要创建算法的 Stub 和 Skeleton。

第二步：生成一个在 DSP 上运行的可执行程序 ＊.x64P（即 .out 文件），也就是 DSP Server。

第三步：根据 DSP Server 的名字及其中包含的具体的音视频编解码算法，创建 Codec Engine 的配置文件 ＊.cfg。这个文件定义 Engine 的不同配置，包括 Engine 的名字、每个 Engine 里包括的 codecs 及每个 codec 运行在 ARM 还是 DSP 侧等。

第四步:应用工程师收到不同的 codec 包、DSP Server 和 Engine 配置文件 ＊.cfg,将应用程序通过编译、链接,最终生成 ARM 侧可执行文件。

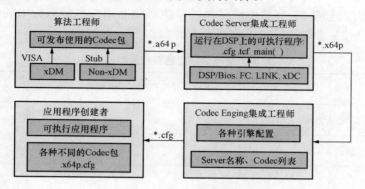

图 8-38 软件开发流程图

在本装置的软件设计中,达·芬奇的 ARM 端主要负责操作系统应用,DSP 端负责运行视频 codec 算法处理。其中 ARM 端的应用层通过 Codec Engine 的 VISA(Video,Image,Speech,Audio)API 来调用 DSP 侧的算法,通过 EPSI(Easy Peripheral Software Interface)API 来访问和操作达·芬奇的外设。达·芬奇的软件开发比较复杂,其中 ARM 端应用程序流程,如图 8-39。

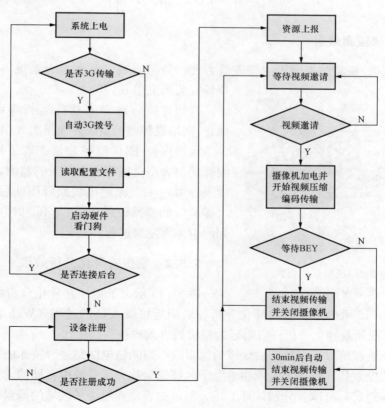

图 8-39 ARM 端的应用程序流程图

8.4.4 图像监控装置输出接口

图像监控装置应遵守《架空输电线路在线监测系统通用技术规范》中的装置输出接口，见表8-1。视频监控装置输出接口可参考本书第2.5.3。

表8-1　　　　　　　　输电线路远程图像智能监控装置输出接口

序号	标识符	字段名	字段类型	字段长度	值域	计量单位	备注
1	监测装置标识	SmartEquip _ ID	17Byte				
2	被监测线路单元标识	Component _ ID	17Byte				
3	Timestamp	时间	4Byte/10字符串				世纪秒（4字节）/ yyyy-MM-dd HH：mm：ss（字符串）
4	Image	图像	I				Jpeg格式二进制流

8.5　现　场　应　用　分　析

8.5.1　图像监测效果

输电线路图像/视频监控装置由于安装方便、效果直观，已在电力系统得到广泛应用，现场安装图见图8-40。

图8-40　图像/视频监控装置安装现场

视频监控后台专家软件运行界面见图8-41（a）。网络视频监控系统界面见图8-41（b）。

通过视频/图像监控装置实现了导线覆冰、导线舞动、大型机械等人为因素的监测，取得了良好效果。图8-42是某输电线路降雨前后、降雪前后、大雾前后的覆冰效果。图8-43和图8-44为监测到的覆冰雪发展过程。

8.5.2　图像差异化分析效果

图8-45示出了视频差异化分析线路绝缘子覆冰的过程，图8-46示出了视频差异化分析杆塔附近可疑人员的过程（Web客户端展示），图8-47示出了视频差异化分析杆塔附近大型机械进入的过程。

利用计算导线和绝缘子覆冰前后区域的像素数来判断输电线路是否覆冰的算法计算上述分割结果区域的像素数，当导线区域和绝缘子区域像素数大于系统中存储的无覆冰时像素的20%时，则初步判定有覆冰。分别计算上述分割出的导线和绝缘子区域的像素数，如表8-2所示。

图 8-41 视频监控后台专家软件界面

（a）视频监控系统后台专家软件监控界面；（b）网络视频监控系统后台软件监控界面

图 8-42 现场监测效果图（一）

（a）降雨前；（b）降雨后；（c）降雪前；（d）降雪后

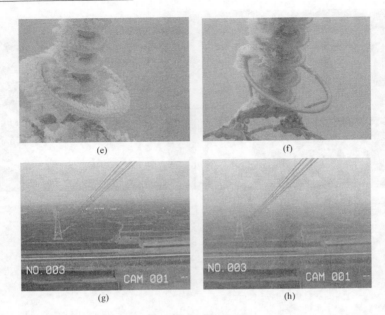

图 8-42　现场监测效果图（二）

（e）部分结冰；（f）严重结冰；（g）晴朗天气；（h）大雾天气

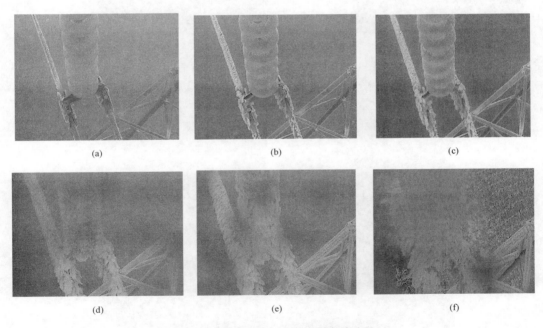

图 8-43　绝缘子和导线的覆冰雪过程

（a）时刻 T；（b）时刻 $T+\Delta T$；（c）时刻 $T+2\Delta T$；

（d）时刻 $T+3\Delta T$；（e）时刻 $T+4\Delta T$；（f）时刻 $T+5\Delta T$

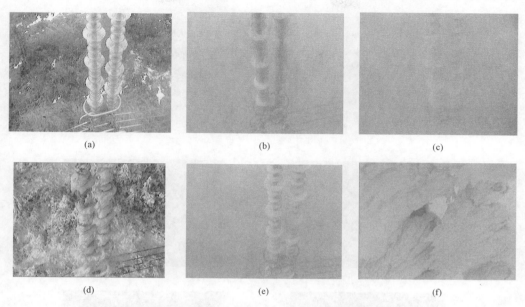

(a)   (b)   (c)

(d)   (e)   (f)

图 8-44 湖北超高压公司荆门电力局万龙二回的冰雪发展过程

(a) 时刻 T；(b) 时刻 $T+\Delta T$；(c) 时刻 $T+2\Delta T$；

(d) 时刻 $T+3\Delta T$；(e) 时刻 $T+4\Delta T$；(f) 时刻 $T+5\Delta T$

图 8-45 绝缘子覆冰分析过程

图 8-46 行人入侵识别过程（一）

235

图 8 - 46　行人入侵识别过程（二）

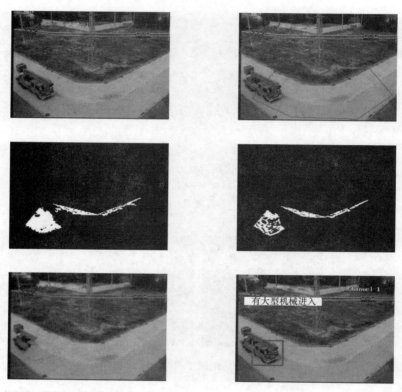

图 8 - 47　大型机械进入识别过程

表 8 - 2　　　　　　　　输电线路覆冰前后图像中导线和绝缘子区域像素数计算结果

识别对象	覆冰前目标像素数	覆冰后目标像素数	覆冰前后像素数比值	判断是否覆冰
导线	4835	10 037	2.08	是
绝缘子	18 109	52 865	2.92	是

由表 8 - 2 中可见，导线和绝缘子覆冰后与覆冰前区域的像素个数比值分别为 2.08 和 2.92，即覆冰后的输电线路图像中导线和绝缘子像素的个数都超过了覆冰前的 20%，因此，均初步判断为有覆冰，而且事实上导线和绝缘子也确实覆冰。

在监测区域内当有运动目标出现时，经差异化算法分析处理后，除可在 Web 客户端供客户浏览查看外，同时还会将报警信息及现场警示详情以彩信形式发送到所设定人员手机上，为巡视人员及时提供现场图像信息，帮助其了解现场情况，见图 8 - 48。

图 8 - 48 手机彩信报警终端

8.5.3 视频监控装置接入方案分析

在各个省、地市局安装视频装置接入方式概括起来有以下几种：

(1) 通过 VPN 通道经隔离平台接入视频后台，见实例一。

(2) 通过 VPN 通道经防火墙接入视频后台，见实例二。

(3) 通过 VPN 通道接入前置机由前置机经安全隔离平台到视频后台，见实例三。

(4) 通过 3G 公网经前置机的方式接入视频后台，见实例四。

(5) 通过 WiFi＋光纤方式直接接入视频后台。

【实例一】

以宁夏地区某视频接入后台为例，其接入方式为：前端视频设备通过联通 3G（WCDMA）方式，走 VPN 通道将数据发送到安全隔离平台，在安全隔离平台上以端口映射方式，进入统一视频监控后台的内网，以实现内外网的物理隔离。全隔离平台通过采用端口映射方式来保证前端视频装置及视频后台通信的畅通。网络拓扑结构见图 8 - 49。

【实例二】

以山西太原某视频接入后台为例，其接入方式为：前端视频设备通过联通 3G（WCDMA）方式，走 VPN 通道将数据发送到路由器，由路由器接防火墙进入内网，并接入统一视频平台。在防火墙上将所需要的端口接入规则添加完整，来保证数据通信的畅通。其网络拓扑结构见图 8 - 50。

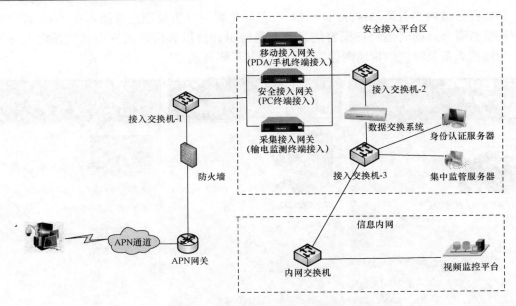

图 8 - 49　宁夏视频后台接入网络拓扑结构

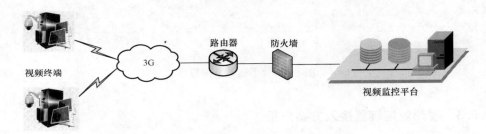

图 8 - 50　山西太原视频后台接入网络拓扑结构

【实例三】

　　以新疆地区某视频接入后台为例，其接入方式为：在视频接入的实施中多了一个前置机装置，前端视频装置数据通过电信 3G 走 VPN 通道进入前置机，再由前置机（双网卡）通过安全隔离平台进入同一视频监控后台。其中前置机的主要功能为：协议转换。其网络拓扑结构见图 8 - 51。

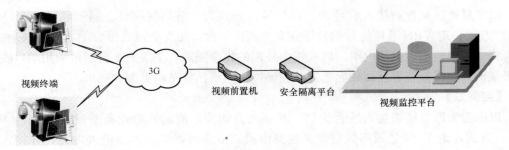

图 8 - 51　新疆视频后台接入网络拓扑结构

【实例四】

以陕西某视频接入后台为例，其接入方式为：前端视频装置数据通过电信 3G 通过公网进入前置机，再由前置机通过内网直接将数据转发到后台，其中前置机中也要完成协议转换的功能。其网络拓扑结构见图 8 - 52。

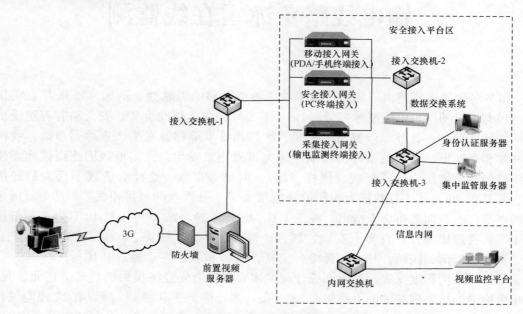

图 8 - 52 陕西视频后台接入网络拓扑结构

输电线路覆冰雪在线监测

　　世界各地架空线路由于积雪严重影响了输电线路的可靠性，例如，1932 年在美国首次出现有记录的架空电线覆冰事故；1998 年 1 月加拿大魁北克省、安大略省等遭受史无前例的暴冰事故；此外，俄罗斯、法国、冰岛和日本等都曾发生严重冰雪事故。我国受大气候和微地形、微气象条件的影响，冰灾事故频繁发生。许多地区因冻雨覆冰而使输电线路的荷重增加，造成断线、倒杆（塔）、闪络等事故，给社会造成了巨大的经济损失。尤其在 2008 年 1 月我国大面积的降雪带来了十分严重的经济损失，2 月 1 日国务院新闻办举行的新闻发布会上指出，截至 1 月 31 日 18 时，2008 年 1 月 10 日以来的低温雨雪冰冻灾害造成浙江、江苏、安徽、江西、河南、湖北、湖南、广东、广西、重庆、四川、贵州、云南、陕西、甘肃、青海、宁夏、新疆和新疆生产建设兵团等 19 个省（区、市、兵团）不同程度受灾，民政部统计雨雪冰冻灾害造成经济损失已达 537 亿元。其中，贵州电网受到冰害破坏的电力线路有 3895 条，累计停运变电站 472 座，有 12 座电气化铁路牵引变电站受到影响，电网 500kV 网架已基本瘫痪，全省电网已分解成五片孤立运行，同时恢复供电地区也不断出现反复断电，尤其贵阳电网 220kV 线路不断出现断线、倒塔事故，已严重危及贵阳电网安全运行和贵阳城区可靠供电；重庆电网有 7 基杆塔严重受损，16 条 35kV 以上输电导线断线，71 条 35kV 以上导线严重覆冰，有些线路的覆冰厚度甚至超过了设计值的两倍。此次降温降雪累计造成 105 起倒杆、120 起断线、186 起覆冰事故和 793 起变电设备事故。其中，酉阳、秀山、城口、彭水等地线路损坏严重，受损线路占了总数的 90% 左右。此外，覆冰导线舞动由于振幅很大，导致相间闪络、金具损坏、跳闸停电、杆塔拉倒、导线折断等严重事故。自 2012 年 12 月下旬以来，南方电网受强冷空气影响，部分输电线路出现覆冰，截至 2013 年 1 月 4 日南方电网所辖输电线路覆冰 114 条，覆冰比值达 0.3 及以上的输电线路共 16 条，其中 500kV 桂山甲、乙线为重度覆冰，南方电网于当日晚挂起低温冰冻灾害蓝色预警。国外俄、加、美、日、英、芬兰和冰岛等国的科研人员对上述导线覆冰现象进行了大量的研究，我国各设计、科研及运行单位也进行了大量的研究工作，取得了许多卓有成效的成果。国内外大多进行覆冰理论、冰闪机理和杆塔强度设计等方面的研究工作，建立了大量的观冰站、气象站进行现场观察和数据收集，研究了大量覆冰预警、导地线除冰等技术，2013 年南方电网又对 500kV 桂山甲、乙线及 500kV 桂山甲线地线进行了直流融冰。

9.1　覆冰雪危害、形成机理及其防护措施

9.1.1　覆冰雪危害

1. 过负载事故

过负载事故是导线覆冰超过设计抗冰厚度，即导线覆冰后质量、风压面积增加而导致的机械和电气方面的事故。这类事故可造成金具损坏、导线断股、杆塔损折、绝缘子串翻转、撞裂等机械事故；也可能使弧垂增大，造成闪络、烧伤、烧断导线的电气事故。例如，2005年年初，湖南电网处于海拔 $180\sim350m$ 的电网设施出现严重覆冰现象，500kV 电网先后有岗云线、复沙线和五民线 3 条线路出现倒塔事故，共倒塔 24 基，变形 3 基。

2. 不均匀覆冰或不同期脱冰事故

相邻档的不均匀覆冰或线路不同期脱冰会产生张力差，导致导线缩颈和断裂、绝缘子损伤和破裂、杆塔横担扭转和变形、导线和绝缘子及导线间电气间隙减少发生闪络。

3. 覆冰导线舞动事故

导线有覆冰且为非对称覆冰（迎风侧厚、背风侧薄）时，导线易发生舞动；大截面导线比小截面导线易于舞动，分裂导线比单导线易于舞动；0℃时导线张力低至 $20\sim80N/mm^2$ 时易发生舞动。导线舞动的运动轨迹顺线路方向看，近似椭圆形。由于舞动的幅度很大，持续时间长，易酿成很大危害，轻则相间闪络、损坏地线和导线、金具及部件，重则发生线路跳闸停电、断线倒塔等严重事故。

4. 绝缘子冰闪事故

绝缘子覆冰可以看成一种特殊的污秽，覆冰的存在明显改变了绝缘子的电场分布，冰中含有污秽等导电杂质更易造成冰闪。1963 年 11 月，美国西海岸一条 345kV 线路发生绝缘子串覆冰闪络，在恢复送电 $3\sim4min$ 内，覆冰绝缘子由微弱放电迅速发展到全面闪络；1988年加拿大魁北克省的安那迪变电站连续发生 6 次绝缘子闪络事故，造成魁北克省大部分地区停电；据统计 2003 年在我国 500kV 线路非计划停运原因中，冰闪造成的停运占 23.0%，其位于外力破坏第二位；2004 年 10 月至 2005 年 1 月华中地区连续发生了恶性覆冰闪络事故。

2008 年我国南方冰灾导致了多种类型的线路覆冰事故，表 9-1 给出了浙江省丽水供电局部分输电线路的具体受损情况，图 9-1 给出了在一定气象条件下，覆冰线路发生的不同类型事故现场。

表 9-1（a）　　浙江省丽水供电局部分输电线路的具体受损情况

电压等级（kV）		500	500	500	500	220	220	220	220
线路名称		双瓯 5463 线	龙瓯 5464 线	宁双 5906 线	德龙 5916 线	遂宏 2Q66 线	双遂 2389 线	丽枫 2Q68 线	临都 2Q49 线
倒塔（基）	横担断	1	0	0	0	0	0	0	0
	塔头断	0	1	0	0	0	0	0	1
	塔身处断	12	13	4	9	0	3	4	1
	整塔伏倒	6	4	2	3	0	0	1	0

续表

电压等级（kV）		500	500	500	500	220	220	220	220
线路名称		双瓯 5463 线	龙瓯 5464 线	宁双 5906 线	德龙 5916 线	遂宏 2Q66 线	双遂 2389 线	丽枫 2Q68 线	临都 2Q49 线
塔受损（基）	横担变形	1	2	2	1	0	0	1	0
	塔身变形	3	1	1	0	0	0	0	0
非倒塔档损坏导线（处）	铝股断	2	2	0	2	0	0	0	0
	全断	2	2	0	3	0	1	0	3
非倒塔档损坏地线（处）	断股	1	0	0	0	0	0	0	0
	全断	3	2	1	4	0	1	0	3
非倒塔档损 OPGW（处）	全断	4	2	0	0	0	0	0	0
	其他	0	0	0	0	0	0	0	0
非倒塔档导线损坏金具绝缘子串	连接金具断	0	0	0	0	0	0	2	0
	绝缘子断	2	2	0	0	1	0	0	0
	金具严重变形	0	3	2	5	0	2	0	1
冰闪跳闸（次）		2	1	1	2	1	2	1	2

表 9-1（b）　　　　　浙江省丽水供电局部分输电线路的具体受损情况

电压等级（kV）		220	110	110	110	110	110	110
线路名称		仙安 2Q47 线	紧西 1068 线	宁和 1086 线	云宁 1084 线	遂焦 1091 线	枫缙 1218 线	衢遂 1097 线
倒塔（基）	塔身处断	9	19	1	0	0	0	0
	整塔伏倒	3	0	4	0	0	3	1
	其他	0	0	0	0	0	1	0
塔受损（基）	地线支架	2	3	1	1	0	3	0
	横担变形	1	1	0	0	0	1	0
	塔身变形	1	0	2	0	0	0	0
	其他	0	0	0	0	0	0	2
非倒塔档损坏导线（处）	铝股断	0	0	0	0	0	0	0
	全断	5	0	0	0	1	0	0
非倒塔档损坏地线（处）	断股	0	0	0	0	0	0	0
	全断	3	1	0	0	0	3	0
非倒塔档损 OPGW（处）	全断	0	0	1	0	0	1	0
	其他	0	0	0	0	0	1	0
非倒塔档导线损坏金具绝缘子串	绝缘子断	0	0	0	0	1	0	0
	金具严重变形	2	0	0	0	0	0	0
冰闪跳闸（次）		1	1	1	1	1	2	1

图 9 - 1　输电线路具体冰灾事故现场
(a) 倒塔事故；(b) 塔头折断事故；(c) 导地线落地受损；(d) 引流线扭曲；
(e) 导线损伤；(f) 三相间隔棒变形断裂

　　其中，图 9 - 1（a）为龙瓯 5464 线 103 号杆塔在海拔高度为 643.371m、导线覆冰厚度为 65mm 条件下，由于覆冰导致铁塔无法承受线路的垂直荷载，发生被压垮的情况，杆塔略向小号侧倾倒。此耐张段设计属非重冰区，导线采用四分裂。图 9 - 1（b）为龙瓯 5464 线 104 号杆塔在海拔高度为 648.595m、导线覆冰厚度为 65mm 条件下，由于 103 号杆塔倒塔，104 号杆塔无法承受线路水平方向荷载，发生杆塔倾斜，塔头折断的情况，杆塔略向小号侧倾倒。此耐张段设计属非重冰区，导线采用四分裂。图 9 - 1（c）为龙瓯 5464 线 205 号杆塔在海拔高度为 745.303m、导线覆冰厚度为 65mm 条件下，204 号～205 号杆塔导地线落地受损情况，其中 205 号塔头往大号侧倾斜约 1m。图 9 - 1（d）为龙瓯 5464 线 213 号杆塔在海拔高度为 534.254m、导线覆冰厚度为 65mm 条件下，212 号～213 号杆塔导地线断落，AC 相引流线严重扭曲的现场。图 9 - 1（e）为龙瓯 5464 线 225 号杆塔在海拔高度为 663.812m、导线覆冰厚度为 663.812mm 条件下，225 号杆塔两边相瓷瓶往小号侧倾斜约 50°，中相瓷瓶往小号侧倾斜约 35°，225 号杆塔往 224 号杆塔侧面向大号侧，左相 1 号～6 号间隔棒断裂；中相 1 号～4 号间隔棒断裂，3 号～4 号、5 号～6 号间隔棒间四根子导线拧成麻花状；右相 1 号～5 号间隔棒断裂的情况。图 9 - 1（f）为龙瓯 5464 线 233 号杆塔在海拔高度为 605.895m、导线覆冰厚度为 65mm 的条件下，233 号～234 号三相间隔棒全部变形断裂；左相线夹有移位，瓷瓶往大号侧倾斜约 45°的事故现场。

9.1.2 输电线路覆冰形成机理

1. 导线覆冰的热力学机理与模型

覆冰是液态过冷却水滴释放潜热固化的物理过程，与热量交换和传递密切相关。导线覆冰量、冰厚、冰的密度都取决于覆冰表面的热平衡状态。

覆冰表面的热平衡方程为

$$Q_f + Q_v + Q_a = Q_c + Q_e + Q_l + Q_s \tag{9-1}$$

式中，Q_f 为冻结时释放的潜热；Q_v 为空气摩擦对冰面的水滴加热；Q_a 为将冰从 0℃冷却到覆冰表面稳态温度释放的热量；Q_c 为覆冰表面与空气的对流热损失；Q_e 为覆冰表面蒸发或升华产生的热损失；Q_l 为碰撞导线的过冷却水滴温度升高到 0℃时释放的热量；Q_s 为冰面辐射产生的热损失。

上式左边为覆冰表面吸收热量，右边为损失的热量。当左边小时，碰撞的过冷却水滴全部冻结在覆冰表面，覆冰表面干燥，为干增长覆冰过程；如左边大，导线捕获的水滴部分冻结，其余部分则以液体水原样流失，覆冰则为湿增长过程。该式忽略了覆冰湿增长中流失水滴、碰撞水滴动能和热传导等对覆冰的影响，未考虑导线传输电流及电场对导线覆冰的影响。进一步分析覆冰表面的热传递，可以建立更为完善的导线覆冰的热平衡方程。在不考虑电晕电流影响条件下，导线覆冰的热平衡方程为

$$Q_f + Q_v + Q_k + Q_a + Q_n + Q_R = Q_c + Q_e + Q_l + Q_s + Q_i + Q_r + Q_q \tag{9-2}$$

式中，Q_k 为过冷却水滴碰撞冰面的动能加热；Q_n 为日光短波加热；Q_R 为传输电流焦耳热；Q_i 为热传导损失；Q_r 为离开冰面水滴带走的热损失；Q_q 为风强制对流热损失。在分析冻结系数和冰面温度及影响因素后，进一步指出导线覆冰增长的必要条件为

湿增长　　$0 \leqslant \alpha_3 \leqslant 1$；$\theta_a < \theta_s = 0$

干增长　　$\alpha_3 = 1$；$\theta_a < \theta_s < 0$

式中，α_3 为导线覆冰的冻结系数；θ_a、θ_s 分别为环境、冰面稳态温度，℃。

2. 导线覆冰的流体力学机理与模型

线路覆冰的流体力学模型建立及机理分析存在的差异导致导线覆冰增长过程模型种类繁多，各有特点及局限性。下面介绍几种典型模型。

（1）单位长度圆柱体覆冰增长率为

$$dM/dt = 2ErvW$$

式中，M 为单位长度圆柱体覆冰量，g/m；t 为覆冰时间，s；E 为收集系数，0~1；r 为圆柱体半径，m；v 为风速，m/s；W 为雾中水质量浓度，g/m³。

（2）冰重增长率为

$$dM = 2\lambda r_W v_d dt$$

式中，dM 为一定大小水滴产生的冰重增长率，g/h；r_W 为空气平均相对湿度；v_d 为水滴在气流中实际速度，m/s。

$$2\lambda = D\{1 - 1/[(2m_d(v_d - v_w)/k_s)^2 + 1]\} \tag{9-3}$$

式中，v_w 为风速，m/s；m_d 为水滴质量，g；k_s 为 Stokes 系数；D 为导线直径，cm。

（3）导线覆冰量为

$$M = \int_0^T \alpha_1 v w S_0 dt$$

式中，w 为空气中过冷却水质量浓度，g/m^3；S_0 为导线在迎风面上的投影面积，m^2。

9.1.3　输电线路覆冰雪气候参数、模型研究

9.1.3.1　输电线路覆冰雪气候参数研究

1. 风洞试验

气象参数对电力系统覆冰雪有着决定性的影响，但如何定量分析是此项研究的瓶颈。日本在一个风洞设施中开展试验研究，监测单位时间内围绕导线的雪花分量（分布）、风速、湿度、温度、雪花中的液态水含量、单位长度导线积雪分量、导线旋转角度、试验持续时间、以及运行导线表面温度等参量，并分析各种气象参数对冰雪的影响。

（1）冰雪密度。

对风洞试验得到的结果进行多重回归分析，积雪密度和气象数据之间的关系如下

$$\rho_s = 0.0671V - 0.0102V^{1.1} + 0.0574T = -0.0107P_n - 0.048 \tag{9-4}$$

式中，ρ_s 为积雪密度，g/cm^3；V 为风速，m/s；T 为环境温度，$^\circ C$；P_n 为单位时间围绕导线通过的雪量，$g/(cm^2 \cdot h)$，结果表明当环境温度在 $0 \sim 3^\circ C$ 之间，风速对冰雪密度影响最大。

（2）积雪效率。

所有围绕电线通过的雪花并不完全黏附在导线和已有的冰雪表面上，一般雪花会与接触面碰撞造成断裂，这样一部分雪花堆积在导线上，其余则被风吹走。人工积雪试验中，积雪是以柱状雪筒状存在，根据积雪密度和单位长度上的积雪分量可以推导出积雪效率 a

$$a = 0.624\exp\{-0.0865(T - 3.27)^2\} \times \exp(0.621V - 0.0744P_n) \tag{9-5}$$

（3）日本现使用的冰雪负载估算模型。

虽然风洞试验和自然积雪的观察对于冰雪估算都十分重要，但由于积雪密度不易得知，即使已知积雪量和气象参数，仍无法采用柱状雪筒模型计算积雪效率。目前日本暂使用的经验模型如下

$$W = 4.5\frac{\exp\{-6[(T/T_0) - 0.32]^2\}}{V^{0.2}}P_n t \tag{9-6}$$

式中，T_0 是一个分界的空气温度，决定降雨还是降雪，t 为时间，s。

2. 由气象学模型预测的冰载荷验证方法

2003 年至 2004 年，EA 技术公司在其严酷天气试验场（位于英格兰/苏格兰交界的死水地）搭建了现场试验装置，尝试验证根据气象学模型预测冰载荷的有效性。现场采集的数据有：覆冰导线重量（通过黑兹尔测力传感器获得，包括导线重量、冰载荷和风载荷等）、风速、风向、温度、湿度、降水率、液态水含量（通过 Gerbers 仪器提供）、液滴尺寸和能见度（通过图像识别），并每隔 24 小时通过网络传输到开普赫斯特 EA 技术公司。分析 2004 至 2005 年冬季的监测数据发现：当温度、风向和 Gerbers 输出同时显示了结冰条件时，黑兹尔测力传感器监测数据同样证实了导线结冰；当三者中任一因素未显示结冰条件时，则力传感器监测数据同样证实导线没有结冰，试验结果进一步证实了根据 Gerbers 仪器与其他气象数据预测导线结冰是十分有效的。

3. 影响冻雨和结冰发生的局部性气象因素

日本在过去 15 个冬季（1989 年 11 月～2004 年 5 月）里观察了日本冻雨和冰雹发生的

区域性分布。数据来自日本气象局提供的空中水分凝结物的地面数据和来自153个气象站的环境数据（包括空气温度、相对湿度、风速、空气压力以及降水量等），分析结果如下：大部分冻雨和冰雹发生在中部地区北部的内陆盆地和关东地区北部靠近太平洋一侧的平原，靠近太平洋一侧的平原由于冷却所需的热通量大更易发生结冰现象；内陆盆地风力轻微、湿度接近饱和，而靠太平洋一侧平原风力中等、湿度较低。

9.1.3.2 输电线路覆冰雪模型研究

电力设备覆冰雪估算模型特别是导线覆冰雪模型是历年来人们所关注的课题，大致经历了三个基本阶段：分析研究性模型、简单数字模型以及超级计算机模型。

1. 分析研究性模型

估算结冰速率 R（kg/s）的古典经验方程：$R=cV$。式中，V 代表风速；c 代表与悬浮微粒碰撞效率和大气液态水含量相关系数，c 会随冰霜类型（特别是冰霜密度）和地理位置而变化，而 Makkonen 博士为电缆设定一个常数，但采用这类经验方法来预测冰负载仍具有一定的有效性，常用于输电线路、输电杆塔和悬索桥的冰负载设计。

估算雨凇的最广泛模型是 MRI 模型、修正 Goodwin 模型等，其他解析性雨凇模型由于对于几次极端事件预测不正确而面临淘汰。Goodwin 模型认为所有撞击导线表面的液滴全部冻结，即覆冰为干增长过程。

估算湿雪的经验方法仍然十分有效，是现行模型的基础。其雪粒表面有一层液体，雪粒就会互相黏合，所以在很低的碰撞速度和合适的温湿度条件下，湿雪黏合效率接近1，但尚无有效数据分析空气温湿度等环境因素对湿雪的影响程度。由于空气中雪含量不易测量，Makkonen 首先针对雪含量和可见度进行了相关性分析，提出基于可见度的湿雪预测模型：$R_w=2.1\lambda^{-1.29}$，式中，λ 代表可见度，m；R_w 为湿雪积累速率（kg/m²s）。

2. 简单数字模型

随着对结冰物理特性研究的深入，人们开发了很多复杂的覆冰雪预测模型，如 Lozowski 模型、Ackley 模型、Poots 模型、Jones 模型、Chaine 模型以及 Makkonen 模型等。但这些模型都具有一定的适用范围，如 Lozowshi 模型在预测小型积霜时表现良好，而在预测较大雨凇积聚时效果降低，德国军队仍然采用该模型来预测飞机结冰；Makkonen 在分析冻雨覆冰的湿增长过程中发现，导线上未冻结的液体并没有全部掉落，而是在导线的底部长成冰柱，理论和实验研究表明每米长导线上有45根冰柱长成，但其他模型均未考虑覆冰过程中的这一物理特点，此外，Makkonen 把导线半径、气温、风速、降水率、风吹角度及覆冰时间等作为输入量，用数值计算方法对这种考虑冰柱生长的覆冰模型进行了分析和计算。尽管 Makkonen 模型中的液态水含量和水滴大小分布参数不易测量，但其试验效果十分理想，美国、加拿大和芬兰一致使用 Makkonen 模型进行输电线路设计。随着各种传感技术的发展，可及时监测各种随环境自然条件变化的参量，这样有望大大提高各种模型的预测能力。

3. 超级计算机模型

超级计算机模型目前可大致分为两类：强化物理模型和形态生成模型。

强化物理模型在20世纪80年代最早用于飞机结冰预测，Fu 模型代表的物理过程与 Makkonen 模型类似，其采用计算流体动力学（Computational Fluid Dynamics，CFD）求解空气流，用拉格朗日（Lagrangian）或欧拉（Euler）求解局部碰撞率，用 Navier-Stokes 方程求解空气和热传导等，上述过程采用计算机编程实现，其物理逼真性和预测效果都大大提高了。

形态生成模型起源于细胞自动机和流体动力学的离散粒子法。蒙特卡洛法（Monte Carlo）采用类似分子动力学的仿真手段对每个颗粒的任意走步进行仿真，对任意走步的控制可得出与力量平衡有关的运动概率。如果颗粒满足形成冰柱的条件，颗粒就可能因下滴离开它依附的表面，从而仿真了冰柱的形成过程。

9.1.4　输电线路除冰/抗冰技术

防覆冰方法是在覆冰物体（导线、绝缘子）覆冰前采取各种有效技术措施使各种形式的冰在覆冰物体上无法积覆，或者即使积覆，其总覆冰荷载也能控制在物体可承受的范围内。主要的除冰技术大约 40 余种，按照除冰原理可分为：热力除冰方法，机械除冰方法，被动除冰方法，以及电子冻结、电晕放电等其他除冰方法，其中只有 7 种方法通过防冰或除冰检验（4 种为热力法，3 种为机械法）。

机械法（震冰）直接使用刮刀、棍子、滚筒、切割机、远距离使用抛射物、自动化机器人、冲击波机械法、采用爆炸、弯曲、拧绞进行除冰，在试验室采用机械法可在 2～3min 完成，但热力法等效率较低，除冰过程却需要 2h。机械方法破碎一块给定大小的冰所需要的能量只是融化这块冰所需能量的 1/100 000 到 1/2 000 000，实际上各种机械除冰技术的能量效率范围在 3% 到 4% 之间，总体来看，机械方法只需热力方法所需能量的 1/200 左右。

自然被动除冰法是在导线上安装阻雪环、平衡锤、线夹、除冰环、阻雪环、风力裙等装置可使导线上的覆冰积累到一定程度时，利用风、地球引力、随机散射能和温度变化等来自大自然的外力进行脱冰的方法称为被动除冰法。此类方法简单易行，成本低。在所有的被动方法中，应用憎水性和憎冰性涂料的方法备受研究者的广泛关注，现已进行各种憎冰性涂料的研究，已有有机氟、有机硅、烷烃及烯烃等类化合物，如丙烯酸烘漆、聚四氟乙烯及有机硅漆等。被动除冰法虽然不能保证可靠除冰，但无需附加能量。

但采取人为绝缘子串、导线除冰的方法效率低下，操作人员安全无法保证。2008 年某送变电公司在执行变电站 500kV 线路人工除冰任务时，因线路覆冰太厚，铁塔不堪重负发生坍塌，导致三名抢修作业人员死亡。热力法是处理严重冰灾线路最有效的解决方法，2006 年加拿大维斯变电站安装的直流除冰装置首次实现了对五条线路除冰过程中的操作和控制，有效保证了除冰过程中的系统安全，国内湖北电力试验研究院也开展这方面的研究，但尚无实际运行的基于热力法的除冰装置。今后需加强这方面的研究工作。热力法是世界公认的最有效的除冰技术，采用焦耳效应融冰的原理，利用电流加热覆冰导线进行除冰。IREQ 研究人员建立了用于估算不同电流、温度、风速时的融冰时间的数学模型（热力法原理）。

$$E_c + E_{cg} + E_{fg} = (I^2 R + P_s - P_r - P_c) \cdot t \tag{9-7}$$

式中，E_c 为加热导线所需的能量，J/m；E_{cg} 为加热冰所需的能量，J/m；E_{fg} 为冰融化所需的能量，J/m；R 为导线电阻，Ω/m；I 为导线中的电流，A；P_r 为热辐射损失，W/m；P_c 为热对流损失，W/m；P_s 为吸收太阳能；t 为电流施加时间，s。

下面介绍较为有效的热力法除冰技术。

1. 转移负载法

这种方法不需要在电网中增加任何设备，通过改变系统的结构（配置）、利用负载电流的热效应来防止导线结冰或将冰从导线除掉。然而高电压线路只带有有限的电流，并且通常不产生足够的热量来防止结冰或将冰溶化，因此必须改变正常运行方式，在同样两个变电站间从别的连接线给特定线路传输或转移负载。但从负荷考虑，由于用户的负荷需求（决定电流的大小）难以控制，因此融冰失败的风险非常高。该方法最适合单分裂导线，对于多分裂导线和735kV线路由于所需融冰电流大（高达7200A）以及对电网稳定性可能造成影响，该方法不适用。加拿大魁北克水电局采用该法进行融冰。

2. 短路法

短路法是指由一端供电而另一端短路，国内外许多电力公司都有一些短路加热经验。采用这种融冰方法需要在原有电网中增加一些设备，在短路侧需要加装开关（常开）以实现三相短路；在电源侧，需要加装隔离开关和架空线路或电缆（如是电缆还需加装一组避雷器）以实现电源和融冰线路的连接。例如，在20世纪七十年代初期，马尼托巴水电局就开始进行三相短路融冰的试验步骤，目前已具有数千公里线路的融冰能力。焦耳效应除冰法不能轻易用于315kV及735kV额定电压的分裂导线束，为了抗击严重冰负载，人们利用在输电线路在额定电压下造成短路电流，从而达到电磁力来使导线互相撞击达到除冰目的。

3. 交直流电流

交流电及直流电均可用来使导线加热。使用交流电不需要高额附加费用，因其直接使用现有网络进行融冰。为了获得必要的融冰电流，必须有足够高的融冰电压和相应的融冰功率，特别是对长距离输电线路。如果融冰线路的长度以及所需融冰电流和电压较小，则可成功使用交流电。前苏联大规模用于500kV分裂导线束的长距离线路融冰。但由于735kV线路长度很长，导线为4分裂导线，采用交流短路法融冰时需要的电源功率和电压将超过1000MVA、1000kV，无法采用交流短路法。此时，对于上述线路应采用直流短路法，其所需电源功率仅为285MVA。但这取决于线路的特点，三相导线的融冰需要经过隔离线路、保护交流和直流系统、投入除冰换流器、将线路转换回交流系统等过程才能完成。

4. 潮流除冰

潮流除冰主要依靠科学调度，提前改变电网潮流分配，使线路电流高于临界融冰电流防止导线覆冰，这是工程中针对输电线路最方便的除冰方法。

5. 其他方法

隔离发电融冰法与转移负载法相似，但其将一台或几台发电机与线路隔离，利用其输出电流作为融冰电流，该线路除负载电流大以外与正常运行没有很大差别；磁力融冰法是让多分裂导线之间相互碰撞促使冰脱落，通过向导线中施加短时大电流（与短路法相似）使导线之间产生吸引力；接触点负荷转移融冰法，适用于多分裂导线，在分裂导线的间隔棒上装一个接触器以控制流过各分裂导线的电流，融冰时只流过一根分裂导线，该方法可用于光纤地线的融冰；电脉冲除冰法是采用电容组向线圈放电，由线圈产生强磁场，在置于线圈附近的导线板上产生一个幅值高、持续时间短的机械力，使冰破裂而脱落。

9.2　输电线路覆冰雪在线监测方法

早期的输电线路覆冰雪观测主要依靠观冰站和人工巡线，观冰站的建立、运行费用高且使用率低，人工巡线受地形环境、人员素质、天气状况等因素的影响比较大，同样存在效率低、复巡周期长等缺点。随着我国500kV以上超高压输电线路的建设，尤其是2008年南方雪灾之后，输电线路覆冰在线监测技术得到普遍重视和广泛应用。但总的来说，目前国内外研究的技术比较多，但成熟且具有可用性的比较少。现行较为有效的输电线路覆冰监测方法有以下五种。

1. 图像/视频法

图像/视频法是在杆塔上安装视频装置采集覆冰线路实时图像，通过人工分析得出现场覆冰情况，当然也利用图像差异化算法自动识别导线覆冰程度，具体技术可参考本书第 8 章。采用图像/视频观测导线覆冰，直观方便，但只能作为一种辅助监测手段，因受以下条件限制：线路覆冰时气温较低，摄像机镜头容易覆冰导致拍照模糊甚至无法辨认，需要解决摄像机低温运行能力和镜头防冰等问题；监测空间有限，当档距较大或有雾时无法监测远距离导线覆冰和覆冰不均匀情况。

2. 称重法

称重法是通过力传感器替代绝缘子的球头挂环，利用角度传感器和拉力传感器分别测量悬垂绝缘子串的倾角、风偏角和覆冰导线载荷，根据风速、风向等气象数据，对悬挂点在垂直方向进行静力分析，计算垂直档距内由于线路覆冰而增加的垂直载荷，进而得到导、地线等值覆冰厚度。作者成功研发的输电线路导线覆冰在线监测系统是国内首套基于称重法的覆冰在线监测系统，其综合考虑了覆冰导线的重力变化、杆塔绝缘子的倾斜角、风偏角、导线舞动频率以及线路现场的温度、湿度、风速、风向、雨量等气象信息，利用专家软件来计算得出输电线路覆冰状态，目前已在山西、宁夏、贵州、浙江等地安装运行，具体装置设计见9.4 节。由于称重法采用的是电阻应变片式力传感器，其存在非线性、零点漂移、蠕变等特性，因此装置长期运行的稳定性、可靠性和高精度等问题还需进一步研究，而基于光纤传感技术的拉力传感器目前尚处于研究阶段。

3. 模拟导线法

模拟导线法通常是在重覆冰区建立覆冰观测站或者综合气象观测站，利用模拟试验线段的覆冰厚度来估算实际运行输电线路的覆冰厚度。该方法根据模拟试验线段的架设标准不同可分为两类，即普通测试架和覆冰模拟测试线段。普通测试架高度为 2m，其顶端有四根标准的长度均为 1m 的覆冰量测试杆，同时测试架直径应与要求模拟的各类标准导线一致；覆冰测试模拟线段的架设高度不低于 7m，档距长度不小于 30m，同时其架设导线应采用标准导线，可架设不同直径导线同时进行测量和比较。上述模拟导线法虽然比较简单、易于操作，无须改变线路原有结构，但是建立覆冰观测站或者综合气象观测站的成本依然很高，而且从模拟导线上测得的覆冰厚度通常与实际运行导线上的覆冰厚度有所差别，这是因为影响线路覆冰厚度的因素过于复杂，除了与导线直径、气温、空气湿度、地形环境、海拔高程等有关外，还受导线温度、实际风速大小、导线扭转与否以及线路电场强弱等因素的影响。因此该方法只能粗略反映输电线路的覆冰状况。

4. 倾角弧垂法

倾角弧垂法是在悬垂线夹附近的导线上安装角度传感器，监测导线倾角和弧垂的变化，根据设计参数和实时微气象参数，计算覆冰导线重量和等值覆冰厚度等参数。这种方法原理比较简单，但角度传感器易受外界干扰影响，其安装位置受导线刚度影响，在导线覆冰发生扭转时参考基准面变化会使得监测数据无效，因此现场应用效果不佳。尤其 500kV 及以上等级输电线路导线的刚度较大，在计算时将导线视作柔索会导致较大的误差。

5. 导线应力测量法

导线应力测量法是利用光纤光栅传感器测量输电导线上一点或多点的应力变化，根据力学方程得到覆冰载荷值，再转换成等值覆冰厚度。基于光纤光栅应力传感器 OPPC 导线应力监测系统见图 9-2，其将应力传感器串接入耐张金具串，将应力传感器与金属铠装光缆连接，并通过杆塔固定引至"绝缘式四通接头盒"，与两端 OPPC 光缆中的光纤光栅连接，实现与其他应力传感器的串联。此方法充分利用了光纤光栅传感器无源、抗强电磁干扰、耐恶劣环境、稳定性好等特点。通过扩展功能，还可测量导线舞动、杆塔倾斜、导线弧垂等状态量，目前大多处于实验室研究阶段，具有良好的应用前景。

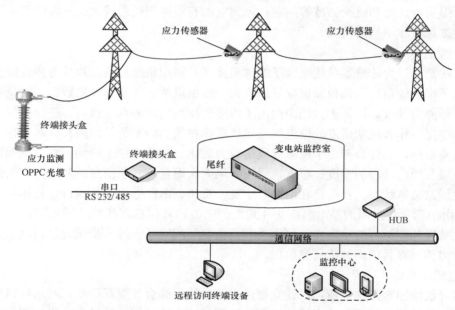

图 9-2　基于光纤光栅的 OPPC 在线应力监测系统

6. 其他监测方法

加拿大魁北克水电局覆冰报警系统 SYGIVRE 采用覆冰速率计法，间接地估计附近线路的覆冰状况。其原理是将测量用 Rosemount 探头安装在架空线路附近，当探头上覆有一定重量的冰雪时其振动频率会降低，且覆冰量改变与频率改变呈线性关系，通过采集探头的振动频率，可间接估计覆冰速率，了解附近线路的覆冰状况。

长沙理工大学提出一种行波传输时差的覆冰监测方法，采用行波定位系统精确地记录行波到达线路两个端点的时间，通过输电线路在正常运行与线路覆冰期间的行波时间差以及架空线路状态方程来计算线路的比载，利用长度与比载和冰厚的计算关系式求得覆冰情况下线路的平均覆冰厚度。由于线路各段的覆冰厚度不相同，行波传输时差的测量方法只能从全局上掌握覆冰的情况，局部地区的严重覆冰还要用其他方法进行具体的监测来弥补。

部分学者提出了一种基于 Goubau 模型的导线覆冰非接触式测量方法，其原理是将微波信号通过覆冰导线，由 Goubau 传感器接收。该方法仅在实验室进行了试验研究，实际线路运行现场复杂环境的干扰等关键问题还需进一步研究。

太原理工大学的秦建敏等人提出一种电容式覆冰厚度测量方法，利用空气与水的电容特性差异，通过监测覆冰时安装在导线上的两个电容传感器探头之间电容值的变化，来反映导线覆冰厚度。

9.3　输电线路覆冰力学分析

9.3.1　力学分析基础知识

1. 输电电线路杆塔悬点等高

（1）悬链线方程。

架空输电线路的导线特点是，档距比导线的截面积大得多，而且导线又是由多股细金属线绞合而成。因此，对导线的刚度影响很小，所以可假定导线是一根理想的柔软的而且载荷是均匀分布的线段，在此假定原则下，只考虑导线的载荷，及其所产生的拉力，而未考虑导线悬挂点处的弯曲应力、压应力、剪应力、动应力等，只考虑导线的伸长，且认为在导线任意点切线方向的拉力和它的轴心方向重合。

设导线悬挂点 A 和 B 等高。弧垂曲线上取 1，2 两点的微小长度，以 $\mathrm{d}L$ 表示，q_0 表示单位长度重力，如图 9 - 3 所示，则 1，2 两点间导线的重力为 $q_0\mathrm{d}S$，由 $\sum x = 0$ 有

$$T_1\cos\alpha_1 = T_2\cos\alpha_2 = \mathrm{const} \tag{9-8}$$

由式看出导线任意点拉力的水平分量是一常数，设导线最低点水平拉力为 T_H，即

$$T_1\cos\alpha_1 = T_2\cos\alpha_2 = T_H \tag{9-9}$$

在图 9 - 4 中，由于 $\mathrm{d}S$ 是一微段，故可令 $T_1 = T$，$\alpha_1 = a$，则

$$T_2 = T_1 + \mathrm{d}T_1 = T + \mathrm{d}T, \alpha_2 = \alpha_1 + \mathrm{d}\alpha_1 = \alpha + \mathrm{d}\alpha \tag{9-10}$$

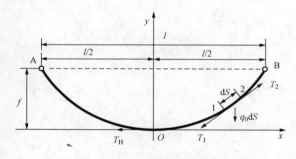

图 9 - 3　悬点等高时导线受力图

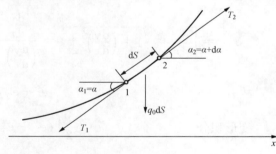

图 9 - 4　导线微段受力图

由 $\sum y = 0$ 有：$T_2\sin(\alpha + \mathrm{d}a) - T_1\sin\alpha_1 - q_0\mathrm{d}S = 0$，即

$$(T + \mathrm{d}T)\sin(\alpha + \mathrm{d}a) - T\sin\alpha_1 - q_0\mathrm{d}S = 0 \tag{9-11}$$

其中 $\sin(\alpha + \mathrm{d}a) = \sin\alpha\cos\mathrm{d}a + \cos\alpha\sin\mathrm{d}a$，由于 $\mathrm{d}\alpha$ 值很小趋于零，故 $\cos\mathrm{d}\alpha \approx 1$，$\sin\mathrm{d}\alpha \approx \mathrm{d}\alpha$，得出 $\sin(\alpha + \mathrm{d}a) = \sin\alpha + \cos\alpha\mathrm{d}a$，代入上式有

$$(T + \mathrm{d}T)(\sin\alpha + \cos\alpha\mathrm{d}a) - T\sin\alpha_1 - q_0\mathrm{d}S = 0$$

即

$$\mathrm{d}T\cdot\sin\alpha + T\cos\alpha\cdot\mathrm{d}a + \mathrm{d}T\cos\alpha\cdot\mathrm{d}a = q_0\mathrm{d}S \tag{9-12}$$

式中，$\mathrm{d}T\cos\alpha\cdot\mathrm{d}\alpha$ 是两个微量的乘积，令其趋于零，故上式又可写成

$$\mathrm{d}T\cdot\sin\alpha + T\cos\alpha\cdot\mathrm{d}a = q_0\mathrm{d}S$$

即

$$\mathrm{d}(T\cdot\sin\alpha) = q_0\mathrm{d}S \tag{9-13}$$

导线微分长度 $dS=\sqrt{(dx)^2+(dy)^2}$，导线的水平拉力 $T_H=T\cos\alpha$，设 $c=T_H/q_0$，则 $T=q_0c/\cos\alpha$，则上式为

$$d\left(q_0c\frac{\sin\alpha}{\cos\alpha}\right)=q_0\sqrt{(dx)^2+(dy)^2} \tag{9-14}$$

由于 $\frac{\sin\alpha}{\cos\alpha}=\tan\alpha=\frac{dy}{dx}$，则上式为

$$d\left(c\frac{dy}{dx}\right)=\sqrt{(dx)^2+(dy)^2} \tag{9-15}$$

两边取倒数，同乘以 dx，得

$$\frac{dx}{c}=d\left(\frac{dy}{dx}\right)\Big/\sqrt{1+\left(\frac{dy}{dx}\right)^2} \tag{9-16}$$

根据积分公式 $\int du/\sqrt{u^2\pm a^2}=\ln(u+\sqrt{u^2\pm a^2}+c)$，上式可化为

$$\frac{x}{c}=\ln\left[\frac{dy}{dx}+\sqrt{1+\left(\frac{dy}{dx}\right)^2}\right]+c_1 \tag{9-17}$$

当 $x=0$ 时，切线在原点平行于 x 轴，上式为 $0=\ln(0+1)+c_1$，$c_1=-\ln1=0$，故

$$\frac{x}{c}=\ln\left[\frac{dy}{dx}+\sqrt{1+\left(\frac{dy}{dx}\right)^2}\right]$$

在式两边取自然对数，得

$$e^{\frac{x}{c}}=\frac{dy}{dx}+\sqrt{1+\left(\frac{dy}{dx}\right)^2} \tag{9-18}$$

因为

$$e^{-\frac{x}{c}}=\left[\frac{dy}{dx}+\sqrt{1+\left(\frac{dy}{dx}\right)^2}\right]^{-1}=\frac{\frac{dy}{dx}-\sqrt{1+\left(\frac{dy}{dx}\right)^2}}{\left(\frac{dy}{dx}\right)^2-\left[1+\left(\frac{dy}{dx}\right)^2\right]}=-\frac{dy}{dx}+\sqrt{1+\left(\frac{dy}{dx}\right)^2}$$

故有

$$e^{\frac{x}{c}}-e^{-\frac{x}{c}}=2\frac{dy}{dx} \tag{9-19}$$

变形积分

$$\frac{1}{2}\int(e^{\frac{x}{c}}-e^{-\frac{x}{c}})dx=\int dy$$

用积分换元法，得

$$\int dy=\frac{c}{2}\int(e^{\frac{x}{c}})d\left(\frac{x}{c}\right)+\frac{c}{2}\int(e^{-\frac{x}{c}})d\left(\frac{x}{c}\right)$$

$$y=c\left(\frac{e^{\frac{x}{c}}+e^{-\frac{x}{c}}}{2}\right)+c_2 \tag{9-20}$$

当 $x=0$，$y=0$，$c_2=-c$，则上式为

$$y=c\left(\frac{e^{\frac{x}{c}}+e^{-\frac{x}{c}}}{2}-1\right)=c\left(\text{ch}\frac{x}{c}-1\right) \tag{9-21}$$

由于 $c=\frac{T_H}{q_0}=\frac{\sigma_0 A}{gA}=\frac{\sigma_0}{g}$，（$q_0$：单位长度重量；$g$：导线所受比载；$\sigma_0$：导线应力）故有

$$y=\frac{T_H}{q_0}\left(\text{ch}\frac{xq_0}{T_H}-1\right) \tag{9-22}$$

导线最大弧垂在 $x=l/2$ 处，即有

$$f = \frac{T_H}{q_0}\left(\text{ch}\,\frac{lq_0}{2T_H} - 1\right) \tag{9-23}$$

（2）导线长度计算：

$$dS = \sqrt{1 + \left(\frac{dy}{dx}\right)^2}\,dx$$

由 $y = \frac{T_H}{q_0}\left(\text{ch}\,\frac{xq_0}{T_H} - 1\right)$ 可以得到 $\frac{dy}{dx} = \text{sh}\,\frac{xq_0}{T_H}$，代入上式有：$dS = \text{ch}\,\frac{xq_0}{T_H}\,dx$，两侧从 $-l/2$ 到 $l/2$ 积分有

$$S = \frac{2T_H}{q_0}\,\text{sh}\,\frac{lq_0}{2T_H} \tag{9-24}$$

又由于 $\text{sh}\,x = x + x^3/3! + x^5/5! + \cdots + x^{2n+1}/(2n+1)!$，同理，这里在近似计算时只取前两项，故有

$$S = \frac{2T_H}{q_0}\,\text{sh}\,\frac{lq_0}{2T_H} \approx \frac{2T_H}{q_0}\left[\frac{lq_0}{2T_H} + \left(\frac{lq_0}{2T_H}\right)^3 / 3!\right] = \frac{2T_H}{q_0}\left(\frac{lq_0}{2T_H} + \frac{l^3 q_0^3}{48 T_H^3}\right)$$

$$= l + \frac{l^3 q_0^2}{24 T_H^2} \tag{9-25}$$

（3）导线任意点弧垂计算公式：

设导线上任意一点距 O 点距离为 x'，距悬点距离为 x，则有 $x' = l/2 - x$。

该点距 O 点的高度为

$$y = \frac{T_H}{q_0}\left(\text{ch}\,\frac{x'q_0}{T_H} - 1\right) = \frac{T_H}{q_0}\left[\text{ch}\,\frac{(l-2x)\,q_0}{2T_H} - 1\right]$$

由式（9-23）可得该点的弧垂 f_x 为

$$f_x = f - y = \frac{T_H}{q_0}\left[\text{ch}\,\frac{lq_0}{2T_H} - \text{ch}\,\frac{(l-2x)q_0}{2T_H}\right]$$

即

$$f_x = \frac{2T_H}{q_0}\,\text{sh}\,\frac{(l-x)\,q_0}{2T_H}\,\text{sh}\,\frac{xq_0}{2T_H} \tag{9-26}$$

又由于 $\text{ch}\,x = 1 + x^2/2! + x^4/4! + \cdots + x^{2n}/2n!$，故有

$$y = c \cdot \text{ch}\,\frac{x}{c} = c\left[1 + \left(\frac{x}{c}\right)^2/2! + \left(\frac{x}{c}\right)^4/4! + \cdots + \left(\frac{x}{c}\right)^{2n}/2n!\right]$$

$$= c + \frac{x^2}{2c} + \frac{x^4}{24c^3} + \cdots + \frac{x^{2n}}{2n! c^{2n-1}} \tag{9-27}$$

而 $c = T_H/q_0$，q_0 相对于 T_H 而言是非常小的，即 $1/c^3 \sim 1/c^{2n-1}$ 的值就更小，所以近似计算时，可把忽略，则

$$y = c \cdot \text{ch}\,\frac{x}{c} \approx c + \frac{x^2}{2c} \tag{9-28}$$

将近似结果代入式（9-22）有

$$y = \frac{T_H}{q_0}\left(\text{ch}\,\frac{xq_0}{T_H} - 1\right) = \frac{T_H}{q_0}\text{ch}\,\frac{xq_0}{T_H} - \frac{T_H}{q_0} = c \cdot \text{ch}\,\frac{x}{c} - c$$

$$\approx c + \frac{x^2}{2c} - c = \frac{x^2}{2c}$$

即导线弧垂为

$$f = y_{x=l/2} = \frac{T_H}{q_0}\left(\text{ch}\,\frac{lq_0}{2T_H} - 1\right) \approx \frac{l^2 q_0}{8T_H} \tag{9-29}$$

（4）导线任意点应力计算：

对 $y = \dfrac{T_H}{q_0}\left(\text{ch}\,\dfrac{xq_0}{T_H} - 1\right)$ 求导，有 $\dfrac{dy}{dx} = \text{sh}\,\dfrac{xq_0}{T_H}$，$\tan\alpha = \dfrac{dy}{dx} = \text{sh}\,\dfrac{xq_0}{T_H}$

$$\cos a = \frac{1}{\sqrt{\sec a}} = \frac{1}{\sqrt{1+\tan^2 a}} = \frac{1}{\sqrt{1+\text{sh}^2\dfrac{xq_0}{T_H}}} = \frac{1}{\text{ch}\dfrac{xq_0}{T_H}} \tag{9-30}$$

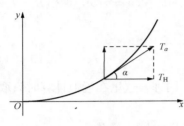

图 9-5　导线任意点应力图

又由图可以得到

$$\cos a = \frac{T_H}{T_a} = \frac{\sigma_H}{\sigma_a},\quad \sigma_a = \frac{\sigma_H}{\cos a} = \sigma_H \text{ch}\,\frac{xq_0}{T_H}$$

同理有导线任意点的应力为

$$\sigma_x = \sigma_H \text{ch}\,\frac{xq_0}{T_H} \tag{9-31}$$

当 $x = l/2$ 时，导线悬挂点 A、B 的应力为

$$\sigma_A = \sigma_B = \sigma_H \text{ch}\,\frac{lq_0}{2T_H} \tag{9-32}$$

2. 输电线路杆塔悬点不等高时

（1）等效档距的悬链线方程。

由导线悬挂点等高时得出的式（9-22），写出等效档距 l_{D1}、l_{D2} 与弧垂 f_{D1}、f_{D2} 的关系式分别为

$$\left.\begin{array}{l} f_{D1} = \dfrac{T_H}{q_0}\left(\text{ch}\,\dfrac{l_{D1}q_0}{2T_H} - 1\right) \\[3mm] f_{D2} = \dfrac{T_H}{q_0}\left(\text{ch}\,\dfrac{l_{D2}q_0}{2T_H} - 1\right) \end{array}\right\} \tag{9-33}$$

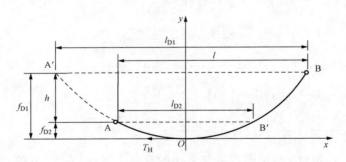

图 9-6　悬点不等高时等效档距示意图

A、B 悬挂点高差 h 为

$$h = f_{D1} - f_{D2} = \frac{T_H}{q_0}\left(\text{ch}\,\frac{l_{D1}q_0}{2T_H} - \text{ch}\,\frac{l_{D2}q_0}{2T_H}\right) \tag{9-34}$$

又有：$l = (l_{D1} + l_{D2})/2$，$l_{D2} = 2l - l_{D1}$，将 l_{D2} 代入上式得

$$h = \frac{T_H}{q_0}\left[\text{ch}\,\frac{l_{D1}q_0}{2T_H} - \text{ch}\,\frac{(2l - l_{D1})q_0}{2T_H}\right] \tag{9-35}$$

由于 $\text{ch}\,x - \text{ch}\,y = 2\text{sh}\,\dfrac{x+y}{2}\text{sh}\,\dfrac{x-y}{2}$，故有

$$h = \frac{2T_H}{q_0}\text{sh}\frac{(l_{D1}+2l-l_{D1})q_0}{4T_H} \times \text{sh}\frac{(l_{D1}-2l+l_{D1})q_0}{4T_H} = \frac{2T_H}{q_0}\text{sh}\frac{lq_0}{2T_H}\text{sh}\frac{(l_{D1}-l)q_0}{2T_H}$$

由上式可以得到

$$\text{sh}\frac{(l_{D1}-l)q_0}{2T_H} = \frac{hq_0}{2T_H\text{sh}\frac{lq_0}{2T_H}}, \quad \frac{(l_{D1}-l)q_0}{2T_H} = \text{arsh}\frac{hq_0}{2T_H\text{sh}\frac{lq_0}{2T_H}} \tag{9-36}$$

即有悬点不等高时，等效档距公式

$$\left.\begin{array}{l} l_{D1} = l + \dfrac{2T_H}{q_0}\text{arsh}\dfrac{hq_0}{2T_H\text{sh}\frac{lq_0}{2T_H}} \\[4mm] l_{D2} = l - \dfrac{2T_H}{q_0}\text{arsh}\dfrac{hq_0}{2T_H\text{sh}\frac{lq_0}{2T_H}} \end{array}\right\} \tag{9-37}$$

（2）等效档距的近似计算。

由弧垂近似计算公式（9-29），可写出

$$\left.\begin{array}{l} f_{D1} = \dfrac{l_{D1}^2 q_0}{8T_H} \\[3mm] f_{D2} = \dfrac{l_{D2}^2 q_0}{8T_H} \end{array}\right\}$$

$$h = f_{D1} - f_{D2} = \frac{q_0}{8T_H}(l_{D1}^2 - l_{D2}^2) = \frac{q_0}{8T_H}(l_{D1}+l_{D2})(l_{D1}-l_{D2})$$

$$= \frac{2lq_0}{8T_H}(l_{D1}-2l+l_{D1}) = \frac{lq_0}{2T_H}(l_{D1}-l) \tag{9-38}$$

故有

$$\left.\begin{array}{l} l_{D1} = l + \dfrac{2T_H h}{lq_0} \\[3mm] l_{D2} = l - \dfrac{2T_H h}{lq_0} \end{array}\right\} \tag{9-39}$$

（3）悬挂点不等高导线长度计算。

若以 S_{D1}、S_{D2} 分别表示等效档距 l_{D1}、l_{D2} 的导线长度，则由式（9-24）可写出

$$\left.\begin{array}{l} S_{D1} = \dfrac{2T_H}{q_0}\text{sh}\dfrac{l_{D1}q_0}{2T_H} \\[3mm] S_{D2} = \dfrac{2T_H}{q_0}\text{sh}\dfrac{l_{D2}q_0}{2T_H} \end{array}\right\} \tag{9-40}$$

悬挂点不等高时的导线长度 $S=(S_{D1}+S_{D2})/2$，得

$$S = \frac{T_H}{q_0}\left(\text{sh}\frac{l_{D1}q_0}{2T_H} + \text{sh}\frac{l_{D2}q_0}{2T_H}\right)$$

化简得

$$S = \frac{2T_H}{q_0}\text{sh}\frac{lq_0}{2T_H}\text{ch}\frac{(l_{D1}-l)q_0}{2T_H} \tag{9-41}$$

（4）导线任意点弧垂计算公式。

设导线上任意一点距 O 点距离为 x'，距主杆塔悬点 A 距离为 x，则有 $x'=l_{D1}/2-x$。由导线弧垂近似公式

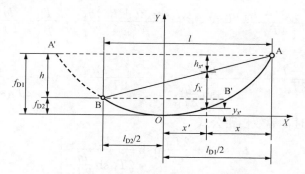

图 9-7 悬点不等高导线任意点弧垂示意图

$$y = \frac{T_H}{q_0}\left(\text{ch}\,\frac{xq_0}{T_H} - 1\right) \approx \frac{qx^2}{2T_H} \quad (h/l < 0.1) \tag{9-42}$$

则有导线上任意一点 x' 的纵坐标：$y_{x'} = \dfrac{qx'^2}{2T_H}$

主、副杆塔悬点 A、B 两点的纵坐标 y_A、y_B 分别为

$$\begin{cases} y_A = \dfrac{q}{2T_H}\left(\dfrac{l_{D1}}{2}\right)^2 \\ y_B = \dfrac{q}{2T_H}\left(\dfrac{l_{D2}}{2}\right)^2 \end{cases} \tag{9-43}$$

则悬点 A、B 的高度差 h 为

$$h = y_A - y_B = f_{D1} - f_{D2} = \frac{q}{2T_H}\left[\left(\frac{l_{D1}}{2}\right)^2 - \left(\frac{l_{D2}}{2}\right)^2\right] \tag{9-44}$$

又由上图中几何关系，导线任意一点 x' 的高度差 $h_{x'}$ 为

$$h_{x'} = h\,\frac{\dfrac{l_{D1}}{2} - x'}{\dfrac{l_{D1}}{2} + \dfrac{l_{D2}}{2}} \tag{9-45}$$

代入 h 可得

$$h_{x'} = \frac{q}{2T_H}\left(\frac{l_{D1}}{2} - \frac{l_{D2}}{2}\right)\left(\frac{l_{D1}}{2} - x'\right) \tag{9-46}$$

由上图可见，导线上与主杆塔悬挂点 A 距离为 x 的点的弧垂 f_X 为

$$f_X = f_{D1} - h_{x'} - y_{x'} = \frac{q}{2T_H}\left(\frac{l_{D2}}{2} + x'\right)\left(\frac{l_{D1}}{2} - x'\right) \tag{9-47}$$

又由 $x' = l_{D1}/2 - x$，可得

$$f_X = f_{D1} - h_{x'} - y_{x'} = \frac{qx}{2T_H}\left(\frac{l_{D2}}{2} + \frac{l_{D1}}{2} - x\right) = \frac{qx}{2T_H}(l - x) \tag{9-48}$$

式中，T_H 为导线上水平方向拉力；q 为导线上竖向所受载荷集度；l_{D1} 为主杆塔对应的等效档距；l_{D2} 为副杆塔对应的等效档距；f_{D1} 为主杆塔对应的等效弧垂；f_{D2} 为副杆塔对应的等效弧垂。

（5）水平张力计算。

由悬挂点不等高导线长度的计算式（9-41）可知

$$S = \frac{2T_{\mathrm{H}}}{q_0} \mathrm{sh}\, \frac{lq_0}{2T_{\mathrm{H}}} \mathrm{ch}\, \frac{(l_{\mathrm{D1}} - l)q_0}{2T_{\mathrm{H}}}$$

该公式近似为

$$S = l + \frac{l^3 q_0^2}{24 T_{\mathrm{H}}^2} + \frac{h^2}{2l}$$

即可求解出

$$T_{\mathrm{H}} = \sqrt{\frac{l^3 q^2}{24\left(S - l - \dfrac{h^2}{2l}\right)}} \tag{9-49}$$

9.3.2　等值覆冰厚度力学计算

1. 覆冰载荷计算

主杆塔绝缘子串上的竖直方向上张力值 T_v 会与两侧导线某点到主杆塔 A 点间导线上的竖向载荷相互平衡，该两个点称为"平衡点"。由于最低点只有水平方向的张力，故由竖直方向力学平衡可知，"平衡点"就在最低点位置；若无最低点存在，则"平衡点"在导线的延长线上。用延长导线的办法，研究悬点等高的情况，通过等效法，研究主杆塔两侧悬点等高的情况，则等高悬点中间就是最低点的位置。

（1）求解水平张力。

已知导线在自重载荷下长度 S，由于覆冰时温度较低，会引起导线收缩，故转化成为 -5℃时导线长度 S_t，用 S_t 来计算水平张力。

$$S_t = S - S\alpha\Delta T \tag{9-50}$$

式中，ΔT 为常温与覆冰时温度（取 -5℃）差值；α 为导线的综合线性温度膨胀系数，1/℃。

由悬挂点不等高导线水平张力公式（9-49）即可得出

$$T_{\mathrm{H}} = \sqrt{\frac{l^3 q_0^2}{24\left(S_t - l - \dfrac{h^2}{2l}\right)}} \tag{9-51}$$

代入实际线路的档距 l、高差 h、导线自重载荷 q_0、-5℃时导线长度 S_t，即可解出 T_{H}。

（2）求解主杆塔上竖向张力 T_v 所对应"平衡"的覆冰导线长度，主杆塔等效档距示意图如图 9-8 所示。

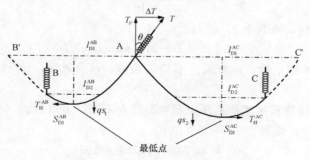

图 9-8　主杆塔等效档距示意图

由悬点不等高时等效档距公式（9-37）有

$$l_{D1} = l + \frac{2T_H}{q_0}\text{arsh}\frac{hq_0}{2T_H\text{sh}\dfrac{lq_0}{2T_H}} \tag{9-52}$$

式中，h 为主杆塔与副杆塔间的高度差，若主杆塔较高，则 h 为正值，否则为负。l_{D1} 为主杆塔两侧对应的等效档距，在上图中 l_{D1} 分别为 l_{D1}^{AB}、l_{D1}^{AC}。

若以 S_{D1} 表示对应等效档距 l_{D1} 的导线长度。则由式（9-24）有

$$S_{D1} = \frac{2T_H}{q_0}\text{sh}\frac{l_D q_0}{2T_H} \tag{9-53}$$

式中，T_H 为导线的最低点水平拉力，由于主杆塔上绝缘子串存在倾斜角 θ，所以主杆塔两侧导线上的水平拉力分量不同，由水平方向的力平衡可知

$$T_H^{AB} = T_H^{AC} + \Delta T = T_H^{AC} + T_V\tan\theta \tag{9-54}$$

故有

$$\begin{cases} S_{D1}^{AC} = \dfrac{2T_H^{AC}}{q_0}\text{sh}\dfrac{l_{D1}^{AC}q_0}{2T_H^{AC}} \\[2mm] S_{D1}^{AB} = \dfrac{2(T_H^{AC}+T_V\tan\theta)}{q_0}\text{sh}\dfrac{l_{D1}^{AB}q_0}{2(T_H^{AC}+T_V\tan\theta)} \end{cases} \tag{9-55}$$

由于主杆塔绝缘子串上的竖直方向上张力值 T_V 与两侧导线最低点到主杆塔 A 点间导线上的竖向载荷相互平衡，即"平衡法"，并设导线上风载荷集度为 q_{feng}，覆冰载荷集度为 q_{bing}，ΔT_V 为有冰、风载荷作用与只有自重载荷作用时主杆塔上竖向载荷的差值，则有

$$\Delta T_V = (q_{\text{feng}} + q_{\text{bing}})\frac{1}{2}(S_{D1}^{AB} + S_{D1}^{AC}) = q_w \times \frac{1}{2}(S_{D1}^{AB} + S_{D1}^{AC}) \tag{9-56}$$

即

$$q_w = \frac{2\Delta T_V}{S_{D1}^{AB}+S_{D1}^{AC}} = \frac{2\Delta T_V}{\dfrac{2T_H^{AC}}{q_0}\text{sh}\dfrac{l_{D1}^{AC}q_0}{2T_H^{AC}} + \dfrac{2(T_H^{AC}+T_V\tan\theta)}{q_0}\text{sh}\dfrac{l_{D1}^{AB}q_0}{2(T_H^{AC}+T_V\tan\theta)}} \tag{9-57}$$

而风载荷可以通过传感器测出，故可求解得

$$q_{\text{bing}} = q_w - q_{\text{feng}} \tag{9-58}$$

2. 风载荷计算

若风向与导线夹角为 φ，覆冰时的风压载荷集度

$$q_{ce} = \frac{9.8ac(d+2b)(v\sin\varphi)^2}{16} \tag{9-59}$$

又由于导线覆冰时 c 恒取 1.2，故有

$$q_{ce} = 0.735a(d+2b)(v\sin\varphi)^2 \text{(N/m)} \tag{9-60}$$

式中，c 为风载体型系数；a 为风速不均匀系数；v 为风速，m/s；d 为导线的计算直径；b 为覆冰厚度。

这里运用风载荷计算覆冰载荷，所以覆冰厚度 b 未知，可以假设 $(d+2b)\approx dk$，其中 k 为修正系数，若取 1.5，则有

$$q_{ce} = 0.735 \times 1.5a(v\sin\varphi)^2 \tag{9-61}$$

风荷载计算中，还应考虑风速的不均匀性。风的不均匀性与风速大小有关。因此风荷载计算中还应乘以风速的不均匀系数 a，见表 9-2。

表 9 - 2　　　　　　　　　　　**风 速 不 匀 系 数 表**

	风速不均匀系数 a			
设计风速（m/s）	20 以下	20～30 以下	30～35 以下	35 以上
a	1.0	0.85	0.75	0.70

3. 冰厚计算

由于只知道单位长度覆冰重量，所以只能由冰的密度、导线直径来求解覆冰厚度。

$$9.8\left[\frac{\pi(d+2b)^2-\pi d^2}{4}\right]\gamma_0 = q_{\text{bing}}$$

则由上式可求解出标准冰厚

$$b = \left(\sqrt{\frac{4q_{\text{bing}}}{9.8\pi\gamma_0}+d^2}-d\right)/2 \qquad (9-62)$$

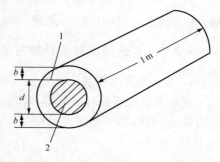

图 9 - 9　覆冰厚度计算示意图

式中，γ_0 为冰的密度，（雨凇）取 0.9；d 为导线的计算等效直径；q_{bing} 为覆冰载荷集度。

这里假设导线为单股，若为分裂导线，则应将监测到的覆冰重量均摊至各股导线上计算覆冰厚度。例如设导线为 N 分裂导线，则单股导线上的覆冰重量 q_{bing} 应为

$$q_{\text{bing}} = (q_{\text{w}}-q_{\text{feng}})/N \qquad (9-63)$$

4. 覆冰导线弧垂计算

覆冰导线弧垂计算可参考图 9 - 6，由导线任意点弧垂公式（9 - 48）

$$f_X = f_{\text{D1}}-\Delta h_{x'}-y_{x'} = \frac{qx}{2T_{\text{H}}}\left(\frac{l_{\text{D2}}}{2}+\frac{l_{\text{D1}}}{2}-x\right) = \frac{qx}{2T_{\text{H}}}(l-x) \qquad (9-64)$$

取 $x=l/2$，则档距中央的弧垂

$$f_{\text{mid}} = f_X \mid_{x=l/2} = \frac{ql^2}{8T_{\text{H}}} \qquad (9-65)$$

取 $x'=0$，$x=l_{\text{D1}}/2$，则最低点的弧垂

$$f_{\text{low}} = f_X \mid_{x=l_{\text{D1}}/2} = \frac{ql_{\text{D1}}l_{\text{D2}}}{8T_{\text{H}}} \qquad (9-66)$$

式中，T_{H} 为导线覆冰时水平方向张力，这里 $T_{\text{H}}=\sqrt{\dfrac{l^3q^2}{24\left(S_t-l-\dfrac{h^2}{2l}\right)}}$；$q$ 为覆冰时导线上竖向所受载荷集度（$q=q_0+q_{\text{bing}}+q_{\text{feng}}=q_0+q_{\text{w}}$）；$l_{\text{D1}}$ 为主杆塔对应的等效档距；l_{D2} 为副杆塔对应的等效档距；f_{D1} 为主杆塔对应的等效弧垂。

5. 最大覆冰半径

在 $-10\,℃$、78 500Pa 的常见覆冰气象条件下，导线覆冰最大半径

$$R_{\text{C}} = 0.011va^2 \qquad (9-67)$$

式中，v 为风速；a 为水滴半径。

6. 覆冰量估算

美国、加拿大采用 Makkeon 模型来进行覆冰生长的预测，覆冰条件下导线从 $t_1=\tau$ 至 $t_2=\tau+\mathrm{d}t$ 时间内单位长度上覆冰的质量可表示为

$$dM = 2R(\tau)I(\tau)d\tau \quad (t_1 = \tau \rightarrow t_2 = \tau + dt) \tag{9-68}$$

设 $M(0) = 0$，有

$$M_{i+1} = M_i + 2\int_{\tau_i}^{\tau_{i+1}} R(\tau)I(\tau)d\tau = M_i + 2\int_{\tau_i}^{\tau_{i+1}} R(\tau)a_1(\tau)a_2(\tau)a_3(\tau)w(\tau)v(\tau)d\tau \tag{9-69}$$

式中，R 为导线半径；a_1 为碰撞率；a_2 为捕获率；a_3 为冻结系数；w 为空气中液水含量；v 为风速，可由传感器测得。

9.3.3 其他覆冰厚度计算方法

1. 圆柱形覆冰模型

重庆大学根据旋转圆柱形导体的覆冰情况，从热力学、流体力学角度出发，得出覆冰厚度增量 Δb 与覆冰导体的直径 $D(t_0 + \Delta t)$ 分别为

$$\Delta b(t) = \frac{D_i(t)}{2} \times \left[\sqrt{1 + \frac{4\Delta m(t)}{1000\pi L\rho_i D_i^2(t)}} - 1 \right] \tag{9-70}$$

$$D_i(t_0 + \Delta t) = D_i(t_0) + 2\Delta b(t) \tag{9-71}$$

式中，ρ_i 为冰的密度，L 为导线长度，t 为覆冰时间，Δm 与温度、风速、空气中液态水含量、水滴中值体积直径和覆冰时间相关。

由图 9-10 所示的模型对比可以看出，圆柱形覆冰模型和 Ping Fu 数值分析覆冰模型比较相近，而 Jones 模型计算结果比圆柱形覆冰模型和 Ping Fu 模型都偏大一倍左右，主要是考虑到了水滴碰撞的垂直分量。通过去掉水滴垂直碰撞分量后得到的改进 Jones 模型，从而得到与圆柱形覆冰模型和 Ping Fu 模型比较相近的结果。

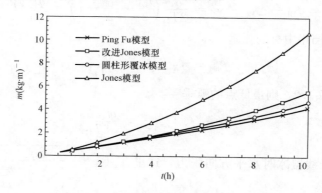

图 9-10 覆冰计算模型对比

计算条件：$\theta = -12℃$，$v = 5\text{m/s}$，$w = 0.47\text{g/m}^3$，$D_0 = 34.9\text{m}$，$a = 200\mu\text{m}$

2. 基于行波传输时差的冰厚计算方法

长沙理工大学提出采用输电线路故障全球定位系统（GPS）行波定位系统，精确记录外部故障或操作产生的行波穿越线路的时间，通过时间差来计算输电线路在正常运行以及覆冰期间的时间长度，利用长度与冰厚的关系，计算出冰灾时期导线的平均覆冰厚度，具体计算流程见图 9-11。

（1）线路长度计算。

正常情况下，行波定位装置检测到外部故障或操作产生的初始行波信号到达两端的时间

分别为 t_1 和 t_2，两变电站之间线路总长度为 L；覆冰情况下，信号到达两端的时间分别为 t_1' 和 t_2'，此时线路总长度为 L'。则有

$$\begin{cases} L = v(t_2 - t_1) = v\Delta t \\ L' = v(t_2' - t_1') = v\Delta t' \end{cases} \quad (9-72)$$

（2）线路冰厚计算。

将不同时期两变电站间行波传输的比值近似等于杆塔间时差的比值，以此来计算杆塔间线路的覆冰厚度，可得出关系式

$$\frac{L'}{L} = \frac{\Delta t'}{\Delta t} \approx \frac{t'}{t} = \frac{l_1' + l_2'}{l} \quad (9-73)$$

$$l_1' = \frac{\Delta t'}{\Delta t} l - l_2' \quad (9-74)$$

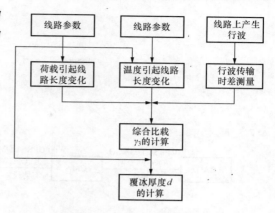

图 9-11　基于行波传输时差的覆冰厚度计算流程

式中

$$l_1' = \frac{l_0}{\cos\varphi} + \frac{\gamma_3^2 l_0^3 \cos\varphi}{24\sigma'^2} \quad (9-75)$$

式中，l 为正常运行时线路总长度；l_0 为相邻杆塔间距离；φ 为高差角，$\cos\varphi = \frac{l_0}{\sqrt{l_0^2 + h^2}}$，$\sigma'$ 为线路覆冰时的比载。

$$l_2' = (t' - t)\alpha l_0 \quad (9-76)$$

式中，l_2' 为导线温度由 t 变成 t' 时线路长度变化量；α 为导线的温度线膨胀系数。

根据以上公式可求出覆冰厚度 b。

$$b = \sqrt{\frac{d^2}{4} + \frac{10^3 S}{\rho g \pi}\left(\gamma_3 - \frac{qg}{S}\right)} - \frac{d}{2} \quad (9-77)$$

式中，ρ 为冰的密度；d 为导线直径；S 为导线横截面积；γ_3 为覆冰时导线的综合比载。

9.4　覆冰雪在线监测装置设计

1. 总体架构

基于力传感器的覆冰雪在线监测技术架构见图 9-12。装置在设定的采样时间内（采样时间可修改）定时/实时完成绝缘子串拉力、倾斜角和环境参数（温度、湿度、风速、风向）等信息的采集，通过 GSM/GPRS/CDMA/3G/WiFi/光纤等方式传输到状态监测代理（CMA），通过 CMA 将信息发送至监控中心（CAG）。目前，监控中心软件集成导线覆冰厚度力学计算模型，计算出导线覆冰厚度，并及时给出预报警信息。未来需要将导线覆冰厚度力学计算模型嵌入到状态监测装置中，由装置计算出当前线路覆冰情况。

2. 硬件设计

覆冰状态监测装置（CMD）的原理框图如图 9-13 所示。整个装置采用模块化设计，主要由 5 个模块构成：信号调理模块、微处理器、通信模块、电源控制模块、数据存储模块。

作者前期研发装置采用的力传感器、角度传感器输出均为模拟电信号，风速、雨量传感器输出为脉冲信号，温湿度传感器 sht1x 输出为数字信号。覆冰在线监测装置采用的传感器

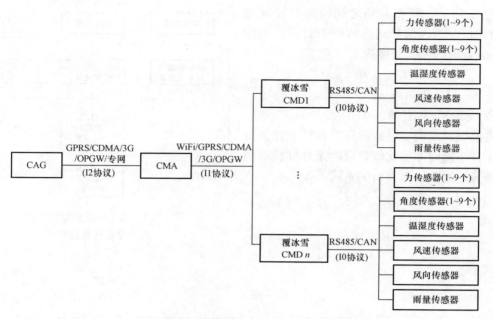

图 9-12 基于力传感器的覆冰雪在线监测技术架构

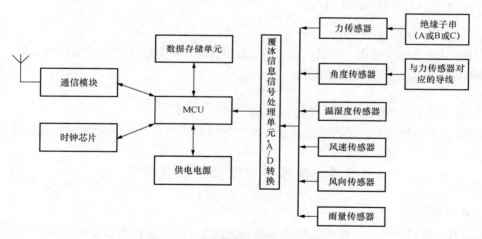

图 9-13 覆冰状态监测装置原理框图

输出均为数字信号，各个传感器可以通过 RS485 与微处理器进行数据通信。为了描述方便，作者仅给出现场监测装置的仿真设计，见图 9-14，实际装置设计要充分考虑系统功耗、抗干扰、精度等问题，需采用低功耗芯片，如 MSP430 等。单片机通过串口与 GSM/GPRS/CDMA/3G 模块通信，装置时钟采用 DS12C887 芯片。设定传感器输出的信号为 4～20mA 的电流信号，经过电阻后转化为 0.04～0.2V 的电压，经过两级放大（每级放大 5 倍）变为 0～5V 电压信号，经滤波（主要是 LF347 芯片）、A/D 转换（主要是 ADC0809）后，由通信模块进行远程传输。

覆冰雪在线监测装置的安装现场见图 9-15。

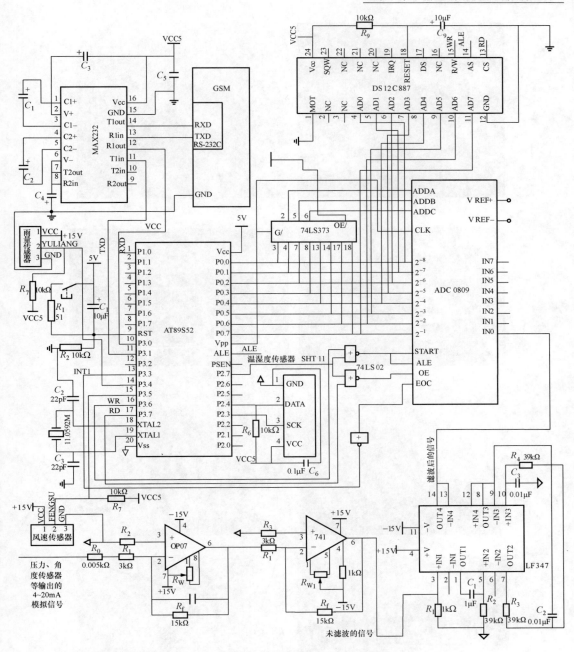

图 9 - 14　覆冰状态监测装置硬件原理图

3. 参数设置

根据覆冰计算的要求，一方面需要针对导线覆冰重力变化（力传感器）、倾斜角度、风偏角度、温度、湿度、风速、风向、大气压力、雨量等参量进行监测；另一方面需要把杆塔性质、绝缘子类型、导线性质根据每一基杆塔进行设置，具体的设置项见图 9 - 16。考虑到监控中心的数据量大，而且要求数据能够进行远程查询等操作，故选用 Oracle 数据库，并利用脚本语言建立系统所需的数据库表空间。

图 9-15 覆冰在线监测装置安装现场（一）

（a）早期覆冰监测装置安装现场（2006 年）；（b）最新覆冰监测装置安装现场（2010 年）；
（c）地线覆冰监测装置安装现场；（d）耐张塔力传感器安装现场

(e)

图 9 - 15 覆冰在线监测装置安装现场（二）

(e) 装置在覆冰雪过程运行现场（2011 年）

图 9 - 17 给出山西忻州神原 I 回 109 号杆塔的设置参数，这些参数是进行覆冰厚度计算、导线舞动以及杆塔受力等情况分析的必要参数。

4. 报警设置

用户输入以下各量的报警阈值，若超过该值则报警。

①主杆塔绝缘子串上的竖直方向上张力值 T_V（N）：由拉力传感器监测。

②绝缘子串倾斜角 θ（°）：通过倾斜角传感器监测。

③风速 v（m/s）：通过风速传感器监测。

④杆塔水平拉力 T_H（N）：通过式（9 - 51）计算可知。

⑤覆冰厚度 b：通过式（9 - 62）计算可知。

⑥导线应力 σ：由导线类型决定。

5. 数据输出接口规范

监测装置可选择 GSM/GPRS/CDMA/3G/WiFi/光纤等方式将数据传输到状态监测代理（CMA）。根据国家电网公司企业标准 Q/GDW 554—2010《输电线路等值覆冰厚度监测装置技术规范》，覆冰在线监测装置采用统一数据输出接口，其定义如表 9 - 3 所示。

表 9 - 3 覆冰在线监测装置数据输出接口

序号	参数名称	参数代码	字段类型	字段长度	计量单位	值域	备注
1	监测装置标识	SmartEquip _ ID	字符	17Byte			17 位设备编码
2	被监测线路单元标识	Component _ ID	字符	17Byte			17 位设备编码
3	监测时间	Timestamp	日期	4Byte/10字符串			世纪秒（4 字节）/yyyy-MM-dd HH：mm：ss（字符串）
4	等值覆冰厚度	Equal _ IceThickness	数字	4Byte	mm		精确到小数点后 1 位
5	综合悬挂载荷	Tension	数字	4Byte	N（牛顿）		精确到小数点后 1 位
6	不均衡张力差	Tension _ Difference	数字	4Byte	N（牛顿）		精确到小数点后 1 位
7	绝缘子串风偏角	Windage _ Yaw _ Angle	数字	4Byte	°（度）	$-90°\sim+90°$	精确到小数点后 2 位
8	绝缘子串倾斜角	Deflection _ Angle	数字	4Byte	°（度）	$-90°\sim+90°$	精确到小数点后 2 位

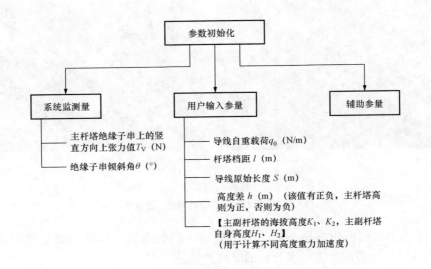

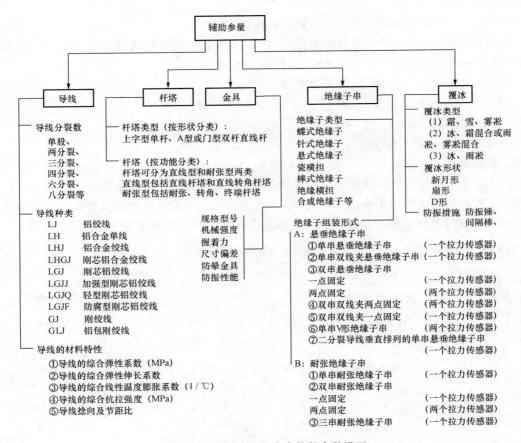

图 9-16　覆冰在线专家软件参数设置

图 9-17 山西忻州神原Ⅰ回 109 号杆塔的设置参数

9.5 现场运行与效果分析

【实例一】

作者研发的覆冰雪在线监测装置于 2006 年 2 月在山西省忻州供电公司的重覆冰区的神原Ⅰ线安装运行。现已初步建立了有效的覆冰、微气象动态数据库。截至 2007 年 3 月 1 日，该装置共成功监测到 3 次导线覆冰：①2006 年 4 月 13 日，神原Ⅰ回 109 号杆塔垂直载荷突然增大到 1.6t 以上，专家软件根据力学计算模型得出该线路在 4 月 12～14 日之间产生覆冰现象，最大覆冰厚度达 8mm（设定覆冰密度为 0.5g/cm³）；②2007 年 2 月 8～9 日，109 号杆塔的垂直载荷突然增大到 1.9t 以上，最大覆冰厚度达到 7.56mm（设定覆冰密度为 0.9g/cm³）；③最严重的一次覆冰出现在 2007 年 2 月 28 日～3 月 1 日，109 号杆塔 B 相的垂直载荷从 2 月 27 日的 1.8t 迅速增大到 2.8t 以上，最大覆冰厚度达到 16.41mm（设定覆冰密度为 0.9g/cm³），图 9-18 为覆冰监测装置监测的覆冰数据，图 9-19 为覆冰现场图片，系统报警后运行人员于 3 月 1 日及时到现场处理了覆冰事故。通过分析 2007 年 2 月 1 日～3 月 1 日之间监测数据发现两次覆冰的环境条件具有一定的相似性，即：环境温度介于−10～0℃ [见图 9-18（b）]；环境湿度介于 80%～90% [见图 9-18（c）]；环境风速 0～8m/s [见图 9-18（d）]；环境大气压力处于 820hPa 左右 [见图 9-18（e）]；覆冰时环境的风向均为南风。这些运行数据首次在实际运行过程中证实了导线覆冰需要特定的环境条件，但与实验室测试结果有些出入，例如神原Ⅱ回覆冰时环境湿度介于 80%～90%，而不是在实验室测得的 90% 以上；线路覆冰时环境风向是南风，并不是人们认为的西北风或北风，具体有利于覆冰的风向应该与线路走向和当地地理环境有关。

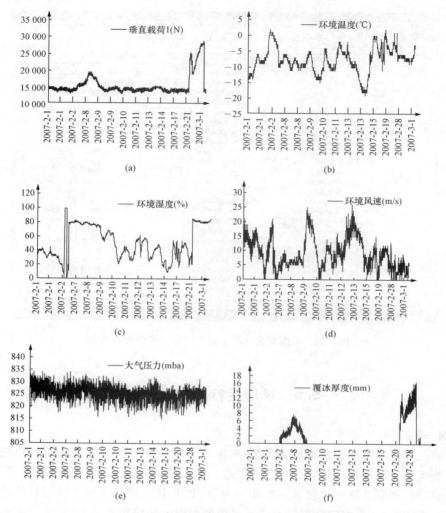

图 9-18　覆冰现场监测数据山西忻州供电分公司神原Ⅰ回109号杆塔现场运行数据

（a）垂直载荷变化；（b）环境温度变化；（c）环境湿度变化；（d）环境风速变化；

（e）环境大气压力变化；（f）覆冰厚度变化（设定冰密度为0.9g/cm³）

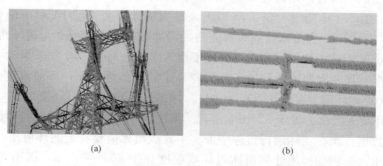

图 9-19　山西忻州供电分公司神原Ⅰ回109号杆塔覆冰现场（2007年3月1日）

（a）杆塔覆冰；（b）导线覆冰

【实例二】

覆冰雪在线监测装置在贵州省凯里供电公司重覆冰区的 220kV 铜黎线安装运行，表 9-4 给出覆冰监测点信息。表 9-5 给出 2011 年 1 月 1 日覆冰现场的实时采集的数据（间隔 15min）。

表 9-4　　　　　　　　　　　　贵州覆冰监测点信息

监测终端名称	导线小号侧悬挂点高度差（m）	导线大号侧悬挂点高度差（m）	导线悬挂点绝缘子串总重量（kg）	导线悬挂点绝缘字串总高度（m）	线路走向与正北向夹角（°）	气象区域 ID	导线拉力系数
JY0007	−30	30	96.64	2.37	10	多雾	0.625

表 9-5　　　　2011 年 1 月 1 日当天的覆冰现场的实时采集的数据（间隔 15min）

时间	导线温度（°）	环境温度（°）	环境湿度（%RH）	环境风速（m/s）	环境风向	环境雨量（mm/h）	大气压力（hPa）	覆冰厚度（mm）
2011-1-1　0：03	2	−1	66	6.5	西南偏西	0	901	0
2011-1-1　0：18	2	−1	67	4.2	西南偏西	0	901	0
2011-1-1　0：33	2	−2	66	5.6	西南偏西	0	900	0
2011-1-1　0：48	2	−2	66	7	西南偏西	0	900	0
2011-1-1　1：03	2	−2	67	7.5	西南偏西	0	900	0
2011-1-1　1：18	2	−2	68	2.9	西南	0	900	2.01
2011-1-1　1：33	2	−2	68	4.8	西南偏西	0	900	0
2011-1-1　1：48	2	−2	68	7.2	西南偏西	0	900	0
2011-1-1　2：03	2	−2	69	4.4	西南偏西	0	900	0
2011-1-1　2：18	2	−2	69	8.3	西南偏西	0	900	0
2011-1-1　2：33	2	−2	70	4.8	西南偏西	0	900	0
2011-1-1　2：48	2	−2	70	8.5	西南偏西	0	900	0
2011-1-1　3：03	2	−2	70	7.6	西南偏西	0	900	0
2011-1-1　3：18	2	−2	72	7.5	西南偏西	0	900	0
2011-1-1　3：33	2	−2	72	8.2	西南偏西	0	900	0
2011-1-1　3：48	2	−2	74	5.7	西南偏西	0	900	0
2011-1-1　4：03	2	−3	74	6.1	西南偏西	0	900	0
2011-1-1　4：18	2	−3	75	5.5	西南偏南	0	900	0
2011-1-1　4：33	2	−3	76	7	西南偏西	0	900	0
2011-1-1　4：48	2	−3	77	4.8	西南偏西	0	900	2.09
2011-1-1　5：03	2	−3	77	4.8	西南偏西	0	900	2.1
2011-1-1　5：18	2	−3	78	4.4	西南偏西	0	900	2.34
2011-1-1　5：33	2	−3	79	5	西南偏西	0	900	2.14
2011-1-1　5：48	2	−3	78	5.9	西南偏西	0	900	2.14
2011-1-1　6：03	2	−3	80	5.3	西南偏西	0	900	2.15

时间	导线温度（°）	环境温度（°）	环境湿度（%RH）	环境风速（m/s）	环境风向	环境雨量（mm/h）	大气压力（hPa）	覆冰厚度（mm）
2011-1-1 6：18	2	−3	81	7	西南偏西	0	900	2.20
2011-1-1 6：33	2	−3	81	4.9	西南偏西	0	900	2.26
2011-1-1 6：50	0	−3	83	3.4	西南偏西	0	897	2.71
2011-1-1 7：05	0	−3	85	5.6	西南偏西	0	901	2.1
2011-1-1 7：20	0	−4	86	3.7	西南偏西	0	901	2.57
2011-1-1 7：35	0	−4	87	7.5	西南偏西	0	902	2.59
2011-1-1 7：50	0	−4	89	4.1	西南偏西	0	901	2.68
2011-1-1 8：05	0	−4	91	7.4	西南偏西	0	901	2.68
2011-1-1 8：20	0	−4	92	3.6	西南偏西	0	902	2.68
2011-1-1 8：35	0	−4	93	6.2	西南偏西	0	902	2.24
2011-1-1 8：50	0	−4	93	4.4	西南偏西	0	902	2.69
2011-1-1 9：05	0	−4	94	6	西南偏西	0	902	2.21
2011-1-1 9：20	0	−4	94	5.8	西南偏西	0	902	2.23
2011-1-1 9：35	0	−4	95	4.6	西南偏西	0	902	2.48
2011-1-1 9：50	0	−4	96	2.8	西南偏南	0	902	2.84
2011-1-1 10：05	0	−4	95	4.9	西南偏西	0	903	2.42
2011-1-1 10：20	0	−4	95	4.1	西南	0	902	2.65
2011-1-1 10：35	0	−4	96	5.5	西南偏西	0	902	2.17
2011-1-1 10：50	0	−4	96	4.3	西南偏西	0	902	2.62
2011-1-1 11：05	0	−4	96	4.5	西南偏西	0	903	2.59
2011-1-1 11：20	0	−4	96	4.9	西南偏西	0	902	2.41
2011-1-1 11：35	0	−4	96	5.7	西南偏西	0	902	2.12
2011-1-1 11：50	0	−4	96	1.8	西南偏南	0	902	2.92
2011-1-1 12：05	0	−4	96	1.9	西南偏南	0	902	2.9
2011-1-1 12：20	0	−4	96	3.5	西南	0	902	2.51
2011-1-1 12：35	0	−4	96	5.6	西南偏西	0	901	2.11
2011-1-1 12：50	0	−4	96	3.7	西南偏西	0	901	2.52
2011-1-1 13：05	0	−4	96	4.7	正西	0	900	2.28
2011-1-1 13：20	0	−4	96	2.2	正西	0	900	2.92
2011-1-1 13：35	0	−4	96	0	西北偏西	0	900	3.15
2011-1-1 13：50	0	−3	96	0	西南偏西	0	900	3.12
2011-1-1 14：05	0	−3	96	0	西南偏西	0	900	3.14
2011-1-1 14：20	0	−3	96	0	西北偏北	0	900	3.13
2011-1-1 14：35	0	−3	96	0	西北偏北	0	900	3.07
2011-1-1 14：50	0	−3	95	0	西北偏西	0	899	3.11

续表

时间	导线温度 (°)	环境温度 (°)	环境湿度 (%RH)	环境风速 (m/s)	环境风向	环境雨量 (mm/h)	大气压力 (hPa)	覆冰厚度 (mm)
2011-1-1 15：05	0	−3	95	0	西北偏北	0	899	3.1
2011-1-1 15：20	0	−3	95	0	西北偏北	0	899	3.16
2011-1-1 15：35	0	−3	95	0	西北偏西	0	899	3.16
2011-1-1 15：50	0	−3	95	0	西北偏西	0	899	3.17
2011-1-1 16：05	0	−4	95	0	西北偏西	0	899	3.15
2011-1-1 16：24	−1	−4	95	0	西北偏西	0	898	3.21
2011-1-1 16：39	−1	−4	96	0	西南偏西	0	899	3.18
2011-1-1 16：54	−1	−4	96	0	西南偏西	0	899	3.22
2011-1-1 17：03	−1	−4	96	0	西南偏南	0	899	3.22
2011-1-1 17：18	−1	−4	96	0	西南偏西	0	899	3.24
2011-1-1 17：33	−1	−4	96	0	西南偏南	0	899	3.27
2011-1-1 17：48	−1	−4	97	0	西南偏西	0	899	3.31
2011-1-1 18：03	−1	−4	97	0	西南偏南	0	899	3.32
2011-1-1 18：18	−1	−4	96	0	西南偏西	0	899	3.3
2011-1-1 18：33	−1	−4	96	0	西南偏西	0	900	3.34
2011-1-1 18：48	−1	−4	97	0	西南偏西	0	900	3.32
2011-1-1 19：03	−1	−4	97	0	西南	0	900	3.36
2011-1-1 19：18	−1	−4	96	0	西南偏南	0	900	3.37
2011-1-1 19：33	−1	−4	96	0	西南偏南	0	900	3.35
2011-1-1 19：48	−1	−4	96	0	西南偏西	0	900	3.37
2011-1-1 20：03	−1	−4	97	0	西南偏西	0	900	3.34
2011-1-1 20：18	−1	−4	96	0	西南偏西	0	900	3.37
2011-1-1 20：33	−1	−5	96	0	西南偏西	0	900	3.35
2011-1-1 20：48	−1	−4	96	0	西南偏西	0	901	3.34
2011-1-1 21：03	−1	−5	96	0	西南偏西	0	901	3.34
2011-1-1 21：18	−1	−5	96	0	西南偏西	0	900	3.39
2011-1-1 21：33	−1	−5	96	0	西南偏西	0	901	3.38
2011-1-1 21：48	−1	−5	96	0	西南偏西	0	901	3.4
2011-1-1 22：03	−1	−5	96	0	西南偏西	0	901	3.4
2011-1-1 22：18	−1	−5	96	0	西南偏南	0	902	3.38
2011-1-1 22：33	−1	−5	96	0	西南	0	902	3.42
2011-1-1 22：48	−1	−5	96	0	西南偏西	0	902	3.44
2011-1-1 23：03	−1	−5	96	0	西南偏南	0	902	3.46
2011-1-1 23：18	−1	−5	96	0	西南偏西	0	902	3.41
2011-1-1 23：33	−1	−5	96	0	西南偏西	0	902	3.44
2011-1-1 23：48	−1	−5	96	0	西南偏西	0	902	3.5

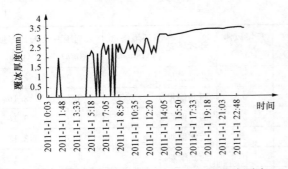

图 9 - 20　2011 年 1 月 1 日 220kV 铜黎线覆冰发展过程

根据表 9 - 5，绘制曲线图（见图 9 - 20）。通过分析发现线路覆冰从起始（2011-1-1 凌晨 00：03，等效冰厚 0mm）—发展（2011-1-1 上午 9：50，等效冰厚 2.84mm）—覆冰期间有时还出现消融（2011-1-1 上午，11：35，等效冰厚 2.12mm）—再发展（2011-1-1 下午 17：03，等效冰厚 3.22mm）—保持等多次反复—最终（2011-1-1 晚上 23：48）等效冰厚达到 3.5mm。

【实例三】

中国南方电网有限责任公司超高压输电公司梧州局覆冰在线监测装置在桂山乙线 112 号杆塔安装运行。2012 年 2 月 19 日力传感器监测数据为 4574kg，一直持续到 2 月 25 日傍晚 18 时，力传感器监测数据稳定在 5000kg 左右，之后持续增加，2 月 28 日 02：02，监测数据达到 15 016kg，比 2 月 25 日傍晚时增加 10t，表明该杆塔严重覆冰，具体数据见图 9 - 21 和图 9 - 22。

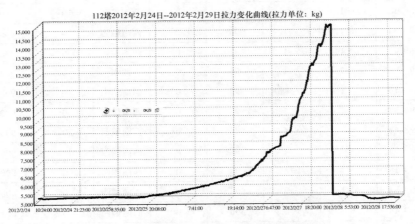

图 9 - 21　桂山乙线 112 号塔拉力变化曲线

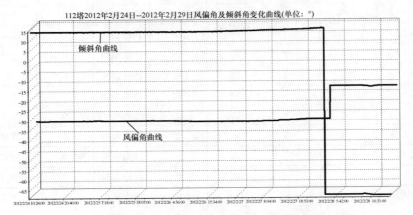

图 9 - 22　桂山乙线 112 号塔绝缘子风偏角及倾斜角变化曲线

9.6 线路覆冰生长预测模型研究

9.6.1 覆冰量与气象因素之间关系

如 9.1 节所述，由于气象参数对电力系统覆冰有着决定性影响，俄、加、美、日、英、芬兰和冰岛等开展了线路覆冰与气象因素关系的研究，但其气象数据大多来自气象观测站，而覆冰数据来自人眼观察，导致气象数据和覆冰数据的实时一致性很差和短时间内覆冰变化无法准确测量，从而影响线路覆冰与局部气象因素关系研究的准确性。利用输电线路覆冰雪在线监测装置可开展气象条件和覆冰两者之间关系的研究。

1. 监测点概况

山西忻州供电分公司神原 I 回线 109 号杆塔和 108 号杆塔分别安装了输电线路覆冰雪在线监测装置，实现对杆塔周围环境和覆冰状况的在线监测，采样时间间隔从 5min 到 1 周，且可远程实时修改。表 9-6 给出相应监测点的信息。

表 9-6 神原 I 回覆冰监测点信息

监测点	小号杆塔侧高度差(m)	大号杆塔侧高度差(m)	小号杆塔侧档距(m)	大号杆塔侧档距(m)	小号杆塔侧线长度(m)	大号杆塔侧线长度(m)	导线自重载荷(N/m)	导线横截面积(mm)
109 号	34.54	61	190	309	199.5	325	7.326	210.93
108 号	24.64	34.54	138	190	145	199.5	7.326	210.93

监测点	导线等效直径(mm)	导线弹性系数(MPa)	导线抗拉强度(MPa)	主杆塔功能	绝缘子类型	电压等级(kV)	导线分裂数	设计覆冰厚度(mm)
109 号	18.88	76000	168	直线杆塔	悬式绝缘子	220	单分裂	10
108 号	18.88	76000	168	直线杆塔	悬式绝缘子	220	单分裂	10

2. 现场监测数据

图 9-23 给出了 2007 年 2 月 1 日～5 月 1 日之间监测的 4496 条气象和覆冰数据记录；表 9-7 给出 2007 年 4 月 10～25 日覆冰现场的实时采集的数据（间隔 1 天）；表 9-8 给出从 2007 年 2 月 27 日下午 8：52：00 至 3 月 1 日下午 12：05：00 每隔 1h 现场采集的数据；表 9-9 给出 3 月 1 日上午 6：43：00 至上午 7：43：00 每隔 7min 现场采集的数据。

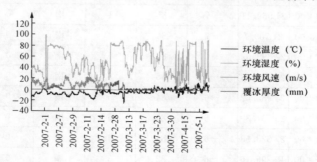

图 9-23 2007 年 2 月 1 日～5 月 1 日的气象及覆冰监测数据

表9-7　　　　　　　2007年4月10～25日覆冰现场的实时采集的数据（间隔1d）

时间	垂直载荷 (N)	环境温度 (℃)	环境湿度 (%RH)	环境风速 (m/s)	环境风向	环境雨量 (mm/h)	大气压力 (hPa)	覆冰厚度 (mm)
2007-4-10	13 876.96	2	16	2	南	0	828.06	0
2007-4-11	14 211.92	2	47	3	西南	0	824.17	0
2007-4-12	13 733.41	3	58	1	北	0	824.88	0
2007-4-13	14 140.15	−3	41	0	北	0	826.37	0
2007-4-14	14 020.52	0	28	0	南	0	825.34	0
2007-4-15	15 228.77	−5	84	3	南	0	822.48	1.7056
2007-4-16	19 798.6	−5	87	2	南	0	825.91	6.7629
2007-4-17	14 283.7	−3	43	8	北	0	828.46	0
2007-4-18	13 829.11	0	37	0	西南	0	821.88	0
2007-4-19	13 410.41	7	24	1	西南	0	823.48	0
2007-4-20	13 290.78	6	42	0	南	0	823.25	0
2007-4-21	14 271.74	8	24	1	南	0	825.54	0
2007-4-22	13 685.56	−2	21	0	北	0	819.73	0
2007-4-23	13 912.85	−1	54	0	北	0	827.17	0
2007-4-24	14 439.22	−3	90	2	北	0	827.06	0
2007-4-25	13 805.19	1	27	0	北	0	824.88	0

表9-8　　　　　　　2月27日～3月1日覆冰现场的实时采集的数据（间隔1h）

时间		垂直载荷 (N)	环境温度 (℃)	环境湿度 (%RH)	环境风速 (m/s)	环境风向	环境雨量 (mm/h)	大气压力 (hPa)	覆冰厚度 (mm)
2007-2-27	下午　08：52：00	17 310.32	−6	85	7	南	0	821.56	4.2772
2007-2-27	下午　10：10：00	17 477.8	−7	85	5	南	0	826.83	3.6855
2007-2-27	下午　11：12：00	18 865.49	−6	84	7	南	0	821.33	4.4416
2007-2-28	上午　12：15：00	18 925.31	−8	84	5	南	0	827.06	5.0654
2007-2-28	上午　01：17：00	19 439.71	−8	84	5	南	0	826.14	6.2068
2007-2-28	上午　02：19：00	20 444.6	−7	85	5	南	0	825	5.5905
2007-2-28	上午　03：21：00	20 229.26	−8	85	4	南	0	822.25	6.6908
2007-2-28	上午　04：23：00	21 569.11	−7	85	1	南	0	826.14	10.2274
2007-2-28	上午　05：25：00	21 700.7	−7	85	3	南	0	823.17	7.7494
2007-2-28	上午　06：27：00	22 693.62	−6	85	5	南	0	826.63	7.1373
2007-2-28	上午　07：29：00	23 578.88	−8	85	6	南	0	823.17	10.9773
2007-2-28	上午　08：33：00	23 985.62	−6	84	5	南	0	823.91	9.8333
2007-2-28	上午　09：37：00	23 734.39	−6	83	5	南	0	826.66	9.5603
2007-2-28	上午　10：41：00	23 028.58	−6	83	4	南	0	822.25	9.0148
2007-2-28	上午　11：45：00	19 296.16	−6	82	3	南	0	827.29	5.9754

时间	垂直载荷(N)	环境温度(℃)	环境湿度(%RH)	环境风速(m/s)	环境风向	环境雨量(mm/h)	大气压力(hPa)	覆冰厚度(mm)
2007-2-28 下午 12：49：00	19 415.79	−6	82	7	南	0	822.65	5.7246
2007-2-28 下午 01：46：00	19 643.08	−6	82	4	南	0	825	6.4557
2007-2-28 下午 02：45：00	20 217.3	−7	82	3	南	0	824.83	6.5489
2007-2-28 下午 03：49：00	20 540.3	−7	82	3	南	0	825.74	6.7114
2007-2-28 下午 04：53：00	21 293.96	−6	82	2	南	0	824.08	7.0649
2007-2-28 下午 06：59：00	22 717.55	−7	83	2	南	0	825.23	8.5036
2007-2-28 下午 08：03：00	23 734.39	−7	81	1	南	0	823.11	11.04
2007-2-28 下午 09：07：00	24 535.91	−7	80	3	南	0	823.39	8.7439
2007-2-28 下午 10：10：00	24 799.09	−7	80	3	南	0	823.11	13.3491
2007-2-28 下午 11：14：00	24 739.28	−7	80	3	南	0	822.16	10.9236
2007-3-1 上午 12：18：00	25 564.72	−8	81	3	南	0	824.8	10.565
2007-3-1 上午 01：20：00	26 605.49	−7	80	2	南	0	825.91	12.1595
2007-3-1 上午 02：23：00	27 466.82	−8	80	3	南	0	823.17	10.6422
2007-3-1 上午 03：27：00	27 478.78	−8	80	3	南	0	827.54	9.487
2007-3-1 上午 04：28：00	27 610.37	−8	80	4	南	0	827.57	10.2115
2007-3-1 上午 05：32：00	27 921.41	−8	80	7	南	0	825.23	10.9342
2007-3-1 上午 06：36：00	28 112.81	−8	81	10	南	0	823.17	14.3566
2007-3-1 上午 07：47：00	28 160.67	−8	81	12	南	0	827.74	11.588
2007-3-1 上午 08：53：00	28 567.4	−7	81	13	南	0	822.25	14.1362
2007-3-1 上午 09：57：00	14 451.18	−6	82	11	南	0	826.71	0
2007-3-1 上午 11：00：00	13 960.7	−6	81	10	南	0	821.56	0
2007-3-1 下午 12：05：00	14 415.29	−4	84	13	南	0	825.45	0

表 9 - 9　　　　　　　　**3 月 1 日覆冰脱落监测数据（7min）**

时间	垂直载荷(N)	环境温度(℃)	环境湿度(%RH)	环境风速(m/s)	环境风向	环境雨量(mm/h)	大气压力(hPa)	覆冰厚度(mm)
2007-3-1 上午 06：43：00	28 208.52	−8	80	12	南	0	821.79	12.7285
2007-3-1 上午 06：50：00	27 897.48	−8	81	12	南	0	822.99	12.277
2007-3-1 上午 06：57：00	27 945.33	−8	81	13	南	0	822.19	9.7195
2007-3-1 上午 07：05：00	27 957.3	−7	80	10	南	0	825	11.7016
2007-3-1 上午 07：12：00	27 825.71	−7	80	10	南	0	826.83	11.3674
2007-3-1 上午 07：19：00	27 765.89	−8	80	9	南	0	823.91	11.0471
2007-3-1 上午 07：26：00	27 945.33	−7	80	8	南	0	825.4	10.4886
2007-3-1 上午 07：33：00	28 148.7	−7	81	10	南	0	823.88	12.4871
2007-3-1 上午 07：40：00	28 112.81	−8	81	11	南	0	826.37	9.9906

时间	垂直载荷(N)	环境温度(℃)	环境湿度(%RH)	环境风速(m/s)	环境风向	环境雨量(mm/h)	大气压力(hPa)	覆冰厚度(mm)
2007-3-1 上午 07：47：00	28 160.67	−8	81	12	南	0	827.74	11.588
2007-3-1 上午 07：54：00	28 663.11	−8	80	10	南	0	825.74	15.982
2007-3-1 上午 08：01：00	28 017.11	−8	81	12	南	0	825.23	14.2955
2007-3-1 上午 08：08：00	28 100.85	−8	81	15	南	0	824.08	10.7182
2007-3-1 上午 08：16：00	27 969.26	−7	81	12	南	0	823.62	10.2636
2007-3-1 上午 08：23：00	28 017.11	−8	81	10	南	0	827.69	14.7019
2007-3-1 上午 08：30：00	28 220.48	−7	81	9	南	0	828.49	16.3792
2007-3-1 上午 08：37：00	28 160.67	−7	81	13	南	0	826.77	16.316
2007-3-1 上午 08：37：00	28 160.67	−7	81	15	南	0	826.77	16.316
2007-3-1 上午 08：44：00	28 603.29	−7	81	16	南	0	826.37	12.5514
2007-3-1 上午 08：53：00	28 567.4	−7	81	13	南	0	822.25	14.1362
2007-3-1 上午 09：00：00	28 148.7	−7	81	15	南	0	823.62	12.3895
2007-3-1 上午 09：07：00	15 348.4	−6	82	14	南	0	828.49	1.5386
2007-3-1 上午 09：14：00	14 534.92	−7	81	13	南	0	826.83	0
2007-3-1 上午 09：21：00	14 570.81	−7	81	15	南	0	820.42	0.8363
2007-3-1 上午 09：29：00	14 355.48	−7	81	17	南	0	825.91	0
2007-3-1 上午 09：36：00	13 829.11	−7	81	15	南	0	825.91	0
2007-3-1 上午 09：43：00	14 546.89	−6	81	13	南	0	822.14	0

3. 覆冰量与气象因素之间关系

（1）导线覆冰形成的基本气象分析。

根据表 9-8，绘制曲线图（见图 9-24）。通过分析发现线路覆冰经历一下过程：起始（2007-2-27 下午 08：52：00，等效冰厚 4.2772mm）、发展（2007-2-28 上午 04：23：00，等效冰厚 10.2274mm）、有时还出现消融（2007-2-28 上午 06：27：00，等效冰厚 7.1373mm）、再发展（2007-2-28 上午 07：29：00，等效冰厚 10.9773mm）、保持等多次反复，并在覆冰发展期覆冰厚度总体随覆冰持续时间的增加而增大（2007-3-1 上午 08：53：00，等效冰厚达到 14.1362mm），但在一定环境条件下有可能短时间覆冰大量脱落（2007-3-1 上午 08：53：00 到 09：07：00 仅 14min，覆冰厚度从 14.1362mm 变为 1.5386mm，见表 9-9），等效冰厚为 0，该覆冰过程结束。

覆冰的发展过程与线路周围的微气象条件密切相关，根据表 9-7 和表 9-8 中的数据可以发现，覆冰形成的环境条件如下：气温介于 −10～0℃，相对湿度大于 80%，风速 0m/s～10m/s，风向比较固定（在本例中覆冰时的风向为南）。导线覆冰的自动脱落同样需要一定的环境条件，通常需要环境温

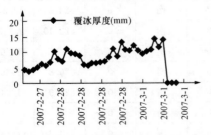

图 9-24　线路覆冰从 2007 年 2 月 27 至 3 月 1 日的覆冰发展过程

度升高、导线温度升高、环境风速增加等环境条件变化。从表 9 - 9 中我们可以看出，导线覆冰厚度最大值出现在 3 月 1 日上午 8：30：00，覆冰厚度达 16.3792mm，但此时环境风速已经达到 9m/s，此后风速继续增大（最大 16m/s），在风力的作用下，覆冰导线产生舞动导致导线覆冰迅速脱落。

（2）单气候要素与覆冰相关性分析。

英国气象局针对覆冰与气象条件进行了试验研究，并分析发现温度、风向、Gerbers 输出和导线结冰具有较好的一致性。利用现场输电线路覆冰在线监测系统的现场监测数据研究微气象与导线覆冰之间的关系。根据表 9 - 8 的数据，分别求得了导线覆冰厚度与环境温度、湿度、风速的线性关系式及相关系数。

覆冰厚度 y 与环境温度 x_T 之间的关系式为

$$y = -2.1919x_T - 7.118 \tag{9-78}$$

相关系数 $R = 0.5628$；

覆冰厚度 y 与环境湿度 x_H 之间的关系式为

$$y = -0.8449x_H + 77.616 \tag{9-79}$$

相关系数 $R = 0.4350$；

覆冰厚度 y 与环境风速 x_W 之间的关系式为

$$y = -0.2888x_W + 9.4871 \tag{9-80}$$

相关系数 $R = 0.2579$。

通过上述分析可知单一要素与线路覆冰均有一定的相关性，说明线路覆冰与环境因素之间存在必然的关系；但其相关性较差，说明无法采用单一气象要素进行覆冰状况判断。针对表 9 - 6 中的 16 条线路数据，温度介于 -10～0℃ 之间的记录共有 7 条，在这 7 条中仅有 2 条监测到线路覆冰；如果针对表 9 - 7 中按照风速介于 0～10m/s 存在进行判断，发现 16 条记录全部符合覆冰条件，但实际仅有 2 条监测到线路覆冰。现设定当环境温度介于 -10～0℃ 之间导线出现覆冰，则针对图 9 - 22 中 4496 条数据进行判断发现，符合温度介于 -10～0℃ 之间的记录共 3002 条，在这 3002 条中仅有 936 条监测到线路覆冰（具体见表 9 - 10），预报准确性仅为 31%，误报率高达 202%。如果采用湿度进行覆冰预测其准确性为 64%，误报率仅为 46%，这说明在特定时期采用空气湿度进行覆冰预测具有较高的可靠性，这与芬兰技术研究中心 Makkonen 博士的研究结果相似。综合分析风速、风向对覆冰的影响发现采用单一气象要素判断线路覆冰误差很大，具体见表 9 - 10。

表 9 - 10　　单气象因素预测覆冰准确性分析（全部记录 4496 条，监测覆冰记录共 1022 条）

气象要素名称	范围	预测产生覆冰条数	其中实际覆冰条数	预报准确率	误报率	漏报率
温度	-10～0℃	3002	936	31%	202%	8%
湿度	>75%	1319	849	64%	46%	17%
风速	0～10m/s	3560	1020	29%	248%	0%
风向	南	3023	1012	33%	197%	1%

注　该表中风向（南）是针对神原Ⅰ回 109 杆塔而言，具体风向取值取决于其地理环境。

（3）多气象因素与覆冰相关性分析。

覆冰的形成离不开特定环境条件，人们采用各种气象数据建立气象模型来预测导线覆冰状况，先前大多采用观冰站进行覆冰状况和覆冰气象数据的人工记录，但存在数据连续性差、人为因素多等缺点，无法对覆冰状况进行定量分析，导致对气象模型的理论验证效果不明显。利用现场监测数据，采用多要素线性分析方法进行多气象因素与覆冰的相关性研究（见表 9-11），预测产生 1206 条覆冰记录，其中实际产生覆冰 809 条，预报准确率达到67%，系统的误报率、漏报率分别为 18% 和 39%，系统根据气象条件预测的准确性大大提高。

表 9-11　　　　　多气象因素预测覆冰准确性分析（全部记录 4496 条，覆冰记录 1022 条）

气象要素名称	范围	预测产生覆冰条数	其中实际覆冰条数	预报准确率	误报率	漏报率
温度	−10~0℃					
湿度	＞75%	1206	809	67%	18%	39%
风速	0~10m/s					
风向	南					

9.6.2　导线覆冰的突出影响因素分析

9.6.1 节通过输电线路覆冰在线监测装置获取的微气象信息、导线温度以及导线拉力（导线拉力通过力学计算模型转换为覆冰厚度）等数据，分析了导线覆冰厚度与微气象条件（环境温度、环境湿度、环境风速）和导线温度等因素之间的关系，本节将采用灰关联分析和覆冰影响深度两种方法研究导线覆冰和上述参数的关系，确定影响导线覆冰的突出影响因素，不仅能得出每个因素对覆冰的影响程度以及最主要的影响因素，而且也为实现覆冰厚度预测提供了分析依据。

1. 基于灰关联分析法的导线覆冰突出影响因素分析

选取贵州电网 110kV 滥二线路覆冰在线监测系统获取的微气象（环境温度、相对湿度、环境风速等）、导线温度以及覆冰数据信息为分析实例。取时间范围为 2010 年 12 月 14 日到2011 年 1 月 25 日期间的覆冰数据，数据监测频率为 1 次/15min，为便于分析，去除了无覆冰及微气象或导线温度信息缺失等数据，得到的有效覆冰数据为 230 组，覆盖了覆冰期的基本情况。为了使覆冰统计数据直观，得到覆冰有效数据曲线见图 9-25 和图 9-26。

计算得到覆冰与环境温度、环境湿度、环境风速以及导线温度的关联系数和关联度如图9-27 所示。从图中可知，2010 年 12 月 24 日~2011 年 1 月 25 日期间贵州电网 110kV 滥二线路与覆冰关联度最大的是环境风速，而环境温度、导线温度与覆冰厚度的关联度值非常相近，关联度最小的为相对湿度。

2. 基于覆冰影响深度分析法的导线覆冰突出影响因素分析

本书提出了覆冰影响深度分析法的研究思想，其与灰关联分析法相同之处是在于确定覆冰四个影响因素（环境温度、环境湿度、风速以及导线温度）中最主要的影响因素。不同的是，覆冰影响深度分析法，需要实际覆冰厚度值与覆冰厚度预测值，而覆冰厚度预测值则通过作者建立的基于模糊逻辑理论的覆冰预测模型得出。

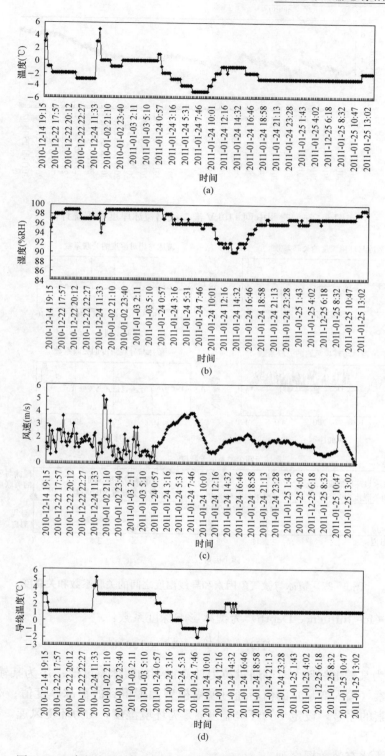

图 9-25　贵州电网 110kV 滥二线路微气象和导线温度数据统计图
(a) 环境温度；(b) 环境湿度；(c) 环境风速；(d) 导线温度

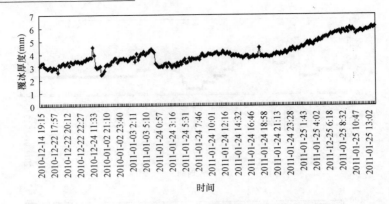

图 9-26 贵州电网 110kV 滥二线路覆冰厚度数据统计图

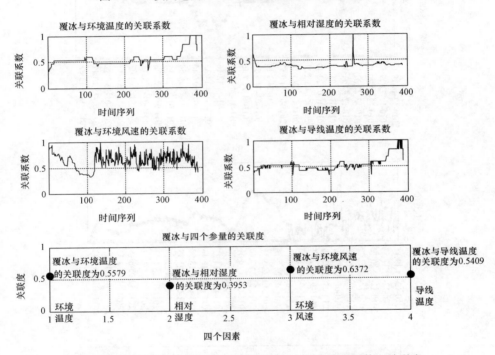

图 9-27 覆冰与微气象因素和导线温度之间的关联系数和关联度

定义 IID（Ice Influence Depth）为覆冰影响深度系数：

$$IID_n^t = \frac{|I_0^t - I_n^t|}{I_0^t} \times 100\% \tag{9-81}$$

式中，I_0^t 为某输电线路 t 时刻通过拉力计算得到的覆冰厚度值；I_n^t 为某输电线路 t 时刻改变某影响因素（输入变量）的值后通过模糊模型预测得到的覆冰厚度值；$n=1$，2，3，4 为四个影响因素的序号，设定 1 为环境温度，2 为环境湿度，3 为环境风速，4 为导线温度。具体分析步骤如下：

（1）选取覆冰有效数据序列。

因输电线路的覆冰数据量较大不便于分析，故需选取部分有效的覆冰数据作为样本来进行分析。

（2）分别改变每个影响因素值。

假定某线路选取的样本有 N 个覆冰数据，对于某时刻的覆冰数据，分别改变四个影响因素的值，为了使分析更有依据，四个影响因素值的改变幅度应尽量一致。

（3）计算每个影响因素的 IID 系数。

通过覆冰厚度模糊逻辑模型得到四个覆冰厚度值，通过式（9-81）计算出覆冰影响深度系数 IID 公式。依此方法计算出样本中 N 个数据四个影响因素的覆冰影响深度系数，即得到了每个影响因素的 N 个覆冰影响深度系数。

（4）得出覆冰突出影响因素。

将每个影响因素的 N 个影响深度系数相加并除以样本个数 N，如式（9-82）所示，即得到每个覆冰影响因素总体的覆冰影响深度值。最后将 IID_n 四个影响因素的覆冰影响深度按大小排序，其中最大值所对应的影响因素即为覆冰的突出影响因素，即

$$IID_n = \frac{IID_n^1 + IID_n^2 + \cdots + IID_n^N}{N} \qquad (9-82)$$

根据覆冰影响深度分析法步骤，贵州电网 220kV 铜黎线环境温度、环境湿度、风速以及导线温度的覆冰突出影响因素计算结果见表 9-12。由表 9-12 可知，220kV 铜黎线在选取的覆冰数据中，$IID_3 > IID_4 > IID_1 > IID_2$，即最突出的影响因素为风速，其次为导线温度和环境温度，影响最小的为环境湿度。

表 9-12 （a）　　　　　　　　　环 境 温 度

| 覆冰数据序号 | 环境温度（℃） | | | 覆冰厚度值（mm） | | IID |
	原值	改变幅度	改变值	基于原值的实际覆冰厚度值 I_0^t	基于改变值的覆冰厚度预测值 I_n^t	
1	−2	+2	0	5.89	7.28	23.76%
2	−3		−1	4.42	5.35	21.27%
3	−2		0	13.46	10.49	21.43%
4	5		7	3.53	2.31	34.56%

$IID_1 = (23.76\% + 21.27\% + 21.43\% + 34.56\%)/4 = 25.26\%$

表 9-12 （b）　　　　　　　　　环 境 湿 度

| 覆冰数据序号 | 环境湿度（%） | | | 覆冰厚度值（mm） | | IID |
	原值	改变幅度	改变值	基于原值的实际覆冰厚度值 I_0^t	基于改变值的覆冰厚度预测值 I_n^t	
1	79	−10	69	5.89	4.36	25.98%
2	86		76	4.42	4.69	6.12%
3	97		87	13.46	11.52	14.41%
4	93		83	3.53	4.39	24.36%

$IID_2 = (25.98\% + 6.12\% + 14.41\% + 24.36\%)/4 = 17.72\%$

表 9 - 12（c）　　　　　　　　　　　　环 境 风 速

覆冰数据序号	风速（m/s）			覆冰厚度值（mm）		IID
	原值	改变幅度	改变值	基于原值的实际覆冰厚度值 I_0^t	基于改变值的覆冰厚度预测值 I_n^t	
1	1		6	5.89	8.64	46.69%
2	0.3	5	5.3	4.42	7.93	79.41%
3	6.8		11.8	13.46	15.25	13.30%
4	2		7	3.53	6.83	93.48%

$$IID_3=(46.69\%+79.41\%+13.30\%+93.48\%)/4=58.22\%$$

表 9 - 12（d）　　　　　　　　　　　　导 线 温 度

覆冰数据序号	导线温度（℃）			覆冰厚度值（mm）		IID
	原值	改变幅度	改变值	基于原值的实际覆冰厚度值 I_0^t	基于改变值的覆冰厚度预测值 I_n^t	
1	1		−1	5.89	6.86	16.47%
2	−5	−2	−7	4.42	7.13	61.31%
3	1		−1	13.46	10.54	21.69%
4	3		1	3.53	4.73	34.53%

$$IID_4=(16.47\%+61.31\%+21.69\%+34.56\%)/4=33.51\%$$

9.6.3　基于模糊逻辑理论的覆冰厚度预测模型

根据统计分析，在雨雪天气下，覆冰与气象条件（环境温度、环境湿度、环境风速以及环境风向）、导线温度有关。故选取各个时刻点的环境温度（environmental temperature，ET）、环境湿度（environmental humidity，EH）、环境风速（environmental windspeed，EW）以及导线温度（conductor temperature，CT）4 个覆冰影响因素作为覆冰厚度预测模型的输入变量，模型的输出为各时刻点覆冰厚度值 IT（ice thickness）。覆冰预测的模糊逻辑模型结构如图 9 - 28 所示。

提取贵州电网 8 条输电线路（500kV 安贵一回线、220kV 鸡阳二回、220kV 凯玉线、110kV 滥二线、220kV 索干二回线、220kV 铜黎线、110kV 土杨松茅线以及 220kV 习鸭一回线）中具有明显覆冰特征的数据作为样本，对建立的预测模型的效果进行了验证。

1. 模糊化处理

按模糊逻辑模型分析步骤，首先对这些线路 2010 年 12 月至 2011 年 1 月的覆冰数据进行综合统计，得出环境温度 ET、环境湿度 EH、环境风速 EW、导线温度 CT 以及覆冰厚度

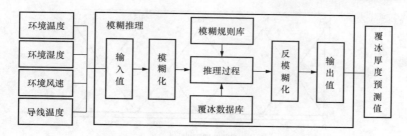

图 9-28　覆冰预测模糊逻辑模型结构

IC 的变化范围分别为：−8～17（℃）、32～99（％RH）、0～8.6（m/s）、−12～16（℃）以及 0～23.39（mm）。由于覆冰环境不断变化而且覆冰数据监测频率为 1 次/15min，故数据变化范围并不是一定只在以上统计的范围内变化，为了数据范围能涵盖各种覆冰情况以及便于模糊化分析，将以上环境温度 ET、环境湿度 EH、环境风速 EW、导线温度 CT 以及覆冰厚度 IC 的变化范围扩大调整为−20～20℃、0～100％、0～20m/s、−20～20℃以及 0～30mm。覆冰预测模糊逻辑模型采用四输入一输出的结构。基于模糊理论，确定各个变量的模糊集合。为了取得较高预测精度，四个输入变量和一个输出变量都分为五个模糊子集：NB（很低/小）、NS（较低/小）、O（中等）、PS（较高/大）以及 PB（很高/大）。基于对已获取的覆冰数据库进行统计以及根据经验，各个变量的隶属度函数均采用三角形函数，最终确定的隶属函数如图 9-29 和图 9-30 所示。

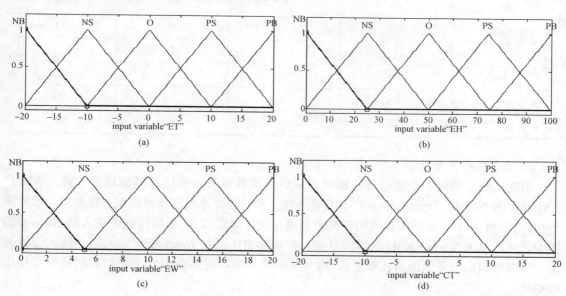

图 9-29　四个输入变量的隶属度函数
（a）环境温度；（b）环境湿度；（c）风速；（d）导线温度

2. 建立模糊规则

针对贵州电网 8 条输电线路的覆冰数据进行统计归纳总结，并结合专家经验得出 78 条初始模糊规则，但在构成的许多条模糊规则中，可能由于监测数据误差等原因出现模糊规则冲突矛盾，即有些规则前件（输入变量）的模糊子集一样，而后件（输出变量）的模糊子集

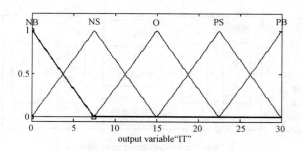

图 9 - 30　输出变量（覆冰厚度）的隶属度函数

却不同。为了对矛盾的模糊规则进行筛选取舍，对每条规则定义一个强度 $G(k)$，即构成规则的每个数据属于其模糊子集的隶属度 $u(k)$ 相乘，k 为规则的序号，见式（9 - 83）。

$$G(k) = u(k)_{ET} \times u(k)_{EH} \times u(k)_{EW} \times u(k)_{CT} \qquad (9 - 83)$$

筛选取舍原则：遇到矛盾规则出现，则根据其强度大小，按"去小留大"原则决定取舍。经过取舍，最终得到了 25 条规则，如表 9 - 13 所示。

表 9 - 13　　　　　　　　　　　模 糊 规 则 统 计 表

ET（环境温度）	EH（环境湿度）	EW（环境风速）	CT（导线温度）	IT（覆冰厚度）
O	NB	O	O	NB
NS	PB	NS	NS	PS
NS	PB	O	O	O
⋮	⋮	⋮	⋮	⋮
NS	PB	NS	O	NS
NS	PB	NB	NS	PB
NS	PB	O	O	PS

3. 建立模糊预测模型

根据已确定的输入变量前件、输出变量后件及其隶属函数以及模糊规则，通过 MAT-LAB 中的模糊逻辑（Fuzzy logic）工具箱中建立和验证覆冰厚度预测模糊逻辑模型。覆冰模型如图 9 - 31 所示，其中模糊规则观测窗是通过把已确定的 25 条模糊规则输入到 Rule 编辑器中，然后单击 View→Rule 得到的界面。在观测窗中通过 input 依次输入四个输入变量的值，可以得到输出量（即覆冰厚度），输入不同的值时，观测窗中的图线和数据就发生相应的变化。

4. 效果分析

提取贵州电网 8 条输电线路中具有明显覆冰特征的数据作为样本，用来验证预测模型的效果，将覆冰数据样本输入已建立的模糊逻辑预测模型中。为了检验模型精度，采用了绝对误差公式，用于确定单个样本点数据的预测精度。误差计算结果及检验单个样本实际覆冰厚度值与预测值之间的对比情况，如表 9 - 14 和图 9 - 32 所示。

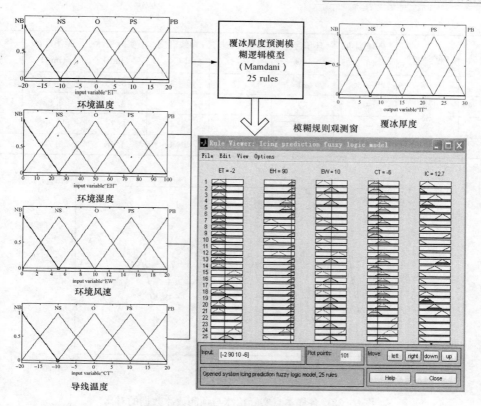

图 9-31 覆冰厚度预测模糊逻辑模型

表 9-14 模 型 验 证 数 据 对 比

样本编号	线路名称	环境温度（℃）	环境湿度（%）	环境风速（m/s）	导线温度（℃）	实际覆冰（mm）	预测覆冰（mm）	绝对误差（%）
1	铜黎线	−2	79	1	1	5.89	8.31	2.42
2		−3	86	0.3	−5	4.42	5.88	1.46
3		−2	97	6.8	1	13.46	12.13	1.33
4		5	93	2	3	3.53	5.32	1.79
5	滥二线	2	90	0.7	4	6.86	8.4	1.54
6		−3	86	1.9	2	4.38	7.94	3.56
7		−4	93	0.6	−1	8.87	12.5	3.63
8		−3	97	0.3	−4	7.12	6.04	1.08
9	鸡阳二回线	−4	96	0.5	−5	9.39	12.5	3.11
10		−1	95	0.3	−2	7.1	10.6	3.5
11		−2	84	0.8	−3	5.66	9.2	3.54
12		1	80	1.5	−2	5.46	3.27	2.19

样本编号	线路名称	环境温度 （℃）	环境湿度 （%）	环境风速 （m/s）	导线温度 （℃）	实际覆冰 （mm）	预测覆冰 （mm）	绝对误差 （%）
13	土杨松茅线	−6	94	1.7	−3	9.33	13.57	4.24
14		−3	87	1	−3	3.89	6.83	2.94
15		−1	96	0.3	−4	6.74	11.56	4.82
16		0	93	0.5	−3	4.48	6.79	2.31

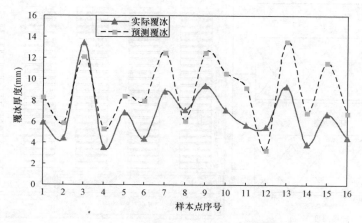

图 9-32　各样本点实际覆冰与预测覆冰数据的对比

由表 9-14 的误差计算结果可知，应用模糊逻辑模型预测得到的覆冰厚度值与实际覆冰厚度之间虽存在一定的误差，但一般覆冰情况下，覆冰厚度 1～5mm 范围内的变化并不很明显，而覆冰数据样本的最大误差还不到 5mm，说明可应用该模型进行覆冰厚度的预测。

9.7　线路融冰过程监测装置研究

为解决输电线路冬季覆冰这一严重威胁电力系统安全的难题，需要做两方面的工作：①需要一种可实时监测覆冰区线路的覆冰或融冰状况的系统，在线路发生严重覆冰时及时提醒用户采取融冰措施进行除冰，或在除冰过程中对除冰技术的相关参数进行监测或修正等；②研发有效的可在监测中心控制的除冰技术。事实上采用的机械除冰方法、被动除冰方法、电子冻结、电晕放电等方法由于需要在现场操作，而线路覆冰时人员往往无法上山而无法实施。目前可采用焦尔效应方法进行较高效率融冰。作者早期研发的输电线路融冰过程监测系统实现了对融冰启动、融冰过程和融冰效果的自动监测。电力部门或相关设计单位可借助该系统实现对导线表面温度和融冰电流大小的自动监测，并结合现场监测的覆冰厚度变化和微气象条件等数据，分析该线路在一定气象条件下的融冰特性和温升特性，有助于制定最优的融冰方案，有效地保证了融冰效果。该系统可与直流融冰法、转移负载法、短路电流融冰以及无功电流融冰等融冰技术配合使用，实现对覆冰线路融冰过程的自动监控。

9.7.1 现行融冰方案分析

1. 融冰电流估算的不确定性

直流融冰法、转移负载法、短路电流融冰以及无功电流融冰等融冰技术的选择取决于融冰线路的特点以及与该线路有关的电网特点等，更重要的是融冰方法还受到融冰电流的影响，具体的融冰电流主要取决于以下因素：导线电阻、导线是否为分裂导线、线路长度以及融冰时的气候条件。根据 IREQ 试验室的试验数据，魁北克水电局开发了各种类型融冰电流计算的专用程序，主要根据冰厚、环境温度、风速、风向夹角、导线高度、导线的吸热系数再结合导线类型模拟融冰电流和融冰时间。我国湖北电力试验研究院等单位根据中国电力科学研究院编制的《电力系统分析程序》PSASP 进行融冰电流方面的分析，并研究了 500kV 的直流融冰方案。但上述研究结果是基于试验室研究，在实际系统运行中由于缺乏融冰过程的气象条件以及导线温度等重要数据，针对融冰的控制显得粗糙且具有一定的不确定性。

2. 融冰时间估算的不确定性和局限

国内外采用各种数学模型估算融冰时间，均对线路冰载荷的变化做了保守的假设，这些假设包括：

（1）导线上覆冰的几何形状是同轴对称的，实际覆冰的形状往往是迎风椭圆、针状等不规则形状，融冰时往往在冰薄的地方形成水膜，这将使冰绕其重心旋转从而使融冰时间减少。

（2）导线上的覆冰厚度与地面上相同，实际上由于运行导线负荷的影响，导线的覆冰比地面覆冰要小，其比值一般为 0.5～0.8。

（3）不考虑冻雨对输电线路入射角的影响。

（4）无法考虑导线弯曲和振动的影响，导线的弯曲和振动都会加速冰的脱落，先前无法定量分析。

（5）无法获得融冰时的气象条件，实际上环境风速等因素对融冰时间影响很大，先前无法定量分析。

上述这些假设都是保守的，导致仿真融冰时间比实际融冰时间要长一些。但在实际融冰过程中存在如下两个因素可能会使实际融冰时间加长：

（1）融冰过程中导线温度的升高，融冰时导线的温度应保持在 0℃ 左右，但当导线与空气接触时导线的温度可能升高到 0℃ 以上，用于融冰的热能将减少，从而使融冰时间变长。

（2）导线快"移到"冰表面时，导线受到风的冷却作用会使融冰时间比估算的要长，冰融化后导线受到风的冷却作用也会使融冰时间比估算的要长。

通过上述分析可知，模型假设条件导致计算结果要保守一些，但实际融冰的过程需要的时间也要长一些，这些因素共同作用，导致相关计算结果存在很大不确定性。作者研究的融冰监控装置可直接监测导线的覆冰情况，一旦发现有覆冰则启动融冰装置，融冰时一旦导线覆冰脱落则可立即停止融冰，从而实现对融冰的精确控制，解决了先前融冰控制存在的盲目性和不确定性。

3. 线路融冰的可行性分析

线路融冰的可行性主要取决于要获得的融冰电流所需的融冰电源设置问题。相关研究结果表明：35kV 做融冰电源时，500kV 线路短路电流不能达到最小融冰电流；220kV 做融冰电源时，长度不超过 169km（LGJ-4×300）、148km（LGJ-4×400）、118km（LGJ-4×500）的线路短路电流可以达到最小融冰电流，但需要系统提供的无功功率在 1000Mvar 以上，系统无功储备能力有限，220kV 做融冰电源的 500kV 线路短路融冰方案不可行。500kV 做融冰电源时，虽然短路电流都可以达到最小融冰电流，但需要系统提供的无功功率在 2000Mvar 以上，同样受限于系统无功能力，500kV 做融冰电源的 500kV 线路短路融冰方案不可行。在满足环境温度 −18℃左右、零风速、最小融冰电流 4000A 条件下，采用直流方式融冰时，需要系统提供的功率不超过 200MW，大部分线路不超过 100MW，从系统方面考虑，500kV 线路采用直流融冰方案是可行的。因此，针对不同的线路特点（包括电压等级、导线长度、环境条件等）需要设置不同的线路融冰方案，最终达到高效、节能和建造成本低的目的。

9.7.2 线路融冰过程监测装置设计

1. 系统简介

输电线路融冰过程监测系统主要由网省公司监测中心主机、地市局监测中心主机、线路通信分机、温度监测分机和专家软件组成，系统组网拓扑图如图 9-33 所示。在线路杆塔安装一台线路通信分机，在导线等电位安装温度监测分机。通信分机具有 GSM 和 ZigBee 两个通信模块，根据监控中心设置的采样时间间隔，一方面完成环境温度、湿度、风速、风向、雨量以及该杆塔绝缘子的倾斜角、风偏角、覆冰导线的重力变化、导线舞动频率等信息的采集，另一方面定时/实时通过 ZigBee 模块依次呼叫其控制的多个温度监测分机。温度监测分机安装在每个局部气象小区的架空导线或导线接头上，实际测量在局部气象条件下导线的运行温度，通过 ZigBee 模块（频率 2.4GHz）将温度数据发送给线路通信分机，由线路通信分机将各个监测点的温度打包为 GSM SMS，通过 GSM 通信模块发送到地市局监测中心，由监测中心软件集中管理各线路融冰信息，根据计算模型分析当前的覆冰状况、融冰状况以及导线温度变化等情况，以图形方式显示各计算和实测的结果。监测中心主机可通过 GSM

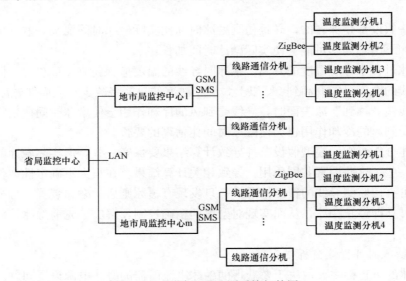

图 9-33 融冰过程监测系统拓扑图

SMS 对线路通信分机的运行参数（如采用时间间隔、分机系统时间以及实时数据请求等）进行设置。各地市局监测中心与网省公司监测中心采用 LAN 方式组网，省公司监测中心可以直接调用各地市局监测中心的各线路、各测点的融冰状况等数据。

2. 线路通信分机设计

为了实现对覆冰和融冰过程的自动监测，一方面必须监测输电导线的覆冰和融冰状况，另一方面监测导线的融冰电流和环境条件。结合作者前期研发的输电线路覆冰在线监测系统的实际运行效果，融冰过程监测系统需要对导线覆冰重力变化（力传感器）、倾斜角度、风偏角度、温度、湿度、风速、风向、大气压力、雨量等基本参量进行监测。具体可参考 9.4 节覆冰雪在线监测装置设计。

3. 导线温度监测分机设计

要实现对输电线路融冰电流和融冰时间的准确控制，就必须对导线表面温度进行监测，而实际融冰电流大小来自 SCADA 系统。传统的无线测温方式根本无法满足需要，例如红外测温距离很近（5m 以内）且测量精度差；采用光纤测温则无法满足高压线路的绝缘要求和远距离传输要求；直接采用无线电传输，无法组成有效的多点对一点的星形网络。在线路的运行中，导线温度是最直接的，也是最主要的技术数据，如何实时、准确监测导线温度是一个重要问题。

导线温度监测分机主要完成导线或节点处（金具、线夹等）的温度监测，整个系统由工作电源模块、MCU、ZigBee 通讯模块和温度传感器等组成。温度传感器采用单总线数字芯片 DS18B20，DS18B20 采用单总线（1-wire）技术，将地址、数据线和控制线合为一根双向串行传输的信号线，具有结构简单，便于总线扩展和维护等优点。短距离通信采用自主开发的 ZigBee 模块，系统的工作电源采用太阳能和蓄电池充放电的工作模式。具体见图 9-34。

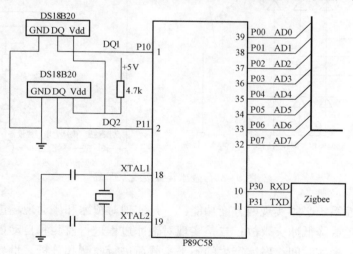

图 9-34　温度监测分机硬件原理图

4. 专家软件

(1) 专家软件功能。

监控中心专家软件可实时监测该线路各杆塔上覆冰导线重量变化等变量，并对分机的点测、巡测的实时数据进行分析判断，利用建立的导线覆冰厚度与杆塔倾斜角、绝缘子风偏角、导线张力、导线弧长、环境温度、湿度、雨量、风速、风向等环境信息之间的关系方程，分析判断当前线路的覆冰或融冰状况，在覆冰厚度接近当前杆塔的设计冰厚时及时给出预报警，提醒当前管理员和相关领导及时采用融冰措施；监测融冰效果，一旦导线无覆冰则及时停止融冰。专家软件集中管理融冰控制参量、覆冰导线的重力变化、覆冰厚度、导线应力、绝缘子串倾斜角、风偏角以及环境温度湿度等信息，提供单独和全面的查询、分析和打印功能，建立该线路的覆冰和融冰信息数据库，实现准确的融冰控制。省监控中心可以有权限地实时查看各地市线路的覆冰和融冰状况，有助于实现该省电网的统一规划、统一调度以及事故情况下的统一指挥。

（2）导线覆冰模型计算。

为了评价融冰效果必须监测当前线路的覆冰厚度，如何进行覆冰模型的计算可参考本章9.3 节。

9.7.3 融冰过程监测系统运行实例

【实例一】

邓万婷等人研究了发电机电源提供直流融冰电流对 500kV 线路进行融冰的可行性。此方法实质是发电机接整流装置带线路运行，借助发电机及励磁设备，采用零起升流办法提供直流电流进行融冰。此方法接线原理见图 9-35。

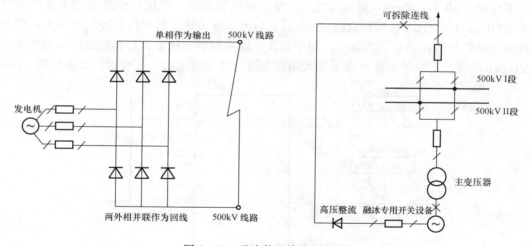

图 9-35 融冰装置接线原理图

融冰过程监控系统必须实现两方面功能：一是实现对覆冰和舞动现场进行监测，及时给出除冰信息，避免或降低冰灾事故；二是实现对融冰过程进行监测和自动控制，实现对融冰效果、融冰电流、融冰时间、融冰产生的不平衡载荷进行监测和分析。世界上第一台利用直流技术的除冰设备安装在加拿大勒维斯变电站，除冰执行的操作为：隔离线路；保护交流和直流系统，避免断路器误合；适当配置已除冰的开关；投入除冰换流器；将线路转换回交流系统等。但如果实时监测到环境条件、杆塔载荷、除冰电流所面临的所有设备如开关、隔离开关和变压器容量等信息，依此建立的融冰电流更为可靠。作者研发的融冰在线控制系统可实现对覆冰线路除冰过程中的操作和控制，有效保证了除冰过程中的系统安全。

　　国网四川省电力公司 2012 年 1 月 11 日对四川电网汉音一线实施直流融冰。使用的移动直流融冰装置由 6 根单芯电缆从变电站主变压器 10kV 母线并联电容器开关柜取电。出线由 6 根单芯电缆连接至融冰线路，装置外观见图 9-36。融冰方式采用 A 相去、C 相回的方式（A，C 为两个边相），装置向线路输出直流电流 400A，10min 后升至 800A，持续运行 1h，A、C 两相覆冰全部脱落。之后对 B 相进行融冰，融冰电流升至 900A，导线温度升高至 23℃。全线导线弧垂最大下降 3m，装置可控硅触发角为 28.3°，B 相覆冰 40min 内全部脱落，融冰现场导线脱冰见图 9-37。汉音一线融冰完毕后，导线弧垂恢复正常，并于当日 18：00 恢复送电。

图 9-36　移动直流融冰装置外观

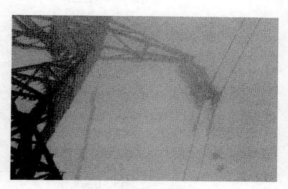

图 9-37　融冰现场

【实例二】

　　重庆大学的张志劲等人提出了利用四分裂导线运行电流分组融冰的方法，并进行了现场试验验证。

　　（1）利用四分裂导线运行电流分组融冰方法。

　　该方法在四分裂导线上安装绝缘间隔棒，并在需要融冰的线路档距两侧安装合适的分合闸控制开关，可将分裂导线运行电流集中到某一根子导线或某一组子导线上，从而提高该融冰子导线电流密度并实现融冰，如图 9-38 所示。对于单向传输的分裂导线输电线路，只需在送端安装控制开关，在受端设置集流间隔棒即可，如图 9-39（a）所示；对于双向传输电流的分裂导线输电线路，可在其需要除冰的线路两端均设置控制装置，如图 9-39（b）所示。

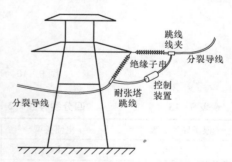

图 9-38　控制开关安装位置

　　（2）四分裂导线运行电流分组融冰现场试验。

　　在湖南雪峰山自然覆冰实验站对四分裂导线运行电流融冰方法进行了"2+2"方式循环融冰试验验证，现场直流融冰试验接线图如图 9-40 所示。表 9-15 为试验结果，结果表明四分裂导线融冰过程包含导线升温冰层旋转阶段、冰层融化阶段和冰层脱落 3 个阶段；采用合理的四分裂导线运行电流分组融冰方法，可以实现四分裂导线融冰和脱冰，其融冰速度与运行电流、环境温度、风速等有关。

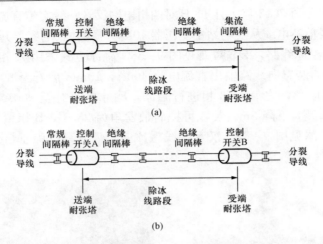

图 9-39　分裂导线融冰方案

（a）单向传输；（b）双向传输

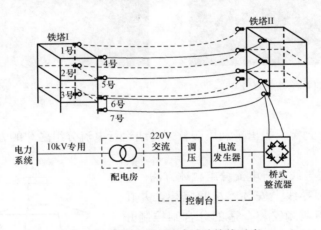

图 9-40　现场直流融冰试验接线示意

表 9-15　　　　　　　四分裂导线"2＋2"方式循环融冰现场试验结果

2根子导线电流（A）	电流类型	风速（m/s）	环境温度（℃）	融冰时间（min）
1060	DC	3	−4	40
1060	AC	3	−4	39
1060	DC	6	−4	71
1060	AC	6	−4	72
1060	DC	3	−1	32
1440	DC	3	−2	26

9.7.4　借助融冰过程监测系统可实现的相关研究

覆冰的发展过程与线路周围的微气象条件密切相关，融冰过程同样与周围环境条件密切相关。先前人们只能通过研究在不同环境温度、不同风速、不同电流情况下，覆冰导线的融冰时间特性，研究结果作为覆冰高压输电线路实际融冰电流和时间的选取依据；对导线表面温度和通流大小关系进行试验研究，研究结果作为预防高压输电线路覆冰负荷电流选取的参考依据。借助输电线路融冰在线监测系统，可开展以下准确试验研究：

（1）试验条件。取决于现场运行导线的信息、融冰在线监测系统实时发送的线路环境信息和导线温度信息。

（2）融冰特性试验。融冰特性试验的主要目的，一是确定当前线路在当前环境条件下需要的最小融冰电流；二是验证快速融冰条件下，现有经验公式计算得到的电流和融冰时间的差异；三是在融冰现场允许的条件下，尽量多地做出不同电流下各种型号导线的融冰特性。

1）导线覆冰：导线自然覆冰，监测系统通过计算覆冰导线的重量变化，计算导线覆冰的厚度。

2）导线温度：一个温度监测分机采用两片温度测量传感器 DS18B20 紧贴在导线的表面，布置在导线未覆冰部位和覆冰部位，用以测量试验时上述部位的温度变化情况。监测分机通过 ZigBee 短距离无线通信发送给线路通信分机，由通信监测分机通过 GSM SMS 发送至监控中心。专家软件集中管理导线的温度变化，并且自动记录测量数据，自动生成温度随时间的变化曲线。

3）导线在特定环境下的最小融冰电流试验：导线在特定环境下的最小融冰电流试验，在开始时通以较小的电流，然后根据导线温度变化情况和现场观察情况，逐渐加大，得到导线覆冰刚刚开始融化的最小融冰电流。

（3）温升试验。对不同电流下导线表面温度进行试验研究，可以得到其温度变化特性，试验研究结果可以作为融冰电流取值和预防高压输电线路覆冰负荷电流选取的参考依据。温度监测分机可监测导线上下表面和左右侧面 4 个点的温度监测。

通过上述试验，可以得到导线在不同气象条件下实际的融冰特性和温升试验结果，根据导线的环境条件实行最优的融冰电流和控制策略，实现准确的融冰控制。

输电导线舞动在线监测

导线舞动是危害输电线路安全稳定运行的一种严重灾害，它是偏心覆冰的导线在风激励下产生的一种低频、大振幅的自激振动，往往造成闪络跳闸、金具及绝缘子损坏、导线断股断线、杆塔螺栓松动脱落、塔材损伤、基础受损，甚至倒塔等严重事故。在引发电力系统的自然灾害中，风灾是最为严重的一种。统计表明，电力系统 70% 的故障都是由强风作用下输电杆塔的倒塌、导地线的覆冰舞动产生的。导线舞动研究涉及空气动力、悬索振动、气固耦合、气象研究等学科，是一门多学科的综合课题。我国是世界上导线舞动多发区之一，根据有关资料，在我国 9 个典型气象区中，有 8 个气象区有覆冰条件，且覆冰厚度可达 3mm以上，因而都有可能发生舞动。近年来随着我国电网规模的扩大和大范围极端恶劣气象的频发，输电线路舞动事故发生的概率明显增加，湖南电网、湖北电网、山西电网以及东北电网先后发生了大面积输电导线舞动事故，造成了巨大的经济损失，也严重危害了输电线路的安全运行。2009~2010 年冬季，受多次大范围大风降温、雨雪冰冻等恶劣天气过程影响，河南、辽宁、河北、山东、湖北等 14 个省公司发生了多次大面积输电线路舞动事故。2010年 1 月 20 日 8 时 18 分起至 21 日 6 时，13 条 500kV 线路跳闸 36 条次，电网结构遭受严重破坏，其中 500kV 潍阳线跳闸次数多达 8 次。最严重时，烟威电网仅通过 500kV 崂阳线相连。2010 年 2 月 28 日 14 时 32 分起至 3 月 1 日 8 时，7 条 500kV 线路跳闸 26 条次，山东与华北联网的 500kV 辛聊 I、II 线和黄滨 I、II 线相继跳闸，造成山东电网与华北电网两次解列。为提高电网抵御自然灾害的能力，保证主网能够在严重自然灾害条件下安全稳定运行和可靠供电，全面开展输电线路舞动机理、监测方法与防舞措施等方面研究显得极为重要。

10.1 导线舞动基本概念

导线舞动是指风对非圆截面导线产生的一种低频（约为 0.1~3Hz）、大振幅的导线自激振动，最大振幅可以达到导线直径的 5~300 倍。此外在分裂导线中，由于迎风侧导线的尾流效应（见图 10 - 1）作用于背风侧导线，可以产生尾流诱发的振动，因此发生的舞动远比单导线的严重，其特点是整个档距或次档

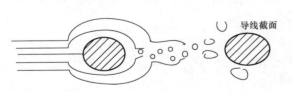

图 10 - 1 导线的尾流效应

距发生"刚体"式运动，幅值约为导线直径的 20~80 倍。

舞动的形成取决于三方面的因素：覆冰、风激励以及导线结构参数。覆冰状况由气温、降雨、线路走向、地理环境所决定，导线舞动是由流体诱发的随机的非线性振动，是流体与

固体的耦合振动。导线舞动的形成因素分析如下：

（1）导线覆冰的影响。

舞动多发生在覆冰雪导线上，覆冰厚度一般为 2.5～48mm。导线上形成覆冰需具备 3 个条件：空气湿度较大，一般为 90%～95%，干雪不易凝结在导线上，雨凇、冻雨或雨夹雪是导线覆冰常见的气候条件；合适的温度一般为 0～5℃，温度过高或过低均不利于导线覆冰；可使空气中水滴运动的风速一般大于 1m/s。输电导线由于覆冰后改变了导线呈圆形的几何形状，使输电导线的一侧形成一个翼面。当强风横向吹过时，原先环境条件下的导线的空气动力特性有所改变，在输电导线的上部通过的气流速度变大但压力有所减小，在导线下部通过的气流速度减小而压力有所增大，输电导线由此会得到一个上升力，同时也受到一个水平力。由于上升力与导线重力的共同作用，使导线在垂直方向产生振动。同时，又由于导线偏心覆冰，使导线发生扭转振动，当导线的垂直振动频率与扭转振动频率相耦合时，就会产生舞动。

（2）风激励的影响。

要形成舞动，除覆冰因素外，还需有稳定的层流风激励。舞动风速范围一般为 4～20m/s，且当主导风向与导线走向夹角大于 45°时，导线易产生舞动，当该夹角越接近 90°时，舞动的可能性就越大。因此，在四周无屏蔽物的开阔地带或山谷风口，存在均匀的风持续吹向导线，这些地区容易发生舞动。

（3）线路结构与参数的影响。

就舞动发生的机理而言，不合理的线路结构参数组合容易引起线路舞动。统计资料表明，分裂导线比单导线容易舞动。单导线覆冰时，由于扭转刚度小，在偏心覆冰作用下导线易发生很大扭转，使覆冰接近圆形；而分裂导线覆冰时，由于间隔棒的作用，每根子导线的相对扭转刚度比单导线大得多，在偏心覆冰作用下，导线的扭转极其微小，不能阻止导线覆冰的不对称性，导线覆冰易形成翼形断面。因此，对于分裂导线，由风激励产生的升力和扭矩远大于单导线。另外，大截面导线比小截面导线易舞动。大截面导线的相对扭转刚度比小截面导线大，在偏心覆冰作用下扭转角要小，导线覆冰易形成翼形断面，在风激励的作用下，产生的升力与扭矩要大些。

（4）线路档距的影响。

对于档距与舞动间的关系，目前存在两种观点：一种认为短档距的扭振和横向固有频率比长档距高，不易在低频段发生耦合谐振，可通过缩短档距来防止舞动；另一种认为，同样的导线其短档距的相对扭转刚度比长档距大，迎风面覆冰时扭转角小，更易形成翼形覆冰，在相同的风激励作用下，升力、扭矩要大些，更易于舞动。从相关资料中导线舞动档距分布统计表来看，导线舞动与档距大小尚无明确关系。

10.2　导线舞动的危害、形成机理及其防护措施

10.2.1　危害

在我国，导线舞动造成的危害有很多种，见图 10 - 2，常见危害有线路跳闸和停电，导、地线伤断，金具及部件受损等。

图 10 - 2　导线舞动引起倒塔及金具、部件受损现场

（a）线路导线断股；（b）耐张金具断裂、跳线悬垂线夹断裂；（c）铁塔螺栓脱落；

（d）导线间隔棒掉抓、损坏；（e）舞动引起倒塔

（1）线路跳闸和停电。

迄至 1992 年初，我国因导线舞动引起的线路跳闸达 119 次，此统计是偏低的，因为来自运行报告多数较简单，有些未提及是否跳闸，有些虽提及但未说明跳闸次数。根据导线舞动特点：1 次舞动长达数小时至数十小时，若线路间距较小会发生多次碰线，而电网调度人员对此特点不够了解，在遇到舞动引起跳闸又重合成功后，往往仍按常规保持送电，结果就会出现在一次舞动中出现连续跳闸多次，多次被迫退出运行等情况。

（2）导、地线伤断。

因舞动而造成导、地线伤断，90％是 220kV 以下线路短路烧伤，10％是 500kV 大跨越线路因使用滑轮线夹在舞动时导线船拖滑出滑轮外，导线来回窜动与滑轮直接摩擦、碾压而

伤断，这种情况虽很少，但大跨越线路属电网主干线，又多居于交通要道，一旦发生后果极其严重。据悉我国尚有不少大跨越采用这类滑轮线夹，若处于雨凇区应多加防范。我国输电线路伤线比较严重主要是不注意舞动特点，跳闸重合后仍保持送电以致多次闪络而造成，今后舞动地区电网调度人员应多加注意。

（3）金具及部件受损。

导线舞动引起金具和杆塔部件受损的不多，较典型的是间隔棒棒爪松动或脱落，最严重的一次是 500kV 葛上直流线路 13 档舞动 24 小时，1422 号塔两相跳线 8 组间隔棒 3 组脱落和 4 组握线端头掉下，1345 号也有一组跳线间隔棒落地。其他有挂环磨断或断裂致使导线落地，较多的是线夹、螺栓松动或脱落，只有个别横担扭曲变形及陶瓷横段折断。

10.2.2　机理

当流体从结构物外面流过时，会给结构物一个激励。激励的大小和性质与结构物的断面形状、流体的性质、流动的方向与流速等因素有关。这个激励将激发结构物产生不同性质的振动。同时，结构物的振动又反过来影响流体的运动及其激励，从而形成流体与结构物之间的耦合振动。这种复杂的流固耦合振动是输电导线各种振动的共同理论基础。

通常遇到的由外流（流体从结构物外面流过）诱发的结构振动包括卡门涡振动（vortex shedding）、驰振（galloping）和颤振（fluttering）等 3 类，它们有着不同的形成条件与振动形态。由于空气相对流速的范围有限，输电导线主要存在卡门涡振动与驰振这两种振动。前者发生于低风速、无冰雪的（导线为圆形截面的情况）条件下，称为微风振动，后者发生于较高风速、覆冰雪（导线为非圆形截面）的条件下，称为驰振，俗称为舞动。舞动是由于流体以较高速度流过非圆断面的结构物表面所引起的一种自激振动，因此在理论上如果导线无覆冰时就不会发生舞动。在研究流体与导线的耦合振动时将要涉及流体与导线各自的数学模型。自 20 世纪 30 年代起，国外学者开始对导线舞动进行了大量的实验和理论研究，提出了 Den Hartog 垂直舞动理论、O. Nigol 扭转舞动理论、P. Yu 的偏心惯性耦合失稳说、阵风诱发说等。

1. Den Hartog 垂直舞动理论

Den Hartog 垂直舞动理论认为，当风吹向覆冰所致非圆截面时会产生升、阻力，只有当升力曲线的负值大于阻力时，导线截面动力不稳定，舞动才能发生，见图 10 - 3。Den Hartog 理论的数学描述为

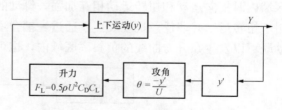

图 10 - 3　Den Hartog 舞动激发模式

$$\frac{\partial C_L}{\partial \alpha} + C_D < 0 \qquad (10-1)$$

式中，C_L、C_D 分别为导线气动升力和阻力系数；α 为偏心覆冰导线迎风攻角。

Den Hartog 垂直舞动理论仅考虑了偏心覆冰导线在风激励下的空气动力特性，忽略了导线扭转的影响。实验表明，导线舞动也会发生在升力曲线正、负斜率区域，这种现象不能用该理论解释。

2. O. Nigol 扭转舞动理论

O. Nigol 扭转舞动理论认为，导线舞动是由导线自激扭转引起。当覆冰导线的空气动力扭转阻尼为负且大于导线的固有扭转阻尼时，扭转运动成为自激振动，其振动频率由覆冰导线的等效扭转刚度和极惯性质量决定；当扭转振动频率接近垂直或水平振动频率时，横向运动受耦合力的激励产生一交变力，在此力的作用下导线发生大幅度舞动，见图 10-4。该理论的数学描述为

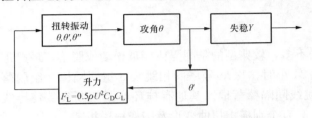

图 10-4　O. Nigol 舞动激发模式

Y—导线横向位移；ρ—空气密度；U—风速；
C_L—空气动力升力系数；C_D—空气动力阻尼系数

$$\left(1+\frac{\theta_K v}{A w_K}\right)\frac{\partial w_K}{\partial \alpha}+C_D a_0 < 0$$

$$(10-2)$$

式中，θ_K、ω_K 分别为导线第 K 阶扭转振动的振幅和角频率；v 为与线路走向垂直的水平风速；a_0 为片形覆冰导线初迎风攻角。

O. Nigol 扭转舞动理论考虑了偏心覆冰导线在风激励下的空气动力特型及导线扭转的影响，但该理论不能解决薄、无覆冰舞动等现象。

3. P. Yu 的偏心惯性耦合失稳说

P. Yu 的偏心惯性耦合失稳说认为，从理论上说单自由度的垂直自激或扭转自激是可能的，但实际上导线舞动属于三自由度的运动，绝大多数情况下都将同时出现垂直、水平和扭转三种振动。这是因为存在导线覆冰的偏心惯性，某一运动就可能诱发另一运动。如果横向运动（垂直和水平）频率和扭转频率接近，强有力的横向运动会通过偏心惯性诱发扭转运动，横向与扭转的耦合运动可以产生两个固有自激同步运动，形成以横向运动为主的自激振荡，诱发的导线扭转运动与横向运动严格同步，见图 10-5。因此，在升力曲线负斜率区域内助长舞动积累能量，在升力曲线的正斜率区域内则反之。即使覆冰导线先出现扭转运动，导线绕质量中心旋转，也将以微小的横向运动响应传给导线中心，当位于升力曲线的负斜率区域内时横向运动和扭转运动相互加强，舞动的积累速度比仅有 Den Harton 原理作用时大。由于扭转运动并非任意地发展，其通过一耦合项产生一交变力，结果导致垂直舞动和水平舞动既可以发生在升力曲线的负斜率区域内，也可以发生在正斜率区域内。

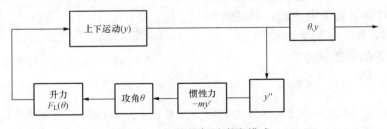

图 10-5　惯性舞动激发模式

4. 阵风诱发说

以上三种假设都是基于覆冰导线形成非圆形截面产生空气动力效应提出的，但在 1959 年英国跨越赛汶河和怀河的线路在无覆冰的情况下却发生了阵风中的低频振荡，对此英国的

D. A. Davis 等作了长期的观察研究，提出这种现象与阵风结构、作用于运动导线上的空气动力以及三档组合悬索系统振动的正常模式（如需要的话，包括悬挂塔的挠性）等因素有关；其后 A. Simpson 就此事例定性地分析了大档距绞合导线输电线的振荡特性，把这种振荡归结为出问题的档距里包含横向和其导线平面内不对称运动的综合振荡。

虽然舞动机理方面迄今为止在国际上仍未有一致的定论，但以上四种假说得到较多的认可。此外，一部分学者或提出新型舞动激励的假说，或采用一种或多种机理假说，对输电线路导线舞动进行了深入探讨，其中应用较为广泛的新理论有低阻尼系统共振和动力稳定性。

（1）低阻尼系统共振。

低阻尼系统共振舞动机理由我国学者蔡延湘提出。该机理认为，在风作用下，整个架空输电线路的组成单元都会产生不同程度的振动；特殊气象条件下，导线气动及结构阻尼降低，舞动加剧，并激发线路产生系统共振，形成舞动。该理论能够解释传统舞动机理不能解释的许多舞动现象，如薄、无覆冰舞动等，但该理论缺乏实验研究，有待实验验证。

（2）动力稳定性。

原北京电力建设研究所通过大量国内外舞动事例的分析研究认为，只有不稳定振动才能产生像舞动这样大的振幅，因此，可将舞动看作是一种动力不稳定现象，这样可用动力稳定性理论分析处理各种类型的舞动。基于动力稳定性理论，可建立垂直、扭转、水平等 3 个运动方向的动力学模型，并用 Routh—Hurwith 稳定性判定系统是否稳定。

10.2.3　导线舞动力学模型

在舞动机理不断完善的过程中，人们建立了很多的舞动动力学模型。按导线舞动分析时所考虑的自由度可划分为单自由度模型（垂直）、双自由度模型（垂直和扭转）和三自由度模型（垂直、扭转和横向）。由于理论水平的限制，单自由度模型和双自由度模型与实际情况有着较大的差异，不符合实际应用。三自由度模型因其更接近现场实测结果而愈加得到重视。当前主要应用的各自由度模型有：

1. P. Yu 仰角、扭转模型

假定导线截面的质心与弹性轴重合，将覆冰舞动的导线视为 2 自由度系统。利用分叉理论推导得到的近似解表明同时存在周期解和非振动的准周期运动，并首次讨论了分叉的临界条件。

2. G. S. Byun 两自由度模型

建立了包括扭转和垂直运动的导线舞动数学模型，通过描述函数法求解，给出了变风速下最大舞动振幅和频率的估计。发现所预测舞动极限环的稳定性取决于极限环参数的摄动。经过分析证明导线的扭转运动限制了最大舞动振幅。

3. P. Yu 三自由度模型

用三节点等参数单元建立导线模型，其中各节点均有 3 个平动和扭转自由度，考虑了绝缘子串和长导线跨越以及导线悬挂点处的等效刚度。分析中采用了摄动法，计算结果表明，为保守估计舞动幅度，不能只考虑单跨线路，必须同时考虑多跨效应。

4. Y. M. Desai 三自由度模型

模型预测单根覆冰输电导线的不同舞动行为，同时考虑了横截面的偏心和相邻跨距的纵向静刚度。对引起舞动的参数，应用摄动技术推导了弱非线性假设下的控制分叉方程。研究了非共振和内共振的实例，对得到的方程采用有限元方法求解。提出可通过定义气动弹性方面的一个"小"参数来评估解的可靠性，并建议应该至少使用三自由度模型。

5. T. I. Haaker 单（扭转）自由度模型

模型研究了两个机械耦合往复运动振荡器（振子）在稳态横向风作用下的非线性扭转舞动，发现了扭转刚度和 2 个振子固有频率相关联的非共振或 1：1 内共振系统。分析了均匀风场下单个扭转自由度的机械振子的非线性动力学行为。用准稳态法建立气动力，将弱风下气动力假设为机械系统的摄动（弱力法）。将系统描述为包含饱受本质哈密顿（Hamiltoni-an）主阶次空气动力项的弱摄动系统。

6. Pieer McComber 薄覆冰单导线舞动模型

模型在准静态分析中考虑了升力作用下扭转振动的影响，认为可解释薄覆冰索的初始舞动扭转振动的重要性；Q. Zhang 等根据风雷导线等效单导线的思想采用了 3 自由度杂交模型，考虑了导线的垂直、水平方向（横向）和扭转方向的运动，非线性气动力，不均匀冰形，分布和离散防舞器以及沿跨度方向风的变化。将分裂导线等价于单导线，利用单导线原有成果研究舞动的初始条件、周期和准周期状态及其稳定条件。

10.2.4 防舞措施

2010 年山东电网"1·20"和"2·28"事件中，线路舞动造成山东电网 500kV 输电线路受损严重，山东电网当年治理线路 1206 档 499.11km，安装防舞相间间隔棒 3261 套、线夹回转式间隔棒 3186 套、双摆防舞器 2280 套。2011 年 2 月 27 日，受大范围雨雪寒潮天气影响，山东东部电网局部线路再次发生覆冰舞动现象，但已安装的各类线路防舞装置使山东 500kV 主网架未发生大面积舞动事故，但 500kV 霞昆Ⅰ线、东崂Ⅰ线由于未加装防舞装置出现覆冰舞动，导致线路多次跳闸，东崂Ⅰ线还出现绝缘子断裂现象。上述事实表明采取双摆防舞器、相间间隔棒等防舞措施对于线路防舞已起到了重要作用。国内外提出的防舞措施有很多，但各种措施并不是万能的。根据国内外对舞动事故所采取的措施不同进行了大致分类。

（1）选择路径，避开容易发生导线舞动的气象区。舞动主要发生在导线覆冰雪且受到与线路方向接近成 90°的稳定风作用的场合。覆冰雪是引起导线舞动的一个基本因素，因此在路径选择时，应当尽量避开覆冰雪地区。此外根据已有的覆冰雪事故调查，顺山脊走线及跨山谷、跨江、平坦地区的大档距跨越导线等均容易发生舞动，所以在路径选择或设计时应特别注意这些问题。但是有时线路路径无法避开容易发生舞动的地带，需要在设计时考虑其他的防舞措施。

（2）防止导线覆冰。第一种方法是加大导线通过的电流，以防止或融化导线覆冰，例如将负荷电流集中在覆冰线路（可参考本书第 9 章），或者设置专用的融冰电源，但其易受运行条件限制有些场合并不适用；第二种方法是采用特殊结构的导线，例如将钢芯与铝层绝缘。在一般情况下，钢芯与铝股都通过电流，在导线覆冰时，只让钢芯通电流增加电流发热量，此方案导线结构复杂且影响绝缘层的寿命。或者在导线上使用低居里点合金制作融雪套筒，当达到覆冰雪温度时，这种套筒具有高磁导率增加磁滞损失，但此方案将增加导线的风载和自重。

（3）限制导线舞动范围，改变导线在塔头上的布置设计。如导线采用水平排列、加大相间距离、改变个相排列等加大塔头尺寸的方法，这种方法的出发点是即使发生了舞动的情况也不引起相间或导、地线间的闪络事故。但是增大塔头尺寸必然要提高线路的造价，而且这种方法并不能防止舞动的发生，不是一种积极的防止舞动方法。

（4）采用机械方法防止舞动。可采用相间间隔棒、自阻尼导线、阻尼器、失谐装置、扰流线等机械方法防止导线舞动，如图 10 - 6 中的双摆防舞器和相间间隔棒等。但由于导线舞动受多种随机因素的影响，各种防舞技术与手段都有其一定的局限性，应当根据当地的地理环境（主要是风速、风向、覆冰）以及输电线路设计情况（导线直径、电压等级、导线分裂数与线路结构）等因素，选择合适的防舞措施，不同防舞装置特点见表 10 - 1。

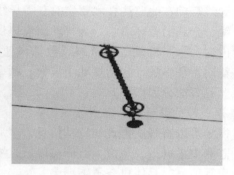

图 10 - 6　双摆防舞器与相间间隔棒

表 10 - 1　　　　　　　　　　　　　防 舞 装 置 及 其 特 点

防舞器	造价	主　要　特　点
双摆防舞器	较低	适用于分裂导线，安装方便，防舞效果较好
相间间隔棒	较高	存在老化、放电、弯曲等问题，可用于 220kV 以下电压等级的输电线路，防舞效果较好
偏心重锤	较低	适用于分裂导线，应注意对微风振动的影响，防舞效果较好
阻尼器、减震器	较高	对低频舞动较有效
失谐摆	较低	在单导线上应用有效，在分裂导线上的应用有待研究
扰流防舞器（防舞鞭）	较高	主要应用于覆冰较薄的地区，单导线上的应用多于分裂导线
压重防舞器（集中防振锤）	较高	应注意对导线弧垂、微风振动等的影响
动力减震器	高	国外应用较多
夹头可转动式间隔棒	高	应用不多，可作为应急措施

10.3　导线舞动在线监测方法

输电导线舞动在风洞试验中的研究、输电导线舞动在试验线路上的研究均是针对输电导线舞动的理论研究，主要是通过风洞试验、试验线路上的基础研究，完善导线舞动机理和舞动模型等有关理论，同时也可以进行防舞装置效果、空气动力参数等的测试。例如原华中理工大学曾在风洞中做过新月形覆冰导线的空气动力测试，为输电导线在覆冰条件下发生舞动的有关空气动力系数、空气动力载荷的确定提供了第一手的资料，但其无法在实际输电线路上应用；输电导线舞动的计算机仿真技术可以根据实验数据或者现场监测的相关参量，结合计算机强大的数据处理能力进行导线舞动的计算机仿真，实现输电导线舞动的低成本、高效率研究，但该方法也仅限于导线舞动的理论研究而无法在工程实践中应用；采用摄像技术实现输电导线舞动的监测技术在实践中得到了一些应用。在输电线路舞动及防治工作研究中，除了在实践中不断完善舞动防治方法，同时需加强输电线路舞动观测和实时监测，对各地区发生的舞动及时跟踪，加强对舞动观测的影像记录和舞动在线监测数据的收集，为舞动的机理研究和防治措施积累资料。

输电导线舞动在线监测技术要实时获得导线舞动幅值、频率、波数等信息，并分析其对杆塔、导线、金具的破坏影响，为舞动研究提供科学依据和基本数据。导线舞动在线监测包含两部分内容：一是舞动气象资料，包括风速、风向、覆冰形状、覆冰厚度、气温、湿度等；二是舞动特征参数，包括舞动半波数、频率、幅值等。目前有应用前景的输电线路导线舞动在线监测方法分为以下几类：

1. 基于视频的导线舞动在线监测

通过视频可以直观获得现场舞动信息，事后可真实再现舞动现场供相关人员分析研究，其在舞动监测中占据重要地位。目前可以通过视频差异化算法从视频流中自动获得导线舞动幅值、频率等信息。具体可参考本书第 8 章。

2. 基于振动传感器的导线舞动在线监测

基于振动传感器的输电线路舞动在线监测系统，主要实现对舞动频率的监测，以及根据建立的导线舞动的三自由度模型仿真计算其舞动幅值等舞动信息。整个系统主要由省公司监测中心主机、地市局监测中心主机、线路监测分机、专家软件组成，监测分机定时/实时完成环境温度、湿度、风速、风向、雨量以及该杆塔绝缘子振动频率、倾斜角、风偏角、覆冰导线的重力变化、导线舞动频率等信息的采集，将其打包为 GSM SMS，通过 GSM 通信模块发送至监测中心，由监测中心软件判断该线路导线的舞动情况。

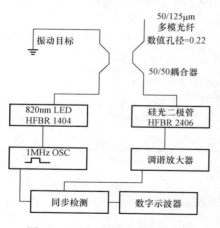

整个设计与前期输电线路融冰过程监测系统相似（可参考本书第 9.7.2 节），只是增加了一个振动传感器实现对导线振动频率的监测。系统选用了一种光纤振动传感器，其传感器原理见图 10-7。使用 HP 公司生产的 HFBR-1404 820nm LED 作为光源，光信号由 1MHz 方波调制后传送到光纤中。被调制的光信号通过 50/50 多模定向耦合器照射到一个振动的目标，其反射光信号通过光纤耦合由 HFBR-2406 PIN（硅光二极管）接收。振动目标的变化将引起反射光强的变化，即导致光调制信号幅度的变化。同步检波器电路见图 10-8。被调信号（载频 1MHz）的幅度由运算放大器 LM733 放大，并用

图 10-7 光纤传感器原理框图

CD4016 四象限对称开关作为平衡混频器实现同步检波，其同步检波的参考信号就是调制 LED 光信号的调制信号。对于调制频率低于 1MHz 及光电路径在几米范围内，同步检波中的相位漂移可以忽略不计，不必进行相位补偿。通过低通滤波器（剪切频率 20kHz）对同步

检波的输出进行滤波。其输出噪声控制在 1.8mV 峰—峰值。PIN 光电二极管的信噪比通过同步检波线路改善了 10 倍，即从 3∶1 改善为 30∶1。影响光强的主要物理参数有：被测面的反射率、测头到目标的距离、光射角及纤数。

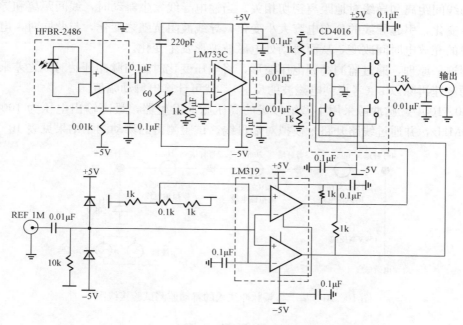

图 10 - 8　同步检波器图

　　前期，基于振动传感器的输电导线舞动在线监测系统，在山西省忻州供电公司等现场进行了测试与试运行，获得了较为理想的结果，其部分运行数据如图 10 - 9 所示。

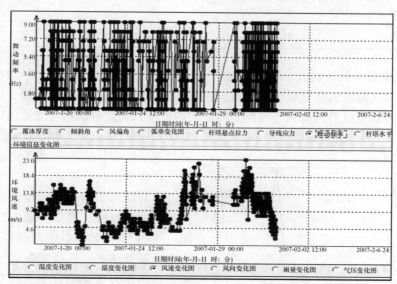

图 10 - 9　导线舞动频率和环境风速随时间变化图（源于国网山西忻州供电公司）

3. 基于高频脉冲注入的舞动在线监测

输电线路相与相之间和相与地之间存在着分布电容，尤其在电压等级高、线路较长的超高压、特高压线路上分布电容较大。分布电容的大小不仅与电压等级和线路长度有关，而且与导线的线间距离和导线对地距离密切相关。当输电导线发生舞动时，线间距离和导线对地距离发生变化，引起导线的分布电容大小变化，导线波阻抗随之变化，与此同时，电磁波在线路传输的充放电时间改变，从而舞动处电磁波波形发生变化。

根据这一原理，通过监测高频电压波形，将电压变化时刻与脉冲开始时刻之差乘以输电线路上的波速再除以 2（考虑到电磁波的反射），就可计算出舞动幅值。

图 10 - 10 中，脉冲源采用小型纳秒级的高压脉冲发生器，最高输出电压为 1000V，带宽为 200MHz，并通过线路开路来模拟对端母线。试验测得的舞动测距结果见表 10 - 2。

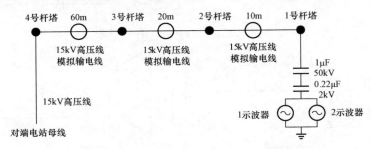

图 10 - 10　基于高频脉冲注入的舞动监测试验接线图

表 10 - 2　　　　　　　　　　　　舞 动 测 距 结 果

舞动位置	舞动幅度最大处时间（ns）	舞动距离计算（m）	舞动幅度最大处（m）
1～2 杆塔	90～110	13.5～16.5	15
2～3 杆塔	190～210	28.5～31.5	30
3～4 杆塔	440～460	66～69	70

4. 基于线路张力的导线舞动在线监测

导线舞动时线路张力变化很大，其最大张力值远大于线路静态时张力值，且根据建立的导线舞动力学方程可以得到舞动与线路张力之间的关系，因此可以通过监测线路张力的方法实现对导线舞动的监测，其中线路张力可以通过基于应变片的力传感器测量，也可以通过光纤传感器进行测量。

针对湖北中山口大跨越输电线路舞动事故进行力学分析。建立该输电线路简化结构图（见图 10 - 11），其中跨越档（AB 间）的输电线路舞动主要参数见表 10 - 3。结果表明基于线路张力变化结合相关可靠系数能够分析线路舞动的相关情况。

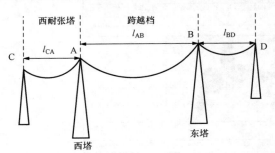

图 10 - 11　中山口大跨越输电线路简化结构图

表 10 - 3　　　　　　　　　**中山大跨越导线舞动主要参数**

跨越档长度 l_{AB} (m)	东西塔高度差 h_{AB} (m)	导线截面积 A_L (mm²)	导线单位长度质量 kg (m)	线路综合拉断力 F_B (N)	综合弹性模量 E (MPa)	导线最低点运行应力 σ_0 (MPa)	舞动幅值 A_0 (m)	舞动频率 f (Hz)	舞动的半波数 n
1055	19.5	633.6	2.755	3.6×10^3	100 940	101.45	5	0.267	1~3

5. 基于加速度和陀螺仪的导线舞动在线监测

导线舞动监测传感器多采用三自由度加速度传感器实现对导线加速度、速度和位移的监测，但在实际应用中发现，由于安装方式导致加速度传感器会随着导线扭转而扭转，其空间坐标随之变化，造成测得的加速度值不在同一个参考系下，不考虑其坐标变化，积分得到的速度和位移与实际情况偏差很大。为此，作者提出采用加速度和陀螺仪进行导线舞动传感器的设计，利用陀螺仪输出的角速度建立起舞动坐标系，并根据加速度计输出的比力解算出导线的速度和位置。在实际设计中，采用了加速度和陀螺仪组合芯片即惯性组合传感器完成加速度和空间坐标系的转换。

假设输电线路某一档距 AB 见图 10 - 12，重点考虑输电导线在水平、垂直以及扭转三个方向上的位移和加速度，可在 AB 段选取 7 个点，分别安装基于加速度和陀螺仪的导线舞动传感器，实现单点舞动轨迹的还原，从而模拟整档导线的舞动情况。

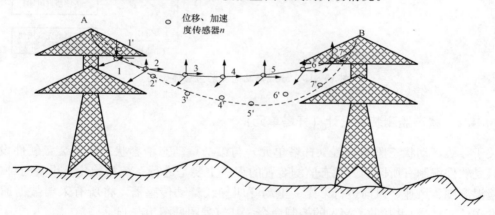

图 10 - 12　导线舞动监测传感器在输电线路 AB 档的安装示意图

10.4　基于惯性组合传感器的导线舞动在线监测装置设计

10.4.1　总体架构

基于惯性组合传感器的导线舞动在线监测装置可以准确实现导线舞动幅值、频率等信息采集，其总体架构见图 10 - 13。其中导线舞动监测装置及各类气象传感器均安装在杆塔上，导线舞动传感器安装在运行导线上，其数量根据实际导线长度确定。导线舞动监测装置定时/实时完成环境温度、湿度、风速等信息采集后，通过 ZigBee 网络主动呼叫导线舞动传感器，各个导线舞动传感器同步完成导线舞动加速度（最多安装 7 点）信息采集，通过 ZigBee

网络将加速度数据发送给导线舞动监测装置，装置完成加速度的一次和二次积分得到速度和位移信息，由装置将加速度、速度、位移和环境参数打包通过 GPRS/CDMA/3G/WiFi/光纤等方式传输到 CMA，通过 CMA 将信息发送至监控中心（CAG），监控中心专家软件通过线路拟合分析，得到导线舞动轨迹，计算得到导线舞动幅值、频率和波数等信息，为线路舞动信息分析和优化防舞措施提供基础数据。

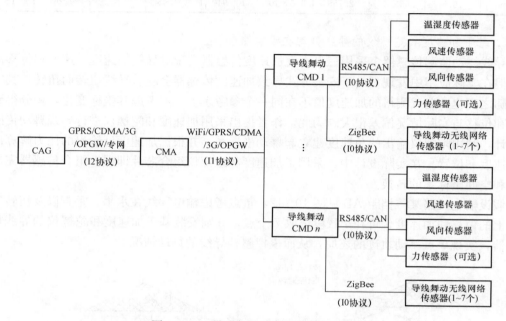

图 10-13　导线舞动监测装置总体架构

10.4.2　状态监测装置设计（杆塔单元）

关于导线舞动状态监测装置（杆塔单元）与第 7 章动态增容状态监测装置硬件设计类似，只是软件编制有所区别。状态监测装置的程序主要是进行系统初始化、设置时钟芯片、对环境温湿度、风速、风向进行采样、主动呼叫导线舞动传感器，将所有采集数据通过 I1协议发送给 CMA，并接收 CMA 的控制命令，其流程图见图 10-14。

10.4.3　导线舞动传感器设计

1. 硬件设计

基于惯性组合传感器 ADIS16365 的导线舞动监测装置，主要由微处理器 DSP、六轴数字传感器、ZigBee 模块和电源模块等部分组成，原理框图见图 10-15。DSP 芯片 TMS320F28335 实现舞动节点水平、垂直、扭转三个方向特征信息的实时采集与处理，与导线舞动传感器之间采用无线短距离 ZigBee 通信。电源模块采用导线取能供电方式。

2. 软件设计

舞动传感器软件设计主要实现加速度数据的采集、处理与发送。在程序设计过程中，由于涉及多传感器同步拟合问题，其同步采样精度十分关键。导线舞动传感器上电后即向导线舞动监测装置发送校时请求指令，校时命令包含实时时间、采集时间间隔、采样点数和采样

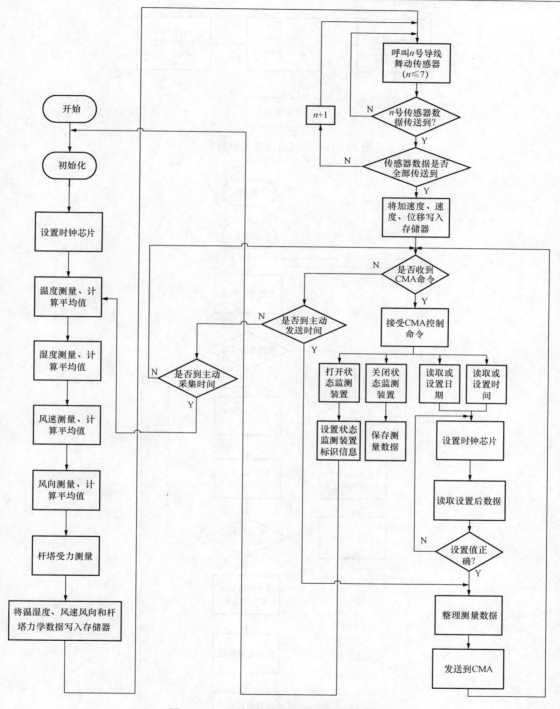

图 10-14　导线舞动监测装置软件流程图

频率等，校时成功后关闭传感器和通信模块，进入低功耗。各个导线舞动传感器按照设定采样间隔进行同步采样，为避免多个传感器同时发送而造成的数据冲突，采用监测装置根据传感器 ID 号分时发送的方式，等处理结束后再次进入低功耗模式，程序流程见图 10-16。

图 10-15 导线监测单元原理框图

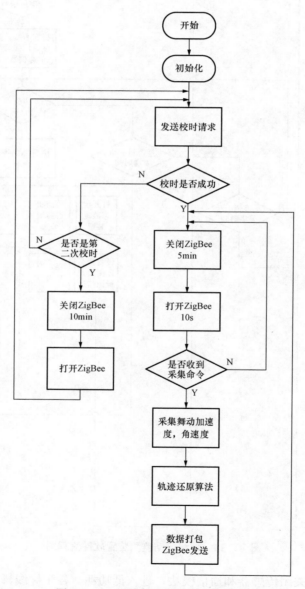

图 10-16 导线舞动传感器软件流程

3. 舞动轨迹还原算法

舞动轨迹还原算法设计流程图见图 10-17，首先对采集到的加速度值采用均值法、最小二乘法和数字滤波技术进行数据预处理，得到载体坐标下的加速度值；其次对采集到的角速率值进行数据预处理，消除趋势项和直流分量，采用四元素法得出载体坐标系和地理坐标系的实时姿态矩阵，经卡尔曼滤波处理，将载体坐标系下的加速度值转换为地理坐标系下的值，然后选用时域积分、频域积分或频谱转换中较理想的一种方法，将加速度值转换为位移；最后对同一时刻各监测点数据提取、分析、拟合，并利用舞动数学模型、微气象条件进行修正，得出某时刻整条输电线路的舞动轨迹。上述算法的核心和难点在于陀螺仪姿态矩阵求取和加速度位移量的转换。

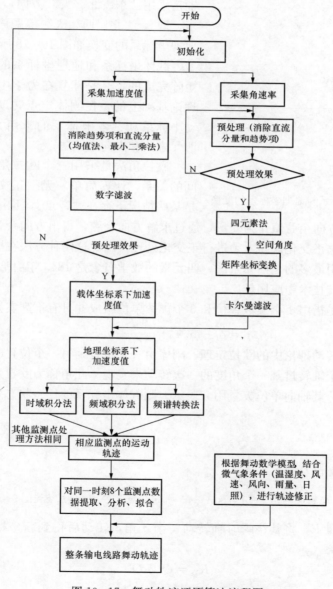

图 10-17　舞动轨迹还原算法流程图

309

（1）矩阵坐标变换。

矩阵坐标变换的目的是将物体不同运动状态下的加速度数据转换到统一参考坐标系下，其关键算法在于姿态矩阵的实时计算。可选用载体坐标系表示物体测量值的参考系，地理坐标系表示转换后的统一参考系，采用四元素法求解姿态矩阵。

载体坐标系是固联在运动物体上的坐标系，通常取运动物体的中心作为原点，ox_n、oy_n 轴向分别与物体的纵轴、横轴重合，oz_n 轴垂直于 ox_ny_n 平面向下并与 ox_n、oy_n 构成右手法则。

地理坐标系也叫低水平坐标系，是用的一组坐标系，其原点位于地球表面运动物体所在地球表面的位置，ox_m 指向东方向，oy_m 指向北方向，oz_m 垂直向上构成右手法则，上述各轴是采用"东、北、天"方向，此外，还有"北、东、地"，"北、西、天"等顺序。载体坐标系与地理坐标系的变换如图 10 - 18 所示。

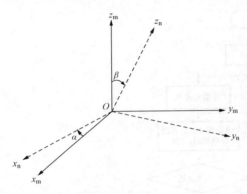

图 10 - 18　载体坐标系与地理坐标系的变换

载体坐标系和地理坐标系的变换是通过姿态矩阵完成的，其是建立在力学中的刚体定点转动理论基础上的，在刚体定点转动理论中，描述运动坐标系和参考坐标系的常用方法有欧拉角法、四元素法和方向余弦法。

欧拉角法是采用三个欧拉角表示两个状态之间的关系，计算简单，无须正交化处理，其缺点是某些情况下存在"奇点"，且漂移误差较大；方向余弦法是用 9 个方向余弦值作为变量，通过求解方向余弦，得出方向余弦矩阵，其缺点是计算量大并且存在非正交化误差，须进行正交化处理，因此这两种方法在捷联姿态算法中较少使用。目前，使用最多的是四元素法，四元素的数学概念是 1843 年由哈密顿首先提出来，其在捷联式惯性导航技术中应用较广。

所谓四元素，是指由 1 个实数单位和 3 个虚数单位组成并具有下列实元得数，即

$$q = q_1 + q_2 \vec{i} + q_3 \vec{j} + q_4 \vec{k} \tag{10-3}$$

根据刚体定点转动理论中的欧拉定理，刚体由一个位置到另一个位置的有限转动，可以通过绕定点的某一个轴转过某一个角度的一次转动来实现。此角称为欧拉角，用 ∂ 表示，被旋转轴称为欧拉轴，其轴向单位矢量用 n 表示。则载体坐标系的任一状态可由参数 ∂ 和 n 表示，构造函数 Q

$$Q = \cos\frac{1}{2}\partial + n\sin\frac{1}{2}\partial \tag{10-4}$$

分解为三个轴向的分量

$$Q = \cos\frac{1}{2}\partial + n_x \vec{i} \sin\frac{1}{2}\partial + n_y \vec{j} \sin\frac{1}{2}\partial + n_z \vec{k} \sin\frac{1}{2}\partial \tag{10-5}$$

设参考系下矢量 R，将其绕瞬时轴转动一个 a 角，转动后得到新坐标系下的矢量记为 R_1，则存在如下关系

$$R_1 = Q^{-1}RQ \tag{10-6}$$

设参考系下三个单位矢量分别为 $\vec{i}$、$\vec{j}$、$\vec{k}$，则 R 和 R_1 可描述为

rate

$$R = x\vec{i} + y\vec{j} + z\vec{k} \tag{10-7}$$

$$R_1 = x_1\vec{i} + y_1\vec{j} + z_1\vec{k} \tag{10-8}$$

将式（10-7），式（10-8）代入式（10-6）中得

$$x_1\vec{i} + y_1\vec{j} + z_1\vec{k} = (q_1 - q_2\vec{i} - q_3\vec{j} - q_4\vec{k})$$
$$(x\vec{i} + y\vec{j} + z\vec{k})(q_1 + q_2\vec{i} + q_3\vec{j} + q_4\vec{k}) \tag{10-9}$$

将其展开，写成矩阵形式

$$\begin{bmatrix} x_1 \\ y_1 \\ z_1 \end{bmatrix} = \begin{bmatrix} q_1^2 + q_2^2 - q_3^2 - q_4^2 & 2(q_2q_3 + q_1q_4) & 2(q_2q_4 - q_1q_3) \\ 2(q_2q_3 - q_1q_4) & q_1^2 + q_3^2 - q_2^2 - q_4^2 & 2(q_3q_4 + q_1q_2) \\ 2(q_2q_4 + q_1q_3) & 2(q_3q_4 - q_1q_2) & q_1^2 + q_4^2 - q_2^2 - q_3^2 \end{bmatrix} \begin{bmatrix} x \\ y \\ z \end{bmatrix} \tag{10-10}$$

等式右边第一个矩阵即为姿态矩阵，可以看出只要求出四元素 q_1、q_2、q_3、q_4，即可得出姿态矩阵，进而实现载体坐标系数据向地理坐标系的转换。

陀螺仪输出为角速率数据，为了表示四元素和角速率 w 的关系，建立四元素微分方程如下

$$Q' = \frac{1}{2}Q \cdot w \tag{10-11}$$

其中：Q 为四元素，Q' 为 Q 的微分，w 为陀螺仪输出的角速率。

将四元素和角速率分量代入上式，将其表示为矩阵形式：

$$\begin{bmatrix} q'_1 \\ q'_2 \\ q'_3 \\ q'_4 \end{bmatrix} = \frac{1}{2} \begin{bmatrix} 0 & -w_x & -w_y & -w_z \\ w_x & 0 & w_z & -w_y \\ w_y & -w_z & 0 & w_x \\ w_z & w_y & -w_x & 0 \end{bmatrix} \begin{bmatrix} q_1 \\ q_2 \\ q_3 \\ q_4 \end{bmatrix} \tag{10-12}$$

为便于观察，展开可得一阶线性微分方程组：

$$\begin{cases} q'_1 = (-q_2w_x - q_3w_y - q_4w_z)/2 \\ q'_2 = (q_1w_x - q_4w_y + q_3w_z)/2 \\ q'_3 = (q_4w_x + q_1w_y - q_2w_z)/2 \\ q'_4 = (-q_3w_x + q_2w_y + q_1w_z)/2 \end{cases} \tag{10-13}$$

求解微分方程解析解的方法很多，比如欧拉方法、二阶龙格库塔法、四阶龙格库塔法等，经比较分析，可采用误差较小的四阶龙格库塔法。

结合数值分析四阶龙格—库塔经典公式，给出简化的公式：

$$\begin{cases} Q_{n+1} = Q_n + \dfrac{h}{6}(k_1 + 2k_2 + 2k_3 + k_4) \\ k_1 = \dfrac{1}{2}w \cdot Q_n \\ k_2 = \dfrac{1}{2}w \cdot \left(Q_n + \dfrac{h}{2} \cdot k_1\right) \\ k_3 = \dfrac{1}{2}w \cdot \left(Q_n + \dfrac{h}{2} \cdot k_2\right) \\ k_4 = \dfrac{1}{2}w \cdot (Q_n + h \cdot k_3) \end{cases} \tag{10-14}$$

上式中 w 表示式（10-12）中的 4×4 矩阵，Q_n 表示四元素 4×1 矩阵，k_1、k_2、k_3、k_4 分别为 4×1 矩阵。

此外，由于计算方法上的截断误差和计算机舍入误差的存在，使得计算的变换四元数 Q 的范数不能满足 2-范数为 1，因此必须进行规范化处理。

该方程组和经典常微分方程组的区别在于其系数即角速率数据是随时间 t 变化的，存在如下的对应关系：

任一时刻 t→一组角速率数据 w_x、w_y、w_z→一组微分方程→求解得到四元素 $q_1q_2q_3q_4$→一个姿态矩阵；

按照式（10-14）分别求出各时刻对应的四元素，再按照公式（10-10）求出对应姿态矩阵，这样就可以实现载体系下数据向参考系的转换，在实际应用中，可以根据数据分布特点，考虑每隔几个点，实现一次坐标变换，便于简化计算。

（2）加速度位移变换。

根据物理学中常规积分算法，加速度可以转换成位移量，但由于在数据采集过程中，传感器的温漂，外界环境影响以及积分过程中舞动低频信号的放大，积分误差的累积造成加速度很难精确转换成位移，因此对加速度信号必须进行数据预处理，选择合适的积分运算方法。数据预处理采用的方法有均值法消除直流分量、最小二乘法消除趋势项、数字滤波处理等。

10.4.4　专家软件设计

（1）整档导线的舞动轨迹。

输电导线舞动由于受各种参量的影响，其舞动特征各不相同，不同舞动半波数的舞动就有很大的差异，常见的舞动半波数主要有 1 个、2 个、3 个、4 个等 4 种，5 个及以上半波数的舞动尽管也会出现，但由于一般舞幅较小，不致引起线路故障，故可不予考虑。不同半波数的导线舞动形态图可参考图 10-19。可选取输电线路某一档距内的输电导线为监测对象，根据输电导线的长度，在上面安装不同数量的导线舞动传感器，根据某一时刻的位移值以及相应的加速度值、该地区的微气象信息等特点，并结合可能的半波数，估算未来某一时刻的导线舞动轨迹。

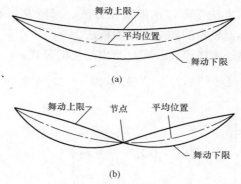

图 10-19　不同半波数下的典型舞动图（一）

（a）1 个半波舞动；（b）2 个半波舞动

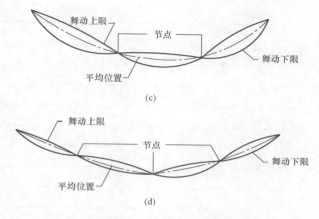

图 10 - 19　不同半波数下的典型舞动图（二）

(c) 3 个半波舞动；(d) 4 个半波舞动

（2）针对导线舞动的特殊性，监控中心（CAG）需要构建舞动模型与导线舞动信息数据库，舞动模型根据状态监测装置发送的各个传感器数据，模拟整个档距间的导线舞动，见图 10 - 20。根据导线舞动在线监测的内容以及三自由度数学模型的参数，导线舞动监测的数据库应当包括如下信息，见表 10 - 4。

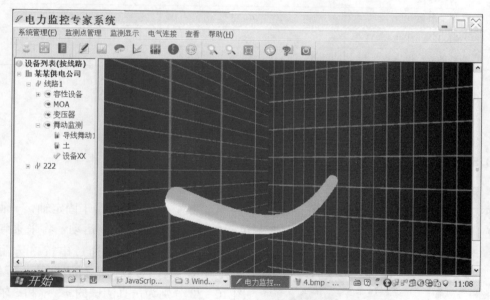

图 10 - 20　导线舞动轨迹

表 10 - 4　　　　　　　　　　　　导 线 舞 动 信 息

参 数 名 称	符 号	单 位
档距	L	m
弧长	S	m

参 数 名 称	符 号	单 位
塔高	H	m
导线的实际长度	S	m
杆塔高度差	H_{12}	m
导线单重	q_0	kg/m
平均运行张力	T	kN
初始张力	H_0	N
垂直、水平方向阻尼比	ζ_x，ζ_y	
覆冰导线密度	ρ_{ice}	kg/m
初始攻角	θ_0	℃
垂直、水平方向力载荷	K_x，K_y	N/m
风速	u	m/s
单位长度覆冰质量	$m^e=0.5\pi\rho_e\delta r^e$，$r^e=0.5\delta+0.25\pi r^c$	kg
冰的密度	$\rho_冰$	kg/m³
空气的密度	$\rho_空气$	kg/m³
覆冰厚度	σ	mm
振动阶数	n	3
导线单位长度的质量	ρ	kg/m
导线的截面积	A	m²

10.5 现场应用分析

10.5.1 舞动测试平台

1. 导线舞动传感器测试

将三轴加速度计和陀螺仪安装在图 10-21 的测试装置上，x 轴平行于固定轴，y 轴水平且垂直于固定轴，z 轴指向垂直于地面，监测单元主要做往复的"摆"运动，将采集到的三轴加速度和角速率数据通过串行口传输至计算机调试工具，对数据进行仿真及分析处理。图 10-22 分别为仿真测试的 x、y 和 z 轴的加速度和位移曲线。

由上图可以看出，监测单元沿 Y 轴运动位移最大，X 轴运动位移最小，符合实际运动的规律。

2. 整档导线舞动模拟测试

根据本系统的设计思想，对各监测点在同一时刻和不同时刻的数据进行了处理、拟

图 10-21 舞动测试装置

合，从而得到了某一监测点以及某一输电线路的变化仿真图。实验平台见图 10-23。具体仿真见图 10-24～图 10-29。

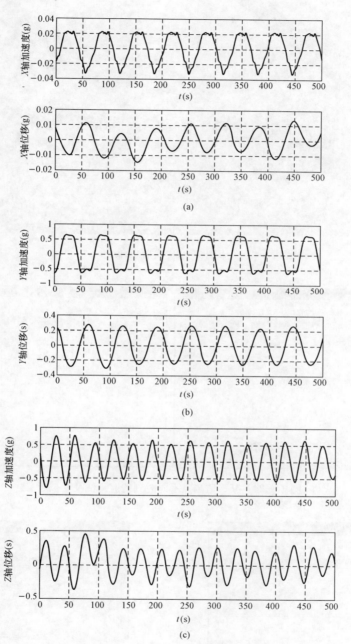

图 10-22　传感器的加速度和位移曲线

（a）X 轴加速度值和位移值；（b）Y 轴加速度值和位移值；

（c）Z 轴加速度值和位移值

图 10-23　实验平台

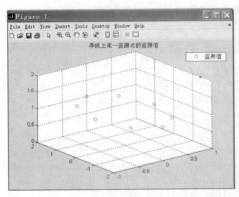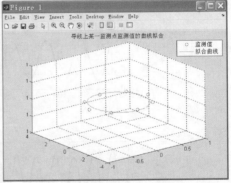

图 10-24　某一监测点不同时刻的监测值及其拟合

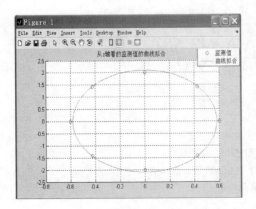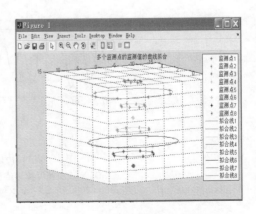

图 10-25　从 z 轴观察的某一监测点
不同时刻的监测值及拟合

图 10-26　输电线路多个监测点
不同时刻的监测值及拟合

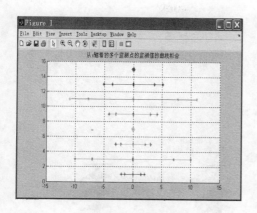

图 10-27　从 x 轴观察的输电线路多个监测点
不同时刻的监测值及拟合

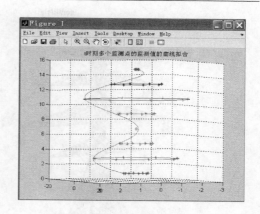

图 10-28　输电线路不同监测点
在同一时刻监测值的拟合

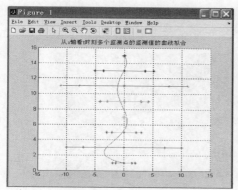
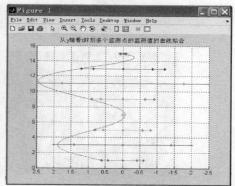

图 10-29　从 x 轴、y 轴观察的输电线路不同监测点在同一时刻监测值的拟合

10.5.2　现场运行实例

【实例一】

2013 年 3 月，作者研发的基于惯性测量组合的舞动在线监测装置（国家 973 子课题研究内容）在贵州电网山麻Ⅰ回 220kV 线路安装试运行。舞动传感器安装示意图见图 10-30，装置安装现场见图 10-31。

【实例二】

中国电力科学研究院研发的舞动在线监测装置安装在晋阳—荆门 1000kV 输电线路 608 号杆塔，该杆塔在 2008 年 12 月 8 日～2009 年 10 月 20 日期间导线舞动振幅平均为 0.6m，小于规定提示值 1m，其模拟二维舞动曲线见图 10-32。

【实例三】

2010 年至 2011 年，山东电力集团公司超高压公司逐步建立一套输电线路舞动在线监测系统，并在所辖线路安装 5 处输电线路舞动在线监测点（见表 10-5）。舞动的历史数据见表 10-6、表 10-7。

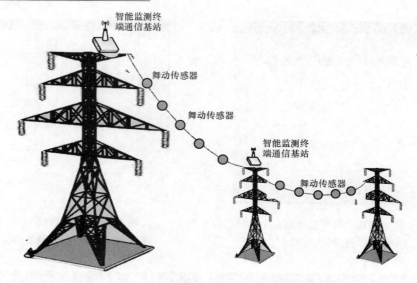

图 10-30 导线舞动安装示意图

图 10-31 贵州省山麻Ⅰ回 220kV 舞动监测装置安装图
(a) 杆塔监测分机；(b) 导线监测单元

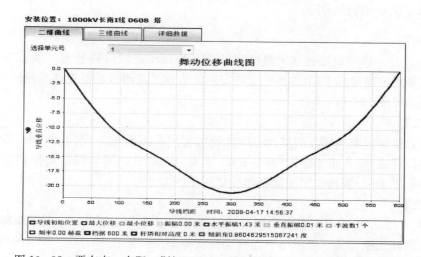

图 10-32 晋东南—南阳—荆门 1000kV 输电线路 608 号杆塔舞动位移曲线

表 10 - 5 　　　　　　　　　　输电线路舞动在线监测点

序号	物料名称	主要设备	数量	布置地点
1	舞动在线监测Ⅰ	(1) 输电线路微气象在线监测设备 (2) 输电线路舞动在线监测设备 (3) 输电线路视频在线监测设备	2套	辛聊Ⅰ线 145 号-146 号
				光寿Ⅰ线 252 号-253 号
2	舞动在线监测Ⅱ	(1) 输电线路微气象在线监测设备 (2) 输电线路舞动在线监测设备	3套	滨油Ⅱ线 135 号-136 号
				寿油Ⅰ线油 148 号-149 号
				益潍Ⅰ线 44 号-45 号

表 10 - 6 　　　　　　　尖山第 3 号塔，328 基站下的监测数据

采集时间	单元编号	舞动振幅（m）	垂直振幅（m）	水平振幅（m）	倾斜角（°）	频率（Hz）
2011-07-01　01：36：39	1	0.95	0.95	0.27	0.00	0.30
2011-07-01　01：36：39	2	1.20	1.20	0.17	0.00	0.30
2011-07-01　01：36：39	3	1.02	0.81	0.62	0.00	0.30
2011-07-01　01：36：39	4	0.39	0.22	0.35	0.00	0.29
2011-07-01　01：36：39	5	0.48	0.47	0.34	0.00	0.34
2011-07-01　01：36：39	6	1.05	1.04	0.39	0.00	0.30
2011-07-01　01：36：39	7	1.29	1.29	0.38	0.00	0.33
2011-07-01　01：36：39	8	0.82	0.82	0.28	0.00	0.30
2011-07-01　01：36：33	1	1.09	1.07	0.23	0.00	0.31
2011-07-01　01：36：33	2	1.32	1.32	0.20	0.00	0.31
2011-07-01　01：36：33	3	1.08	0.91	0.65	0.00	0.31
2011-07-01　01：36：33	4	0.43	0.26	0.38	0.00	0.31
2011-07-01　01：36：33	5	0.69	0.55	0.61	0.00	0.31
2011-07-01　01：36：33	6	1.28	1.23	0.61	0.00	0.31
2011-07-01　01：36：33	7	1.42	1.41	0.35	0.00	0.29
2011-07-01　01：36：33	8	0.99	0.98	0.39	0.00	0.32

表 10 - 7 　　　　　　　尖山第 3 号塔，329 基站下的监测数据

采集时间	单元编号	舞动振幅（m）	垂直振幅（m）	水平振幅（m）	倾斜角（°）	频率（Hz）
2011-06-30　19：36：29	4	0.97	0.88	0.72	0.00	0.29
2011-06-30　19：36：29	5	1.05	0.75	1.02	0.00	0.34
2011-06-30　19：36：29	6	1.53	1.15	1.32	0.00	0.31
2011-06-30　19：36：29	7	1.68	1.46	1.03	0.00	0.32
2011-06-30　19：36：29	8	1.28	1.28	0.46	0.00	0.32
2011-06-30　19：36：23	1	1.35	1.34	0.33	0.00	0.32
2011-06-30　19：36：23	2	1.70	1.64	0.73	0.00	0.31
2011-06-30　19：36：23	3	1.50	1.50	0.77	0.00	0.31

续表

采集时间		单元编号	舞动振幅（m）	垂直振幅（m）	水平振幅（m）	倾斜角（°）	频率（Hz）
2011-06-30	19：36：23	4	1.01	0.66	0.71	0.00	0.32
2011-06-30	19：36：23	5	1.19	0.76	1.05	0.00	0.32
2011-06-30	19：36：23	6	1.55	1.04	1.25	0.00	0.32
2011-06-30	19：36：23	7	1.73	1.50	0.96	0.00	0.31
2011-06-30	19：36：23	8	1.26	1.26	0.30	0.00	0.32
2011-06-30	01：36：38	1	1.14	1.14	0.34	0.00	0.33
2011-06-30	01：36：38	2	1.34	1.33	0.62	0.00	0.32
2011-06-30	01：36：38	3	1.23	1.19	0.83	0.00	0.31

2011 年 7 月 1 日河南尖山真型输电线路 3 号塔-4 号塔在零时的舞动轨迹，见图 10-33。

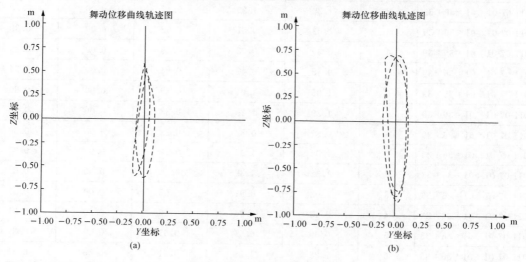

图 10-33　舞动轨迹监测图
（a）节点 2 的舞动；（b）节点 1 的舞动

输电线路微风振动在线监测

自从 20 世纪初美国一条输电线路在海峡跨越处发现导线振动断股以来，几乎所有的高压输电线路都受到微风振动的影响。微风振动幅值若超过允许值，将导致某些线路部件的疲劳损坏，如导地线的疲劳断股、金具、间隔棒及杆塔构件的疲劳损坏或磨损等。尤其是特高压、大跨越线路的导线截面、张力、悬挂点高度及档距的不断增大，导致风对导地线的振动能量大大增加，导地线振动强度远较普通档距振动强度严重，一旦发生疲劳断股，将给电网安全运行带来严重危害，有时甚至需要对全线进行更换。如 1981 年 11 月建成的 500kV 平武线大军山长江大跨越，1987 年检查发现 2 根地线已累积断裂 22 股；1988 年 9 月建成 500kV 徐—上线镇江大跨越，在 1996 年 4 月发现导线三相 3 根子导线在间隔棒夹头处分断 3 股、8 股、9 股，散股 300mm、1500mm、900mm，并有多只间隔棒夹头无螺栓、盖板；1987 年 10 月建成±500kV 葛上线吉阳长江大跨越，在 2001 年夏天巡线过程中发现地线有多处断股，防振锤和阻尼线夹头部分脱落；新疆 220kV 楼哈线架空地线发生断股近 300 余处，虽然部分地段设计上已采用了防振锤，但并没有完全防止微风振动的危害，800 余只地线防振锤因微风振动损坏失效，2007 年 10 月大面积更换了地线。

近年来，输电线路的微风振动问题更趋突出，已经严重威胁我国输电线路特别是特高压、大跨越线路的安全运行，故有必要对输电线路微风振动的影响因素进行深入分析与研究，划分出易发生微风振动区段，同时研发输电线路微风振动在线监测技术实现导线微风振动的监测，为制定有效的微风振动抑制方案提供依据。

11.1 微风振动基本概念

微风振动是指当 0.5～10m/s 的稳定风速吹向输电导线时，在输电导线的背风侧产生上下交替的卡门漩涡，引起上下交变力作用于输电导线上，使导线产生垂直振动。当导线以某频率 f_0 振动以后，气流将受到导线振动的控制，使导线背后的旋涡表现为良好的顺序性，其频率也为 f_0。当风速在一定范围变化时，导线的振动频率和旋涡频率都维持在 f_0，这种现象导致导线在垂直平面内发生谐振，形成上下有规律的波浪状往复运动，即产生了导线微风振动。

输电导线的微风振动频率一般在 3～150Hz 之间，最大双振幅一般不大于导线直径的 1～2 倍，振动持续时间一般达数小时，有时持续数日不止。因此微风振动会导致导线疲劳损伤及金具、防振装置的损坏，甚至会造成断线断电等事故，严重威胁输电导线的运行寿命。

11.2 微风振动的危害、形成机理及其防护措施

11.2.1 危害

在输电线路中，微风振动是导致线路损伤的主要原因。其高频小振幅的特点，不像线路舞动的破坏那样明显，具有一定的隐蔽性，有时很难从输电导线外表发现，而是从导线的内层开始，这给巡线工作带来一定的困难，通常是出现防振器毁坏脱落或疲劳断股后才发现，此时造成的危害已相当严重。

对微风振动的深入研究发现，当架空线突变应力的大小超过一定限度后，且经过突变应力多次交替作用，在线股损伤或有应力集中的部位将产生很细的裂纹，在裂纹的尖端有严重的应力集中，因而在突变应力的反复作用下导致裂纹的继续扩展；长时间突变应力作用后，随着裂纹的不断扩展，线股有效截面积不断减少，当截面减少到一定限度时，在一个偶然的振动或冲击下，线股就会沿削弱的截面发生突然断裂，见图 11-1（a）。当导线使用的金具刚度比较大时，松弛的支撑点尤其是绝缘子绑线部位容易发生磨损破坏，压接管、悬垂线夹以及压接耐张线夹也很容易出现疲劳破坏，见图 11-1（b）。

图 11-1 微风振动引起的线路破坏

（a）导线疲劳断股；（b）金具磨损毁坏

采用护线条、防振锤、防振鞭、阻尼线夹等为微风振动特别设计的防振金具，在防振器具经过长期运行后，其性能参数逐渐改变，特性退化，消振性能大大减弱。

11.2.2 形成机理

导线微风振动是由风吹导线产生的卡门漩涡，并伴随着同步效应而形成的一种高频微幅振动。具体形成过程如下：

1. 卡门 (Karman) 漩涡

如果将导线看成水平圆柱体，当风速约为 $0.5 \sim 10 \mathrm{m/s}$ 的稳定风速垂直吹向导线时，很多气流漩涡会出现在导线的背风侧，这种漩涡就是"卡门漩涡"。在微风振动现象中，导线受到的上下交互的作用力正是卡门漩涡的作用，见图 11 - 2。

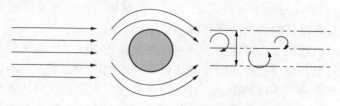

图 11 - 2　卡门旋涡形成示意图

(1) 卡门旋涡频率，按照 Strouhal 提出的流体中圆柱体旋涡频率经验公式：

$$f_s = \frac{Sv}{D} \tag{11 - 1}$$

式中，f_s 为交互作用力频率，Hz；v 为垂直于导线方向的风速，m/s；D 为导线直径，mm；S 为司脱罗哈数，取 $185 \sim 200$。

(2) 导线固有振动频率，根据弦振动方程可得近似公式：

$$f_0 = \frac{1}{\lambda} \sqrt{\frac{Tg}{m}} \text{ 或 } f_0 = \frac{n}{2L} \sqrt{\frac{Tg}{m}} \tag{11 - 2}$$

式中，f_0 为导线固有频率，Hz；λ 为振动波长，m；T 为导线张力，N；g 为重力加速度，$\mathrm{N/m^2}$；L 为挡距长度，m；m 为导线单位长度质量，kg；n 为振动半波数。

2. 同步效应

当横向的均匀风速作用在具有固定频率 f_0 的导线上时，如果风对导线产生的冲击力频率 f_s 与导线固有频率 f_0 相同，则会引起谐振使作用于导线上的冲击力变大，激发导线产生较大振幅的振动。当导线以 $f_0 = f_s$ 的频率振动后，导线背风侧漩涡频率也为 f_0。当风速在一定范围（约为 f_s 的 $\pm 20\%$）变化时，导线的振动频率和漩涡的频率仍会保持 f_0 不变，这种现象称为"同步效应"或"锁定效应"。

当风作为激励吹过导线时，导线受到上下交变的作用力，若此时作用力的频率与导线固有频率相等，则导线将产生竖直方向的振动，波形类似于正弦波，导线的这种振动状态叫做微风振动。

3. 微风振动影响因素

(1) 风速：当有稳定、均匀的风速吹向导线时容易引起振动，最容易出现振动的风速范围为 $0.5 \sim 5 \mathrm{m/s}$。当风速过大，气流和地面产生很强烈的摩擦，以致吹过导线的风的均匀性受到影响，从而使导线不能产生稳定的振动；当风速偏小，导线振动则没有足够的能量形成。

(2) 风向：最容易使导线形成稳定振动的风向是以 $45° \sim 90°$ 之间角度吹向导线，夹角越接近 $90°$，越易产生微风振动，当夹角在 $30° \sim 45°$ 之间时振动稳定性很小，时有时无而且不能持续，角度在 $20°$ 以下的通常不会出现振动现象。

(3) 导线悬挂高度：导线悬挂越高，越容易发生微风振动，悬挂点高度主要影响导线所处的风环境。如果其他环境条件一样，上限风速随悬挂点高度增加而增大，使易发生振动的频段增宽。同时悬挂点越高，气流受地面影响越小，越容易引起导线振动，导致振动几率和持续时间有所增加。CIGRE 会议曾调查了某双回路输电线，发现上导线比下导线更易发生断股事件。疲劳断股部位发生的概率中，悬挂在 20m 的上导线占 51.5%、悬挂在 18m 的中相导线占 27%、悬挂在 16m 的下导线占 21.5%。微风振动的形成及持续时间与导线悬挂点高度密切相关，在防振设计时需要考虑悬挂点高度的影响。

（4）档距长度：档距长度会导致振动风速以及激振力空间和时间上的变化，主要表现在振动振幅和持续时间上。导线受到风的策动能量随档距的增大而变大，所以档距越大，越易产生微风振动。对大跨越，不仅档距大，往往导线悬挂高度也高，导线离地面越高，气流的均匀性受地面粗糙度的影响越小，可致振动的风速范围加大，导线发生振动的几率增大，而且振动的频率和振幅也会加大。在导线防振设计中，档距大小与导线振动风速以及悬挂高度之间的关系见表 11-1。

表 11-1 　　　　　　　　　档距大小与悬挂高度和导线振动风速的关系

档距（m）	输电线悬挂高度（m）	起振风速（m/s）
700~1000	70	0.5~8
500~700	40	0.5~6
300~450	25	0.5~5
150~250	12	0.5~4

（5）地形：风的均匀性与地形地貌紧密相关，导线振动强度受线路地区环境情况影响较大。CIGRE 中通过 A~D（地形愈来愈起伏不平）四种不同地区环境，提出环境修正系数，以此体现地形对导线振动的影响。据分析，在地形开阔平坦的地区，风越均匀，微风振动越强；但悬挂点高度小于树木高度，且穿越林区的输电导线，通常不考虑微风振动现象。由于高山、树林、高层建筑物等具有屏蔽风的作用，而在大档距跨越河流、湖泊、海峡、旷野等能导致薄层风流的地形，线路易产生稳定的微风振动。

（6）导线应力：导线动应力随静态应力的增加而增大，导致静应力大的线路更容易出现振动现象。导线的平均运行应力增大时导线自阻尼吸收能量变小，根据能量平衡原理，导线振幅和动弯应力增大，导线的疲劳极限降低，耐振能力变弱，导线容易产生微风振动，而且动弯应力增大会加速导线疲劳断股甚至断线。表 11-2 给出《架空送电线路设计技术规程》（SDJ 3—79）规定防振措施与平均应力之间的关系。

表 11-2 　　　　　　　　　　输电线路防振措施与平均应力关系

条件	防振措施	平均运行应力极限值（%UTS）	
		钢芯铝绞线	钢绞线
任意档距	护线条	22	—
	防振锤或另加护线条	25	25
档距≤500 的非开阔区	不需要	18	18
档距≤500 的开阔区	不需要	16	12

（7）导线的分裂根数及间隔棒：分裂导线的振动与单导线有所不同。由于导线周围的空气环境的改变，使导线的阻尼性能和振动模式也发生了改变，这些变化导致导线振幅降低和持续时间减少。对于微风振动，由于驻波的相互干扰而使其受到抑制。通常分裂导线的振动次数及在悬垂线夹处的振动应力均比单导线小，并随分裂根数增多而减少。同时间隔棒是多分裂导线必不可少的附件，在线路中起固定导线，防止子导线相互鞭击，抑制微风振动和次档距振荡的作用。

（8）天气：导线覆冰、覆雪后，吸收风能增多，发生高强度的微风振动几率变大，而雨天经常伴随大风出现，会使导线产生不规则的低频率振动，不易产生导线的微风振动。

11.2.3　防振措施

微风振动防振措施主要从两方面着手：一是在架空线上加装防振装置，用来吸收或减弱振动的能量，以达到防振的目的，如采用防振锤、阻尼线以及新近的弹簧防振；二是加强导线耐振能力，改善导线的耐振性能，如护线条。

1. 防振锤

利用防振锤防振是最常用的防振方法。基本防振装置有 Stoekbridge 防振锤（FG 和 FD 系列）、FR 音叉型防振锤、扭矩防振锤，其中 Stoekbridge 防振锤是最为广泛的防振装置，其能产生由锤头自转的一频振动和锤头绕固定点转动的二频振动，其谐振频率在 10、15、25、45Hz 附近。

防振锤一般是根据导线的牌号来选择。第一个防振锤应安装在线夹出口的第一个半波长内，其安装的原则是：在最大波长和最小波长情况下，防振锤的安装位置都处在第一个半波范围内，并对这两种波长的波腹点都有相等的距离。其安装距离可按式（11-3）计算：

$$S = \frac{\frac{\lambda_m}{2} \times \frac{\lambda_n}{2}}{\frac{\lambda_m}{2} + \frac{\lambda_n}{2}} \tag{11-3}$$

式中，S 为安装距离，m；λ_m 为最大振动波长，m；λ_n 为最小振动波长，m。

防振锤安装个数可按表 11-3 进行选择。安装多个防振锤时，一般采用等距安装的方法，即第一个安装在距线夹出口处 S 处，第二个为 $2S$，第三个为 $3S$ 等。

表 11-3　　　　　　　　　　防 振 锤 安 装 个 数

导线直径（mm）	档距（mm）		
	安装 1 个防振锤	安装 2 个防振锤	安装 3 个防振锤
$d<12$	$l \leqslant 300$	$l>300 \sim 600$	$l>600 \sim 900$
$d=12 \sim 22$	$l \leqslant 350$	$l>350 \sim 700$	$l>700 \sim 1000$
$d>22 \sim 37.1$	$l \leqslant 400$	$l>400 \sim 800$	$l>800 \sim 1200$

2. 阻尼线

阻尼线是由与导线同牌号的一段导线或一种挠性较好的钢绞线，按花边状扎固在悬挂点两侧的导线上，花边的个数根据档距的大小而定。对于一般档距，导线悬挂点每侧采用 2 个花边，当档距大于 500m 采用 3～5 个花边。阻尼线扎固点间的距离，可取第一个扎固点距

线夹中心距离为 $\lambda_n/4$，第三个扎固点距线夹中心为 $\left(\frac{1}{4}\sim\frac{1}{6}\right)\lambda_m$，第 2 个扎固点为第 1 个和第 3 个扎固点的中央。

3. 护线条

护线条安装在架空线线夹处，使线夹附近架空线刚度加大，从而抑制架空线的振动弯曲，减小导线的弯曲应力和挤压应力，提高导线的耐振能力。目前，我国广泛使用铝镁硅合金的预绞丝护线条。

4. 分裂根数

导线微风振动时，导线主要在垂直面产生波动，其最大双倍振幅约等于导线直径。由于分裂导线子导线相互影响，改变了导线周围的气流，使导线振动强度减弱。安装间隔棒后，各子导线间相互牵制，要保持同步振动的可能性很小，其谐振条件已被破坏。再则间隔棒本身亦有消振作用，因而分裂导线较单导线其振动强度和持续时间均要小得多。据测试，4 分裂导线较单导线振幅可减少 87%～90%。

此外，对于振动严重地段及大跨越档距的架空线常常采用复合防振，以获得较好的防振效果。如：护线条加防振锤、阻尼线加防振锤，护线条加阻尼线加防振锤等。

11.3 微风振动力学计算

输电线路微风振动计算方法主要分为两大类：能量平衡法和动力学法。能量平衡法是基于风输入的能量与输电线——防振器系统消耗的能量相等原则计算输电线的稳定振幅，继而求解输电线微风振动强度，是解决单根导线微风振动的有效方法；而动力学法则是直接建立输电线——防振器的系统方程，模拟风、输电线和防振器之间的耦合作用，用数值方法直接求解得到系统响应，但其建模复杂、使用范围较窄，作为能量平衡法的补充，近些年发展较快。

11.3.1 能量平衡法

对于输电线体系，一方面由风输入给输电线系统能量；另一方面又在系统内将能量消耗掉，当输入能量与消耗能量达到平衡时，就可确定输电线某阶频率下稳定的最大振幅，并求解输电线微风振动强度，继而进一步确定是否需要额外的防振措施。能量平衡法的关键是确定风输入给导线的功率、输电线自阻尼功率和防振装置消耗的功率。能量平衡法的计算式为

$$P_w = P_d + P_s \tag{11-4}$$

式中，P_w 为风输入功率，W/m；P_d 为防振装置耗散功率，W/m；P_s 为输电线自阻尼功率，W/m。

（1）风输入功率。

导线微风振动是由层流风吹过导线，并在导线背风侧形成涡旋引起的，微风振动的能量直接来自于风吹动导线。对于具体导线的风输入能量，需要由风洞试验来测定。风能公式有多种经验表达式，如 Faguharson 风能曲线、DianaandFaleo 风能曲线和 Slethei 风能曲线等，其基本形式为

$$P_w = L \times D^4 \times f^3 \times F_{unc}\left(\frac{Y}{D}\right) \tag{11-5}$$

式中，L 为档距，m；D 为导线直径，m；f 为振动频率，Hz；Y 为波腹双振幅，m。
取这些风能曲线的中间线，得到风能曲线的拟合表达式为

$$P_w = L \times D^4 \times f^3 \times 34.689 \left(\frac{Y}{D}\right)^{1.4338} \tag{11-6}$$

（2）输电线自阻尼功率。

输电线在振动中自身消耗的功率称为自阻尼功率，主要来自振动中各股间的滑动摩擦耗能，还有材料的磁滞阻尼等输电线内部各股之间的能量损耗，它是表征导线振动时自身消耗能量的能力。其影响因素很多，主要和输电线振动时波腹处的振幅 Y、波长 λ、振动频率 f、悬挂点张力 T、环境温度、输电线材料及制造工艺等有关。对于不同的输电线，需要通过实验测定其自阻尼消耗功率。输电线自阻尼功率是防振设计中的重要参数，对振动有着重大影响，其数值取决于实验研究。

在给定的输电线张力下，根据导线振动力学方程得到输电线单位长度上自阻尼功率的表达式

$$P_s = \frac{\pi}{2} f H \left(\frac{Y}{2}\right)^m \lambda^{-n} \tag{11-7}$$

式中，H 为随输电线张力而变化的自阻尼系数，通过实验获得；λ 为输电线振动的波长，m；m、n 分别为随输电线变化的系数，m、n 可通过实验获得，一般取 $n=3\sim4$，$m=2\sim2.5$。

实验室实测的输电线自阻尼功率通常用式（11-8）表示：

$$P_s = 10^\beta \left(\frac{Y}{D}\right)^\alpha \tag{11-8}$$

式中，β、α 分别为振动频率的函数，通过实验测得。

（3）防振装置耗散功率。

输电线路防振装置耗能主要是防振锤、阻尼线耗能以及档中的阻尼间隔棒耗能，其耗能计算式为

$$P_d = \vec{F} \cdot \vec{U} \tag{11-9}$$

式中，$\vec{U}$ 为线夹的速度，m/s；$\vec{F}$ 为线夹对导线的作用力，N。
在工程应用中，防振装置的耗能特性一般由实验室的试验测定。

11.3.2　动力学法

动力学法是通过仿效风、导线以及防振器三者的耦合作用关系，列出导线—防振器的系统方程，用数值分析方法解出系统响应。孔德怡多年来致力于微风振动动力学法的研究，取得了大量研究成果，为了让读者对微风振动机理有理论方面的认识，特给出其有关微风振动的一个建模实例。

输电线自身的股状特殊结构见图 11-3，由于振动时各股之间伴随着相互错动与摩擦，真实描述其动力特性是十分困难的，为了数学建模方便，特将输电线按以下基本假设简化：

①输电线振动时斜率很小，满足 $\frac{\partial y}{\partial x} \ll 1$；

②输电线满足欧拉—伯努利梁理论；

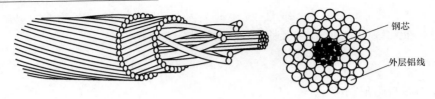

图 11-3　输电线股状绞线结构

③输电线参数沿输电线长度变性。

基于上述假设，输电线就被简化成材料特性不变的细长圆柱体，受力分析如图 11-4 所示。根据达朗贝尔原理，单根输电线横向振动的动力方程可用式（11-10）表示：

$$EI \frac{\partial^4 y}{\partial x^4} + m \frac{\partial^2 y}{\partial t^2} + c \frac{dy}{dt} - T \frac{\partial^2 y}{\partial x^2} = p(x,t) + \sum_{i=1}^{N} \delta(x - x_i) f_i(t) \qquad (11-10)$$

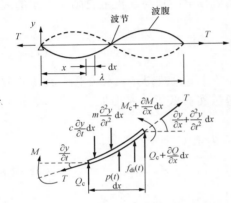

图 11-4　输电线微元受力图

式中，x 为延导线长度方向的空间坐标；y 为导线微风振动位移的空间坐标；t 为时间；m 为电线单位长度的质量；c 为输电线自阻尼系数；T 为导线平均运行张力；N 为防振锤的个数；x_i 为第 i 个防振锤的位置；E 为输电线弹性模量；I 为输电线截面惯性矩；EI 为导线自身的抗弯刚度；$f_i(t)$ 为第 i 个防振锤对导线的作用；$p(x,t)$ 为单位长度上的微风激励力；$\delta(x-x_i)$ 为狄利克雷函数；Q_c、M_c 分别为剪力、弯矩。

由于"同步效应"和振动持续性，可以近似地把输电线微风振动看做是一种稳态振动。在稳定的微风激励力 $p(x,t)$ 是时间的谐函数情况下，可以把输电线稳态振幅写为时间的谐函数：

$$y(x,t) = y_0(x) e^{i\omega t} \qquad (11-11)$$

式中，ω 为微风振动频率，Hz；y_0 为输电线微风振幅的空间分布函数。

将式（11-11）代入式（11-10）中得到式（11-12）。

$$S_p \frac{d^4 Y}{dX^4} - 4\pi^2 I_p Y + j2\pi C_p Y - T_p \frac{d^2 Y}{dX^2} = \frac{1}{\gamma} \left[P(X) + \sum_{i=1}^{N} \delta(X - X_{di}) F_{di} \right] \qquad (11-12)$$

式中，j 为虚数单位；X：x/L；Y：y_0/D；S_p：$EID/\gamma L^4$；I_p：Df^2/g；T_p：$DT/\gamma L^2$；C_p：cDf/γ；$P(x)$、F_i 分别为微风激励力、防振锤作用的无量纲形式。

式（11-12）即为有防振锤作用的单根输电线的微风振动动力方程，在已知微风激励 $P(x)$、输电线自阻尼系数 c 和防振器对输电线的作用 F_i 的情况下，可以根据系统动力方程求解出输电线的微风振动振幅 y_0。

11.4　微风振动在线监测方法

11.4.1　基于导线动弯应变的微风振动在线监测

按照 IEEE 制定的"导线振动测量标准化"，采取弯曲振幅法计算导线的动弯应变。由于导线的动弯应变与其振幅有一定的线性关系，因此现场测试架空线路微风振动时，常采用测量弯曲振幅的方法，悬垂线夹与导线振动幅度之间的线性关系见式（11 - 13）。

$$\varepsilon = KAd \qquad (11 - 13)$$

式中，ε 为夹头出口处导线动弯应变（单峰值）；K 为换算系数，$K = 365.5$；A 为距夹头出口 89mm 处导线相对于夹头的弯曲振幅（单峰值）；d 为导线直径。

弯曲振幅是两点之间的相对振幅，见图 11 - 5。其中点 3 是线夹与导线的最终接触位置，点 4 是距离点 3 为 89mm 处导线上的位置，点 3 与点 4 间的相对横向振幅 Y_b 就是所谓的弯曲振幅。弯曲振幅法是测量导线微风振动的标准方法。

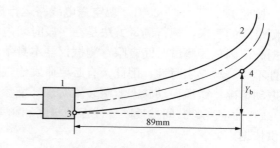

图 11 - 5　弯曲振幅示意图

注：点 1 为线夹或夹头；点 2 为导线；点 3 为导线与线夹的接触点；点 4 为弯曲振幅 Y_b（相对于线夹）。

11.4.2　基于光感器件的微风振动在线监测

随着 CCD/CMOS 及光感器件的发展，对光感器件按照某种规则进行有序的排列的技术已经很成熟，如线阵 CCD/CMOS，面阵 CCD/CMOS，或者按照其他规则有序排列，排列的疏密会导致不同的测量精度，利用特定方向的光源投射在 CCD 或者其他已知规则有序排列的光感器件上，利用微处理器对光感器件上的感光量进行判断来确定光投射的位置，根据光投射的位置即可获得光源的运动信息。这种方法可以用于导线微风振动的弯曲振幅监测，见图 11 - 6。该微风振动监测方法，是将光源固定在输电导线线夹 89mm 处，在光源前方固定有序排列的光感器件；使光源发射出的光线只照射在光感器件的方向；同时在光感器件上连接有采集运算单元和通信单元，通过采集运算单元对光感器件感光量的计算来判断光源在光感器件上的照射位置，根据振动时光源在照射光感器件中位置来计算微风振动的弯曲振幅，从而得到导线的弯曲应变。

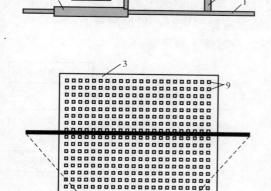

图 11 - 6　光感监测示意图

1—输电线；2—光源；3—光感器件；4—支撑装置；5—线夹；6—采集运算单元；7—通信单元；8—光线；9—光感器件感光点

11.5 微风振动在线监测装置设计

按照 DL/T 741—2001《架空送电线路运行规程》中"大跨越段应定期对导地线进行振动测量"的要求，现行测量方法是在一段时间内使用测振仪器进行现场安装测量并记录相关数据。但因现场测试时间有限，测振仪器本身条件和现场工作环境等问题，测量结果有时代表性不高，缺乏实时性。因此，有必要研发输电线路微风振动在线监测系统，实时监测导线的振动情况。微风振动状态监测装置实现环境参数（气温、湿度、风速、风向）和振动参数（导线弯曲应变，其间接反映导线振动幅度和频率）的实时监测与预警，并为线路防振设计提供依据。

11.5.1 总体架构

作者研发的基于导线动弯应变的输电线路微风振动监测技术总体架构见图 11-7，在导线及 OPGW 线夹出口 89mm 处安装微风振动传感器，传感器采用悬臂梁测量导线弯曲振幅，并通过计算得到导线微风振动的动弯应变、振动振幅和振动频率，通过 ZigBee 将数据上传至微风振动监测装置。监测装置一方面接收微风振动传感器采集的动弯应变等数据，另一方面完成线路周围风速、风向、温度、湿度等环境信息的采集，然后将所有数据打包通过 GSM/GPRS/CDMA/3G/WiFi/光纤等方式传输至 CMA，由 CMA 将数据统一发送至监控中心（CAG），监控中心嵌入了 IEEE 和 CIGRE 诊断方法针对采集的微风振动数据进行分析，诊断出导线和 OPGW 的危险程度，并预测其疲劳寿命。同时，根据测量的动弯应变、振动振幅和振动频率等数据评估防振措施的有效性，及时修正和完善。

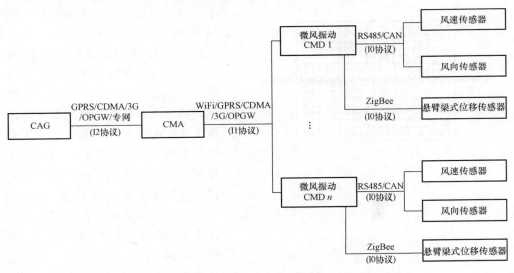

图 11-7 微风振动在线监测技术总体架构

11.5.2 状态监测装置设计（杆塔单元）

微风振动状态监测装置功能与动态增容装置相似，均是完成环境条件的采集以及与导线监测单元的数据通信，其硬件设计可参考图 7-21，软件设计可参考图 7-22。但两者之间的导线监测单元不同。

11.5.3　导线微风振动传感器设计

研发的微风振动传感器采用倒装法，测取导地线距线夹（悬垂线夹、防振锤线夹、间隔棒线夹、阻尼线夹等）出口 89mm 处导地线相对于线夹的弯曲振幅，以此值大小来计算导地线在线夹出口处的动弯应变。

1. 硬件设计（含悬臂梁传感单元设计）

微风振动导线监测单元是微风振动在线监测系统的核心设备，主要完成导线距线夹出口处 89mm 处的导线弯曲幅度的采集和导线振动频率、振动振幅和动弯应变的计算。硬件电路包括微处理器、供电电源、ZigBee 通信模块、悬臂梁传感单元等，见图 11-8。

悬臂梁式位移传感器是测量导线振动振幅频率的关键，作者研发了专门的悬臂梁式传感器实现导线弯曲幅值的测量，其利用应变片阻值的变化量来确定悬臂梁的微小应变，从而利用力、受力面积及应变之间的关系来确定力的大小，进而求得悬

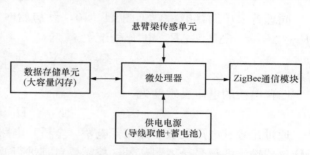

图 11-8　导线微风振动传感器硬件框图

臂梁传感器的挠度。传感器的设计主要包括悬臂梁的结构设计和电路设计。结构设计见图 11-9，固定卡环为固定端，前端的滚轮与导线严密接触，滚轮受力后，传力梁发生形变，此时通过贴在后端两通孔外表面的金属电阻应变片测量悬臂梁的挠度。

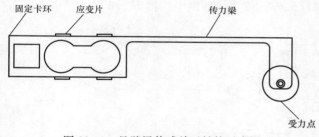

图 11-9　悬臂梁传感单元结构示意图

其中，应变片将应变的变化转换成电阻相对变化 $\Delta R/R$，通常采用电桥电路把电阻的变化转换成电压或电流的变化，以便于测量。常用的有两臂差动电桥和全桥电路，见图 11-10。

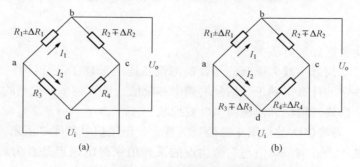

图 11-10　两臂差动电桥和全桥电路
(a) 两臂差动电桥；(b) 全桥电路

两臂差动电桥电路的电压输出为

$$U_o = U_i \frac{(R_1 + \Delta R_1)R_4 - (R_2 + \Delta R_2)R_3}{(R_1 + \Delta R_1 + R_2 + \Delta R_2)(R_3 + R_4)} \tag{11-14}$$

设初始时 $R_1 = R_2 = R_3 = R_4 = R$，工作时一片受拉一片受压，即 $\Delta R_1 = -\Delta R_2 = \Delta R$，则式（11-14）可以简化为

$$U_o = \frac{U_i}{2} \times \frac{\Delta R}{R} = \frac{U_i}{2} K\varepsilon \tag{11-15}$$

差动电桥电压灵敏度为

$$K_U = \frac{U_i}{2} \tag{11-16}$$

同理若采用四臂电桥，见图 11-10，设初始时 $R_1 = R_2 = R_3 = R_4 = R$，工作时 $\Delta R_1 = \Delta R_4 = \Delta R_3 = -\Delta R_2 = \Delta R$，电压输出为

$$U_o = \frac{\Delta R}{R} U_i = K\varepsilon U_i \tag{11-17}$$

四臂电桥的电压灵敏度为

$$K_U = U_i \tag{11-18}$$

通过比较其电压灵敏度知四臂电桥（全桥）电路的灵敏度高，故选用四臂电桥电路。由于传感器输出的信号是微弱信号，故需要对其进行放大处理，为避免传感器输出的信号里混有干扰信号，故需要对其进行检波滤波。处理电路设计如图 11-11 所示，电桥输出电压 U_o 作为差分放大电路的输入，初始时由电位器 R_{13} 调零，保证在量程范围内，输出 U_{Ao} 为正电压。U_{Ao} 经过同相放大电路放大后进行 AD 采样，放大倍数由电位器 R_{14} 调节。

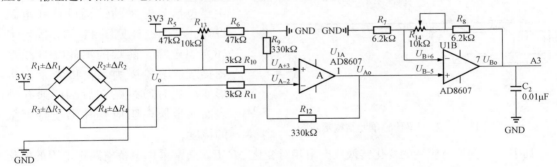

图 11-11　直流不平衡电桥处理电路

2. 软件设计

（1）微风振动数据处理方法。

微风振动的振动信号一般为正弦信号，监测设备连续采样 1s 后得到一组离散的振动信号后，需要经过一定的计算得到正弦信号的频率和幅值。计算频率和振幅的方法主要有峰峰值法、曲线拟合后的峰峰值法和快速傅里叶变换法。

1）峰峰值法。峰峰值法是根据正弦信号的特点，记录信号的峰峰值来确定振动的次数，此方法通过比较某一个点的采样值与它旁边点的采样值来确定该点是否为最大点或最小点。见图 11-12。

采样模块的采样频率为 1.4kHz，振动信号频率为 10Hz，选取采样 250ms 的数据进行分析，当运算处理模块判断得到 1 点小于其临近的 7 个点的值时，则认为 1 点为正弦波的波谷，同样当运算处理模块判断得到 2 点值大于其临近的 7 个点的值时，认为 2 点为正弦波的波峰，而从 1 点到 2 点处理器就记录半个周期，两点差值就为正弦波的峰峰值。这种方法比较简单，运算速度快，但由于监测终端处于强电磁环境下，电磁干扰比较严重，处理单元容易将某个噪声信号误认为是波峰值或波谷值，导致频率和振幅产生误差。

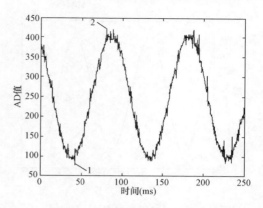

图 11 - 12　10Hz 振动信号采样值

2）曲线拟合后的峰峰值法。

由图 11 - 12 可以看出悬臂梁传感单元受外界环境的影响使测量数据有较多的噪声信号，这些噪声信号对分析微风振动的分析有很大的影响。曲线拟合法能利用采样值得到一条平滑的曲线，有效滤除噪声信号，这里采用最小二乘法拟合曲线。例如，现有一组加速度采样数据 (x_k, y_k)，$k=1, 2, \cdots, n$，设多项式拟合函数为

$$\psi(x) = a_0 + a_1 x + a_2 x^2 + \cdots + a_n x^n = \sum_{k=0}^{n} a_k x^k \quad (n \in N^+) \tag{11 - 19}$$

函数 $\psi(x)$ 与离散数据 y_k 的误差平方和为

$$S(a_0, a_1, a_2, \cdots, a_n) = \sum_{i=0}^{m} \left[\sum_{k=0}^{n} a_k \psi(x_i) - y_i \right]^2 \tag{11 - 20}$$

式中，m 表示 $(m+1)$ 元线性方程组；$i=0, 1, 2, \cdots, m$；$k=0, 1, 2, \cdots, n$。

确定函数系数 a_i，使其满足函数 $\psi(x)$ 与离散数据 y_i 的误差平方和最小，令

$$\frac{\partial S}{\partial a_k} = 0 \quad (k = 0, 1, 2, \cdots, n;) \tag{11 - 21}$$

可得到

$$\sum_{i=1}^{m} \psi(x_i) \left[\sum_{k=0}^{n} a_k \psi(x_i) - y_i \right] = 0 \tag{11 - 22}$$

式中，m 表示 $(m+1)$ 元线性方程组；$i=0, 1, 2, \cdots, m$；$k=0, 1, 2, \cdots, n$；

依次取 S 对 a_k 求偏导，整理可得一个 $m+1$ 元线性方程组，解方程组可求出待定系数 a_k，进而可以确定拟合函数。用上述方法在处理模块中对图 11 - 12 中的采集信号拟合，见图 11 - 13。经过最小二乘法拟合曲线有效滤除噪声信号，但用多项式来拟合正弦函数需要截取 1~2 个周期的数据拟合，否则拟合的曲线失真非常严重，见图 11 - 14。

因此如果选用最小二乘法拟合曲线，必须保证拟合的原始数据必须是信号的两个周期内的数据。经过试验分析，大于 10Hz 时使用最小二乘法需要很多的逻辑运算，且效果不是很好，而信号在 1~10Hz 时，最小二乘法容易实现效果比较显著。

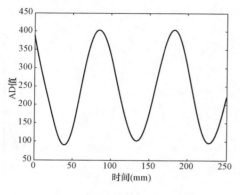

图 11 - 13　10Hz 信号最小二乘法拟合

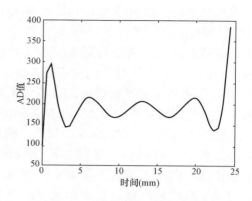

图 11 - 14　采样数据曲线拟合失真

3）快速傅里叶变换法（FFT）。

傅立叶原理表明：任何连续测量的信号或时序，都可以表示为不同频率的正弦波信号的无限叠加。FFT 利用直接测量到的原始信号，以累加方式来计算该信号中不同正弦波信号的频率、振幅和相位。将此方法应用到微风振动信号分析中，原始信号含有采样频率为 1024Hz，经过均值处理得到 512 个数的样本，对这些样本进行 512 点的 FFT，得到 512 个点的复数序列，每一个复数可以表示信号在某一个频率下的特征，如下式

$$f_n = (n-1) \times \frac{f_s}{N} \qquad (11 - 23)$$

式中，f_n 为信号频率，Hz；n 为第 n 个点；f_s 为采样频率，Hz；N 为 FFT 变换点数。这个点的模值就是该频率下的幅度特性。

$$A = \frac{\sqrt{a^2 + b^2}}{256} \qquad (11 - 24)$$

图 11 - 15 和图 11 - 16 分别是当振动信号为 10Hz/0.18mm 和 150Hz/0.9mm 时的频谱分析。对 10Hz 信号进行 512 点的 FFT，得到一组复数序列，除直流分量外，第 11 个点的模值最大，由式（11 - 23）可得测量信号的频率为 10Hz，此点的模值为 45 928，因此得到振幅为 179μm。同样对 150Hz 信号处理，计算得到频率为 151Hz，振幅为 0.74mm。

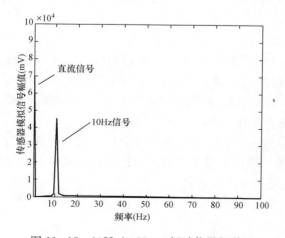

图 11 - 15　10Hz/0.18mm 振动信号频谱图

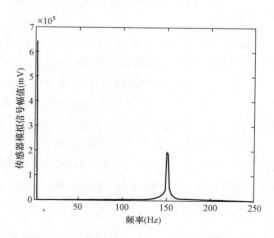

图 11 - 16　150Hz/0.9mm 振动信号频谱图

由上可见，微风振动的信号，经过 FFT 后能很快得到振动信号的频率和振幅，且能够准确测量 10Hz 和 150Hz 信号的频率。

（2）报警阈值。

《国家电网公司微风振动在线监测技术规范》中指出动弯应变不大于表 11 - 4 的规定值，视为合格。

表 11 - 4　　　　　　　　　　　　导地线微风振动许用动弯应变　　　　　　　　　　　　　　$\mu\varepsilon$

序号	导地线类型	大跨越	普通档
1	钢芯铝绞线、铝包钢芯铝绞线	±100	±150
2	铝包钢绞线（导线）	±100	±150
3	铝包钢绞线（地线）	±150	±200
4	钢芯铝合金绞线	±120	±150
5	铝合金绞线	±120	±150
6	镀锌钢绞线	±200	±300
7	OPGW（全铝合金线）	±120	±150
8	OPGW（铝合金和铝包钢混绞）	±120	±150
9	OPGW（全铝包钢线）	±150	±200

（3）软件流程。

微风振动传感器主要完成对悬臂梁式传感单元的振动幅值测量，计算出导线的微风振动频率和动弯应变，并将这些数据通过 ZigBee 发送至杆塔监测装置，其主程序流程见图 11 - 17。

11.5.4　微风振动装置输出接口

监测装置可选择 GSM/GPRS/CDMA/3G/WiFi/光纤等方式将数据传输到状态监测代理（CMA）。根据国家电网公司《输电线路微风振动智能监测装置技术规范》，导线微风振动监测装置采用统一数据输出接口，其定义见表 11 - 5。

表 11 - 5　　　　　　　　　导线微风振动智能监测装置数据输出接口

序号	参数名称	参数代码	字段类型	字段长度	计量单位	值域	备注
1	监测装置标识	SmartEquip _ ID	字符	17Byte			17 位设备编码
2	被监测设备标识	Component _ ID	字符	17Byte			17 位设备编码
3	监测时间	Timestamp	日期	4Byte/10 字符串			世纪秒（4 字节）/ yyyy-MM-ddHH：mm：ss（字符串）
4	微风振动幅值	Vibration _ Amplitude	数字	2Byte	$\mu\varepsilon$		精确到个位
5	微风振动频率	Vibration _ Frequency	数字	4Byte	Hz		精确到小数点后 2 位
6	微风振动信号	Strain _ Data	字符	$N \times 2$Byte	$\mu\varepsilon$		精确到个位，N 为采样点数

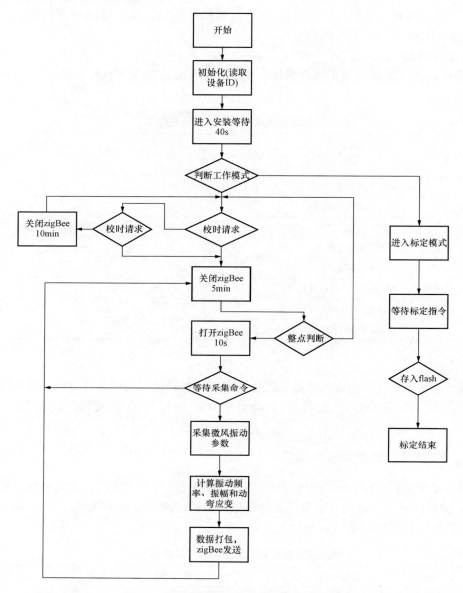

图 11-17 微风振动传感器主程序流程图

11.6 现场应用与效果分析

11.6.1 实验分析

系统软硬件设计完成后，对装置的性能和计算方法进行了测试，见图 11-18，将微风振动监测终端一段固定，另一端的悬臂梁传感器压在振动台的振动端子上，测量振动台的振动信号，振动台振动幅值和频率范围用激光测振仪确定。测试过程中，微风振动监测装置直接输出振动信号的频率和振幅大小。

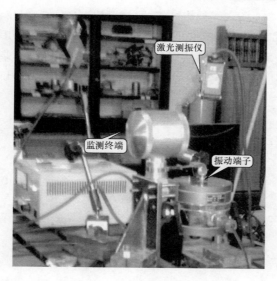

图 11-18　微风振动监测终端试验平台

在测试过程中，根据微风振动的实际情况将振动信号的频率范围设置为 $1\sim150\text{Hz}$，振动幅值范围设置为 $0.1\sim1.3\text{mm}$。表 11-6 是选取振动振幅为 0.25mm 时，峰峰值法和傅里叶变换法得到的振动特征量。

表 11-6　　　　　　　　傅里叶算法与峰峰值法分析正弦信号的比较

信号频率（Hz）	计算频率（Hz）		计算幅值（mm）	
	FFT	峰峰值法	FFT	峰峰值法
1	1	43.6	0.25	0.259
4	4	25.3	0.249	0.257
5	5	4.2	0.249	0.257
10	10	9.4	0.248	0.257
20	20	17.0	0.248	0.257
30	30	27.2	0.245	0.256
40	40	38.5	0.243	0.256
50	50	48.7	0.239	0.256
60	60	60.9	0.244	0.257
70	70	72.5	0.238	0.256
80	80	83.9	0.232	0.255
90	90	91.4	0.225	0.254
100	100	100.7	0.217	0.255
110	111	109.3	0.209	0.255
120	121	118.1	0.2	0.254
130	131	127.9	0.194	0.254
140	141	138.8	0.181	0.253
150	151	148.5	0.173	0.253

实验分析：如图 11-19 所示，傅里叶算法计算频率从 1～150Hz 都很准确，误差最大不超过 1%；峰峰值法计算频率从 10～150Hz 时，误差最大为 15%，其中 5Hz 以下的频率误差十分大。如图 11-20 所示，峰峰值法对振幅的计算比较准确，误差最大为 3.5%；傅里叶算法计算振幅时，误差随振动信号频率增加而增加，频率到 150Hz 时，计算幅值误差达到 31%。

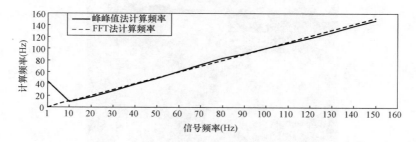

图 11-19　FFT 与峰峰值法的计算频率对比

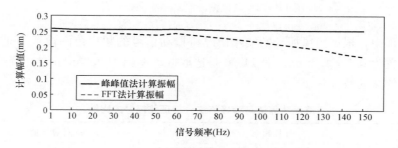

图 11-20　FFT 与峰峰值法的计算振幅对比

综上所述，傅里叶算法计算频率比较精确，而峰峰值法计算振幅比较精确，因此监测终端分别用这两种方法测量振幅和频率，准确得到导线振动的频率和振幅。将导线的振幅带入式（11-13），可计算出导线的动弯应变。通过实验可以得出：采用悬臂梁式传感器的微风振动在线监测系统可以准确测量振动频率为 1～150Hz、振幅为 0.1～3mm 的振动信号；结合峰峰值法和傅里叶算法可以准确计算出微风振动振动的频率和振幅，频率误差范围小于 1%，振幅误差范围小于 5%，同时根据振幅得到导线的动弯应变值，可以达到 Q/GDW 242—2012《输电线路状态监测装置通用技术规范》的要求。

11.6.2　现场应用

【实例一】

1.1000kV 晋东南—南阳—荆门交流特高压试验示范工程

1000kV 特高压黄河大跨越为南北走向，含 5 基杆塔（运行杆号 338 号～342 号），直线档距为 1220m。导线为高强度钢芯铝合金绞线 AACSR/EST-500/230，地线为铝包钢绞线 JLB20-240，光缆为 OPGW-24B1-256。导地线均采用防振锤形式的防振装置。导地线微风振动监测装置安装在黄河南岸 339 号杆塔导线上。以下为 1000kV 特高压输电线路微风振动现场安装，见图 11-21。

(a)

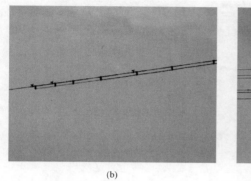

(b)

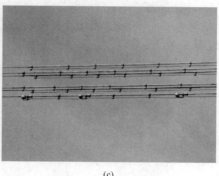

(c)

图 11 - 21　1000kV 特高压大跨越微风振动装置现场安装图

(a) 1000kV 特高压大跨越微风振动俯视图；(b) 地线微风振动监测单元；

(c) 导线微风振动监测单元

2. 现场监测数据分析

1000kV 特高压输电线路导地线微风振动多见于春秋季节，监测数据以春季微风振动以及气象环境（主要是风速、风向）监测数据为例，对特高压黄河大跨越进行振动情况分析，见图 11 - 22。从 2009 年 4 月全月数据来看（见表 11 - 7～表 11 - 9），除 4 月 15 日，由于风向、风速变化产生了短时低振幅微风振动外，其余大部分时间段微风振动指标值动弯应变（$\mu\varepsilon$）均小于 100$\mu\varepsilon$ 临界值，下面将对 4 月 15 日部分数据进行分析。

(1) 气象监测数据。

通过上述监测数据可得出以下结论：2009 年 4 月 15 日 11∶44 分风速由 6.3m/s 变为 10.9m/s，风力明显增强；2009 年 4 月 15 日 10 点左右风向由西风（250°左右）变为东南风（120°左右），而黄河大跨越线路为南北走向，因而风向由顺线变为垂线；由玫瑰图可知上午风向以西风为主，下午以东南风为主，且强度更大。从以上条件说明，气象条件有利于微风振动产生。

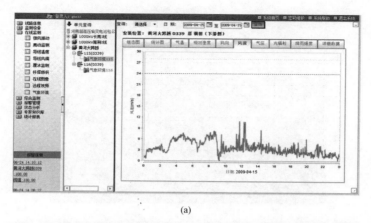

(a)

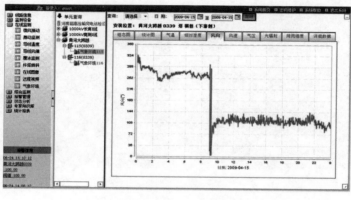

(b)

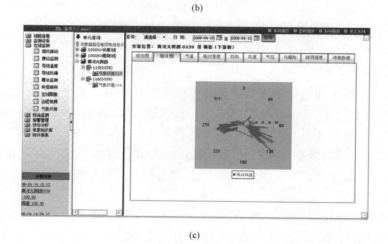

(c)

图 11-22　1000kV 特高压输电线路气象环境监测数据

(a) 微风振动监测风速曲线图；(b) 微风振动监测风向曲线图；

(c) 微风振动监测气象玫瑰图

表 11 - 7　黄河大跨越 0339 号杆塔上游边相导线夹头处 3 号子导线动弯应变监测数据

时间	单元编号	振幅（με）	频率（Hz）	疲劳损伤
2009-04-15　13：57：51	391	75.0	55.56	0.0000000750199741
2009-04-15　13：47：51	391	74.1	55.56	0.0000000702075071
2009-04-15　13：37：51	391	66.7	55.56	0.0000000373111593
2009-04-15　13：17：51	391	61.8	55.08	0.0000000233130963
2009-04-15　13：07：51	391	58.5	55.08	0.0000000167796380
2009-04-15　12：57：51	391	55.2	55.56	0.0000000119502614
2009-04-15　12：47：51	391	55.2	55.56	0.0000000119502589
2009-04-15　12：37：51	391	47.0	55.56	0.0000000045309296
2009-04-15　12：27：51	391	42.0	55.56	0.0000000023246074
2009-04-15　12：17：51	391	44.5	55.08	0.0000000032478432
2009-04-15　12：07：51	391	42.0	55.56	0.0000000023246074
2009-04-15　11：57：51	391	39.5	55.56	0.0000000016157569
2009-04-15　11：47：51	391	37.1	55.56	0.0000000010969923
2009-04-15　11：37：51	391	33.8	56.03	0.0000000006329372

表 11 - 8　黄河大跨越 0339 号杆塔地线 1 号阻尼线夹处导线动弯应变监测数据

时间	单元编号	振幅（με）	频率（Hz）	疲劳损伤
2009-04-15　13：04：33	362	92.3	81.20	0.0000003811069623
2009-04-15　13：34：33	362	122.8	111.57	0.0000029031339907
2009-04-15　13：14：33	362	94.7	96.77	0.0000005322891897
2009-04-15　13：04：33	362	119.5	108.33	0.0000023942594400
2009-04-15　12：44：33	362	118.6	116.38	0.0000024674694426
2009-04-15　12：34：33	362	98.9	80.00	0.0000005680394931
2009-04-15　12：24：33	362	121.1	126.02	0.0000030236505224
2009-04-15　12：04：33	362	167.2	119.05	0.0000198106182929
2009-04-15　11：54：33	362	159.8	143.44	0.0000181840135519
2009-04-15　11：44：33	362	114.5	135.25	0.0000023196040435
2009-04-15　11：14：33	362	91.4	129.17	0.0000005744991459
2009-04-15　11：04：33	362	117.8	150.41	0.0000030583265493
2009-04-15　10：24：33	362	113.7	135.25	0.0000022212615990

表 11-9　　黄河大跨越 0339 号杆塔 OPGW1 号阻尼线夹处导线动弯应变监测数据

时间	单元编号	振幅（με）	频率（Hz）	疲劳损伤
2009-04-15　11：10：47	364	74.1	56.03	0.0000000708127442
2009-04-15　11：00：47	364	70.0	55.56	0.0000000498244086
2009-04-15　10：50：47	364	91.4	55.56	0.0000002470964068
2009-04-15　10：40：47	364	75.0	55.08	0.0000000743842117
2009-04-15　10：30：47	364	83.2	56.03	0.0000001414440270
2009-04-15　10：20：47	364	74.1	54.62	0.0000000690275703
2009-04-15　10：10：47	364	79.9	55.08	0.0000001091095849
2009-04-15　10：00：47	364	74.1	56.03	0.0000000708127442
2009-04-15　09：50：47	364	64.3	55.56	0.0000000297506425
2009-04-15　09：40：47	364	68.4	55.08	0.0000000428253528
2009-04-15　09：30：47	364	65.9	55.56	0.0000000346312873

（2）导线微风振动监测数据。

通过上述监测数据可得出以下结论：监测的黄河大跨越 339 号杆塔上游边相导线 2 号阻尼线夹头处 3 号子导线上没有发生微风振动现象；监测的黄河大跨越 339 号杆塔地线 1 号阻尼线夹头处动弯应变值有超标情况，可能发生了低程度的微风振动；监测的黄河大跨越 339 号杆塔 OPGW1 号阻尼线夹头处没有发生微风振动。

【实例二】

500kV 平肥线平圩大跨越微分振动系统是由安徽省电力公司于 2005 年 3 月安装在大跨越西侧非运行回路三相导线和地线的监测系统，测试结果基本合理，从数据结果看，导线振动在合格范围内，曾出现过大幅超标情况：如 2005 年 4 月 25 日 22：15：00～23：00：00，风速在 6.0～9.6m/s；频率在 70～92.4Hz；风向在 66.3°～86.2°；动弯应变值在 84.6～220.9με。初步分析：地线防振装置可能存在问题，建议对该回路地线的最外侧两只防振锤夹头处及护线条进行检查。具体测试数据见表 11-10。

表 11-10　　　　　　　　微风振动与现场气象数据

传感器	安装位置	时间	振幅值（με）	频率（Hz）	风速（m/s）	风向（°）	夹角（°）	气温（℃）	湿度（%RH）
107	地线 1 号防振锤夹头	2005-4-27　8：00	17.3	73.8	7.9	241.1	88.9	24.2	55.2
107	地线 1 号防振锤夹头	2005-4-27　7：55	84.8	80.5	8.5	234.3	84.3	24.3	43.7
107	地线 1 号防振锤夹头	2005-4-26　0：05	8.2	95.0	7.7	101.7	48.3	22.0	63.9
107	地线 1 号防振锤夹头	2005-4-26　0：00	7.3	102.5	6.4	92.4	57.6	22.2	64.7
107	地线 1 号防振锤夹头	2005-4-25　23：55	121.7	75.6	6.4	69.2	80.8	22.4	61.9
107	地线 1 号防振锤夹头	2005-4-25　23：50	180.3	74.4	6.8	87.9	62.1	22.5	44.6

传感器	安装位置	时间	振幅值 ($\mu\varepsilon$)	频率 (Hz)	风速 (m/s)	风向 (°)	夹角 (°)	气温 (℃)	湿度 (%RH)
107	地线 1 号防振锤夹头	2005-4-25 23：45	63.0	71.4	4.0	56.8	86.8	22.7	43.8
107	地线 1 号防振锤夹头	2005-4-25 23：40	44.7	73.9	3.5	107.8	42.2	23.0	39.3
107	地线 1 号防振锤夹头	2005-4-25 23：35	154.5	73.9	3.5	35.6	65.6	23.2	43.3
107	地线 1 号防振锤夹头	2005-4-25 23：30	110.4	68.4	4.4	65.0	80.4	23.4	33.0
107	地线 1 号防振锤夹头	2005-4-25 23：25	54.7	67.8	5.6	69.2	80.8	23.3	43.4
107	地线 1 号防振锤夹头	2005-4-25 23：20	73.6	66.1	4.9	44.9	74.9	23.1	39.7
107	地线 1 号防振锤夹头	2005-4-25 23：15	57.3	68.4	3.2	72.1	77.9	23.4	66.2
107	地线 1 号防振锤夹头	2005-4-25 23：10	24.7	74.6	4.7	44.3	74.3	23.5	38.5
107	地线 1 号防振锤夹头	2005-4-25 23：05	67.9	70.2	5.6	53.9	83.9	23.5	37.2
107	地线 1 号防振锤夹头	2005-4-25 23：00	84.6	70.2	6.0	58.2	69.7	23.5	39.9
107	地线 1 号防振锤夹头	2005-4-25 22：55	97.4	71.4	6.7	36.3	66.3	23.2	37.8
107	地线 1 号防振锤夹头	2005-4-25 22：50	190.5	75.0	7.2	61.9	82.8	23.2	66.6
107	地线 1 号防振锤夹头	2005-4-25 22：45	123.2	92.4	6.7	50.2	80.8	23.2	61.9
107	地线 1 号防振锤夹头	2005-4-25 22：40	220.9	77.6	7.5	51.7	81.7	23.1	59.3
107	地线 1 号防振锤夹头	2005-4-25 22：35	164.4	79.8	7.7	50.9	80.9	23.2	57.1
107	地线 1 号防振锤夹头	2005-4-25 22：30	171.0	80.6	8.7	50.6	80.6	23.3	57.5
107	地线 1 号防振锤夹头	2005-4-25 22：25	148.5	79.4	9.1	63.8	86.2	23.5	58.6
107	地线 1 号防振锤夹头	2005-4-25 22：20	172.8	80.0	8.9	58.8	85.6	23.6	58.6
107	地线 1 号防振锤夹头	2005-4-25 22：15	213.3	80.5	9.6	49.0	79.0	23.6	58.6
107	地线 1 号防振锤夹头	2005-4-25 22：00	20.5	82.6	10.8	50.8	80.8	23.4	59.1

【实例三】

宁夏 220kV 大青甲、乙、丙线及 330kV 大铜 I 回线微风振动系统由宁夏吴忠供电局安装的监测装置于 2007 年 1 月投入运行，收集了 2007 年 1～4 月所有监测数据，由部分振动数据绘制的折线图见图 11-23 可知：183 号安装于 1 号地线 1 号防振锤（小号侧），最大动弯应变为 157.62$\mu\varepsilon$，气象环境对地线影响不大，低于地线动弯应变的许用值（200$\mu\varepsilon$），但有 3 次动弯应变值达 150$\mu\varepsilon$ 以上，应关注，必要时应采取防振措施；184 号安装于 1 号地线 2 号防振锤（小号侧），动弯应变值均在 1～100$\mu\varepsilon$ 范围内，且最大动弯应变为 99.53$\mu\varepsilon$，低于地线动弯应变的许用值；188 号安装于 2 号地线 1 号防振锤（小号侧），动弯应变值在 100$\mu\varepsilon$ 以上出现 9 次，最大许用值为 149.00$\mu\varepsilon$ 低于地线动弯应变的许用值。

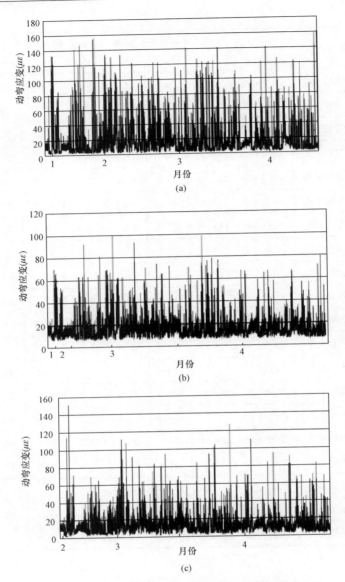

图 11-23　220kV 大青丙线 16 号塔振动数据分布图
(a) 183 号动弯许用值；(b) 184 号动弯许用值；
(c) 188 号动弯许用值

输电线路风偏在线监测

输电线路风偏闪络一直是影响线路安全运行的因素之一。与雷击等其他原因引起的跳闸相比，风偏跳闸的重合成功率较低，一旦发生风偏跳闸，造成线路停运的几率较大。特别是500kV 及以上电压等级的线路，一旦发生风偏闪络事故，将对电力系统的安全运行造成很大影响，严重影响供电可靠性。加拿大、美国、日本、前苏联、中国等都先后发生了大量的风偏事故。随着我国超高压运行线路的建设，输电线路大多会经过强风、覆冰、骤冷骤热等天气变化的气象区，容易引发各类风偏事故。据相关部门统计，1999～2003 年 5 年间，国家电网公司 110kV 以上的输电线路共发生风偏放电 260 多起；2004 年全国 500kV 输电线路发生风偏闪络 21 起；2005 年国家电网公司 500kV 线路发生跳闸 162 起，风偏跳闸 7 起；同期，南方电网公司 500kV 线路亦发生多次风偏闪络事故；2010 年 6 月 16 日 13 时，内蒙古地区 500kV 输电线路汗旗 N 线 44 号塔 A 相由于风偏致使导线对杆塔放电造成故障跳闸；2011 年安徽省电网合肥、芜湖等地区输电线路发生风偏跳闸 9 次，其中 500kV 线路跳闸 6次，220kV 线路跳闸 3 次。导线风偏的产生与发展过程十分复杂，不仅涉及许多外界的作用参数，而且还包括许多随机因素。而风偏闪络原因主要是塔头间隙偏小、杆塔水平档距偏小、线路防污调爬实际风偏量比计算风偏大等，加之局部受龙卷风、飑线风等恶劣气象的影响。要减小风偏闪络事故发生的几率，一方面需要适当增加杆塔计算风偏角，保证杆塔在恶劣情况下风偏小于计算值；另一方面需要研发输电线路风偏在线监测技术，实现对绝缘子和导线风偏角、风速、风向等信息的实时监测，为确定输电线路杆塔最大瞬时风速、风压不均匀系数、强风下导线运行轨迹提供最直接的资料，为设计有效防护措施提供依据。

12.1 线路风偏危害、 形成机理及防护措施

绝缘子串及其悬挂的输电导线在风载荷作用下将产生风偏摇摆，在摇摆过程中，如果导线与杆塔或导线与导线之间的空气间隙距离减小，并且此间隙距离的电气强度不能耐受系统最高运行电压时将发生放电现象，即发生风偏闪络事故。其中某些线路采用复合绝缘子串来替代瓷绝缘子串，这样会使绝缘子重量减小，从而导致风偏角过大，超过摇摆角临界曲线，加上单点悬挂跳线托架的方式，使其稳定性较差。遇到斜向风力或施工安装中跳线尺寸有偏差时，就会影响跳线风偏时对塔身的电气间隙，若间隙不能满足耐受电压，就会发生击穿；一般地线绝缘子上的放电痕迹是由单相接地电流分流造成的。此外，输电导线长时间、大范围的风偏很容易对绝缘子串、金具、杆塔造成破坏。风偏事故发生的直接原因是悬垂绝缘子串的风偏角（见图 12-1）过大，风偏角是指在一定风速作用下所引起的悬垂绝缘子串和导线与竖直方向所成的夹角。

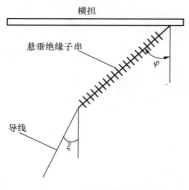

图 12-1　导线风偏角示意图

12.1.1　危害

导线风偏时，风偏档的相导线间、相地线间、耐张塔的跳线和塔身间距离减小，引起空气间隙减小，闪络或者碰线，烧伤线股，造成停电事故。风偏闪络区域均有强风且大多数情况下伴有大暴雨或冰雹；直线塔发生风偏跳闸居多，耐张塔相对较少；杆塔放电点均有明显的电弧烧痕，放电路径清晰；绝大多数风偏闪络是在运行电压下发生的，一般重合闸不成功。此外，长时间的风偏会使横担损坏、杆塔连接螺栓松动或脱落、绝缘子串（尤其是 V 型串）因承受压缩负荷造成脚球和球窝磨损、缩紧销辗碎、脚球折断，使球窝连接脱开掉串、悬垂线卡处的导线断脱、铰链式连接金具严重磨损及疲劳断裂、开口销及闭口销被挤出、球头挂环折断、U型磨损、间隔棒和防震锤损坏等。

风偏闪络的放电路径主要有 3 种形式：导线对杆塔构件放电、导地线间放电和导线对周边物体放电，其共同特点是导线或导线侧金具上烧伤痕迹明显。导线对杆塔构件放电，无论是直线塔还是耐张塔，一般在间隙圆对应的杆塔构件上均有明显的放电痕迹，且主放电点多在脚钉、角钢端部等突出位置。导线地线间放电多发生在地形特殊且档距较大（一般＞500m）的情况下，此时导线放电痕迹较长。导线对周边物体放电时，导线上放电痕迹可超过 1m，对应的周边物体上可能会有明显的黑色烧焦放电痕迹，见图 12-2。

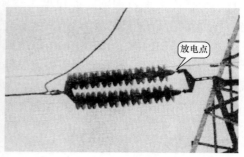

放电点

图 12-2　塔身右上曲壁外面与导线平行侧塔材上有放电烧伤痕迹

12.1.2　风偏机理

线路风偏的产生与发展过程十分复杂，其中不仅涉及许多外界的作用因素，而且还包括许多随机因素，概括起来主要有外载作用、线路原因及地形影响。

外载作用：风载、覆冰、电晕、地震、爆破等对运行线路施加除重力载荷以外载荷的力的作用或者几种力的复合作用，是导线风偏和振动的能量来源。外载的作用主要表现在：在某些微地形区，高空冷空气移动缓慢，与低空高热空气在局部小范围内不断交汇，易于形成中小尺度局部强对流，从而导致强风的形成。这种强风发生区域范围从几平方公里至十几平方公里，瞬时风速可达 30m/s 以上，持续时间数十分钟以上，且常伴有雷雨或冰雹出现。

这样，一方面在强风作用下，导线向塔身出现一定的位移和偏转，使得放电间隙减小；另一方面降雨或冰雹降低了导线—杆塔间隙的工频放电电压，二者共同作用导致线路发生风偏闪络。值得注意的是，在强风作用下，暴雨会沿着风向形成定向性的间断型水线，当水线方向与放电路径方向相同时，导线—杆塔空气间隙的工频闪络电压进一步降低，增加风偏闪络的概率。

线路原因：导线、绝缘子串属于挠性构件，杆塔属于细长杆件，都是易激振的对象，稍有外载就会发生振动，线路档距、弧垂、跳线、塔高、一个耐张段内相邻直线段间谐振等原因也是激振及振荡放大的原因。

地形影响：线路走向、易产生外载地形是导线风偏的高发区，例如平原、风口、大面积水面、高山等易形成凝结冰和大风的区域。

12.1.3 防护措施

现行的风偏防治技术和方法主要是针对引起风偏的 3 要素进行分析：从外载条件考虑，在线路设计时避开易于引起覆冰的区域或形成主导风向的线路走向；从改变导线系统的参数考虑，采取各种防止风偏的措施，以抑制风偏的发生；适当提高输电线路的机械和电气强度以抵抗风偏对线路的破坏。目前，风偏防护措施主要从以下方面考虑。

1. 优化设计参数，提高安全裕度

《输电线路风偏智能监测装置技术规范》（Q/GDW 557—2010）：在最大风速 30m/s 时，悬垂绝缘子串的最大设计风偏角为 42°。通过分析风偏事故发现，500kV 线路在大风条件下，风偏角容易过大而发生跳闸。因此可以采用增加重锤质量的方法，加装几片重锤。重锤片数可根据式（12-1）选择。

$$n = \frac{\frac{\sigma_n g_m}{\sigma_m g_n}(\Delta l_{vd}q) - W_h}{W_C} \tag{12-1}$$

式中，σ_n、σ_m 分别为校验条件下、最大弧垂条件下的应力，MPa；Δl_{vd} 为最大弧垂条件下，垂直档距和允许值的差值，m；q 为导线单位长度重量（$g_1 \cdot s$），kN/m；W_h 为重锤吊架重力，kN；W_C 为每片重锤的重力，kN。

2. 调整相邻杆塔位置

使得垂直档距增加，水平档距减小，参考本书第 9 章图 9-7，垂直档距可按式（12-2）调整。

$$l_v = l_h + \frac{\sigma}{g_1}\left(\frac{\pm h_1}{l_1} + \frac{\pm h_2}{l_2}\right) \tag{12-2}$$

式中，l_v 为垂直档距，m；l_h 为水平档距，m；σ 为导线应力，N/mm²；h_1、h_2 分别为计算杆塔两侧导线悬挂点高差，m；l_1、l_2 为计算杆塔两侧档距，m。正负号的取法是当被计算杆塔悬挂点比相邻杆塔高时取"+"号，低时取"−"号。

通过计算可以得出直线杆塔的风偏角值，可以用垂直档距与水平档距的比值来判断杆塔是否存在风偏角问题。若 $\frac{l_v}{l_h}$ 较小，则该杆塔可能出现风偏问题。通常在某杆塔相邻两侧地形较高时，$\frac{l_v}{l_h}$ 往往较小，容易出现风偏问题。

3. 加强输电线路防风偏闪络针对性研究

首先与各地气象监测部门密切配合，开展不同地形特征下不同高度的风况观测，确定风速高度换算系数、风速保证频率、风速次时换算时间段等设计参数；其次根据地域特征，不同地域选择不同的风偏设计参数及模型，修改现有风偏角模型，考虑风向与水平面不平行和导线摆动时张力变化对风偏角及最小空气间隙距离的影响，通过开展暴雨和定向强风下空气间隙的工频放电试验得出数据曲线，为风偏计算模型修正提供依据；最后研究输电线路导线风偏在线监测技术（含微气象监测），实时监测导线风偏变化以及周围气象条件变化，监测装置长期运行采集风偏及环境气象信息数据，为确定线路杆塔上最大瞬时风速、风压不均匀系数、强风下的导线运动轨迹等技术参数提供基础数据。

【风偏防止措施改造实例】

（1）国网湖北襄阳输电公司于 2009 年 7 月在 500kV 十樊Ⅰ回 369 号杆塔进行防风偏改造，改造后耐张跳线受力分布得到改善，平衡性能变好；跳线驰度减小，受风力影响变小；同时跳线对塔身空气间隙净距离增加了 100cm，达到 480cm，增大了跳线悬链线最低点对塔身的安全距离。2009 年 7 月至 2010 年 6 月间，多次在大风、暴雨等恶劣天气下该杆塔耐张跳线对塔身距离变化范围在（480±80）cm，解决了耐张跳线在大风、雷雨和飑线风等复合恶劣天气下引起的风偏闪络。

（2）2010 年 3 月河北电网某 220kV 线路发生跳闸，故障发生后国网河北邯郸供电公司对事故原因进行分析，提出将原来跳线单点铰链悬挂改为双点悬挂的改造方案，即在中相跳线串挂点的上方，使用了两根 1.5m 长∠80×6 的角钢，通过四条 16×35 的螺栓将其背靠背固定在原来的塔材上，角钢的两端分别打眼，制作成两个挂点，分别在两个挂点悬挂合成绝缘子串，从而形成双串固定中相跳线。自 2010 年 5 月对该线路 9 基 JG 型杆塔按照上述方案进行了改造，2011 年 6～7 月该地区先后出现过三次强风天气，该线路运行平稳，没有发生因风偏而引起的线路跳闸故障，线路改造前后对照图见图 12 - 3。

(a)处理前

(b)处理后

图 12 - 3　线路改造前后对照图

（3）输电导线相对相电气间隙不足也容易造成风偏闪络事故的发生。对于导线相对相电气间隙的不足，国网甘肃省电力公司检修公司采取了处理措施，处理前后对照图见图 12-4。

 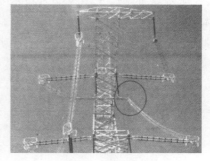

(a)处理前　　　　　　　　　　　　　(b)处理后

图 12-4　处理前后对照图

12.2　线 路 风 偏 测 量 方 法

国内外对风偏计算方法的研究主要围绕绝缘子串与杆塔、导线与其他物体之间最小空气间隙来进行分析计算，国内外主要有如下风偏计算方法。

12.2.1　线路风偏角计算方法

1. 常规计算方法

风偏闪络是输电线路带电导体对杆塔塔头或塔身放电。因此在确定塔头尺寸时除满足导线线间距离和防雷要求外，还必须满足导线风偏和电气间隙的要求。电气间隙由输电线路电压等级确定，一般不变，而导线风偏主要由大风、导线和绝缘子串参数确定。导线风偏角 θ 基本计算如式（12-3）

$$\theta = \arctan \frac{P_D + P_J/2}{G_D + G_J/2} \tag{12-3}$$

式中，P_D 为导线风荷载，N；G_D 为导线重量，N；P_J 为绝缘子串风荷载，N；G_J 为绝缘子串重量，N。

导线重量对于确定的型号导线的单位长度是一定值。因此，导线的重量主要因垂直档距的变化而变化。导线风压的计算，是风偏计算的关键。德国和前苏联曾经做过风压试验，但是结论有差异。中国的风压计算基本沿用前苏联的计算方法。

风作用于导线上产生的横向风荷载，除了考虑风压与导线受风面积之积，还要考虑导线的体型系数、与风速大小有关的风压不均匀系数、与电压等级和风速大小有关的风载调整系数、与电线平均高度有关的风速高度变化系数等影响。为了便于分析计算，计算式忽略风向与导线轴向间的夹角、与电压等级和风速大小有关的风载调整系数。杆塔导线风荷载计算公式见式（12-4）

$$P = 0.625\alpha CDL_H v^2 \tag{12-4}$$

式中，α 为导线风压不均匀系数；C 为导线体型系数；D 为导线外径，m；L_H 为杆塔水平档距，m；v 为线路的设计风速，m/s。

2. 弦多边形法

图 12-5 所示悬垂绝缘子串末端 B 点承受导线水平横向荷载 W_h 及垂向荷载 W_v，假设串中每个刚体部件的长度分别是 λ_1，λ_2，…，λ_n，其垂向荷载分别为 g_{v1}，g_{v2}，…，g_{vn}；横向风荷载分别为 g_{h1}，g_{h2}，…，g_{hn}，其分别作用在各部件中心。根据风偏后平衡条件，可以分别得到绝缘子串的横向偏移距离 λ_h 和垂向投影长度 λ_v。

$$\lambda_h = \sum_{i=1}^{n} \lambda_i \sin\varphi = \sum_{1}^{n} \frac{\lambda_i \left(W_h + 0.5 g_{hi} \sum_{1}^{i-1} g_h\right)}{\sqrt{\left(W_h + 0.5 g_{vi} + \sum_{1}^{i-1} g_v\right)^2 + \left(W_h + 0.5 g_{hi} + \sum_{1}^{i-1} g_h\right)^2}}$$

$$(12-5)$$

$$\lambda_v = \sum_{i=1}^{n} \lambda_i \cos\varphi = \sum_{1}^{n} \frac{\lambda_i \left(W_v + 0.5 g_{vi} \sum_{1}^{i-1} g_v\right)}{\sqrt{\left(W_v + 0.5 g_{vi} + \sum_{1}^{i-1} g_v\right)^2 + \left(W_h + 0.5 g_{ki} + \sum_{1}^{i-1} g_h\right)^2}}$$

$$(12-6)$$

$$\lambda_{AB} = \sqrt{\lambda_h^2 + \lambda_v^2} \qquad (12-7)$$

$$\varphi_{AB} = \arctan\left(\frac{\lambda_h}{\lambda_v}\right) \qquad (12-8)$$

式中，

$$g_{hi} = \frac{F_i v^2}{1.6315} \qquad (12-9)$$

$$W_h \approx P_h \left(\frac{l_{10}}{2\cos\beta_{10}} + \frac{l_{20}}{2\cos\beta_{20}}\right)\cos\frac{\psi}{2} + \Delta T_h \qquad (12-10)$$

$$W_v \approx \frac{P_v}{\cos\beta_1}\left(\frac{l_{10}}{2} + \frac{T_0 h_{10}}{P_v I_{10}}\cos\beta_{10}\right) + \frac{P_v}{\cos\beta_2}\left(\frac{l_{20}}{2} + \frac{T_0 h_{20}}{P_v I_{20}}\cos\beta_{20}\right) \qquad (12-11)$$

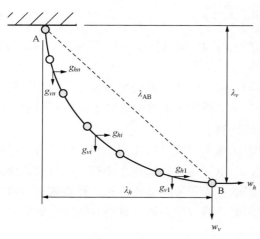

图 12-5 弦多边形悬垂绝缘子串风偏受力简化图

这里，p_h 是导线单位长度上的横向风荷载；p_v 是导线单位长度上的垂向风荷载；F_i 是第 i 个绝缘子的受风面积；φ_i 为第 i 个绝缘子的风偏角；ψ 是导线的转角；l_{10} 和 l_{20} 分别为悬垂绝缘子串与两侧的档距；β_{10} 和 β_{20} 分别为无风时导线悬挂点与邻塔悬挂点间的高差角；β_1 和 β_2 分别为第 1、2 档在绝缘子串偏斜后悬挂点间的高差角；h_{10} 和 h_{20} 分别为无风时导线悬挂点对邻塔悬挂点间的高差；T_0 是有风时顺线路方向的水平张力分量，为导线水平张力沿横担方向的横向分力。值得注意的是，式（12-10）和式（12-11）是按斜抛物线得到的 W_v 和 W_h 计算式。

3. 刚体直杆模型法

在工程实际应用中，只有当悬垂绝缘
子较重时，且需要严格检查大风作用下悬
垂绝缘子串最上端绝缘子是否碰横担，或
下端带电对横担间隙时才按弦多边形法计
算悬垂绝缘子串的风偏。通常情况下均假
设悬垂绝缘子串为受均匀荷载作用的刚体
直杆，采用静力学平衡方法近似计算悬垂
绝缘子串的风偏角（见图 12-6）。

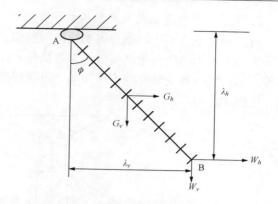

图 12-6　简化为刚体直杆悬垂绝缘子串风偏受力图

设此时悬垂绝缘子串的垂向载荷为
G_v，横向水平荷载为 G_h，末端作用的导
线荷载分别为 W_v 和 W_h，如图 12-6 所示。根据力平衡条件得出风偏角计算公式为

$$\varphi = \arctan \frac{0.5G_h + W_h}{0.5G_v + W_v} \tag{12-12}$$

式中，

$$W_h = P_h\left(\frac{l_{10} + l_{20}}{2}\right) + 2T_0 \sin\frac{\psi}{2} = p_h I_h + \Delta T_h \tag{12-13}$$

$$W_v = P_v\left[\frac{l_{10} + l_{20}}{2} + \frac{T_0}{P_v}\left(\frac{h_{10}}{l_{10}} + \frac{h_{20}}{l_{20}}\right)\right] = P_v I_v \tag{12-14}$$

其中，l_h 和 l_v 分别是杆塔的水平档距和垂直档距。

4. 悬垂绝缘子串的有限元模型

上述传统计算方法均是从静力学的角度考虑风偏角计算，随着计算机技术发展，国内重
庆大学与西南电力设计研究院对动态风作用下悬垂绝缘子串的风偏模拟进行研究，利用
ABAQUS/CAE 建立了 220kV 架空高压输电线特征段线路有限元模型，模型中包括子导线、
绝缘子串和间隔棒等，并采用考虑高度变化因素的 Kaimal 谱和 Davenport 相干函数，运用
谐波合成法数值模拟风场，采用 ABAQUS 软件完成该特征段线路的风偏响应分析。研究结
果表明，在进行塔头间隙尺寸设计时，不考虑风荷载调整系数计算得到的风偏角偏小，这可
能是风偏闪络事故频繁发生的主要原因之一。关于设计中风荷载调整系数的取值，尚需对不
同高差、不同档距和不同地貌等情况进行深入的研究。

12.2.2　线路风偏角在线监测方法

关于风偏试验具有诸多局限性，例如强力风载荷的产生等，因此有必要研究输电线路风
偏在线监测装置，使其成为风偏机理研究的现场平台。输电线路风偏监测装置大多采集绝缘
子串倾斜角和偏斜角，以及环境风速、风向等参数，通过计算模型得到绝缘子串的实时风偏
角、偏斜角、电气间隙等，实现风偏故障预警，为杆塔风偏设计和风偏校验提供依据和数
据，优化风偏防范措施。线路风偏在线监测方法主要有以下几种。

1. 基于视频的线路风偏在线监测

可采用摄像方式实现对导线风偏的实时监测，也可通过视频差异化算法自动计算导线风
偏角，具体可参考本书第 8 章。

2. 基于角度传感器的线路风偏在线监测

可以通过绝缘子串风偏角得到线路风偏信息。角度传感器通常安装在绝缘子串接地端，将采集的绝缘子串风偏角、偏斜角等数据代入风偏计算模型中，得到绝缘子串的电气偏移距离等。角度传感器安装在球头挂环上，可通过测量绝缘子串的风偏角反映绝缘子串的摇摆情况，见图 12-7。

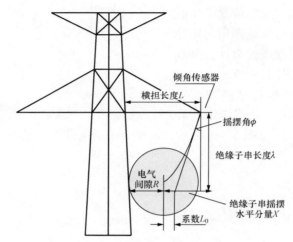

图 12-7　倾角传感器安装位置图

L—横担长度，m；ϕ—绝缘子串摇摆角（风偏角）°；R—电气间隙，m；

λ—绝缘子串长度，m；X—绝缘子串摇摆振幅的水平分量，m

根据横担长度 L、绝缘子串长度 λ、风偏角 ϕ，可计算出电气间隙 R。当风偏发生时，绝缘子串产生摇摆，摇摆角即风偏角为 ϕ，其摆幅在水平面的分量 X 的值可由式（12-15）确定。

$$X = \lambda \tan\phi \tag{12-15}$$

此时电气间隙 R 为

$$R = L - X \tag{12-16}$$

3. 基于全球差分定位系统（DGPS）的风偏在线监测

通过 DGPS 技术实时获取输电线路的空间位置信息，经无线传输技术传输至地面服务器中，服务器中的在线监测程序提取定位信息中导线的经度、纬度和高度三维空间信息转换成三维笛卡尔坐标系中的坐标值，利用人工神经网络技术对定位数据进行误差处理，输电线路风偏轨迹再现程序根据实时的空间位置信息还原导线的风偏轨迹。基于 DGPS 的输电线路风偏在线监测系统由基准站和移动站组成。基准站可安装在变电站内或者安装在移动站附近的杆塔上，而移动站则安装在输电导线上。监测系统硬件结构见图 12-8。

基准站给移动站提供差分信号。基准站的位置事先通过精密测量得到，并保存到基准站接收机中。基准站接收机把接收到的卫星信号转换成基准站的经度、纬度及高度等位置信息。测量得到的基准站位置信息与通过精确测量得到的位置信息进行比较得到差分信息，该差分信息作为移动站定位信息的校正信号。

移动站接收机在接收卫星信号的同时，也接收来自基准站的差分信号，并把经过差分之后的卫星信号转换成反映移动站位置的定位信息。当移动站随导线发生风偏时，移动站发出

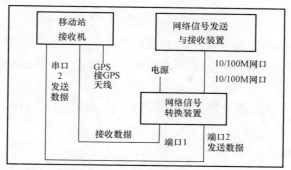

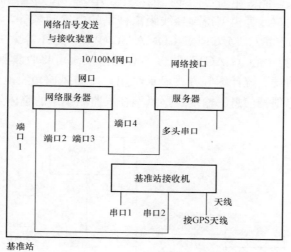

图 12 - 8　基于 DGPS 的监测系统硬件结构

的定位信息就会随着导线位置变化而变化，这样就得到了导线风偏的实时位置信息。移动站通过无线信号发送到接收装置，把得到的导线运动位置信息发送到基准站，基准站将此信息保存在数据服务器中。

要绘出导线风偏的轨迹，需要进行坐标变换，将移动站所处位置的经度、纬度和高度坐标转换成三维笛卡尔坐标系中的 X，Y，Z。三维笛卡尔参考系假定地球为刚体，Z 轴平行于地球的自转轴，朝北为正；X 轴平行于相应的赤道面，位于格林尼治子午面内；Y 轴则与 X，Z 轴正交，朝东 90°。坐标原点则选定在任一参考椭球中心上。假设地面上某点的大地经度、纬度为 m、n，该点相对于椭球面的大地高度为 h，则该点的三维笛卡尔坐标（X，Y，Z）为

$$X = (h+r)\cos n \cos m \tag{12 - 17}$$
$$Y = (h+r)\cos n \sin m \tag{12 - 18}$$
$$Z = [h+r(1-e^2)]\sin n \tag{12 - 19}$$

其中，r 为纬度 n 处的卯酉圈曲率半径；e 为椭球第一偏心率。

$$r = \frac{a}{\sqrt{1-e^2\sin^2 n}} \tag{12 - 20}$$

$$e = \sqrt{\frac{a^2 - b^2}{a^2}} \qquad\qquad (12-21)$$

其中，地球的长轴 $a=6378.137$km，地球的短轴 $b=6356.752\ 314\ 2$km。通过计算得到移动站的三维笛卡尔平面坐标后，再利用此坐标进行绘图，得到输电线路导线风偏轨迹。

12.3 线路风偏在线监测装置设计

12.3.1 总体架构

输电线路风偏在线监测装置通过同时监测绝缘子串高压和低压侧的风偏角、偏斜角等参数，根据建立的电气间隙计算模型得到导线距离杆塔的电气间隙等，并将风偏角、偏斜角、电气间隙及环境信息通过 GSM/GPRS/CDMA/3G/WiFi/光纤等方式传输到 CMA，通过 CMA 将信息发送至监控中心（CAG），监控中心专家系统可将收集到的信息进行存储、统计及分析，以报表、曲线、统计图等方式显示给用户。当风偏角、电气间隙等出现异常时，系统会以多种方式发出预警信息。输电线路风偏在线监测技术的整体架构见图 12-9。

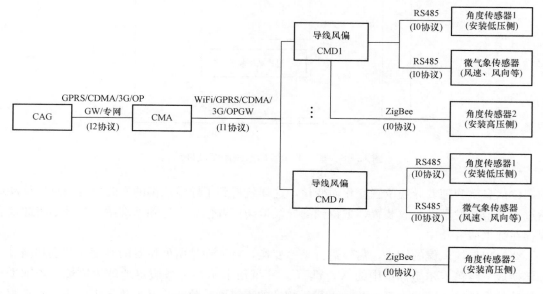

图 12-9 导线风偏在线监测技术架构

12.3.2 状态监测装置设计

1. 硬件设计

状态监测装置主要完成对输电线路周围环境气象信息（包括环境温度、环境湿度、风速、风向、雨量）的采集以及控制风偏传感器对绝缘子串高、低压侧风偏角、偏斜角等信息的采集，并将采集到的风偏角信息及环境信息通过 WiFi/OPGW/GPRS/3G 等方式传输至 CMA，状态监测装置结构见图 12-10。

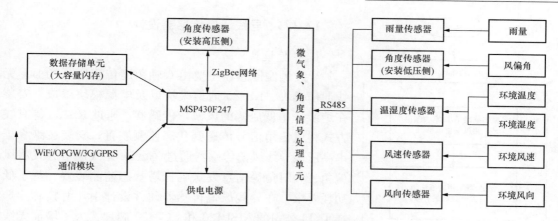

图 12-10　状态监测装置结构图

2. 软件设计

（1）力学模型。

本文提出的新型输电导线风偏在线监测装置，采用的计算方法如下：

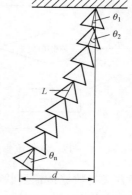

输电导线风偏在线监测方法的计算示意图，见图 12-11。假设整个绝缘子串的长度是 l，通过有线风偏监测仪得到绝缘子低压侧的风偏角 θ_1，通过无线风偏检测仪得到高压侧绝缘子的风偏角 θ_n。

采用的计算方法是，通过得到的低压侧绝缘子的风偏角 θ_1 和高压侧绝缘子的风偏角 θ_n，计算出每一片绝缘子的风偏角为

$$\theta_2 = \theta_1 + \frac{\theta_n - \theta_1}{n-1} \qquad (12-22)$$

$$\theta_3 = \theta_1 + 2\frac{\theta_n - \theta_1}{n-1} \qquad (12-23)$$

$$\cdots$$

图 12-11　计算方法示意图

$$\theta_{n-1} = \theta_1 + (n-2)\frac{\theta_n - \theta_1}{n-1} \qquad (12-24)$$

通过安装的绝缘子串型号，得到每一片绝缘子的长度 L，然后计算出整个绝缘子串的偏移距离为

$$\begin{aligned} d &= L\sin\theta_1 + L\sin\theta_2 + L\sin\theta_3 + \cdots + L\sin\theta_n \\ &= L(\sin\theta_1 + \sin\theta_2 + \sin\theta_3 + \cdots + \sin\theta_n) \end{aligned} \qquad (12-25)$$

（2）软件设计。

算法设计流程见图 12-12，首先对采集到的绝缘子串低压侧和高压侧的风偏角、倾斜角数据采用均值法和滤波技术（包括软件滤波和硬件滤波）进行数据预处理，将数据保存，即得到绝缘子串的风偏角信息；然后对采集到的风偏角数据进行数据预处理，消除趋势项和直流分量，再经过滤波处理，即可得到绝缘子串风偏角信息。将滤波后的风偏角信息代入风偏力学模型进行计算得到绝缘子串的电气间隙。如果电气间隙超出范围则给出预警信息并继续返回进行风偏角信息的采集；若电气间隙未超出安全范围也继续返回采集数据。

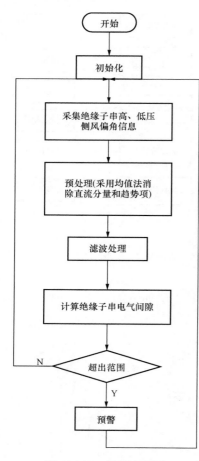

图 12 - 12　软件流程图

12.3.3　导线风偏传感器设计

1. 硬件设计

导线风偏传感器主要由双轴角度传感器、ZigBee 无线通信模块、RS485 通信模块以及电源模块组成。安装在绝缘子串低压侧的风偏角传感器，通过 RS485 等有线方式将风偏角信号传送到状态监测装置；安装在绝缘子串高压侧导线风偏传感器通过 ZigBee 无线通信方式将风偏角、倾斜角等信息发送到杆塔状态监测装置。基于低功耗要求，在导线风偏传感器硬件设计中，射频芯片选择了 TI 公司的 MSP430 和 CC2430 芯片，为了增加无线 ZigBee 模块的传输距离，在硬件电路板上设有板载天线，还留有外部天线接口，其硬件原理图见图 12 - 13。

绝缘子串风偏角监测仪部分的倾角传感器选择美国 Crossbow 公司生产的 CXTA02。CXTA02 是一种双轴倾角传感器，它主要采用高稳定性的硅微机械电容倾角传感器，以模拟信号方式输出倾斜角度，具有精度高、尺寸小、价格低廉、抗恶劣环境、易于安装等优点。

2. 软件设计

软件设计流程与导线温度无线传感器流程相似，可参考本书图 7 - 25。

12.3.4　数据输出接口

监测装置可选择 GSM/GPRS/CDMA/3G/WiFi/光纤等方式将数据传输到状态监测代理（CMA）。根据国家电网公司《输电线路风偏智能监测装置技术规范》（Q/GDW 557—2010），导线风偏监测装置采用统一数据输出接口，其定义见表 12 - 1。

表 12 - 1　　　　　　输电线路风偏在线监测装置数据输出接口

序号	参数名称	参数代码	字段类型	字段长度	计量单位	值域	备注
1	监测装置标识	SmartEquip _ ID	字符	17Byte			17 位设备编码
2	被监测设备标识	Component _ ID	字符	17Byte			17 位设备编码
3	监测时间	Timestamp	日期	4Byte/10 字符串			世纪秒（4 字节）/ yyyy-MM-dd HH：mm：ss（字符串）
4	风偏角	Windage _ Yaw _ Angle	数字	4Byte	o		精确到小数点后 2 位
5	偏斜角	Deflection _ Angle	数字	4Byte	o		精确到小数点后 2 位
6	最小电气间隙	Least _ Clearance	数字	4Byte	m		精确到小数点后 3 位

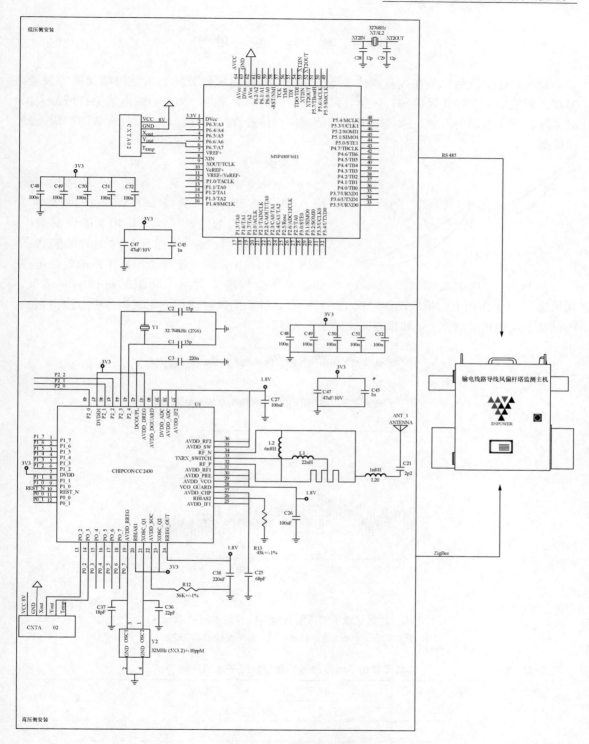

图 12-13　硬件原理框图

12.4 现 场 应 用

目前，输电线路风偏在线监测技术已广泛应用于线路风偏监测与风偏闪络预警等领域，实现了对绝缘子和导线风偏角、风速、风向等信息的实时监测，为确定输电线路杆塔最大瞬时风速、风压不均匀系数、强风下导线运行轨迹提供最直接的资料，为设计有效防护措施提供依据。

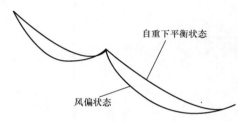

图 12-14　特征段线路某时刻的风偏

【实例一】

重庆大学林雪松等基于有限元分析理论，采用 ABAQUS 软件对一典型 220kV 特征段线路在 3 种不同基本风速的随机风荷载作用下的风偏响应进行时程分析。特征段线路在某时刻的风偏状态见图 12-14，给出悬垂绝缘子串高压侧的偏摆位移和带电导线与塔头之间的间隙的时程响应结果，在风速 25m/s 作用下的响应曲线见图 12-15，在 3 种不同风速作用下用时程分析方法得到的随机动态风偏角的均值－φ 和根方差 δ 结果见表 12-2。

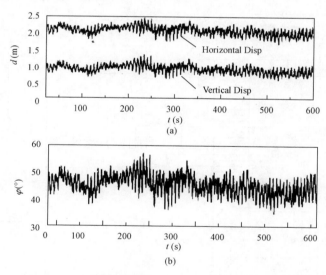

图 12-15　悬垂绝缘子串风偏时程曲线（基本风速 25m/s）

(a) 悬垂绝缘子串下端点的位移；(b) 悬垂绝缘子串风偏角

表 12-2　　　　　　　　随机风作用下特征段线路悬垂绝缘子串的风偏

基本风速 （m/s）	理论风偏角 φ （°）	动态风偏角（°）		φ（°）	β_C（°）
		平均值 φ	根方差 δ		
20	28.00	32.35	3.17	39.32	1.54
25	39.85	45.59	3.52	53.34	1.61
30	50.10	55.46	3.77	63.76	1.70

【实例二】

作者研发的基于角度传感器的输电线路导线风偏在线监测装置已经在向家坝—上海±800kV 特高压直流输电线路上安装运行，装置安装现场见图 12-16，运行数据见图 12-17。

图 12-16　装置安装现场

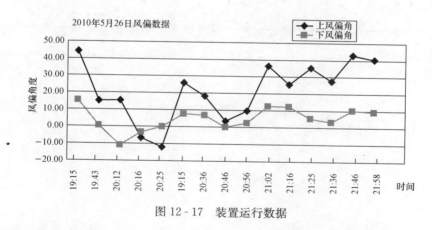

图 12-17　装置运行数据

该装置的监测数据与常规计算方法得到的绝缘子的偏移距离的比较见表 12-3。

表 12-3　　　　　　　　　　　　　　监测装置监测数据与常规方法的比较

上风偏角 θ_1（°）	下风偏角 θ_n（°）	装置监测的偏移距离（m）	常规方法计算的偏移距离（m）	两种方法差值（m）
15.41	44.40	5.9175	3.1887	2.7288
4.25	5.74	1.0448	0.8893	0.1555
1.50	11.36	1.3422	0.3141	1.0281
4.56	5.39	1.0406	0.954	0.0866
15.36	44.43	5.9145	3.1786	2.7359
0.00	2.44	0.2555	0	0.2555

上风偏角 θ_1 （°）	下风偏角 θ_n （°）	装置监测的偏移距离 （m）	常规方法计算的偏移距离 （m）	两种方法差值 （m）
0.00	11.83	1.2344	0	1.2344
3.96	5.66	1.0062	0.8287	0.1755
1.50	10.94	1.2986	0.3141	0.9845
21.39	42.91	6.3472	4.3766	1.9706

【实例三】

青藏±400kV 交直流联网工程柴拉线安装的基于角度传感器的风偏监测装置已在 1642 号杆塔上运行，2013 年 3～4 月装置的运行数据曲线见图 12-18。

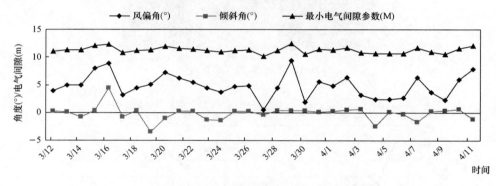

图 12-18　装置运行数据曲线

输电线路杆塔倾斜在线监测

在中国超高压和特高压运行线路的建设过程中，输电线路不可避免地经过煤炭开采区、软土质地区、山坡地、河床地带等特殊地带，在恶劣自然环境和外界条件的作用下，容易造成杆塔基础倾斜、开裂、杆塔变形，甚至导致塔基沉陷、杆塔倾倒。杆塔倾斜属于典型的"隐形故障"，输电线路人工正常巡视时，往往不能及时发现地面沉降。当发现塔基沉降时，输电线路已处于危险状态。杆塔发生倾斜后给线路安全运行带来严重威胁，如果不能及时发现处理，后果非常严重。

杆塔倾斜的产生与发展过程十分复杂，其中包括许多随机因素，无法进行相关基础理论分析，只能依靠有效测量方法和在线监测技术及时发现采空区的塌陷和变形特点，及时预见杆塔地面塌陷（见图 13-1）、地面沉降等早期变化，采取应对措施。

图 13-1 塔基塌陷现场

13.1 杆塔倾斜的危害、形成原因及防护措施

由于基础不平引起杆塔中心偏离铅垂位置的现象叫杆塔倾斜。杆塔倾斜率是杆塔倾斜值与杆塔地面上部高度之比的百分数，其能够直观反应杆塔整体受力及负荷平衡状态，是衡量输电线路杆塔施工质量及运行状态的重要指标，线路施工验收及运行规程中均对杆塔倾斜率提出了明确的要求。

13.1.1 危害

杆塔倾斜后造成杆塔导地线的不平衡受力，见图 13-2（a），引起绝缘子串和地线线夹迈步，电气安全距离不够等问题，当问题扩大时容易造成倒杆断线，见图 13-2（b），电气距离不够容易引起跳闸等事故。

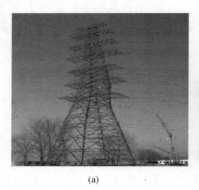 

(a)　　　　　　　　　　　　　　　　(b)

图 13-2　杆塔倾斜事故现场图

(a) 不平衡张力下的杆塔倾斜；(b) 杆塔折断倒塌图

从调研和统计资料看，杆塔倾斜往往容易造成如下事故：

(1) 杆塔横线路方向倾斜时绝缘子横向迈步，造成带电部分与杆塔间隙过小。1997 年 3 月 17 日，220kV 漳长Ⅰ、Ⅱ回 13 号塔，由于周围地段下沉，造成塔结构倾斜 49‰，中心向左移位 600mm。绝缘子横线路方向迈步最大 950mm，导线双联弯头与杆塔上横担 1980mm。

(2) 造成杆塔塔身倾斜，副材变形，导线对地安全距离不足。2002 年 3 月 18 日，220kV 漳长Ⅰ、Ⅱ回 14 号塔基础下沉，分别为 A 1025mm，B 915mm，C 0mm，D 98mm，塔身严重倾斜，横线路倾斜 2100mm，顺线路向小号侧倾斜 600mm，13 号～14 号导线对地距离 4.8m，副材弯曲 24 根。

(3) 杆塔倾斜后由于绝缘子与架空地线线夹迈步，导线与地线会在线夹内滑动，滑动不一致时会在大风天气作用下发生导地线碰线、接地事故。2004 年 5 月 17 日，漳长线 16 号横线路倾斜 1.3m，顺线路倾斜 0.62mm，大风时导线对地线放电，引起跳闸。

(4) 杆塔根开变化，主材弯曲变形，接地螺帽撕脱。2005 年 4 月 29 日，110kV 漳库双回 16 号向右侧倾斜 130mm、向大号倾斜 1120mm。

(5) 相邻两基杆塔反方向倾斜，导致弛度过小，导地线张力过大。2005 年 7 月 5 日，220kV 漳苏Ⅰ回 25 号塔身向大号侧倾斜 90mm，24 号塔身向小号侧倾斜 150mm，导线弛度仅有 0.5m 左右，地线弛度 0.2m 左右（24 号～25 号为孤立档）。

(6) 带拉线杆塔发生倾斜后造成倾斜方向拉线松弛，倾斜反方向拉线受力大，拉线受力过紧，严重时会将 UT 型线夹螺帽拉脱或拉线盘拉出，造成倒杆断线事故。2005 年 7 月 5 日，220kV 寺漳线 380 号塔塔身向小号侧倾斜 210mm，大号侧拉线松，小号侧紧，导线绝缘子向大号迈步 450～500mm，架空地线悬垂线夹向小号迈步 200mm。

13.1.2　形成原因

输电线路杆塔倾斜主要体现在以下两方面：地质基础失稳；杆塔两侧受不平衡张力。上述现象，有飓风、覆冰、洪水、地震等自然因素的作用，如处在高山、河流等野外环境下的输电杆塔，在风激励下，输电线路的导线振动经常发生，由此带动杆塔倾斜，特别是华东地区濒临东海极易受台风等强风暴影响，由于风载荷超过杆塔设计强度直接导致倒塔，此类倒塔与导线舞动引起的倒塔机理不同。例如，2005 年 6 月 14 日，国家"西电东送"和华东、江苏"北电南送"的重要通道江苏泗阳 500kV 任上 5237 线发生风致倒塔事故，一次性串倒 10 基输电塔，造成大面积的停电。

　　除了自然因素，还有许多非自然的人为因素，主要有：①在离杆塔安全距离范围内进行的野蛮施工。②一些林区砍伐树木，由于安全措施不够，某些大树倒塌将导地线拉扯引起倒塔。③地下开矿造成的地表下陷。2005 年 4 月 27 日 20：30，包头东河区壕赖沟铁矿因地下采空塌陷，形成一个面积约 500m² 、深约 50m 的大坑，位于该区域的 110kV 古东线 20 号杆塔落入大坑，造成了倒塔事故。2007 年 1 月 16 日 23：50，壕赖沟铁矿再次连续透水塌陷，附近的 220kV 古城枢纽变电站出线走廊内的 12 条线路处于采空区内，其中 2 条线路被迫拆除。

13.1.3　防护措施

1. 预防措施

（1）针对采空区，现有和拟建的线路工程将受到采空区基础变形的威胁，主要采取"避、控、固、抗、调"等方法预防。

　　"避"就是在可能情况下避开采空区和规划开采区，从根本上解决了采空区可能造成的危害。当输电线路需要架设在采空区地段，可参考表 13-1 进行处理。

表 13-1　　　　　　　　　　采空区不同采厚比线路通过的处理方案

序号	采厚比	处 理 方 案
1	<30	不能立塔，应避开采空区
2	30～80	可以立塔，但必须采用大板基础，加长地脚螺栓，安装在线监测装置。不得采用同塔双回和多回线路。必要时应在建设初期采取加固措施（如高压注浆）
3	80～100	可以立塔，普通基础需采用加长地脚螺栓
4	>100	可以立塔

　　"控"是控制矿山开采规模或采取采空区预防塌陷的技术和管理措施来稳定采空区的塌陷变形。

　　"固"是指采取预防采空区塌陷的技术和管理措施来稳定采空区塌陷、变形。

　　"抗"是采取有效技术措施抵抗采空区变形的影响，铁路、公路在抵抗采空区变形的影响方面均有成功先例。

　　"调"是调整设备适应采空区变化，主要是改线、基础带电复位、带电扶正塔身、改分裂式基础为联合式基础、带电提升加固原基础、带电升高杆塔及采用单柱型钢管塔等措施。

（2）合理设计档距，避免出现小档距和相邻两侧档距一侧过大，另一侧过小的现象。且最小档距不得小于 200m。

（3）杆塔选型时应选用自立式杆塔，杆塔材料优先选用高强钢。

（4）悬垂线夹不宜采用预绞丝式，由于活跃期绝缘子串倾斜调整工作频繁，预绞丝式悬垂线夹调整工作量大且不方便带电作业，以普通线夹为宜。

（5）加强巡视与测量。发现地表有裂缝和塌陷应提前对该塔采取相应地防范措施。

（6）重视对强夯地基处理方案的优化设计，选择适宜的强夯地基处理工艺，严格控制回填土料，对强夯处理后的地基，应该运用多种方法进行检测，检测方法有：室内试验、十字板验、动力触探试验（包括标准贯入试验）、静力触探试验、旁压仪试验、载荷试验、波速试验等。

（7）对于塔基处在自重湿陷性黄土水浇地，要严格控制灰土含水量，可用二八灰土封闭式处理，二八灰土封闭式处理埋设高度以露出保护帽为标准，这样使得处理后的塔基整体比周围水浇地稍高一些，从而防止漫灌时塔基周围淤水。图13-3给出了二八灰土封闭式处理后的塔基。

图13-3　二八灰土封闭式处理后的塔基

2. 杆塔倾斜校正方法

国内电力行业对线路杆塔倾斜校正技术进行了大量研究，已获得了一定成效，如采用拉线调节法、底盘充填法、底盘沉降法等。对线路杆塔的倾斜校正，目前采取的措施大致有以下几种：

（1）基础填充法，又叫基础顶升法，即对杆塔基础不规则、下沉幅度较大、水平位置相对较低的塔脚基础进行抬升，将下沉幅度较大的基础挖开，在基础下用千斤顶或其他起重工具将基础抬起，用土或混凝土把基础下间隙填实，迫使较低的塔脚基础和较高的塔脚基础处在同一水平位置，实现调斜目的。

（2）置换塔位法，即在基础严重下沉的杆塔沿线路方向的任意一侧新设1基杆塔，将原来杆塔置换下来；转角塔则需在内角沿线路方向新立2基杆塔，将原来杆塔置换下来，实现杆塔纠斜的目的。

13.2　杆塔倾斜测量方法

杆塔倾斜发展初期，巡线人员很难用肉眼观察到其微小变化，可通过现场测量方法或杆塔倾斜在线监测方法及早发现倾斜隐患。下面介绍杆塔倾斜现场测量和在线监测的几种常用方法。

13.2.1　现场测量方法

常规的现场测量方法有经纬仪法和平面镜法。

1. 经纬仪法

采用经纬仪投影的方法测量倾斜度和挠度，其现场布置情况见图13-4。在待测量杆塔纵向（横向）中心轴线上"A"点架设仪器，一般要求仪器与杆塔距离大于杆塔全高的 1.5倍，尽量减小仪器的仰角。然后在杆塔正面（侧面）塔片下方横向（纵向）放置标尺"B"，使用经纬仪将塔片不同高度处的中点（塔材交叉点或塔片中心节点螺栓）逐一投影到标尺"B"上，记录下各点在标尺上的读数。以杆塔底部或基础中心的投影值为起始点（零点），即可计算出不同高度处杆塔中心相对于杆塔底部或基础中心的倾斜值。该方法在平坦地形下易于实现。

2. 平面镜法

平面镜法测量杆塔倾斜率的基本原理为：通过适当地设置平面镜，合理设计光路，以观测特定目标在平面镜中的成像代替观测特定目标本身，从而解决特殊地形测量条件受限时目标物的观测问题。具体实施时，测量人员可通过经纬仪观测平面镜里的中心螺栓成像，用钢卷尺准确测量出中心螺栓成像与杆塔横线路方向、顺线路方向中心线偏移距离，再通过计算得到杆塔倾斜率。测量步骤如下：

①测量工具准备。需准备经纬仪、平面镜（为方便操作，实际中常采用可调整俯仰角度的平面镜）、钢卷尺、细尼龙线、吊锤、三角板、水平尺等。

②方向桩和中心桩确定。用尼龙线将杆塔 4 条腿交叉盘绕成 X 型，其交点为基础中心，再用吊锤将交点引入地面，标记为 O 点。将经纬仪置于 O 点，根据横、顺线方向桩各引 2根方向桩于塔身内部，并用尼龙线沿横、顺线路方向将方向桩连接。测量过程中，经纬仪、方向桩、中心桩等的平面布置方式见图 13-5。

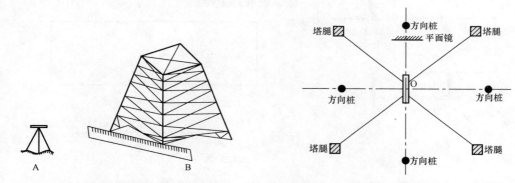

图 13-4　经纬仪测量杆塔倾斜现场布置图　　　图 13-5　平面镜法测量杆塔倾斜率的平面设置

③置镜。将平面镜置于塔身内部的方向桩附近，利用三角板配合，使平面镜镜面垂直于方向桩的连线，并将水平尺平放在平面镜底座上，调整平面镜使得底座水平，见图 13-6。

图 13-6　平面镜设置

④平面镜微调校正。如果平面镜与测量中心线（方向桩连线）不垂直，将引起所测量塔顶中心螺栓虚像的偏移，容易产生较大的测量误差。因而有必要对平面镜进行微调校正，使平面镜与测量中心线保持严格垂直。

⑤平面镜成像。在地面固定平面镜后，旋转镜面，测量人员站立在经纬仪附近（中心桩）处观察，直到杆塔顶交叉材上对称螺栓 A1 在平面镜上成像，此时停止旋转平面镜，测量人员在中心桩"O"点通过经纬仪望远镜观察，使得望远镜内"十字"线中心对准对称螺栓在平面镜上成像 A2，否则通过细微旋转镜面进行调整，见图 13-7。

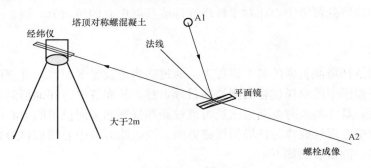

图 13-7　平面镜成像

⑥画印。观测到塔顶中心螺栓在平面镜中所成虚像后，固定水平制动锁，继续向下旋转经纬仪望远镜，使望远镜十字线瞄准平面镜底座上，并做标记 A3，见图 13-8。

⑦量取距离。用钢卷尺量取 A3 点与方向桩之间连线的水平距离（倾斜值），用同样方法可得横、顺线路上倾斜值（x_m、y_m），见图 13-9。

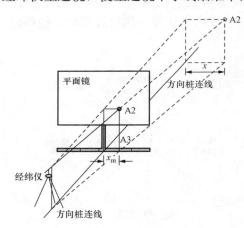

图 13-8　偏移值的间接测量

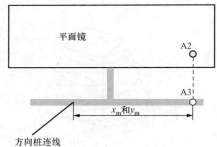

图 13-9　量取距离

⑧杆塔倾斜率计算。准确测量 x_m、y_m 后，需将其换算为绝对的偏移值 x、y。图 13-8 中，x_m、y_m 与 x、y 构成相似三角形关系；观察点（经纬仪）距离平面镜的距离为 d，被观测点（塔顶中心螺栓在平面镜中的虚像）距离镜面的距离约为杆塔的对地高度 h。则存在如下关系

$$\begin{cases} x = \dfrac{h+d}{d}x_m = (1+h/d)x_m \\ y = \dfrac{h+d}{d}y_m = (1+h/d)y_m \end{cases} \tag{13-1}$$

在杆塔较高时，$h \gg d$，则式（13-1）可简化为

$$x = x_m h/d$$
$$y = y_m h/d \tag{13-2}$$

杆塔倾斜率计算公式为

$$c = \sqrt{x^2 + y^2}/h \times 1000‰ \qquad (13-3)$$

简化为

$$c = \sqrt{x_{\mathrm{m}}^2 + y_{\mathrm{m}}^2}/d \times 1000‰ \qquad (13-4)$$

平面镜法测量杆塔斜率的测量误差主要来源于平面镜与测量中心线所在平面不垂直，使虚像位置发生偏移而产生的测量误差；而其他误差如仪器误差等相对较小，一般可忽略。

13.2.2　杆塔倾斜在线监测方法

在地势陡峭山区采用平面镜法等测量杆塔倾斜率是十分麻烦的，利用在线监测则可便捷获得不良地质区（采空区、滑坡区、沼泽水田区、海边台风区、沙地及高盐冻土区等）杆塔倾斜度，及时发现杆塔倾斜超限情况。

1. 基于角度传感器的杆塔倾斜在线监测

基于角度传感器的输电线路杆塔倾斜在线监测通过采集杆塔顺线方向和横线方向的倾斜角度，建立了杆塔倾斜模型，计算得到杆塔在顺线方向和横线方向的倾斜度和综合倾斜度。

2. 基于光纤传感器的杆塔倾斜在线监测

使用光纤传感技术来实现输电线路杆塔倾斜状态监测时，利用光纤光栅上应力变化引起的波长位移信息，得到光栅所感应到的应力变化信息，从而对应得到杆塔的倾斜状态信息，实现对杆塔倾斜状态的监测。光纤传感器以一定间隔固定在输电线路杆塔的表面，使用匹配液减小光纤端面反射对光路中光信号的影响。其监测原理框图见图 13-10。

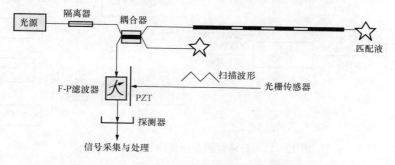

图 13-10　基于光栅传感器的杆塔倾斜在线监测原理框图

宽谱光源发出的光通过隔离器后经过 3dB 耦合器入射到光纤后，反射信号进入 F-P 滤波器中。利用 PZT 构成的可调谐 F-P 腔测量光纤光栅传感器的反射波长，可以直接将反射波长信息对应到 PZT 的扫描电压。式（13-5）给出应力引起的布拉格反射波长，根据波长位移量 $\Delta\lambda_\varepsilon$，可由式（13-6）得到应力变化量，根据应力变化量能够反映出杆塔的倾斜状态。

$$\lambda_{\mathrm{B}} = 2n_{\mathrm{eff}}\Lambda \qquad (13-5)$$

式中，n_{eff} 为光纤基模在布拉格波长上的有效折射率；Λ 为光栅的周期。

$$\Delta\lambda_\varepsilon = (1 - P_\varepsilon)g\Delta\varepsilon g\lambda_{\mathrm{B}} = K_\varepsilon g\Delta\varepsilon g\lambda_{\mathrm{B}} \qquad (13-6)$$

式中，$\Delta\lambda_\varepsilon$ 为应变变化引起的波长位移；P_ε 为光纤的弹光系数；$\Delta\varepsilon$ 为应力变化量；K_ε 为光纤布拉格光栅的应变灵敏度系数，光纤布拉格光栅选定后，K_ε 为常数。

3. 基于力传感器的杆塔倾斜在线监测

外部因素导致的杆塔张力不平衡会引起杆塔倾斜，同样地基沉降导致的杆塔倾斜也会引起杆塔张力不平衡，总之杆塔倾斜和张力不平衡存在必然联系。可以通过杆塔不平衡张力来反映杆塔倾斜状况。其由安装在输电线路杆塔上的不平衡张力传感器、通信服务器和监控服务器组成。不平衡张力传感器由一个六方向的角度传感器结合拉力传感器组成，安装在绝缘子和杆塔的 U 型挂环之间，用来测量杆塔受力的大小和方向。通过建立杆塔受力的三维状态数学模型，显示杆塔受力和杆塔倾斜的实际变化，来实现对杆塔倾斜的状态监测。

13.3 杆塔倾斜在线监测装置设计

13.3.1 总体架构

基于角度传感器的输电线路杆塔倾斜在线监测技术总体架构见图 13-11。装置可对杆塔中心线 2/3 高度处和杆塔顶端的顺线倾斜角和横向倾斜角进行实时监测，通过 RS485 将采集信息传输至杆塔状态监测装置，利用杆塔倾斜模型计算出杆塔的顺线倾斜度、横向倾斜度和综合倾斜度，并将其通过 GPRS/CDMA/3G/光纤等方式传输到状态监测代理（CMA），再通过 CMA 将信息发送至监控中心（CAG）。监控中心专家系统可对接收到的信息进行存储、统计及分析，当监测值超出阈值时，系统及时发出预警信息。

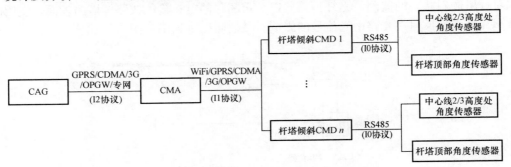

图 13-11　杆塔倾斜在线监测技术总体架构

13.3.2 状态监测装置设计

1. 硬件设计

状态监测装置由微处理器、角度传感器、通信模块等组成。角度传感器采集杆塔顺线方向的倾斜角和横向方向的倾斜角，通过 RS485 接口线输送到微处理器，微处理器采用基于 ARM（Cotex-M3）核的 STM32F107 互联型微控制器，STM32F107 负责将采集到的倾斜角利用杆塔倾斜模型计算出杆塔的顺线倾斜度、横向倾斜度和综合倾斜度，并将其通过 GPRS/CDMA/3G/光纤等通信方式传输到 CMA，状态监测装置硬件结构框图见图 13-12。

2. 软件设计

（1）杆塔倾斜度计算模型。

该监测方法通过安装在杆塔 2/3 处及顶部的二维角度传感器，如图 13-13 所示，对高

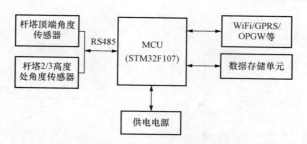

图 13-12　杆塔倾斜状态监测装置结构框图

压运行中杆塔的顺线及横线两个方向的角度（Av_1、Av_2，Ah_1、Ah_2）进行全天候实时监测。通过空间直角坐标系计算出综合倾斜度，并将其存储到微处理器中。由图可知顺线倾斜度 TG_x，横向倾斜度 TG_y，综合倾斜度表示为 TG（Tower Gradient）：

$$TG_x = \frac{L_1 \sin(Av_1) + L_2 \sin(Av_2)}{L_1 + L_2} \tag{13-7}$$

$$TG_y = \frac{L_1 \sin(Ah_1) + L_2 \sin(Ah_2)}{L_1 + L_2} \tag{13-8}$$

$$TG = \sqrt{(TG_x TG_x + TG_y TG_y)} \tag{13-9}$$

式（13-7）、（13-8）中，Ah_1 为角度传感器 1 顺线倾斜角度；Av_1 为角度传感器 1 横向倾斜角度；Ah_2 为角度传感器 2 顺线倾斜角度；Av_2 为角度传感器 2 横向倾斜角度。

其中不同高度的杆塔，最大允许倾斜范围 ΔL 是杆塔高度 H 与杆塔允许倾斜度的乘积。

（2）杆塔倾斜预警、报警阈值。

根据监测杆塔综合倾斜度 TG，按照表 13-2 设定的报警阈值进行诊断。

表 13-2　　　　　　　　　　　杆 塔 倾 斜 报 警 表　　　　　　　　　　mm/m（或‰）

序号	杆塔类型/电压等级	正常 （一类设备）	提示阈值 （二类设备）	预警阈值 （三类设备）	报警阈值 （四类设备）
1	50m 及以上高度杆塔	$TG<3$	$3 \leqslant TG<4$	$4 \leqslant TG<5$	$TG \geqslant 5$
2	50m 以下高度杆塔	$TG<3$	$3 \leqslant TG<8$	$8 \leqslant TG<10$	$TG \geqslant 10$
3	钢筋混凝土电杆	$TG<3$	$3 \leqslant TG<10$	$10 \leqslant TG<15$	$TG \geqslant 15$

（3）软件流程。

为降低装置功耗，装置可定时或手动请求采集数据，根据上述计算模型，微处理器将接收横向倾斜角和顺线倾斜角，并计算出横向倾斜度和顺线倾斜度，判断是否超出安全阈值，从而决定是否报警，软件实现过程流程图见图 13-14。

13.3.3　数据输出接口规范

监测装置可选择 GSM/GPRS/CDMA/3G/WiFi/光纤等方式与上级装置进行通信，将数据传输到状态监测代理装置（CMA）或状态监测中心。根据国家电网公司《输电线路杆塔倾斜智能监测装置技术规范》，杆塔倾斜监测装置采用统一数据输出接口，其定义如表 13-3 所示。

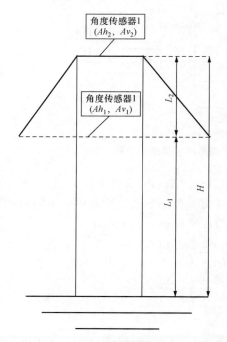

图 13-13　二维角度传感器的安装示意图

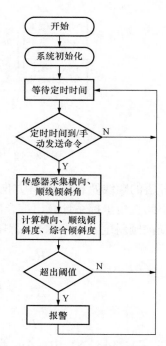

图 13-14　软件流程图

表 13-3　　　　　　　　　　　　　　杆塔倾斜智能监测装置数据输出接口

序号	参数名称	参数代码	字段类型	字段长度	计量单位	值域	备注
1	监测装置标识	SmartEquip _ ID	字符	17Byte			17 位设备编码
2	被监测设备标识	Component _ ID	字符	17Byte			17 位设备编码
3	监测时间	Timestamp	日期	4Byte/10 字符串			世纪秒（4 字节）/ yyyy-MM-dd HH：mm：ss（字符串）
4	综合倾斜度	Gradient	数字	4Byte	mm/m		精确到小数点后 1 位
5	顺线倾斜度	Gradient _ X	数字	4Byte	mm/m		精确到小数点后 1 位
6	横向倾斜度	Gradient _ Y	数字	4Byte	mm/m		精确到小数点后 1 位

13.4　现场应用与效果分析

【实例一】

杆塔倾斜在线监测装置已在 1000kV 晋东南—南阳—荆门特高压试验示范工程安装运行，特高压线路 414 号、459 号杆塔在 2009 年 10 月 19 日的倾斜数据见图 13-15。

从图 13-15（a）中可以看出：414 号杆塔数据顶点综合倾斜度 14.89mm/m，横向倾斜度 1.61mm/m，顺向倾斜度 0mm/m。杆塔 2/3 处综合倾斜度 0mm/m，横向倾斜度 0.85mm/m，顺向倾斜度 14.84mm/m。从图 13-15（b）中可以看出：459 号杆塔顶点综合

安装位置：**1000kV长南I线 0414 塔**

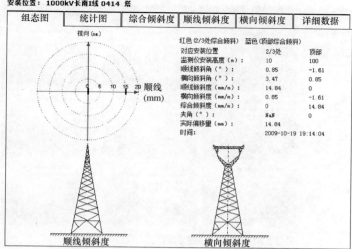

（a）

安装位置：**1000kV长南I线 0459 塔**

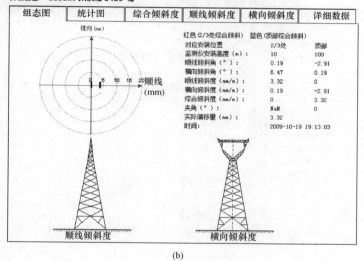

（b）

图 13-15　杆塔倾斜装置在 1000kV 输电线路应用

（a）414 号杆塔；（b）459 号杆塔

倾斜度 3.32mm/m，横向倾斜度 2.91mm/m，顺向倾斜度 0mm/m，杆塔 2/3 处综合倾斜度 0mm/m，横向倾斜度 0.19mm/m，顺向倾斜度 3.32mm/m。从数据结果上看，特高压线路 414 号杆塔顺线方向倾斜有轻微超标，应予以关注，安排相关人员现场巡查。459 号杆塔整体运行情况良好，各项监测指标均在正常范围内。

【实例二】

杆塔倾斜在线监测装置已在四川泸州 110kV 冲龙线 3 号杆塔安装运行，其监测界面见图 13-16。表 13-4 为 2013 年 4 月 10 日的运行数据。数据显示，最大的顺线倾斜角为 5.23°，对应的横向倾斜角为 0.79°。

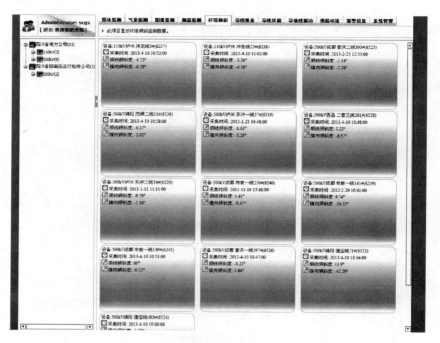

图 13-16　杆塔监测界面

表 13-4　　　　　　　　　　　　　　杆 塔 倾 斜 监 测 数 据

采集时间	顺线倾斜角（°）	横向倾斜角（°）	采集时间	顺线倾斜角（°）	横向倾斜角（°）
2013-4-10 10：52	−4.72	−0.28	2013-4-10 05：52	−4.68	−0.25
2013-4-10 10：32	−4.72	−0.28	2013-4-10 05：32	−4.72	−0.28
2013-4-10 10：12	−4.72	−0.29	2013-4-10 05：12	−4.7	−0.28
2013-4-10 09：52	−4.73	−0.3	2013-4-10 04：52	−4.7	−0.29
2013-4-10 09：32	−4.69	−0.29	2013-4-10 04：32	−4.73	−0.26
2013-4-10 09：12	−4.69	−0.24	2013-4-10 04：12	−4.72	−0.28
2013-4-10 08：52	−4.7	−0.28	2013-4-10 03：52	−4.7	−0.28
2013-4-10 08：32	−4.7	−0.26	2013-4-10 03：32	−4.7	−0.29
2013-4-10 08：12	−4.69	−0.26	2013-4-10 03：12	−4.72	−0.29
2013-4-10 07：52	−4.69	−0.26	2013-4-10 02：52	−4.7	−0.28
2013-4-10 07：32	−4.54	−0.13	2013-4-10 02：32	−4.69	−0.28
2013-4-10 07：12	−4.62	−0.2	2013-4-10 02：12	−4.69	−0.28
2013-4-10 06：52	−5.23	−0.79	2013-4-10 01：52	−4.7	−0.29
2013-4-10 06：32	−5.22	−0.78	2013-4-10 01：32	−4.7	−0.29
2013-4-10 06：12	−4.54	−0.12	2013-4-10 01：12	−4.72	−0.29

【实例三】

杆塔倾斜监测装置已在青藏±400kV 交直流联网工程柴拉线安装运行，表 13 - 5 给出了 2013 年 4 月 12 日柴拉线 1500 号杆塔一段时间内的监测结果，杆塔高 35.5m。从表中数据可得，杆塔综合倾斜度 $TG<3$，根据报警阈值表诊断杆塔运行正常。

表 13 - 5　　　　2013 年 4 月 12 日柴拉线 1500 号杆塔一段时间内的监测结果

监测时间	综合倾斜度（mm/m）	顺线倾斜度（mm/m）	横向倾斜度（mm/m）
2013-4-12 10：13：00	2.5	−2.5	−0.3
2013-4-12 10：03：00	2.5	−2.5	−0.3
2013-4-12 09：53：00	2.5	−2.5	−0.3
2013-4-12 09：43：00	2.5	−2.5	−0.3
2013-4-12 09：33：00	2.5	−2.5	−0.3
2013-4-12 09：23：00	2.5	−2.5	−0.3
2013-4-12 09：13：00	2.5	−2.5	−0.3
2013-4-12 09：03：00	2.5	−2.5	−0.3
2013-4-12 08：53：00	2.5	−2.5	−0.3
2013-4-12 08：43：00	2.5	−2.5	−0.3
2013-4-12 08：33：00	2.5	−2.5	−0.3
2013-4-12 08：23：00	2.6	−2.6	−0.3
2013-4-12 08：13：00	2.6	−2.6	−0.3
2013-4-12 08：03：00	2.6	−2.6	−0.3
2013-4-12 07：53：00	2.6	−2.6	−0.3

输电导线弧垂在线监测

随着我国特高压输电工程的开展，输电线路的电荷负载也随之加重，部分输电线路的允许温度已经由 70℃提高到 80℃，但温度升高容易导致导线弧垂变大。在我国南方地区，导线覆冰事故时有发生，覆冰导线重量增加同样导致弧垂变大。尤其是当线路处于极限传输容量运行时，可能会因为弧垂太低导致线路跳闸，造成严重的事故。乌鲁木齐电业局统计，从1998 年至 2000 年，仅 110kV 高压线路因弧垂过大导致接地（树木）就造成 20 余条线路跳闸。2000 年春节期间，安徽泗县有两条 10kV 线路在凌晨 4～6 时断线。事故原因是气温低于－10℃，LJ-35 导线弧垂过小，且导线上有雪冻，使导线受力超过允许值而断线。2003 年美国的"8·14"美加停电的分析报告中指出，当地时间 15 时 32 分俄亥俄南北联络通道一条 345kV 线路由于弧垂过大导致线路对下方的树木放电引起线路跳闸。输电线路弧垂处于安全范围内是线路正常运行的关键。为避免由弧垂引发的事故，研究弧垂机理及提高防治措施显得非常重要。

14.1 导线弧垂定义

弧垂又称弛度，是指导线任意点距两悬挂点连线的垂向距离，见图 14-1。当悬挂点间的高差角较小，档距和线长将会非常接近，工程上则可粗略地认为比载 γ 沿档距均匀分布。在此假设条件下得到的弧垂计算公式是按照平抛物线公式推导计算的，见式（14-1）。当悬挂点间的高差角较大，档距和线长差别较大时，一般认为比载 γ 沿线长均匀分布，在此假设条件下得到的弧垂计算公式是按照斜抛物线公式推导计算的，见式（14-2）。当式（14-2）中 $x = l - x = \dfrac{l}{2}$ 时，得到最大弧垂 $f_{\max}$ 式（14-3）。

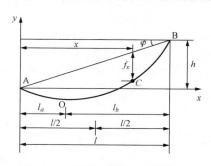

图 14-1　悬点不等高时导线弧垂

$$f_x = \frac{\gamma x(l-x)}{2\sigma_0} \tag{14-1}$$

$$f_x = \frac{\gamma x(l-x)}{2\sigma_0 \cos\varphi} \tag{14-2}$$

$$f_{\max} = \frac{\gamma l^2}{8\sigma_0 \cos\varphi} \tag{14-3}$$

式中，γ 为导线比载；σ_0 为最低点应力；x、$l-x$ 分别为任一点 C 点至 A、B 点的水平距离。

14.2　导线弧垂的危害、影响因素及其防护措施

14.2.1　危害

引起导线弧垂变化的原因主要有导线负载变化（导线舞动、导线覆冰等）和导线温度变化（环境温度、负荷电流），其造成的危害主要有以下几方面：

（1）弧垂过小时，导线应力将增大，增加了导线自身、金具、绝缘子等的机械负荷，使之易受损伤、缩短使用寿命；导线振动几率增大；杆塔和相邻耐张段之间的不平衡张力变大导致杆塔倾斜。

（2）弧垂过大时，由于风力影响导致导线弧垂变化，容易产生鞭击现象；在高温下，导线热伸长弧垂明显变大导致对地安全距离不够。

2008 年南方低温雨雪冰冻自然灾害天气，使我国 13 个省（区）的电力系统运行受到影响。严重覆冰导致导线弧垂变化剧烈，导致了相间闪络、跳闸停电等事故，严重影响了线路输送的能力。

14.2.2　影响因素

影响输电线路弧垂的因素有很多，其中主要有导线应力、传输容量、大气温度、风、导线覆冰等。

（1）导线应力是决定弧垂的主要因素，在架线施工的时候需要对导线应力与弧垂的情况进行比较充分的考虑。例如，如果线路架设或设计时未补足初伸长，运行若干年后导线初伸长变大（塑性伸长和蠕变身长）将引起导线弧垂变大，造成导线对地距离变小。

（2）覆冰厚度变化，线路覆冰将引起导线重量的增加，造成线路弧垂的增加。覆冰厚度与导线弧垂的关系见表 14 - 1。

表 14 - 1　　　　　　　　　　　　覆冰厚度与导线弧垂的关系

覆冰情况	荷载（N/m）	张力（N）	弧垂（m）	倾角（°）
无覆冰	13.2292	27 680	7.32	4.78
冰厚 10mm	23.4387	41 173	8.72	5.69
冰厚 20mm	39.1934	58 588	10.24	6.67
冰厚 30mm	60.4941	78 736	11.77	7.66
冰厚 40mm	87.3404	100 985	13.24	8.6

（3）气温和负荷变化，引起导线热胀冷缩，影响输电导线的弧垂。气温越高，负荷越大，导线伸长量越大，弧垂就增加越多。输电线路弧垂设计时需要考虑地区历年的最高气温和最低气温。温度和弧垂之间的关系可参考表 14 - 2，反映了周口 2006 年 11 月 9 日某 220kV 线路弧垂与气温、负荷之间的关系。

（4）风对输电线路的影响主要体现在两方面：①风吹在导线、杆塔及其附件上，增加了作用在导线和杆塔上的荷载；②在由风引起的垂直线路方向荷载作用下，导线将偏离无风时的铅垂面，从而改变导线与横担、杆塔等接地部件的距离。

表 14-2   **220kV 邵淮输电线路实测弧垂等数据**

时间	环境温度（℃）	导线温度（℃）	有功功率（MW）	弧垂测量值（m）
10：00	19	20	75.8	6.35
10：30	20	21	77.7	6.38
11：00	21	22	77.2	6.39
11：30	22	23	76.6	6.40
12：00	23	24	74.8	6.41
12：30	23	25	60.4	6.43
13：00	24	25	59.2	6.44
13：30	25	26	54.9	6.43
14：00	25	26	65.3	6.47
14：00	24	27	73.1	6.52

14.2.3　防护措施

防止因弧垂变化而引发事故的措施有很多，大致分类如下：

（1）选择合理的档距。根据各地区的环境、地理条件等因素，选择两个杆塔之间的合适距离，避免弧垂在开始架设线路时就没有留有足够的裕量，导致各种事故。

（2）防止导线覆冰。覆冰对弧垂的影响不可轻视，具体防冰措施见本书第 7 章。

（3）限制导线的弧垂范围。如导线采用水平排列则可以采取加大相间距离、改变相排列等加大塔头尺寸的方法，这样不容易引起相间或导、地线间的闪络事故。

（4）采用弧垂在线监测技术。通过在线监测实现对导线弧垂的实时测量，分析弧垂是否在安全范围内并给出预警信息，及时采取措施进行修正。

14.3　导线弧垂测量方法

14.3.1　现场测量方法

导线弧垂测量方法主要有：中点高度法、角度法、等长法、异长法等。

1. 中点高度法

中点高度法主要适用于地形比较平坦的区域，其弧垂测量见式（14-4）。

$$\begin{cases} f = H_1 + \dfrac{H_2}{2} - H_3 \\ H_1 = I_1 \tan\theta_1 + h_1 + H_1' \\ H_2 = I_2 \tan\theta_2 + h_2 + H_2' \\ H_3 = I_3 \tan\theta_3 + h_3 + H_3' \end{cases} \qquad (14-4)$$

式中，h_1，h_2，h_3 为测站的仪器高度，m；I_1，I_2，I_3 为测站到所测点的水平距离，m；θ_1，θ_2，θ_3 为测点与垂直方向的夹角，°；H_1'，H_2'，H_3' 为测站的标高，m。

2. 角度法

在高山大岭架设线路，其档距大、海拔高、现场测量困难，可采用角度法测量导线弧垂，其根据实际工程分为档端角度法、档内角度法、档外角度法。

（1）档端角度法。

档端角度法（见图14-2）将经纬仪置于1号塔中心桩进行测量，其弧垂计算公式见式（14-5）。

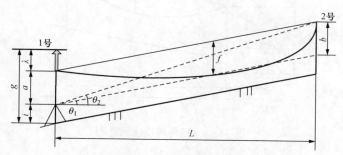

图14-2 档端角度法示意图

$$\begin{cases} f = \dfrac{1}{4}(\sqrt{a} - \sqrt{b})^2 \\ a = g - \lambda - i \\ b = L(\tan\theta_2 - \tan\theta_1) \end{cases} \quad (14-5)$$

式中，f 为测量温度下的实测弧垂，m；a 为经纬仪端的架空导线悬挂点到仪器水平轴垂直距离，m；b 为仪器的视线与架空导线相切，并与2号杆塔相交，其交点到2号杆塔的架空导线悬挂点的垂直距离，m；g 为经纬仪端杆塔的呼称高，m；λ 为绝缘子串长度，m；i 为仪器的高度，m；L 为观测档的档距，m；θ_1、θ_2 分别是观测点和架空导线的切点、架空导线的悬挂点间的垂直锐角。

（2）档内角度法。

档内角度法（见图14-3）是将仪器置于1、2号塔之间线路的正下方距1号塔 L_1 处，其弧垂计算公式见式（14-6）。

$$\begin{cases} f = \dfrac{1}{4}(\sqrt{(a + L_1\tan\theta_1)} + \sqrt{b})^2 \\ a = g - \lambda - i \\ b = (L - L_1)(\tan\theta_2 - \tan\theta_1) \end{cases}$$

$$(14-6)$$

式中，L_1 是仪器至1号塔中心桩的距离，m；其他的符号同式（14-5），均取正数。

（3）档外角度法。

档外角度法（见图14-4）是将仪器放在1号塔的小号侧线路的正下方距1号塔 L_1 处，其弧垂计算公式见式（14-7）。

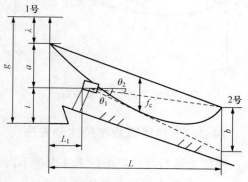

图14-3 档内角度法示意图

$$\begin{cases} f = \dfrac{1}{4}(\sqrt{(a - L_1\tan\theta_1)} + \sqrt{b})^2 \\ a = g - \lambda - i \\ b = (L + L_1)(\tan\theta_2 - \tan\theta_1) \end{cases} \quad (14-7)$$

式中，L_1 是仪器至 1 号塔中心桩的距离，m；其他的符号同式（14-5），均取正数。

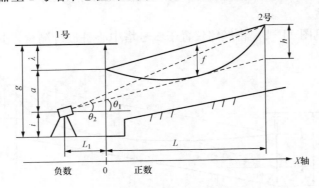

图 14-4 档外角度法示意图

3. 等长法

等长法见图 14-5，自观测档内两侧杆塔架空导线悬挂点 A、B 向下量出 a、b 两段垂直距离，且使 a、b 下端 A1、B1 处各绑一块觇板。紧线时，通过两觇块板进行测量，使导线弧垂恰好与视线相切时，就测定了导线的弧垂。等长法适用于弧垂观测档内架空导线悬挂点高差不太大的弧垂观测。

4. 异长法

异长法见图 14-6，架空导线悬挂点 A、B，架空导线的切线与杆塔相交于 A′、B′、A′A、B′B 间的垂直距离分别为 a、b，f 为所要观测的弧垂。

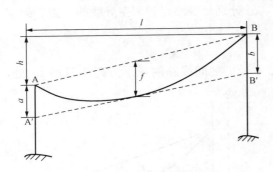

图 14-5 等长法计算原理图

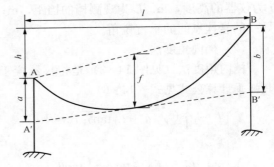

图 14-6 异长法计算原理图

14.3.2 导线弧垂在线监测方法

对弧垂进行在线监测的方法根据不同测量原理分为五类。

1. 基于角度传感器的弧垂监测

徐青松等人研究了基于力/角度传感器的弧垂监测方法。该方法通过监测导线张力或倾角，从导线的基本状态方程出发来计算导线弧垂，在理论上比较方便。

2. 基于导线温度的导线弧垂在线监测

导线温度变化导致导线内部张力产生变化，基于导线温度的弧垂在线监测方法就是通过实时监测导线的温度，利用导线的状态方程来计算水平应力，再根据水平应力与导线弧垂之间的关系来计算弧垂。该方法存在的问题是由于风速沿线变化较大，造成导线温度沿线变化较大，而测取导线一点的温度估算弧垂值可能与实际值存在较大偏差，另外温度传感器测量的温度是导线表面温度，与导线内部钢芯的温度有偏差，容易造成测量和计算误差。动态增容监测装置中包含的导线温度在线监测装置就是利用监测导线温度来计算弧垂，具体装置设计和计算方法可参考本书第 7 章。

3. 基于超声波的弧垂在线监测

袁成瑞提出的基于超声波测距的弧垂在线监测方法，通过安装在导线上的超声波传感器，基于超声波测距原理测量导线任意一点 A 的高度和导线 A 点距离基准杆塔的距离，实现对导线弧垂的实时监测，其测量原理见图 14 - 7。

由图 14 - 7 可知：导线两悬点的连线方程见式（14 - 8），导线实际路径的方程见式（14 - 9）。

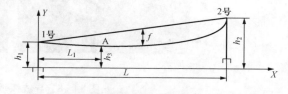

$$y = mx + n \qquad (14 - 8)$$
$$y = ax^2 + bx + c \qquad (14 - 9)$$

图 14 - 7　基于超声波测量导线弧垂的原理图

可求得

$$n = c = h_1 \qquad (14 - 10)$$

$$a = \frac{h_3 L_1 - L h_2}{L_1^2 L - L^2 L_1} \qquad (14 - 11)$$

$$b = \frac{h_2 - h_3}{L_1 - L} \qquad (14 - 12)$$

$$m = \frac{h_2 - h_1}{L} \qquad (14 - 13)$$

得到任一点弧垂的计算公式

$$y = (m - b)x - ax^2 \qquad (14 - 14)$$

最后得出线路最大弧垂的计算公式

$$f = y_{\max} = \frac{(m - b)^2}{4a} \qquad (14 - 15)$$

首先将超声波传感器安装在导线上任一 A 点，通过超声波传感器分别对 1 号塔和地面发射超声波，采集超声波的收发时间，依据 $s = c \times t$ 可计算出 h_3（导线任意一点 A 的高度）和 L_1（导线 A 点距离基准杆塔的距离），从而由式（14 - 15）便可计算出导线弧垂值。

4. 基于图像/视频的导线弧垂在线监测

图像/视频在线监测方法是在杆塔上安装图像/视频装置来采集导线的实时图像，通过人工分析得出现场导线弧垂情况，也可以利用图像差异化算法自动识别导线弧垂程度，具体技术可参考本书第 8 章。采用图像/视频观测导线弧垂，直观方便，但其只能作为一种辅助监测手段，因受以下条件限制：如果在冬季，线路气温较低、容易覆冰，摄像机镜头容易覆冰导致拍照模糊甚至无法辨认，需要解决摄像机低温运行能力和镜头防冰等问题；图像空间有限，当档距较大或有雾时无法监测远距离导线弧垂情况。

美国 EDM International Inc 公司生产的 Sagometer 是一种通过高精度图像分辨来测量弧垂的装置，通过在导线上挂 1 个标靶，用相机摄取图像中标靶的坐标值来计算出线路弧垂。装置由照相机、电源和控制、软件部分 3 部分组成：照相机［见图 14 - 8（a）］，其固定安装在杆塔上对准固定悬挂在导线上的标靶［见图 14 - 8（b）］，通过照相机内的图像处理技术，正确分辨所摄取图像中标靶的坐标值（x，y），从而计算出导线弧垂；电源和控制部分为照相机供电，可接交流或直流电源；安装在控制中心主机的软件部分，完成图像数据的分析与计算。

(a)   (b)

图 14 - 8　导线弧垂视频监测装置

（a）摄像机；（b）悬挂在导线上的标靶

5. 基于光纤光栅应变传感器的导线弧垂在线监测

李路明等人研究了基于光纤传感器的导线弧垂监测方法，通过光纤传感器来监测线路的应变值，再根据应变值与 Bragg 波长的关系，得出了输电导线悬挂点等高以及不等高条件下的输电导线弧垂，从而获得线路的实时弧垂值，并且光纤传感器为无源设备，有着很好的抗电磁干扰特性。

14.4　导线弧垂在线监测装置设计

导线弧垂在线监测装置主要有两类：接触类导线弧垂智能监测装置，此类装置的导线弧垂采集单元安装在导线上，通过倾角测量、温度测量、雷达测距、激光测距等方法实现对导线弧垂的测量；非接触类导线弧垂智能监测装置，此类装置的导线弧垂采集单元安装在杆塔或地面上，通过张力测量法、图像/视频等方法实现对导线弧垂的测量。

14.4.1　总体架构

输电线路导线弧垂在线监测技术的总体架构见图 14 - 9。装置通过对输电线路导线温度、倾斜角度以及拉力、图像等线路参数的实时监测，并将这些信息打包后通过 OPGW/GPRS/CDMA/3G/WiFi/光纤等方式传输至 CMA，通过 CMA 将信息发送至监控中心（CAG），监控中心专家系统根据不同装置采集的信息结合相关弧垂计算模型进行导线弧垂的计算，当弧垂值出现异常时，系统发出预警信息。

基于导线温度和基于图像监测的导线弧垂监测装置已在电力系统得到应用，其相关设计可参考本书第 7 章和第 8 章等内容。本章将以上海交通大学设计的基于轴向张力的导线弧垂在线监测系统为例进行描述。

14.4.2　基于轴向张力的导线弧垂在线监测装置

王孔森等人研发的基于轴向张力的导线弧垂在线监测系统由多个装设在耐张输电线路杆

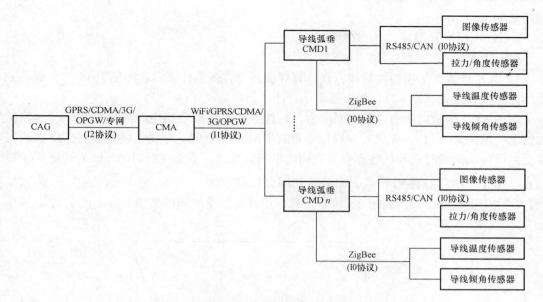

图 14 - 9　导线弧垂在线监测技术总体架构

塔上的数据采集终端、调度中心监控管理平台以及移动通信网（GSM/GPRS）等构成。其系统结构见图 14 - 10。

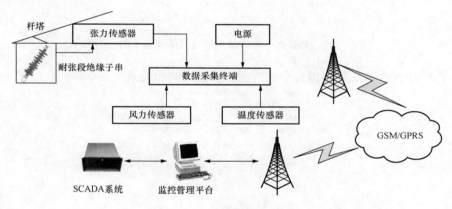

图 14 - 10　系统总体结构

1. 硬件设计

数据采集终端由太阳能电池板供电，负责实时采集杆塔线路张力以及环境温度、日照、风速、风向等环境信息，完成数据自动采集、处理和保存等工作，并实现自身工作状态的维护与调整。所有这些数据被打包后，通过 GSM/GPRS 通信模块统一发送给监测主站。监控主站通过以太网与 SCADA 系统接口实现数据交换。

系统正常运行时，数据采集终端间隔采集线路轴向张力和气象数据（包括环境温度、风速和风向），通过 GSM/GPRS 网络打包传输至监控平台，监控平台同时从 SCADA 系统获得实时负荷信息，其根据采集数据和实时负荷计算出导线弧垂，并将弧垂结果返回给 SCA-DA 系统数据库。系统设置 3 级弧垂越限报警，供调度人员实时掌握弧垂信息，为线路负荷调度做参考。

2. 软件设计

（1）力学模型。

1）弧垂计算。采用斜抛物线方程计算导线弧垂，弧垂计算示意图见图 14-1，任一点 x 处的弧垂计算见式（14-2），最大弧垂 f_{max} 计算公式见式（14-3）。

2）基于导线轴向张力计算水平应力。悬挂点不等高架空输电线路导线受风时的偏斜受力情况（见图 14-11）。无风时导线位于垂直平面 ABCD 内，导线上仅有垂直比载 γ_h。当导线受到横向风荷载时，导线各点自垂直面内沿风向移动，直至荷载对 AB 轴的转矩等于零时为止，当导线由 C 点移到 C′点，即偏移到综合比载 γ' 上，$\gamma' = \sqrt{\gamma_h^2 + \gamma_v^2}$，式中 γ_v 为风压比载。实际应用中常引入风偏角 η（综合比载作用线与铅垂线间的夹角），$\sin\eta = \gamma_h/\gamma'$。

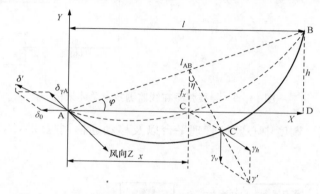

图 14-11　悬挂点不等高架空输电线路风偏下的受力图

风偏平面内 A 点各参数与垂直平面内的各参数之间的关系

$$l' = l\sqrt{1 + (\tan\varphi\sin\eta)^2} \tag{14-16}$$

$$\sigma_0' = \frac{l'}{l}\sigma_0 = \sigma_0\sqrt{1 + (\tan\varphi\sin\eta)^2} \tag{14-17}$$

$$\sigma_{\gamma A}' = \frac{\gamma'}{\cos\varphi}\left(\frac{l}{2} - \frac{\sigma_0 h}{\gamma' l}\cos\varphi\cos\eta\right) \tag{14-18}$$

$$\sigma_A' = \sqrt{\sigma_{\gamma A}'^2 + \sigma_0'^2} \tag{14-19}$$

式中，l' 为风偏平面内档距，m；σ_0' 为风偏平面内与档距平行方向的应力（风偏平面内线路处处相等），N/mm^2；$\sigma_{\gamma A}'$ 为风偏平面内 A 点与档距垂直方向上的应力，N/mm^2；σ_A' 为 A 点轴向应力，N/mm^2。

张力传感器所测轴向张力 T 与轴向应力 σ_A' 之间关系

$$T = \sigma_A' \times S \tag{14-20}$$

式中，S 为导线横截面面积，mm^2。

综合式（14-16）~式（14-20）得到风偏平面档距平行方向应力见式（14-21）。

$$\sigma_0' = \sqrt{\left(\frac{T}{S}\right)^2 - \sigma_{\gamma A}'^2} \tag{14-21}$$

式（14-21）代入式（14-17）得到一个关于水平应力 σ_0 的一元二次方程，进而计算出 σ_0。

3）同一耐张段各档弧垂计算方法。数据采集终端安装在一个多档距耐张段，其示意图见图 14 - 12。

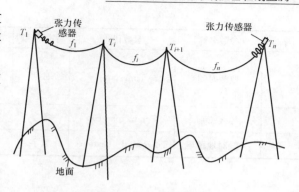

高压连续档输电线路，由于悬垂串较长，正常均布荷载下的邻档不平衡张力差很小，工程上通常将其略去不计，即一个耐张段内尽管有多个档距但其水平应力 σ_0 相等。求出代表档距内的最大弧垂 f_{max}（这里指的是每档弧垂最大值），然后计算出各个档距的弧垂 f_i。

图 14 - 12　系统安装示意图

T_1，T_n—耐张杆塔；T_i，T_{i+1}—直线杆塔；
f_1，f_i，f_n—各档距弧垂

4）"代表档距" RS 和 "代表高差角" φ 计算方法。

当一个耐张段内悬挂点不等高时：

$$RS = \sqrt{\frac{\sum l_i^3 \cos\varphi_i}{\sum l_i/\cos\varphi_i}} \tag{14-22}$$

$$\varphi = \operatorname{arccsc}\frac{\sum l_i/\varphi_i}{\sum l_i/\cos^2\varphi_i} \tag{14-23}$$

式中，φ_i 为第 i 档的高差角，$\varphi_i = \arctan(h_i/l_i)$；$h_i$ 为第 i 档两导线悬挂点的高度差，m；l_i 为耐张段第 i 档的档距，m。

将计算 σ_0 值代入式（14 - 2），代表档距弧垂见式（14 - 24），各档距弧垂见式（14 - 25）。

$$f = f_{max} = \frac{RS^2\gamma'}{8\sigma_0\cos\varphi} \tag{14-24}$$

$$f_i = \left(\frac{l_i}{RS}\right)^2 f \tag{14-25}$$

（2）软件流程。

软件设计流程见图 14 - 13，首先由张力传感器采集导线的张力信息，理论计算出导线的水平应力 σ_0，进一步求出代表档距内的弧垂 f，最后计算各个档距的弧垂 f_i。

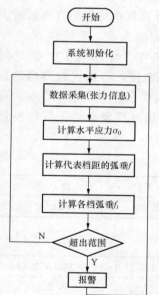

图 14 - 13　软件流程图

14.4.3　数据输出接口

监测装置可选择 OPGW/GPRS/CDMA/3G/WiFi/光纤等方式将数据传输到状态监测代理（CMA）。根据国家电网公司《导线弧垂智能监测装置技术规范》，导线弧垂监测装置采用统一数据输出接口，其定义见表 14 - 3。

表 14 - 3　　　　　　　　　　导线弧垂智能监测装置数据输出接口

序号	参数名称	参数代码	字段类型	字段长度	计量单位	值域	备注
1	监测设备标识	SmartEquip_ID	字符	17Byte			17 位设备编码
2	被监测装置标识	Component_ID	字符	17Byte			17 位设备编码

序号	参数名称	参数代码	字段类型	字段长度	计量单位	值域	备 注
3	监测时间	Timestamp	日期	4Byte/10字符串			世纪秒（4字节）/yyyy-MM-dd HH：mm：ss（字符串）
4	导线弧垂	Conductor _ Sag	数字	4Byte	m		精确到小数点后3位
5	导线对地距离	ToGround _ Distance	数字	4Byte	m		精确到小数点后3位

14.5 现 场 应 用

【实例一】

王孔森等人研制的基于输电线路轴向张力弧垂在线监测系统，分别在中国南方电网有限责任公司110kV北南甲线和东北电网220kV元新2号线上安装，现场安装见图14-14。

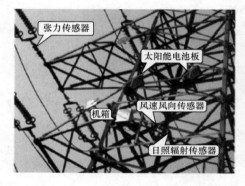

图14-14 数据采集终端现场安装图

张力传感器安装在T54号及T67号杆塔上，表14-4为2010年3月31日18：00数据采集终端采集的原始数据，代表档距452m。表14-5为该耐张段内不同档距系统计算弧垂与利用百米弧垂表所计算出的理论弧垂之间的误差。系统在2009年6月30日16：30至2010年3月10日10：00之间监测的有代表性的10组数据，分别代表典型的夏季、冬季和春季的气象及负荷条件。表14-6为这10组数据计算的弧垂与当时气象条件下线路测量弧垂之间的相对误差。

表14-4 采 集 原 始 数 据

时间	环境温度（℃）	风速（m/s）	风向（°）	张力（N）
2010/3/31 18：00	9.8	13.156	85	24 643

表14-5 同一耐张段各档弧垂计算值与理论值误差

各档杆塔号	档距（m）	高差角 β（°）	弧垂理论值（m）	系统计算值（m）	相对误差（%）
54-55	326	0.018 402 83	7.100	7.22	1.683
55-56	307	0.006 514 566	6.295	6.41	1.811
56-57	560	0.044 613 235	20.969	21.29	1.529
57-58	428	0.118 599 662	12.323	12.36	0.298
58-59	233	0.004 291 819	3.626	3.66	0.922
59-60	469	0.057 505 823	14.717	14.93	1.442
60-61	143	0.076 771 891	1.370	1.39	1.457
61-62	405	0.004 938 231	10.95	11.15	1.761

续表

各档杆塔号	档距（m）	高差角 β（°）	弧垂理论值（m）	系统计算值（m）	相对误差（%）
62-63	612	0.004 089 057	25.043	25.43	1.541
63-64	372	0.010 752 274	9.244	9.41	1.789
64-65	577	0.019 061 816	22.243	22.63	1.736
65-66	198	0.050 462 174	2.622	2.66	1.442
66-67	277	0.055 898 385	5.133	5.21	1.489

表 14 - 6　　　　　　　　　　　同一档距不同时间弧垂测量值与计算值误差

原始数据采集时间	环境温度（℃）	负荷（A）	风速（m/s）	风向（°）	张力（N）	计算弧垂（m）	测量弧垂（m）	误差（%）
2009/6/30 16：00	29.4	268	2.42	95	13 571	5.62	5.65	−0.404
2009/6/30 17：00	29.1	259	3.54	88	13 480	5.67	5.71	−0.634
2009/7/1 10：00	31.6	544	4.708	84	12 667	6.13	6.05	1.330
2009/7/1 11：00	31.7	454	4.208	79	13 163	5.90	6.01	−1.777
2009/7/1 12：00	31.6	525	4.499	70	12 804	6.07	6.10	−0.489
2009/12/16 11：41	20.9	175	1.608	85	13919	5.49	5.41	1.478
2009/12/16 12：00	21.2	140	0.858	49	13873	5.51	5.44	1.286
2009/12/16 13：00	21.5	146	2.128	101	13827	5.52	5.46	1.098
2010/3/10 9：00	19.2	152	1.83	23	14517	5.26	5.21	0.959
2010/3/10 10：00	19.7	212	2.434	72	14379	5.31	5.23	1.529

【实例二】

2010 年 5 月 20 日，安徽电网某 220kV 线路 84 号杆塔和 85 号杆塔之间由于弧垂过大发生跳闸事故。国网安徽电力研究院采用超声测距仪对此 220kV 线路 84 号杆塔和 85 号杆塔之间的档距最低点和故障点弧垂分别进行测量，故障点弧垂变化曲线见图 14 - 15，导线弧垂随温度变化情况见表 14 - 7，包括弧垂最低点和故障点处弧垂，故障点处弧垂在 0～33℃ 变化约 1.654m。

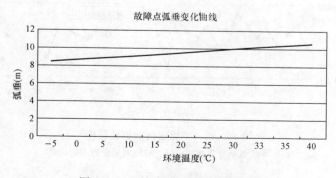

图 14 - 15　故障点处弧垂变化曲线

表 14 - 7 　　　　　　　　　　　　　　导线弧垂随温度变化情况

环境温度（℃）	档距最低点弧垂（m）	故障放电点弧垂（m） （距 84 号杆塔 186m，距 85 号杆塔 214.7m）
-5	8.4	8.357
0	8.6	8.56
5	8.86	8.815
10	9.118	9.069
15	9.371	9.32
20	9.623	9.57
25	9.873	9.82
30	10.12	10.07
33	10.269	10.214
35	10.367	10.313
40	10.612	10.554

【实例三】

基于角度传感器的弧垂监测装置已经在青藏±400kV 交直流联网工程柴拉线 1644 号耐张塔上安装运行，2013 年 3 月 12 日～2013 年 4 月 12 日，该装置在耐张塔的运行数据见图 14 - 16。

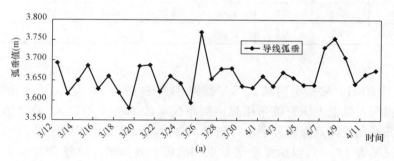

(a)

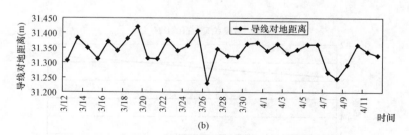

(b)

图 14 - 16　装置运行数据曲线图
(a) 导线弧垂变化曲线；(b) 导线对地距离变化曲线

第15章

输电线路防外力破坏在线监测

输电线路外力破坏是指人们有意或无意造成的线路故障。输电线路具有路径长、地形条件复杂多变、区域跨度较大、受环境气候影响大、巡视周期较长等特点，极易遭到外力的破坏。近年来，随着全国各地的工程建设增多，各种高速铁路、公路的兴建，大型机械线下施工不断，加上个别的违章房屋、采石场、矿场等建筑物均在线路保护区内悄悄建起，使得由外力破坏引起的跳闸事件屡屡发生。据统计，全国近三分之一的停电事故都是因为外力破坏电网引起的。输电线路遭受外力破坏主要有以下方面：工作疏忽大意或不清楚电业知识引起电力故障，如野蛮施工、违章建筑、种树及修路等；不法分子盗窃、毁坏电力设施；线路下焚烧农作物、山林失火、漂浮物（如风筝、气球、白色垃圾）等导致的线路短路跳闸。

因此，有必要发展有效地输电线路防外力破坏在线监测技术，全天候监测输电线路走廊异物入侵，以预防、减少异物入侵引起的破坏，保证输电线路运行安全。

15.1 外力破坏的因素、危害及防护措施

15.1.1 因素及危害

近年来，外力破坏输电线路设施呈逐年上升趋势，表 15-1 给出了国家电网公司在 2003～2005 年受到外力破坏引起的事故统计，可见外力破坏已经严重影响了线路的安全运行，给线路运行维护、电网安全运行带来不必要的隐患和损失。为了进一步将电力设施保护工作提高到一个新的阶段，有必要对输电线路受外力破坏进行统计分析，并采取相应的对策。

表 15-1   国家电网公司系统 2003～2005 年输电线路外力破坏故障统计表

年份 \ 电压等级	110kV（含66kV）		220kV		500kV（含330kV）		总计	
	跳闸次数	事故次数	跳闸次数	事故次数	跳闸次数	事故次数	跳闸次数	事故次数
2003	416	44	213	9	12	4	641	57
2004	—	—	222	76	22	16	244	92
2005	397	204	289	142	35	20	721	366

输电线路主要外力破坏因素如下。

（1）机械碰撞。

输电线路及相关电力设施分布广泛，众多线路（地下电缆）横跨公路、铁路、河流、湖泊和其他建筑物，或与供水、排水、通信、广播电视、燃气、石油管道等其他设施相邻铺设，时常有发生受到工程施工影响或遭受违章施工的损害。现在基础施工多数采取机械施

工，在施工中很难及时发现电缆，往往在事故发生后才知道，造成的损坏很大。施工现场管理混乱，施工人员责任心不强、违章施工等，是造成电缆损坏事故的主要原因。2007 年 5 月 3 日，某防腐企业施工人员在变电站 10kV 出线电缆区施工时，未办理相关手续和通知有关人员，盲目施工，造成 10kV 线路出线电缆严重损坏。2008 年 4 月 16 日，某城建施工队在公路拓宽施工中，挖掘机将电缆挖断，造成边防、武警、公安等重要部门停电、用电设施损坏，造成了严重经济损失和社会影响。

随着城市建设的加快，输电线路走廊周围的施工越来越多，各种大型机械、吊车等大量出现在输电线路走廊附近。吊车等施工机械碰撞导线的事情时有发生，电网频频"受伤"。此类事故多为大型自卸车、吊车等在作业或行驶中，驾驶员安全意识淡漠、对作业环境不熟悉造成的。2008 年 4 月 13 日，某用户专线被一辆行驶的自卸车挂住，轮胎被击穿，驾驶员遭电击死亡。2010 年 5 月 30 日，某 35kV 用户专线被自卸车挂断后，导线断落在 3 条 6kV 线路上，导致 3 条线路跳闸，大面积停电事故。2010 年 3 月 31 日，一辆做牵引的汽车由于绳索突然断裂失控，将变台副杆撞断，致使 250kVA 的变压器严重损坏。

（2）设备被盗。

电网设施负担着输送、分配电能的任务，具有点多、面广、线长、裸露野外的特点，这也是电力设施安全的"软肋"。很多地方发生了杆塔、导地线、户外电力变压器内的铜芯、接地极、接地引下线的圆钢、角钢等被盗案件，常常造成大面积停电等恶性事故，给电力部门和广大用户带来重大经济损失。目前，不法分子偷盗电力设备或者人为的破坏情况十分猖獗，甚至出现光天化日之下偷盗电力设备的情况，这对线路造成极大的破坏。2008 年 9 月 13 日陕西西安供电局 330kV 北郊变电站因偷盗致使 2 号、3 号主变压器同时跳闸，该事故造成其周边与之相连的 4 座变电站均出现失压现象，共计损失负荷 7.3 万 kW，停电用户 15101 户，累计损失电量 7.5 万 kWh。

（3）其他因素。

近几年来，全国范围内输电线路因树木生长、山林火灾、烧荒、祭祀等野外火灾引起的跳闸停电停运事故越来越多。当输电线路和树木、建筑、设备之间的距离超过《电力设施保护条例》中规定的安全距离，输电线路就可能对其放电，有可能造成重大设备损坏、人身伤亡，危及电网的安全运行。山火引发的输电线路放电，一般会造成多相故障，跳闸事故往往会持久、高频和大范围爆发，恢复难度较大。大型集会和庆典活动常用的大型气球、悬挂标语以及风筝等，都会危及到附近线路的安全运行。2008 年 7 月 7 日，放风筝造成某 6kV 线路跳闸。表 15-2 给出了国家电网公司 2005 年外力破坏造成 220kV、110kV 线路跳闸的因素分布情况。

表 15-2　2005 年度国家电网公司因外力破坏造成 220kV、110kV 线路跳闸情况统计表

电压等级	异物短路	山火	吊车碰线	违章施工	盗窃	燃烧麦秆	烟火短路	其他	合计
220kV	68	52	102	40	5	7	6	9	289
110kV	92	17	132	72	39	0	1	28	381

15.1.2　防护措施

随着《中华人民共和国电力法》的颁布和"标准化线路管理"的实施，输电线路的通道安全得到了很大的改善。但反盗窃、反外力破坏仍将是一项长期的工作。针对外力破坏，要积极采取措施，降低因外力破坏造成的线路跳闸。

1. 加强管理

加大《中华人民共和国电力法》、《中华人民共和国电力设施保护条例》宣传力度，在宣传中要从实际出发、有针对性地进行宣传，营造强大的保电舆论气氛；电力管理部门作为保护电力设施的主体，要建立健全电力行政执法队伍，提高执法人员法律、法规意识，紧密联系政府、公安、安监局等部门，最大限度发挥电力警务室作用，提高执法能力；做好具体的警示和对电力设备的保护标志的完善工作；输电线路的检查工作很重要，只有及时的检查发现问题才能更好地解决，制止不合理的行为，做好各方面的检查，发现存在的安全问题。

2. 应用防外力破坏监测技术

除了加强管理和执法力度，还需要应用各种防外力破坏监控技术，实现对线路现场的实时监控，当检测到人或大型机械在铁塔区域内活动、树木及建筑超过导线安全距离、导线悬挂漂浮物、线下山林或农田着火等情况，一方面现场给出各类安全提示、犯罪警告等信号；另一方面将各类外力破坏信息及时传送至监控中心和相关巡检人员。

15.2　防外力破坏在线监测装置设计

15.2.1　总体架构分析

防外力破坏在线监测装置主要有视频/图像监测和空间探测法。空间探测法是指采用微波感应、加速度传感器、振动传感器、雷达、电磁波等技术实现测距、测速，自动识别出外力破坏行为类别，及时发现对输电线路的潜在威胁和破坏，将预警/告警信息发送至巡检人员，并可联动图像/视频装置进行拍照/录像，保留现场证据，其系统架构如图 15-1 所示。整个系统由终端状态监测装置（CMD）、状态监测代理（CMA）、监控中心组成。在每基杆塔上安装一台状态监测装置，监测装置由前端传感器/视频监控设备部分和单片机/DSP 处理部分组成，随时检测杆塔周围破坏行为信息，必要时采用声光报警进行警示；CMA 集中管理附近杆塔的多个防外力监测装置，汇集装置传输的视频、音频等数据并发送至监控中心。监控中心可分析人或大型机械在铁塔架区域内活动、树木及建筑超过导线安全距离、导线悬挂漂浮物、线下山林或农田着火等情况，确定发生外力破坏杆塔的名称、位置、时间，及时通知巡检人员。具体防外力破坏报警工作流程见图 15-2。

15.2.2　基于视频/图像的防外力破坏在线监测

应用图像/视频监控技术实现线路现场的实时监控，一方面巡检人员通过图像可以直观看到线路场景；一方面可以应用差异化算法实现大型机械施工、行人运动、树木生长、山林失火及漂浮物等情况自动识别与报警。上述视频、图像和分析结果均可通过 3G 网络实时发送到巡检人员的手机上，有利于及时采取相关措施避免外力破坏事故的发生。具体图像/视频监控装置设计可参考本书第 8 章。

15.2.3　基于烟雾传感器的火灾在线监测

基于烟雾传感器的火灾状态监测装置，通过 WiFi/GSM/GPRS 网络通信模块将火灾信

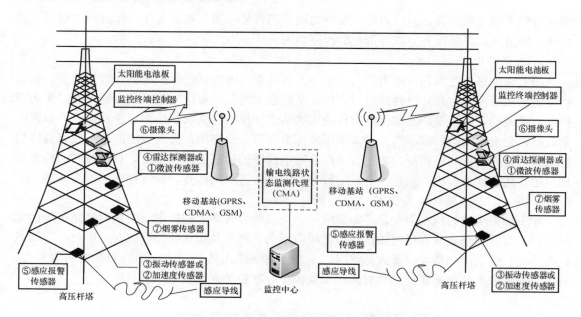

图 15-1　线路防外力破坏在线监测技术结构

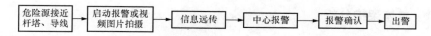

图 15-2　线路防外力破坏工作流程图

息发送至 CMA，由 CMA 将数据发送至监控中心，监控中心完成火灾的分析与告警，通知巡检人员发生火灾线路的具体情况（包含火灾严重程度、地点、时间等），并在第一时间与消防人员联动，防止火灾蔓延。

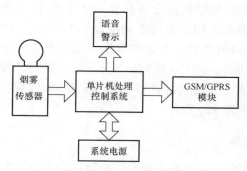

图 15-3　监测装置结构

监测装置主要由烟雾传感器、太阳能板、语音警示电路、中央处理器、GSM 通信模块组成，其结构见图 15-3。监测装置进行了低功耗设计，中央处理器采用 MSP430 单片机，GSM 通信模块不工作时处于休眠状态，确保了采用太阳能＋蓄电池的供电电源在野外能够长期工作。具体电源设计可参考本书第 2 章。

15.2.4　基于雷达的导线安全距离监测

基于雷达的导线安全距离监测采用空间探测技术实现入侵异物种类、速度、加速度等信息的测量，依据所划分的威胁等级进行预警和报警。

安装在杆塔上的空间雷达探测装置实时测量、跟踪靠近周界的目标，当目标穿越防区时，给出报警提示，同时根据威胁等级启动图像模块对现场进行拍照取证，自动定时或远程受控地通过 OPGW/2G/3G 等方式传回智能监控中心，监控中心根据威胁等级对异物入侵情况进行预警或告警，为巡检人员决策提供依据。微波相控阵雷达由于采用测距、测角技术，误报率极低，也不会受到天气（雨雪、雾、灰尘、光照）影响，工作原理见图 15-4。

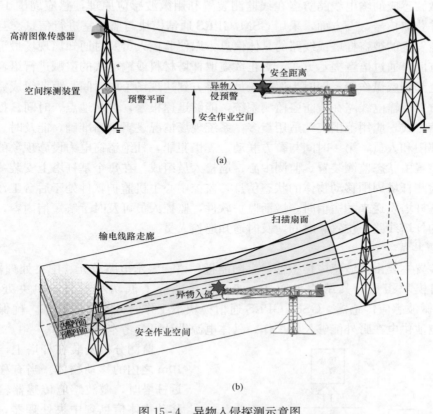

(a)

(b)

图 15-4　异物入侵探测示意图
(a) 2D 效果；(b) 3D 效果

微波相控阵雷达能够连续不断地测量、跟踪靠近周界的目标，当目标穿越防区时，给出报警提示。探测器具有探测、定位、跟踪、融合 4 大功能。

（1）目标探测：TDRR 雷达采用调频连续波（FMCW）技术，需要考虑增强性的多普勒效应动态背景目标识别技术，融合环境反射回波强度动态背景作为辅助识别，实现双鉴能力。

（2）目标定位：电磁波速度 $3 \times 10^8 \mathrm{m/s}$，结合反射回波的时间，可以计算出目标的距离；TDRR 雷达的天线结构为相控阵结构，为精确设计的一发多收天线，根据接收天线获得回波的时间，利用三角测量，可以计算出目标的相对角度，从而转换为目标的 X、Y 坐标。

（3）目标跟踪：目标融合器最多可以连接 9 个 TDRR 雷达，对雷达中探测到的目标实现稳定跟踪功能，也可以触发第三方球机跟踪目标。

（4）目标融合：多个 TDRR 雷达探测到目标可以在目标融合器中进行目标融合，实现一个统一的坐标体系，甚至转换成大地坐标体系（GPS 坐标）。当多个目标跨越多个雷达防区时，目标融合器会自动识别为同一个目标，所以坐标输出为一个融合后的唯一坐标。

15.2.5　基于微波的感应式防盗

基于微波感应的输电线路防盗在线监测装置利用微波感应原理，感应周围 10m 之内的移动物体并获取信号，一方面，采用 GSM/GPRS 通信模块与监控室进行信息交互，告知监控人员可能发生的被盗杆塔或线路的具体信息，以便监控人员及时通知离现场最近的巡检人员；另一方面，通过语音提示方式，对正欲盗取杆塔材料或输电线的盗贼进行语音教育，在一定程度上起到威慑作用，同时为巡检人员或警方到达现场争取时间。由此组成完整的输电线路杆塔材料及输电线路在线防盗监测系统，能够迅速报警，告之地点、时间。报警使用手机发送短信方式，应用范围广，适用点多，系统现场情况逻辑判断准确，能及时、多手段地报告相关部门和人员，第一时间与警方联动，震慑犯罪，杜绝盗窃电力设施现象的频发。

整个装置由状态监测装置、监测中心、巡检人员组成。在每个基杆塔上安装一台监测装置，随时检测杆塔周围移动物体的状态信息，监控中心主机监护软件处于后台工作模式，当接收到某基杆塔发送来的短信时，激活监护软件，监控人员可及时了解短信内容，确定可能发生被盗的杆塔线路、位置、时间，及时通知巡检人员。

1. 装置构成

监测装置主要由微波感应传感器、太阳能板、语音警示电路单元、中央处理器、GSM/GPRS 通信模块组成，其结构见图 15-5。装置进行了低功耗设计，中央处理器采用 MSP430，微波感应传感器、GSM/GPRS 通信模块不工作时处于休眠状态，确保了采用太阳能＋蓄电池供电在野外能够长期工作。具体电源设计可参考本书第 2 章。

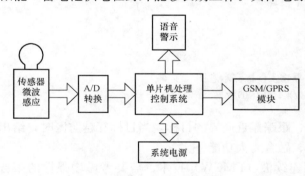

图 15-5　监测分机结构

监测分机安装在杆塔上，用于感应 10m 之内的移动物体。当有移动物体靠近杆塔时，微波感应传感器输出感应的移动物体信息到中央处理器，中央处理器滤除微弱信号的干扰，例如野外动物、树木随风摆动等非人员的随机干扰，当确定为大型移动物体时，启动语音警示，同时开始累计感应信息次数，感应信息次数达到预设次数时，表明语音警示无效，此移动物体有意地靠近杆塔或电线，这时启动 GSM/GPRS 通信模块，向防盗报警系统状态监测代理发送状态信息，防盗报警系统状态监测代理再向监测中心发送短信。GSM/GPRS 通信模块接收监测中心发送来的短信，并自动回复。

2. 微波感应传感器简介

微波是指频率为 300MHz～300GHz 的电磁波，是无线电波中一个有限频带的简称，即波长在 1m（不含 1m）到 1mm 之间的电磁波。微波感应控制器内部由环形天线和微波三极管组成一个工作频率为 4GHz 的微波振荡器，环形天线既可用做发射天线，也可接收由人体移动而反射的回波。由内部微波三极管的半导体 PN 结混频后，差拍检出微弱的频移信号（即检测到人体的移动信号），再经过微波专用微处理器去除幅度很小的干扰信号，将一定强度的探测频移信号转换成宽度不同的等幅脉冲信号。这样，当电路识别到脉冲足够宽的单体信号，例如人体、车辆等，鉴别电路才被触发；或者 2s 内有 2 个或 3 个窄脉冲，例如防范边沿区人体走动 2 步或 3 步，鉴别电路也被触发，启动延时控制电路。如果是较弱的干扰信号，例如小体积的动物、远距离的树木晃动、高频通信信号、远距离的闪电和家用电器开关时产生的干扰等，则予以排除。最后，当微波专用微处理器鉴别出真正大物体移动信号时，控制电路被触发，输出 2s 左右的高电平，输出方式为电压方式，有输出时为高电平（4V 以上），无输出时为低电平。

微波感应控制器外部使用直径为 9cm 的微型环形天线进行微波探测。环形天线在轴线方向产生椭圆形半径为 5～10m（可调）的空间微波戒备区，当人体活动时，反射的回波和微波感应控制器发出的原微波场（或频率）相干涉而发生变化，对这一变化量进行检测、放大、整形、多重比较以及延时处理后输出控制信号。

微波感应传感器电路是整个系统设计的关键单元，微波感应传感器用于获取有效距离为 10m 之内的任何移动物体信号，水平、垂直覆盖范围可达 360°，见图 15-6。

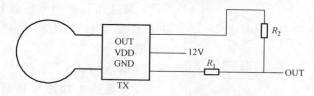

图 15-6　微波感应传感器电路

微波专用微处理器采用 HT7610A，其时钟频率为 16kHz，当初次加电时，系统将闭锁 60s，期间完成微处理器的初始化并建立电场，系统自动进入检测状态。当检测到有效信号时，将有 2s 信号输出。在实际使用中，可以调整微波感应传感器的发射功率，实现电场覆盖范围在 10m 内可调。微波感应器工作稳定，可靠性高，一般没有误报，是以往由红外线、超声波、热释电元件组成的报警电路以及常规微波电路所无法比拟的，是用于安全防范和自动监控的最佳产品，所以非常适合在电力系统、仓库、商场、博物馆及金融部门使用，具有安装隐蔽、监控范围大、检测灵敏度高等优点。

3. 监控中心

为了提高系统的通用性并考虑到监测分机发送短信的并发性和突发性，监控软件由后台数据库和前台服务程序组成。为了便于对短信进行管理，采用后台数据库存储各杆塔的基本信息（所处的线路、编号、位置等），在短信并发量较大时可以用做缓冲，并存储各巡检人员的电话号码等信息。系统只需简单地对数据库进行操作，就可完成短信的发送和接收。

前台程序主要完成系统的初始化，设置串口通信波特率和各巡检人员的手机号码，同时还提供了短信群发功能，定期向各监测装置发出巡检信息，若某监测装置没有回复短信，则通知巡检人员进行现场检修。监控软件流程见图 15-7。

15.2.6　基于加速度传感器的防盗装置

1. 装置简介

从电力系统有关人员获取的消息知道，一般的人为破坏或偷窃都是用钢锯之类的工具，在实施过程中会在杆塔中产生频率和幅值都很大的噪声，因此，在对杆塔实际进行的试验应

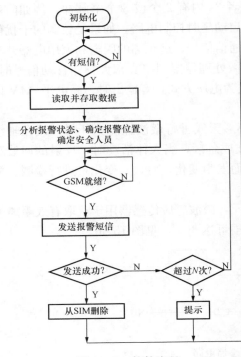

图 15-7 软件流程

用中考虑通过传感器搜集杆塔的振动信号，通过滤波器和信号处理手段，滤除如风声和杆塔自然晃动等背景噪声，提取杆塔被强力敲打和割锯时的特征信号，从而可以通过报警等手段通知维护人员进行处理。基于这种考虑，对实际杆塔进行了试验，通过振动传感器分别搜集杆塔正常情况下和在敲打锯割情况下的振动波形，观察到在正常情况下杆塔上震动的频谱分布比较均匀（其中50Hz 的突变为输电线路干扰信号），见图 15-8；在敲打和锯割的情况下，从现场的 FFT 变换波形看出，整个低频段幅值都有抬升，在 100Hz、200Hz 附近有比较大的幅值出现，见图 15-9。因此，算法可以采用分析低频段的平均幅值以及 100Hz、200Hz 这两个点的幅值作为特征量，构成判据。

2. 装置构成

报警器是由加速度传感器、模拟信号预处理电路、A/D 转换、语音警示电路、高速数字信号处理器和无线通信模块等部分组成，具体可参考图 15-10。该装置可以较为灵敏地感应到杆塔因遭受敲打或锯割引起的振动，发送报警信号并启动摄像头拍照，将照片传至后台，为工作人员提供信息。其具体过程是：振动传感器将杆塔上的振动信号转化为电信号，进入预处理电路。A/D 转换将经过预处理后的模拟信号转化为数字信号，数字信号处理器将采集到的数字信号进行处理，判断振动信号是属于正常的噪声信号还是杆塔受到破坏产生的异常信号，并将处理结果通过通信模块传送出去。由于现场环境复杂，风对杆塔的振动等可能造成传感器的误报警，因此，硬件要根据实际试验加滤波器，尽量滤除环境干扰，这需要在实践中不断完善。初步设计的电路见图 15-10。

（1）加速度传感器。

一般加速度传感器是利用其内部由于加速度造成的晶体变形这个特性来设计的。由于这个变形会产生电压，只要计算出产生电压和所施加的加速度之间的关系，就可以将加速度转化成电压输出。当然，还有很多其他方法来制作加速度传感器，比如电容效应、热气泡效应、光效应，但是其最基本的原理都是由于加速度使某个介质产生变形，通过测量其变形量并用相关电路转化成电压输出。这里采用的加速度传感器为 ADXL105，也是基于此原理。

传感器 ADXL105 芯片直接输出的信号存在偏移量和一些高频干扰，因此在外围电路中

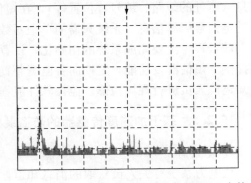

图 15-8 正常情况下杆塔震动信号 FFT 变换

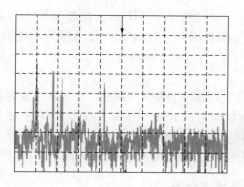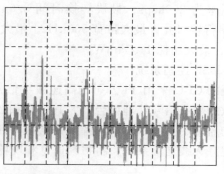

图 15 - 9　锯割和敲打情况下杆塔震动信号 FFT 变换

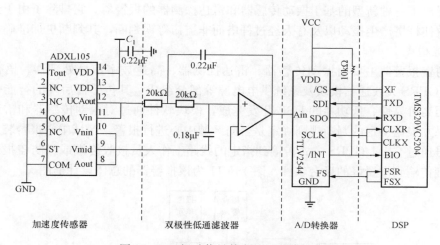

图 15 - 10　振动信号数字处理电路部分

需添加滤波器和减法器去除杂波，这里可采用一个双极性低通滤波器，可以起到很好的滤波作用。ADXL105 的设计在通常情况下可避免电磁干扰的影响。因为 ADXL105 是电流比率计，所以 VDD 上传导的噪声并不会影响输出，尤其对于 ADXL105 内部时钟频率 200kHz 下的噪声及其谐波。所以提供一个稳定的输入电压是保持 ADXL105 低噪声和高分辨率的关键点。保证 VDD 不包含高频噪声的方法是在靠近 VDD 的引脚旁增加一个低通滤波器，ADXL105 典型的噪声公式可表示为

$$噬声_{(rms)} = (225\mu g22/\sqrt{Hz}) \cdot (\sqrt{带宽 \times K}) \qquad (15 - 1)$$

（2）放大滤波。

放大滤波中的放大部分将传感器传来的微弱的电信号放大，系统可以根据 DSP 的指令选择不同的放大增益；滤波部分采用一个双极性低通滤波器，可以起到很好的滤波作用。其中，双极性滤波器 $K=1.4$，$f_{-3dB}=30Hz$。

（3）A/D 转换。

现场模拟信号经过调理后由 A/D 转换器进行采集得到原始数据，A/D 转换器初步选用美国 TI 公司生产的 12 位 4 通道高速 AD-TLV2544 作为模数转换主要器件，完成与 DSP 的 McBSP 缓冲串口通信。TLV2544 是一组高性能、低功耗、高速的 CMOS 模数转换器，最

大采样频率为 200ksps、最快转换时间 3.6μs（时钟频率 20MHz）、模拟量输入范围 0～5.5V、串行接口允许最大带宽 500kHz、最大非线性误差±1LSB、工作电源为单电源 2.7～5.5VDC、最大功耗 11.55mW。

（4）DSP 控制系统。

系统的 CPU 采用 TI 公司的高速数字信号处理器（DSP）TMS320C5402。该芯片适用于大多数的数字信号处理场合，尤其是音频数字信号的处理。在该系统中 DSP 主要用于报警信息的监测、控制和驱动语音报警电路，启动和控制摄像单元进行现场拍照，信息处理及存储，建立无线通信系统，将报警信息和现场图片通过 GSM/GPRS 无线模块远传。

15.2.7 基于振动传感器和雷达探测器的防盗装置

作者提出了一种新型的基于振动传感器和雷达探测器的报警器。它排除了由于其他原因而非盗窃致使杆塔产生振动以及有人经过杆塔而非盗窃等误判断，其判断更加准确。

1. 装置构成

这种防盗报警器主要由振动传感器、雷达探测器、高速数字信号处理器、语音报警单元、GSM/GPRS 无线通信模块及系统供电电源等部分组成。其传感器后端的智能化判断分析模块采用高可靠性、低功耗的 DSP 开发完成，模块软件通过对振动传感器和雷达探测器探测的结果并根据一定的判断规则确定是否向区域中心进行报警。区域中心报警装置将报警的杆塔信号通过 GSM/GPRS 方式传输到指定的线路工作人员接收终端或经防盗报警系统状态监测代理传输到设置好的后台软件。图 15-11 为该报警器的总体设计框图。

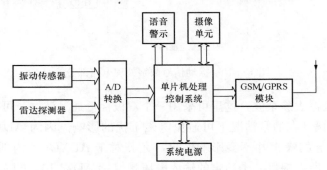

图 15-11　报警器总体设计框图

2. 振动传感器介绍

振动传感器是一种有源的高灵敏度微功耗监测元件，本系统要求振动传感器适合捕捉钢锯锯铁塔时发出的振动，因此采用了一种新型的 InSb-In 共晶体薄膜磁阻式振动传感器。

（1）InSb-In 共晶体磁阻薄膜的特性。

磁阻效应是指材料电阻随外加磁场的大小而变化。半导体磁敏感材料受到与电流方向相垂直的磁场作用时，由于洛仑兹力的作用，电子流动的方向发生改变，路径加长，从而其阻值增大。磁阻效应分为物理磁阻效应和几何磁阻效应。就物理磁阻效应而言，对于两种载流子（电子和空穴）迁移率悬殊的半导体材料，其中迁移率较大的一种载流子引起的电阻变化可表示为

$$(\rho_B - \rho_0)/\rho_0 = \Delta\rho/\rho_0 = 0.275\mu^2\beta^2 \qquad (15\text{-}2)$$

式中，β 为外加磁场的磁感应强度；ρ_B 为磁感应强度为 B 时的电阻率；ρ_0 为磁感应强度为 0 时的电阻率；μ 为该种载流子的迁移率。

为了获得较高的电阻变化率即高的灵敏度，应采用电子迁移率高的锑化铟（InSb）、砷化铟（InAs）等半导体材料和高磁感应强度的外加磁场。此外，对于主体材料一定的半导体磁敏电阻，它们的形状会对磁阻效应有很大的影响，这称为几何磁阻效应。

（2）InSb-In 磁阻式振动传感器的结构及其原理。

InSb-In 磁阻式振动传感器的结构见图 15-12。它主要由铁磁性金属滚珠、内球面状支承片、绝缘基片、InSb-In 磁阻元件 MR1 和 MR2、永久磁铁、3 个引脚等组成，另外还有起屏蔽和保护作用的金属外壳和由金属外壳构成的空腔。其中，MR1 和 MR2 是相对放置的一对磁阻元件片，其阻值大致相等，放置在基片下的永久磁铁为 MR1 和 MR2 提供一个偏置磁场，可以提高检测的灵敏度。三个引脚分别为电源线、地线和信号输出线。当传感器受到振动或移动时，金属滚珠能在空腔中的内球面状支承片上自由振动或滚动，采用这种空腔结构，一方面可减小声波和流动空气的干扰，另一方面，内球面状支承片能保证金属滚珠基本上保持在 MR1 和 MR2 的中间，以提高感应振动的灵敏度。这样，传感器就能适应任一方向。

已知固定偏磁为 B_b，假设金属滚珠受到外界扰动时，移向 MR1 的方向，引起磁力线向MR1 聚集，MR1 表面的磁感应强度增大，则 MR1 中磁感应强度为

$$B_1 = B_b + \Delta B \qquad (15\text{-}3)$$

此时磁阻为 R_{B1}。

MR2 中磁感应强度为

$$B_2 = B_b - \Delta B \qquad (15\text{-}4)$$

此时磁阻为 R_{B2}。

InSb-In 共晶体薄膜材料的磁阻特性规律是遵从单晶型材料的磁阻特性规律的，可用一元二次三项式表示。

$$R_B R_0 = 1 + \alpha\beta + \beta B^2 \qquad (15\text{-}5)$$

式中，R_B 为磁场中磁阻元件的电阻值；R_0 为磁感应强度为 0 时的阻值；α、β 分别为与 InSb 磁阻元件的灵敏度有关的系数。

此传感器中，磁阻元件在固定偏磁为 B_b 时的磁阻为 R_{b0}。

将式（15-3）、式（15-4）分别代入式（15-5），可得 MR1 的电阻 R_1 大于 MR2 的电阻 R_2。据此分析，当金属滚珠移向 MR1 方向时，MR1 的电阻值增加，同时 MR2 的电阻值减小，反之亦然。所以，当 MR1、MR2 组成三端式结构时，能通过检测 MR1、MR2 中点电压变化得到振动信号。

（3）振动传感器的信号处理电路。

InSb-In 磁阻式振动传感器的灵敏度很高，能够检测到非常微弱的振动信号。但是，直接由传感器输出的信号比较微弱，因此在实际应用中需经处理。图 15-13 所示的电路可对传感器输出的微弱信号进行放大处理，放大器采用常用的低噪声集成运算放大器 OP07 2 级放大，合计电压增益为 80dB。当传感器检测到外界振动时，金属滚珠在空腔内移动。假设某一时刻，金属滚珠移动到了 MR1 的上面，这时，MR1 阻值增大，MR2 阻值减小；反之，

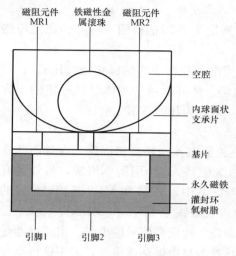

磁阻元件 MR1　铁磁性金属滚珠　磁阻元件 MR2

空腔

内球面状支承片

基片

永久磁铁

灌封环氧树脂

引脚1　　引脚2　　引脚3

图 15 - 12　振动传感器结构图

则 MR1 阻值减小，MR2 阻值增大。所以，在感应振动的过程中，MR1 和 MR2 总是一个阻值增大一个阻值减小。由于是稳压源供电，欧姆定律计算可知，这种一边增大一边减小会使中点的电压变化幅度更大，因而从 V_{out} 点可获得较高的输出电压。

当传感器使用在防盗报警设备中时，需要对信号进行进一步处理，去除一些偶然的振动，剔除强度声波信号的干扰和对振动的判断等。振动传感器检测到外界振动的波形见图 15 - 14，该信号取自信号处理电路的 V_{out} 端。经实验检测，该传感器的输出信号的本底噪声均小于 $50\mu V$，而从 MR1 与 MR2 连接点处得到的因感应振动或位移触发输出的信号幅度在 300mV 以上，信噪比大于 60dB。其频率响应见图 15 - 15。

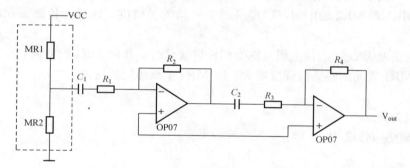

图 15 - 13，信号处理电路图

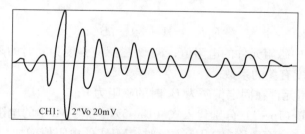

CH1:　2″Vo 20mV

图 15 - 14　振动传感器受外力振动时输出的波形

3. 雷达探测器介绍

该系统采用 AS-MMS525 是一种标准的 10.525GHz 微波多普勒雷达探测器，微波天线发射时具有良好的定向性，抗射频干扰能力较强，对温度及温度变化、湿度、噪声、光线等不敏感，其输出功率仅有 5mW，对人体不构成危害，探测范围超过 20m，因此特别适合在恶劣环境下工作的输电杆塔防盗系统中应用。但微波对震动比较敏感，在使用中应该注意安装位置，尽量减少震动对它的影响。从电气性能上讲，探测器的放大、处理电路易受工频干扰，安装布线时应进行抗干扰设计。

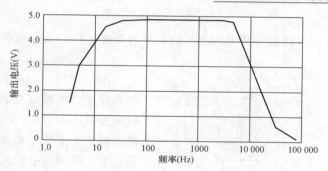

图 15 - 15　频率响应特性（经 7000 倍放大后）

（1）多普勒效应。

多普勒理论是以时间为基础的，当无线电波在行进过程中碰到物体时，该电波会被反射，反射波的频率会随碰到物体的移动状态而改变。如果无线电波碰到的物体的位置是固定的，那么反射波的频率和发射波的频率应该相同。如果物体朝着发射的方向移动，则反射回来的波会被压缩，就是说反射波的频率会增加；反之，当物体朝着远离发射的方向移动时，反射回来的波的频率会随之减小，这就是多普勒效应。图 15 - 16 是多普勒雷达的基本原理图。

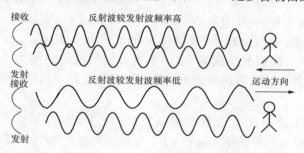

图 15 - 16　多普勒雷达基本原理图

（2）微波探测器的设计。

根据多普勒原理设计的微波探测器由 FET 微波振荡源（10.515GHz）、功率分配器、发射天线、接收天线、混频器、检波器等电路组成（见图 15 - 17）。发射天线向外定向发射，遇到物体时被反射，反射波被接收天线接收，然后被送到混合器与振荡（频率与发射波相等）波混合，混合、检波后的低频信号反映了物体移动的速度，低频信号的频率与物体移动的速度呈线性关系。

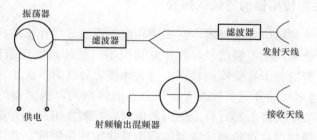

图 15 - 17　微波探测器电路组成

（3）AS-MMS525 简介。

AS-MMS525 单元电路的外观见图 15-18，共有 3 个接口，从左到右分别是检测信号输出、地和电源接口。

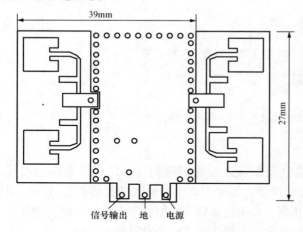

图 15-18　AS-MMS525 单元电路外观图

AS-MMS525 供电有连续直流供电模式和脉动供电模式两种。AS-MMS525 适应电压范围为（5±5%）V。在连续直流供电模式下工作时典型电流为 35mA。在低占空比脉冲供电模式下工作时，推荐给 AS-MMS525 提供 5V、脉冲宽度在 15～40μs 之间（典型值为 20μs）、频率为 1～4kHz（典型值为 2.0kHz）的脉冲供电。3%～10% 的占空比脉冲供电时平均电流为 1.2～4mA。

AS-MMS525 的射频功率输出是很低的，均对人体构不成任何危害。在连续直流供电模式下工作时，总输出功率小于 15mW。输出功率密度在 5mm 处为 1mW/cm²，1m 处为 0.72μW/cm²。当在 5% 占空比的脉冲供电模式工作时，功率密度分别减少到 50μW/cm² 和 0.036μW/cm²。

AS-MMS525 水平方向探测角度为 72°，垂直方向的探测角度为 36°，低频输出频率为 70Hz。低频信号经过低通放大器选频放大，即可得到物体移动信号。

4. DSP 控制系统

系统 CPU 采用 TI 公司的高速数字信号处理器（DSP）TMS320C5402，在该系统中 DSP 将加速度传感器收集的振动信号进行 FFT 变换，再根据整个 FFT 变换波形的低频段幅值较正常情况下高，且在 100Hz、200Hz 附近有较大幅值出现为特征量进行判断。另外同时启动雷达探测器探测周围是否有人移动。当两点同时满足时控制和驱动语音报警电路来警告罪犯，同时启动和控制摄像单元进行现场拍照，信息处理及存储，并将报警信息通过 GSM/GPRS 无线模块远传。

5. 监测装置安装方式

监测装置安装于距地面一定高度上，其中振动传感器固定于杆塔角铁隐蔽处，雷达探测器和装置使用专用支架安装于杆塔角铁上，装置的太阳能板要面对南方，以保证正常充电。

15.2.8　基于生物传感器的感应式报警

作者前期研发了一种感应式报警器，它采用一根普通的导线作感应线，通过感应去控制振荡器输出的频率变化来产生报警信号，在正常情况下（被控现场无事件发生时），振荡器输出的频率不变，报警器处于接受检测状态。当人体接近导线时（无论在导线的始端还是末端），由于导线与大地之间的介质系数改变，使分布电容增大，振荡器的输出频率降低。当检测电路检测到输出频率的降低超过设定的门限值时，控制发出声、光报警。

由于该报警器是通过单片机检测传感器的频率变化实现报警的，其主要特点如下：

（1）非接触式传感，不容易被盗窃者发现，且传感导线上不带电，因此安全可靠。

（2）传感器无方向性，不受光线照射的影响，因此抗干扰能力极强，报警器的准确率高。

（3）被控（测）范围宽（取决于导线所在范围），适合大范围现场或环境的防盗报警器安装。

（4）报警器可在现场发出声、光报警的同时，将"事件"发生的时间和现场记录下来，通过短信或其他通信方式远传到监控室，以供维护人员根据"事件"情况进行及时处理。

（5）可靠性：根据传感器原理，人体在靠近、触摸、甚至剪断时均可以报警。

（6）适应恶劣环境：可适应高温、低温、阳光、灰尘、雾、强烈震动，不受自然遮挡限制及天气变化的影响。

感应式防盗报警器主要由传感器、单片机系统、声光报警单元、摄像单元、GSM/GPRS 无线通信模块及系统供电电源等部分组成，见图 15-19。

（1）感应式报警传感器。

感应式报警传感器电路见图 15-20，该电路由传感导线、RLC 电路和 CD4069 反向器构成的振荡器组成。在正常情况下振荡器输出一个频率不变的方波信号，该信号送单片机检测。由于感应对象在靠近导线移动时，可看成导线与大地之间引入了一个微小可变电容，该电容将引起振荡器输出频率的变化，单片机测出频率的相对变化量。当频率变化超过设定的门限值时，由单片机控制产生声、光报警。

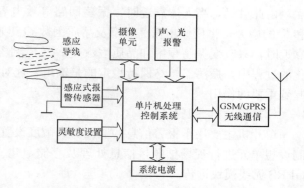

图 15-19 报警器总体设计框图

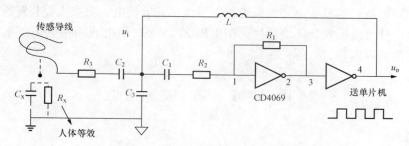

图 15-20 感应式报警传感器原理图

振荡器的设计必须满足输出幅度及振荡频率高度稳定，人体感应改变频率灵敏有利于单片机的准确监测，经过反复试验和仿真，选择由 RLC 电路和 CD4069 反向器构成的方波振荡器，振荡器的频率由 LC 选频回路的并联谐振频率决定，回路如图 15-21 所示：其中 C 为回路总的等效电容（$C=C_1+C_t$），C_t 为感应对象等效电容，R 为回路总的等效损耗电阻，y 为回路的并联复导纳。

根据谐振电路原理，电路发生谐振的条件是上式中的虚部为零，即

$$\frac{-\omega L}{R^2+(\omega L)^2}+\omega C=0 \tag{15-6}$$

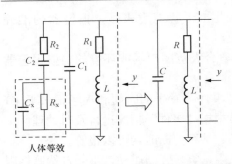

图 15 - 21　感应式谐振电路等效图

可以得到谐振时的角频率 ω_p 为

$$\omega_p = \sqrt{\frac{L - CR^2}{L^2 C}} = \frac{1}{\sqrt{LC}} \sqrt{1 - \frac{CR^2}{L}}$$

$$= \frac{1}{\sqrt{LC}} \sqrt{1 - \frac{1}{Q^2}} \qquad (15 - 7)$$

其中 $Q = \dfrac{\sqrt{\dfrac{L}{C}}}{R}$ 为品质因数。

振荡器的输出频率为

$$f_o \approx f_p = \frac{1}{2\pi \sqrt{LC}} \sqrt{1 - \frac{1}{Q^2}} \qquad (15 - 8)$$

由此可见，当人体靠近时，振荡回路等效电容 C 增大，使回路损耗电阻 R 也增大，C 和 R 的增大，将使输出振荡频率及品质因数 Q 迅速下降，这种振荡器的优点就在于当人体靠近时，只改变振荡频率和品质因数 Q，而不会影响振荡器的输出幅度，在振荡频率发生变化的过程中，振荡器始终保持稳定的是输出，这对后级输入频率数据采集的准确性和稳定性起着重要的作用。

（2）单片机控制系统。

单片机主要用于报警信息的监测、灵敏度设置、控制和驱动声、光报警电路，启动和控制设想单元进行现场拍照，信息处理及存储，建立无线通信系统，将报警信息通过 GSM/GPRS 无线模块远传。

（3）工作电源。

系统主要提供两组电源，一组为稳定可靠的 +5V 直流电源，主要为单片机系统供电，另一组为 +12V 电源，主要为声、光报警器、摄像单元等供电。防盗报警装置通常要求不间断供电，电源设计可根据安装环境选择采用电网 220V AC 供电或采用太阳能电池供电。具体可参阅本书第 2 章内容。

15.3　现　场　应　用

【实例一】

故障录波器是一种能自动记录线路故障前和故障过程中的电流、电压等变化的波形、时间和断路器动作情况的装置。通过所记录的有关波形，能较准确分析和确定故障类型，并计算出故障点的大致范围（距离数），为故障查巡、分析及判别故障、恢复正常供电提供重要依据。国网北京市电力公司董光哲等人对输电线路吊车碰线、异物短路、竹树放电进行了故障录波分析。

1. 吊车碰线故障录波分析

吊车碰线故障多为单相接地型故障，重合闸未发出。以北州二 220kV 线路单相接地故障为例，故障时相电压波形发生突变，有效值迅速减小，由故障前的 132.22kV 减小至 98.38kV，下降了 25.6%。非故障两相电压有效值略有减小，分别减小了 135kV 和 3.08kV，下降了 1% 和 2.3%。零序电压波形发生突变，有效值迅速增大，由故障前的

1.36kV 增大至 57.62kV，其吊车碰线故障时相电压波形展示界面见图 15 - 22。

故障时相电流波形发生突变，有效值迅速增大，由故障前的 0.21kA 增大至 9.23kA。非故障两相电流有效值略有增大，分别增大了 0.42kA 和 0.4kA。零序电流波形发生突变，有效值迅速增大，由故障前的 0.02kA 增大至 8.05kA，其吊车碰线故障时相电流波形展示界面见图 15 - 23。

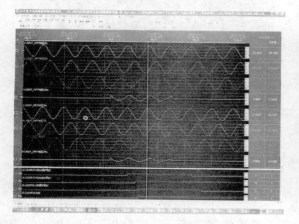

图 15 - 22 吊车碰线故障时相电压波形

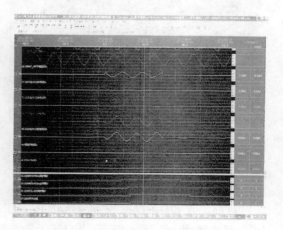

图 15 - 23 吊车碰线故障时相电流波形

2. 风刮异物故障录波分析

风刮异物发生单相接地故障时的状态量变化主要有故障相电压、故障相电流、零序电压和零序电流。故障相电压变化分析：相电压波形较平滑完整，故障相电压降幅一般约为 25%～90%。零序电压：前半个周波及后半波存在一定振荡，中间波形完整。故障相电流：故障相电流波形较完整。幅值一般为 3～15kA。零序电流：零序电流的波形较完整。与故障相电流波形相似。幅值为 3～15kA，图 15 - 24 为风刮异物单相接地故障典型波形。

3. 竹树放电故障的故障录波分析

（1）状态量变化。

本次分析的竹树放电故障为单相接地型故障，重合闸发出。变化的状态量主要有故障相电压、故障相电流和零序电压，另外非故障相电压和电流也有轻微变化。

（2）状态量变化分析。

故障相电压：故障发生时电压会发生突变。幅值降幅为 70% 左右，前 1/2 个周波伴有轻微振荡。后续波形不整齐（正弦波）。

故障相电流：故障发生时故障相电流会出现略微降低，幅值为 0.12kA 左右，约为故障前的 85%。故障波形不整齐（正弦波）。

零序电压：故障发生时零序电压发生突变，幅值约为正常相电压的 250% 左右，故障波形不整齐（正弦波）。

非故障相电压：故障发生时非故障相电压会略有增高，幅值约为 110%～121%，波形不整齐有轻微扰动（正弦波）。

非故障相电流：故障发生时非故障相电流台略有升高，幅值约为 120%～150%，波形不整齐有轻微扰动（正弦被）。

（3）典型波形（图 15-25）。

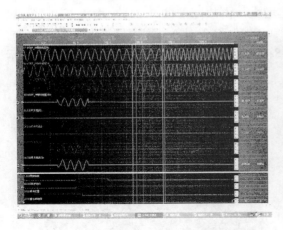
图 15-24 风刮异物单相接地故障典型波形

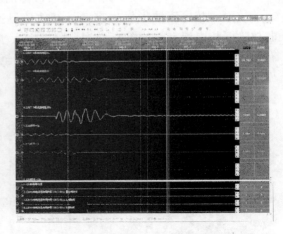
图 15-25 竹树放电故障的典型波形

【实例二】

目前，在我国山东、安徽等地都安装了基于不同监测原理的输电线路防外力破坏装置。如图 15-26 所示，在山东安装的基于微波防盗传感器的与智能视频监控相结合的输电线路防盗装置。如遇保护区被闯入则触发报警，警灯闪烁、警号拉响、同时监控人员可通过联动的智能视频监控系统对现场视频图像进行智能分析，进一步判断是否有威胁行为发生，其检测效果如第 8.5.2 节所示。

摄像机

防盗状态
监测装置

防盗传感器

图 15-26 防盗监测现场安装

输 电 线 路 雷 电 定 位

雷害是引起输电线路事故的一个重要原因，其放电过程释放的能量非常大，电压高达数百万伏，瞬间电流达到数千安，会导致绝缘子闪络甚至烧毁，严重影响电力系统的正常供电。2004 年国家电网公司 220kV 及以上架空输电线路共发生跳闸 1189 次，其中雷击跳闸419 次，占各类线路跳闸原因中的第一位；2008 年南方电网 110kV 及以上输电线路共计跳闸 2599 次，其中雷击跳闸 1588 次，占总跳闸数的 61.1%，其中广东电网 110kV 及以上线路 1～8 月雷击跳闸 465 次，跳闸率 1.24 次/百公里，110kV 及以上线路雷击事故 6 次，事故率 0.016 次/百公里。近年来国家电网公司 110～500kV 设备事故中，雷击跳闸次数占输电设备跳闸总次数的第一位，在造成输电设备非计划停运比例中（仅次于外力破坏）占第二位。

电力系统输电线路距离长、跨度大，受雷击的几率高，故障点不易确定，这些特点给故障设备的及时修复带来了很大困难。上个世纪出现的输电线路雷电定位系统实现了雷击发生时间、位置、雷电流幅值、雷电极性和回击次数等信息的采集与定位。随着智能电网建设，雷电信息已经接入生产管理系统（PMS）实现信息共享。

雷电定位系统主要实现一定范围内落雷密度和强度的监测，但其存在两方面缺点：①无法准确反映雷击对某杆塔的破坏，仍然需要在一个较小范围内进行排查；②无法反映雷击线路时杆塔、绝缘子流过的雷击电流的精确大小。因此电力用户提出研发输电线路雷击电流在线监测装置来监测线路遭受雷击时绝缘子流过电流的波形、幅值和频率等信息并及时报警。当然该方法同样存在诸多缺点：理论上需要在雷击区每基杆塔上安装监测装置，导致投资巨大，否则有可能出现安装装置的杆塔没有遭受雷击，而遭受雷击的杆塔没有安装装置，装置的实用性较差。

16.1 雷电的危害与防护措施

16.1.1 危害

雷电的破坏作用主要是由高电位和大电流造成，雷击输电线路会引起线路开关跳闸、线路元件及电气设备损坏、供电中断、甚至系统瓦解等恶性事故，其具体危害形式如下：

（1）雷电流电动力。如果雷击瞬间两根平行架设的导线电流都等于 100kA，且两导线的间距为 50cm，那么由计算可知，这两根导线每米要受到 408kg 的电动力，408kg/m 的力完全有可能将导线折断。

（2）直击雷过电压。雷云直接击中电力装置时，形成强大的雷电流，雷电流在电力装置上产生较高的电压，雷电流通过物体时，将产生有破坏作用的热效应和机械效应。

（3）感应过电压。雷云在架空导线上方时，由于静电感应作用而使其带上大量异性电荷。当闪电发生后，由于导线与大地间的电阻较大，导线上积累的大量电荷不能与大地的异种电荷迅速中和，这就形成了局部地区的感应高电压。这类高电压在高压架空线上可达300～400kV，一般低压架空线路可达100kV。

（4）雷电冲击波。闪电时，由于空气受热急剧膨胀，产生一种叫"激波波前"的冲击波；又由于庞大体积的雷云迅速放电而突然收缩，电应力突然解除，会产生一种次声波。这两种冲击波都会对输电线路造成破坏。

（5）雷电波入侵。架空线路的直击雷过电压和感应过电压形成的雷电波沿线路入侵变电站，是导致变电站雷害的主要原因。若不采取措施，势必会造成变电站电气设备绝缘损坏，引发事故。

现场设备遭受雷击后的事例见图 16-1。其中，图 16-1（a）为杆塔绝缘子断裂、导线落下；图 16-1（b）、（c）为雷击放电痕迹；图 16-1（d）为 220kV 丰金线 50 号塔掉串绝缘子钢帽；图 16-1（e）为 220kV 丰金线 50 号塔绝缘子闪络；图 16-1（f）为内绝缘被击穿的绝缘子片。

图 16-1 雷击事例

16.1.2 防护措施

雷电是造成输电线路跳闸的主要原因，线路实际运行中可以采取有效的防雷措施，提高线路的耐雷水平。常用的防雷措施有：加强线路绝缘水平、降低杆塔接地电阻、安装避雷针、消弧线圈接地、架设耦合地线、架设避雷线、安装线路避雷器、加装并联放电间隙、采用差绝缘或不平衡绝缘方式和采用自动重合闸技术等。

16.2 雷 电 定 位 方 法

尽管电力系统采取加强线路绝缘水平、降低杆塔接地电阻、安装避雷针等线路防雷方法，线路雷击仍然频繁发生，一旦输电线路遭受雷击，大多数情况下将导致供电中断，如何快速准确定位雷击故障采取措施减小停电损失成为一个亟待解决的问题。输电线路作为电网的重要组成部分，地域分布广泛，运行条件复杂，通过人工巡线方式查找故障点费时费力，可能导致供电中断时间加大。

20 世纪 70 年代美国首先研制成功雷电定位系统 LLS（Lightning Location System），提高了雷击故障点定位、分析和统计等水平。经过多年发展，雷击定位系统的定位方法有：定向定位法、时差定位法、"定向＋时差"综合定位法、故障测距法，以及最新试验的逐级杆塔故障定位法等。

16.2.1 定向定位法

雷电时辐射电磁波，可通过定点布置的探测站（TDF）接收雷电电磁信号，当有 2 个及以上的探测站接收到雷电电磁信号并确定方位角后，可根据三角定位原理计算出雷击点的空间位置，定向定位数学模型见图 16-2。

假设 A 点发生雷击，接收雷击电磁波的 TDF 站分设在 A1、A2 点，其地理坐标分别为（B_1，L_1）和（B_2，L_2）（其中，B 为纬度，L 为经度），β_{1P}、β_{2P} 为两 TDF 站测到的雷击球面方位角，则雷击点 A 的坐标为

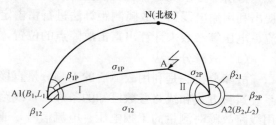

图 16-2 定向定位数学模型

$$B = B_1 + \sigma_{1P}^B(1 + \eta_1^2)[1 - (3/2)\eta_1^2\tan B_1\sigma_{1P}^B] \tag{16-1}$$

$$L = L_1 + \sin^{-1}[\sin\sigma_{1P}\sin\beta_{1P}/\cos(B_1 + \sigma_{1P}^B)] \tag{16-2}$$

该技术原理清晰简单，在多探测站系统中几乎不存在探测死区，但其探测精度受电磁波传播途径及探测站周围环境的影响较大，定位误差相对较大。

16.2.2 时差定位法

时差定位方法采用 GPS 高精度同步时钟，测定雷电电磁信号到达各探测站的时刻，最后根据电磁信号到达各探测站的时间差来计算雷击位置，其定位精度比定向定位高约 5 倍以上，甚至高一个数量级。时差定位数学模型见图 16-3。

假设 TDF1、TDF2、TDF3 三个探测站探测到雷电电磁信号，其到达各站的时刻分别为 T_1、T_2、T_3，其时间差 T_{12}、T_{23}、T_{13} 分别为

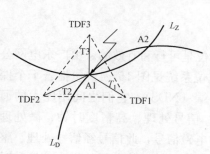

$$\begin{cases} T_{12} = T_1 - T_2 \\ T_{23} = T_2 - T_3 \\ T_{13} = T_1 - T_3 \end{cases} \tag{16-3}$$

3 个时差决定 3 对双曲线，其交点即为雷击点，标准双曲线方程为

$$\frac{X^2}{a^2} - \frac{Y^2}{b^2} = 1 \tag{16-4}$$

图 16-3 时差定位数学模型

式中，$a = \dfrac{c}{2} \times T_{12}$，$c$ 为光速；$b = \left(\dfrac{D}{2}\right)^2 - a^2$，$D$

为两站距离。

16.2.3 综合定位法

综合定位法基于定向定位和时差定位两种技术，它既探测雷击发生的方位角，又探测雷击辐射出的电磁波到达的精确时间，该方法充分利用探测到的全部有效数据，剔除方位误差和无效时间数据，其定位精度基本满足雷击故障定位的要求。但受定位模型、雷电判据、雷电波波形传播延时误差、场地引起的波形传播延时误差、GPS 时钟误差、探测站距离、地形地貌、气象条件等复杂因素的影响，其定位精度还有待提高。

16.2.4 故障测距法

雷击定位系统尽管实现了雷击点的定位，但无法确认线路是否遭受雷击。因此，有学者提出利用输电线路的故障测距算法进行雷击定位，当线路某处遭受雷击时，通过实测线路电流、电压等参数来计算出雷击故障点的位置，按其原理可分为故障分析法和行波法。

（1）故障分析法

故障分析法是利用故障后的工频分量直接计算故障阻抗或其百分比的方法，其原理是在系统运行方式和线路参数已知的条件下，线路两端的电流和电压均为故障距离的函数，可利用线路故障时测量的工频电压、电流信号，通过计算分析求出故障点的距离。

（2）行波法

行波法测距是利用高频故障暂态电流、电压行波信号来间接判定故障点位置的方法。输电线路发生故障后，将产生由故障点向线路两端母线传递的暂态行波，包括电压和电流行波，这其中包含着丰富的故障信息。行波的传播速度接近于光速，当安装在两侧的行波测距装置捕获到行波信号后，通过包含速度与时间的表达式可以将故障位置求出。雷击也会产生行波，所以利用行波法对线路雷击实施定位是可行的。

16.2.5 逐级杆塔故障定位法

逐级杆塔故障定位法通过安装杆塔雷击电流监测装置来实现故障诊断与准确定位。本书针对基于该方法的雷击定位技术进行了研究和应用，详见第 16.4 节。

16.3 雷电定位系统设计

16.3.1 系统结构

运行经验表明，雷电定位系统对输电线路雷击进行定位是可行和有效的。由广东电网公司立项，深圳供电局作为主要参与单位研发的雷电综合定位系统见图 16-4，包括若干个探测站（TDF）、位置分析器（PA 中心站）、若干个显示终端（NDS），它们之间用庞大的通信网连接成一个雷电实时遥测网。各探测站由接收天线、信号处理、高精度时钟、微处理器、通信和电源等部分组成。接收天线接收由雷击产生的电磁信号，此信号经信号处理、整形后由微处理器计算方向，同时经整形后雷击脉冲送入高精度时钟，将获得的雷击信息和时间信息通过通信口送给数据处理中心 PA 进行定位计算。PA 输出雷击发生的时间、地点

（经纬度）、雷电流波形、雷电极性和回击次数等雷击参数。PA 把计算出的定向定位和时差定位的两个雷击地点都存储起来，在时差定位的高精度范围内 PA 输出时差定位值。通常在规划一个省或一个地区的雷击时差定位系统时都把主要的电力系统置于最大定位误差簇 1km 的高精度探测范围内。

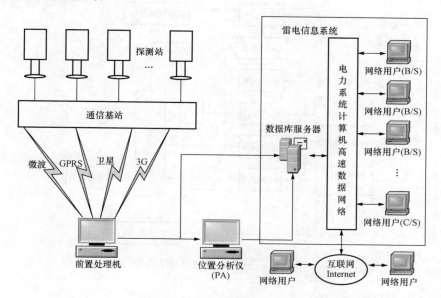

图 16-4　雷电定位系统总体结构

雷击定位系统雷击数据采集、处理与分析流程如下：

（1）数据采集。

由多个探测站和前置采集系统组成。探测站所采集的信号可以通过多种方式（微波、GPRS、卫星、3G 等）集中到前置机，前置机将采集来的原始数据一方面存入数据库，另一方面通过网络将数据传送至位置分析仪进行计算分析。

（2）数据分析。

位置分析仪专家软件通过嵌入定位数学模型对数据进行定位分析，计算出雷电的相关参数，并将定位计算结果存入数据库进行共享。

（3）数据应用。

数据应用主要为运行维护和管理人员提供两种数据共享方案：C/S 模式和 B/S 模式。

16.3.2　雷电探测站设计

雷电探测站能测量每个雷云地闪的强度、极性、时间、方位、回击次数及每次回击的强度、极性、时间、方位。

探测站电路原理见图 16-5，其由微处理器、A/D 模块、GPS 时钟模块以及信号滤波（LWTS 电路、OVT 电路）等组成。OVT 电路用以实现超量程计时；逻辑判别电路用来排除各种干扰和云间放电；LWTS 电路为波形处理电路用以消除或减小波形传播综合延时误差；峰值保持电路用以计量接收信号的幅值；高稳恒温晶振可提高 GPS 时钟同步精度，同步精度可达 $0.11\mu s$；自检波形发生器用以检测探测站的工作状态。同时采用使能门限抑制技术在保证探测效率的基础上滤除频繁的噪声信号。

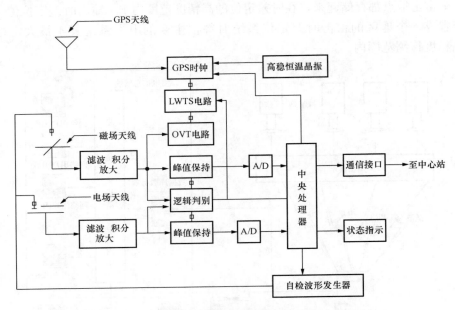

图 16-5　探测站电路原理结构图

（1）GPS 高精度同步时钟。

每个探测站（TDF）都有一个时差钟，由 GPS 接收板、高稳恒温晶振和时钟板组成，原理见图 16-6。其工作原理是：用高稳恒温晶振构成授时钟，利用 GPS 接收高精度秒脉冲修正授时钟，使其成为高精度的时间标准。GPS 时钟误差小于 $0.5\mu s$。

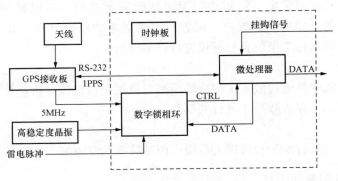

图 16-6　GPS 授时原理框图

（2）波形传播综合延时处理装置（LWTS 电路）。

在综合定位研究中，高精度卫星同步钟是发展时差定位的技术基础，但雷电波在远传过程中的综合传播延时，是雷电波到达时刻测量误差的重要来源。综合传播延时包括：传播衰减引起的波形畸变，见图 16-7（a）；多路径传播引起的波形滞后延时，见图 16-7（b）；地形地貌引起的传播延时，见图 16-7（c）。其综合波头延时在一定条件下可达 $3\sim5\mu s$，是 GPS 钟同步精度的 10 倍以上。因此，消除或减少综合波头延时是提高探测精度的关键。通过在探头上设计 LWTS 电路，可使综合延时仅为原值的 1/4，使之接近理想假定条件下（波形到达时刻测量误差≤1μs）的误差分析值。

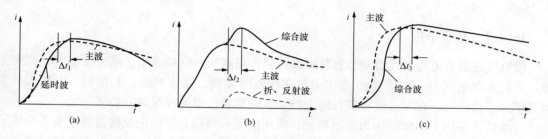

图 16-7 综合传播延时原因

（a）传播衰减变型图；（b）多路径变形；（c）山地传播畸变

（3）雷电探测站探头结构。

雷电探测站探头机械结构见图 16-8，电磁场天线用来测定雷电极性；框形正交的磁场天线用于接收雷电辐射场的电磁信号，用正交两天线信号的比值测定雷电的方位角；GPS天线接收 GPS 卫星的秒脉冲，不断校正由恒温晶振等专用模块组成的授时钟，精密测定雷电波到达时刻。

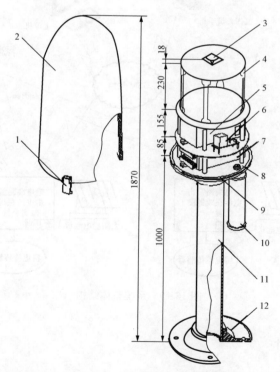

图 16-8 雷电探测站探头的机械结构图

1—折扣；2—探头罩；3—GPS 天线；4—电磁场天线；5—恒温晶振；

6—电子阻件；7—直流电源及通信接口；8—上法兰；9—探头；

10—呼吸器；11—支柱；12—下法兰

16.4　输电线路雷击电流在线监测装置设计

16.4.1　系统结构

输电线路雷击电流在线监测装置已经在内蒙古超高压供电局应用。结合雷击电流监测原理，系统方案见图 16-9，其包括雷击电流在线监测装置、通信网络、上位机、工作人员手机、手持巡检仪等，在雷击区每基杆塔上都安装一套雷击电流在线监测装置。

现场装置采用 MSP430 作为控制单元，采用电流采集环和罗氏电流传感器采集各绝缘子串雷击电流，当被监测绝缘子串发生雷击闪络事故，通过 GSM 无线网络以手机短信的形式将雷击点信息传输到监测中心及相关工作人员手机，从而代替了繁琐的人力检查，准确有效地对雷击故障点进行定位。上位机收到数据后通知客户端进行分析、计算、诊断、故障预警并将数据存入数据库作历史分析之用。此外，本装置配有手持巡检仪，当工作人员到达杆塔下时还可以再次确认本杆塔是否发生雷击绝缘子闪络，确保定位的正确性。

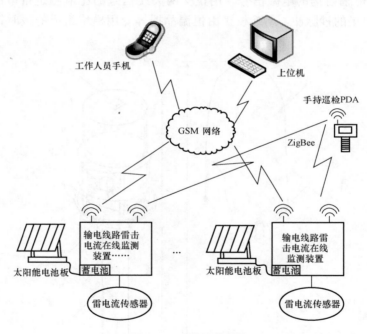

图 16-9　系统整体结构

16.4.2　装置设计

1. 硬件设计

此装置分为Ⅰ型和Ⅱ型，其原理基本一致，区别在于：Ⅰ型装置安装在杆塔，电流传感器安装在绝缘子低压侧，硬件电路包括电流传感器、信号处理单元、MCU 单元、GSM 单元、ZigBee 单元、E^2PROM 存储单元等，装置供电电源采用太阳能＋蓄电池供电方式；Ⅱ型装置安装在导线上，电流传感器安装在每个绝缘子串高压侧，硬件电路与Ⅰ型相似，其供电电源采用导线取能＋蓄电池方式。下面以Ⅰ型装置为例介绍其设计原理，硬件框图见图16-10，主要包括电源模块、MCU（MSP430 单片机）、雷击信号检测单元、GSM 通信模块、ZigBee 无线通信模块、E²PROM 存储单元等。

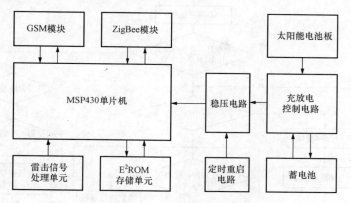

图 16-10　监测装置的硬件框图

（1）雷击信号检测单元。

雷击信号检测单元主要由绝缘子电流采集环、RogowskiⅠ线圈、放大电路、比较电路、光耦隔离电路组成。Rogowski 型电流传感器采集绝缘子串雷击电流，通过放大、比较、光电隔离电路后，接到 MCU 的 I/O 口，见图 16-11。

（2）其他电路设计。

电源方式采用太阳能＋蓄电池供电方式；短距离通信（装置与手持仪）采用 ZigBee；长距离通信（装置与上位机，上位机与巡检人员手机）采用 GSM SMS。具体设计可参考本书第 2 章。

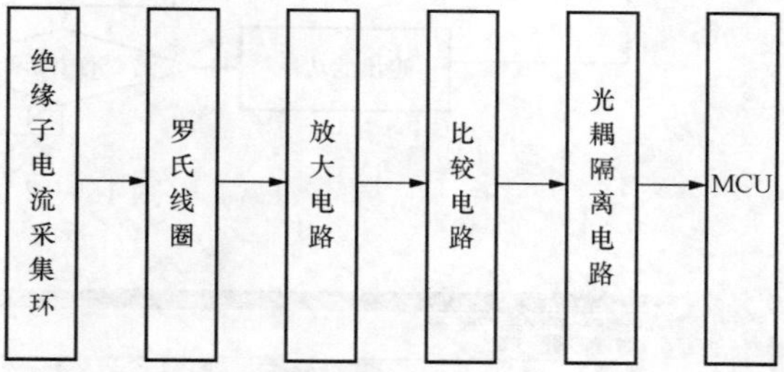

2. 软件设计

正常情况下，装置启动后进行单元初

图 16-11　雷击信号采集电路框图

始化，判断是否有新的设置短信到达，如果有则会处理新短信，将处理结果回复给设置手机，如果无则进入低功耗状态。如果输电线路杆塔上某绝缘子串发生闪络，通过比较电路产生一个端口中断方式将微处理器唤醒，微处理器将杆塔、绝缘子等信息打包，通过 GSM SMS 发送给上位机专家软件和工作人员手机。此外，当巡检人员到达杆塔附近时，可通过巡检仪将装置唤醒，装置将需查询数据传输完毕后自动进入低功耗状态。装置的软件流程见图 16-12。

16.4.3　上位机软件设计

上位机软件界面见图 16-13，其中包括系统设置、通信设置、监测点管理 3 大项。在系统设置中可设置和查看执勤人信息；在通信设置中可设置串口参数、短消息中心号码、短信处理方式等；在监测点管理中可添加和删除地市局、线路、杆塔等信息。在主界面下可清晰地看到杆塔是否遭受雷击、雷击时间等信息。

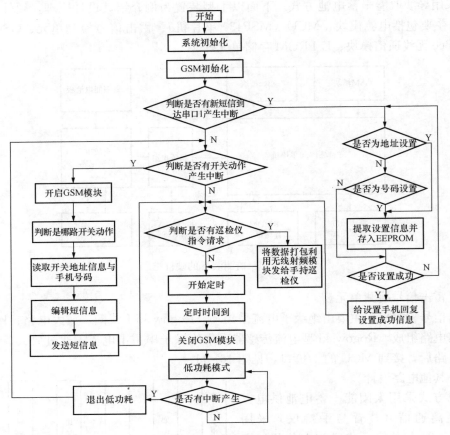

图 16-12　软件流程

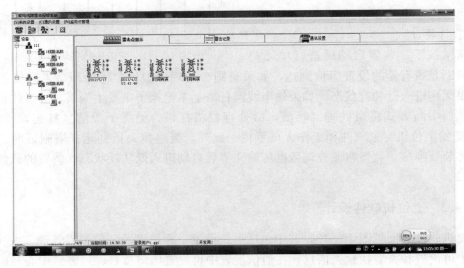

图 16-13　雷击电流在线监测上位机软件

16.5 现场运行与效果分析

【实例一】

国网四川省电力公司的雷电定位系统于 2004 年 5 月开始运行。经过多年运行，监测出很多雷电数据。监测结果表明，2005 年至 2010 年间攀枝花市范围内监测到总落雷次数为669 694次。其中正极性雷24 800 次，占 3.7%；负极性雷644894，占 96.3%，见表 16 - 1。

表 16 - 1　　　　　　　　攀枝花地区 2005 年至 2010 年间落雷情况统计表

年份	雷电小时	正雷电数	负雷电数	总雷电数	最大电流（kA）	最小电流（kA）
2005	2515	1814	63 364	65 178	800	3
2006	3736	8356	174 901	183 257	800	1.8
2007	2527	1775	46 394	48 169	800	1
2008	3502	6037	188 477	194 484	448.3	1.9
2009	2535	2895	72 078	74 973	600	1
2010	3469	3923	99 710	103 633	600	1

规程规定的雷电流幅值累计概率分布计算公式为

$$\lg P = -\frac{I}{88}$$

(16 - 5)

表 16 - 2 列出了 2005 年至 2010 年攀枝花地区落雷的幅值分布，可以看出，与规程规定的雷电流幅值累计概率分布计算公式相比，攀枝花地区的雷电流幅值总体偏小。

表 16 - 2　　　　　　　　　　攀枝花地区落雷密度的幅值分布

雷电流分布区间（kA）	实际监测到的数量值	根据监测数据计算出的幅值分布值	根据规程的计算值
>0	669 694	1	1
>10	473 116	70.646 59	76.977 471
>20	268 128	40.037 39	59.255 310
>30	147 855	22.077 99	45.613 239
>40	86 791	12.959 8	35.111 917
>50	54 475	8.134 312	27.028 266
>60	35 278	5.267 779	20.805 675
>70	24 682	3.685 564	16.015 683
>80	18 001	2.687 944	12.328 467
>90	13 476	2.012 262	9.490 142
>100	10 119	1.510 989	7.305 272
>110	7793	1.163 666	5.623 413
>120	5979	0.892 796	4.328 761
>130	4715	0.704 053	3.332 171
>140	3728	0.556 672	2.565 021
>150	2958	0.441 694	1.974 488

雷电流分布区间（kA）	实际监测到的数量值	根据监测数据计算出的幅值分布值	根据规程的计算值
＞160	2342	0.349 712	1.519 911
＞170	1891	0.282 368	1.169 989
＞180	1574	0.235 033	0.900 628
＞190	1335	0.199 345	0.693 281

根据实际监测数据，推导出适合攀枝花地区的雷电流幅值累积概率分布计算公式为

$$\lg P = -\frac{I}{51.5} \tag{16-6}$$

根据表 16-2 绘制出雷电流累积概率分布图，见图 16-14。其中曲线 1 是根据规程推荐的公式所绘制，曲线 2 是根据攀枝花地区实测值所绘制，曲线 3 为根据式 16-6 所绘制。

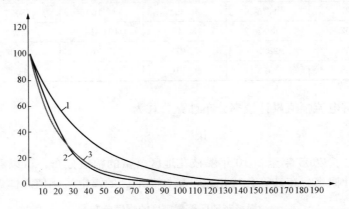

图 16-14 攀枝花雷电流累积概率分布图

为验证雷电定位系统的测量数据的可行度，国网四川省电力公司抽调了系统中对成都地区 2005 年至 2010 年 6 年间监测到的共 964 875 个雷电流数据，将其与规程中的公式作以比较。见表 16-3。

表 16-3　　　　　　　　　　成都地区落雷密度的幅值分布

雷电流分布区间（kA）	实际监测到的数量值	根据监测数据计算出的幅值分布值	根据规程的计算值
＞0	964 875	1	1
＞10	837 456	86.794 25	76.977 471
＞20	625 610	64.838 45	59.255 310
＞30	448 991	46.533 59	45.613 239
＞40	331 971	32.332 97	35.111 917
＞50	215 739	22.359 27	27.028 266
＞60	148 987	15.441 07	20.805 675
＞70	105 632	10.947 74	16.015 683
＞80	77 310	8.012 437	12.328 467
＞90	58 475	6.060 371	9.490 142
＞100	44 823	4.645 472	7.305 272

雷电流分布区间（kA）	实际监测到的数量值	根据监测数据计算出的幅值分布值	根据规程的计算值
>110	35 083	3.636 015	5.623 413
>120	28 071	2.909 298	4.328 761
>130	22 962	1.981 189	3.332 171
>140	19 116	2.379 790	2.565 021
>150	16 239	1.981 189	1.974 488
>160	14 054	1.456 562	1.519 911
>170	12 242	1.268 765	1.169 989
>180	10 800	1.119 316	0.900 628
>190	9632	0.998 264	0.693 281

根据表 16-3 绘制了成都地区雷电流累积概率分布图，见图 16-15。其中曲线 1 根据规程推荐的公式绘制，曲线 2 根据成都地区 6 年间实测的雷电流幅值绘制，曲线 3 根据攀枝花地区 6 年间实测的雷电流幅值绘制。

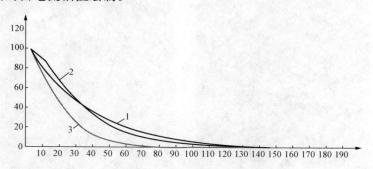

图 16-15　成都地区雷电流累积概率分布图

从图 16-15 可看出，成都地区的雷电流幅值分布与规程计算得到的比较吻合，进而也验证了攀枝花地区雷电流幅值偏小。

【实例二】

雷击电流在线监测装置，已成功通过大量试验验证，达到预期效果，在实验过程中对运行数据进行了统计，见表 16-4。运行数据包括从发生闪络事故到工作人员收到报警短信的时间、绝缘子发生闪络的相别。

表 16-4　　　　　　　　　　试　验　结　果

次数	试验相别	所用时间（s）	次数	试验相别	所用时间（s）
1	B	24.81	7	B	24.58
2	A	24.60	8	C	24.62
3	A	24.61	9	A	24.60
4	B	24.66	10	A	24.65
5	C	24.70	11	C	24.71
6	A	24.68	12	B	24.76

本装置已成功运行于内蒙古超高压供电局，现场安装见图 16-16 和图 16-17。

图 16-16　Ⅰ型装置现场安装图

图 16-17　Ⅱ型装置现场安装图

现场运行的上位机软件界面见图 16-18。

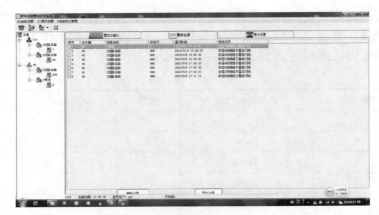

图 16-18　上位机软件界面

第17章

输电线路在线监测数据中心

国家电网公司"十一五"科技发展规划提出了"构建数字化电网，打造信息化企业"的战略目标以及我国电力发展的"西电东送、南北互供、全国联网"的总趋势。2009年5月在北京举行的"2009特高压输电技术国际会议"上，国家电网公司总经理刘振亚首次提出"一特四大"的坚强智能电网战略，并宣布"在2020年要建成坚强的智能电网"。特别是随着特高压输电线路试验示范工程的建设与应用，如何以创新的方式实现跨区域、大容量、远距离、低损耗的国家级特高压骨干电网的运行、维护、管理，保证特高压电网工程的安全运行维护工作也显得日益重要。

输电线路在线监测技术是实现输电线路智能化运行的关键技术，其由状态监测装置、通信网络和在线监测数据（评价）中心等组成，本书前16章详细描述了状态监测装置的关键技术、实现方法以及应用效果，本章将针对在线监测数据（评价）中心进行介绍。随着输电线路在线监测技术的发展，在线监测数据中心发展同样经历了三个阶段：在线监测二维数字化管理系统、在线监测三维数字化管理系统、依托生产管理信息系统（PMS）的输变电设备状态监测管理系统。

由于输电线路视频监控系统具有单独的视频监控后台，目前其并不与输变电设备状态监测管理系统兼容和集成，为了让读者对视频后台有些理解，本章介绍了输电线路视频监控后台的相关内容。

17.1 在线监测二维数字化管理系统

17.1.1 系统结构

早在2006年，作者与合作单位就建立了全国输变电设备在线监测数据中心，实现了全国范围内安装的在线监测装置的集中监控、数据存储、分析等工作。整个系统由以下部分组成：全国输变电设备在线监测中心、（网）省监控中心、地（分）区局监控中心、GIS系统以及现场监测单元（污秽、覆冰、微气象、图像、舞动、防盗、微风振动、杆塔倾斜、导线温度及增容系统等）。图17-1为在线监测二维数字化管理系统中心，图17-2为监控中心安装运行的部分软件。随后，又分别为原华中电网、国网青海省电力公司等用户开发了在线监测数字化管理中心，实现了不同厂家、不同类型的在线监测装置的集中监控与管理。

17.1.2 系统功能

在线监测二维数字化管理系统数据库选用Oracle数据库软件，因其具有强大的数据库

图 17-1　二维在线监测数字化管理系统

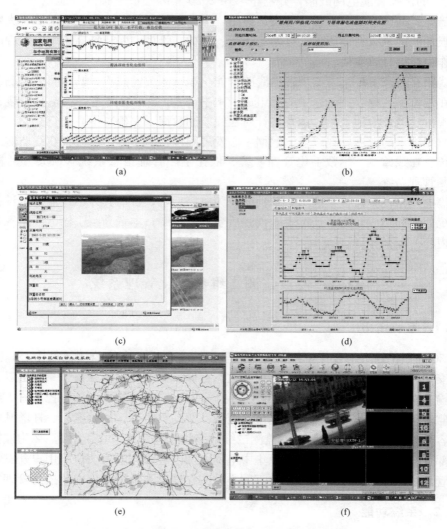

图 17-2　在线监测二维数字化管理系统软件运行界面

（a）线路覆冰；（b）绝缘子泄露电流；（c）图像；（d）导线温度及增容；（e）GIS污区图；（f）视频

管理功能，其采用了一系列的先进技术：如安全性措施、数据恢复措施、并行查询等，且支持故障恢复群集、分布式分区视图及各种格式的转换等。当时采用 VB6.0 为开发语言、Oracle 为关系数据库、Map Info 为平台，开发了基于在线监测数据和 GIS 的输电线路状态运行管理系统。主要功能有三个方面：

（1）满足传统设计要求的数据查询、修改和管理功能，安排定期的线路巡视。

（2）系统自动运行，对线路杆塔安装的各种监测设备通过 GPRS/GSM/CDMA 网络传输至监控中心的数据进行解码分析，专家软件根据各种报警模型、杆塔设计资料、运行参数等进行报警和预报警，提示相关管理人员及时采取措施预防突发事故的发生，实现输电线路的状态监测、状态巡视、状态检修等。

（3）管理人员通过人工查询分析各线路当前运行状态的动态数据、静态数据，对设备运行状况、环境条件变化等进行分析，可对设备的基本参数和经验运行数据进行修正，重要的是可通过系统嵌入的各种算法、模型结合 GIS 系统绘制该地区的电子污秽分布图、覆冰分布图等。

专家软件能够实现输电线路状态运行管理中各大系统信息查询，图形修改和各种数据表的操作等功能，建立线路运行管理系统各方面的动态链接，实现数据、表格、图形等信息的整体交互查询（见图 17-3）。图 17-4 给出了该系统的部分查询功能，其中虚线部分为在线监测设备所提供的数据，针对不同的地区可选用的在线监测设备有所不同，如污闪严重但无冰害事故的地区可采用输电线路绝缘子泄露电流在线监测系统；如杆塔盗窃很严重的地区可采用输电线路防盗系统；如在风口、大跨越等舞动严重地区可采用输电线路导线舞动系统；如在夏天炎热其电力输送能力急待提高的地区可采用输电线路导线测温系统或输电线路导线增容系统。

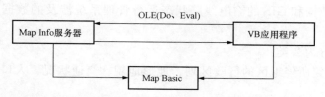

图 17-3　应用程序和 Map Info 数据的动态链接技术路线

17.1.3　系统数据库设计

1. 数据库特点与分析

（1）涉及面广、数据量大。包括反映地形地貌的空间数据，反映线路设备及相关辅助信息的属性数据，施工图、施工录像等图形图像数据等。且线路数量增大使得数据量成倍增加。

（2）数据参数多。以杆塔数据为例，除有杆塔型式、杆塔代码、杆塔材料、杆塔基本尺寸外，还有杆塔所在线路名称、电压等级、是否有标示牌、相位牌、所处地段污秽情况、历史重大缺陷记录等数据。

（3）同种类型不同型号设备的参数存在较多冗余。如同类型的定型杆塔，其塔头尺寸只有几组固定的参数，但不同的呼高具有不同的根开。

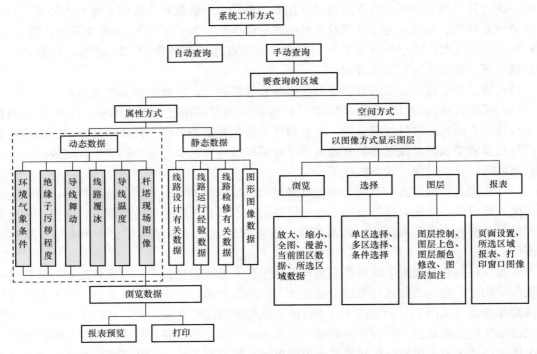

图 17-4　软件查询功能表

（4）各类数据间存在大量的交叉调用。许多数据可能来自 2 个或多个数据库，有的要经过相关计算才能得到。

基于在线监测数据和 GIS 的输电线路状态运行管理系统涉及的数据大致可分为空间数据和属性数据 2 种。

空间数据又可分为 2 类：

1）用来反映线路所经地区的行政区划、地形地貌、交通状况、人口分布等内容，简称为背景地图。

2）用来描述变电站、杆塔、架空线等电力设备及线路运行管理部门的地理位置，简称为输电线路专题地图。

属性数据也可分为 3 类（其与地理坐标无直接关系，是非空间定位数据）：

1）反映线路设备的基本参数及线路总体情况的数据。

2）反映线路设备运行情况（设备的投运日期、材料、运行状态、最近 1 次检修日期等）、运行管理人员的配置和工作计划等数据。

3）安装的各种在线监测设备提供的在线监测数据，如绝缘子污秽程度、导线温度、现场图片、导线覆冰、导线舞动以及环境温湿度等。

2. 数据库总体设计

空间数据包括空间位置（地物在地图中的位置）、相对位置（地物实体间的拓扑关系）及空间属性数据（描述地物的特征）等，利用 GIS 软件（Map Info）来进行管理。输电设备的基本参数、原始运行状态、实时监测状态、检修记录及各种工作计划等，称为非空间属性数据，采用商业数据库软件 Oracle 进行管理。通过建立完善的数据库结构，实现空间数据与属性数据无缝连接。图 17 - 5 表示了各数据之间的关系。

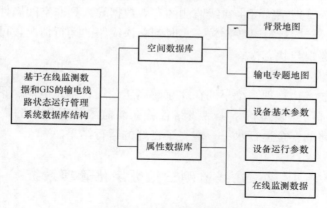

图 17 - 5　空间数据结构

3. 空间数据库设计

GPS 的发展为空间数据的获取和更新提供了一种快速、准确的解决方案,其精度完全可以满足输电地理信息系统的需要。关于背景地图可购买电子地图,在对原始地图进行分层矢量化以后,得到各基础图层,一般包括:行政区划图(含行政界限、地名等)、水系图(含河流、湖泊等)、道路交通图(含铁路、一级公路、二级公路、火车站)等。并可根据线路的实际情况设置重污区、多雷区、微气象区、重冰区等。输电专题地图数据可分为两类:电子地图本身已有的输电线路数据以及通过本系统录入的输电线路数据。

输电专题地图数据采用矢量存储方法来管理,以点、线、面表示输电区域内的物理实体,用一对一的代码或一系列坐标予以描述。点可用来表示输电线路中的金具、杆塔等;线可用来表示导线、地线、拉线、电缆等;面可用来表示供电区、污秽区、覆冰区、舞动区、多雷区以及鸟害区等区域。背景地图与输电专题地图按需要分为多个层次,实现背景地图与输电专题地图的统一管理。

4. 属性数据库设计

传统输电线路的非空间属性数据内容相当庞大,主要涉及如下内容:线路设计有关数据(包括输电线路概况、设计气象条件、导地线参数、各种比载、最大使用应力和平均运行应力、临界档距和控制气象条件、各种气象条件下各档距的导地线应力和弧垂以及杆塔、导线、避雷线、金具、接地装置、杆塔基础、拉线等明细)、线路运行有关数据(包括输电线路评级以及各种线路验收数据、接地电阻遥测记录、绝缘子零值测试及更换记录、事故异常记录、绝缘子防污记录、绝缘子劣化率、带电作业记录、杆塔材料更换记录、等值附盐密度测量记录、检修记录、负荷测量、接地装置检测、导线连接器检测等交叉跨越测量记录等)、图形图像数据(包括全部施工图,如线路平断面图、绝缘子串组装图、接地装置图、各种杆塔图、基础图以及线路、变电站施工和运行检修照片与录像等)以及其他数据(包括备品明细、工作计划、总结、运行管理人员配置等)。

其中,有关线路设计与运行的数据分析是保障线路安全运行的重要监控手段,但传统的分析由于缺乏对输电线路的实时监控,外部环境条件突变、材料材质劣化以及线路杆塔被盗等不可预测事件时常导致各种输电线路事故,造成巨大的经济损失。幸运的是,随着各种输电线路在线监测技术的发展，给电力用户提供了实时监测的手段。基于在线监测数据和GIS的输电线路状态运行管理系统可将在线监测的有效数据导入到非空间属性数据库中，并与原有的基本设计参数、经验运行参数比较，实时判断该线路的运行情况，可真正实现输电线路的状态监测、状态巡视与状态检修。

5. 运行结果分析

在线监测二维数字化管理系统早期在北京超高压公司、华东电网、华中电网、山西忻州供电分公司等电力部门安装运行，实现线路各种在线监测装置数据的集中存储、分析与报警，提高了输电线路的安全运行水平，取得了良好的运行结果。

17.2 在线监测三维数字化管理系统

17.2.1 海拉瓦洛斯达技术简介

海拉瓦洛斯达技术是北京洛斯达公司在海拉瓦全数字摄影测量系统基础上结合电力工程需要，开发的一系列应用于电网工程勘测、辅助设计的产品和流程的技术总称。它将卫星、飞机、GPS（全球定位系统）等高科技手段结合起来，通过高精度的扫描仪（或直接使用数字影像）和计算机信息处理系统，将各种影像资料生成正射影像图、数字地面模型和具有立体图效果的三维景观图，并以标准格式输出影像和数字信息，以此为基本数据源进行输电线路路径优化、输电线路杆塔优化排位、输电线路遥感地质解译、变电站站址优化、数字化电网建设、输电线路三维场景再现等各种工作。本章介绍的在线监测三维数字化管理系统是依托海拉瓦洛斯达技术在统一的数据框架下，融合输电线路建设各个阶段的数据，并通过统一的数据接口消除各个在线监测厂家数据差异，实现一个大统一的输电在线监测工程数据中心平台，为线路的运行维护提供创新的服务。

该技术的意义在于帮助工程设计人员尽可能减少传统方式的实地测量、定位信息的误差，同时勘测、设计人员不必到气候等自然条件恶劣的地区或山区获取技术信息等，大大降低劳动强度，工作人员主要在卫星、飞机、GPS等设施工作的前提下，在室内计算机旁借助海拉瓦系统生成的图像、三维景观图，一目了然地掌握工程实地的情况，完成一系列工程设计。由于其具有获取数据快、可在室内快速恢复现场地理环境、成果直观形象等诸多优点，使之能够有效辅助电网工程建设，大大提高电网建设的效率，缩短建设周期、节省投资，具有很大的经济、环保效益。该技术已经广泛应用于三峡输变电工程、西电东送工程、全国联网工程、特高压工程中。

17.2.2 系统结构

系统采用了插件组合式架构设计，可灵活实现功能扩展及和其他系统平台的快速集成。另外，系统还提供了保密方式的数据接口，基于该平台被授权的用户可以快速访问系统数据。并且以Web服务方式提供标准的数据接口，从而可以消除不同厂家之间的数据差异，以统一风格、统一模型进行在线监测数据的分析、统计、查询及预警。系统逻辑结构以及系统应用网络结构分别如图17-6、图17-7所示。

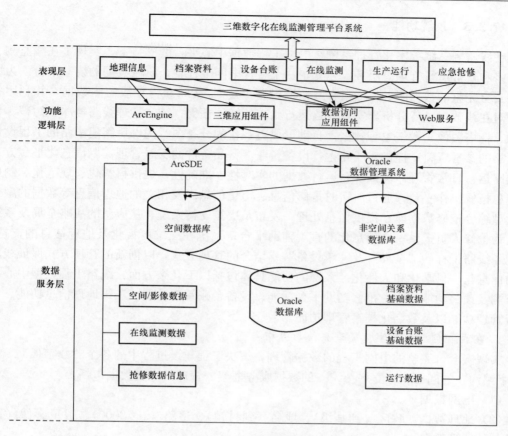

图 17-6　系统逻辑图

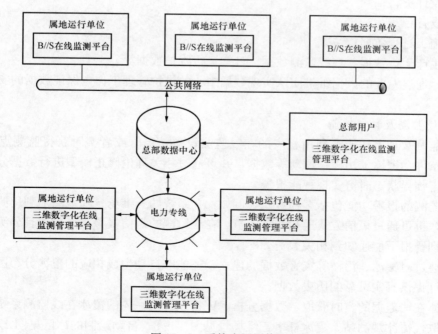

图 17-7　系统应用网络图

17.2.3 系统功能

在线监测三维数字化管理系统在电网工程数据中心平台的支持下，实现了在线监测、应急抢修和日常运行管理等服务，建立了一个融合电网工程各个阶段数据的统一平台，为用户提供安全完整的数据服务。通过在线监测设备可定时/实时获得在线监测数据，并利用各种模型对在线数据进行分析，实现线路运行状态的智能预警；统一管理线路覆冰、污秽、导线问题、杆塔图像、微气象等数据，自动形成直观化的分布图，为以后新建线路的工程设计提供可靠的参考资料；提供对线路运行设备台账、备品备件的实时管理，以信息化平台方式辅助线路运行日常管理，保证线路运行数据的实时性、准确性；提供科学化、规范化和制度化的应急抢修协作平台，通过对实时抢修信息、历史信息以及相关的地理信息等数据的融合形成大型综合抢修数据库；提供信息处理、发布及决策支持系统，从应急的战略全局及系统体系上为抢修人员提供一个信息化的直观辅助平台；系统在三维可视化及地理信息的支持下，实现了线路工程的"全局"及"单设备"相结合的管理方式，以创新的管理方式保证线路运行的信息化、科学化和人性化。系统的功能具体包括以下几个方面：线路工程数据中心、在线监测及预警功能、应急抢修辅助平台功能、设备台账管理功能、三维地理信息功能、生产运行管理功能以及数字化档案管理功能。

1. 在线监测三维数字化管理系统数据中心

实现安全、完整的电网工程的数据管理，解决工程建设过程中的各个"数字孤岛"之间"数字鸿沟"的问题，建立一个统一的数据服务框架。管理的主要数据包括：

（1）电网数据；

（2）地理数据：政区（到县级）、地名（到村镇）、道路（1：2000）、卫星影像（15m）以及其他地理数据；

（3）设计资料；

（4）设备台账；

（5）施工过程数据；

（6）生产运行数据：在线监测数据、日常运行维护数据等。

此外，通过专业的数据维护团队实现数据中心的维护管理工作，保证数据的安全性和实时性。

2. 在线监测及预警功能

在线监测及预警功能是利用相应的在线监测设备，定时或者实时获得监测点的现场影像、气象条件、覆冰、污秽、舞动等数据，并可通过相关理论修正模型进行数据分析，当达到某种灾害临界状态时可实现智能报警。

在线监测的报警功能包括多种方式，例如：在系统的三维场景和地图上利用明显的方式进行标注，也可通过短信方式通知相关人员。在线监测的短信报警是可配置且分级的，保证在某种级别警报下能通知到相关人员。

系统通过对覆冰、污秽等灾害数据的建立，还能够自动生成相应的覆冰分布图，为以后的线路设计提供真实可靠的历史数据。

集覆冰在线数据的实时获取、数据分析、灾害预警为一体的覆冰在线监测系统原则上可以适当地取代覆冰观测站。覆冰杆塔三维场景见图 17 - 8，自动绘制的冰区见图 17 - 9。

图 17-8　三维场景覆冰警报图　　　　　　图 17-9　生成的覆冰分布图

3. 应急抢修辅助平台功能

当线路事故灾害发生后，应急抢修辅助平台可以快速响应，并在第一时间内快速自动生成翔实的专题数据集，为用户抢修解决方案的设计及实施提供可靠的数据源。通过提供"全局"和"单设备"相结合的数据管理模式，让用户可以获得电网线路的详细数据，并辅以实用的数据分析和统计功能，辅助相关单位用户（生产运行维护单位、设计院、施工单位、监理单位等）制订应急响应方案。此外，应急抢修辅助平台还通过与在线监测设备的集成，实时获得事故点的相关环境数据，辅助抢修人员进行现场观察，从而辅助相关指挥人员进行抢修方案的调整与制定，杆塔事故现场对照如图 17-10 所示。

图 17-10　杆塔事故现场对照图

4. 设备台账管理功能

设备台账管理包括线路设备台账信息管理和变电站设备台账管理。其主要用于抢修用户快速获取相关设备台账信息，包括抢修材料表、设备材料设计单位、施工单位、运行单位、生产厂家等，缩短现场抢修响应时间。设备台账管理还可为用户提供线路运行变更、设备台账数据的修改和实时维护，保证设备台账信息的实时性和准确性，从而避免紧急情况下运行设备台账信息无法正确获取。设备台账管理查询图见图 17-11。

5. 三维地理信息功能

三维地理信息采用三维和二维相结合的方式实现对输电线路全线的直观可视化管理。三维可视化是洛斯达海拉瓦技术的重要核心内容，也是数字化电网技术的一个重要支撑技术。它是结合勘测设计及施工阶段的实际数据，将输电线路以及相关设备的分布等信息按其实际

图 17-11　设备台账管理的查询图

地理位置描述在地理背景上，形成直观便捷的虚拟现实管理平台，提供直观可视化的三维场景显示，包括地形地貌、交叉跨越等。

二维地理信息在二维地图中展现了输电线路走廊区域的行政区域、道路网、河流、公路、影像、卫星图等地理信息。三维地理信息可通过可视直观的方式快速展现受损线路的地理位置信息，具体的三维可视化图如图 17-12 所示。

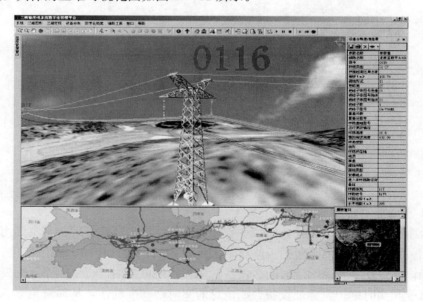

图 17-12　三维可视化图

6．生产运行管理功能

生产运行管理为电网的运行管理提供一个工作平台，将用户日常作业过程中的各种相关资料、数据、规范进行整理和标准化，使用户能够快速、准确地从系统中获得线路有关数据和资料，能方便地进行数据查询、检索、统计、分析和评价。此外，生产运行管理还可以建立基层维护部门和高端管理用户之间的紧密关联，使高端用户在不依赖传统报表传递方式的基础上快速准确地获得基层运行维护信息，从而有效掌握当前线路和设备的最新状态。具体的三维可视化运行维护图如图 17-13 所示。

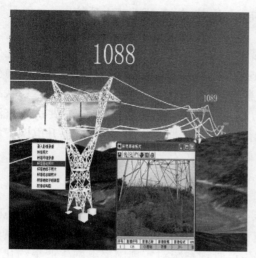

图 17-13　三维可视化运行维护图

7. 数字化档案管理功能

数字化档案管理对档案资料进行统一的管理。管理的文档资料类别包括输变电工程建设过程中产生的各种设计图纸、输变电工程设备档案、运行规程、规范标准、各种法律法规和规章制度、各种技术报告、重要领导讲话以及各种其他文献资料等，数字化档案管理页面如图 17-14 所示。

图 17-14　档案管理页面图

在线监测三维数字化管理系统的软件部署采用统一的部署方式，全线的综合数据库部署在运行单位总部，由总部进行统一管理，总部可以获得全线的三维信息、地理信息、在线监测数据、相关的设备台账和数字化档案等数据。

17.3 依托 PMS 的输变电设备状态在线监测系统

"十二五"期间，按照坚强智能电网建设要求，结合"三集五大"发展战略，依托生产管理信息系统（PMS），在国家电网公司范围内建立"两级部署、三级应用"的统一输变电设备状态监测系统，规范各类输变电设备状态监测数据的接入，提供各种输变电设备状态信息的展示、预警、分析、诊断、评估和预测功能，并集中为其他相关系统提供状态监测数据，实现输变电设备状态的全面监测和状态运行管理，其建设和推广工作对提升电网智能化水平、实现输变电设备状态运行管理具有积极而深远的意义。

17.3.1 PMS 简介

国家电网公司"SG186"工程生产管理系统（Power Production Management System，PMS）是"SG186"工程八大业务应用中最复杂的，其设计思想见图 17-15。建立纵向贯通、横向集成、覆盖电网生产全过程的标准化生产管理系统对实现国家电网生产集约化、精细化、标准化管理，提高国家电网资产管理水平具有十分重要的意义。PMS 作为生产管理和一线班组的工作平台，通过标准规范、流程监控、安全监控等手段，最终实现对生产管理的风险预控与辅助决策。

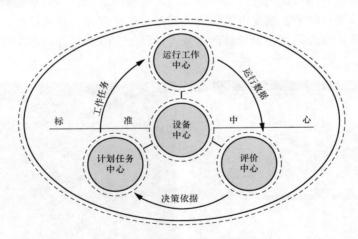

图 17-15 PMS 五大中心设计思想

PMS 涉及输电线路管理方面的有：输电设备台账维护；输电运行、缺陷管理；输电检修计划管理，具体见图 17-16。按照国家电网公司要求，需要在输电运行、缺陷管理模块中增加线路在线监测管理。

其中，线路运行之间功能模块如图 17-17 所示。

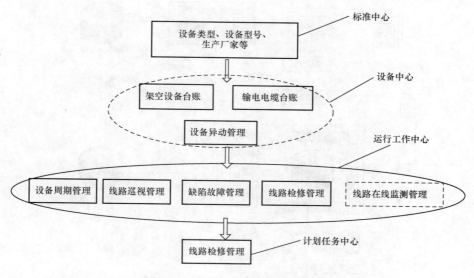

图 17 - 16　PMS 输电线路管理模块

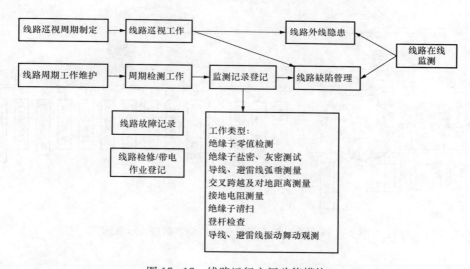

图 17 - 17　线路运行之间功能模块

17.3.2　系统结构

采用两级部署，线路在线监测数据在网省和总部集中，地市（包括班组）用户均通过登录系统使用应用功能。输电线路状态监测装置（含传感器）将数据传送至线路 CMA，CMA 接入部署在网省端的线路 CAG 实现状态信息的接入。对于已有系统，网省端线路 CAG 通过从原线路前置子系统（实现旧协议与国家电网公司新协议之间的转换）集中接入所有状态信息。同时，网省侧 PMS 将集中的状态监测信息（跨区电网部分）通过数据中心转发总部，供总部 PMS 中的跨区电网高级应用模块及其他应用系统使用。在需要的时候，总部用户也可以通过总部 PMS 远程调用网省侧的状态监测信息（如非跨区电网部分），以满足故障或其他异常情况下的特殊需要。具体见图 17 - 18。

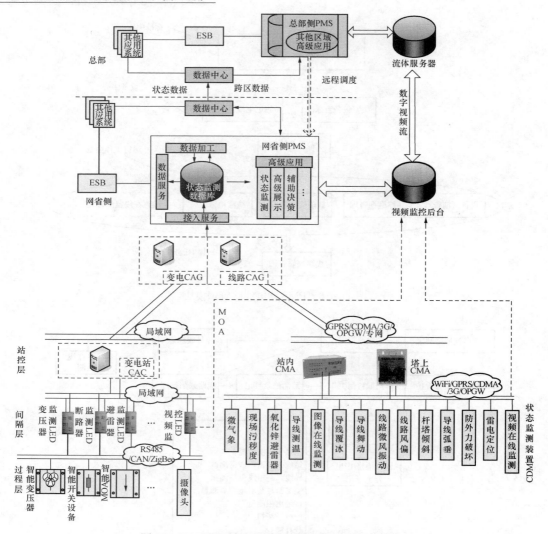

图 17-18 PMS 输电线路在线监测数据接入示意图

17.3.3 系统功能

（1）监测实况 GIS 图：基于 GIS 的全局状态监测信息展示，包括监测线路分布展示、监测装置分布展示、告警装置分布展示、雷电分布及其相关功能展示、污区分布及其相关功能展示、CMA 运行工况统计、监测装置运行工况统计、监测装置数据（实时数据、历史数据）展示、视频/图像展示，并提供厂站、线路、设备等的周边分析功能、告警设备定位功能、告警信息处理功能、告警信息查询功能、相关缺陷登记功能。此外，还提供 GIS 一般辅助功能，包括放大、缩小、全图显示、全屏显示、全屏展示、鹰眼、选择、搜索、量测、画笔、打印、取消标注、漫游，见图 17-19。

（2）查询统计：线路 CMA 查询统计、线路监测装置查询统计、告警信息查询统计、输电监测数据展现、监测装置覆盖率统计、视频/图像展现、CMA 告警统计展现、监测数据对比分析、CMA 工况统计、线路告警时间分布、监测装置告警统计图，见图 17-20。

图 17 - 19　CAG 中心软件 GIS 运行界面

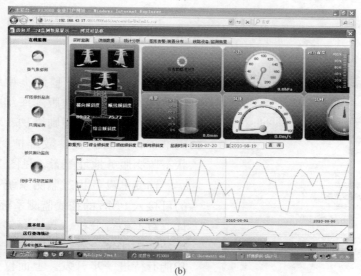

(a)

(b)

图 17 - 20　CAG 中心软件数据查询
(a) 数据报表查询；(b) 数据曲线图查询

（3）装置管理：线路 CMA 台账维护、线路 CMA 配置参数维护、线路 CMA 运行监控、线路 CMA 软件版本管理、线路监测装置台账维护、线路监测装置参数配置维护、线路监测装置运行监控、监测装置关联关系维护、前置子系统台账维护，见图 17 - 21。

(a)

(b)

图 17 - 21　CAG 中心软件线路参数和在线监测装置参数查询
(a) 线路参数查询；(b) 在线监测装置参数查询

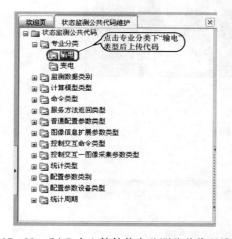

图 17 - 22　CAG 中心软件状态监测公共代码维护

（4）系统管理：监测类型维护、监测类型参数维护、监测参数版本库维护、监测模型参数维护、监测告警规则维护、状态监测公共代码维护、监测配置参数维护、服务调用日志、状态监测服务地址配置，见图 17 - 22。

输变电设备状态监测系统是国内唯一许可的可接入 PMS 的在线监测系统软件，其参数设计、数据整合分析、数据存储、设备参数管理等功能均比较完善，但有关数据高级应用部分功能有待进一步开发。上面仅仅给出了几个主要功能模块中的个别例子，具体软件需参考国家电网公司输变电设备状态监测系统用户手册。

17.4　输电线路视频监控后台设计

输电线路视频监控后台是对视频装置进行管理和控制，为应用系统及多区域视频监控系统互联网提供服务的软件和硬件。一般包括呼叫建立与控制、用户与设备管理、实时视频、流媒体处理、平台管理等逻辑实体。

17.4.1　系统结构

视频监控系统应采用 IP 网络传输协议和数字音视频压缩编码技术，实现远程视频浏览、视频存储、告警联动等一系列功能。视频监控系统的基本组成结构见图 17-23，该系统由客户端/用户、前端系统、视频监控平台三部分组成。

（1）客户端/用户：实现音视频、数据、告警及状态等信息呈现的软件和硬件。部分类型的客户端/用户具有对前端系统控制和管理等功能。

（2）前端系统：实现音视频、数据、告警及状态等信息采集和双向传送、控制功能的软件和硬件。一般包括：一体化摄像系统或视频服务器及外围设备、摄像机、云台设备、告警开关、供电设备、本地控制及与平台连接设备等。在本书中，前端系统是指输电线路杆塔上安装的视频监控装置。

（3）视频监控平台：它是客户端与前端系统的中枢，一方面它接收客户端/用户的控制指令，另一方面对前端系统进行管理和控制。视频监控平台一般包括管理模块、流媒体模块、通信模块、存储模块等服务单元。

视频监控装置可接入到单个或多个视频监控平台，访问视频监控装置应通过其接入的某个视频监控平台实现，客户端通过视频监控平台对视频监控装置进行管理、控制以及实时视频查看。

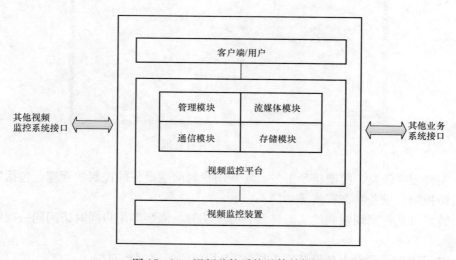

图 17-23　视频监控系统整体结构图

17.4.2　系统功能

1. 视频监控平台

（1）客户端接入：支持多种客户端方式的接入，包括：C/S 客户端、B/S 客户端、移动终端客户端。

（2）用户管理：视频监控后台为管理员提供统一的用户管理机制，按照分级分组的管理方式，每个用户组包括一个用户管理员和多个操作员，用户管理员为组内最高权限用户，能配置、管理组内全部用户和用户权限，见图 17 - 24。

图 17 - 24　用户权限管理

（3）设备管理：对后台管理的监控装置摄像机进行管理，包括设备的添加、修改和删除，以及装置属性项的配置和管理，见图 17 - 25。

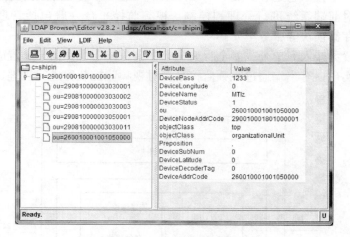

图 17 - 25　监控装置管理

（4）实时视频转发、控制指令下发：实现用户对前端设备的控制和管理，包括实时视频浏览、云镜控制、设备状态查询等功能。

（5）转发分发：实现视频的实时转发、分发功能，满足多用户同时访问同一视频监控点的需求。

（6）时间同步：平台内各设备应支持 NTP 协议进行时间校对。

（7）认证功能：平台应支持 AAA 认证机制，用户只有通过平台的身份认证及授权后，方可使用平台内所提供的各项业务功能。

2. 客户端

（1）PC 客户端。

1）用户认证。用户输入用户名、密码，进行用户认证，服务器根据用户名，提供相应的权限。

2）设备表。用户通过平台认证后，返回相应设备表并显示，通过设备表查看设备相关信息。

3）设备信息管理。拥有管理权限的用户可通过系统配置页面管理视频后台监控的装置摄像机，包括装置的添加、修改和删除，以及装置属性项的配置和管理，见图 17-26。

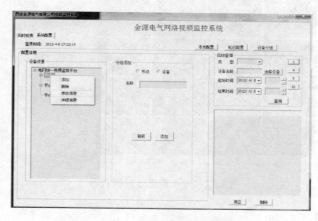

图 17-26　装置设备管理

4）实时视频浏览。客户端通过平台认证后，可浏览在线设备的实时视频，如图 17-27 所示。

图 17-27　对监控装置摄像机操作管理

5）云镜控制，包括云台控制和镜头控制。其中，云台控制：云台的上、下、左、右转动，预置位设置、删除与调用，云台转动的步进值和速度的设置；镜头控制：镜头的变倍、调焦、光圈控制。

6）视频录制。用户可以根据自身需求手动录制或定时录制视频。

7）截图。用户可以根据自身需求手动截图或者定时截图。

8）多通道视频查看。

客户端可以实现 1、4、9、16 不同宫格视频查看浏览方式，并可轮巡控制各个设备，见图 17 - 28。

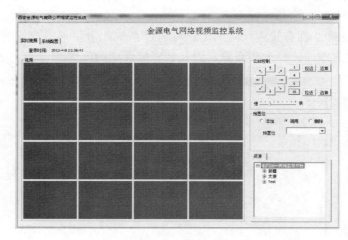

图 17 - 28　多通道视频查看

（2）B/S 客户端。

PC 客户端基于 B/S 架构，视频呈现部分通过 ActiveX 插件实现，完美地与 B/S 框架结合，可以直观地看到现场的突发状况，具有容错能力强、易于操作、界面友好等优点，见图 17 - 29。

（3）手机客户端。

手机客户端的功能与 PC 客户端功能类似，其主要优点在于方便携带，操作与 PC 客户端基本一样，见图 17 - 30。

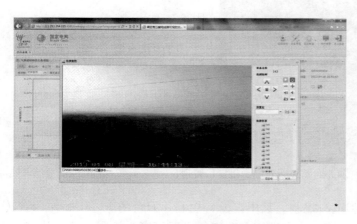

图 17 - 29　B/S 客户端视频查看

图 17 - 30　手机客户端视频查看

典 型 工 程 案 例

18.1　1000kV 特高压交流输电试验示范工程

18.1.1　工程概况

1000kV 晋东南—南阳—荆门特高压交流输电线路是国家"十一五"期间重点工程，在国家电网建设改善中，南北地域发供电的高效输送，平衡各区域的用电短缺局面，对加强电网的高效、安全、可靠、经济运行有着重要意义。1000kV 晋东南—南阳—荆门特高压交流试验示范线路于 2009 年 1 月 6 日正式投入运行，全长 640km（含黄河和汉江两个大跨越工程），包括三站两线，起于山西省晋东南变电站，经河南省南阳开关站，止于湖北省荆门变电站，其中河南境内 342.811km，占工程全线总长度的 54%，共有铁塔 698 基。特高压试验示范线路在河南境内途经沁阳、博爱、温县、孟州、巩义、偃师、伊川、汝州、宝丰、鲁山、南召、方城、宛城及唐河县共 14 个县级行政区，分为 1000kV 长南Ⅰ线（河南境内铁塔 490 基，运行杆号 230 号～719 号）和南荆Ⅰ线（河南境内铁塔 208 基，运行杆号 1 号～208 号）两个线路段。输电线路通过河南境内，尤其是具有明显立体气候特征的高海拔山区，既有交通困难的太行山区、地形破碎的黄土冲刷丘陵地带，也有特殊跨越——黄河大跨越，还有交通发达但污秽严重的平原地区；既有干旱少雨、风大雾重的中、西、北部地区，又有雨水充沛，洪水冲刷较重的南阳地区。

因此，为了提高特高压交流试验示范工程的运行维护效率，确保其高效安全运行，应用输电线路在线监测技术对其进行实时监控，获得特高压线路微气候和微地形信息，基于线路评价模型诊断特高压输电线路运行状况给出预警信息，从而及时采取相关措施预防事故的发生。

18.1.2　1000kV 长南Ⅰ线微气象区划分

微气象区具有小范围特点，采用宏观气象预测方法无法准确测量和描述。微气象与微地形紧密相依，微气象区的划分需要充分考虑光照、温度、湿度和风等气象信息，以及具有特殊地形和地貌部位、植被类型、土壤性质、周围环境（如河流、湖泊、沙漠）的微地形，其划分原则是把同一气候区内海拔相当、地理环境类似、线路走向大体一致、微气象特征基本相同的地段划分为一个区。一个线路区段内微气象等特征复杂多样，不能简单认定为一个微气象区，有可能包括多个微气象区，这需根据线路区段的实际情况而定。作者课题组人员现场调研了特高压线路沿线的特殊区域，全面搜集设计数据，并结合已安装的微气象在线监测装置的运行数据，同时对当地重点区域进行群众走访、地形地貌现场勘测和气象数据实测，对特高压试验示范线路微气象区进行划分，见表 18-1～表 18-6。

1. 污秽区

表 18 - 1   **1000kV 长南 I 线污秽区**

起始杆塔	终止杆塔	距离（km）	污秽等级	起始杆塔	终止杆塔	距离（km）	污秽等级
1000kV 长南 I 线				503	582	39.763	IV
1	43	22.402	III	582	719	66.821	III
43	75	15.714	IV	1000kV 南荆 I 线			
75	96	10.528	III	1	146	69.666	III
96	151	26.049	IV	146	209	31.352	II
151	173	11.363	III	209	258	23.758	II
173	187	7.082	IV	258	305	24.101	III
187	206	10.532	III	305	334	15.001	II
206	245	19.640	II	334	370	16.873	III
245	339	41.600	III	370	517	76.793	II
339	426	31.636	IV	517	565	22.955	III
426	503	50.739	III				

240～253，407～419，458～470 号杆塔附近有煤矿、煤场、国道等较强的污染源，污秽比较严重。

2. 覆冰区

表 18 - 2   **1000kV 长南 I 线覆冰区**

杆塔号	覆冰区分类	平均最低温度	地形地貌	所在地域
271～272	覆冰区	0～0.3℃	跨越沁河，档距为 830m	271：博爱县 272：沁阳市
339～340	覆冰区	0.1～0.8℃	跨越黄河，线路湿度大	339：孟州市 340：巩义市
378～379	覆冰区	0.2～0.8℃	跨越依洛河，档距为 832m	378：偃师市 379：巩义市
382～383	覆冰区	0.2～0.8℃	跨越滑城河，档距为 832m	382：巩义市 383：偃师市
397～398	覆冰区	0.2℃左右	跨越陶化店水库	偃师市
427～428	覆冰区	0.9℃左右	在山上档距 1055m 为大档，海拔 813m	伊川县
452～454	覆冰区	0.9℃左右	处于河谷之中，地势较低，线路西侧附近为刘瑶水库	伊川县
611～612	覆冰区	0.8℃左右	跨越沙河	鲁山县

3. 舞动区

表 18 - 3 **1000kV 长南 I 线舞动区**

杆塔号	舞动区分类	地形地貌	所在地域
271~272	易舞动区	跨越沁河，档距为 830m	271：博爱县；272：沁阳市
339~340	易舞动区	跨越黄河，线路湿度大	339：孟州市；340：巩义市

4. 微风振动区

根据微风振动区的产生条件、划分标准及杆塔线路的现场，特高压试验示范线路易微风振动区划分见表 18 - 4。

表 18 - 4 **1000kV 长南 I 线微风振动区**

杆 塔 号	微风振动区分类	所在地域
236、243、249、251、272	易振动区	焦作市、沁阳市
248、287~290、292~295、303、306~307、330、332~333	易振动区	焦作市、温县
258、265~267、271	易振动区	焦作市、博爱县
378~379	易振动区	洛阳市、偃师市

5. 多雷区

表 18 - 5 **1000kV 长南 I 线多雷区**

省份	多雷区	省份	多雷区
山西省	长治至晋城	湖北省	荆门
河南省	偃师、南召、鲁山、唐河附近		

6. 鸟害区

表 18 - 6 **1000kV 长南 I 线鸟害区**

起始杆塔	终止杆塔	距离（km）	所在地域
255	280	13.749	博爱县、沁阳市
330	355	9.901	孟州市、巩义市
555	605	24.297	宝丰县、鲁山县
680	719	20.298	方城县

18.1.3 装置安装与运行分析

1. 输电线路微气象在线监测装置安装情况

第一期安装的特高压交流输电线路（河南段）微气象在线监测装置的选型、数量及安装位置，见表 18 - 7。装置安装现场见图 18 - 1。

表 18 - 7　　　　　　　特高压交流输电线路河南段在线监测装置统计

施工标段	覆冰和导线张力差	杆塔倾斜	气象和导线风偏	微风振动	视频	导线舞动
	运行杆号	运行杆号	运行杆号	运行杆号	运行杆号	运行杆号
4					275	
5	291				363	
6	374，429	414	429		374	
7	440，494	459			440 503	
9	608	460			608	608
10	667					
12	123				112	
13	176				176	
黄跨	339			339	339	339
合计	10	3	1	1	9	2

图 18 - 1　1000kV 特高压交流输电线路黄河跨越微气象装置安装现场

2. 在线监测数据分析

（1）339 号杆塔覆冰在线监测数据（见图 18 - 2）。

正常运行条件下，导线拉力为 50 000kN 左右，而覆冰后导线拉力在 70 000kN～80 000kN 之间波动，风偏角介于－4～4°。

（2）414 号杆塔倾斜在线监测数据（详见本书第 13.4 节）。

（3）390 号微风振动在线监测数据（详见本书第 11.5.2 节）。

（4）视频监控运行数据。

视频设备监控装置可以实现对输电线路雨、雪、雾等气象条件的监测（详见本书第 8.5.2 节），同时，可实现对树木生长/房屋施工等线路走廊的监测（见图 18 - 3）。

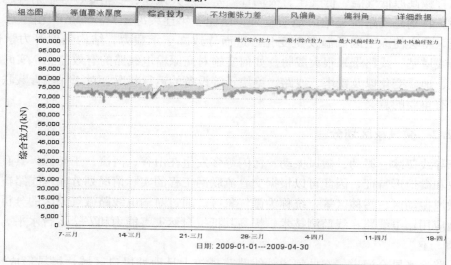

图 18-2　339 号杆塔综合拉力（监测装置有部分瞬时异常值）

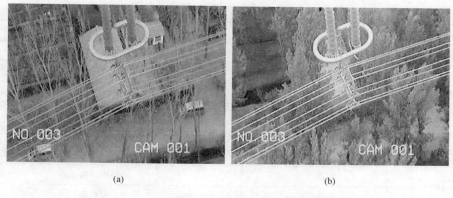

(a)　　　　　　　　　　　　　　　　　　　(b)

图 18-3　1000kV 长南 I 线 608 号杆塔线路走廊

(a) 2009-03-19 09：01：40　树木生长 1；(b) 2009-05-22 12：02：20　树木生长 2

18.2　青藏交直流联网工程

18.2.1　工程概况

　　青藏交直流联网工程是国家西部大开发 23 项重点工程之一，通过建设青藏联网工程，可以将一直孤网运行的西藏电网与西北电网互联，一方面可以有效地解决西藏电网冬季枯水期缺电问题；另一方面，可以在夏季丰水期将西藏中部富余的水电输送出来。工程的建设将从根本上解决西藏缺电问题，同时进一步优化了西北地区能源配置，对于促进西部地区社会经济的和谐发展、民生改善具有深远的意义。青藏交直流联网工程包括西宁—日月山—海西—柴达木 750kV 输变电工程、青海柴达木—西藏拉萨 ±400kV 直流输电工程和藏中220kV 电网等配套工程三个部分。作为世界上海拔最高、线路最长的高原输电线路，联网工程面临青藏高原低气温、低气压、极端日温差以及大风速、沙尘暴、强辐射等恶劣自然环境的考验。特别是线路所经地区地质复杂，途径多年连续冻土约 565km，由于近几年全球气温变暖，将会使冻土区低温发生变化，进而导致冻土承载力、结构强度等力学性质的改变，给沿线塔基、线路带来很大威胁。如何实施对高原输电线路的有效监测，实时掌握沿线自然气象、地质变化以及铁塔、线路、绝缘子等设备的运行状况，对于保障青藏联网工程安全运行具有重要的意义。

18.2.2 微气象区划分

由于导线覆冰、舞动、微风振动、污闪等多发生在山谷、河流、工矿区，具有较为明显的微气象和微地形特征，因此可以根据交直流联网工程的实际情况划分输电线路覆冰区、舞动区、微风振动区、污秽区等，统称为微气象区。通过对输电线路微气象区的分析，可以有针对性地应用输电线路在线监测技术，提高其抵抗自然灾害能力和安全运行水平。

1. 舞动区

该线路途经昆仑河道、布曲河道，线路跨越较大且地处风口区域，极易形成导线舞动，前期确定在 1235、1279、3437 等 9 基杆塔安装导线舞动装置，详细分布见表 18-8。

表 18-8 舞动监测装置分布情况

塔号	类型	安 装 理 由
1235	杆塔倾斜舞动、视频	塔基处在昆仑河道中
1279	舞动	线路处在风口区域
3747	舞动	线路处在大风区域
38	舞动	不均匀档距
NZ4127	舞动	后侧小档，前侧大档
4085	舞动、微风振动	河道边，大档距；线路沿布曲河道走线，地形平坦
281	舞动	大档距，跨水库
288	舞动	大档距
421	舞动	大档距 1287m

2. 覆冰区

根据线路覆冰产生条件，选取位于唐古拉山口、山区微地形、气象区、高海拔等地区 9 基杆塔安装覆冰监测装置，详见表 18-9。

表 18-9 覆冰监测装置分布情况

塔号	类型	安 装 理 由
1459	覆冰、视频	易覆冰区，视频与覆冰监测结合
794	覆冰	山区微地形、气象
3898	覆冰	耐张塔覆冰观测
4087	覆冰	覆冰观测
4294	覆冰	本标段海拔最高点 5283.6
NZ1002	覆冰、视频/图像	唐古拉山口第二基

塔号	类型	安 装 理 由
NZ3085	覆冰、视频	标段中海拔最高，视频图像覆冰结合监测
37	覆冰	大高差
455	气象、视频、覆冰	处于高海拔区，且前进侧大档距

3. 微风振动区

根据微风振动的产生条件，选取在开阔地带、大跨越、不均匀档距等地区共7基杆塔安装微风振动装置，详见表18-10。

表18-10 微风振动监测装置分布情况

塔号	类型	安 装 理 由
1156	微风振动	线路处在风口区域
3760	微风振动	为直线塔并为大档距
4085	舞动、微风振动	河道边，大档距；线路沿布局曲河道走线，地形平坦
4283	微风振动	线路处在持续大风区域
NZ4127	微风振动	后侧为大档距 $L=832m$
NZ3083	微风振动	后侧为大档距 $L=823m$
289	微风振动	不均匀档距

4. 污秽区

部分输电线路途经青藏铁路，靠近水泥厂、公路、采石厂等污秽易发区，比如：1099号~1100号杆塔横跨青藏铁路，线路左侧靠近采石厂，考虑安装现场污秽度在线监测装置，实时反映绝缘子受污程度，便于及时采取措施。详见表18-11。

表18-11 现场污秽度在线监测装置分布情况

塔号	类型	安 装 理 由
1177	绝缘子污秽	靠近水泥厂、铁路
1100	绝缘子污秽	1099~1100跨青藏铁路；线路靠近采石厂
NZ3043	绝缘子污秽	前侧跨青藏铁路，中心距离铁路104m

5. 地质灾害易发区

线路所经地区地质复杂，由于近几年全球气温变暖，将会使冻土区低温发生变化，进而改变冻土承载力、结构强度等力学性质，给沿线铁塔、线路带来较大威胁，因此，考虑在480号、593号、594号、724号等杆塔安装杆塔倾斜监测装置；同时在母姆曲河道、昆仑河道以及采石场等地质灾害易发处安装杆塔倾斜装置，其分布详见表18-12。

表18-12 杆塔倾斜监测装置分布

塔号	类型	安 装 理 由
1235	杆塔倾斜、舞动、视频	塔基处在昆仑河道中
480	杆塔倾斜	监测冻土地带不均匀沉降

塔号	类型	安装理由
593	杆塔倾斜、视频	监测冻土地带不均匀沉降
594	杆塔倾斜	监测冻土地带不均匀沉降
724	杆塔倾斜	监测冻土地带不均匀沉降
725	杆塔倾斜	监测冻土地带不均匀沉降
3863	杆塔倾斜	塔基位于河道中
4083	杆塔倾斜	塔基位于河道中
4134	杆塔倾斜	塔基靠近河道
4135	杆塔倾斜	塔基靠近河道
NZ1022	杆塔倾斜	永冻土区域
NZ1106	杆塔倾斜	永冻土区域
NZ2014	杆塔倾斜	后侧跨母姆曲河
NZ4122	杆塔倾斜	后侧小档，前侧大档
3	杆塔倾斜	线路左侧原有采石场
217	杆塔倾斜	塔位处于坡下，坡上偶有落石

18.2.3 在线监测装置安装与运行分析

1. 现场安装

青藏直流联网工程±400kV线路配套在线监测工程设计中，为了有效辅助线路建设完成后的运行维护工作，选取典型微气象区安装在线监测装置，其中杆塔倾斜监测装置16套、导线舞动监测装置9套、导线温度及弧垂监测装置15套、风偏监测装置6套、等值覆冰厚度监测装置9套、气象监测装置7套、微风振动监测装置7套、现场污秽度监测装置3套、图像视频监控装置20套，共9类92套，现场安装图片见图18-4。

图18-4 青藏直流联网工程±400kV线路在线监测装置现场安装

2. 运行数据展示

青藏交直流联网工程在线监测中心在国内首次采用国家电网公司企业标准进行设计与运行，图18-5展示部分监测装置在2013年4月11～12日数据曲线，具体数据分析可参考相关章节实例分析部分。

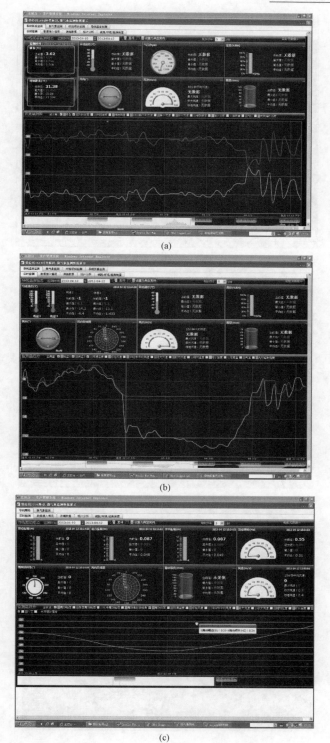

图 18-5 青藏交直流联网工程在线监测装置运行软件界面（一）

（a）1644 号杆塔导线弧垂监测；（b）1644 号杆塔导线温度监测；（c）2236 号杆塔导线舞动监测

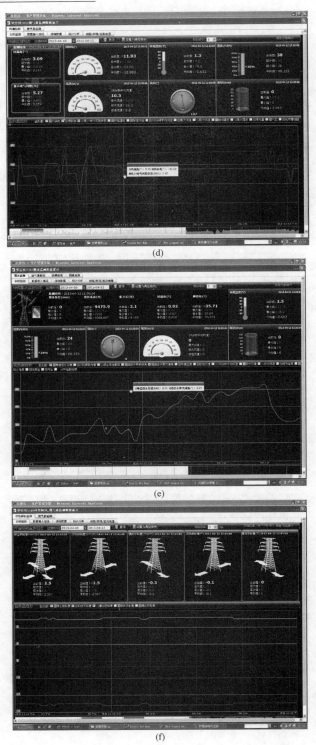

图 18-5　青藏交直流联网工程在线监测装置运行软件界面（二）

（d）1642 号杆塔风偏在线监测；（e）2303 号杆塔覆冰在线监测；（f）1500 号杆塔倾斜在线监测

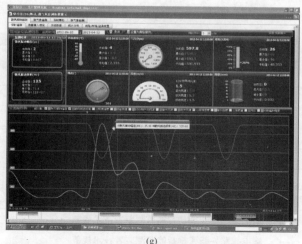

(g)

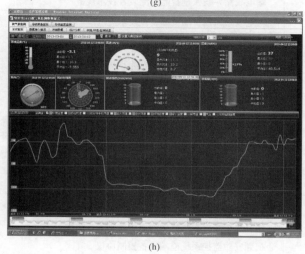

(h)

图 18-5 青藏交直流联网工程在线监测装置运行软件界面（三）

（g）微风振动在线监测；（h）微气象在线监测

3. 存在问题简要分析

在工程深入进行中发现有些地方需要注意并做相应改进。例如，电源方面：由于环境恶劣，太阳能电池板对蓄电池的充电量不足，导致蓄电池馈电，设备无法正常运行。特别是通信设备，由于工业交换机的功耗较大，且协议帧对终端功耗的考虑不足，导致按照目前协议执行现场终端，功耗很难降低。对此，一方面应该进行协议深度修正；另一方面可采用风光互补的供电方式，加大系统供电能力。在图像与视频监测方面：由于视频可以获取一些动态信息，但其系统功耗大、无线传输流量很大，对于监测装置的运行稳定性和运行成本影响很大。其实，对于静态或缓慢变化监测信息，完全可以采用图像监测方式。在监测装置集成方面：实际运行过程中，某杆塔可能同时安装了覆冰、杆塔倾斜和导线温度等多个监测装置，完全可以采用同一厂家产品将上述功能集成到一个监测装置中，这样可减少现场施工难度、提高产品集成度以及提高设备抗干扰性，尤其减少大量在线监测装置安装对杆塔本身的力学平衡、材料强度等方面的不利影响。

附录 A 输电线路在线监测技术相关标准

编号	名　称
Q/GDW 242—2010	架空输电线路智能监测装置通用技术规范
Q/GDW 243—2010	输电线路气象环境智能监测装置技术规范
Q/GDW 244—2010	输电线路导线温度智能监测装置技术规范
Q/GDW 245—2010	输电线路微风振动智能监测装置技术规范
Q/GDW 554—2010	输电线路等值覆冰厚度智能监测装置技术规范
Q/GDW 555—2010	输电线路导线舞动智能监测装置技术规范
Q/GDW 556—2010	输电线路导线弧垂智能监测装置技术规范
Q/GDW 557—2010	输电线路风偏智能监测装置技术规范
Q/GDW 558—2010	输电线路现场污秽度监测装置技术规范
Q/GDW 559—2010	输电线路杆塔倾斜智能监测装置技术规范
Q/GDW 560—2010	输电线路图像视频智能监控装置技术规范
Q/GDW 561—2010	输变电设备状态监测系统技术导则
Q/GDW 562—2010	输变电设备状态监测主站系统数据接入通信协议（输电部分）
Q/GDW 563—2010	输电线路状态监测代理（CMA）技术规范
Q/GDW 517.1—2010	电网视频监控系统及接口技术规范
ITU—T G.711	音频信号的脉冲编码调制（PCM）
ITU—T H.264	高级视频编解码协议
GB/T 20090.2	信息技术先进音视频编码　第2部分：视频
GA/T 647—2006	视频安防监控系统前端设备控制协议

附录 B 名 词 缩 略 语

A

AON，Active Optical Network 有源光网络

ADC，Analog to Digital Converter 模数转换器

B

BSS，Base Station System 基站子系统

C

CAG，Condition information Acquisition Gateway 状态信息接入网关机

CAN，Controller Area Network 控制器局域网

CCD，Charge-coupled Device 电荷耦合元件

CFD，Computational Fluid Dynamics 计算流体动力学

CID，Connection Identifier 连接标识符

CMA，Condition Monitoring Agent 状态监测代理装置

CMD，Condition Monitoring Device 状态监测装置

CMOS，Complementary Metal Oxide Semiconductor 互补金属氧化物半导体

D

DCT，Discrete Cosine Transform 离散余弦变换

DGPS，Difference Global Positioning System 差分全球定位系统

DSP，Digital Signal Processor 数字信号处理器

DTS，Distributed fiber optic Temperature Sensing monitoring system 光纤分布式温度监测系统

DTR，Dynamic Thermal Rating 动态增容技术

DWT，Discrete Wavelet Transform 离散小波变换

E

EBCOT，Embedded Block Coding with Optimized Truncation 优化截取的嵌入式块编码

EMC，Electro Magnetic Compatibility 电磁兼容

EPON，Ethernet Passive Optical Network 以太网无源光网络

ESDD，Equivalent Salt Deposit Density 等值盐密

F

FMCW，Frequency Modulated Continuous Wave 调频连续波

FNN，Fuzzy Neural Networks 模糊神经网络

FS，Fuzzy Systems 模糊系统

G

GIS，Geographic Information System 地理信息系统

GPRS，General Packet Radio Service 通用分组无线业务

GPS，Global Positioning System　全球定位系统

GSM，Global System for Mobile Communications　全球移动通讯系统

J

JPEG，Joint Photographic Experts Group　联络图像专家组

JVT，Joint Video Team　联合视频组

L

LAN，Local Area Network　局域网

LLID，Logical Link Identifier　逻辑链路标记

LLS，Lightning Location System　雷电定位系统

M

MCU，Micro Controller Unit　微处理器

MOA，Metal Oxide Arrester　金属氧化物避雷器

MPP，Maximum Power Point　最大功率点

MPEG，Moving Pictures Experts Group　活动图像编码专家组

MS，Mobile Station　移动台

MTU，Maximum Transmission Unit　最大传输单元

N

NN，Neural Networks　神经网络

NRT，Net Radiation Temperature　净辐射温度

NSS，Network Switch System　网络交换子系统

NSDD，Non-soluble Deposit Density　等值灰密

O

OPGW，Optical-Fiber Composite Overhead Ground Wire　光纤复合架空地线

OPPC，Optical Fiber Composite Overhead Phase Conductor　光纤复合架空相线

OSR，Over Sampling Ratio　过取样比

OSS，Operation Support System　操作支持子系统

OTDR，Optical Time Domain Reflectometry　光时域反射测量技术

P

PDU，Protocol Data Unit　协议数据单元

PMS，Power Production Management System　生产管理系统

PON，Passive Optical Network　无源光网络

S

SCADA，Supervisory Control and Data Acquisition　监控与数据采集系统

SCM，Secure Communication Module　安全通信模块

SMS，Short Message Service　短信服务

SPLC，Surface Pollution Layer Conductivity　表面污层电导率

SS，Subscriber Station　用户站

T

TDM，Time Division Multiplexing　时分复用

TDMA，Time Division Multiple Access　时分多址

TDR，Time Domain Reflectometry　时域反射计雷达

U

USAP，Uniform Service Architecture Platform　统一服务架构平台

V

VCEG，Video Coding Experts Group　视频编码专家组

VOP，Video Object Plane　视频对象平面

VPSS，Virtual Plastic Surgery Software　视频处理子系统

W

WCDMA ，Wideband Code Division Multiple Access　宽带码分多址（一种第三代无线通信技术）

WiFi，Wireless Fidelity　无线保真

WIMAX，Worldwide Interoperability for Microwave Access　全球互通微波存取

附录 C 索 引

参 考 文 献

[1] 黄新波，陈荣贵，王孝敬等. 输电线路在线监测与故障诊断 [M]. 北京：中国电力出版社，2008.

[2] 孙才新. 输变电设备状态在线监测与诊断技术现状和前景 [J]. 中国电力，2005，38（2）：1—7.

[3] Masoud Farzaneh 著，黄新波等译. 电网的大气覆冰 [M]. 北京：中国电力出版社，2010.

[4] 朱德恒，严璋. 高电压绝缘 [M]. 北京：清华大学出版社，1992.

[5] 黄新波等. 变电设备在线监测与故障诊断（第二版）[M]. 北京：中国电力出版社，2013.

[6] 黄新波等. 智能变电站原理与应用 [M]. 北京：中国电力出版社，2013.

[7] 黄树红，李建兰. 发电设备状态检修与诊断方法 [M]. 北京：中国电力出版社，2008.

[8] 张德明. 变压器分接开关状态监测与故障诊断 [M]. 北京：中国电力出版社，2008.

[9] 黄雅罗，黄树红. 发电设备状态检修 [M]. 北京：中国电力出版社，2000.

[10] 黄新波，蒋兴良. 智能电网输电线路在线监测技术进展 [J]. 广东电力，2014，27（6）：72—76.

[11] 许婧，王晶，高峰等. 电力设备状态检修技术研究综述 [J]. 电网技术，2000，24（8）：48—52.

[12] 季瑞松. 基于 GPRS 无线图像监控系统的研究和应用 [D]. 杭州：浙江大学，2004.

[13] 黄继昌，徐巧鱼等. 传感器工作原理及应用实例. 北京：人民邮电出版社，1998.

[14] 黄新波，刘家兵，王向利等. 基于 GPRS 网络的输电线路绝缘子污秽在线监测系统 [J]. 电力系统自动化，2004，28（21）：91—96.

[15] 黄新波，刘家兵，程荣贵. 绝缘子泄漏电流在线监测系统的设计与应用 [J]. 电测与仪表，2007，44（4）：9—14.

[16] 何耀佳，刘毅刚，刘晓东等. 高压输变电设备绝缘子盐密的在线监测 [J]. 电力设备，2006，7（12）：22—25.

[17] 李琦，邓毅，焦尚彬等. 基于模糊神经网络的绝缘子表面污秽在线监测 [J]. 高压电器，42（5）：368—371.

[18] 陈升，王基一，应伟国. 基于 BP 神经网络的绝缘子泄漏电流量预测方法 [J]. 浙江电力，2007，（1）：18—20.

[19] 李虹山，史阳. 金属氧化锌避雷器（MOA）的在线监测及故障诊断 [J]. 电力建设，2008，29（4）：28—32.

[20] 叶鸿声，龚大卫. 提高导线允许温度增加线路输送容量的研究（一、二）[C]. 中国电机工程学会输电电气四届二次学术年会论文集. 西安，2005：1—17.

[21] 黄新波，孙钦东，张冠军等. 输电线路动态增容技术的理论计算与应用研究 [J]. 高电压技术，2008，34（6）.

[22] 黄新波，孙钦东，程荣贵等. 输电线路动态增容系统的设计 [J]. 《微计算机信息》，2008，24（3—3）：17—19.

[23] 黄新波，王孝敬，武键等. 输电线路危险点远程图像监控系统 [J]. 高电压技术，2007（8）：192—197.

[24] 黄新波，刘家兵，蔡伟等. 电力架空线路覆冰雪的国内外研究现状，电网技术，2008，32（4）：23—38.

[25] 蒋兴良，易辉. 输电线路覆冰及防护 [M]. 北京：中国电力出版社，2002.

[26] 黄新波，张冠军，丁建国等. 基于 GSM SMS 的输电线路覆冰在线监测系统 [J]. 电力自动化设备，2008.

［27］黄新波，张冠军．线路覆冰与局部气象因素的关系［J］．高压电器，2008，44（4）：1—6.

［28］黄新波，孙钦东，程导贵．导线覆冰的力学分析与覆冰在线监测系统［J］．电力系统自动化，2007，31（14）：98—101.

［29］王少华，蒋兴良，孙才新．输电线路导线舞动的国内外研究现状［J］．高电压技术，2005，31（10）：11—14.

［30］卢明良．输电线路导线舞动监测技术的研究［J］．中国电力，1994（6）：24—27.

［31］陈升，李武杭．输电线路防鸟害技术措施的应用［J］．浙江电力，2003，（2）：30—31.

［32］黄新波，孙钦东，张冠军等．在线监测和GIS用于输电线路管理系统［J］．高电压技术，2007，33（6）：118—122.

［33］范光甫，朱中耀，蒋荣安．三维数字化电网解决方案［J］．电力勘测设计，2005，（1）：30—34.

［34］邹东斌，吴志红．基于LPC2131的PROFIBUS-DP从站开发［J］．通信电源技术，2008，25（2）：44.

［35］潘斌，郭红霞．短信收发模块TC35i的外围电路设计［J］．单片机与嵌入式应用，2004，7：38—39.［4］.

［36］吕鑫，王忠．GPRS数据传输模块的设计与实现［J］．无线通信，2008，（9）：18—19.

［37］熊振华．基于ZigBee的井下无线监控［D］．合肥：合肥工业大学，2007.

［38］Pat Kinney．IEEE 802.15.4 Tutorial，2003.

［39］马青．高速数据采集信号调理电路的研究［D］．哈尔滨：哈尔滨理工大学，2009.

［40］李小春．传感器信号调理电路电磁兼容性研究［D］．哈尔滨：哈尔滨理工大学，2008.

［41］宋平岗．再生能源系统中太阳能电池仿真器的研究［J］．电力电子技术，2003，37（4）：42—44.

［42］TI's Designer's Guid CD-ROM SLYC005D ISBN-980029-43-7H SLUS236A "Three-or four-cell lithium-ion protector circuit".

［43］张银桥，黄保平，徐远来，等．太阳能交通黄闪灯［J］．太阳能，2004，（1）：24—125.

［44］沙占友．新型特种集成电源设计与应用［M］．北京：人民邮电出版社，1999.

［45］张维胜，倾斜角传感器原理和发展［J］．传感器世界，2002（8）：5—44.

［46］黄新波，张亚维，周柯宏等．输电线路微气象超声波风速风向传感器设计［J］．广东电力，2013，26（10）：79—86.

［47］王昌长．李福祺等．电力设备的在线监测与故障诊断［M］．清华大学出版社，2006.

［48］陈攀，孙才新，米彦等．一种用于绝缘子泄漏电流在线监测的宽频带微电流传感器的特性研究［J］．中国电机工程学报，2005，25（24）：144—148.

［49］卿太全，梁渊，郭明琼等．传感器应用电路集萃［M］．北京：中国电力出版社，2008.

［50］苏剑华．面向配电网自动化建设的通信方式研究［J］．信息通信，2012，2：272—273.

［51］戴新文．配电网自动化通信方式的比较［J］．供用电，2007，24（1）：30—32.

［52］李克文，高立克，吴丽芳．配电网自动化通信方式分析与选择［J］．广西电力，2011，34（5）：44—47.

［53］张岚，配电网自动化通信方式综述［J］．电力系统通信，2008，29（186）：42—46.

［54］刘丽榕，王玉东，肖智宏等．输电线路在线监测系统通信传输方式研究［J］．电力系统通信，2011，32（222）：20—24.

［55］De Blasio R，Tom C．Standards for the smart grid［C］// IEEE Energy，Atlanta：IEEE，2008：1—7.

［56］Sood V K，Fischer D，Eklund J M，etal．Developing a communication infrastructure for the smart grid［C］// IEEE Electrical Power & Energy Conference．Montreal：IEEE，2009：1—7.

［57］郭经红，张浩，刘亚新．智能输电网线路状态监测系统数据传输技术研究［J］．中国电机工程学报，

2011, 34 (S1)：45—48.

[58] 黄新波，李国倡，赵隆. 智能电网输电线路在线监测与故障诊断综合系统 [J]. 华东电力，2011, 39 (12)：1998—1999.

[59] 黄官宝，黄新波. 输电线路导线舞动在线监测系统的初步设计 [J]. 南方电网技术，2009, 3 (4)：85—89.

[60] 国家电网公司. Q/GDW 563—2010 输电线路状态监测代理技术规范 [S]. 北京：中国电力出版社，2010.

[61] 张国飞. 基于 ARM 芯片的励磁控制器硬件平台设计 [D]. 北京：华北电力大学，2011.

[62] 黄新波，陶保震，赵隆. 采用无线信号传输的输电线路导线风偏在线监测系统设计 [J]. 高电压技术，2011, 37 (10)：2350—2356.

[63] 陶耕，焦群，何迎利. 输电线路状态监测通信系统的应用 [J]. 电力系统通信，2011, 32 (230)：11—14.

[64] 任雁铭，操丰梅，唐喜等. 智能电网的通信技术标准化建议 [J]. 电力系统自动化，2011, 35 (3)：1—4.

[65] 黄兰英，张晓途，孙玲. 电力线在线监测通信传输平台建设 [J]. 电力系统通信，2010, 31 (209)：35—38.

[66] 丁唯，杨永明，庄雄. 面向电气设备在线监测的无线传感器网络即时通信系统 [J]. 微计算机信息，2010, 26 (4)：96—98.

[67] 吴磊，赵政华. 基于无线通信的红外热成像在线监测系统 [J]. 计算机测量与控制，2010, 18 (4)：776—781.

[68] 何锐. 采用短距离无线通信技术的电气设备温度在线监测的实现 [J]. 宁夏电力，2009 (1)：58—60.

[69] 唐书霞，黄新波，朱永灿等. EPON+WiMAX 融合网络在输电线路在线监测系统中的应用 [J]. 高压电器，2014, 50 (3)：36—43.

[70] 丁家峰，罗安，曹建，等. 一种新型分布式电力设备在线监测通信网络的设计 [J]. 电气应用，2006, 25 (7)：68—70.

[71] 霍司天. 智能输电网信息安全技术研究 [D]. 北京：华北电力大学，2011.

[72] 谢如元，施佳林. PCB 板时钟电路的电磁兼容设计 [J]. 现代电子技术，2012, 35 (2)：142—144.

[73] 宋卫东. 10kV 变电所及高压架空线路电磁环境分析 [J]. 建筑电气，2007 (11)：34—35.

[74] 姜兴杰. 电磁兼容设计及其应用 [J]. 现代电子技术，2011, 34 (9)：164—167.

[75] 王守礼，张弦. 微地形微气象对输电线路的影响及应对措施 [J]. 云南电业，2005, 6：36—37.

[76] 朱辉青. 微气象、地形区域输电线路覆冰厚度设计研究 [J]. 湖北电力，2006, B12：13—15.

[77] 邓春雨. 微气象实时监测技术在输电线路中的应用 [J]. 电力信息，2008, 6 (10)：67—71.

[78] 陈海波，王成，李俊峰. 特高压输电线路在线监测技术的应用 [J]. 电网技术，2009, 33 (10)：55—58.

[79] 欧阳丽莎，黄新波，李俊峰. 1000kV 特高压输电线路覆冰区的研究与划分 [J]. 高压电器，2010, 46 (5)：4—8.

[80] 方国和，沈杰. 荆门微气象区域输电线路设计覆冰研究 [J]. 湖北电力，2005, A12：20—24.

[81] 张弦. 输电线路中微地形和微气象的覆冰机制及相应措施 [J]. 电网技术，2007, 31 (2)：87—89.

[82] 刘庆丰. 微地形对输电线路不平衡张力的影响 [J]. 电力建设，2011, 32 (10)：38—40.

[83] 戴克铭. 线路污秽绝缘子的在线监测 [J]. 供用电，2004, 21 (2)：1—2.

[84] 唐春霞，章云，黄新波等. 泄漏电流在线监测技术与理论 [C]. 2005 年机械电子学术会议论文集，2005：350—354.

[85] 刘永生. 污秽绝缘子在线监测技术的研究 [D]. 成都：西南交通大学，2002.

[86] 杨巍巍. 输电线路状态在线监测系统终端 [D]. 上海：上海交通大学，2007.

[87] 肖登明，潘龙，李晓东等. 变电站污秽泄漏电流在线监测 [J]. 高电压技术，1998，24（1）：1—2.

[88] 杨斌文. 输电线路的污闪问题 [J]. 常德高等专科学校学报，1996，8（1）：11—13.

[89] 张宇，肖嵘. 华东电网 2.20 污闪事故的分析和思考 [J]. 华东电力试验研究所，2004，32（9）：17—22.

[90] 胡毅. "2.22 电网大面积污闪"原因分析及防污闪对策探讨 [J]. 国家电力公司武汉高压研究，2001，4（182）：3—6.

[91] 崔江流，宿志一，车文俊等. 2001 年初东北、华北和河南电网大面积污闪事故分析 [J]. 电力设备 2001，2（4）：6—20.

[92] 王宏兴. 恶劣天气给电网造成的危害及防范 [J]. 农电管理，2008：58—59.

[93] 周建功，邓召春，毛苏春. 基于泄漏电流的绝缘子在线监测系统的应用 [J]. 东北电力技术，2005，（1）：16—18.

[94] 杨文宇，王建渊，魏威. GSM 与模糊诊断的绝缘子在线监测 [J]. 高电压技术，30（7）：31—34.

[95] 王黎明，李治，陈永明. 基于泄漏电流的绝缘子染污状态在线监测技术的发展 [J]. 电力设备，2003，4（6）：14—17.

[96] 史淑香. 输电线路污秽绝子线测的究 [D]. 成都：西南交通大学，2006.

[97] 蔡伟，李敏，杨颜红. 基于遥测技术的绝缘子在线监测系统设计与实现 [J]. 中国电力，2002，35（8）：37—40.

[98] 聂一雄，尹项根. 绝缘子在线检测方法的探讨 [J]. 电磁避雷器，2000，（2）：3—6.

[99] 杨万开，田碧元，程仲林. 分析绝缘子污染放电的一种方法 [J]. 华北电力学院学报，1994（2）：7—12.

[100] 徐通训，徐喜佑. 电力设备放污闪技术 [M]. 武汉：能源部电力司，1995.

[101] 顾乐观，孙才新. 电力系统的污秽绝缘 [M]. 重庆：重庆大学出版社，1990.

[102] 关志成等. 绝缘子及输变电设备外绝缘 [M]. 北京：清华大学出版社，2006.

[103] 蒋兴良，舒立春，张永记等. 人工污秽下盐/灰密对普通悬式绝缘子串交流闪络特性的影响 [J]. 中国电机工程学报，2006，26（15）：24—27.

[104] Holtzhausen JP，VoslooWL. The leakage current performance under Severe coastal pollution condition sofidentically shaped insulators of different materials [C]，12th International Conference on High Voltage Engineering. India：IEEE，2001：691—694.

[105] 何洪英，姚建刚，罗滇生，等. 基于 K-L 变换的污秽绝缘子红外图像特征提取方法 [J]. 电力系统自动化，2006，30（17）：76—80.

[106] 孙才新，舒立春，蒋兴良，等. 高海拔、污秽、覆冰环境下超高压线路绝缘子交直流放电特性及闪络电压校正研究 [J]. 中国电机工程学报，2002，22（11）：115—120.

[107] FelixA，GeorgeG，Karady etc. Linear stochastic analysis of polluted insulator leakage current [J]. IEEE Trans. on Power Delivery，2002，17（4）：1063.

[108] 熊一权. 超高压线路绝缘子状态的在线监测 [J]. 四川电力技术，2003，1：28—29.

[109] 张悦，吴光亚，刘亚新等. 光技术在线监测绝缘子盐密和灰密的实现及应用 [J]. 高电压技术，2010，36（6）：1513—1519.

[110] 宿志. 防止大面积污闪的根本出路是提高电网的基本外绝缘水平 [J]. 中国电力，2003，36（12）：57—61.

[111] 蔡炜，周国华，杨红军等. 复合绝缘子光纤智能监测实验研究 [J]. 高电压技术，2010，36（5）：1167—1171.

464

[112] 焦尚彬，刘丁，郑岗等. 基于遥测技术的输电线路绝缘子污秽在线监测系统 [J]. 电力系统自动化，2004，28（15）：71—75.

[113] 黄新波，程荣贵，王小敬. 绝缘子泄漏电流在线监测系统的联网方案与实施 [J]. 广东电力，2007，20（4）：65—67.

[114] 艾芊，陈陈，AggarwalR. 一种应用模糊神经网络对完全电机定子进行故障保护的新方法 [J]. 中国电机工程学报，2003，28（21）：130—135.

[115] 钱政. 大型电力变压器绝缘故障诊断中人工智能技术的应用研究 [D]. 西安：西安交通大学电气工程系，2000.

[116] 王黎，李卫国，戴子勤. 绝缘子泄漏电流值预测方法综述 [J]. 电磁避雷器，2008，（2）：7—10.

[117] 张建兴，律方成，刘云鹏. 高压绝缘子泄漏电流与温、湿度的灰关联分析 [J]. 高电压技术，2006，32（1）：40—41.

[118] 张建兴. 悬式瓷制绝缘子表面污秽程度预测方法的研究 [D]. 吉林：东北电力大学，2005.

[119] 贺博，林辉. 基于泄漏电流的污秽绝缘子闪络风险预测 [J]. 高电压技术，2006，32（11）：22—25.

[120] 李顺元. 交流电压下污染绝缘表面闪络机理的研究 [D]. 北京：清华大学电机工程系，1988.

[121] 陈国义. 关于污闪和湿闪的原因分析 [J]. 华中电力，2002，2（15）：21—24.

[122] Cheng TC. Dc interfacial breakdown on contaminated electrolyte sur-faces [J]. IEEE Tras on D&EI，1984，19（6）：536—542.

[123] 董新胜，李长凯，张新燕. 基于多层次 Fuzzy 因素的绝缘子污闪发展趋势综合评判 [J]. 江汉大学学报，2005，33（3）：43—46.

[124] 梁毓锦. 金属氧化物非线性电阻在电力系统中的应用 [M]. 北京：中国电力出版社，1997.

[125] 吴维韩，何金良，高玉明. 金属氧化物非线性电阻特性和应用 [M]. 北京：清华大学出版社，1998.

[126] 蒋国雄，邱毓昌. 避雷器及其高压试验 [M]. 西安交通大学出版社，1989.

[127] 张诚. 氧化锌避雷器试验方法的研究 [D]. 南京：东南大学电气工程专业，2005.

[128] 贺国平，邵涛，周文俊. 表面污秽对 MOA 在线监测的影响 [J]. 高电压技术，2003，29（6）：27—29.

[129] 王来善，刘云鹏，杜瑞红. 基于软件分析方法的氧化锌避雷器泄漏电流在线监测 [J]. 电力情报，2002，13—15.

[130] 王永强，律方成. 考虑电网谐波影响的 MOA 在线检测方法 [J]. 高电压技术，2003，29（9）：24—25.

[131] 范梅荣. 基于 GPRS 的氧化锌避雷器 [D]. 河海大学计算机及信息工程学院，2006.

[132] 曹万磊. 分布式氧化锌避雷器在线监测系统研究 [D]. 成都：西南交通大学电力系统及其自动化专业，2005.

[133] 胡道明. MOA 泄漏电流在线监测方法的探讨 [J]. 南昌水专学报，2004，23（3）：57—59.

[134] 陈继东. 小波变换应用于金属氧化物避雷器在线监测信号处理的研究 [J]. 电瓷避雷器，2003（6）：23—26.

[135] 李敏，刘明光，李光泽. 提升小波理论在铁路 MOA 在线监测系统中的应用 [J]. 电瓷避雷器，2006（5）：32—35.

[136] 飞思科技产品研发中心. 小波分析理论与 METLAB7 实现 [M]. 北京：电子工业出社，2005.

[137] 葛哲学. MATLAB 时频分析技术及其应用 [M]. 北京：人民邮电出版社，2006.

[138] 丁国成，律方成，李燕青等. 灰关联分析用于分析环境因素对 MOA 在线监测的影响 [J]. 高压电器，2006，42（3）：196—198.

[139] 丁国成，律方成，刘云鹏等. 数学形态学用于抑制 MOA 在线监测现场干扰 [J]. 高电压技术，2006，32（4）：44—46.

[140] Marago s P，Schafer R W. Rorp hological filters part Ⅰ：Their set theoretic analysis and relations to linear shift invariant filters [J]. IEEE Transon ASSP，1987，35（8）：115321169.

[141] Marago s P，Schafer R W. Morp hological filters Part Ⅱ：Their relation to median，orderstatistic，and stack filters [J]. IEEE Trans on ASSP，1987，35（8）：117021184.

[142] 黄新波，章云，李俊峰. 变电站容性设备介损在线监测系统设计 [J]. 高电压技术，2008，34（8）.

[143] 张伟强. MOA 在线监测信号处理数学模型的建立及系统开发 [D]. 西安：西安交通大学，2002.

[144] 龚坚刚. 架空输电线路动态增容研究 [J]. 华东电力，2005，33（7）：27—29.

[145] 张启平，钱之银. 输电线路实时动态增容的可行性研究 [J]. 电网技术，2005，29（10）：31—32.

[146] 钱之银. 输电线路实时动态增容的可行性研究 [J]. 华东电力，2005，33（7）：1—4.

[147] Tapani O. Seppa. Increasing Trnsmission Capacity by Real Time Monitoring [J]. IEEE，2002：1208—1211.

[148] 金珩，王之浩. 输电线路动态监测增容技术 [J]. 华东电力，2005，33（7）：30—32.

[149] 叶自强，朱和平. 提高输电线路输送容量的研究 [J]. 电网技术，2006，30（S）：258—263.

[150] 钱之银，朱峰. 提高华东电网 500kV 输电线路输电容量的研究 [J]. 华东电力，2003，（6）：4—6.

[151] 钱之银，张启平. 提高华东电网 500kV 输电线路输送能力的措施 [J]. 电力设备，2005，6（10）：8—13.

[152] 徐党国（编译）. Dynamic rate monitoring systems boost line loadings [J]. International Electric Power for China，2002，6（1）：47—49.

[153] 杨鹏，房鑫炎. 采用 DTCR 模型提高输电线输送容量 [J]. 华东电力，2005，33（3）：11—14.

[154] 任丽佳，盛戈皞，李力学等. 动态确定输电线路输送容量 [J]. 电力系统自动化，2006，30（17）：45—49.

[155] 凌平，金珩，钱之银. 提高输电线路输送容量动态监测增容技术的研究 [J]. 华东电力，2007，40（1）：44—47.

[156] 徐青松，季洪献，侯炜等. 监测导线温度实现输电线路增容新技术 [J]. 电网技术，2006，30（S）：171—176.

[157] 徐青松，陈宁，侯炜等. 输电线路动态热定额技术的应用 [J]. 电力建设，2007，28（7）：28—33.

[158] 马国栋. 电线电缆载流量 [M]. 北京：中国电力出版社，2003.

[159] Han Xiaoyan，Huang Xinbo，Zhao Xiaohui，et al. Design and Application of a Dynamic Capacity-increase System of Transmission Lines [C]. Regional Inter-University Graduate Conference on Electrical Engineering. Xi'an，2008.

[160] 刘增良，杨泽江. 输配电线路设计 [M]. 北京：中国水利水电出版社，2004.

[161] 张冰. 输电线路输电容量动态增容监测技术的研究 [D]. 北京：华北电力大学电力系，2006.

[162] 阮飞. 多因子作用下架空输电线路动态增容计算模型 [D]. 哈尔滨：哈尔滨理工大学电气与电子工程学院，2007.

[163] 张辉，王孟夏，韩学山. 电力系统的超前热定值及其应用探讨 [J]. 山东大学学报（工学版），2008，38（6）：25—29.

[164] 林吉，康小平，胡元辉等. 输电线路增容技术发展情况 [J]. 电气开关，2011，5：90—92.

[165] 张亮，吴瑜珲，王钰. OPPC 光缆应用前景研究 [C]. 动力与电气工程，2010，NO. 07.

[166] 陈建军，马慧英，谭卫东等. OPPC 光缆在电网中的应用分析 [J]. 电力建设，2009，8（30）.

[167] 陈广生，等. 光纤复合架空相线（OPPC）的应用 [C]. 电力系统通信，2006，161（27）：76—80.

[168] 张颖，张娟，郭玉静，王庆华. 分布式光纤温度传感器的研究现状及趋势 [J]. 仪表技术与传感器，

2007，8：1—3.

[169] 高玉珍，郝旭东. 光纤测温系统在 OPPC 中的应用［J］. 电信科学，2010，12A.

[170] 陆鑫森，任丽佳，盛戈皞等，基于张力的输电线路动态增容系统［J］. 华东电力，2008，12（36）：30—36.

[171] 张启平，钱之银. 输电线路增容技术［M］. 北京：中国电力出版社，2010.

[172] 蒋伟，王志强，吴立文. 远程图像监控系统在无人值守变电站的应用［J］，2006（4）：60.

[173] 董雪静. 基于 CDMA 的电力自动化远程图像监控方案［D］. 济南：山东大学，2005.

[174] 于晓然. 基于 GPRS 的自动抄表系统的研究［D］. 天津：河北工业大学，2007.

[175] 梅运华. 基于 GPRS 的无线监控终端的设计［D］. 广州：广州工业大学，2007.

[176] 龚剑. 基于 FPGA 图像处理系统［D］. 武汉：武汉科技大学，2007.

[177] 罗剑. 基于 FPGA 和 DSP 的图像采集与远程传输系统的研究［D］. 武汉：武汉理工大学，2007.

[178] 栗志，周卫红. 数字图像压缩方法在天文上应用的研究及实验［J］. 云南天文台台刊，1996（2）：41—47.

[179] 刘海林. 静止图像压缩研究［D］. 成都：成都理工大学，2002.

[180] 韦颖. 基于 FPGA 的远程视频传输系统的研究［D］. 合肥：安徽理工大学，2007.

[181] 汪灿华. 基于 ARM 的远程视频监控系统研究［D］. 南昌：南昌大学，2007.

[182] 杨国宇，杨泽清. 架空输电线路智能视频监控研究与分析［J］. 科技创新导报，2009，28：1—2.

[183] 刘治红，骆云志. 智能视频监控技术及其在安防领域的应用［J］. 兵工自动化，2009，28（4）：75—78.

[184] 郝兰荣，王国龙，谭磊. 浅析送电线路大负荷运行与导线弧垂的关系. 高电压技术，2006，32（1）：107—108.

[185] 吴成浩，郑秀林，邓锦光. 输电导线档侧弧垂检测法［J］. 电力建设，2008，（05）：87—88.

[186] 贺元辉，寇彦江. 高压送电导线弧垂测量的几种方法［J］. 新疆电力，2006，（2）：41.

[187] 朱宽军，张国威，付东杰等，中国架空输电线路的舞动及其防治［J］. 电力设备，2008，9（6）：8—12.

[188] 徐青松，季洪献，王孟龙，输电线路弧垂的实时监测［J］，高电压技术，2007，33（7）：206—211.

[189] 黄新波，张晓霞，李立涅等，采用图像处理技术的输电线路导线弧垂测量［J］，高电压术，2011，37（8）：1961—1967.

[190] 孔伟，代晓光，杨振伟，架空线应力弧垂曲线的 Matlab 实现［J］，中国电力，2009，42（7）：46—49.

[191] 冯玲，黄新波，等. 基于图像处理的输电线路覆冰厚度测量［J］，电力自动化设备，2011，31（10）：76—80.

[192] 冯玲. 基于图像处理的输电线路覆冰自动识别的算法研究与应用［D］. 西安：西安工程大学，2011.

[193] 王小朋，胡建林，孙才新，等. 应用图像边缘检测方法在线监测输电线路覆冰厚度研究［J］. 高压电器，2009，45（6）：69—73.

[194] 曹翊军，董兴辉，曹年红，等. 基于图像采集与识别的输电线路覆冰监测系统［J］. 电力系统，2010，8：51—53.

[195] 李文静，黄新波，冯玲，等. 视频差异化分析在输电线路杆塔防盗系统中的应用［J］. 广东电力，2012，25（5）：76—80.

[196] 黄新波，陶保震，冯玲. 基于光流场的输电导线舞动监测方法［J］，电力自动化设备，2012，32（7）：99—103.

[197] 黄新波，张烨，程文飞，李敏，等. 基于图像匹配的输电导线舞动监测方法［J］. 高电压技术，

2014，40（3）：808－813.

[198] 张烨，黄新波，周柯宏. 基于图像处理的输电线路线下树木检测算法研究［J］. 广东电力，2013，26（9）：26－31.

[199] 刘纯，陆佳政，陈红冬. 湖南500kV输电线路覆冰倒塔原因分析［J］. 湖南电力，2005，25（5）：1－3.

[200] 李万平. 覆冰导线群的动态气动力特性［J］. 空气动力学学报，2000，18（4）：413－419.

[201] Lahti K，Lahtinen M，Nousiainen K. Transmission line corona losses under hoar frost conditions［J］. IEEE Trans on Power Delivery，1997，12（2）：928－933.

[202] Farzaneh M. Ice accretion on high voltage conductors and insulators and related phenomena［J］. Philosophical Transactions of the Royal Society，2000，358（1776）：2971－3005.

[203] Cigre Task Force 33.04.09. Influence of ice and snow on the flashover performance of outdoor insulators，part I：Effects of snow［J］. Electra，2000，188：55－69.

[204] 刘煜，孙新良，刘基勋. 一种覆冰污秽绝缘子闪络电压的理论计算模型［J］. 电网技术，2005，29（14）：73－76.

[205] 黄新波，林海凡，朱永灿，等. 覆冰环境下输电导线外流场数值模拟与分析［J］. 电力建设，2014，35（5）：6－12.

[206] 黄新波，马龙涛，肖渊，等. 均匀覆冰下的架空线有限元找形分析［J］. 电力自动化设备，2014，36（6）：72－76.

[207] 魏旭. 输电线路覆冰在线监测装置的设计与实现［D］. 西安：西安工程大学，2013.

[208] 欧阳丽莎，黄新波. 基于灰关联分析微气象因素和导线温度对输电线路导线覆冰的影响［J］. 高压电器，2011，47（3）：31－36.

[209] 李鹏，范建斌，李武峰. 高压直流输电线路的覆冰闪络特性［J］. 电网技术，2006，30（17）：74－78.

[210] Sakamoto Y. Snow accretion on overhead wires［J］. Philosophical Transactions of the Royal Society，2000，358（1776）：2941－2970.

[211] Veal A，Skea A. Method of forecasting icing load by meteorology model［C］. 11th International Workshop on Atmospheric Icing of Structures（IWAIS），2005.

[212] 苑吉河，蒋兴良，易辉. 输电线路导线覆冰的国内外研究现状［J］. 高电压技术. 30（1）：6－9.

[213] Makkonen L. Modeling power line icing in freezing precipitation［C］. 7th International Workshop on Atmospheric Icing of Structures，1996.

[214] Goodwin E J，Mozer，J D，Di Gioia A M. Predicting ice and snow loads for transmission line［C］. Proceedings of the First IWAIS，1983.

[215] 李博之. 高压架空输电线路架线施工计算原理［M］. 北京：中国电力出版社，2002.

[216] Sun Qindong，Huang Xinbo. An Erotic Image Recognition Algorithm Based on Trunk Model and SVM Classification［C］. Lecture Notes in Computer Science，2006.

[217] 刘曙光，魏俊民，竺志超. 模糊控制技术［J］. 中国纺织出版社，2001.

[218] 蔡成良，康健，忻俊慧等. 500kV输电线路融冰技术研究. 湖北电力，2005，29（5）：2－7.

[219] 周月霞，孙传友. DS18B20硬件连接及软件编程. 传感器世界，2001，（12）：25－29.

[220] 赵晨，何波，王睿. 基于射频CC2420实现的ZigBee通信设计. 微计算机信息，2007，23（1－2）：260－261.

[221] 邓万婷，康健，蔡成良. 500kV线路直流融冰方案研究. 湖北电力，2005，29（s）：14－16.

[222] Laflamme J N，Laforte J L，Allaire M A. De-icing techniques before during and following ice storms-Volume I：Main report. CEA Technologies，2002.

[223] Xu Y, Bosisio R. On the measurement of thickness of ice layers on power transmission lines [J]. Sens Imaging, 2007, 8 (2) 73－81.

[224] Xu Y, Bosisio R. Goubau Ice Sensor Transitions for Electric Power Lines [J]. Sens Imaging, 2009, 10 (1－2): 31－40.

[225] 孟晨平. 基于光纤光栅传感器的输电线路覆冰监测算法的研究 [D]. 华北电力大学, 2010.

[226] 伍智华. 电力线路冰厚测量及融冰方法研究 [D]. 长沙理工大学, 2010.

[227] 何应法, 欧晋辉, 杨建玲等. 高压电线覆冰厚度测量方法 [J]. 现代农业科技, 2011 (9): 25－26.

[228] 秦建敏, 张志栋, 胡波. 基于空气与冰的电阻特性差异实现电力输电网覆冰自动检测 [J]. 太原理工大学学报, 2009, 40 (1): 1－3.

[229] 阳林, 郝艳捧, 黎卫国等. 架空输电线路在线监测覆冰力学计算模型 [J]. 中国电机工程学报, 2010, 30 (19): 100－105.

[230] 李立涅, 阳林, 郝艳捧. 架空输电线路在线监测技术评述 [J]. 电网技术, 2012, 36 (2): 237－243.

[231] 龚坚刚, 徐青松, 胡旭光. 输电线路覆冰的模拟导线实时监测 [J]. 电力建设, 2010, 31 (12): 20－22.

[232] 邢毅, 曾奕, 盛戈皞等. 基于力学测量的架空输电线路覆冰监测系统 [J]. 电力系统自动化, 2008, 32 (23): 81－85.

[233] 张志劲, 蒋兴良, 孙才新等. 四分裂导线运行电流分组融冰方法与现场试验 [J]. 电网技术, 2012, 36 (7): 54－59.

[234] 李昭廷, 郝艳捧. 一种基于历史数据的输电线路覆冰增长快速预测方法 [J]. 电磁避雷器, 2012, 1: 1－7.

[235] 黄新波, 魏旭, 李敏等. 基于3组力传感器和倾角传感器的输电导线覆冰在线监测技术 [J]. 高电压技术, 2014, 40 (2): 374－380.

[236] 黄新波, 刘磊, 宋栓军. 输电线路在线监测力学传感器设计及应用 [J]. 电力建设, 2014, 35 (3): 64－68.

[237] 曾祥君, 伍智华, 冯凯辉等. 基于行波传输时差的输电线路覆冰厚度测量方法 [J]. 电力系统自动化, 2010, 34 (10): 81－83.

[238] Huang Xinbo, Li Guochang, TaoBao zhen. Power Line Galloping Acceleration Sensor Location Algorithm, Energy procedia, 2012, 17: 1109－1115.

[239] 黄新波, 赵隆, 周柯宏等. 采用惯性传感器的输电导线舞动监测系统 [J]. 高电压技术, 2014, 40 (5): 1312－1319.

[240] 于俊清, 郭应龙, 肖小晖. 输电导线舞动的计算机仿真 [J]. 武汉大学学报 (工学版), 2002, 35 (1): 39－43.

[241] 张忠河, 王藏柱. 舞动研究现状及发展趋势 [J]. 电力情报, 1998 (4): 6－8.

[242] 马建国. 三峡输电工程防导线舞动的探索 [J]. 华中电力, 1998, 11 (2): 47－51.

[243] 范钦珊, 官飞, 赵申民等. 覆冰导线舞动的机理分析及动态模拟 [J]. 清华大学学报 (自然科学版), 1995, 35 (2): 34－40.

[244] 黄经亚. 架空送电线路导线舞动的分析研究 [J]. 中国电力, 1995 (2): 21－26.

[245] 刘文杰. 架空输电导线舞动动态仿真与扰流防舞器的研究 [D]. 武汉: 武汉大学, 2005.

[246] 郭应龙. 输电导线舞动及治理 [J]. 武汉水利电力大学学报, 1991, 24 (振动工程专集): 15－23.

[247] 朱宽军, 尤传永, 赵渊如. 输电线路舞动的研究与治理 [J]. 电力建设, 2004, 25 (12): 110－21.

[248] 赵高煜. 大跨越高压输电线路分裂导线覆冰舞动的研究 [D]. 武汉: 华中科技大学, 2004.

[249] 张忠河, 王藏柱. 输电线路导线舞动的计算机仿真 [J]. 电力情报, 2001 (6): 42－44.

[250] 李万平. 大跨越覆冰导线空气动力学特性的测试 [J]. 见：500 千伏中山口大跨越导线舞动专辑. 武汉：湖北省电力工业局超高压输变电局，1990：95—107.

[251] 王丽新，杨文兵，杨新华等. 输电线路舞动的有限元分析 [J]. 华中科技大学学报（城市科学版），2004，21（1）：76—80.

[252] 吴晓峰. 一种用于振动频率测量的简易光纤传感器 [J]. 测控技术，1995，(6)：43.

[253] 何锃，李国兴. 中山口大跨越导线舞动的分析计算 [J]. 高压工程，1997，23（4）：12—14.

[254] 何锃，赵高煜，李上明. 大跨越分裂导线的静力求解 [J]. 中国电机工程学报，2001，21（11）：34—37.

[255] 何锃，谢宁. 大跨越分裂导线静、动特性的计算分析 [J]. 武汉汽车工业大学学报，1997，19（3）：66—69.

[256] 周柯宏. 输电线路导线舞动监测传感器研究 [D]. 西安：西安工程大学，2013.

[257] 吴晶，肖小辉. 输电导线舞动的计算机仿真 [J]. 湖北电力，1998，22（2）：9—11.

[258] 杨斌. 高压输电线舞动轨迹的计算机仿真 [J]. 中国电力，1996，29（1）：43—45.

[259] 郝立果，胡山，朱雁锋. 基于加速度传感器 ADXL330 的运动信息采集平台设计 [J]. 天津工程师范学院学报，2008，18（1）：30—32.

[260] 郝卫东. 容栅位移传感器 [J]. 桂林电子工业学院学报，1997，17（1）：83—86.

[261] 张朝柱，吴凯，姜南. 一种基于容栅位移传感器的微波测量线系统 [J]. 实验技术与管理，2007，24（4）：30—34.

[262] 孟维国. 三轴加速度计 ADXL330 的特点及其应用 [J]. 国外电子元器件，2007，(1)：47—50.

[263] 乔耀华，付以贤，马玮杰等，山东超高压输电线路舞动监测系统的研究及应用，第三届（2012）全国架空输电线路技术交流研讨会论文集，2012.

[264] 卢明良. 夹头出口处导线动弯应变与弯曲振幅关系的理论分析 [J]. 东北电力技术，1995（4）：7—10.

[265] 潘忠华. 线夹出口处导线动弯应变值计算系数论析 [J]. 电力建设，1993，14（10）：4—7.

[266] 潘忠华，徐乃管，陈露娟. 悬垂线夹出口处动弯应变与弯曲振幅关系的探讨 [J]. 电力技术，1982（12）：14—19.

[267] 张萌. 大跨越输电线路微风振动监测系统研究与应用 [D]. 山西：太原理工大学，1999.

[268] 孔德怡. 基于动力学方法的特高压输电线微风振动研究 [D]. 湖北：华中科技大学，2009.

[269] 孔德怡，李黎，龙晓鸿等. 特高压架空输电线微风振动有限元分析 [J]. 振动与冲击，2007，26（08）：64—67.

[270] 赵隆. 输电线路导线微风振动在线监测系统的研究与设计 [D]. 西安：西安工程大学，2012.

[271] 孔德怡，王鹏，周长征. 安装防振锤输电线微风振动试验研究 [J]. 水电能源科学，2011，29（01）：151—166.

[272] 李黎，叶志雄，孔德怡. 输电线微风振动分析方法能量平衡法的改进研究 [J]. 工程力学，2009，26（S1）：176—197.

[273] 孔德怡，李黎，龙晓鸿等. 安装间隔棒的双分裂导线微风振动分析 [J]. 振动与冲击，2010，29（1）138—140.

[274] 孔德怡，李黎，龙晓鸿等. 输电线微风振动疲劳寿命影响因素分析 [J]. 武汉理工大学学报，2010，32（10）：53—57.

[275] 张兴旺. 架空线路的振动分析及防振措施综述 [J]. 南昌水专学报，1994，13（01）：51—55.

[276] 刘洋，张浩，金镇山等. 220kV 鹤木线松花江大跨越微风振动的在线监测分析 [J]. 黑龙江电力，2011，33（02）：121—124.

[277] 王洪. 大跨越架空输电线路分裂导线的微风振动及防振研究 [D]. 北京：华北电力大学，2009.

[278] 侯景鹏，吴兴宏，孙自堂. 防振锤—输电线体系微风振动的研究与进展 [J]. 合肥工业大学学报，2011，34 (05)：743—747.

[279] 常丰文，张福林. 复合绝缘子微风振动载荷特点及结构力分析 [J]. 华北电力技术，2003 (1)：6—8.

[280] 王波，毛吉贵，方俊杰等. 架空输电线路微风振动数据分析与工程应用研究 [J]. 水电能源科学，2010，28 (10)：6—8.

[281] 杨立秋，李海花，高玉竹. 架空输电线路微风振动危害分析 [J]. 中国科技信息，2008 (12)：54—55.

[282] 黄新波，赵隆，舒佳等. 输电线路导线微风振动在线监测技术 [J]. 高电压技术，2012，38 (08)：1863—1870.

[283] 万军，范春菊，胡炎等. 微风振动预警在输电线路在线监测系统中的应用 [J]. 水电能源科学，2012，30 (07)：169—172.

[284] 冯学斌，王藏柱，魏锦丽等. 超高压输电线路多分裂导线的振动分析 [J]. 吉林电力，2006，34 (2) 18—19.

[285] 邱锦茂，对高压输电线路多分裂导线的分析 [J]. 电力建设，2008，08. (194) 123.

[286] 马建国，傅军，丁一工等. 高压架空线路导线微风振动的监测 [J]，2000.24 (4) 17—19.

[287] 张会韬. 架空输电线路微风振动危害的实例及现场测振的重要性 [J]. 电力建设，1997.9 38—40.

[288] 王晓希. 特高压输电线路状态监测技术的应用 [J]. 电网技术，2007，31 (22) 9—11.

[289] 桑雷. 长江镇江段大跨越输电线路微风振动在线监测系统研究 [J]. 北京：华北电力大学，2012.

[290] 朱光苙，陈予恕. 输电线微风振动研究现状 [C]. 第十三届全国非线性振动暨第十届全国非线性动力学和运动稳定性学术会议，编号150.

[291] 惠小兵，李云. 110kV 史积线风偏跳闸原因分析及整改措施 [J]. 青海电力，2010，29 (3)：44—46.

[292] 林雪松，严波，刘仲全等. 220kV 高压输电线路风偏有限元模拟研究 [J]. 应用力学学报，2009，26 (1)：120—124.

[293] 肖东坡. 500kV 输电线路风偏故障分析及对策 [J]. 电网技术，2009，33 (5)：99—102.

[294] 刘成印，刘伟，何凯. ZigBee 技术和 GPRS 在输电线路在线监测中的应用 [J]. 黑龙江科技学院学报，2012，22 (4)：437—440.

[295] 郑佳艳. 动态风作用下悬垂绝缘子串风偏计算研究 [D]. 重庆：重庆大学，2006.

[296] 张艳玲. 高压输电线绝缘子串风偏计算模型的研究 [D]. 太原：太原理工大学，2012.

[297] 康勇. 基于3G网络的输电线路风偏在线监测系统 [J]. 现代电子技术，2012，35 (12)：34—36.

[298] 张亚维. 输电线路导线风偏在线监测系统的研究与设计 [D]. 西安：西安工程大学，2013.

[299] 胡志坚，李洪江，文习山. 基于差分 GPS 的输电线路舞动和风偏在线监测方法 [J]. 电力自动化设备，2012，32 (3)：120—124.

[300] 聂蓉. 基于小波变换的高压输电线路悬垂绝缘子串风偏模拟研究 [D]. 太原：太原理工大学，2012.

[301] 李娜. 架空输电线路风偏在线监测系统的研究 [D]. 太原：太原理工大学，2011.

[302] 付学文，王培军，魏智娟. 500kV 线路风偏事故分析及防止对策 [J]. 华北电力技术，2011，32：5—8.

[303] 郭志红，程学启，朱振华. 大风导致输电线路耐张串击穿的原因分析及防范措施 [J]. 山东电力技术，2009，2：3—6.

[304] 马志恒，李祥，王占方. 浅谈干字型耐张塔中相跳线防风偏改造 [J]. 第三届 (2012) 全国架空输电线路技术交流研讨会论文集，749—751.

[305] 刘生琳，孔晨华. 750kV 同塔双回输电线路换位塔设计缺陷问题分析及处理措施 [J]. 第三届（2012）全国架空输电线路技术交流研讨会论文集，1337—1344.

[306] 傅中，季坤，程登峰. 一起 220kV 线路与 10kV 交叉跨越放电跳闸分析 [J]. 第三届（2012）全国架空输电线路技术交流研讨会论文集，1386—1391.

[307] 宋宁宁，许敏，裴红兵. 长治地区采空区倾斜杆塔矫正措施 [J]. 山西电力，2007，5（141）：34—35.

[308] 陈景彦，白俊峰. 输电线路运行维护理论与技术 [M]. 北京：中国电力出版社，2009.

[309] 黄春林，张利平. 光栅传感技术在输电杆塔倾斜监测中的应用 [J]. 电力系统通信，2009，30（204）：28—30.

[310] 刘军保. 经纬仪投影法测量杆塔倾斜度误差分析 [C]. 中南七省（区）电力系统专业委员会，2002.

[311] 宋继明，宋华松，汪以文等. 特殊地形条件下杆塔倾斜率的测量方法 [J]. 电网技术，2010，34（12）：219—220.

[312] 王登峰. 电力杆塔倾斜实时检测预警系统的设计 [J]. 实用技术，2012，35—37.

[313] 孙光，何宏茂. 杆塔倾斜仪在预防采空区线路坍塌事故中的应用 [J]. 内蒙古电力技术，2008，26（2）：43—44.

[314] 王钧，闫世平，高伟等. 杆塔倾斜在线监测系统的应用 [J]. 技术交流与应用，91—92.

[315] 但小容，陈轩怒，刘飞. 智能复合杆塔倾角监测系统 [J]. 电工技术，2011，（2）：14—15.

[316] 马维青. 输电线路杆塔倾斜智能监测系统的研究 [J]. 山西电力，2008（5）：22—25.

[317] 刘毓氚，刘祖德. 输电线路倾斜杆塔原位加固纠偏关键技术研究 [J]. 岩土力学，2008，29（1）：173—176.

[318] 宰红斌，赵晋芳. 采空区输电线路的运行维护与处治技术研究 [J]. 山西电力，2012（1）：12—15.

[319] 安丽娟. 高压输电线路安全监测系统 [D]，太原理工大学，2008.

[320] 徐伟，输电杆塔监测装置研究 [D]，武汉科技大学，2012.

[321] 罗晶，陆佳政，李波等. 输电线路杆塔不平衡张力及倾斜监测装置的研究 [J]. 湖南电力，2011，31（4）：1—3.

[322] 宋华松. 平面镜法测量杆塔倾斜率 [J]. 安徽建筑，2008，6：196—197.

[323] 西北地区 750kV 输电线路湿陷性黄土塔基塌陷全封闭式处理方法的研究及其应用，第三届（2012）全国架空输电线路技术交流研讨会论文集，2012.

[324] 周柯宏，张烨，舒佳等. 输电线路杆塔倾斜度在线监测系统 [J]. 广东电力，2013，26（7）：57—61.

[325] 吕晓东，黄新波. 基于 ansys 的 220kV 酒杯型输电铁塔地震响应分析 [J]. 科技风，2014，5：18—78.

[326] 尚亚东，周璋鹏. 750kV 输电线路弧垂检测方法 [J]. 电网与水利发电进展，2008，24（5）：39—42.

[327] 张晓霞. 基于图像处理的输电线路导线弧垂测量方法研究 [D]. 西安：西安工程大学，2012.

[328] 王创权. 高压送电线路弧垂测量的几种方法 [J]. 企业技术开发，2010，29（11）：26—27.

[329] 张敏，寇为刚. 基于超声波的自动测距系统设计 [J]. 自动化技术与应用，2011，30（4）：106—110.

[330] 王孔森，盛戈皞，刘亚东. 基于输电线路轴向张力的导线弧垂在线监测系统 [J]. 华东电力，2011，39（3）：0340—0343.

[331] 王鸿. 架空输电线路弧垂变化的原因及调整计算方法 [J]. 江西电力职业技术学院学报，2011，24（2）：17—18.

[332] 安庆. 周口电网输电线路输送容量与线路弧垂、温度之间的关系研究 [D]. 郑州：郑州大学，

2007.

[333] 陶凯，卢艺. 实际环境下的架空导线弧垂及跨越限距工程计算 [J]. 南方电网技术，2010，4（5）：106－109.

[334] 赵先德. 输电线路基础 [M]. 北京：中国电力出版社，2006.

[335] 上海超高压公司编. 输电线路 [M]. 北京：中国电力出版社，2006.

[336] 李路明，孟小波，张治国. 基于光纤光栅应变传感器的架空输电线弧垂实时监测 [J]. 电力建设，2011，32（7）：51－54.

[337] 李文静. 基于视频差异化分析的电力系统智能安防技术研究 [D]. 西安：西安工程大学，2012.

[338] 张烨. 基于图像处理的输电线路防外力破坏在线监测技术研究 [D]. 西安：西安工程大学，2013.

[339] 张占龙，杨雾，熊兰等. 基于微波感应技术的语音报警器 [J]. 电力系统自动化，2006，30（17）：93－96.

[340] 刘学观，郭辉萍. 微波技术与天线 [M]. 西安：西安电子科技大学出版社，2001.

[341] 王浩，张丽英. 基于 SMS 的工业污水远程监控系统的设计 [J]. 机电产品开发与创新，2005，18（5）：108－109.

[342] 张晓伟. 基于雷达的输电线路防外力破坏预警系统研究 [D]. 西安：西安工程大学，2013.

[343] 邓凡良，刘龙，李良军. 移动变电站远程监测系统开发 [J]. 应用科技，2005，32（9）：40－42.

[344] 张荔，韩良. 加速度传感器 ADXL105 的原理及实验研究 [J]. 山西电技术，2007，（5）：9－11.

[345] 郑鑫，黄钊洪. 锑化铟薄膜磁阻式振动传感器 [J]. 传感器世界，2003，（11）：6－8.

[346] 洪盛国. 多普勒雷达探测器 AS-MMS525 [J]. 电子世界，2003，（8）：50.

[347] 董光哲，钱萌，王国龙等. 架空输电线路典型故障录波分析 [C]. 第三届（2012）全国架空输电线路技术交流研讨会，2012：817－843.

[348] 徐云峰，申永化，李世强. 浅谈输电线路电力设施保护 [C]. 第三届（2012）全国架空输电线路技术交流研讨会，2012：934－938.

[349] 陈小雄，黄新波，朱永灿等. 输电线路雷击故障点远程定位装置的设计 [J]. 高压电器，2013，49（7）：53－59.

[350] 王益军. 深圳电网高压输电线路综合防雷措施探讨及其雷击定位的应用 [D]. 河海大学，2006.

[351] 张辰. 高压输电线路雷击故障诊断与识别 [D]. 长沙理工大学，2012.

[352] 吴璞三. 雷击定向定位和时差定位系统 [J]. 高电压技术，1995，21（03）：3－6.

[353] 张畅生，方子帆. GPS 及其在雷电定位系统中的应用 [J]. 现代电力，2002，19（02）：43－49.

[354] 曾祥君，尹项根，林福昌等. 基于行波传感器的输电线路故障定位方法 [J]. 中国机电工程学报，2002，22（06）：42－46.

[355] 葛耀中. 新型继电保护与故障测距原理与技术 [M]. 西安：西安交通大学出版社，2007.

[356] 刘敏. 现有雷击定位方法的应用分析 [J]. 四川电力技术，2008，301（02）：6－9.

[357] 曹永青. 架空线路的雷击危害及防雷技术 [J]. 科技创新与应用，2012，（14）：17.

[358] 孙白，谭磊，叶宽等. 北京电网生命线差异化防雷综合治理研究 [C]. 第三届全国架空输电线路技术交流研讨会论文集. 张家界，2012：1888－1894.

[359] 杨振国，陈光，张国良等. 特高压直流与 500kV 交流同塔线路的防雷设计 [C]. 第三届全国架空输电线路技术交流研讨会论文集. 张家界，2012：1919－1924.

[360] 成艳，林郁明，谢鹏飞. 高压架空线路防雷保护技术 [C]. 第三届全国架空输电线路技术交流研讨会论文集. 张家界，2012：1941－1944.

[361] 陈小雄. 输电线路雷击故障点远程定位系统的设计与应用 [D]. 西安：西安工程大学，2013.

[362] 陈俊，雷鹏. 基于四川省电力公司雷电定位系统对攀枝花地区雷电流幅值概率分布及年均雷暴日的研究 [C]. 第三届全国架空输电线路技术交流研讨会论文集. 张家界，2012：1945－1950.

[363] 罗军川. 山区架空线路雷害分析及防雷策略 [C]. 第三届全国架空输电线路技术交流研讨会论文集. 张家界，2012：1998－2011.

[364] 魏文伟. 35kV 输电线路新型雷电接闪器应用与运行效果分析 [C]. 第三届全国架空输电线路技术交流研讨会论文集. 张家界，2012：1992－1997.

[365] 郭志锋，陈智. 输电线路瓷绝缘子雷击掉串分析及对策 [C]. 第三届全国架空输电线路技术交流研讨会论文集. 张家界，2012：2013－2017.

[366] 唐春霞，章云，黄新波等. 泄漏电流在线监测技术与理论 [C]. 2005 年机械电子学术会议论文集，2005：350－354.

[367] 黄新波，胡海燕. 输电线路覆冰及舞动在线监测系统 [C]. 2005 年全国输变电设备状态检修技术交流研讨会. 厦门：中国电力企业联合会，2005：180－185.

[368] Tomotaka Suda. Frequency Characteristics of Leakage Current Waveforms of a String of Suspension Insulators [J]. IEEE Transactions on Power Delivery, 2005, 110 (1)：481－487.

[369] 黄勤珍，谢红兵. 森林防火自动监测系统 [J]. 四川大学学报，2001，38 (sup)：87－90.

[370] 李胜乐，陆远忠，车时. Map Info 地理信息系统二次开发实例 [M]. 北京：电子工业出版社，2004.

[371] 贺轶斐，顾大权，许屏. GPS 接收机与 Map Info 间信息传输 [J]. 微计算机应用，2003，24 (4)：231－234.

[372] 宿志一. 用饱和盐密确定污秽等级及绘制污区分布图的探讨 [J]. 电网技术，2004，28 (8)：16－19.

[373] Huang Xinbo, Zhang haijun, Cheng Ronggui. Designation and Manufacture of An On-line-Measuring Insulator Leakage Current System [C]. China International Conference and Exhibition on Electricity Distribution. Beijing, 2006：101－105.

[374] 张宝庭，范光甫. 海拉瓦技术及其在送电线路中的应用 [J]. 电力建设，2002，23 (11)：81－84.

[375] 蒋荣安. 地形要素的三维显示漫游 [J]. 电力勘测，2002，(2)：59－62.

[376] 蒋荣安，阎平. 三维数字化电网技术辅助特高压工程施工管理 [J]. 电力勘测设计，2007，(5)：65－68.

[377] 高毅，于泓，马志伟等. 数字沙盘技术支持下的虚拟交桩技术应用研究 [J]. 电力建设，2008，29 (4)：38－40.

[378] 殷金华，郑小兵，邹立. 海拉瓦技术在变电所勘测设计中的应用 [J]. 电力勘测设计，2004，(4)：28－31.

[379] 陶留海. 1000kV 特高压交流线路瓷质绝缘子带电红外检测方法探讨 [C]. 第三届 (2012) 全国架空输电线路技术交流研讨会，2010.

[380] 谢书鸿，何仓平，徐拥军. 输电线路节能增效技术发展 [C]. 第三届 (2012) 全国架空输电线路技术研讨会，2012.

[381] 杨琳，刘凡，李龙江等. 四川电网移动直流融冰装置调试及现场融冰 [C]. 第三届 (2012) 全国架空输电线路技术研讨会，2012.

[382] 秦建敏，程鹏，李霞. 电容式冰层厚度传感器及其监测方法的研究 [J]. 微纳电子技术，2007，(Z1)：185－187.

[383] 王宏，黄新波，王红亮，等. 智能变电站金属氧化物避雷器在线监测智能电子设备的设计 [J]. 广东电力，2012，(8)：80－86.

[384] 黄新波，张晓伟，李国倡，等. 输电线路在线监测技术在青藏联网工程中的应用 [J]. 高电压技术，2013，39 (5)：1081－1088.

[385] 黄新波，唐书霞，刘家兵，等. 青海—西藏交直流联网工程输电线路在线监测通信网络设计与应用

［J］. 高电压技术，2013，39（10）：2589－2596.

［386］ Huang Xinbo, Li Jiajie. Icing thickness prediction model using BP Neural Network ［C］ 2012 IEEE International Conference on Condition Monitoring and Diagnosis, CMD2012: 758－760.

［387］ Huang Xinbo, Wei Xu. A new On-line Monitoring Technology of Transmission Line Conductor Icing, ［C］ 2012 IEEE International Conference on Condition Monitoring and Diagnosis, CMD2012: 581－585.

［388］ Huang Xinbo, Zhang Yawei. The monitoring sensor unit design of the wire transmission line comprehensive state ［C］ 2012 IEEE International Conference on Condition Monitoring and Diagnosis, CMD2012: 752－757.

［389］ Xinbo Huang, Zonggui An. An Online Dynamic Capacity-Increase System of Transmission Lines ［C］ 2008 International Conference on Condition Monitoring and Diagnosis, CMD 2008: 675－678.

［390］ Huang Xinbo, Sun Qindong. Accuracy of An Icing On-line Monitoring System// ［s. n.］. 2008 Ninth ACIS International Conference on Software Engineering, Artificial Intelligence, Networking, and Parallel/Distributed Computing（SNDP 2008）. Piscataway: Institute of Electrical and Electronics Engineers Computer Society, 2008.

［391］ Huang Xinbo, Sun Qindong, Han Xiaoyan. An on-line monitoring system of temperature of conductors and fittings based on GSM SMS and Zigbee// ［s. n.］. 2008 3rd IEEE Conference on Industrial Electronics and Applications（ICIEA 2008）. Piscataway: Institute of Electrical and Electronics Engineers Computer Society, 2008.

［392］ Huang Xinbo, Cheng Ronggui. Theoretical study on dynamic capacity-increase of transmission lines// ［s. n.］. Proceedings of 2008 International Conference on Condition Mornitoring and Diagnosis, CMD 2008: 723 － 726. Piscataway: Institute of Electrical and Electronics Engineers Computer Society, 2008.

［393］ Huang Xinbo, Li Guochang, Tao Baozhen. Power Line Galloping Acceleration Sensor Location Algorithm ［C］ 2012 International Conference on Future Electrical Power and Energy Systems: 1109－1115.

［394］ Huang Xinbo, He Xia. Design of an on-line Monitoring system of Mechanical Characteristics of High Voltage Circuit breakers ［C］, 2011 International Conference on Electronics, Communications and Control, ICECC 2011: 3646－3649.

［395］ Huang Xinbo, Huang Biao, Wang Hongliang. Design of composite on-line monitoring and fault diagnosis system for high-voltage switch cabinet ［C］, 2011 International 2nd Annual Conference on Electrical and Control Engineering, ICECE 2011-Proceedings: 156－159.

［396］ Huang Xinbo, Li Xiaobo, Wang Yong. An online temperature monitoring system of substation based on zigbee wireless network ［C］, 2011 International 2nd Annual Conference on Electrical and Control Engineering, ICECE 2011 - Proceedings: 992－995.

［397］ Huang Xinbo, Wang Yong. Intelligent design of insulation tester ［C］, 2011 International Conference on Electrical and Control Engineering, ICECE 2011 - Proceedings: 2287－2290.

［398］ Huang Xinbo. The application of icing on-line monitoring technology in 1000kV ultra-high voltage transmission lines ［C］, 2010 International Conference on E-Product E-Service and E-Entertainment.

［399］ Huang Xinbo, Huang Guanbo, Zhang Yun. Designation of an on-line monitoring system of transmission line's galloping ［C］, ICEMI 2009-Proceedings of 9th International Conference on Electronic Measurement and Instruments, ICEMI 2009: 1655－1659.

［400］ Huang Xinbo. Design of field sampling unit of an on-line monitoring system of dielectric loss in capacitive high-voltage apparatus [C], Proceedings of 2009 9th International Conference on Electronic Measurement and Instruments, 1660—1666.

[401] Huang Xinbo, Feng Ling, Zhu Yongcan. Application of micro-climate on-line monitoring system on UHV transmission lines of 1000 kV [C] 2011 IEEE Power Engineering and Automation Conference, PEAM 2011: 311—314.

[402] Huang Xinbo, Zhu Yongcan, Feng Ling. Application of on-line monitoring system of Aeolian vibration on UHV transmission lines of 1000 kV [C] 2011 IEEE Power Engineering and Automation Conference, PEAM 2011: 409—412.

[403] Huang Xinbo, Huang Biao, Wang Hongliang. Design of compositive on-line monitoring and fault diagnosis system for high-voltage switch cabinet [C] 2011 International 2nd Annual Conference on Electrical and Control Engineering, ICECE 2011-Proceedings: 156—159.

[404] Huang Xinbo, Tao Baozhen, Feng Ling. Transmission lines galloping on-line monitoring system based on accelerometer sensors [C] 2011 IEEE Power Engineering and Automation Conference, PEAM 2011: 390—393.

[405] Huang Xinbo, Huang Guanbao. An online monitoring system of contact temperature inside HV switchgear cabinet based on Zigbee wireless network [C] 2008 International Conference on Wireless Communications, Networking and Mobile Computing, WiCOM 2008.

[406] Huang Xinbo, Sun Qindong, Ding Jianguo. An on-line monitoring system of transmission Line conductor de-icing [C] 2008 3rd IEEE Conference on Industrial Electronics and Applications, ICIEA 2008: 891—896.

[407] Huang Xinbo, Zhang Haijun, Cheng Ronggui. Designation and manufacture of an on-line-measuring insulator leakage current system [C] 2006 China International Conference on Electricity Distribution, CICED 2006: 346—350.

[408] Huang Xinbo, Sun Qindong, Gu Tieli. Theoretical analysis on transmission line conductor icing and design of on-line monitoring system [C] 2006 China International Conference on Electricity Distribution, CICED 2006: 373—378.

[409] Huang Xinbo, Liu Wei, Zhang Yun. Design of field sampling unit of an on-line monitoring system of dielectric loss in capacitive high-voltage apparatus [C] ICEMI 2009-Proceedings of 9th International Conference on Electronic Measurement and Instruments , ICEMI 2009: 1660—1666.

[410] Xinbo Huang, Wenjng Li, Ye Zhang. Research of transmission line tower anti-theft monitoring technique based on video difference analysis [C]. 2012 8th International Coference on Wireless Communications, Networking and Mobile Computing, WiCOM 2012.

[411] Xinbo Huang, Ye Zhang, Ling Feng. Research on Transmission Line Ice Automatic Identification System Based on Video Monitoring [C]. 2013 15th International Workshop on Atomospheric Icing of Structures, IWAIS 2013: 302

[412] Xinbo Huang, Shu-fan Lin, Jia-jie Li. Ice Growth Prediction Model of Transmission Lines Based on Mamdani-type Fuzzy Neural Network [C]. 2013 15th International Workshop on Atomospheric Icing of Structures, IWAIS 2013: 3—59—3—71.